U0262056

周琼 ◎ 主编

道法自然

中国环境史研究的
视角和路径

中国社会科学出版社

图书在版编目（CIP）数据

道法自然：中国环境史研究的视角和路径／周琼主编 . —北京：
中国社会科学出版社，2017.12
ISBN 978 - 7 - 5203 - 1940 - 9

Ⅰ.①道… Ⅱ.①周… Ⅲ.①环境—历史—研究—中国
Ⅳ.①X - 092

中国版本图书馆 CIP 数据核字（2017）第 329678 号

出 版 人	赵剑英
责任编辑	吴丽平
责任校对	张爱华
责任印制	李寡寡

出 版	中国社会科学出版社
社 址	北京鼓楼西大街甲 158 号
邮 编	100720
网 址	http://www.csspw.cn
发 行 部	010 - 84083685
门 市 部	010 - 84029450
经 销	新华书店及其他书店

印刷装订	北京君升印刷有限公司
版 次	2017 年 12 月第 1 版
印 次	2017 年 12 月第 1 次印刷

开 本	710 × 1000 1/16
印 张	43.75
插 页	2
字 数	675 千字
定 价	168.00 元

前　　言

　　2014 年 8 月 21 日，"全球化视野下的中国西南边疆民族环境变迁"国际学术研讨会在云南大学召开，来自德国、美国及中国台湾、大陆等国家和地区的 70 余位国内外专家学者齐聚一堂，共同探讨中国西南边疆民族环境的变迁及相关理论问题，在研究历史环境变迁的基础上，探索解决环境问题、治理环境危机的历史经验及措施。

　　生态危机及环境问题是目前政府和公众普遍关注、众多学科和学者高度聚焦的全球性课题之一，社会各界对保护环境、共建和谐生态已达成共识，但破坏生态环境的行为依然比比皆是，中国很多地区的生态环境仍呈现继续恶化的态势。近年来频繁发生的水污染、空气污染、土地污染、气候异常等事件，不仅严重危害到人民的生命及健康安全，也威胁着国家及区域的持续发展，甚至威胁到全球的安危及未来可持续发展。中国西南地区是一个多民族聚居区，也是面向东南亚、南亚的边疆地区，生态环境虽然比国内其他一些地区要好，但生态危机也酝酿已久，各种环境问题、环境灾害时有发生，西南地区的环境变迁既受临近区域的影响，也对临近区域造成影响。由此可知，西南地区的生态环境及其变迁，是全中国、全球生态链及环境变迁中重要的组成部分。探究区域生态环境的变迁和发展，总结历史经验教训以资鉴现实，充分发挥学术研究经世致用的功能，是自然科学及社会科学的责任及使命，环境史因之成为极具学术价值及现实使命的史学分支学科。当前，因气候异常、历史环境变迁及人为影响加剧，世界各地环境危机、生态灾害频发，尤其在 2009—2013 年西南地区持续性特大旱灾、2014 年 8 月 3 日云南昭通鲁甸 6.5 级地震灾害，广东、广西、贵州、重庆等地奇旱奇涝等环境灾害频发的背景下，召开"全球化视野下的中国西南边疆民族环境变迁"国际学术研讨会，对深化中国西南边疆民族地区环境史、边疆史乃至中国环境史、世界环境史的研究，提高生态恢复及环境治理的能力，强化西南乃至中国生态恢复及重建的能力和技术手段，促进中国西南边疆民族地区的可持续发展，具有重要的现实意义和学术意义。

20世纪六七十年代以来，环境史作为最受国际学术界关注的领域，取得了丰硕的研究成果，中国环境史在很多重要问题的研究中取得了较大进展，但区域尤其边疆民族区域环境史的研究较为薄弱。中国西南地理位置、地质面貌、气候等自然条件特殊，生态环境多样性特点突出，既有环境变迁史的共性，也有区域生态史的特点。各民族在与自然界长期相处的过程中，养成了一些独特的与自然相处的方式及传统，留下了宝贵的历史经验及丰富的生态文化，是环境史研究及生态人类学、环境口述史等领域值得深入探究的区域。会议围绕"西南边疆民族环境变迁"的主题，结合环境史、疾病史、灾害史和社会史研究的理论和方法，借鉴生态学、气候学、环境科学等自然科学的理论及其成果，展开多视角、跨学科的高水平研讨，探讨西南地区生态环境变迁与边疆民族社会变迁的互动关系，总结西南各民族利用及保护环境的经验教训。与会学者围绕会议主题提交的论文及讨论，极大地拓展了西南边疆环境史研究的视域及研究方法，推进了中国环境史研究的深入开展，深化各区域、各民族环境文化的交流及发展，促进了西南及中国、全球生态环境和谐、健康、永续的发展。

这次会议，对云南大学的学术发展和学科建设产生了重要的促进作用。云南大学是我国西部边疆最早建立的综合性大学之一，目前已发展成为一所以民族学、生态学为特色的全国重点综合性大学，学科门类齐全，人才密集，学术平台完备。近年来，云南大学遵循"立足边疆、服务云南、提升水平、办出特色"的办学思路，紧紧抓住"211工程"建设和省部共建的机遇，视学术创新为学校发展之动力，大力发扬注重学术的办学传统，推行学术兴校和科研平台建设，使学校的综合实力和整体水平上了新的台阶。云南大学积极扶持特色学科的建设及发展，2009年5月支持成立西南环境史研究所，积极推动西南灾荒、西南生态环境变迁研究，开拓云南大学学科建设的新领域，在学术研究及人才培养工作中一直勤奋耕耘，逐渐引起了国内外学术界的关注，得到了前辈及同行专家朋友们的认可，但学科建设及人才培养工作还处于起步阶段，莅临会议的各位专家对云南大学环境史学科的建设献计献策，关注和帮助西南环境史研究，深化了区域史、边疆史的研究，也促进了环境史跨学科研究的深入发展，提升了环境史研究的视域及水平。

　　与会学者多为环境史研究领域具有较高研究声誉和水准的知名学者，其中相当一部分学者已经在环境史研究领域深耕数十载，对环境史的理论与方法有着深刻见解，学者们畅所欲言、增进交流、共同提高，可喜的是，很多学者曾就某些具体问题展开过深入研究，形成了一批具有代表性的研究成果。很多著名学者已关注并进行了云南环境史的研究，会议的相关研讨不仅影响了西南环境史研究者的思路，拓展了西南环境史研究的视域，进一步推进了云南大学环境史研究的水准。毋庸置疑，会议的研讨及相关思考，将对中国生态文明建设及全人类可持续发展目标的实现起到积极的作用。

目　录

⊙疾病·医疗⊙

⊙灾害·救济⊙

⊙区域·民族⊙

⊙环保·实践⊙

⊙会议综述⊙

理论·方法

探寻吾土吾民的生命轨迹[*]

——浅谈中国环境史的"问题"和"主义"

王利华

作为一门新兴史学,目前中国环境史研究无疑还是相当稚嫩的,还有不少最基本的理论和方法问题尚未得到解决。虽然时下史学更重实证研究,不尚玄虚之论,但理论方法探讨对于初生的环境史还是相当重要的,同仁应该勇敢地开展一些讨论。笔者不才,愿意陈述几点谬论,供大家批判。

一 环境史与史学思想的转向

环境史家认为:历史不是由人类单独创造的,众多自然因素参与其中。这种观念,促使他们试图建立一种新的历史解释体系,思想方法正在艰难地经历若干重要的转向。

一是尊重自然的历史价值,承认并且实证考察其在人类历史中的作用。

在环境史的视野中,自然环境既是人类活动的舞台,也是人类历史

* 基金项目:本文为国家社科基金重大项目"多卷本《中国生态环境史》"中期成果,项目批准号(13&ZD080)。

作者简介:王利华,教育部长江学者特聘教授,南开大学生态文明研究院暨中国生态环境史研究中心教授、博士生导师,研究方向为中国环境史、中国古代史及农业史。

的参与者。因此，不能仅仅在思想上承认自然世界及其变化对人类历史具有影响，而是要在行动上把不断变化的自然事物、现象及其对人的影响纳入实证考察范围；在环境史的叙事中，自然环境（地理环境）不再只是抽象、静态和理论上的，而是人类文明进程中具体、活跃和能动的历史角色，是所谓"自然进入历史"。①

二是重新定位人类的角色，考察其既受制于自然又改变自然的历史过程。

人类自诞生以来，就不断创造并运用文化适应和改变着自然界，在地球生态系统演化中担当渐趋重要的角色，直至成为地球故事的主角。特别是近几个世纪以来，由于科学技术的巨大进步，人类改变自然环境的能力得到极大增强，成为"生物圈中的第一个有能力摧毁生物圈的物种"和"生物圈中比生物圈力量更大的第一个居民"。② 然而，地球并非人类独占并且可由他随意改变的家园，历史也不是人类挥袖独舞的戏剧。人类具有其他物种所不具备的一种特殊能力——创造并运用文化，因此自诩为万物之灵长，但终究亦只是地球上无数物种中的一员，不能脱离地球生物圈而生存，亦不能摆脱生态规律的最终支配。在环境史叙事中，人类的角色甚至命运乃是通过他与自然世界其他部分的关系来判定。环境史学者回顾人类与自然交往的长期过程，特别是检讨农业时代以来人类活动的环境制约和环境影响，重新定位人类自身，是为"人类回归自然"。

三是超越简单因果律和机械决定论，揭示人与自然之间的复杂生态关系。

在环境史视野中，自然环境和人类社会是相互因应、协同演变的"此方"与"彼方"。环境史家首先承认人类是大自然中的一员，受自然生态规律的最终支配。但人类又是一个具有文化自决性和主观能动性的特殊物种，拥有按照自己的精神意志改变自然环境的强烈冲动和高超能

① "人类回归自然，自然进入历史"是李根蟠先生对环境史意义的概括。李根蟠：《环境史视野与经济史研究——以农史为中心的思考》，《南开学报》2006 年第 2 期。

② ［英］阿诺德·汤因比：《人类与大地母亲》第二章《生物圈》，徐波等译，上海人民出版社 2001 年版，第 18 页。

力，因而人类历史进程并不完全由自然环境因素决定。人类社会现象与自然环境因素之间存在着极其复杂的生态关系，人与自然彼此因应、互相反馈和协同演化，常常互为因果，并非始终都是简单地由一方决定另外一方。这样一来，环境史研究者就应当超越简单因果律和机械决定论，回到历史的实际情境之中，具体考察环境与社会究竟是如何彼此作用、相互反馈，深入揭示人与自然如何往复因应、协同演化。

二 环境史的"问题"与"主义"困扰

近年来，随着环境史研究逐渐展开，理论困扰越多。这些困扰，既关乎"问题"，也关乎"主义"，有的似乎应上升到历史哲学高度来做思维。若不能克服这些困扰，环境史恐怕不能成为一门成熟的学问。

"问题"的困扰主要关乎环境史的研究对象。近年来，环境史研究已呈如火如荼之势。然而，环境史应该重点探讨哪些"问题"，环境史所关注的"问题"与其他领域有何不同？对这些最基本的问题，中外学人已经做过不少讨论，但似乎还需要进一步厘清。在具体课题研究中，我们也许不必纠结，只要课题关涉历史上的人与自然关系，即可以被视为环境史。但一旦动手编纂一部中国环境史教材、一部断代环境史，甚至一部中国环境通史，困扰就发生了。作者需要反复思忖：这本书必须包括哪些基本内容才能得到学界首肯"这就是一部环境史"，而不是一部历史地理、自然科学史、农业史、经济史、社会史……著作？从这个角度看，环境史需要研究哪些"问题"，既是一个学科框架问题，更直接的乃是一个历史编纂学问题。环境史研究者必须创造一种新的历史编纂方法和话语体系，甚至要进行历史观念与知识的系统重构。

"主义"的困扰则关乎环境史观和价值判断。环境史研究应当奉行什么"主义"，基于怎样的历史观念进行"价值判断"？这是目前我们所面临的最大理论困扰。我们知道：在文化人类学、历史学（特别是历史地理学界）等领域，曾经多次发生"文化决定论"与"环境决定论"的激烈争论，思想分歧至今并未完全消弭。在环境研究领域（如环境伦理学），则发生了"人类中心主义"与"生态中心主义"的严重思想对抗。这些都必然对环境史观产生一定影响。

众所周知，摈弃"人类中心主义"而奉行"生态中心主义"，是环境保护主义者的核心主张。环境史研究的兴起与环境保护运动密不可分，自然不能不受其影响。我相信绝大多数环境史学者都同意放弃"人类中心主义"，承认自然事物的存在价值，重视生态环境在人类历史进程中的重要作用。正是基于这一点，环境史学者试图重新认识许多历史现象、事件和人物，做出与以往相当不同的解说和评价。如果放弃这些方面的努力，环境史研究就不具备存在的"合法性"。然而历史学家果真能够彻底地奉行"生态中心主义"吗？如果答案是肯定的，过去的历史观念是否可能被彻底颠覆?！这种忧惧并非毫无根据。观察当今围绕环境问题而发生的种种争论甚至政治对抗，我们常常感到不知所从。环境保护人士对大自然的那种宗教式情怀，对"原生态"的那种顶礼膜拜式赞美，非常让人感动。有时我们很希望成为他们中的一员，因为当今中国环境生态形势如此严峻，我们确实需要"洗心革面"。但有时又觉得对立一方的许多观点更切合当今中国经济、社会发展实际，"极端生态中心主义"并不可取。

在这种矛盾心理下研究环境史，我们的思想难免陷入混乱。一直以来，我们坚信：追求物质生活富足是"天赋的人权"。从历史角度来看，它毋庸置疑还是人类文明进步的原动力。然而，这些年的环境史论著总是在告诉我们：经济发展、文明进步与环境破坏始终相伴而行，这是全人类的普遍历史经验。如此一来，历史就变得极其吊诡：人类不断追求物质财富、发展物质文明，其实是在不断毁坏自己赖以生存的自然基础！如何认识这一严重的吊诡现象？环境破坏是否就是经济发展和文明进步的必然代价和结果？如果是，人类一直追求"进步"，其实恰恰就是"反动"。那么，为了保护自然、保护环境，是否应当从现在开始就停止一切发展？如果不是，我们又应该如何评判历史上经济发展和文明进步所造成的环境改变？对于环境史研究来说，目前亟须形成一个正确的历史价值取向，以便评判以往的人类环境行为和人与自然的关系。这个问题如果解决不好，不能形成理性的历史价值判断，提供正确的环境史观，环境史学者必将陷入历史悲观主义而不能自拔，成为"文明原罪论者"甚至"反文明论者"，而人类文明发展也将可能迷失方向。

拜读多年来的中国环境史论著，笔者发现一个很有趣的现象：在相关研究中，采用经济史视角和采用文化史视角，所得出的结论似乎完全背道而驰：采用经济史视角的环境史研究，满篇都是讲先前环境是如何、如何好，由于经济开发，后来不断恶化了：森林没有了，野生动物没有了，水土流失越来越严重，自然灾害不断加剧，社会经济也因此陷入了发展困境。这种"经济开发导致环境破坏，环境恶化导致经济衰落"的因果分析，看起来很清晰明了，但似乎完全否定了资源开发和经济发展的历史合理性。采用文化史视角的环境史研究则不同，满篇都在讲述中国很早之前就有了这样、那样先进的环保制度和政策，古人很早就主张"天人合一"、重视人与自然和谐，具有非常高明的生态思想智慧。有的甚至认为运用中国传统生态思想智慧就可以拯救今天的地球。但持此论者似乎忘记了一个基本史实：几千年来，中国自然环境由于人类活动的长期影响发生了翻天覆地的变化，如今是地球上被破坏得较严重的土地之一。既然中国那么早就有了那样先进的思想智慧，为什么生态环境变成了今天这个样子？都怪最近几十年的快速发展吗？我相信：这类困扰不只存在于环境史研究中，也存在于环境伦理学、环境经济学、生态人类学等相关领域。

三　生命关怀应当成为环境史学的精神内核

"人类中心主义"与"生态中心主义"是两个相反的思想立场，两者之间是否存在调和的可能性？能否找到一个"中道"？最近几年学术界一直在苦苦求索，仍无答案。可以肯定的是：极端"生态中心主义"并不可取，没有人真的愿意为了保护环境而停止一切发展，除非他完全不食人间烟火。环境伦理学、环境哲学等领域目前的主流观点是：社会主义生态文明首先强调"以人为本"原则，同时反对极端人类中心主义与极端生态中心主义。这个思想的通俗表述是：没有保护的发展是"竭泽而渔"，没有发展的保护是"缘木求鱼"。中国"人本主义"的思想文化传统极其深厚，提出这种观念并不奇怪。再说，我们都是人，不可能大公无私到不"以人为本"。问题是：什么是"以人为本"？以什么人为本？以人的什么为本？以人类对物质财富没有节制的欲望为本吗？

笔者曾试图将"以人为本"说得更明确一点，提出"生命中心论"

或"生命中心主义"，实际上是主张以人类的基本生存需求、身体健康和生命安全为本。① 我认为：对环境问题——不论是历史问题还是现实问题进行好与坏、善与恶的判断，都应基于一个核心：是否有利于人类种群延续、身体健康和生命安全。笔者觉得环境史研究应当以人的生物属性作为思想起点，以人的生命活动作为叙事主线来规划课题和进行历史判断。这或许能跳出目前思想争论，回到历史实际和问题本质。

提出这个想法，既是基于人的生物性，也是基于生态学原理；既是基于中国环境问题现实，也是基于中国文化传统。具体想法有以下几点：

其一，人类兼具文化属性和生物属性。人类主要通过文化方式而非依靠本能来适应自然环境、发展经济生产、推动社会进步、满足物质需要，这是人类区别于其他动物的根本属性。但文化属性并不能使人类完全免除其生物属性，不能摆脱生态规律的最终支配。拥有文化的人类并不能放弃对食物、空气、水……的需求，不能完全摆脱病毒、细菌、有害物质和其他不利自然因素的侵害。从理论上说，一切文化创造和经济活动首先都是为了保障人的身体健康、生命安全和种群延续，但历史实际并非如此。特别是近几个世纪以来，由于工具理性和经济理性过度张扬，由于资本利润私欲的极度膨胀，不少方面的人类活动强度逼近甚至超过自然环境承受能力的极限，违背自然生态规律，因而不断走向人类理想目标的反面，造成了严重的环境问题：资源匮乏了，食物有毒了，空气污染了，土地退化了，水体黑臭了……首先受到挑战的就是人的生物属性——作为一种生物，人类身体健康和生命安全由于自己的认识错误和行为不当日益受到威胁，人与自然的矛盾和冲突日益尖锐。这迫使我们需要重新认识自己的生物属性与历史地位，对我们一直引以为豪的文明进行系统性历史反思。

其二，生命是生态学的问题和理论核心。许多学者主张：生态学是环境史的主要理论基础和分析工具。什么是生态学？生态学是研究生物体与其周围环境（包括非生物环境和生物环境）相互关系的科学。一百多年来生态学发展出了很多分支，但始终都是以"生命"为中心，对特

①　笔者最早初步提出这一概念是在 2010 年，见王利华《浅议中国环境史学建构》，《历史研究》2010 年第 1 期，这里根据近年思考作进一步申论。

定物种的生境进行"价值判断",都是基于生境中的各种因素条件之于这一物种生存、繁衍的利弊而做出。环境史既以生态学作为理论基础,强调"生命"的中心意义乃是理所当然的事情,是否有利于人类这个特殊生物类群的身体健康和生命安全,自当成为进行历史意义评估和价值判断的一个首要标准。

其三,环境危机的实质和要害是生命受到威胁。良好的生态环境,是人类生存发展的基础条件与根本保障。由于自然和社会两类驱动力量的交相作用,环境之中各种有机、无机、物理、化学、生物……要素之存在,既有其"时、空、量、构、序"规律,亦始终处在平衡与失衡的动态变化之中。各种要素严重失衡必然带来短缺匮乏、过量积聚、结构失当、时空失序等问题,导致人类生态系统乃至整个地球生物圈发生紊乱,进而威胁人和其他物种的生存、延续。成千上万年来,中华民族为了生存和发展,不断认识和适应生态环境,开发和利用自然资源,经历过无数的艰难困苦,创造了极其丰富的文明成果,也留了十分深刻的历史教训。当代中国经济发展的速度史无前例,环境破坏的速率和程度亦是前所未有。饿死和冻死的人愈来愈少,这是经济发展的伟大成就。但因食物、空气和水的污染而受到严重影响的人数不断增多,这是环境破坏的后果。开宝马、喝脏水的荒谬悖论日益凸现,越来越多的人拥有名车的代价,是更多的人饮用愈来愈不洁净的水、食用愈来愈危险的食物、呼吸愈来愈难闻的空气。接连发生的恶性污染、中毒案例已经足以证明环境问题的严重性,由此而频繁引发的群体性事件则说明环境危机同时还是社会政治问题和国家安全问题。这绝不是中国现代化所期望的结果,但显而易见是与之相伴随行的。因此我们不得不认真回顾历史,重新思考社会经济发展的方略、目的和意义:什么才是合理的发展?可以肯定的是:谋财害命和可能导致断子绝孙的发展决不合理!当今环境危机的实质和要害,正是盲目、过度等不合理发展造成诸多环境要素严重失衡,资源不断耗竭,生态系统发生紊乱,对物质供给、身体健康和生命安全造成日益巨大的威胁。这使人们对自身生存、发展的前景感到焦虑、紧张甚至恐惧,也对环境问题日益关切,环境史研究应当重点回应这种关切。只有这样,才能明确自身的学术责任,透过历史为谋求合理发展提供思想资源。

其四，"生命关怀"是中华文明的价值核心。中国人都说"人命关天"，这是一种"生命至上"的精神。这种精神推己及人、由人及物，具有遍满天地万物的普遍意义。不论是儒家的"天地之大德曰生""亲亲、仁民、爱物""民胞物与"，佛家的"慈悲""护生""众生平等"，道家的"乐生""养生"和"万物等齐"，还是原始的"万物有灵"和后来的"万物有情"观念，无不体现出中华民族所固有的环境意识和生命精神。在中国传统文化意识中，生命遍布于整个世界，不仅人和他们赖以生存的五谷六畜是有生命的，自然界中的山川、土地、草木禽兽乃至一滴水也都是有生命的。关怀生命、与天地万物共存，是一种生命大爱精神。很遗憾，这种精神在社会生产力和经济水平十分落后的时代，因贫穷、饥饿等各种生存压力，未能充分转化成为环境保护的社会行动力。在急速的现代化进程中，曾经被严重地忽略，重污染、高能耗型产业结构和谋财害命式的生产经营，不断加剧了环境生态危机，必须进行最深刻的历史反思。

笔者承认自己提出"生命中心论"是基于人本主义立场，但不希望它被认为是"人类中心主义"的翻版。因为我们主张既要关怀人类自己的生命，同时还要关怀其他物种和整个环境的生命，因为人类与周围世界中的其他物种乃至非生物因素，是一个具有复杂生态关系的"生命共同体"。

对于如何理解历史学意义上的"环境"，如何认识历史上的人与自然关系，笔者还想基于"生命中心论"立场特别强调几个基本观念：

首先，"环境"是一个历时性的生命空间或者生命场域。地球是迄今人类所知的唯一有生命的星球，与人类直接对应的环境，则是这个星球提供给人类的生命活动场域。人类生存必须依托于一定空间，这个空间不是空虚的，它包括人类自身和众多有机与无机、生物和非生物因素（环境），人类及其生存环境共同构成地球生态系统中的一个亚系统即人类生态系统，人类是这个系统中必须承担相应道德责任的主导力量。从时间过程看，自进入"人类世"① 以来，人类活动范围迅速扩大，如今已

———————

① "人类世"（Anthropocene）是诺贝尔奖得主、大气化学家 Crutzen 和生态学家 Stoermer 等四位科学家在 2000 年正式提出的一个地球科学概念，这一概念用于"研究大约 10000 年以来人类活动和自然环境构成的地球系统的变化及适应的可持续发展性"。参见刘东生《开展"人类世"环境研究，做新时代地学的开拓者——纪念黄汲清先生的地学创新精神》，《第四纪研究》2004 年第 4 期。

经遍及地球的每个角落，影响力不断增强，地球生态系统演变在许多方面已经由自然驱动转为人类主导。然而，人与自然是彼此作用、互相反馈的，人类活动日益广泛而深刻影响地球生态系统，地球生态系统亦日益广泛而且深刻地影响人类生命活动。因此，地球是一个生命场，与人相对应的环境乃是人类在历史过程中不断扩展的生命活动场域，它不是固定不变的，而是处于不断变化之中，其空间大小和结构性要素都随着时间推移而不断发生变化。环境史研究主要考察人类不断扩张其生命活动场域的历史过程，以及人与自然在历史过程中的彼此作用和互相反馈。

其次，人类生命活动必须依托自然环境，同众多的物种休戚与共。我们所说的"环境"是人的环境，是以人类为中心来界定的，但人类不能脱离其他生物而独存，人类必须依赖于一定的自然环境条件（包括生物和非生物、有机和无机的条件），人类与众多生物乃至整个环境是彼此依存、休戚与共的统一整体。因此，环境史研究者比过去的历史学者更加重视人类生命活动的自然基础，更加重视各种生物和非生物的历史价值和意义，试图深入解说历史上人与其他生物以及非生物之间相互依存、彼此作用、协同演化的生态关系。

再次，人类文明发展是地球生命系统演变的一个特殊组成部分。人类社会是地球生物圈的一部分，虽可划分为许许多多个地理单元、社会聚落和文化类型，但总体上都从属于地球生命系统。人类文明史是一部特殊的生命演化史，也是一个广义的生态过程，归根结底是地球生命系统演变的一个重要阶段和组成部分。在人类漫长的生命活动历程中，社会、经济、文明甚至人类自身都在不断适应并改变着地球，与之协同演化：社会可以理解为人类生命的存在形式和组织结构，经济可以理解为人类生命的物质能量供给系统，文化可以理解为人类生命活动的手段、方式和规则。我们追求"生态文明"，需要推动社会、经济、文化各领域各方面的全面变革，全力保护地球生态系统，促进人与自然和谐发展，把人类生命活动推向一个更高级的阶段。环境史探讨不同文明系统和历史阶段众多社会文化因素与自然环境因素相互作用、协同演进的生态关系，正是为给生态文明理想之实现提供过往经验。

最后，物质能量支撑和健康安全防卫是人类生命活动的两个基本方面。当我们回到历史起点进行思考，可以发现：人类自诞生的那天起，就一直主要围绕着生命的存在和延续而开展各种活动。毫无疑问，人类活动的目的和方式伴随着社会文化发展而不断复杂化，但获得物质能量以支撑生命系统的发展、延续，建立健康和安全防卫机制以应对各种天灾人祸和环境威胁，却始终处于基础地位。这两个方面，既是文化衍生的原始起点，也是文明演化的根本动力，同时还是人类与自然交往的主要目的和界面。因此，应当首先围绕生命的支撑与防卫、延续和发展去理解历史上的人与自然关系，凸显生命的价值，追寻生命的历程。从这个意义上说，环境史（生态史）学乃是一种"生命史学"。

基于上述理念开展环境史研究，我们或可不再因为"生态中心主义"与"人类中心主义"的对抗而感到精神恍惚，并且可以标明环境史区别于历史地理、经济史、社会史等的学术目标、研究内容和解说方式。

四　环境史的研究维度和叙事主线

笔者反复主张：中国环境史研究应当紧扣中华民族生存与发展这条主线。假如我们坚持将"生命关怀"作为环境史学的精神内核，那么，环境史就应当回到关乎人类生存和发展的那些最基本问题，围绕这些问题考察不同时代人类社会与所在环境诸多因素之间的生态关系，梳理这些关系发展、演变的历史轨迹，从中既了解自然环境变化的历史，又重新认识人类自身的历史。其要旨在于关系分析。

如此一来，人类为了解决基本生存问题而采取的环境行为及其后果，就成为环境史叙事的主体内容。从"生命中心论"的立场出发，笔者认为环境史的研究对象和课题，应当包括两个主要方面及其衍生内容。

其一，为了获得最基本的生命保障，人们如何认识、利用和改变自然条件，不断扩大能量生产，创造各种物质财富，同时对自然环境造成影响？

其二，为了保证身体健康和生命安全，人们如何应对和规避来自于环境的各种风险和威胁（包括有害的病毒和细菌、气候和地质灾害、人造的有害物质，以及自然界乃至人类内部的敌人），并为之而不断改变环境？

其三，围绕上述两个方面，人们创造了怎样的技术工具、产业经济、社会组织、政治制度和思想知识体系？

围绕生命活动（包括生命支撑和防卫体系之建构）这个中心，对环境史问题的观察和思考也许可以比较清晰，这两个方面自古至今的发展变化线索，便是人与自然关系发展演变的历史线索。在实际操作中，一部综合性的环境史著作至少应当梳理下列维度的历史变化过程：

一是人口民族维度——中国大地是如何从"厥初生民"开始发展到后来的亿兆斯民？人口变化如何影响自然环境？不同人群分别采用了哪些不同方式同周遭的自然世界打交道？

二是地理空间维度——自古至今，中华民族是如何不断地扩大自己的生命活动场域？以往史家所说的从"中原之中国"到"世界之中国"的发展变化，其实就是将那些原先荒无人迹的地方不断改变为人类生存环境的过程，这一过程是如何逐步完成的？

三是物质能量维度——大大小小的社会，都是物质能量生产、分配、流通和消费系统，物质生产和能量转换水平是文明发展可测试的主要指标之一。自古以来，人类为了满足物质能量需求，不断利用自然环境条件开展劳动活动，在不断改变着物质生产、生活方式的同时，也不断适应、利用和改变着所在的自然环境：食——从果蓏蠃蛤到转基因食品；衣——从裸身散发到衣冠华服；住——从山顶洞到城市"集装箱"；行——从服牛、乘马到高铁、飞机，一切发展变化都无不伴随着人与自然关系的调整和演变。人类物质生产和生活方式如何既依赖于环境又改变了环境？要想回答这个问题，尚有无数的研究课题等待开拓。

四是身体与性命维度——有史以来，生态环境是如何造成对人类身体健康和生命安全的影响，人们如何应对来自周遭环境（这里包括自然环境和社会环境）的各种威胁？这些看起来是医学史、灾害史研究应当考察的问题，因为密切关联着历史上的人与自然关系及其变化，所以也是十分重要的环境史课题。从古代"岐黄之术"发展到现代医学，从远古消极承受、占卜祷告发展到现代高度复杂的科学防疫防灾体系，同样伴随着并反映了古今人与自然关系的一系列复杂变化。

五是社会和政治维度——主要思考人与自然关系（特别是对自然资源的开发、利用、占有、管理等）如何伴随着自原始人群到现代国家（社会关系）的发展演变而不断改变。

六是知识、情感和观念维度——自古至今，人们关于自然环境的思想、知识、信仰和态度发生过怎样的变化？中华民族是如何从"万物有灵"发展到"万物有情"？又是如何接受关于自然界的近现代科学知识和思想体系？这些发展变化如何影响了我们的环境行为？

总而言之，采用"生命中心论"的立场，围绕生存、发展的主线来研究中国环境史，可以更加彰显环境史研究的特殊意义，更好地坚持历史唯物主义立场；紧扣生存和发展的主线，围绕生命活动这个中心，有助于避免因为历史现象过于繁复、变化和扑朔迷离而陷入思想混乱；透过生存方式和生活状态的历史变化，可以更清楚地分梳出不同时代和地域的主要环境问题，对多样化的经济生产、社会生活、环境行为和环境意识及其之于生态环境的影响，做出更具历史理性的价值判断，而避免以偏概全、以今律古。

（本文为作者在大会上所作的主题报告，修改后发表于《历史教学》2015 年第 12 期）

清中期东川矿业及森林消耗的地理
模型分析（1700—1850）

［德］ Nanny Kim（金兰中）著　周　琼　整理[*]

古代矿业和矿区周围森林的破坏是众所周知的事实。但由于相关数据极少，具体分析矿业对森林的影响和人类其他活动对森林分布影响的研究，角度较大，成果较少。本文用地理学和史学方法来研究清代矿业兴旺时期滇东北东川府大矿冶炼消耗的木炭对周围森林的影响。东川汤丹等著名大铜矿的相关史料相对来说还很丰富，但涉及植被、炼铜燃料消耗量、运输路线和条件以及其他相关情况，如人口分布、土地利用都没有具体记载。需要逐步复原区域的历史地理之后，通过冶炼技术分析估算木炭需求量，再根据植物学相应数据假设植被情况，最后用地理信息系统设计植被变迁模型，模型中估算森林砍伐和恢复过程，算出不同矿区在研究期间内破坏森林的面积。研究结果表明，滇东北矿业开采冶炼影响到森林分布的面积比较有限，东川府及周围地区森林的消失是多种因素导致的。

一　研究缘起

东川的汤丹厂是清代矿藏开采历史上最著名、产量最高的铜厂。雍

---

　*　金兰中，德国海德堡大学汉学系研究员，主要研究清代以降中国西南环境变迁史、灾害史。

　周琼，云南大学西南环境史研究所教授、博士生导师，主要从事环境史、灾害史、疾病史及生态文明建设研究。

正年间鄂尔泰改土归流后，东川顺利成为中央集权控制下的行政区，铜矿资源的开采被提到议事日程上来。乾隆二年（1726）开始大规模开采，出铜量较大，受到地方政府的关注。汤丹厂 1730 年铜产量开始提高，很快闻名全国。清政府之所以极为重视东川的铜矿开采，源于确保钱局用铜铸币的需要，并在当地建立了铜政管理系统①，清代云南铜政因此留下了丰富的资料，使后人对清代云南铜政有了研究的基础。

根据年产额、年度铜斤收买量的记载以及对私铜比量的估计可以初步复原东川府所辖铜矿的总产量。乾隆二年（1737）到道光末年年产量始终在 2000 吨以上，乾隆中期为产量高峰期，产量达 4000—6000 吨，18 世纪 70 年代以后下降，但维持在 2000—3000 吨上下②。道光末年，内战爆发，云南矿业失去市场，矿区群体矛盾酿成武装冲突，大部分矿区陷入战乱，矿业基本消灭。清代后期经济衰退，矿业也一直处于萧条状态，民国时期滇东北的矿冶业也没有回升，工业开采基本到 20 世纪 50 年代后才开始。

古代的矿业中，铜矿年产量上千吨，规模就已经是非常宏大了，对区域社会、经济和环境都能产生重大影响，从这一层面看，在古代人类活动对生态环境的影响中，生产方式对植被的影响是最大的，其中影响较大的产业首推农业，矿业次之。相较而言，农业对大面积植被的影响较大，矿业对小区域生态环境的集中影响相对激烈，并且破坏性大。学术界对农业史研究的成果较多，包括不同农业制度的比较研究，但对矿业生态影响的研究相对少，比较研究更无从说起③。迄今为止，矿业主要集中在国家或区域范围内探讨，对世界不同地区的矿产开采进行比较研究的成果尚未见到。从已有研究来看，研究区域的分布不均与资料不均匀有密切关系，欧洲中世纪以来资料非常丰富，日本德川时期资料也不少，中国矿业规模不小，可是资料反而十分缺乏，这是导致中国相关成果缺乏的主要原因。

对明清时期而言，明代记录异常少，清代初期延续明代传统。康熙后期以来，铜、锌、铅、锡因涉及铸钱，逐渐被政府重视提倡，乾嘉道年

---

① ［瑞士］傅汉斯：《清代初期的货币政策和云南铜矿》，苏黎世大学汉学系博士论文修改稿，1989 年。

② 同上书，第 278—280 页；杨煜达：《清代中期（公元 1726—1855 年）滇东北的铜业开发与环境变迁》，《中国历史研究》2004 年第 3 期。

③ 目前受重视的大分流讨论，也是就农业、工业对生态环境的影响进行的。

间铜矿方面的记录比较多，但主要还是集中在制度、则例和课税方面，反映矿产开采、技术及运转的资料还是极为缺乏，涉及矿业与地方社会以及环境关系的资料就更少。即使在清政府当时最重视的重点矿区——汤丹厂的记录中，也偏重于此矿区的产额、产量记录，虽有一部分反映具体情况的记载，如《东川地震记》、1949 年大麦地（汤丹厂）赵氏宗祠的一篇祠堂碑文[①]。但在汤丹厂一百多年的大规模开采史料中，对矿工人数、工艺流程、经济运转等都没有任何记载，研究者很难了解到具体情况。

为克服这些研究困难，笔者将尝试用建立植被地理变迁模型的方式，对东川矿厂对生态环境的影响进行探讨，以推进不同地区矿业史的比较研究。

从全球史的角度来看，在古代矿产开采中，东川矿厂的规模是极大的，全球范围内有这样开采规模的矿区不多。因资料相对少，研究这个案例需要采取一种并不需要十分详细的数据就能分析出详细具体的信息，以及要采取结果相对具体的方法才有可能突破局限性。根据以上考虑分析，本研究决定对矿业史研究中的一项比较核心的问题进行探析，即开采冶炼燃料的消耗对植被的影响从具体森林消耗面积来进行分析。

古代金属冶炼因技术原因除了中国锌冶炼技术可以用煤炭以外，其他都必定要用木炭。从经济角度讲，规模开采矿区面对的发展上限经常不是矿石开采而是木炭供应。从环境史和区域历史角度来讲，森林消失是古代矿业留下影响最大的痕迹。因此本研究利用数据不多的案例来开发相对简单的研究方法，以备今后进行不同重要矿区的比较研究。

本论文在研究方法上同时应用历史学的资料分析以及地理学的分布分析。要进行地理分析的研究，在植被数据不多的情况下，首先要对森林面积、种类、回复循环以及砍伐烧炭技术做分析并设置面积和参数。其次要知道矿的分布、金属生产量以及交通路线，然后再根据这些数据来分析矿产对森林植被的影响，才能估算出森林消耗的面积及区域分布。因历史植被的数据缺乏，原来植被的分布完全是假设，模型严格来说完全是抽象构造。不过，地理模型的长处是得出的数据就是地图，地图上的情况可以和现实情况比较，也可以用一些新的数据来否定或肯定其研究结论是否正确。

本文对从清代改土归流到太平天国时期东川府以及附近地区大矿区

---

① 《赵氏宗祠碑文》，见《清代的矿业》上册，中华书局 1983 年版，第 103—104 页。

的开采进行模型分析研究，对矿业直接消耗的森林面积进行探讨，用地理信息系统模型建构的方法，据矿产规模、地理分布、运输路线及矿区物资需求量、供应量估算出运输量、运输效率等信息，再根据当时的冶炼技术，估算出木炭的消耗量，再据木炭消耗量估算出木材的消耗量，进而估算出森林消耗的面积。目前的研究在初步尝试阶段，本文将新的研究方法应用到滇东北东川府地区，用意是介绍一种可以推广到世界上其他矿产开采区的生态影响及后果等方面的研究中。

二　清代东川矿产的生产情况

清代东川府的主要铜矿区位于碌王山北坡，碌王山夹在普渡河和小江之间，河谷海拔在 1000 米上下，山顶高达 4300 米。清代开采的主要铜矿区依旧是在碌王山，最大的矿产是小清河以南山坡上的汤丹厂。乾隆年间又在东川增开了许多新矿区，其中最重要的是碌碌厂（今落雪），其海拔为 3200 米，邻近大水沟厂（今因民）、茂麓厂。

当地铜矿开采历史悠久，铅金属同位素分析研究表明商代青铜器的铜使用的就是用汤丹矿床的铜。然而，汉代以来开采的规模和连续性等情况都没有记载。

元明时期到清雍正初年东川是土司地区，属于四川，矿业及其开采没有留下任何文献记载。明代唯一记录是《徐霞客游记》，徐氏提到嵩明地区的道路情况，说矿道比大路宽大，驮马不少。这条记载，间接反映明末东川铜矿开采规模不小，炼出的铜运到昆明，可以确定是由汉人进行开采。

清代的记载从改土归流年间开始。但滇东北武力改土归流的指挥者、云贵总督鄂尔泰在奏稿中始终未提到矿山和汉族居民的情况，但汤丹矿于 1726 年正式开厂，乾隆初年后云南铜矿开始大量供应京铜，为北京户部和工部两大钱局提供铸币用的铜[①]。提到汤丹矿早期的具体情况的文献

---

① 商代铜器方面的研究，见李晓岑《商周中原青铜器矿料来源的再研究》，《自然科学史研究》1993 年第 3 期；杨光坤《东川发掘铜器的研究》，1992 年；明代后期到 1733 年汤丹矿历史探讨的研究，见 ［德］金兰中《崔乃镛〈东川地震记〉与汤丹铜矿供京铜之前的历史和开采规模》，*Cross-Currents：East Asian History and Culture Review*，13 号，2015，pp. 51—74。

是雍正十一年（1733）崔乃镛《东川地震记》："厂人累万，厂有街市、巷陌，震时可以趋避，伤亡者仅四五人，而入山采矿之槽洞深入数里，一有摇动，碛累沙挤，难保其不伤亡也。厂数百洞，洞千百沙丁。"[1]

崔氏在记录矿区的地震信息时，清楚地记录了雍正末年汤丹矿的庞大规模。地震发生时，崔乃镛人在府城，记录的情况最细，没有人死亡，城外一名男孩受伤。可以判断矿镇比府城大。矿区人数"累万"，矿洞有"数百洞，洞千百沙丁"，"槽洞深入数里"很可能有所夸张，但矿区在地震过程中，矿洞是死亡最重、矿工人数大的区域，矿洞如此之深，反映了开采规模及开采历史，深数里的空洞不可能是1726年开矿以来几年间就能够达到的发展规模，从中可确定徐霞客的记录属实。

在碌王山著名大铜矿以外，还有其他矿区开采银、铜、锌、铅、铁。碌王山山脉上和小江以北对立的祜牛寨山麓上还有几处相对较小的铜矿。金沙江以西有大风岭铜矿和小铜厂铜矿。其他金属方面的记载远远不如铜矿的多，部分矿连地名考证也不清楚，开采规模无记载。据乾隆二十八年（1763）《东川府志》记载，东川银矿厂早已关封，正式记录的矿山有者海还有白铅矿，幕魁和大水塘有铁矿，阿那多有黑铅矿。此外，金沙江以西老鸦山上有大银厂和小铜厂两个地名反映矿产情况，但期间开采状况不清楚[2]。东川府附近地区也有几个大矿，鲁甸厅的乐马银铜矿靠近牛栏江，东川府和昭通府的界线。乾隆三十二年（1767）乐马矿因产铜正式开厂，铜产量始终不高，但乐马成为18世纪后期内地第一大银矿[3]。金沙江以西的棉花地银厂在同一时期也成为重要的银矿，清代属东川府。[4]

铜产量以外有关产量的记载，只有者海白铅厂（锌矿）有间接反映其产量的资料：东川钱局铸钱定额是22万4千串，根据钱币重量和铸钱

① 金兰中，2015年。

② 乾隆《东川府志》，卷四：山川，卷十三：物产。

③ 相关分析见杨煜达，金兰中译《边疆银矿：清代西南边疆地区的矿业社团》，金兰中、Keiko Nagase-Reimer 编，*Mining, Monies and Culture in Early Modern Societies: East Asian and Global Perspectives*，（古代晚期社会中的矿业、金融和文化：东亚和全球视角下的探讨）；雷顿，2013年，第99页。2016年11月18日笔者和杨煜达对棉花地的田野考察确定大规模开采和清代时期的繁荣。

④ 2011年4月9日杨煜达和笔者对乐马的田野考察确定，乐马有非常大的开采规模。

合金，锌成分约为 30%，可以大概判断东川钱局年需求量在 400 吨上下①。者海锌矿年产量至少在 400 吨以上，可见开采规模不小。另外，根据笔者近年来的田野考察表明，者海炼锌主要在倭铅厂，炉渣堆几乎填满了山谷，开采历史应当很久。矿山厂根据记载"早封"后来又开角麟厂，但效果不佳。然而，矿山镇山谷从前炉渣堆比倭铅厂还多，是函银铅矿冶炼留下来的。古代铅的价格低，用途有限，可以确定矿山开采主要对象是白银，并且开采历史长、规模大。②

《道光云南通志》中记录"银厂厂课"，可以补充两个银矿以及开采规模方面的相对粗略的信息。乐马原来定额为 42532 两，1829 年降到 4674 两，同年棉花地上报的税额是 5106 两，金牛厂 290 两、角霖厂 120 两。③ 根据税额判断，乐马明显最大，但 19 世纪初已陡然萎缩，棉花地也算大矿，金牛和角霖（即矿山）规模不大。税额和其他记载和田野考察结果出入比较大，据道光中期当过会泽县知县黄梦菊《云南事实》记述，棉花地于乾隆三十六年（1771）前后开始缺额，金牛厂乾隆四十三年（1788）开厂，乾隆五十四年（1799）最旺。但 1800 年前后矿洞入水，无法采矿，矿业就开始走下坡路。笔者进行的田野考察的结果表明，棉花地开采曾经十分繁荣，金牛开采规模相对很小。④ 因炉渣堆是最客观、直接的证据，据此判断金牛厂的税额偏高，矿山虽封锁，但实际上的开采规模也不小。

根据以上分析初步判断相对规模，将乐马厂定为 18 世纪后期巨大银矿，入 19 世纪逐渐缩小，棉花地定为大矿，可能乾隆前期最旺，矿山厂白银和黑铅开采规模都大，但期间不清楚，金牛厂为 18 世纪八九十年代一时兴旺的银矿。幕魁、大水塘两个铁矿虽然除了地名以外，没有其他资料可供利用。唯一线索是铜锌银矿业冶炼时对铁器工具的大量需求，

---

① 东川钱局的钱文重量偏低，按一枚文 4 克重量和锌为铸钱合金属的 40% 计算，年消耗量为 358 吨。

② 《云南会泽铅锌矿志》1992 年。李晓岑、杨煜达和著者 2014 年 8 月田野考察证明倭铅厂无矿硐，冶炼遗址颇久，矿山镇附近炼铅炉渣以前填满山谷，反应古代炼银规模之大。

③ 道光《云南通志》，卷 72：矿厂。

④ 2016 年 11 月 18 日笔者和杨煜达对棉花地的田野考察，2016 年 11 月 12—13 笔者带领余华、张野莓、邓智成金牛村的田野考察。

因而认为铁矿开采的规模应该也不小。①

　　地图 1 提供东川府和周围地区的地理情况和大矿分布。以上分析可以确定，矿业是清代区域经济发展的龙头企业。矿业开采带动了大规模的人口迁入和农业开发，逐渐形成了坝子地区以及坡度不高的山坡上人口密度比较高的聚居态势，由此半山区开垦的田地逐渐增多，对森林的砍伐及消耗的面积开始增大。

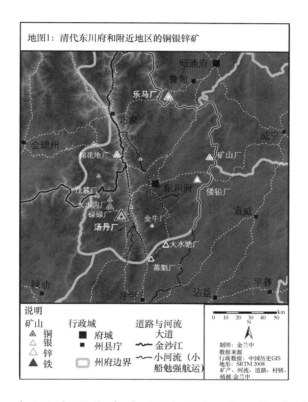

地图1：清代东川府和附近地区的铜银锌矿

三　东川矿区分布交通地理与矿区物流体系

（一）东川矿山交通网络的地理分布

　　铜政管理体系留下的资料，如《铜政便览》《滇南矿厂图略》提供了

---

　　①　幕魁和阿那朵的位置未能查到。阿那朵黑铅厂大概就是矿山厂。幕魁根据近代地图上的铁矿反映大概的位置。

矿厂、铜店、卡和站的地名以及运铜费用方面的规定，即部分里程等。用这些信息可以复原矿区地理，包括矿区、矿镇、村落和交通路线。①

这项工作从地理位置相对清楚、前后未变的重要城镇出发，根据路程的距离，核实查明那些较小的、不能确定的地方。需要注意的是，依据距离来判断里程，是不能等于测量的实际距离的。原来定里程的标准是时间，包括距离、坡度以及路况，因此，只要完成从资料记录到制定出相关规定的过程后，就意味着所有运输不管天气、路况，或发生意外，都要一天之内完成60里路的任务，因此计算的里程只会偏高，不会偏低。

地名和路线的复原，尽量用分辨率高、绘制早的地图。本研究主要用民国时期第一套测绘地图（比例1：10万）和1940年前后的美军地图（比例1：25万）。此外参考地方志中的文献资料和地图、游记、当代地图集以及田野考察的观察及照片。地形还用1960年到1900年之间绘制的苏联地图（比例1：500000和1：250000）。②

文献史料中6个大铜厂定位比较简单，但15个子厂部分非常难找。③在清代的铜政管理体系中，母厂和子厂的区别是财政管理中需要明确的。母厂是正式开厂的大矿，子厂是后来开采，但铜本、产额和母厂一起计算的矿。找记载中的地点时，经常遇到两个方面的问题。第一，大厂基本是母厂，但子厂的规模不定，有可能是单独的矿洞，也有可能是规模不小的矿区，其中开采时间不长、规模不大的子厂部分已经无考。第二，根据规定，子厂和母厂距离不得超过40里，子厂将生产的铜运到母厂的运费可以报销。实际上文献中距离的记录不多，但一般是20里或40里，显然和真实距离关系不大，因而子厂的地理位置无法用距离来判断范围。由于这些困难因素，除个别规模特别大、留下遗址的子厂以外，大部分子厂无考。本研究中唯一能确定的子厂是汤丹的子厂九龙厂，规模可能和独立铜厂的紫牛坡铜厂相等。其他几个子厂名称虽然无法明确对应上，但离大厂很近。在下面的研究中，子厂和母厂笼统算一个矿区。

① 吴其濬《滇南矿厂图略》，1844年刊本，《续修四库全书》版本。《铜政便览》用嘉庆稿本，《续修四库全书》版本，另外有光绪年间稿本，藏科学院图书馆。
② 地图由台北中研院人社中心地理资讯科学研究专题中心和美国德克萨斯州大学图书馆Perry-Castañeda Library提供，图宾根大学地理系罗汉斯和狄森风加工配准。
③ 傅汉斯，1983年，第281页。

　　碌王山上的古代矿区因现代开采地貌变化很大，古代矿硐、水塘、明槽、冶炼遗址、炉渣、建筑等都无复存在。对矿山交通路线的恢复难度也比较大。在初步根据地图确定路线之后，笔者进行过几次田野考察，针对性地考察不清楚路段和陡坡山涧无法修公路的地段，以及古代道路保存较完整的地段，同时还采访当地人，力图用口头历史学的方法，尽可能多地了解传统路线和运输条件的具体情况。①

　　通过地理信息系统对道路主线和厂道进行分析，发现文献记载和现实地理有一定出入。例如驿道的里程明显偏长，60 里的里程实际上不会超过 22 公里，但厂道里程相对长一些，经常达 25 公里。此外在部分厂道发现明确的路线错误。其中茂麓厂到会泽的路线最明显：根据文献记载茂麓厂先到大水沟走四站，经过桃树坪、树节和苗子树，从大水沟到会泽又走三站半，和大水沟路线一致。其中茂麓厂出来第一站桃树坪几乎肯定是当今小桃树坪村；第二站如果是近现代的金沙江上渡口的树节，就很难理解，离茂麓和因民都相当远，如果理解为金沙江大湾不到的牛厂坪有一定的可能，但也绕路；第三站苗子树未能查到。在地图上画出经过小桃树坪和牛厂坪到因民的路线明显不合理，路线从茂麓先直上小桃树坪，其实离因民已经不远，但又下到金沙江才上因民，从距离来讲绕得远，上下高坡更不合理。

　　2008 年 11 月，笔者第二次到东川，向东川市文物局前任局长李天护请教。李先生当时 73 岁，在 20 世纪 80 年代时曾带队考察铜矿文物，对铜矿文物及历史较为熟悉，迄今依然承担并看重文物保护的责任，专门带领笔者考察舍块乡的茂麓村。采访当地村民了解到，往因民的小路直接从老厂区沿着山梁往上爬，一天就走到因民。但当时碰上大雨，无法亲自顺着路线考察，只能确定从厂区山坡上往山梁确实有修过的古道路，在一两处凿通岩石，可以确定是规模开采时代修的道路。

———————

① 相关田野考察工作包括那姑到蒙姑的两条古道、牛栏河上的江底到昭通坝子上的驿道（金兰中、Hans-Joachim Rosner、Stefan Dieball，2007 年 3 月）、茂麓到因民的小路、小江河谷的小江到会泽坝子的古道（金兰中和苏荣誉，2007 年 11 月）、小江河谷洒鱼到乌龙古道（金兰中 2007 年 12 月）、昭通坝子经过五寨到大关的晚清驿道（Kim、Rosner、Dieball，2008 年 3 月）、莲峰到金沙江河谷的糖房（金兰中和狄森风，2008 年 3 月）、会泽的乐业经过老铜店到江底的古道（金兰中和聂选华，2015 年 11 月）。

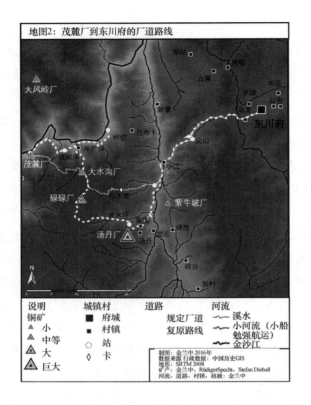

地图2: 茂麓厂到东川府的厂道路线

说明
铜矿
△ 小
△ 中等
▲ 大
▲ 巨大

城镇村
■ 府城
■ 村镇
⬠ 站
◇ 卡

道路
～～ 规定厂道
•••• 复原路线

河流
～～ 溪水
～～ 小河流（小船勉强航运）
━━ 金沙江

制图: 金兰中 2016年
数据来源 行政数据: 中国历史GIS
地形: SRTM 2008
矿产: 金兰中、RüdigerSpecht、Stefan Dieball
河流、道路、村镇、植被: 金兰中

因民（大水沟厂）和落雪的厂道按规定要先往南到汤丹，再返回往东北下到小江，从小江塘转东上会泽坝子，总共花 3 日半。根据大朵村民的介绍，马帮由因民和落雪到会泽并不路过汤丹，从两条路线直接下到小江上的大朵，大朵到会泽一天就能走到。根据民国年间的地图回复这个路线，显然比规定的路线短很多，并且好走。茂麓厂道的分析表明，根据运铜路线规定走七站半的路程，实际上走了3—4 天。

复原的路线严格来说是近现代路线，和乾隆后期茂麓厂旺盛时期会有一定出入。虽然如此，复原结果明确表明规定中的厂道在运输繁忙时期是不可能使用的。这条路线写入规定的原因有三种可能：（1）抄写错误；（2）沿用最初探矿队或其他反映茂麓情况的人走到茂麓的记载；（3）地方政府将新的矿产运输通道报给迤东道时故意加长了距离，主要原因是地方官知道上级对地方地理的了解有限，故意将厂道编长，以便能够多报运费。其实紫牛坡厂和大风岭厂到会泽的厂道，重复了一站。由于在子厂距离和其他次要铜矿的厂道也发现过类似情况，第三种解释

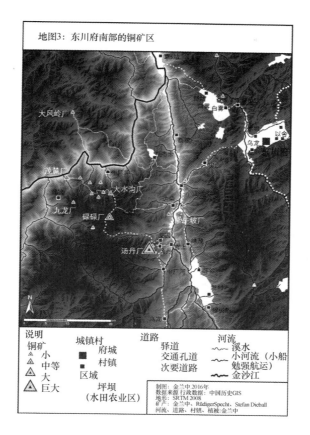

地图3：东川府南部的铜矿区

的可能性相当大。

茂麓厂道的案例表明，铜政文献的可靠性是有限的，虽然有具体的路程规定，但其管理的目的主要是用于经费的报销，并不是专业记录地点和运输路线为目的。另，云南其他铜矿的运输路线有更夸张的例子。最明确的案例是宁台厂到大理的路线，又绕远又翻过苍山。复旦大学杨煜达教授和笔者到永宁的厂街考察时，当地老人谈起宁台厂就指出，厂街对面的丘陵说是"四十里大坡"，其实是"骗钱"的，人背马驮时期根本不经过的。①

官方规定的运铜路程资料除了与实际情况不符以外，其稳定性对本文的研究也产生了负面影响。一般情况下，则例和规定成书之后，是很难改动的。但山路交通情况变化相当频繁，路况会受到滑坡、水冲、地

① 2011 年 3 月杨煜达与笔者田野考察。

震等影响，平常运输时间和桥梁等设施的创建和塌坏有关、运输效率和用马、骡子、驴、职业背夫和当地村民也有很大的关系。规定中的路线和里程，一般情况下能反映制定这项路线时期的基本情况。铜政管理制度大体在乾隆初期形成，子厂等补充规定的修订，是到乾隆后期慢慢完成的。初步开发之后，在开采兴旺期间经过道路、桥梁等运输设施的修建和马帮的发展，运输效率实际很可能明显提高，经过内战破坏和战乱导致的经济危机之后，道路情况恶化，同时缺乏马匹。

口述历史反映的近代矿区交通情况和文献中明显不同，近代路况并不好，但马帮一天走一站半，甚至到两站，据说运铜用大骡子，一驮约100公斤，矿区专业背夫有能背80公斤的。[①] 这些条件与文献记载的出入比较大，也很可能有所夸张，但是很可能反映清末到民国时期穷困村民的生计压力，人被迫和驮马竞争，背马夫的沉重负担形成的极端地卖力为生的体力技术状况。同时也说明规定的要求比较保守，其基本根据是一般平均可行性规定每天要完成的距离和每匹马驮的重量。

出于以上客观因素的考虑，东川矿区交通网的复原基本根据史料，路线根据文献地名和近现代小路，可疑路线参考近现代情况。另外，没有记载的路线一站的距离根据20到24公里估计。

地图3是以上工作的结果，绘出人口和田地集中的平坝、主要矿区和道路干线。

四　矿区的物流体系

工业化之前的矿区道路，大部分都已经埋在目前公路之下了，一小部分目前还是农村小路，还能看到古代道路的遗迹，但这些路目前是连通车土路也无法修筑的路段。图1和图2的照片是今小江村到会泽的古厂道尖山附近的上坡路段。在羊肠形的路转弯的地方，还能看到原来修过台阶和石堆，原来宽度在1米以上，可见是修过的道路，不是村里人走出来的小路。不过村民还是十分重视，石堆是后人还经常添上石头补修，作为天黑时走错的预备提示。尖山路段则可以完全确定是清代的厂道。

---

① 东川区、会泽和昭通地区的田野考察，2007—2008年。

图1、图2　尖山附近山坡上的厂道遗址，苏荣誉和金兰中
2007 年 11 月田野考察摄影

　　当今寂静的下路，在乾嘉道年间是繁忙的运输孔道，仅汤丹等铜矿京铜年运输量在 1000—3000 吨上下，从小江上会泽坝子全部走这条路。京铜运输量还不包含东川钱局铸钱用的铜和数量不清楚的商铜。铜的生产产生的运输量更大，但不好估算。可是，要分析矿业对环境的影响，需要估算整体运输体系的规模和效率。

关于矿区输入量的规模，《滇南矿厂图略》提供了珍贵线索，提到开矿不可或缺的 8 种物品，即米、油、炭、木材、铁、水、盐和树根。[①] 其中部分是工业原料，部分是矿民日常生活的基本用品，部分是双用的。米主要是食用米，但炼蟹壳铜的最后一工段炼出来的铜板用米汤冷却，让铜的表面变红，此时需用米，但与食用米比较，数量不算多。油的用途有灯油和食油两种，比例大约相等。炭主要用于煅炼，木材用于矿硐打箱，也造房和车间等，铁主要用于工具，盐用于食盐和搅拌到炉膛的专用泥土，树根用于煅矿。吴其濬强调这 8 种物品需求量大，供应一日不能短缺。因此推论其他物品或需求量不大，或矿产附近能供应。供应必须搞定的 8 种物品也就反映出其需求量大，近地不能满足，因此对运输体系的影响也就是最大的。

进行分布分析，可以假设一个效率理想的矿镇，其中非农业人口 5000人。人口是根据开矿、冶炼、劳动投入方面的记载估算矿工人数、铜产量以及燃料等物品的需求量。工人全年约 300 工作日（每 10 日休息 1 日、春节休息 10 日、雨季停工 1 个月上下）。矿镇的 5000 人中假设有 1800 名下矿的矿工、1500 名打杂工人从事选矿、洗矿和矿区内的运输工作，冶炼场有1080 名工人，包括师傅。剩下的 620 人是师傅家属、匠人、商贩、和尚、医生和妓女。假设矿镇有意不包括运输行业的人口，家属人口估计很低，是由于当地娶妻的工人的家人会有田地，因而严格说来不是非农业人口。假设矿镇模型位置在汤丹镇，以便分析交通运输的地理分布。因此表 1和表 2 分别估算出矿镇生活用品和矿区工业的年消耗量：

表 1 　　　　　　　　　　矿镇基本生活用品年需求量的估计

物　品	需求量 t/a	生　产　地
粮食	1400[a]	滇中、寻甸地区、碧谷坝、会泽坝子
食盐	27[b]	四川
油	55[c]	滇中、寻甸地区、碧谷坝、会泽坝子、托布卡和周围农村
炭、木	不清楚	周围地区

① 《滇南矿厂图略》1844 年，上卷。

续表

物　品	需求量 t/a	生　产　地
蔬菜、豆子、肉、水果	550[d]	三站以内的周围农村（碧谷、托布卡、那姑、会泽坝子）
布	27[e] （372 驮）	华东和四川
茶叶	少量	四川、滇南
百货	少量	滇中、四川、华东
烟草、鸦片	少量	滇中、滇南

a《滇南矿产图略》强调矿工一天吃一升米，因此按 0.8 公斤每人每天估算。

b 按 15 克每人每天估算。

c 按 30 克每人每天估算。

d 按 0.3 公斤每人每天估算。

e 按每人每年 4 匹布，马帮运输一驮 54 匹估算（有关驮的记载见《里昂市考察团中国商业考察的综合报告》第 148 页）

表2　　　　　　　　　　矿镇矿业材料年消耗量

物　品	消耗量 t/a	出　产　地
木炭	6750[a]	3 站以内的周围地区
木材、木根	不清楚	3 站以内的周围地区
盐	93[b]	四川
油	40[c]	寻甸地区、碧谷坝、会泽坝、附近农村
工具	比较大	大水塘铁厂、幕魁铁厂
青白石	不清楚	周围地区

a 整个冶炼过程铜出产量和木炭消耗量为 1 : 2.5。

b 根据入炉矿石量估计 260 座炼炉，每座炉膛用盐 100 斤（60 kg），炉子每两个月重新打造。

c《滇南矿产图略》第 12—13 页记 4 个人一工（即 12 个小时）用油 8 两（0.296 kg）。

　　这个估算反映了冶炼、修箱、造房以及日常生活用的薪柴消耗木材的状况，其消耗总量是非常大的。其中，日常生活、造房和修箱的用材无法估算，唯一能够计算出数据来的是冶炼对木炭的需求量。冶炼所需的木材可以根据铜产量估算。根据记载 3 名矿工和 2 名背矿工人是一个大矿小组，一天在理想工作条件下能挖 200 斤矿石，1800 名为 360 个小组，一年挖出 1800 万斤矿石。《滇南矿产图略》指出铜含量不达 30% 的矿石不能入炉，否则木炭成本高于炼出的铜的价钱。因此假设矿石含铜量为25%，经过选矿洗矿提高到40%入炉，入炉矿石即1120万斤，产出450万斤铜，即2700吨。根据一些锻矿和炼铜方面有关铜和炭比例的记载，比较乐观的假设产出铜和消耗木炭的比例为1∶2.5。

根据以上估算从工作和技术效率都假设理想条件的模型矿镇的估算，总共4380人生产出2700吨铜。然而，根据以上估算推算运输业的规模，也就不那么乐观了。

以下是运输规模的估算，假设周围三站以内的短途运输用背夫，三站路以上的中途和长途运输用马帮。木炭1篓30公斤，背夫背其他物品平均35公斤，马帮1驮72公斤。长途运输往北到盐津为止，因盐津是马帮交船运的地方，往南到昆明为止，因昆明是滇中的商业枢纽。表3介绍根据物品的主要生产地推算的运输量：

表3 矿镇的供应和输出量

主要产地	物品	运输量（t）	运输单位（驮）／背架	站数／往返天数／年度来回次数	专业运输业的马夫、背夫、马匹
汤丹以南地区					
寻甸	粮食、油（回程带铜500吨）	500	14000 ／ —	5 ／ 15 ／ 20	7个50匹马的马帮：350匹骡马、70名马夫
滇中	茶、烟草、百货、工具	4	55 ／ —	8 ／ 25 ／ 12	1个55匹马的马帮：55匹骡马、11名马夫
汤丹以北地区					
盐津	铜（回程带盐、布、茶、百货等，共200吨）	2000	28000 ／ —	14 ／ 35 ／ 9	16个200匹马的马帮：3200匹骡马、640马夫
周围地区					
周围林区	木炭	6750	— ／ 225000	1.5/4/80	2813名背夫
周围坪坝	粮食、蔬菜、豆子、肉、油、水果	1500	14000 ／ 14286	不清楚	部分由盐津回来的马帮带运179名背夫，部分由当地农民赶场自运

需要注意到的是以上假设的矿镇的数据不多，和实际情况会有较大的误差，20%的误差比较合理。但即使有20%的误差，模型估算也能反映物品消耗量的规模和比重以及运输业的规模。核心结果有二。第一，木炭消耗量超出所有其他物品的用量，运输距离虽然不远，一年四季供应木炭的背夫人数与矿业工人相等。第二，与矿业有直接关系的人口少于运输业人口。矿镇的运输交通繁忙，每天到达和出发的马帮有几百匹马，每天到冶炼厂供炭的也有数百名背夫。运输业的人员和骡马除少数不住在矿镇或周围地区，但加上常在矿镇的流动人口，矿镇原来5000人大概要加1000人，人马日用物品需求量也要相应地增加。并且从区域经济来说，职业大矿和职业运货的人都是非农业人口，生活靠区域农村和输入物品。

这个结果其实和欧洲中部工业化之前的铁矿区非常相似，有研究说矿区人口的1/3打矿炼铁，2/3的人口伐木、放筏、烧炭。①

表3中背炭用炭窑离冶炼厂平均距离为1.5站。根据18世纪中后期记载，老矿区周围的森林已被砍伐完，运炭经常要走3站路。可见燃料供应当时已成为矿产的重大问题，运输路线从一站延长到两站，炭价就翻一倍，炼铜成本也就明显提高。同时，烧炭和运炭对矿产周围地区的社会、经济、环境影响都非常大。冶炼规模还小，烧炭大概为周围村落的副业，运炭业在当地就能够解决。可是当规模达几百吨产量的时候，不仅是砍伐树林面积加大，生计靠烧炭和运炭的人也就增多，对区域社会经济结构的影响加大。

最后要考虑运输量对交通基础设施的要求。运输繁忙，道路必须修得比较好，道路的宽度成为运输效率的关键因素。路的宽度要基本能保证对向行进的两匹马能互相让过。同时，路况和桥梁也很重要。在山区将路修宽是一项艰难、费用颇高的工程，并且维护成本也高。此外，马帮和背夫的效率很大程度上靠马店、茶亭等设施，人马喝水、人吃饭、骡马喂料、宿夜以及经常补修用品的供应有保障，马帮背夫才可以不带任何多余东西，运输效率才高。

---

① ［德］Pierenkemper, Toni, *Die Industrialisierung europäischer Montanregionen im 19. Jahr-hundert*（19世纪欧洲冶金地区的工业化），斯图加特，2002年。

实际上，假设的模型矿镇比清代中期的汤丹规模要小。崔乃庸《东川地震记》1733 年就估计汤丹厂矿工人数在万人以上，1764 年或 1765 年的奏折报道矿工人数在 2 万—3 万之间，1770 年报道以前人数达 3 万，因缅甸战争军运引起的危机而下降到 1 万人。① 清代文献中的数字并不可靠，或许严重偏高。不过同一段时间汤丹厂记录的铜收购量从 1730 年 540 吨很快到 1500 吨上下，1750—1760 年代初高达 4500 吨，1770 年之后还是维持在 1 千吨上下。因初期管理效率高，乾隆中后期下降，实际产量乾隆初年大概从 1500 吨迅速增长到四五千吨。18 世纪 60 年代逐渐下降，1767—1770 年因严重缩小，可能降到 1500 吨，后来又恢复到 2000 吨。

从理想生产效率的模型矿镇回顾矿工人数的记载和产量，如果将人数的记载不直接对应为矿工，而是对应为"矿民"，即所有生计直接或间接靠矿业的人户，1 万—3 万人的数量并不算高。进一步根据模型矿镇对社会分析具体考虑规模，则产量在 2000 吨上下的大矿，包含打矿、打杂、冶炼的劳动力应该在 4000—5000 人，周围地区烧炭、运炭以及进行近途运输的人夫、马夫约 1 万人。汤丹镇总共 1.5 万矿民或非农业人口，规模是比较合理的。对东川府和附近地区的其他矿产进行类似分析，可以对区域社会经济的规模及其社会影响得到一个全新的认识。

其他矿的产量记载很有限，只能进行大概的记载进行比较研究。根据综合判断，乐马厂旺盛时期，产量接近汤丹厂的规模，矿山和会理的麓山次之，矿镇人口可能达 1 万。其他矿相对较小，兴旺时在 5000 上下的厂，主要包括落雪、棉花地、昭通府的戈魁银厂（今彝良以北）、金沙银厂（今莲峰以南）、会理州的黎溪白铜厂等。另外，东川府南部幕魁和大水塘两个铁厂，开采的规模可能也较大。因此，矿业经济在地方社会发展中的轻重，由此可见一斑。

五　矿区森林的消耗

经过以上探讨，我们对东川铜矿的位置和交通网络已经有了比较准

① 乾隆《东川府志》艺文志补充资料；傅汉斯，1989 年，第 293 页；Lee, James "The Legacy of Immigration in Southwest China, 1250–1850"（《1250 年到 1850 年中国西南地区移民史及其影响》），*Annales de démographie historique*，1982，pp. 4、16、23。

确的认识，对矿的规模和燃料的消耗量也有了一定的概念。以这些认识为基础，可以探讨矿业开采冶炼引起的环境变迁。

矿镇模型表明，在矿厂的开采冶炼中，木炭的供应量极大，相对来说木材薪柴其他一切消耗无足轻重。因木材其他用途不可能超出冶炼木炭需求量的20%，在模型误差以内，仅用冶炼木炭量来分析矿业对森林不影响结果规模上的准确性。因此，下面分析植被变迁的研究，必须专门分析因矿业木炭的需求而产生的森林消耗面积。

分析森林面积的变化，首先要确定研究时段和范围。根据东川各个矿山的史料，雍正年间已在开采的矿是汤丹厂，并且规模可能是已有上百吨的年产量。进入乾隆朝，开采地点和规模都迅速发展，1765年之后虽然萧条了几年，但之后的情况基本稳定，直到道光末年。因此研究时段确定为1700年矿业崛起之后到1850年咸同回民起义前的清中期。

地理范围的上限根据运输条件而定。从文献记载中，我们已了解木炭的陆运上限是3站。陆运上限要加上水运的运输路线，为此要查各个大矿附近是否有河流溪水可以行船或放筏。文献中没有相关记载，但清末走过从会泽下到小江村又从小江到新村（今东川区）的路线的英国人Alexander Hosie看到小江和小清河用小船运薪柴到洒鱼附近烧炭。[①] 20世纪初的情况和当今这些溪流差别很大，当时还可以行船放筏，现在早已无法想象。根据个别文献的记载和环境变迁的一般趋势可以了解到，森林面积大的区域，河流季节性水位变化相对小，水流速度相对慢，雨季时水涨，冬季水枯现象一般是植被严重破坏的后果。[②] 根据地图信息判断，和小清河坡度和大小相等的河流应该能水运，水运上端定得比较保守，因平均水流量会比较小。水运体系确定后，根据道路和坡度加陆运

---

① Hosie，Alexander，*Report of a Journey in the Provinces of Szechuan*，*Yunnan and Kueichow*（四川、云南、贵州三省考察报告），印度加尔各答，1911年，第64页。

② 滇东北唯一相关记载是1871年路过大关的法国人Francis Garnier记录的，他听老年人说在戈魁银厂兴旺之前洛泽河可以涉水而过，现在深到7丈，东川到盐津一段路，Garnier由在滇北待过多年的法国传教士Leguilcher陪同，因此和当地人交流翻译准确，记录可靠。见Garnier，Francis 弗兰西 嘎尼尔，《Voyage d'exploration en Indo-Chine effectué pendant les années 1866，1867 et 1868 par une Commission française présidée par M. le Capitaine de frégate Doudart de Lagrée》）1866、1867、1868年东南亚考察记；由都达尔·德·拉格雷船长带领的法国考察队），巴黎，1873年，第619页。

范围，得出运炭的最大范围。由于运输和经济条件的限制，我们可以给每一个矿区确定砍伐树木的最大范围。

具体砍伐面积需要根据木炭需求量估算。这个估算要将木炭年需求量折算成树林面积，又根据时间进展模型砍伐和树林恢复过程，必定要用地理信息系统才能实现。当然，模型的设计是需要考虑数据、可行性以及结果的用处。模型的设计要考虑到数据比较粗略，模型设计过细。由于这个考虑，模型要比较简单，基本数据为矿、道路、行船河流、地形以及根据地形设定的土地利用情况。

重要矿区包括东川南部的铜矿区，集汤丹、落雪、大水沟、茂麓和紫牛坡等厂。另外有幕魁和大水塘铁矿，矿山、乐马、棉花地银矿以及大风岭铜矿、倭铅厂、锌冶炼厂等。植被变迁的分析可以以现代当地植物和土壤的数据为出发点，根据变迁和恢复数据来复原过去的植被。[①] 这个方法很科学，但需要大量数据和分析，因本项目条件不够，因此采取一个相对简单的方法。这个方法首先将整个区域分为 16 平方公里的方框，每一方框制定一种植被。植被类型有 7 种：田地、牧地、海拔低的干燥河谷、海拔高的草原和岩石区、森林和再生林、童山和砍伐区。

康熙三十九年（1700）的植被情况毫无记载，模型开头的植被值得在合理范围内做假设。为此先画出不可能有过森林的区域，包括自然条件不允许森林的生长，如高山区（海拔 3300 米以上的山区）和干燥河谷（海拔 1000 米以下并坡度高的河谷），也包括人为因素即当时已经开垦田地和放牧区，即坝子区以及坡度不高的山梁区。其余没有其他土地利用的地区，都假设还是成熟森林。4 种非森林植被种类决定标准设置比较低，一个 16 平方公里的方框约有 1/3 的面积属于四种植被种类之一即可，以此确定假设的森林面积。

---

①　参见 Braun，Andreas，Hans-Joachim Rosner（罗汉斯），Ron Hagensieker，Stefan Dieball（狄森风），"Multi-method dynamical reconstruction of the ecological impact of copper mining on Chinese historical landscapes"（《对古代中国铜矿对环境影响多元方法活性复原》），"Ecological Modelling"（《生态模型》），第 303 号，2015 年，第 42—54 页；Hagensieker，Ron、Hans-Joachim Rosner（罗汉斯），"GIS-assisted Modelling of the Historical Climax Forest in North East Yunnan（China）at the Beginning of the 18th Century"（《用地理信息系统模型滇东北 18 世纪初原始森林》），"Geospatial Crossroads @ GI_Forum 11，Proceedings of the Geoinformatics Symposium Salzburg"，海德堡，2011 年，第 32—40 页。

研究期间，土地利用发生很大变化，牧地和荒山开垦为田地，引进美洲高产农作物之后，山坡上农业耕地的利用率剧增。其实，这些变化对社会经济影响颇大，但是和高山陡坡上的树林变迁的关系不甚大。清代中期人口集中在坪坝，用水利和紧密耕种代替牧地、沼泽和密度不高的传统农业，模型中这些地区的森林状况已经画出。为了矿区周围砍伐区域开发田地或逐渐变为荒地的情况，砍伐完的坪子改成农田，在矿镇附近和一些比较大的坪子已经没有森林了，因此矿镇周围和坡度不高的山梁，在树林被砍伐之后，模型就改成田地。此外，海拔低而且坡度高的山坡，也假设树林砍伐之后不恢复。根据以上考虑设计的植被区域比较稳定，高山和低谷不变，牧地变成田地不影响模型，只有部分砍伐树林变成田地。

因此，最主要的变化就是森林的砍伐和恢复。这个过程在模型中也要反映得比较简单，假设伐木将森林砍伐完，砍伐之后，需要 20 年开始恢复成林，过 40 年长成比较成熟的再生林，可再次砍伐。实际过程会比模型假设复杂很多，原始森林木材量大，但巨大树木很难砍伐，也很难利用，烧炭一般会先用小树和树枝，毁掉大树很可能是比较慢的过程。此外，古代烧炭的技术并不清楚，有关木材直径和碳化效率的记载极少。唯一具体记录传统矿业烧炭的人是同治九年到同治十年（1870—1871）到云南的法国人 Rocher，根据他的观察，铁矿和银矿用的木炭并没有完全成炭，每根直径 3—5 公分，以栎木为上。[1] 木炭用比较细的树枝，可能是利用方便，也有可能是当地已经找不到大树的原因。Rocher 提到栎木和《滇南矿产图略》中炼铜用松炭的记载不一致，是否炼铁和炼铜技术区别目前无考。更重要的是，我们对东川地区人为干扰不大的森林中树种种类和分布的情况也不清楚，因此无法判断松树的分布以及文献中的松炭是否也包括杉木等针叶树等问题。只得将木材密度假设相对低，包括部分树木不能用的可能。对多样的成熟森林假设因砍伐方便，烧炭人大概先用树枝，大树或留着，或环剥树皮，等树腐朽。

最后要考虑的问题是再生林。自然恢复条件下，恢复比较慢，松、杉、栎、栗的比例会比较高，如果有人种树林，应该是松树林。黄梦菊

---

[1] Rocher, Émile（罗舍，俄米尔），*La province chinoise du Yun-nan*（中国云南省），巴黎，1879 年，上册，第 199、200、239 页。

于道光二十三年（1843）当会泽县的知县时，看到会泽坝子周围和以礼河两边的山都是荒凉的童山，决定提倡种树成林，从贵州买进松子劝民种树。[①] 可见 1840 年代东川核心地区没有人种的树林，偏僻山区恐怕更不会有。自然恢复在砍伐面积还没有连成片的时候应该还可以完成，但面积大或土壤、温度和坡度条件不良的情况下，植被的恢复有限，基本只能长回小竹或野草。

根据以上的考虑以及模型反映这些复杂过程有限的情况，可以设定一些不太脱离现实的条件。第一，将木材利用率假设比较低，反映出部分树木留下或无法利用的情况。初期利用原始森林大概还比较多，但比例无考。老森林木材密度高，但因大树利用率低，其利用率可以假设和再生林相同。亚热带杉木林按公顷的木材达 800 立方米，以阔叶树为主的老林也达 600—700 立方米。模型使用可利用的木材，每公顷大约用 400 立方米。第二，现代情况一般认为种树林 20 年就可以开始利用，自然恢复没有数据。模型假设的 40 年的周期比较长，使推算结果保守。但设定参数时，因森林利用率低，再次砍伐周期长，让模型推算的面积比实际情况会偏大不会偏小。

汤丹等铜矿官方收买的年产量有一些记载，可以大概估算总产量。根据《滇南矿产图略》等描写冶炼过程的资料，可以用铜产量估算木炭年需求量。铜矿产量用杨煜达 2004 年的研究，列在表 4：

表 4　　　　　　　　　**碌王山铜矿的产量**

时段／（年）	年产量（t）
1726—1740	2100
1741—1773	6400
1774—1802	4700
1803—1855	3000

数据来源：据杨煜达《清代中期（公元 1726—1855 年）滇东北的铜业开发与环境变迁》，《中国史研究》2004 年第 3 期。

---

① 在任期间的事迹见道光《东川府续志·职官》。黄梦菊的措施恐怕效果也很有限，因 19 世纪后期西方人的游记都提到以礼河两边的山和会泽坝子周围都是童山。

炼铜木炭消耗量，根据史料记载，可以确定为铜：炭的使用比例为1：2.5[1]。由于烧木炭没有西南地区的数据，暂且可以用欧洲的数据计算新砍的木材比，木炭比例为1：3[2]。

根据以上记述，生产100斤铜，大约要消耗木炭250斤，即木材10.5立方米。每公顷木材利用率为400立方米的条件下，10吨铜折成8.75平方公里。模型将连续消耗史料的过程，以10年为间隔时段来进行分析。

铜矿以外的矿山，没有产量方面的记载，无从估算史料消耗量，银矿和铁矿只得根据笼统记载进行模糊地估计。者海倭铅厂的情况比较特殊，有一条间接反映部分产量的记载，但锌冶炼技术在倭铅厂应该已用煤炭，因此木炭消耗不大。[3] 在模型中，18世纪中期以来反映乐马厂和矿山银厂的规模相当大，18世纪后期的棉花地、幕魁和大水塘铁厂，根据工具的需求量，一直打造铁制工具，估计铁厂的冶炼规模始终处于中等状态。

地图4到地图8分别反映1700年、1720年、1740年、1760年、1780年和1800年的情况。1780年森林砍伐面积最大，从18世纪末产量下降，导致轮流砍伐面积比较稳定，因而19世纪初变化不大，地图上没有体现。

方法的科学性基于结果是否能否定或确定。为此，可以准备独立数据，对照模型结果出来之后用这些数据对照。现有数据中有开头讨论过根据交通条件估算的抽象最大砍伐面积。模型得出1780年砍伐面积最大的区域可以和陆运3站以内的运输条件制定的最大面积，汤丹、乐马等大矿如果超出，就说明模型结果超出经济承受量，有问题。

---

① 18世纪后期的《滇海虞衡志》卷二记述矿：炭的比例是1：7.5，19世纪初期《滇南矿产图略》记述煅矿比木炭或树根10：2.5，炼铜矿比木炭为1：1。有的矿石需要多次入煅窑，炼粗铜基本一次炼成。入炉铜矿铜含量底线为30%，平常大概在40%上下。因此100斤矿石生产出40斤铜，木炭消耗在80—120斤，平均1：2.5。

② ［英］Henderson, Julian, *The science and archaeology of materials*；*An investigation of inorganic materials*（《物质考古和科学：无机资料的分析》），伦敦2000年，第229页。

③ 2014年8月笔者、杨煜达和李晓岑田野考察确定倭铅厂炉渣是炼锌留下来的，填满山谷，附近没有矿硐。者海矿业专业人员和当地人肯定古人炼锌的矿石是从矿山厂运过来的。倭铅厂离矿山约25公里，离雨碌约20公里，雨碌道光年间有煤矿记载。倭铅厂的位置说明冶炼厂无疑是就煤设置的。

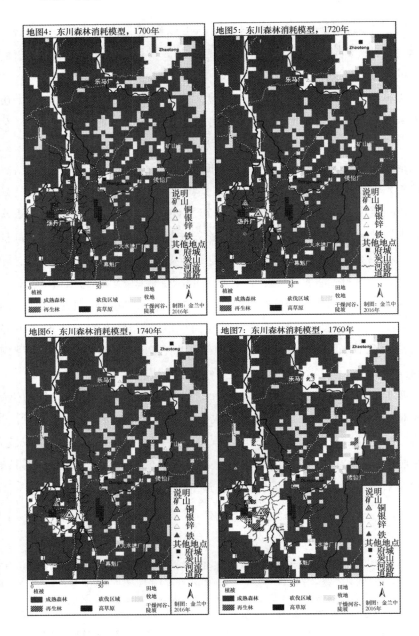

另外，经过地图分析找到另外一套数据。在近现代地图上搜集"炭山""炭房""炭窑"等和烧炭有关的地名。这种地名不大可能追溯到改土归流之前，基本可以确定是矿业大规模开采时期形成的。因此，炭山等的分布大体反映部分清代中期烧炭比较集中的地点。准备的这一套专

用数据，模型中先不用，但当模型算出最大砍伐面积之后，就能用这套数据来对照，炭山如果在模型最大砍伐面积以内，就是实际情况的旁证，如果两套数据有出入，就证明模型有错误。

结果表明，模型中碛王山最大矿区砍树烧炭面积最大时，还在运输上限陆运三站以内，说明模型结果没有严重脱离实际情况。

此外，将炭山等地名的分布和1780年和1800年的模型比较（见地图8、地图9、地图10），可见其分布区域基本在模型中的矿山烧炭地区以内。在模型地区以外的有金沙江以西的4个地名，普渡河以西的1个地名和以礼河上游的1个地名。其中金沙江和普渡河以西有可能将茂麓厂的影响估计过小，因这个区域小矿多，也有可能是供小矿的炭窑多。以礼河河谷也有两种可能，第一是供应给会泽县城的炭窑；第二是模型将以礼河估计错。因为驿道沿河谷到待补河水可以走小船，交通运输量大，木炭运输出去比严格的从距离和高差来算更加的方便，因此，炭窑负责给铜矿区烧炭也完全是有可能的。总的来说，炭房和面积上限表明模型和现实出入不大，对说明森林历史变迁过程的恢复及研究是真实、有用的。

铜矿区的森林模型变迁显示，在18世纪初期森林砍伐面积还小，18世纪中叶砍伐量剧增，到18世纪下半叶砍伐面积的扩大速度开始放慢，从18世纪90年代稳定，到嘉庆五年（1800）砍伐量已开始稍微下降。乾隆五年到乾隆二十五年（1740—1760）砍伐面积剧增，运炭距离也随之变长。恰好在18世纪50年代负责汤丹等矿的官员多次报告运炭问题，因炭价、运价提高，要求官方购铜的官价也要提高，不然矿商入不敷出，结果东川铜矿的铜价几次提高。虽然如此，乾隆二十七年（1762）云南省政府又上奏折报告汤丹、落雪两厂矿硐深，开采费用高，木炭供应困难，炭窑离矿都在2—3站路要求增加费用。[1] 根据模型参考，运炭路线确实是在这段时间内明显变长，奏报里提到的经费及碳薪的困难是可信的。

---

① 云贵总督吴达善、云南巡抚刘藻乾隆二十七年六月十二日奏折［A］，见《清代的矿业》［A］上册，第140—141页。

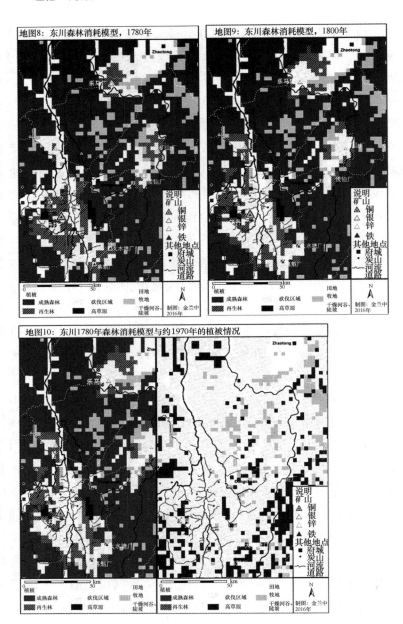

地图8：东川森林消耗模型，1780年

地图9：东川森林消耗模型，1800年

地图10：东川1780年森林消耗模型与约1970年的植被情况

根据地理模型可以确定，乾嘉道时期云南的铜矿开采导致的森林消耗面积颇大，使碣王山山脉以及周围区域的森林基本消失。其他大矿对森林的影响也大，幕魁、大水塘铁矿和一时兴旺的金牛银矿可能将牯牛寨山到贡山山区的森林消耗殆尽，矿山银矿让者海以北山区成为童山，乐马银矿烧炭地区主要是银矿到鲁甸和昭通坝子一段。金沙江以西的大风岭铜矿规模不大，砍伐地区也不大，棉花地银矿规模很难判断，影响会比较大。东川以及东川附近地区各个矿产对树林的消耗相当严重，但模型以及三站地的运输上限同时也证明，矿业破坏森林并没有影响到东川府的整个地区，从会泽坝子以西尤其是西部巧家地区的森林，在清代受到极大的破坏性影响，应该不是矿业燃料需求所导致的后果。

地图 10 根据约 1970 年的卫星照片地图绘制，反映树林破坏面积最大时期的情况。比较森林消耗模型和约 20 世纪 70 年代的森林面积，数据出入很大，这说明了两个问题。第一，地图 10 表明，碘王山东南角，包括小清河上游和乌龙以南的山区森林覆盖率比较高，但恰好小清河放筏或用小船顺流到汤丹厂坡脚的洒鱼，河道运炭极为方便，沿河的森林肯定已经被砍伐完。咸丰五年（1855）在东川矿区爆发回民起义后，清中期百多年大规模开采铜矿及铁矿、银矿、铅矿的历史终于宣告结束。碘王山东南角山高坡陡，村落极少，基本可以确定地图 10 上 20 世纪 70 年代前后的森林是 100 多年来自然恢复的结果。大概在没人利用森林及破坏生态的状况下，尤其是在不放羊、不烧山的情况下，云南亚热带的气候及降水，在一定时间段内，森林还是会自然恢复的。第二，前东川府地区到 20 世纪 70 年代除了东南角以外，基本只有个别地方才有小片的树林，其余不是旱田就是光秃秃的荒山。模型有意限于矿业对森林的消耗，因而矿业砍伐烧炭区以外地区的史料毁坏，应该是其他原因导致，其中清代矿业 19 世纪中叶结束以来到近现代，其他人为原因导致环境变化的可能性是比较大的。

六 结 论

本文对乾嘉道年间东川的矿业进行了三个层次的探讨。首先分析矿业地理，包括矿山的位置、交通运输网络；其次用史料中的数据构造模型矿镇，以便分析劳动结构和效率、各种大宗物品的运输量和运输路线。第三部分用前两部分的结果和植被模型研究矿业引起的森林消耗；本文主要研究矿业与区域社会经济的关系，结果显示交通运输业规模非常大。同时探讨矿业与环境，具体分析燃料需求与森林消耗，结果表明运输量的上限也就是森林砍伐面积的上限。

从运输角度来说，汤丹厂在碌王山上的铜矿绝对最有利于运输，原因就是离小清河和小江最近，运输成本相对较低。20 世纪的开采集中在落雪和因民，反映出汤丹过去已将富矿都开采完毕。反过来说，落雪和因民古代开采规模相对小，燃料供应运输需要上 2000 多米的大坡，难度较大，成本较高，应该是史料砍伐量小的一个重要原因，这才留下了在 20 世纪集中开采的矿资源。

将社会经济和环境变迁联系起来考察，大规模矿产开采经济效益高，环境体系可是脆弱的。如果经济效益不高，大规模的开采是不会维持一个多世纪的，表明当时云南地处矿区开采的传统技术和组织效率相当高。可是环境变迁到一定程度，就给矿业开采带来了极为沉重的负担。初期砍树烧炭曾经产生了积极作用：为田地开垦和扩大牧地做好准备工作。后来森林砍伐面积扩张，就产生了严重的问题，由于运输距离变长，经济成本高，水土流失影响到山谷和坝子的田地，极大地破坏了土壤好的农业中心。同时非农业人口数量扩大，适合于开垦的地方已经被早期移民全部开垦出来了，可供放牧的土地大大减少，结果云南本地的骡马没有地方放牧，需要专门种豆子作为饲料，饲料也需要交通孔道来运输，因此，一面养马的费用及成本提高，一面矿区道路的运输量更高，对运输业和整个地区经济产生了较大的负担。大规模的开采持续到一定的时候，也对区域社会经济产生负担，比其产生的积极的驱动作用还要更大。矿业本身因矿硐深、矿石品位低、木炭价格高，利润缩小；运输业也因马匹和饲料价格提高，面对同样的问题；农业因非农业劳动力人口的比例增大，商业化发达，收入也随之提高，但社会负担也开始加重，一旦遇到灾年时，就会产生极为严重后果。

本文不能确定当地的生态环境是否已经不能维持。以上提到 1762 年提到运炭已经到 2、3 站路，之后铜价没变，但京铜的供应维持了 90 年才中断。初步估计乾隆二十五年（1762）东川矿区木炭价格问题的真实性，即或许没有严重到入不敷出的程度，或许找到了其他方式弥补，如提高市价卖给商铜导致铜商成本增加。18 世纪曾发生过一次严重的危机，即乾隆三十三年至乾隆三十五年（1768—1770）初，因征伐缅甸的战争，需要调拨马匹及人力加入军事运输，从而破坏了矿区的正常运输，最终引起了矿业危机。19 世纪上半叶发生了 3 次饥荒，即嘉庆二十二年（1817）、道光十三年至道光十四年（1833—1834）、道光二十六年至二十七年（1846—1847），对社会经济产生了极大影响。显而易见的是，乾隆中期的危机显然没有将繁荣的社会经济打垮，而 19 世纪爆发的多次危机是否让清王朝的积极体系开始衰弱下去，本研究也没有明确的答案。但到第三次危机后，衰败的趋势再也没有好转，尤其是太平天国运动的爆发，将清代中叶比较繁荣的社会经济彻底推向衰退的趋势中，清王朝的繁荣时期结束了，东川的铜矿开采也随之结束，云南繁盛的矿业及经济开始衰退，矿区周围被破坏的环境开始缓慢恢复。但是从模型可知，矿区以外地区的森林植被的破坏，与人为的农业垦殖及其他诸如商业、柴薪需求等原因有着密切关系。

（本文经周琼翻译后，以"清中期东川矿业及森林消耗的地理模型分析（1700—1850）"为题，发表于《云南社会科学》2017 年第 2 期）

环境史视域中的生态边疆研究

——以物种引进及入侵为中心[*]

周　琼

环境危机已成为人类社会可持续发展的最大威胁，生物入侵及其危机则是目前最严重的环境危机，而边疆地区则因种种原因成为物种入侵危机频率最高的地区，边疆逐渐被赋予了生态学的性质。传统研究强调的地理空间、国家疆域及政治、经济、军事、文化、民族、宗教等边疆内涵，已不能适应环境史研究及生态危机演变研究的需要，边疆内涵需要适时扩大及调整。撇开人类中心的桎梏，边疆就是个可以无限拓展及延伸的概念，其生态属性就会得到彰显。生态界域里的边疆，强调其空间及其疆界、边界线内涵的同时，更注重在以生态类型划分的地理空间中生存的主体——生物及其物种的演变与结果。生态层面的边疆及其分界线，主要以植被类型的分布及其生态系统的存在为基础。虽然自然科学在中国植被类型及其区域分布的研究成果丰富，却很少有人探讨各类植被区交界线的存在及其划分标准；人文社会科学范畴内的边疆虽受到学界的极大关注且成果辈出，但生态层面的边疆及其分界线的研究也从未受到关注。相对于中心而言，"生态环境"不仅在边疆研究中缺席，在环境史研究中也关注较少。相对于环境史理论而言，边疆生态环境泛化

---

* 作者简介：周琼，云南大学西南环境史研究所教授、博士生导师，主要从事环境史、灾荒史、西南地方民族史地的研究。

与民族生态思想及生态保护的记述，缺少边疆生态变迁范式及理论的深入探讨。

在边疆的生态状况及其危机倍受学界关注，在生态安全成为2015年1月1日起实施的《国家环境保护法》的主要内容之时，边疆生态及其疆界线的存在、变迁就成为环境史及边疆学研究中最基础、最不能回避的问题，也成为现当代生态安全构建过程中必须面对的内容。从环境史视域探讨生态边疆的内涵及其形成、变迁的原因及后果，以及生态界域里的边疆安全与生态防护屏障的建立等，不仅有助于边疆史、环境史及现当代边疆问题的研究，也能促进边疆生态安全界线及防护体系的建立，使生态安全成为国家安全、边防安全建设的重要内容。

一 生态边疆的内涵：生态界域中的疆界线

国家、地区的地理空间暨领土历来都是有疆界的，国家疆域因此沉淀并演绎了丰富的历史人文内涵；在此基础上衍生的政治、经济、军事、文化、法律、宗教、民族等的存在也是有边界的，包含着实体层面的具体内涵及思想、文化层面的抽象内涵，历来关注者众，研究成果丰富。但此层面的疆界多从人类为主位的角度来界定及研究，具有浓厚的人类中心主义色彩，并长期统治着人类历史尤其是思想文化史的书写及研究语境。若从自然层面来看，生物、非生物及其组成的生态系统、环境的存在也是有边界的，如森林、草原、荒漠、土壤、灌丛、草甸、草本沼泽等生物及其生态区系都有明显的分界线，此即生物及生态系统的边疆线。

与人文层面的边疆相比，自然界的边疆，无论是内涵还是表现形式，都要丰富、精彩得多。重视自然生态层面的边疆内涵及其理论与实践的探讨，是边疆史地及环境史研究中无法回避、逾越的问题。因气候、地理、海拔、水域等的影响形成的一道道自然疆界线刹那间便活色生香起来。

（一）存在于人文边疆之外的生态边疆及其内涵

自然、生物界既然存在着边界，那生态边疆的客观存在及其影响历史及现实的一条条分界线，就成为界线内外的生物及其生态系统相互区分、不会逾越及打破的疆界，一旦疆界被打破或跨越，就会导致生态界域里不同生物类群的减少、退化，甚至是生态系统的紊乱、衰减或灭亡。故生物、生态及其环境视域中的边疆具有了不同于传统人文边疆的特点，其内涵及实际意义突破了以地理空间、国家疆域及其他人文要素为核心的内涵，既不同于行政区划及领土疆域等地理空间层面的边疆，也不同于政治、军事、经济及文化、民族、宗教等人文层面的边疆，而是因山川河流等地形地貌阻隔，因温度带、干湿带分隔而形成的自然特色浓厚的一道道分界线，在生物学及环境史层面具有了精彩纷呈的历史进程及更为广泛的意义。因此，边疆具有多维的内涵，兼具社会、人文及自然、生态的特点。生态层面的边疆与行政区划、领土层面的边疆，无论是边界线还是疆域，既有重合的部分，但更多的则是各自独立的存在。

相对说来，生态边疆更为具体形象，自然边界线、疆界线的意味更重，一个行政区划或国家的疆域里，可能有一条、两三条抑或无数条生态分界线；一个完整的生态区域，可能隶属于一个国家或行政区，也可能存在几个行政区甚至存在几个小国家的多条疆域线。具体说，人文层面的边疆，是国家主权、民族分界、经济区划、军事防御、文化类型、宗教分域等的分界线。国家疆域，无论陆疆或海疆的疆界，在不同方向、位置上，一般只有一条分界线。但一个国家却可能存在多条民族、文化、经济、宗教、军事等人文特点明显的、大多重合的分界线，气候、自然环境等在其形成中不起主导作用；而从自然界的视角来看，在生物物种的分布及其生态系统疆界的形成中，行政、民族、经济、文化等因素不占主要作用，气候、经纬度、自然地理尤其地形地貌、水域分布等因素发挥了主导作用。故生态层面的边疆因自然的多样性而存在多条分界线，生态环境及其系统因之被分成了若干个大小不一的区域，在人类的视域之外长期客观地存在着，具有多样性、复杂性的特点。

从国家地理疆域形成的历史及自然原因看，疆域的边疆与生态边疆具有较大的吻合性。但因历史进程及各种人为原因的差异，国家疆域界线与生态边疆界线既可能重合，也可能毫无联系——在一条疆域线上的不同经纬度带、不同降雨带，会有多条生态界线；一条漫长、横向的生态界线上也有可能存在一条或几条疆域线。因此，一个国家尤其疆域狭小的国家可能只有一条生态边疆线，或只有疆域线而没有生态边疆线；疆域面积大的国家可能有多条生态边疆线，生态边疆线可能因自然地理结构的分割作用而与疆域线重合，也可能完全不重合。这再次说明，生态边疆的形成及数量、分布与国家疆域的大小有关，更与其跨越的气候带、水域面积、地理地貌等自然因素有密切的、必然的关联。

国家疆域层面上的边疆是人为划定的，既靠军事、政治、经济实力，也靠宗教、文化、思想意识、民族等差异来维系，其改变是因实力与差异发生了程度、高低、大小的改变而发生重组。生态层面的边疆是自然力量划分的，早期生态边疆完全以降雨、温度、湿度等气候条件及水域、地理地貌等因素维系，这种自然形成的边疆及其变迁多指 19 世纪以前的传统社会时期。当时，生物的分布及生态系统受人为干扰较少，生态疆界是自然形成、存在及发展的，虽然自然界生物的自然迁徙和移居不可避免，其中也发生物种的人为引进，但很多越界移民的生物往往因生存环境的改变而发生变异或被当地生物同化①，"橘生淮南则为橘，生于淮北则为枳，叶徒相似，其实味不同。所以然者何？水土异也"② 的情况在中国生物移民史上绝对不是个别和特殊的例子，在世界生物移民史上也有很多案例，但生态边疆受被同化的移民物种的影响并不大，更不会发生大的改变。

至此，生态边疆的内涵逐渐明了。但应注意的是，此处的生态边疆并非目前通俗层面上所指的边疆地区的生态保护、生态恢复或生态文明建设，或是政治、经济、文化建设中的生态重建等内涵③，而是指受地形地貌、降雨、温度、湿度、水域分布及其面积等自然或人为因素影响而形成的生物分布及生态区域的边界线或疆界线。这些界线使地面景观、物种分布及区域生态有了差异及渐次的变化，地面覆盖因之千差万别并影响到区域气候、景观及民族的分布、文化的形成乃至政治经济中心的

---

① 张田勘：《物种入侵：全球化的代价》，《北京日报》2012 年 8 月 1 日第 20 版。

② 《晏子春秋·杂下之十》。

③ 目前媒体及官方宣传中常提到的生态边疆，多指边疆地区的生态环境保护及其建设、恢复，故官方文件中常有各地农牧业局、环护厅局的工作"要突出生态建设，为建设美丽中国构筑边疆生态屏障"，"加大林区生态修复与保护力度，采取各种有效措施，强化资源管理，认真做好营造林、森林抚育、补植补造和森林管护经营等工作"等内容。

变迁等。

生态边疆具有区别生物分布界域、防范生物入侵的疆界线的功能。因现当代生物自然分界色彩的弱化，生态边疆在一定层面及范畴内成为专指国家、区域间生物分布及其生态系统疆界线的代名词，是地区、国家乃至国际生态安全的重要标识。这使生态边疆所在的地区成为防止生物入侵、建立生态安全防线的首要之区。

（二）自然与人为：传统生态边疆的发展与变迁

生态边疆的形成及变迁受到诸多因素的影响及制约，早期主要受自然因素的影响，人为因素影响不大，即便有人为因素，也是可控的。20世纪后，随着科学技术的发展、现代化乃至全球化的深入，人为因素的影响加剧，在很大程度上成为改变生态边界线及其疆域面积、范围的重要因素。中国生态边疆的发展变迁史可分为两个时期，一是传统生态边疆时期；二是近现代生态边疆时期。

首先，传统生态边疆的自然发展时期。中国传统生态边疆时期，主要是指人类历史以来至20世纪初，随着社会历史的发展、变迁，生态边疆经历了漫长而稳定的发展阶段。大致可分为三个时段。

第一是自旧石器时代至汉晋时期，生态的分界线是受自然因素的影响天然形成的，很少有人为干扰。即使两汉时期从西域等地引进葡萄、苜蓿、核桃、胡萝卜等果蔬类经济作物，但种植范围也多限于庭前屋后或菜园地，未形成批量种植，当其本地化后种植范围才扩大，对传统的农业社会及物种的分布没有造成较大的冲击及影响，当地生态系统的区域划分及自然分界线也未发生改变。

第二是隋唐至元朝末年，生物疆域的分界线及其变迁开始受人为干预的初步影响，但干预力量较弱，未引起生态疆界的改变。这是自然形成的传统生态疆界向人为干预改变生态疆界过渡的承上启下的阶段。此期，虽然从波斯等中亚地区引入过宿麦（冬小麦）、苜蓿、菠菜、胡椒、波斯枣、荸荠、葫荽（芫荽）、橄榄、芦荟等作物，还从越南等地引进过占城稻等农作物并扩大种植区，在一定程度上改变了自然物种的分布区域及其分界线，但种植区域及生态系统还受自然环境及其承载力的制约，植被分布及生态边疆的形成及变迁还是以自然力量的分界为主。

第三是明清时期，这是人为力量介入并对生态疆界线变迁的影响力度大大加强的时期，人为干预使物种的引进数量及分布面积扩大，改变了自然生态界线的分布及变迁方向。此期，玉米、番薯、马铃薯、烟草、西红柿等农作物、经济作物从美洲引进并大量推广种植，这是有史以来物种迁入及种植范围扩张最为迅速的时期，打破了农作物种植受限于纬度及海拔的状况，生物物种的分布及其界域发生了较大改变。在人与自然的博弈中，人力取得了改变自然疆界的巨大胜利。但这些物种主要是日常生活所需的粮食或经济作物，其栽种面积及数量既受人为需求的影响，也受栽种、培植技术及水、热、光、土、气候等自然条件限制，还与自然生物繁殖的规律一致，人力及技术对作物所需的温度、水热、土壤等的调整作用不大，尚未完全打破生态系统中自然分割的界限。故生物疆域的分界由自然及人为因素共同决定，人为因素主要在种植农作物、经济作物的长江、黄河流域以南的农耕区、矿冶区发生作用；自然因素主要在森林、草原、草本沼泽地带、深山区和河谷区等广大地区发生作用。此阶段还未发生因政治、军事、经济及技术而改变、超越自然力量而重新划分生态疆界线的事件。

其次，近现代生态边疆变迁的人为干预时期。近现代阶段的生态边疆变迁，因战争、社会制度、政策、思想意识的冲击及影响，生态环境发生了巨大变迁。迅猛发展的近现代科学技术对生态疆界的变迁造成了巨大冲击，干预并强制分隔、改变生态边疆线的状况及生态边疆变迁的主旋律。

20世纪以后，战乱频繁，人口急剧减少又迅速飞增，近代科技迅猛发展，社会变迁日新月异，生态环境的发展、变迁轨迹受到国家制度与政策、人口、社会经济、新兴科技、交通、通信、教育、思想文化的极大影响而发生巨变，生态边疆线的存在及发展方向由此改变。一些地区因生态环境及植被分布区的剧烈变迁，生态边疆变得模糊、混乱。同时，异域生物大量、频繁地引进，物种入侵日渐严重，数量之多、范围之广让人们始料未及，对生态系统的威胁日益增大，进一步模糊、混淆了生态疆界，威胁到本土物种及其生态系统的安全与发展。此期生态边疆的变迁可分为四个时段。

一是1900—1950年人为干预导致生态边疆初步改变期。近现代科技逐渐推广应用并逐渐加大对生态环境影响力度的时期；持续不断的战争、社会动荡及国民政府的边地开发，对生态环境造成了极大破坏，生态边疆因之发生了巨大变迁；橡胶、可可、咖啡、桉树、烟草等经济作物在南方地区的广泛引进及推广，成为本土生态区里的新兴强势物种，打破并模糊了生态边疆的天然分界线。

二是 1950—1979 年人为干预加大导致生态边疆破坏期。因国家制度与经济政策的推行，如大炼钢铁、"大跃进"等政治运动的扩大化，生态环境受到了自明清以来的第一次大破坏，生态边疆线发生了巨变，很多地区因森林植被的消失，生态边疆线随之消失。同时，随着经济、技术、交通、通信等的发展，非人为原因造成的物种入侵现象逐渐凸显，如生长繁殖极快的紫茎泽兰科等植被的自然入侵，本土生态环境遭受较大破坏，自然生态边疆线开始被打破。此期的入侵物种多见于植物，入侵动物及其对生态疆界的改变还未凸显，但因经济作物引种后带来的巨大经济效益，其对生态环境及生态边疆的冲击及破坏性后果被掩盖，成为下一阶段为追求经济效益而肆无忌惮地借助科技手段引进异域物种的推力。

三是 1980—2000 年人为干预引发生态边疆急剧变迁期。在中国政治、经济体制改革及转型中，以生态、资源换发展成为各区域的主要模式。制度、政策的调整及人口的急速增长、市场经济体制改革，各地无限制地开发自然资源，因现代高科技的介入，生态系统急剧改变。早期生态疆域里的植被及其他生物种类、数量纷纷减少乃至灭绝，新的异域物种不断被引进，从水里的鱼类、龟、螺、虾等水生动物到植被、爬行动物等一系列陆生生物不断地在人们无意识状态下入侵，生物的自然分布区域逐渐淡化，生态边疆线模糊、断裂甚至消失。而疆界的打破导致了区域物种构成、景观面貌及生态系统的改变，物种减少及灭绝趋势加速，本土生态系统日益脆弱化，引发了不同类型的生态灾难。

四是 2001 年至今生态边疆的消失及重构期。经济体制改革的力度不断增大，国家及地方政府的制度、决策、措施及经济发展的诉求、不同组织及集团的利益追求，使以资源换未来、以环境换经济的发展模式大行其道，生态破坏及环境恶化的速度呈几何倍数在增长，本土生态系统受到进一步摧残。物种的肆意引进扩大了物种入侵的通道，2001 年国家环保总局对外来物种的普查发现，中国自然入侵物种仅占 3.1%，其余均为有意或无意导致的人为入侵①，入侵物种对环境的冲击及生态系统的破坏、摧毁力度超过了人们的想象。故部分热带植物被移植到寒温带，寒带、温带的生物大规模移入亚热带、热带，人为打破并构建起新的生态边疆线，引发了自然生态边疆线的混乱甚至消失。

因此，自 20 世纪初中国进入近代化轨道后，生态边疆就随着生态的变迁而日渐变化、混乱、模糊。在当代全球化的生态巨变中，自然生态边疆遭到人为力量的巨大破坏并消失殆尽，引发了不同层面的生态危机，生态边疆线的重建就成为区域生态恢复及本土生态系统重建中的首要任务，即构建具有防护作用的生态边疆线并成为防范物种入侵的警戒线，就成为现当代重建本土生态系统、保护生态环境、维护生态安全甚至国家安全的根本性问题。

二　传统生态边疆形成的自然原因

中国传统生态边疆的形成，主要受到区位（经纬度）、气候、海拔、水域、地理地貌及人为因素的制约及影响，各因素在不同地区的影响力度、影响范围在不同时期都不一样，造就各具特点的生态边疆线。约略说来，生态边疆线形成的影响因子主要有经纬度、海拔、地形地貌、人为等，各因素往往对生态边疆线的形成及发展交互影响，共同发挥作用。

（一）经纬度因素

经纬度往往能决定该区域的气候带（尤其是干湿带、降雨）、水域面积及其分布等自然因素，是传统生态边疆产生及形成、变迁的主要原因。经纬度位置决定了区域气候的类型，是生态区形成的主要原因，也是生态疆界线形成的主要因素。在自然因素对生态边疆线的形成及发展发挥主要的、决定性作用的时期，生态区划的界线也就是生态边疆的界线。

从温度带及干湿带的视角看，中国至少有六条粗略、平面的生态边疆线，即针叶林、荒漠植被、草原、落叶阔叶林、常绿阔叶林、热带季

① 徐海根等：《中国外来入侵物种的分布与传入路径分析》，《生物多样性》2006 年第 6 期。

雨林、热带雨林之间的分界线。但由于受到地理地貌、气候、纬度、海拔、生态变迁及其他人为因素的影响，事实上的生态边疆分界线，远比理论上的分界线要复杂、繁芜得多。若仅以植被及其生态系统的力量分布来看，那生态边疆的划分就会明晰而简单，但植被带的分布受到气温、气压、风向、降水、洋流等的影响，这些因素的影响交互发生、相互促进，大部分地区的植被分布及其生态系统具有明显的区域性特点，"划分植被区的指标是那些反映纬度地带性和经度地带性结合起来所表现的典型的、优势的植被型及其规律的结合。每一植被区还具有反映水平地带性的一定植物区系（科、属）和一定的山地植被垂直带谱的特征"①，其区域植被的边疆界线就较明晰、典型，不同植被群落及生态区域里的动物、微生物分布及其分界也因之不同。

具体说来，因纬度、气候等因素的不同，中国植被主要可分为 8 个区。② 植被区是中国植被分区的第一级单位，各植被区的生态系统差别极大，组成了不同的生态区，各生态区的交界线就是生态边疆线，各亚区之间的分界线也是一条条小型生态边疆线。植被区之下的二级单位是植被地带③，每个植被地带的分界线也是该地的生态边疆分界线。

只要有相似的温度、湿度及降雨，不同地区的生态环境就大致一样，生态边疆线就具有极大的相似性。1964 年 4—9 月，中国科学院动物研究所与西南动物研究所组成鸟兽考察队在云南省临沧地区进行野外调查采集发现，该地区动植物分布与气候、海拔有密切关系，其植被及其相对应的动物标本种类组成具有热带气候区特点，与西双版纳种类相同④，其生态边疆线也与西双版纳相应的气候及海拔地区相同。故传统生态边疆线的形成与经纬度暨气候有密切关系，在气候变化频繁的地区，生物种类及生态系统也较为复杂，生态边疆线也较繁多。

森林与草类对水分的要求大不相同，干旱区植被以草原为主，极干旱的西北、蒙古高原地区只有少量的荒漠植被，其生态系统较简单，生

---

① 侯学煜：《论中国植被分区的原则、依据和系统单位》，《植物生态学与地植物学丛刊》1964 年第 2 期。

② 侯学煜：《我国八个植被区域与农业发展》，《广西农业科学》1965 年第 12 期。

③ 中国科学院自然区划工作委员会：《中国植被区划（初稿）》，科学出版社 1960 年版。

④ 陆长坤等：《云南西部临沧地区兽类的研究》，《动物分类学报》1965 年第 4 期。

态区域及边疆线较易区分。如黑龙江植被以常绿针叶林、兴安落叶松等寒温带针叶林为主，大兴安岭北部是东西伯利亚南部落叶针叶林，内蒙古、东北温带草原区域的植被主要是草原，草甸草原、典型草原、荒漠化草原、森林带等植被区域间的生态疆界线极为明显。① 西北温带荒漠区域属温带干旱气候和极端干旱气候，生态区相对简单，温带灌木线、半灌木荒漠线，北疆温带半灌木、小乔木荒漠线等生态边疆线明显易分。青海、西藏东南部及川西、云南西北部地区是高寒草甸带、高寒草原带的集中分布区，藏西北是高寒荒漠植被的分布区②，其生态边疆线简单明了。

在华北、东北南部的暖温带地区，生态边疆线因常绿针叶林、夏绿阔叶林（落叶阔叶林）的生长具有季节性及区域性特点，界线也很明显。自秦岭山地到云贵高原和西藏南部山地间的亚热带地区，是常绿针叶林、落叶阔叶林、常绿阔叶林和竹林等生态区，其相应的生态边疆线就不易分辨。北回归线以南的亚热带、热带的常绿阔叶林、季雨林及雨林分布区的生态边疆线就更模糊，以北的落叶季雨林区的生态边疆线相对明显，二者间的半常绿季雨林（常绿季雨林）③ 区的植被呈逐渐过渡的特点，分界线逐渐不明显，生态边疆线也呈模糊及逐渐过渡的特点。

（二）海拔因素

海拔是使植被出现垂直分布的重要原因，即随着山地海拔的升高，在不同高度依次出现不同的植被带，并在结构、外貌上出现明显差异。植被带是山地生态区域形成的主要标志，故海拔高差因素是影响山地生态边疆界线形成的重要原因，使生态边疆具有典型的垂直分布特点。中国地形地貌存在明显的区域性差异，在同一个气候带里，生物分布也因海拔的差异具有区域性、立体性特点。故在一个个被气候等因素分割成

---

① 周以良等：《中国东北东部山地主要植被类型的特征及其分布规律》，《植物生态学与地植物学丛刊》1964 年第 2 期。

② 张新时：《中国的几种植被类型（Ⅳ）温带荒漠与荒漠生态系统》，《生物学通报》1987 年第 7 期；张新时：《中国的几种植被类型（Ⅴ）温带荒漠与荒漠生态系统（续）》，《生物学通报》1987 年第 8 期。

③ 陈树培：《中国的几种植被类型（1）热带雨林》，《生物学通报》1987 年第 4 期。

的大生态区里，还存在众多的生态小区域，也因之存在多条立体的、长短不一的生态边疆线。

植被分布的地带性规律如纬度高低对植物分布影响极为明显，可形成明晰的、带状的生物边疆界线。以地势高低作为影响植被分布的非地带性因素，是生态疆界形成最普遍的原因。植被随纬度的变化是水平方向的缓慢变化，从热带雨林到冰原往往要经过数百乃至数千公里的渐变式过渡才能完成；高山植被的垂直变化从距离及时间上都极其短促，从山麓的热带雨林到山顶的积雪冰川仅有数百或数千米距离，生态边疆线的距离较短，变化较快。

植被的垂直分布在不同地区虽然存在极大差别，"少数植被区可分为植被亚区，同一个植被区内的亚区之间虽具有一些共同的植被型，但由于大气特征的差异，表现在典型植被型的结合上有所不同，因而山地垂直带也有一定的差别"[1]，但只要山地海拔达到一定程度，植被的垂直分布现象便广泛存在，不仅温带、亚热带、热带地区植被的垂直分布较突出，寒温带植被也存在明显的垂直分布现象。如天山南北是荒漠地区高山植被的典型分布状貌与两坡山麓的海拔高度有关[2]；青藏高原东部温带山地上的草甸植被、草甸草原、高寒草原、高原荒漠植被的生态边疆线也呈垂直分布，界线清楚明了。但不是所有山地都出现生物的垂直分布，若山体矮小、气候差别不大，不可能出现多种立体分布的植被带，垂直生态边疆线也就不存在。

山体所处纬度对生物边疆线的垂直分布产生巨大影响，若山体位于低纬度地区，降水量大，山上植被呈复杂的垂直带谱；若山体位于高纬度地区，山下本已寒冷，山上温度更低，植被稀少，垂直带谱不突出，故垂直带谱的基带植被具有的区域性特点使生态疆界线具有较强的地带性特点。此外，山体坡向对植被分布有明显影响，制约着山地垂直生态疆界线的形成及变迁。不同地区山体坡向不同，两面的植被及生态系统就有极大差异，如干旱半干旱地区阴坡植被比阳坡茂盛，湿润半湿润地

---

[1] 侯学煜：《论中国植被分区的原则、依据和系统单位》，《植物生态学与地植物学丛刊》1964 年第 2 期。

[2] "植被的垂直分布（从山麓到山顶）"植物网 http：//www.zhw0.com/_d274727192.html。

区阳坡植被比阴坡茂盛①，山地生态边疆线的区分极为简单明显，同类植被在湿润半湿润地区，阳坡分布的海拔高于阴坡，在干旱半干旱地区则是阴坡的植被海拔高于阳坡，与此相应的生态边界线也就易于区分。

（三）地形地貌因素

高山大川、深谷河湖等巨大而难以逾越的地形地貌特征，成为生态疆界形成的重要原因。

地形地貌特征不仅是国家疆域的分界线，也是生物种类分布的重要分隔因素，在生物移民中发挥着自然阻隔作用，不自觉地维持着生物的自然分布区，成为生态边疆界线形成的标志性因素，如地壳构造、火山、海陆沉降变迁、气候、水域等影响着生物种类的分布、繁殖，制约着生态环境及其系统的形成，成为生物及其系统的天然分界线。

江河湖海、雄山峻岭等地形地貌特征往往成为阳坡阔叶植被及阴坡针叶植被、陆生生物与水生（海洋）生物最凸显的分隔区（线），即是不同植被及生态区域的分界线。如喜马拉雅山南部植被茂密，北部的西藏高原植被稀少甚至没有植被，生态边疆线较为清楚；湖滨、河滩及大河三角洲分布着草本沼泽植被，其草质纤维植物是陆地生物与水生生物的分界线。这种因地貌结构影响形成的生态疆界线与中国植被地理的分布或分区高度重合，即早期植被分布区的界线就是生态的边疆线。

二级植被带之下的三级植被区被称为植被省，如若说二级植被区带是因纬度、气候因素划分的话，那三级植被省则是按大地貌因素（如山地、丘陵、平原等）的一致性来划分，"在一个（植被）区或亚区或带内，由于距离海洋的远近或南北纬度的差异，或所在地大地貌的不同（如高山、大盆地、平原等）所联系的湿度或温度不同，因而植被的群系组或群系的结合也有不同，据此分为不同的植被省"②，受制于大地构造所对应的地质、地貌因素及距离海洋远近、纬度的位置，同一植被地带

---

① "植被的垂直分布（从山麓到山顶）"植物网 http：//www. zhw0. com/_d274727192. html。

② 侯学煜：《中国的植被（附 800 万分之一中国植被图和植被分区图）》，人民教育出版社 1960 年版。

内划分不同植被省主要是依据一些同植被型的不同植物群系的结合在不同地貌下的数量不同①，故生态边疆线的数量也与植被群系一样复杂多样，二级植被地带的生态疆界中就有了更细小的植被省生态边疆线。

因此，生态边疆既有大的一级植被区边疆线，也有稍小的二级植被地带边疆线，还有更小的植被省生态边疆线。但植被的分布及其生态边疆线的实际情况并非像文字及地图显示的线条那样简单，很多区划的过渡地带也不是很明显清晰。同一个植被区内，不同植被地带的典型、优势植被型或其群系在数量上的结合不同，植物区系（属、种）也就不同，尤其山地植被垂直带谱及耕作制度、栽培植物种类等的特征会影响到同植被区范围内植被在数量上的差别，其区域的分布尤其交界线附近的植被分布往往呈交错混杂状态，很多生态界域及边疆界线也在一定程度上存在交错混杂现象，"任何带状植被区域总是逐渐更替的，除了由于特殊的地貌或土壤因素外，一般总是缺乏鲜明的界线，线条式的界线在自然界中是找不到的，大多是表现为或宽或狭的过渡带。从一个地带过渡到另一个地带，一方面有若干区别之处，同时也一定有相同之点"②，但作为自然形成的生态区，即便生态区里存在几个植被带，生态边疆线依然是客观、明显的存在，除面积分布较小的植被区以外，"一个植被区一般分为两个植被地带，一个是典型的植被地带；另一个是过渡的植被地带。过渡地带与典型地带是平行的，也就是说在一个植被区内它们是相互独立的"③。

（四）人为力量的影响

人为力量不仅能改变地形地貌的立体及空间结构，也能改变生物物种在纬度、海拔高度上的分布状况，使区域生物类型、分布区域及其生态环境发生演替、变迁，最终导致生物边疆界线发生改变。④

---

① 侯学煜：《论中国植被分区的原则、依据和系统单位》，《植物生态学与地植物学丛刊》1964 年第 2 期。

② 同上。

③ 同上。

④ 这一点在下文"生态疆界变迁的原因及后果"中阐述。

三 生态疆界变迁的原因及后果

植被分区有明确的植物和植被标志，是划分各级植被区、植被地带及植被省的基础，"影响植被分布的因素不单纯取决于大气热量或单纯水分条件，而是决定于水热条件的综合。热量与纬度相联系、水分与经度有关，高级植被分区单位既反映植被纬度地带性，也显示经度地带性"①，若物种分布受到自然因素及人为因素影响发生异域移民，导致生物的生态界域发生改变，生态边疆就会被改变甚至被破坏。简言之，不同层级的生态界域及各级别的生态边疆，既受气候（经纬度）、海拔、降雨度等自然因素的影响，也受人为因素的影响，还因自然条件及人为条件的改变而变迁。

（一）气候、帝制与民族：传统时期生态疆界变迁的主要原因

中国历史上生态边疆分界线的变迁，主要受历史气候的温暖、寒凉等转变而导致的降雨地带及降雨量、干湿带及其程度变化的影响，还受到帝制时期的政治、经济、文化、军事及各民族生产生活的影响。

气候及其在不同历史时期的变迁是影响历史上植被区分布的重要原因。中国历史气候变迁的研究，无论是自然科学还是人文社会科学的成果均很丰富，竺可桢关于中国历史气候变迁经历了四次温暖期、四次寒冷期交替变化的观点众所周知②，气候变迁史的其他研究成果显示了类似的观点，即早在第一次、第二次甚至第三次温暖期，热带、亚热带的最北界都达到黄河北界，黄河流域温暖湿润，遍布着落叶阔叶林、常绿阔叶林，竹林是最常见的植被，獐、竹鼠、象、貘、水牛等是常见的热带动物。但随着气候的变迁，温暖期的日渐缩短及寒冷期的延长，降雨带及降雨量的南向变化，导致植被分布区尤其热带亚热带植被的南向迁移，

---

① 侯学煜：《论中国植被分区的原则、依据和系统单位》，《植物生态学与地植物学丛刊》1964 年第 2 期。

② 竺可桢：《中国近五千年来气候变迁的初步研究》，《中国科学》1973 年第 2 期。

以竹类植被的南向迁移最为突出①，阔叶林逐渐南迁到淮河、长江流域，与植被迁移相应的是孔雀、大象、犀牛等热带动物也发生了南向迁移②。不同历史时期的气候变迁导致的植被区、带及生态界域的南向、北向移动，生态疆界也随之发生着相应的南向、北向移动。典型例子是中国北方农牧交界地带随气候变迁发生的推移，"每当全球或一定地区出现环境波动时，气温、降水等要素的改变首先发生在自然带的边缘，这些要素又会引起植被、土壤等发生相应变化，进而推动整个地区从一种自然带属性向另一种自然带属性转变"。③ 农牧交错带的南北变迁不仅影响了生态界域，也影响到生态系统的顺向演进，"农牧交错带在空间上实现了与自然地带的同步推进……因此农牧交错带的走向显现了与自然地带一致的特征。"④ 农牧交错地带的推移导致了植被及其生态系统的推移，生态边疆线也随之发生了南北向的推移及变化。

不同王朝的政治统治及其经济开发模式，是生态边疆变迁最显著的人为影响因素。学界就不同自然环境对政治及其制度的影响进行了不同层面的研究，关于历史时期各王朝的政治及制度对生态环境影响的发展变迁也有丰富的研究成果，但对二者相互影响导致的生态边疆的变迁，尚未涉及。毫无疑问，不同的政治制度、决策、措施等都对植被区、植被地带尤其植被省的分布、各植被区系的生态系统造成冲击及影响，如不同的水利系统及制度、耕作制度、垦殖措施、矿冶开发策略等都对相应区域的生态环境、植被分布面积造成不同程度的破坏；不同王朝实施的对山林川泽的管理及保护制度、植树措施等，对当地生态环境的持续发展及生态系统的良性循环产生了积极的作用，而明清以后川泽山林的弛禁措施却将这些地区的植被及其生态系统置于被破坏的境地，引发了生态边疆线的变迁。如明以降对边疆民族地区的开发及垦殖引发了生态疆界线的巨大变迁，是从中原地区显现出来并向边疆地区扩散的变迁模式，因山地的垦殖、工矿业开发等人为原因，森林植被砍伐量日益增加，

① 王利华：《人竹共生的环境与文明》，生活·读书·新知三联书店 2013 年版，第 16 页。

② 详 Mark Elvin, *The Retreat of the Elephants: An Environmental History of China*, Yale University Press New Haven and London 2004.

③ 韩茂莉：《中国北方农牧交错带的形成与气候变迁》，《考古》2005 年第 10 期。

④ 同上。

原始森林演变为次生植被，再被持续砍伐后退化演变为乔木、灌木和人造林，最后退化为草甸，生物分界线随之发生着渐次的变迁，这是传统时期人为力量改变生物边疆界线的典型事例。

民族生产、生活方式对植被分布及生态边疆的变迁也发挥着极大的影响。其生产、生活方式对当地生态环境及其效应均能产生不同的影响。如农业民族不同的耕作模式、土地利用方式、建筑模式、丧葬方式、能源利用方式、宗教崇拜、民族生态传统思想等，都对当地的植被分布范围及生态环境产生着直接的影响，尤其影响到该地生态界域内的植被类型及其界域，对不同地域生态系统的存在及发展产生重要影响。如彝族是一个崇尚火的民族，节日、婚丧嫁娶、宗教活动中，一堆堆冲天的熊熊大火耗费的木材不在少数；垛木房、闪片房、土掌房等传统建筑需要耗费大量优质木材；聚居在山腰及山顶等高寒地区的彝族家里常年不熄的火塘是生活及家族活动的标志区，对植被的砍伐量可想而知；彝族早期火葬习俗及清以降棺木葬的盛行等也对植被造成了极大破坏……这些影响到植被的种类及其分布的民族生产生活方式对生态边疆线的存在及变迁产生了直接影响。又如游牧民族逐水草而居的生活方式及在不同历史时期南下中原，导致黄河流域草原及森林植被分界线的不断变迁，生态边疆线随之发生相应的变迁。

此外，由于人们对森林尤其是多年生的名贵木材的追求及砍伐，导致名贵植被分布区域的南向变迁且不断减少，最终在腹里地区灭绝，如楠木、柚木、杉木等名贵植物就是在历朝历代的砍伐下不断缩小其分布区，导致了这些地区植被及其分布区域、界线的不断演替，从黄河流域渐次缩减到长江以南、西南、东南亚等地区①。

当然，传统时期生态边疆的变迁多以自然原因为主，虽然明清以后因人口不断增加及边疆开发的深入，人为影响因子逐渐增加，但限于技术及制度的原因，人为影响的范围及程度相对有限，尚未引起生态边疆线的根本性变迁。

---

① 详见蓝勇《明清时期的皇木采办》，《历史研究》1994 年第 6 期；蓝勇：《近 500 年来长江上游亚热带山地中低山植被的演替》，《地理研究》2010 年第 7 期。

（二）技术与物种移民：近现代生态疆界变迁的人为原因

19世纪工业化以后，殖民主义在全球大肆扩张，中国迅速被拖入殖民化浪潮中，自然的生态边疆一再在科技的支持下被人为打破，生态边疆的分界方式逐渐发生转型。社会制度、思想意识、国家政策、信息、交通通信等均成为生态边疆变迁的驱动因素，其中，在科技、制度及经济利益驱动下的异域物种引进及入侵最为典型。

各地不同类型的生物之间、生物与其他诸如阳光、温度、水分、土壤、矿物质等自然环境因素之间，是一个个相互依存、制约的有机整体，形成了无数个独具区域特点且平衡、持续发展着的生态系统，各系统间组合成不同的生态界域。一旦发生异域物种引进或生物入侵，生态链必然会受到冲击而断裂，本土生态系统的平衡就会被打破，生态界域及生态边疆线随之被破坏。异域物种的引进历朝历代都在进行，但大规模引进农作物、经济作物而导致生物批量移民、促使生物界域及生态边疆线发生变迁，则是明清时期。此期，玉米、马铃薯、番薯、西红柿、烟草等作物相继从美洲移民到中国南方地区并逐渐成为本土物种，因粮食需求及经济利益的驱动，种植面积及范围日趋扩大，很快在种植区以人为的力量强行在自然界分隔出新的物种区及其生态界线，引发的巨大生态变迁打破了生物的天然疆界线。但此期异域物种的引进还是以物种对自然的依赖及适应规律为基础，只在小范围的生态界域内发生，生态边疆的改变还遵循着自然的原则，即在自然及人力组合改变生态边疆的过程中，自然的因素依然占据优势，故早期的物种迁移对生态界域及其边疆线的改变极小、极缓慢。

近代化以后，借助制度、政策、科技、经济需求等方面的力量，进行了大量的物种异地引进，经济作物及动物不加节制地大量引进，引发的物种入侵现象逐渐加剧，对本土生态系统的冲击及破坏以史无前例的速度发生，本土生态系统的结构和功能迅速被改变，生态平衡被打破、生态界域被破坏，原有的生态边疆线迅速被破坏，产生了新的生态边疆线，即在自然生态边疆中出现了极不和谐的人为生态边疆线。20世纪上半叶，在战争改变生态边疆的同时，民国中央政府乃至各地方政府开始有意识地从发展经济、振兴国家的立场出发，先后引进了橡胶、咖啡、可可、桉树等热带物种到南部边疆省区，以人为的力量改变了这些区域生物的种类及其分布状况，也改变了生态系统的分界线，促使中国生态分界动因发生了巨大转型，即在科技及制度的支持下，在经济利益的驱动下，生态边疆的分界标准从以自然因素为主向人为干预力量日渐加强的方向转变。

20 世纪 50 年代后，随着现代科技的推广运用，政治、经济制度及思想、文化意识形态对生态环境的影响越来越大。在一波接一波的政治运动的冲击及影响下，生态边疆的自然分界动因及功能进一步弱化，很多北方的植被及动物翻山越岭，移民落户到了更容易生存、繁殖的南方亚热带热带地区，或从境外跨越海洋、飞越冰川雪域，移民到境内，在移民区逐渐占据生态位，强力分割出了新生物与原有生物的边疆界线。更多的桉树、橡胶、咖啡、可可等热带、亚热带栽培的物种在云南、广西、广东、福建、台湾等地推广种植，南方大部分省区的生态界域发生了人为力量主导的第一次巨变，生态边疆线也发生了史无前例的变迁。但此时的移民物种还受制于海拔、热量、土壤等因素的制约，种植区扩大缓慢，相比于后来，此时的变化还不是十分巨大。

20 世纪 80 年代后，随着农、林科技尤其是栽培技术日新月异的发展，植被砍伐及生态破坏加快，物种减少及消失的速度、生态边疆线变迁速率也随之加快。很多异域物种借助政治制度、经济体制转型、发展的契机，在新兴科技的支持下扩大种植面积，如橡胶种植的海拔高度从 800 米逐渐往上延伸到 900 米、1000 米、1100 米甚至到 1200 米，更深刻地打破了移入地的物种分界线，亚热带、热带的物种分布疆界逐渐模糊、混乱。

20 世纪 90 年代后，中国的国际化程度日渐深入，忽视生态导致环境危机的制度、经济、思想意识等因素长期存在，交通、通信及其他科技力量逐渐成为生态破坏的帮凶，出于经济、景观、植被恢复等目的的物种引进量大大增加。日新月异的农牧业培育科技在生物移民中的广泛应用，使很多异域植物、动物借助人为力量的帮助，有意识地从美洲、欧洲、澳大利亚等地区引入中国，很多物种到达新的生境后不断繁衍扩散，迅速成为入侵生物，对移居区的生物及生态系统造成了毁灭性打击。海洋、山脉、河流和沙漠等物种和生态系统的天然隔离屏障在全球一体化进程中瞬间失去了其对传统生物边疆的分隔作用，自然的生态疆界受到有史以来最强烈的冲击，因科技及人为力量的介入及干预发生了翻天覆地的变化，生态边疆界线的影响因素及变迁方式再次发生了巨大转型。

（三）生态安全危机：生态边疆变迁的后果

中国是个生物多样性特点凸显的国家，物种数占世界总数的 10%。由于历史时期的开发及生态的破坏，很多物种逐渐减少乃至灭绝。20 世纪后，绝大多数的物种仅保留在交通不便的边疆、民族地区。但现当代边疆地区的无章无序的开发，生态边疆分界线不断被破坏，生物多样性特点正在丧失，灭绝的物种数量日益增多。同时，边疆还成为异域物种入侵的通道及首要之区，边疆地区的本土生态系统日趋激烈地发生着不可逆的变化。

在桉树、微甘菊、紫茎泽兰、空心莲子草、互花米草、飞机草、豚草、水葫芦、少花蒺藜草、烟粉虱、巴西龟、麦穗鱼、福寿螺、食人鲳、太湖银鱼、小龙虾、白玉蜗牛、蔗扁蛾、湿地松粉蚧、美国白蛾、非洲大蜗牛、牛蛙等越来越多的异域物种的纷纷入侵之下，中国生物分布区域的自然分隔因素几乎被全面打破，土著物种区不断被强制嵌入新种群，很多地区的生态边疆分界线开始断裂、混乱，新的分界线不断出现后又不断被替换。生态边疆的急剧动荡及变迁，严重影响到了区域环境及生态安全。从 2013 年统计的数据看，入侵中国的外来生物已有 544 种，其中大面积发生、危害严重的物种多达 100 多种，且不断处于增长的态势中，入侵范围涉及农田、湿地、森林、河流、岛屿、城镇居民区等几乎所有生态系统，并肆意蔓延，扩散成灾，破坏了丰富多样的本土生态系统和复杂古老的生物区系，进一步打破原有的生物界线，生态边疆不断发生着新的转型及变化。

入侵物种造成的本土生物种群的衰退及生态边疆分界线的不断变异与重构，除了使传统的农林牧渔业遭受严重损失外，区域生态安全、经济安全和民众健康也受到巨大威胁，由此造成的生物安全问题也越来越严重。在近代化早期，很多国家及地区的自然疆域线与生态界域的边疆线往往是重合的，这些地区长期以来是本国或本区域生态环境保护相对较好，生物物种相对较多的地区，生物边疆分界线的自然色彩一度极为明显。但全球化及市场经济的日渐深入,边疆地区生态环境遭到日益严重的破坏,生态系统严重退化,生物多样性特点日渐迅速地丧失。尤其是在行政分界区及国家疆域的边疆地区,生态边疆分界线逐渐淡化,很多因地理地貌的分割作用而形成的传统疆界对生物移民的阻隔作用及生态分割功能日渐减弱、丧失,入侵物种通过边疆进入内地,边疆地区成为各种异域物种入侵的首要地区。

如中国西南边疆地区成为很多国家权力触角最敏感、利益之争最激烈的区域,各种利益集团汇聚开发,森林覆盖率以史无前例的速度减少,生态环境的急剧恶化影响到了边疆社会、经济、文化、教育的可持续发展,如江河的断流和严重污染、水资源供需矛盾的激化,使下游地区社会经济的发展受到威胁;生物资源的过量消耗和物种的大量消失,不仅破坏了本土生态系统,削弱了工农业生产的原材料供给能力,促发的洪涝、干旱、泥石流、尘暴等环境灾害进一步破坏了生态环境,影响着生态的自我恢复速度及其成效的发挥,旧有的自然生态边疆线继续被打破,新的具有防护功能的生态边疆线尚未建立或根本无法建立,植被及其他物种的分布规律日渐减弱且日趋混杂,生态边疆界线继续混乱、模糊及断裂,严重影响到了区域生态安全的稳定及持续发展,不断引发生态危机。如连接云南—缅甸的澜沧江、云南—老挝的湄公河就因为上游地区大量修建电站,不仅下游水量减少,阻碍了水生生物的运动和迁徙,也改变了流向下游的水量和泛洪起始时间,引发了河流生物的入侵,河流生态系统及其安全受到了极大的摧残。这些地区也就成为防范外来物种入侵、建立生态安全防护屏障线的桥头堡。

这就使传统的人文边疆与生态边疆的内涵有了共同连接、共同发展的基础,生态边疆的内涵更为丰富,不仅具有生物及其生态系统的边疆分界线内涵,也具有了生物入侵分界线、生态系统安全防护性能分界线的内涵,这正是现当代生态边疆的完整内涵。

四 生态边疆的重建及意义

随着现当代生物灭绝速度的加快、部分边疆争端的存在,生态的自然疆界线模糊、断裂速度加快。尤其是因物种入侵引发的生态界域的改变，在国境线与生态边疆线重叠的地区频繁发生，很多边疆地区因物种越界入侵引发的生态灾难已造成了严重后果，边疆生物入侵危机成为全球生态危机中最严重的问题之一，也成为威胁区域社会经济持续发展及国家安全的严重问题之一。边疆安全已经不仅是政治、经济、军事层面的问题，也是生态系统恢复及发展层面的重要问题，边疆地区的生态安全在某种意义上具有了国防安全的内涵。相对于物种入侵而言，生态安全建立的首要基础就是生态边疆的恢复及重建，这就使边疆地区的生态边疆线具有防御物种入侵、保障生态安全的重要功能，生态边疆因之成为国家安全、区域生态安全建设中必须重视的问题。

（一）生态边疆与生态安全

目前，无论是西南还是西北，无论是东北抑或东部海域边疆地区，生态环境及生态体系受到前所未有的冲击及破坏，生态边疆分界线也被持续破坏。最严重的是外来物种不断越过一道道自然生态边疆线，成功侵入到内地，破坏本土生态系统，威胁到中国生物物种的安全及本土生态系统的稳定，故边疆的生态安全防护功能格外突出，生态边疆线及分界线内生态系统的恢复及建立的任务变得更为重要。因此，在环境史视域下的生态边疆线的重构及边疆生态安全问题，不只是传统的、通俗层面上所指代的因环境污染和自然生态的退化削弱了经济可持续发展的支撑能力，或是为了防止环境问题而引发民众不满特别是导致环境难民而影响社会安定的内涵①，而是包含了近年来人与自然这一整体免受不利因素危害的存在状态及其保障条件，并使系统的脆弱性不断得到改善、使被破坏而断裂的生态链环得到修复并健康持续发展，使外界各种不利因素作用下人与自然不受损伤、侵害或威胁，使人类社会的生存发展能够持续，使自然生态系统能保持健康和完整等内涵②，并具有了防护生物入侵、减缓本土生物物种及其分布区域缩减以最大可能地保持其自然分布

---

① 曲格平：《关注中国生态安全》，中国环境科学出版社2004年版。
② 参考、综合肖笃宁《论生态安全的基本概念和研究内容》（《应用生态学报》2002年第3期）、曲格平《关注生态安全之二：影响中国生态安全的若干问题》（《环境保护》2002年第7期）、崔胜辉《生态安全研究进展》（《生态学报》2005年第4期）的观点。

区，进而保持并恢复边疆地区生物的自然分界线，最终达到本土生态恢复及生态系统重建之目的。

因而，边疆生态安全防护网的建构及生态边疆线的恢复与重建，已成为生态安全建设过程中的重要内容。而生态边疆线的重建是当代世界实现生态可持续发展的基础性制度及措施，唯其如此，生态安全的区域性建设才能实现，整体的、全球性的生态安全才有可能实现。此目标的实现，有赖于生态边疆分界线功能的发挥，尤其是恢复、重建边疆生态系统，使其成为生物入侵最强有力的防护屏障。

可喜的是，中国的国家环境保护政策一直在不断地调整和改进，不断往良性的方面发展。2003年颁布的《全国生态环境保护纲要》把国家生态安全问题提到前所未有的战略高度，其目标是通过生态环境保护，遏制生态环境破坏；促进自然资源的合理、科学利用，实现自然生态系统良性循环；维护国家生态环境安全以确保国民经济和社会的可持续发展。2014年4月24日第十二届全国人民代表大会常务委员会第八次会议修订、2015年1月1日实施的《中华人民共和国环境保护法》规定："国家在重点生态功能区、生态环境敏感区和脆弱区等区域划定生态保护红线，实行严格保护"，"开发利用自然资源，应当合理开发，保护生物多样性，保障生态安全，依法制定有关生态保护和恢复治理方案并予以实施"①，将生态安全提升到法律高度，最终完成了法制化建设，也使生态安全体系下的生态边疆线成为呼之欲出的理念。

虽然边疆地区的物种入侵、野生动植物的灭绝日趋严重，边疆生态退化呈加速发展的态势，生态安全隐患不断演变成灾难。但仅少部分人关注到问题的严重性，社会及政府的实际作为及具体措施还处于欠缺状态，生态边疆线的重建及其重要性就更未受到民间及政府的关注。如果边疆地区的生态边疆界线的破坏长期不受关注，生态安全隐患将会继续发展，那在不久的未来，这场因植被的天然分界线破坏而引发的生态安全隐患，除了导致更严重的物种入侵及生态危机外，还将引发更为严重

---

① 中华人民共和国环境保护部：《中华人民共和国环境保护法》（自2015年1月1日起施行）第3章"保护和改善环境"第29条、第30条，http：//zfs. mep. gov. cn/fl/201404/t20140425_271040. html.

的、威胁国家安全及社会稳定发展的生态灾难。

恢复及重建本土生态系统、重构生态边疆线的目标虽然任重而道远，却需要持续不断的努力，才能使边疆地区的本土物种尽可能多地保存、生态体系尽可能好地繁殖和更新。在边疆地区生态安全体系构建中，什么是最合理、最有效的措施及行动？忽视种群及生态效果而盲目扩大森林覆盖率、恢复草原绿色植被的措施还会持续多久？对生态边疆线所在区域的生态保护应如何借助制度及法制手段？这些是生态边疆重建过程中最迫近的问题。

（二）生态边疆与国家安全

边疆的内涵及存在是个多维且具体、形象又抽象的概念。随着生态及环境危机日益深入，边疆的内涵也日趋丰富，在环境史层面上逐渐成为区域、区际及国际生态的重要分界区或过渡区。植被种类分布区域的改变、种类的减少乃至灭绝，很多生物跨区域移民并成为入侵物种后，导致本土生态环境尤其生态系统的改变甚至崩溃，进而引起生态边疆线的混乱、崩溃，触发了系列社会危机，很多国家的边疆地区成为全球环境危机中最严重的区域。如云南是中国西南与东南亚三国毗邻的边疆地区，是亚热带、热带季风气候区，降雨丰沛，植被茂密交错，不易区分，很多地区的生态边疆呈交错或模糊状态。近现代以来的经济开发及物种的引进、异域生物的跨界入侵，原先自然形成的生态边疆线遭到破坏甚至断裂。同时，19世纪以来，云南与缅甸、老挝、越南的疆域界线发生了极大变迁，疆域界线不再以雄山大川来划分，生态边疆与疆域边疆分离，致使同一条自然生态边疆，有的地段位于境内、有的地段位于境外。20世纪后半期以后，在东南亚各国及其邻国的政治、军事、经济的争夺中，在国际局势的风云变幻中，生态边疆及其防护功能受到人为原因的重重影响发生改变。

生态安全的概念早在20世纪70年代就已被提出并得到不同领域学者的论证及不断的补充、完善，但一直未能形成客观全面、能被普遍接受的定义。因此，生态安全、区域生态安全尤其边疆生态安全内涵的充实及完善，不仅是生态边疆研究中的重要内容，也是生态安全的构建及发展中不可或缺的内容。

在目前全球化的发展态势下，边疆生态安全已成为国家安全体系的组成要素。传统的国家安全，一般指国防、政治、经济和文化等领域的安全。目前，公众关注更多的是与个人生活领域密切相关的食品安全、水安全、空气安全等，即使近年来生态安全受到一定关注，但重视程度依然不够，尤其地方政府层面的重视不够，缺乏实质性的措施，仅停留在应付检查或做表面文章的层面上。这虽然与经济利益、成本投入等有关，但生态安全隐患被长期掩盖的主要原因，与生态安全的潜伏性特点有关。生态安全问题爆发前有很长的潜伏期，"最容易被忽略，容易让位于其他领域安全尤其是经济安全"，导致生态安全威胁的潜在风险不断累积、发酵，当生态系统面临不可逆的结构性变化和功能性退化时，生态问题才上升到生态安全的层面上，但到了此刻，生态安全就成为国家安全的最大威胁，因此，"生态安全已经成为国家安全体系中一个较大的短板，对国家安全和公众健康构成了巨大威胁。在人民安全为宗旨的安全观下，生态安全自然不能继续游离在国家安全体系之外"①。

从中国乃至世界生态环境演变的趋势及历程看，许多环境问题的发生，往往都是由小范围、局部的问题逐渐扩大演变成大范围、大区域的问题，这种演变常常越过边疆蔓延到其他国家和地区，生态跨界危机频频出现，这使边疆生态安全成为国家安全的重要内容，边疆地区的生态安全及其威胁成为跨区域、跨国界的危机。边疆地区的自然生态边疆线在生态系统恢复尤其是对物种入侵通道的屏障、阻断作用日渐凸显。

（三）生态边疆的重建

生态安全及其屏障的构建是目前边疆安全中内涵最新、最急迫的任务。边疆生态安全建设中最首要的任务就是截断、阻止通过边疆进入的生物入侵通道，使疆域层面的边疆线及生态层面的边疆线成为生态安全线、生态安全区。通过国际、国内生态恢复及保护部门的共同努力，从制度、法律、实践的层面构建起一条条边疆生态保护线，建立起一个个防止生物入侵的屏障及网络系统、信息体系，使生态边疆线真正发挥其捍卫国家及区域生态安全的使命。

---

① 岳跃国：《生态安全是国家安全重要组成》，《中国环境史报》2014 年 4 月 17 日。

　　学者纷纷认为，面对日益严峻的外来生物入侵形势，加紧在生态边疆区构建起一道道防控外来生物入侵的屏障及体系，阻止、减少从边疆地区进入的生物入侵，使国家及区域的生存和发展环境不受或少受生态失衡导致的威胁，从根本上保障整体生态体系的安全及持续发展。这在理论上很有说服力，但从生态疆界线的建设角度而言，仅此还远远不够，还需要依靠科技的力量尤其当代信息网络平台，依靠跨区域、跨国的组织及政府联合行动的力量，在全球生态整体观的意识形态下建立新的生态防护疆界线，完好保护疆界线内外的生态环境及其系统的平衡，使区域物种各安其域、各立其位，真正处于符合各生态系统安全、自然发展的状态，凸显边疆地区的生态界线并发挥作用，是边疆生态安全威胁区解决问题的策略。

　　随着区域生态危机加深，新的生态边疆分界线及边疆地区的生态安全亟须重构并恢复有序状态。既然人类能借助科技的力量打破旧有的生态界线，现当代科技力量也同样能够在其他人为力量的协助下恢复、重建新的生态疆界线，作为区域生态安全及其可持续发展的防护屏障。在当代中国，借助政府的力量及权威，依靠制度及法制，从战略任务的高度及国家安全的角度，生态疆界的恢复、重建目标的实现也并非神话。

　　在区域生态安全中，边疆地区的生态安全是关系到边疆生态系统稳定及国家安全的重要问题。边疆地区的物种入侵使生态安全受到威胁，生态边疆危机具有区域性、局部性特点。通过区域生态恢复的实践，发掘、利用并推广民族生态保护及利用的传统文化，逐步消弭、阻断破坏甚至毁灭生态疆界的人为行为，逐步恢复边疆地区生物及其生态系统的自然分界线，因势利导，变不安全因素为安全因素。

　　在重建边疆生态安全秩序时，开发者及建设者具有国际化的眼光及采取前瞻性的战略实践措施至关重要。在全球化背景下，国与国之间的政治、经济、文化、宗教、民族、信息、生态等的安全不再是孤立的，边疆地区的生态安全不只是一个或几个国家的事情，而是个跨出国界、需多个国家共同参加的活动。目前，一个国家发生的生态灾难常突破该国的生态边界线，跨越边疆地区传播到邻国并危及邻近区域的生态安全，威胁其生态系统的安全。如很多国际性河流因上游国家的污染物排放或渗漏物，就有可能不通过陆地生态疆界线，而通过河流流入下游国家，危及下游河道与用水安全；一些与邻国气候相同的遭受物种入侵的地区，入侵物种经长期的繁殖扩张，极易突破生态疆界线，相同的物种入侵事件就在生态环境相似的邻国发生。因此，边疆地区的生态安全及其防护，是需要多个国家共同参与才能取得成功的国际性行动，整个国际社会应当在广泛深入的合作基础上，建立有效、系列的生态重建机制，推行完整、协调的生态边疆防护措施，才能促进全球生态系统的良性、持续发展。

中国边疆地区生态安全的重建，最重要的是相关制度及法律的贯彻及落实，而不是做表面的官样文章，更不是照顾特殊部门及集团、个人的利益而置法律及政策于不顾等使政府丧失公信力的虚伪做派。目前正在进行的建立国家生态安全的预警系统，及时掌握国家生态安全的现状和变化趋势；根据自然环境及边疆地区生态环境的实际状况，在生物入侵严重的通道及地区建立和完善专项的生态安全警护体系，如气象预报体系、防汛体系、疫情预报与防治体系、动植物检疫体系、环境监测和预报体系等；完善生态环境建设法律法规体系建设，进一步健全和完善各种单项资源与环境的保护法；主动参与国际上尤其是邻国有关边疆生态安全和生态冲突预防机制的讨论及改善实践，努力维护并恢复各国、各地的本土生态权益等理念及措施，都对生态边疆的恢复及重建起到了重要的借鉴作用。但生态边疆及边疆地区的生态安全，应在更广阔的学科背景及研究团队、研究人员的广泛参与下，建立国际合作机制，把生态恢复及重建上升到国家安全及持续发展的战略目标的高度，使生态疆界线重新清晰、明显，真正发挥其自然生态分界线的作用，就能建立起真正意义上的边疆生态安全体系。

结　语

生态边疆广泛地存在于不同生态区的交界处。对地域广大，跨越多个纬度带、经度区及植被区、植被地带、植被省，生态系统多样性特点突出的中国而言，生态边疆是个普遍、多量的存在。不仅在内地存在多条宽窄、长短不一的生态边疆，在边疆地区也存在着多条生态边疆，其生态边疆线与疆域线或重合或分离。以地形地貌为疆域分界线的地区，生态边疆线与国家疆域线往往是重合的；部分位于植被区、植被地带或植被省的交界处的边疆地区，生态边疆与疆域边界一致。在近现代殖民化、民族国家独立及对周边的扩张活动导致疆域变动的地区，疆域线与生态边疆线发生移位，新的疆域线往往横亘于生态界域中。

一些水热条件较好的边疆地区，不仅本土植被及其生态系统容易恢复及繁殖，异域生物也很容易生存及繁殖，在山川疆界对生物分布阻隔功能丧失的情况下，异域生物的入侵更为容易，生态边疆对本土生态系统的防护功能日益减弱甚至散失，日益猖獗的物种入侵导致的生态灾难频次加快、程度加深。边疆地区的生态安全成为社会经济稳定、生态环境持续发展的最大威胁，成为国家安全的新型隐患，"在国际贸易活动中，外来物种入侵经常会产生国家之间的贸易摩擦，从而成为贸易制裁的借口之一……生物入侵还被作为'生物武器'用于政治军事领域中，外来物种入侵已经悄然的影响到了国家安全，成为一种潜在的威胁。"[①] 因此，在新型国际关系及国际争端中，生态危机及环境保护已成为国际外交的重要内容，不仅国内各植被生态区的生态系统需要稳定与发展，疆域线附近本土生态系统稳定发展，对国家整体生态系统持续发展的意义更为重要。这是目前强调生态边疆的存在及其区域生物分隔、防护作用的目的所在，也是国际外交中注重生态分区、保持区域生态独立及完整的最终意义。

在实现区域生态系统的持续发展、维护边疆安全的战略建设中，"生态边疆"不仅是生态文明、环境保护及恢复中的新型名词，也是维护区域及边疆生态安全、国家安全的基础前提。重建生态边疆，恢复、重构本土生态系统，发挥生态疆界的功能及作用就成为制定生态环境发展新举措的重要理念根据；各国边疆地区的生态边疆与区域、国家的生态安全及国家安全的联系日益密切，依靠制度、政策、科技等人为力量，恢复、重新建构边疆地区的生态边疆线，应该成为区域及国际生态安全的重要举措。

（本文曾以"环境史视域中的生态边疆研究"为题，发表于《思想战线》2015 年第 2 期）

---

① 邢璐：《外来物种入侵与我国生态安全若干问题研究》，《法制与社会》2009 年第 9 期。

全球化视野下的全球环境变化
成因及对策分析*

丁　扬　李益敏

　　全球化是一个复杂的动态过程，有很多具体的表现形式，包括以资源、投资、劳动力、技术、贸易、消费的国际流动为特征的经济全球化，以知识交流、观念互动、信息共享、技术流动为特征的知识全球化，以国际协议和机构为平台开展的治理全球化。① 全球化是世界发展的一个新阶段，对整个现代世界体系而言，全球化导致了在世界范围内一个地域发生的社会、政治和经济活动对于其他地域相关活动的直接影响，进而强化了各个社会领域相互依存的深度和广度。国际政治、经济、社会、文化乃至军事的互动及其过程也因此不断加快，地方、国家与全球事务的联系也日益深化。② 在这一复杂过程和不断变化的进程中，不同表现形式的全球化带给人类很多福利的同时也引发了一系列问题，其中生态环境问题越来越强烈地引起世界范围内各国人民的关注。全球化带来的环境问题越来

　　* 基金项目：国家自然科学基金项目（编号：41161070），云南省自然科学基金项目（编号：2013F2001）阶段性研究成果。

　　作者简介：丁扬，云南大学资源环境与地球科学学院硕士研究生，研究方向为土地资源管理。通讯作者：李益敏，教授，主要从事山地环境与发展研究。

　　① Adil Najam, David Runnalls and Mark Halle. Environment and Globalization：Five Propositions. http：//www. iisd. org/pdf/2007/trade_environment_globalization. pdf 2007 – 04 – 09.

　　② 叶江：《"全球治理"与"建设和谐世界"理念比较研究》，《上海行政学院学报》2010 年第 2 期。

明显地影响着全球经济和区域社会的可持续发展，与此同时，全球化也为解决日益严重的环境问题提供了共同参与、共同应对的新视野。

全球变化，是生态环境问题的全球尺度上共性的体现。地球本身就是一个大的生态系统，各种生态系统之间又都是紧密联系在一起的。在以物质、能量和信息等方式传递和转化的生态过程中，局部问题和全球问题互为前提、相互作用、相互影响。工业革命以来，人类利用自然的方式和强度剧烈转变，导致整个生态系统的碳循环失去平衡，造成气候变暖等一系列环境问题。全球化过程中，人类利用资源和能源的方式发生了变化，而利用资源、能源的方式和程度也影响了生态环境。国际上将全球变化概括为温室气体（主要是 CO_2 和 CH_4，N_2O 等）增加所导致的全球气候和生态系统的变化，包括大气环流的改变、水热平衡的失调、气候异常、海平面上升、快速荒漠化和生物多样性减少等。[①] 气候变化是全球变化显著表现之一，其影响引起世人关注。

一 全球化对环境变化影响

（一）资源、能源利用方式的变化

全球化加速了市场配置下的人力资源、技术、能源、生产和服务跨越国界和区域，在跨国公司主导的体系下进行自由组合。一些贫困地区在全球化背景下，信息、技术和管理上直接或间接地受益，充分借助全球化这一趋势调整地区的产业结构和能源利用方式，以适应全球化生产、服务，并借机发展自己国家经济。

国家各取所需，充分利用国内外技术和资源发展本国经济，进行全球大分工，提高了资源、能源的利用效率的同时，也消耗了更多的资源和能源。发达国家主要是输出技术和人力资源以及管理，发展中国家则主要依靠本国的劳动力和资源能源发展经济，在全球竞争中立足。

在发达国家与发展中国家的博弈中，发达国家往往更有主动权。发达国家将污染重的生产转移到发展中国家，一是因为发展中国家的环境

---

① 朱连奇、许立民：《全球变化对陆地生态系统的影响研究》，《地域研究与开发》2011年第2期。路日亮：《全球化对生态环境的影响》，《岭南学刊》2010年第3期。

标准较发达国家低；二是由于发展中国家急需带动本国就业、引入先进生产和管理技术，往往以牺牲生态环境做代价。进入全球化时代，资源利用的强度空前加快，为了争夺资源市场而产生的分歧和冲突也越来越多，成为世界和平稳定发展的阻碍。

在国际和区域贸易中，发达国家依靠本国先进的生产技术和管理，加上雄厚的资本，从发展中国家获得了大量资源、能源，而建立在资源、能源利用上的经济、社会的发展，将造成大量的温室气体的排放，加速了全球变暖。一些发展中国家大量开采资源、能源，破坏了土地覆被，造成区域森林退化；基础设施和公路、铁路的修建占用了大量农地；粗放式的发展消耗了过多的化石燃料。而在一定的生产水平和技术条件下，资源的大量利用和能源消耗，将不可避免地造成了对生态环境的破坏，有些破坏甚至是很难恢复的。如，热带雨林的大量消失，造成了大量的物种灭绝。区域贸易引入了外来物种，破坏了当地的生态系统，造成了不可逆转的破坏。整体上来看，臭氧层空洞、湿地退化、森林减少、生物多样性减少、土地沙漠化、极端气候等都已经超出了地方尺度。全球变化在不同尺度、不同层面上影响着陆地生态系统的结构、地域分布、功能和生产能力，关系到人类社会的生存与发展。①

（二）全球政治与军事博弈对环境的影响

全球化导致中西阵营的两大政治对立愈演愈烈，政治意识的渗透与反渗透一直在此消彼长地进行着。多极化的世界格局日渐形成，以美国为首的西方国家不愿意看到一个政治意识形态与之对立的国家越来越强大。在能源争夺、世界利益格局重新洗牌的形势下，出于对传统利益与世界形象的维持，美国一直在不断地向其他国家和地区输出其价值观和政治意识。维护本国利益最重要的手段之一就是拓展利益范围和争夺能源市场。很多国家出于本国的发展前景，在站队问题上总是朝着有利于国家稳定、民族独立的方向靠拢。中东和北非的部分国家在大国的利益争夺中常处于被动状态。

---

① 朱连奇、许立民：《全球变化对陆地生态系统的影响研究》，《地域研究与开发》2011年第2期。

政治斗争常常以经济实力、军事和国防能力为筹码。一些发展中国家，出于国家安全考虑，短期内通过出卖本国资源、能源，粗放式的发展以获取发展所需要的资本，造成了资源的过度利用，进而影响了区域的生态环境。以中国为例，中国一直都是发展中国家，从新中国成立开始，一直面临着国际上的政治压力。中国秉持和平理念，快速地争取一切机会，发展国内经济，搞国防建设。武器研制和使用都会消耗大量的资源和能源。改革开放以来，中国的出口多是以资源、纺织业等劳动密集型产业为主，附加价值很小，不可持续的发展模式对中国的生态环境造成了很大的破坏。

这种政治上的竞争在区域和全球尺度上都存在。不发展就要落后，落后了就要在各方面受制于人，地方、区域冲突的压力让很多国家的发展走上了军备竞争不归路。能源争夺为了发展，发展为了不落后挨打，而争夺的本身就造成了很多矛盾。这条恶性循环的发展之路是条不归路。当国际的公平无法实现时，政治和军事的不均衡加剧了国家之间的恶性竞争，这种竞争是建立在资源和能源的攫取上的，最终会以生态环境代价体现出来。在全球化这种竞争环境下，在侵略与反侵略、意识渗透与反渗透氛围内，很难有国家理性、和平地进行发展，军事武器的存在本身也是对资源的占用和环境的极大破坏。

（三）资本主义意识的渗透

环境问题不是一个纯自然问题，生态危机的本质在于社会危机全球化的发展，既是全球范围内的利益分割、互补、互助、共享的过程，也是全球自然资源重新调整与分配利用的过程。当今世界出现的生态环境危机本质上是人的危机。资本家不断地追寻最大利益，贪婪地出卖自己的产品和服务，产品的剩余则是以更新换代产品，进行刺激消费，营造一种消费文化来实现。当今电子产品造成的垃圾对环境造成了很大的破坏，但是生产商并未考虑环境代价，只是将精力放在引领消费上。这种破坏在全球化之前，只是局限在本国内，全球化之后，则遍布了全世界，将污染转向了其他区域。世界上的公民在一种消费文化、流行文化的引领下，不断地购买新产品，而来不及消化旧的产品，造成了资源的浪费。资源占有的不平等，决定了人与人之间的不平等，正是这种不平等的资源占有让一些人利用既得资源去创造更大的利益，不平等不断加大，进而在不断的利益追求中破坏生态环境。

资本主义社会倡导的"自由"的价值观，在文化工业的酝酿中，使人们的精神生活萎缩。现代性的技术专利与物质成果在道德冷漠与征服自然社会的社会生产方式的推动下，也悄然圈起了埋葬人类的坟场，并且无情地摧毁了人自身的幸福指数。[①] 战争厮杀、环境恶化、物欲横流、技术变异最终让自由成为一种欺骗。

（四）权利与义务的不等价

在共同应对全球变化问题上，国家之间存在分歧，而且主要是发达国家与发展中国家存在着对立。发展中国家在资源利用上有其困境，越是贫困的地区，对地方资源依赖性越强。比如中国的西北地区以及非洲沙漠化地区，生态脆弱性很强，资源单一，人口贫困，压倒一切的问题是生存问题。此外，发展中国家还存在着很多社会问题，都需要靠经济的发展来解决，这就存在一个短、长期的发展权衡问题，在资源利用和发展方式上做出选择。发达国家已经解决了物质问题，更关注环境的质量。很多发达国家将一些高污染、高能耗的产业直接或间接地转移到其他国家和地区。从生态伦理上来说，这是严重的不平等。人和人之间应该享受同样的权利，至少在利用自然资源上。发达国家靠牺牲环境成本取得了发展，而不愿意去承担应有的责任，这是对平等的践踏。以美国为例，其人口大约占世界人口的 1/20，但是其能源消耗却占世界能源消耗总量的 1/4。发达国家利用发展中国家廉价的资源和能源维持着其高消耗的生活，却以高能耗低附加值的商品掠夺发展中国家的财富。[②] 再加上发达国家历史上留存的环境债务，发达国家理应承担更多的责任和义务去应对当前的环境问题。这种不等价的权利和义务，最终会影响全球共同应对环境问题的合作。

而现实情况是，发达国家为继续攫取财富、保持竞争优势，常常在环境问题上逃避责任。而发展中国家则在维持生存、坚持发展权的同时

---

① 周国文：《自然权与人权的融合》，中央编译出版社 2011 年版，第 132 页。
② 魏森杰、魏广志：《论国际视角下的生态正义》，《重庆科技学院学报》（社会科学版）2008 年第 1 期。

拒绝承担责任。① 全球公民应该有同样的权利，至少不是被刻意压制一部分人的权利而去让另一部分人更好地享受更多权利。像一些国家为了自己国民的生活福利而通过战争破坏了别的国家公民生活的行为就是极端不负责任的，这种不公平和不平等最终无法和谐地利用自然资源，无法有效缓解生态环境恶化的发生。

二　全球化视野下的全球变化应对

（一）理性认识全球变化

不管是经济全球化还是环境全球化，地球上的人类都是利益相关体。任何国家和个人都没有能力长时期地靠牺牲他人利益来维持自己的超额利益。区域的环境变化最终也会影响全球的环境变化。每个地球公民都有责任去维护生存和发展秩序，并保护生态环境。全球问题不是哪一个国家能单独解决的，恶性的竞争而不愿意去承担竞争的后果最终只能让这个共同的家园走向毁灭。

（二）深化"全球治理"理念，寻找有效治理模式

"全球治理"是全球化的产物，旨在应对全球公共问题而出现的跨越地方、国家甚至区域尺度，依据普遍认可的价值观以及制度安排的一种治理模式。全球治理委员会的解释："治理在世界一级一直被视为政府间的关系，如今则必须看到它与非政府组织、各种公民运动、跨国公司和世界资本市场有关。凡此种种均与具有广泛影响的全球大众传媒相互作用"。② 全球治理通过各行为主体之间的合作、协商、伙伴关系，确立认同和共同的目标等方式实施对全球公共事务的管理，各行为主体之间基于公共利益和认同上的合作将是其主要运作方式。③ 在处理全球性事务中，政府不再是唯一的权力主体，而是与其他组织或团体就一

---

① 王乐夫、刘亚平：《国际公共管理的新趋势：全球治理》，《学术研究》2003 年第 3 期。

② "The commission on Global Governance", *Our Global Neighbourhood*, Oxford University Press. 1995，pp. 2 - 3.

③ 王乐夫、刘亚平：《国际公共管理的新趋势：全球治理》，《学术研究》2003 年第 3 期。

些问题进行协商、谈判、合作以及相互监督，通过各种有效渠道来达成共同管理、治理的目的。随着全球化时代的到来，以统治和服从为特征的强权型国际关系日益遭到世界范围内的反抗与抵制，以独立自主、平等参与和互利合作为特征的民主化社会日益成为国际社会的普遍追求。① 因此，在处理全球性问题的过程中，一些国家主体不能凭借所具有的优势政治、经济以及资源利用等优势，强制性或间接性地忽略弱势国家和地区的利益诉求，更不能借助全球治理依据的一套价值体系和规制，打着"自由"和"民主"的旗帜，干涉其他国家的内政以及社会发展。

从几次全球气候大会来看，非政府治理主体发挥着越来越重要的作用。不可否认的是，非政府治理主体（组织）在合法性以及权威性上的影响力的大小取决于政府主体及民族国家的支持的力度。政府主体之间在应对全球性问题时，首先考虑的是本国的发展和前景，有着固有的利益和价值观念冲突。在没有一套国家之间认同的治理模式以及实施路径之前，非政府主体应超越一国的利益倾向，本着自由、平等、公正的理念，最大力量争取国家之间应有的默契和对自我的支持，使全球治理逃离虚无的口号这一牢笼，发挥其应有的作用并走向治理的正轨。

发达国家和发展中国家都有责任去解决环境恶化问题。在合作中，发达国家应该清醒地认识到过去阶段对环境造成的破坏，理应对共同面对的环境问题多做工作。在资金、技术上，发达国家应该帮扶发展中国家去处理发展带来的环境问题。正如杰弗里·萨克斯在他的《贫困的终结》一书中表达的愿望那样：发达国家需要更好地关注环境变化问题，使全球变化对贫困国家的影响降到最低程度。这些问题都要以国家之间的相互理解和信任为前提，任何侵略性的、压制性的和无赖性的行为都不利于国家间的合作。不要让强权政治和军事武装成为改变利益分配的砝码，这样只能使国家之间的竞争越发激烈，破坏国家之间的信任，最终影响有效的合作。

全球化为全球治理提供了可能，以期在环境问题上的共同应对。除

① 王乐夫、刘亚平：《国际公共管理的新趋势：全球治理》，《学术研究》2003 年第3 期。

了积极探索有效的共同治理模式外，还应该加大在应对全球变化相关学科以及全球性或者地方性环保项目上的合作。通过开展多层次、多尺度、多主体的科研项目，深化国家之间的互动。此外，全球变化是一个复杂的概念，涉及领域很多，政治上、经济上、技术上、伦理上等，需要相关学科共同应对。跨学科合作将成为今后解决全球环境问题的一个重要方向。

（三）转变发展理念

先污染后治理的理念注定是行不通的。在地方和区域尺度上，要加大产业结构调整力度，转变经济发展方式，寻求可持续发展之路。在经济发展的理念转变同时，也要转变人和社会的发展理念。在全球经济化浪潮高涨的大背景下，人的身心发展也在发生着变化。物质性的占有和欲望的滋生终究不是人存在的意义和目的，整个人类的反思才能让共同的家园安静下来。基于发展的未来，人和人之间的公平是人地关系协调的前提，而这种公平将通过人类的自省与人性的成长逐渐实现。万物一体的思想应该成为共识，生态伦理也应该在全球尺度上普及，而这些都不是一个地区或者国家能做的，需要各个国家之间共同协作，共同进步。国家与国家之间的平等理念需要各国的努力，在公平竞争的基础上，合理地发展，统筹兼顾。

三　结　论

全球化对区域环境的影响只要是基于资源、能源利用产生的，其影响是多方面的，有消极的一面，也有积极的一面。在促进各种资源、能源有效利用和重复利用，以及协调资源、能源跨地区配置和利用上都起到了很大作用。而且，全球化也给各个国家和地区在信息、技术和管理上带来交流与共享，避免了资源使用的浪费，也帮助和促进了很多国家和地区依据市场进行产业结构调整，优化了全球尺度的分工，以适应全球化大趋势。但是，消极的一面更为明显，不仅造成了一些贫困国家和地区的资源、能源大量开采使用，进而造成了严重的环境破坏，也造成了政治和文化上的冲击，而这些最终都将以经济生活的形式转嫁到资源和能源的利用上，进而对环境造成不利影响。要解决这些问题，使全球化这一趋势能更好地为全世界人类谋福利，必须深刻分析其在资源和能源使用上带来巨大问题的根源，协调各方面力量，转变发展理念和方式，谋求更具可行性的全球治理模式，更加注重全球尺度内的公平与平等，和谐、适度地利用资源。

全球化只是个过程，不是一个现象的结果。随着人类社会的发展、人类文明的进步，全球化在深度和广度上都将继续进行并愈发深刻地影响着全球公民的生活和生产方式。在这一过程中，人口、资源、环境问题的协调，走可持续发展之路势在必行，这关乎人类和其他生物的共同命运。目前，关于全球化和全球变化研究大多集中在其相互影响及区域对策上，全球治理的效果还未充分体现出来，其面临的问题也是复杂、多元的。同在地球村，我们的生命息息相关，世界的发展应该以更温和、更友善、更公平的方式呈现，关注贫困地区的发展，关注生态环境，关注共同的未来。生态伦理理念，应渗透到与发展领域相关的政治、资本、经济、环境领域，这些都是息息相关的。

除了全球化引发的资源和能源利用方式以及规模引起的环境变化以外，各国和地区在经济发展过程中的不合理的变革也会影响着经济的发展和环境的恶化。人类的文明在前进，更好的制度、更多的人文关怀，是解决当前发展与资源环境问题的钥匙。

文献计量学视野下大陆地区
环境史研究综述（2000—2013）[*]

——基于 CSSCI 的统计和分析

薛 辉

环境史研究，自美国学者纳什于 20 世纪 70 年代正式提出"环境史"一词以来，伴随着 20 世纪中叶以来日益加剧的全球环境生态危机，在全球范围内掀起高潮，快速进入了国际历史科学主流，并继文化史之后成为西方历史编纂学的新类型。对此繁荣局面，学者纷纷撰文予以回顾、梳理和分析。① 此外，梅雪芹、包茂红等学者在相关著作中也论及国内外

---

　* 作者简介：薛辉，广西交通职业技术学院，研究方向为中国环境史、广西近代灾荒史。

　① 国外环境史研究综述如：高岱《当代美国环境史研究综述》，《世界史研究动态》1990年第 8 期；姜立杰《美国城市环境史研究综述》，《雁北师范学院学报》2005 年第 1 期；［美］约翰·麦克尼尔著，王晓辉译：《环境史研究现状与回顾》，刘新成主编：《全球史评论》第 4辑，中国社会科学出版社 2011 年版，第 3—49、391 页；包茂红《日本的环境史研究》，中国社会科学出版社 2011 年版，第 51—79 页；陈浩《拉丁美洲环境史研究述评》，刘新成主编：《全球史评论》第 4 辑，中国社会科学出版社 2011 年版，第 80—102、392—393 页；江山、胡爱国《德国环境史研究综述与前景展望》，《鄱阳湖学刊》2014 年第 1 期。

　国内环境史研究综述如王子今《中国生态史学的进步及其意义——以秦汉生态史研究为中心的考察》，《历史研究》2003 年第 1 期；张国旺：《近年来中国环境史研究综述》，《中国史研究动态》2003 年第 3 期；佳宏伟：《近十年来生态环境变迁史研究综述》，《史学月刊》2004 年第 6 期；高凯：《20 世纪以来国内环境史研究的述评》，《历史教学》2006 年第 11 期；陈新立：《中国环境史研究的回顾与展望》，《史学理论研究》2008 年第 2 期；潘明涛：《2010 年中国环境史研究综述》，《中国史研究动态》2012 年第 1 期；苏全有、韩书晓：《中国近代生态环境史研究回顾与反思》，《重庆交通大学学报》（社会科学版）2012 年第 2 期；谭静怡：《20 世纪 80 年代以来宋代生态环境史研究述评》，《史林》2013 年第 4 期。

环境史研究的基本现状。① 然而，这些论著在为我们了解不同时期环境史研究成果提供坚实文献基础的同时，却也存在一个不足，即主要是从学理上梳理、评述研究现状，而缺乏某种程度的定量分析。于是，本文尝试引入文献计量分析方法，以 2000—2013 年发表在 CSSCI 期刊上的环境史研究论文为考察对象，通过数据整理和统计分析目前大陆地区环境史研究存在的不足，并提出一些个人对今后环境史研究的思考，以期促进环境史研究的学术史发展，亦作为学界深化环境史研究领域之砖。

一 问题的提出

文献计量分析，可以客观、量化地揭示学术研究发展规律，已被看作总结历史研究成果、揭示未来研究趋势的一种重要工具而受到广泛使用。在历史学领域，不仅有学者从宏观上进行探讨，② 而且还对具体史学刊物如《历史研究》《近代史研究》《世界历史》《中国抗日战争史研究》《华侨华人历史研究》等作了定量分析。③ 20 世纪 70 年代以来，环境史

---

① 梅雪芹：《环境史研究叙论》，中国环境科学出版社 2011 年版；包茂红：《环境史学的起源和发展》，北京大学出版社 2012 年版。

② 于红、任爱平：《利用 CSSCI 对南开大学历史学院发文及引文的统计与分析》，《沈阳农业大学学报》2005 年第 2 期；孙扬、陈谦平：《历史学研究领域学者和机构的学术影响分析——基于 CSSCI（2005—2006）》，《西南民族大学学报》（人文社科版）2009 年第 4 期；苏新宁主编：《中国人文社会科学学术影响力报告：2011 年版》，高等教育出版社 2011 年版，第 155—202 页；尚莲霞：《我国历史学类学术集刊的发展现状及趋势展望》，《江西社会科学》2013 年第 7 期。

③ 毕艳娜：《统计与分析：1996—2005 年的〈历史研究〉——基于引文分析和史学发展趋势的研究》，硕士学位论文，山东大学，2008 年；徐秀丽：《从引证看中国近代史研究（1998—2007）》，《近代史研究》2009 年第 5 期；杨宏：《从〈近代史研究〉看近十年来的中国近代史研究——基于 CSSCI（1998—2007）数据的分析》，《近代史研究》2009 年第 5 期；李珞红：《〈世界历史〉2005—2009 年的文献计量分析》，《佛山科学技术学院学报》（社会科学版）2009 年第 1 期；张志一：《中国抗日战争史研究 20 年——以〈抗战争研究〉为对象的定量分析》，《抗日战争研究》2011 年第 4 期；徐云：《从引文分析看大陆华侨华人研究——基于 CSSCI（1998—2005）的研究》，《华侨华人历史研究》2007 年第 1 期；徐云：《再从引文分析看大陆华侨华人研究——以 1999—2008 年〈华侨华人历史研究〉载文为例》，《华侨华人历史研究》2010 年第 2 期。

在全球范围内掀起研究高潮，研究者"不仅探讨历史上自然环境与人类的生产、分配、交换和消费活动间的辩证关系，而且着重分析人类的活动对环境的影响乃至这种影响对人类社会的反作用"。从世界来看，"以美国为首的西方学者不仅研究本国、本地区的环境史，而且关注亚洲、非洲的环境史，甚至探讨极地、海洋的环境史，相关研究日益具有全球视野，成果蔚为大观"。① 从中国来看，自 1999 年作为史学分支学科正式纳入视野以来，在原先诸如历史地理学、农林生物史、生态学、考古学和气象史等学科基础上再辟蹊径，相关成果不断问世。与此同时，各种主题环境史学术会议也相继召开。可以说，环境史继经济史、社会史之后迅速成为大陆史学界新的学术热点和增长点。② 所以，我们认为有必要引入文献计量分析方法，以量化形式更加具体地展现环境史研究现状，并借此深化我们对环境学术史研究的认识。在此，就本文的研究样本和数据获取予以说明。

本文以 CSSCI 为数据来源，以"环境史""生态史"为检索词，分别在"篇名（词）""关键词""所有字段"条件下选择发文年代为 2000—2013 进行检索，具体结果见表 1：

表 1　　　　　　CSSCI 中的 2000—2013 年环境史检索结果一览　　　　单位：篇

检索式	篇名（词）		关键词		所有字段	
检索词	环境史	生态史	环境史	生态史	环境史	生态史
检索结果	162	18	180	27	205	33

说明：CSSCI 搜索结果截止日期为 2014 年 7 月 15 日。

通过对检索结果进行查重，共获得相关文献 229 篇，具体历年发文情况见下表 2：

---

① 王利华：《序》，田丰、李旭明主编：《环境史：从人与自然的关系叙述历史》，商务印书馆 2011 年版，第 2 页。

② 《光明日报》理论部，《学术月刊》编辑部：《2006 年度中国十大学术热点》，《光明日报》2007 年 1 月 16 日，第 11 版。

表 2　　　　　　　　CSSCI 中的 2000—2013 年环境史发文统计　　　　　单位：篇

年　份	2000	2001	2002	2003	2004	2005	2006	2007	2008	2009	2010	2011	2012	2013	合计
发文数	2	2	2	7	18	13	28	22	25	23	23	19	11	34	229

随后，我们又对获得文献进行类型分类统计和内容分析，其中论文 139 篇、综述 18 篇①、评论 17 篇、译文 14 篇、访谈 17 篇、其他 24 篇。下文相关统计和分析，即主要以 139 篇论文为对象。需要指出的是，由于 CSSCI 来源期刊的选择性、引文方式多样性以及统计数据的及时性和完整性，再加上笔者学识积累尚浅，在收集相关论文的过程中难免挂一漏万，② 故下文分析有一定的局限性，但我们的意图是通过 CSSCI 大致考察大陆地区环境史研究十余年来的研究实践，为环境史研究领域的学者了解主要刊物和环境史研究整体状况提供一扇窗口。不足之处，敬请方家批评指正。

二　文献计量统计概况

众所周知，"环境史"作为一个学术概念于 20 世纪 70 年代在美国被正式提出。而在中国，学界明确将"环境史"作为史学分支的专业术语予以介绍并展开探讨，则迟至 1999 年。③ 再观大陆地区，尽管有高岱等学者在 20 世纪 90 年代初期就撰文介绍美国环境史的研究概况和若干学术观点，④ 但从实际情况来看，可以说从 2000 年包茂红撰文第一次规范地

---

①　大陆学者有关国外研究成果的评述，列入论文类统计。

②　如由田丰、李旭明主编的《环境史：从人与自然的关系叙述历史》（商务印书馆 2011 年版）共收录《学术研究》历年发表的 28 篇环境史论文，由王利华主编的《中国环境史研究·第 2 辑：理论与探索》（中国环境科学出版社 2013 年版）共收录《南开学报》2006—2011 年间的 27 篇论文，限于数据库检索，笔者在下文统计中均并未全部计算在内。再如潘明涛撰文指出："据笔者统计，2010 年关于中国大陆（不包括港澳台地区）环境史研究成果共 280 多篇论文和 20 多本专著"。（潘明涛：《2010 年中国环境史研究综述》，《中国史研究动态》2012 年第 1 期）显然，笔者的统计结果也与此有较大出入。

③　曾华璧：《论环境史研究的源起、意义与迷思：以美国的论著为例之探讨》，《台大历史学报》1999 年第 23 期。

④　高岱：《当代美国环境史研究综述》，《世界史研究动态》1990 年第 8 期；张聪：《美国环境史研究问题》，《世界史研究动态》1992 年第 1 期。张文主要介绍了美国著名环境史专家苏珊·L. 弗雷德于 1991 年 9 月 16—18 日期间访问南开大学并举办专题讲座阐述的几个学术观点。

做出中国学者对于环境史的定义开始,① 大陆地区的环境史研究成果才陆续涌现。相关情况如下:

(一) 发文情况

1. 发表论文统计

表3　　　　　CSSCI 中的 2000—2013 年环境史研究发文情况统计　　　单位:篇

年　份	2000	2001	2002	2003	2004	2005	2006	2007	2008	2009	2010	2011	2012	2013	合计
发文数	1	2	2	3	7	7	14	11	16	15	18	12	5	26	139
比例 (%)	0.72	1.44	1.44	2.16	5.04	5.04	10.07	7.91	11.51	10.79	12.95	8.63	3.60	18.71	100.03

说明:"比例"按照四舍五入计算,"合计"由小数点后统计所致。

　　表 3 显示的是我们汇总的 CSSCI 收录大陆地区在 2000—2013 年间环境史研究的发文数情况。从表中我们可以看到,在收录的 139 篇论文中,从年度分布上看,最多的是 2013 年(26 篇)占 18.71%,最少的是 2000 年(1 篇)占 0.72%;从年度发文总量上看,大致呈逐年递增趋势。这种现象表明,近年来,大陆学者对环境史产生了愈来愈浓厚的研究兴趣,环境史研究受到越来越多的关注,相关成果日益增多。需要说明和注意的是,上表中的 2012 年度显示只有 5 篇论文入围,与其他年度有较大差异,实源于 CSSCI 数据库的检索结果,学界实际发表论文数并不仅限于此。

　　2. 引用参考文献统计

表4　　　　　CSSCI 中的 2000—2013 年环境史论文引用参考文献
情况统计表　　　单位:篇

年　份	2000	2001	2002	2003	2004	2005	2006	2007	2008	2009	2010	2011	2012	2013	合计
发文数	1	2	2	3	7	7	14	11	16	15	18	12	5	26	139
引用文献	55	31	107	119	177	261	530	371	536	714	667	482	149	1429	5628

---

① 包茂红:《环境史:历史、理论与方法》,《史学理论研究》2000 年第 4 期。

续表

年 份	2000	2001	2002	2003	2004	2005	2006	2007	2008	2009	2010	2011	2012	2013	合计
篇均引文	55	15.5	53.5	39.7	25.3	37.3	37.9	33.7	33.5	47.6	37.1	40.2	29.8	62.7	40.5
单篇最多	55	23	69	58	57	82	94	95	86	195	85	83	98	109	195
单篇最少	55	8	38	22	0	5	13	2	9	0	5	0	3	18	0

　　论文撰写和征引规范化问题，是学界长期呼吁和关注的焦点。对于史学论文而言，征引规范化尤为必要，不仅有助于读者理解写作者的意图和了解历史现象，而且可以引导阅读者通过参考文献按图索骥，在进一步扩展阅读文献来源的过程中发展新的学术增长点。从上表4可以看到，环境史论文的参考文献篇均引文在40篇上下，最多的单篇论文参考文献甚至达到195篇。这从一个侧面表明，环境史研究领域学者的研究越来越走向规范和成熟。在此需要指出的是，表中统计显示部分论文引用参考文献篇目少，原因在于写作者在正文中提及相关研究成果时只是罗列研究者和研究成果名称而未做出正式的引用注释，而个别研究论文引用参考文献篇数为0，则大多囿于文章体例或刊物体例。

　　下表5反映的是139篇论文引用参考文献的语种统计情况。从表中可以看到，引用中文文献共3364篇次，引用外文文献共2264篇次。这种现象表明，新兴的环境史研究与其他史学分支研究比较而言，更加注重外文文献。究其原因，我们认为这与环境史首先起源于美国并逐渐扩展到世界各国各地区的学术发展历程密切相关。当然，不容忽视的关键是，就我国大陆地区从事环境史研究的队伍来说，由从事世界史研究转向环境史研究是一个显著特征，这也导致在研究过程中研究者会特别关注外文文献。

表5　　　　　　　CSSCI中的2000—2013年环境史论文引用文献

中外文语种统计　　　　　　　单位：篇

年份 文种	2000	2001	2002	2003	2004	2005	2006	2007	2008	2009	2010	2011	2012	2013	合计
中文	19	8	16	97	111	119	413	227	346	522	298	282	85	821	3364
外文	36	23	91	22	66	142	117	144	190	192	369	200	64	608	2264

（二）学术影响力

1. 期刊影响力

学术期刊是传播学术研究成果的主要方式之一，因此通过对学术期刊的统计分析可以有效考察学术领域的发展概况。据统计，我们汇总的139篇论文，共刊登在49种期刊上。限于篇幅，我们在表6中列出发文量在2篇以上的刊物。

表6　　　　　　　　　2000—2013刊登环境史论文期刊统计　　　　　单位:%

序号	期刊名称	文献数	文献占比	序号	期刊名称	文献数	文献占比
1	史学理论研究	14	10.07	22	历史教学问题	1	0.72
2	学术研究	13	9.35	23	江西社会科学	1	0.72
3	历史研究	12	8.63	24	广西民族大学学报*	1	0.72
4	南开学报*	12	8.63	25	中国史研究	1	0.72
5	中国历史地理论丛	10	7.19	26	史学史研究	1	0.72
6	史学月刊	9	6.47	27	北京师范大学学报**	1	0.72
7	世界历史	7	5.04	28	学海	1	0.72
8	郑州大学学报*	6	4.32	29	贵州社会科学	1	0.72
9	学术月刊	5	3.60	30	湖南大学学报***	1	0.72
10	思想战线	4	2.88	31	东南亚研究	1	0.72
11	社会科学战线	3	2.16	32	环境保护	1	0.72
12	山西大学学报*	2	1.44	33	史林	1	0.72
13	中国农史	2	1.44	34	西北民族研究	1	0.72
14	学习与探索	2	1.44	35	北方民族大学学报*	1	0.72
15	中国人民大学学报	2	1.44	36	国外社会科学	1	0.72
16	中原文物	2	1.44	37	清史研究	1	0.72
17	陕西师范大学学报*	2	1.44	38	读书	1	0.72
18	西亚非洲	1	0.72	39	天津社会科学	1	0.72
19	中国藏学	1	0.72	40	河北学刊	1	0.72
20	西北大学学报*	1	0.72	41	江西财经大学学报	1	0.72
21	历史教学	1	0.72	42	西北农林科技大学学报***	1	0.72

续表

序号	期刊名称	文献数	文献占比	序号	期刊名称	文献数	文献占比
43	马克思主义研究	1	0.72	47	安徽史学	1	0.72
44	江汉论坛	1	0.72	48	民俗研究	1	0.72
45	宁夏社会科学	1	0.72	49	人文杂志	1	0.72
46	南京大学学报****	1	0.72				

注：＊哲学社会科学版；＊＊人文社会科学版；＊＊＊社会科学版；＊＊＊＊哲学·人文科学·社会科学版。

从所载刊物分布上看，刊文量在 2 篇以上的刊物有 17 种，其刊载论文共 107 篇，占论文总数的 76.98%，主要集中在《史学理论研究》（14篇，占 10.07%）、《学术研究》（13 篇，占 9.35%）、《历史研究》（12篇，占 8.63%）、《南开学报》（12 篇，占 8.63%）、《中国历史地理论丛》（10 篇，占 7.19%）等刊物。另外的 32 篇论文则发表在其他 32 种刊物上。这种情况表明，尽管环境史研究在大陆地区是一门新兴的历史学分支学科，但众多具有较大影响力的权威学术期刊（如表 6 中的《史学理论研究》《历史研究》《中国历史地理论丛》《史学月刊》等排名靠前的史学刊物）仍不吝地给予了特殊关注，频繁地刊登相关论文，这也使环境史研究在短短几年内异军突起并迅速成为学术热点。对此，学者指出："它们（指学术期刊——笔者注）的编辑出版者，具有卓越的学术远见和强烈的责任感，没有嫌弃这一新生学术的稚嫩，而是抱着极大热情积极支持和精心呵护，不断划出十分珍贵的版面发表相关论文，有多家杂志甚至竞相开辟了'环境史研究'专栏，定期推出最新成果，有计划地组织专题讨论，一时间成为史学领域中的一道亮丽景观。"① 以《历史研究》为例，该刊即先后于 2010 年第 1 期、2013 年第 3 期刊发环境史主题文章，前者由朱士光等人撰文对环境史的理论架构、研究范式与发展方向等问题做了深入而全面的探讨；后者则邀请国内外五位学者对环

---

① 王利华：《序》，田丰、李旭明主编：《环境史：从人与自然的关系叙述历史》，商务印书馆 2011 年版，第 5 页。

境史、生态史中事实判断、价值判断和历史观念等相关问题进行了探
讨。① "最近30多年，随着社会矛盾的凸显，环境治理、医疗卫生、农村
问题、灾害防治等逐渐摆在人们面前。《历史研究》主动介入现实问题，
引导学者通过古今中外的比较研究，寻求解决问题的良策。近年来，《历
史研究》专门策划了环境史笔谈，陆续刊发了灾荒史、医疗史、疾病史、
城市史、乡村建设史等具有现实感的论文。这些主题，既代表着国际史
学发展的前沿方向，又对中国当代治理具有启迪意义。"② 有关该刊对大
陆地区环境史研究的贡献，应该说这样的评价是比较公允的。此外，《学
术研究》自2006年以来开辟专栏先后发表了约30篇环境史论文（囿于
检索，上表6中只计入13篇），目前也已结集出版。③

2. 作者发文数量

据笔者统计，2000—2013年间共有署名作者70人、145人次发表
139篇论文，具体情况详见下表7：

表7   CSSCI中的2000—2013年环境史论文作者人数、人次统计

年 份	2000	2001	2002	2003	2004	2005	2006	2007	2008	2009	2010	2011	2012	2013	合计
发文作者人数	1	2	1	3	6	4	12	9	13	14	13	12	6	24	120*
发文作者人次	1	2	2	3	7	7	14	11	17	16	19	12	6	28	145

---

① 朱士光：《遵循"人地关系"理念，深入开展生态环境史研究》，《历史研究》2010年
第1期；王利华：《浅议中国环境史学建构》，《历史研究》2010年第1期；邹逸麟：《有关环境
史研究的几个问题》，《历史研究》2010年第1期；蓝勇：《对中国区域环境史研究的四点认
识》，《历史研究》2010年第1期；王先明：《环境史研究的社会史取向——关于"社会环境史"
的思考》，《历史研究》2010年第1期；钞晓鸿：《文献与环境史研究》，《历史研究》2010年第
1期；钞晓鸿：《深化环境史研究刍议》，《历史研究》2013年第3期；唐纳德·休斯：《历史的
环境维度》，《历史研究》2013年第3期；王利华：《生态史的事实发掘和事实判断》，《历史研
究》2013年第3期；侯甬坚：《"环境破坏论"的生态史评议》，《历史研究》2013年第3期；付
成双：《从征服自然到保护荒野：环境史视野下的美国现代化》，《历史研究》2013年第3期。
② 高翔：《始终引领当代中国史学的前进方向——写在〈历史研究〉创刊60周年之际》，
《人民日报》2014年6月29日，第5版。
③ 田丰、李旭明主编：《环境史：从人与自然的关系叙述历史》，商务印书馆2011年版。

续表

年　份	2000	2001	2002	2003	2004	2005	2006	2007	2008	2009	2010	2011	2012	2013	合计
独　著 （篇）	1	2	2	3	7	7	14	11	15	14	17	12	4	23	132
二人合著 （篇）	0	0	0	0	0	0	0	0	1	1	1	0	1	3	7

注：＊此处数字为历年作者人数之和，同一作者在不同年份发表论文，重复计算在内。若按作者单一计算，则只有上文提及的70人。

　　从表7可以发现，在历年发表的139篇文章中，一人发表文章的有132篇，占总文章数的94.96%；两人合作发表的仅有7篇，占总文章数的5.04%。由此可见，尽管环境史在产生之初就带有明显的跨学科特征，不同学科背景的学者之间的学术合作与交流也日益频繁，但在进行论文写作和个案研究时，仍以个人独立研究为主。论者指出："就整个史学界而言，与改革开放前发表的史学论著的署名方式相比较，可以发现一个明显的区别，即集体或多人署名的论著减少，个人署名的论著增多。"[①]显然，新兴的环境史研究也反映了史学研究需要进行独立思考的学科特征。不过需要提醒的是，环境史相较于其他史学分支来说，其跨学科性尤其显著，因此在如今新媒体迅速发展的时代背景下，如果这种现象得不到改善，或许日后会在一定程度上制约相关研究成果的推广。所以，这种情况在以后的研究过程中应当予以注意。当然，我们也不能忽视一个会引发种种困难的事实——从历史学的本质上看，从事环境史研究的实质是要建立一种"人与自然"和谐统一的综合体系，这就决定我们为了整合和深入性、理论完整性的思考需要，在进行具体研究过程中大多只能由一个作者完成。

　　3. 高产作者

　　如前所述，2000—2013年间共有70名作者发表了139篇文章，在此我们列出发文量在3篇及以上的作者共14位，具体情况见下表8。

―――――――――――――

　　① 杨宏：《从〈近代史研究〉看近十年来的中国近代史研究——基于CSSCI（1998—2007）数据的分析》，《近代史研究》2009年第5期。

表8　　　　　　　　　　　　　作者发文量统计　　　　　　　　　　（篇）

序号	作 者	发文数	序号	作者	发文数
1	梅雪芹	17	8	钞晓鸿	3
2	包茂红 *	14	9	付成双	3
3	高国荣	10	10	侯甬坚	3
4	王利华	7	11	景爱	3
5	贾珺	5	12	刘向阳	3
6	王子今	5	13	周琼	3
7	毛达	4	14	朱士光	3

注：＊包茂红，部分刊文作者为"包茂宏"，在统计中均计入"包茂红"。

　　我们对表中的 14 位学者进行了查询和统计，可以看到有以下几个特征：

　　第一，表中列出的作者绝大多数是高等院校的教学和研究人员。在 14 人中，来自高校的有 11 人，其余 3 人分别来自中国社会科学院世界历史研究所（高国荣）、中共中央党校（王子今，后又调动于北京师范大学、中国人民大学）和中国文物研究所（景爱）。

　　第二，北京师范大学独占鳌头。相关统计研究表明，北京师范大学在历史学领域拥有较大的学科优势和学术影响力。[1] 这种优势在环境史领域可谓依然明显。在表 8 列出的 14 人中，来自北京师范大学的有 3 人，共发文 22 篇[2]，占全部 139 篇文章的 15.83%，他们分别是梅雪芹、贾珺（先是在中国社会科学院世界历史研究所求学，后在北京师范大学从事博士后研究）和毛达。应该说，北京师范大学在环境史研究领域的优势，与自身的历史学深厚学术底蕴和浓厚氛围是分不开的。[3]

　　4. 高被引作者

　　发文量和被引用量是考察作者在学术研究领域影响力的两个重要指

---

　　① 孙扬、陈谦平：《历史学研究领域学者和机构的学术影响分析——基于 CSSCI（2005—2006）》，《西南民族大学学报》（人文社科版）2009 年第 4 期。

　　② 梅雪芹和毛达合著有 1 篇，贾珺在中国社会科学院世界历史研究所期间发表的 2 篇文章不计入内。

　　③ 苏新宁主编：《中国人文社会科学学术影响力报告·2011 年版（上）》，高等教育出版社 2011 年版，第 170 页。

标，前者着眼于量的分析，显示其在这一领域的研究"产出"；后者着眼于"质"的考量，统计其研究成果被其他学者引用的情况，显示其学术研究的创新度与影响力。① 就论文而言，被引用程度更能显示论文的学术价值，并反映论文作者在某一研究领域的地位和影响。

表9　　　　　　　　　　**2001—2013 年高被引作者一览**

序号	作者	被引次数	序号	作者	被引次数	序号	作者	被引次数
1	包茂红	51	6	景爱	11	11	行龙	6
2	梅雪芹	45	7	王子今	9	12	刘军	6
3	高国荣	34	8	王利华	8	13	胡英泽	6
4	侯文蕙	15	9	尹绍亭	7	14		
5	李根蟠	15	10	朱士光	6	15		

　　表9 显示的是 139 篇论文中被引用 6 次及以上的学者共 13 人。结合表8 可以看到，包茂红、梅雪芹、高国荣、景爱、王子今、王利华、朱士光 7 人位于前列，说明他们在环境史领域表现活跃，在成果引介、理论建构、知识创新和推动学术繁荣发展过程中扮演重要角色，即他们的文章对大陆地区环境史研究贡献较大，论文的学术影响力也日益增强。在此需要特别指出的是侯文蕙教授，作为大陆地区较早开始涉足美国环境史研究的学者，不仅于 1995 年出版了我国第一部研究外国环境史的专著②，而且在翻译和引介方面做了大量工作③，因而在我国环境史研究领域占有重要地位，被学界誉为"我国环境史的拓荒者"。④

---

　　① 龚放、白云：《2000—2004 年中国教育研究领域学者影响力报告——基于 CSSCI 的统计分析》，《江苏高教》2006 年第 6 期。

　　② 侯文蕙：《征服的挽歌：美国环境意识的变迁》，东方出版社 1995 年版。

　　③ 侯文蕙教授有关环境史的译作有［美］康芒纳：《封闭的循环：自然、人和技术》，侯文蕙译，吉林人民出版社 1997 年版；［美］利奥波德：《沙乡年鉴》，侯文蕙译，吉林人民出版社 1997 年版；［美］沃斯特：《自然的经济体系：生态思想史》，侯文蕙译，商务印书馆 1999 年版；［美］沃斯特：《尘暴：1930 年代美国南部大平原》，侯文蕙译，生活·读书·新知三联书店 2003 年版。

　　④ 包茂红：《环境史：历史、理论和方法》，《史学理论研究》2000 年第 4 期。

5. 高被引论文

表10 2000—2013年高被引论文

序号	作 者	论 文 篇 名	发表年度	被引次数
1	包茂红	环境史：历史、理论与方法	2000	23
2	侯文蕙	环境史和环境史研究的生态学意识	2004	15
3	李根蟠	环境史视野与经济史研究——以农史为中心的思考	2006	15
4	高国荣	什么是环境史？	2005	13
5	梅雪芹	从环境的历史到环境史——关于环境史研究的一种认识	2006	8
6	包茂红	唐纳德·沃斯特和美国的环境史研究	2003	7
7	景 爱	环境史：定义、内容与方法	2004	7
8	包茂红	马丁·麦乐西与美国城市环境史研究	2004	7
9	梅雪芹	环境史：一种新的历史叙述	2007	7
10	尹绍亭 赵文娟	人类学生态环境史研究的理论和方法	2007	7
11	行 龙	开展中国人口、资源、环境史研究	2001	6
12	刘 军	论西方环境史的政治特点	2006	6
13	高国荣	环境史及其对自然的重新书写	2007	6
14	王子今	中国生态史学的进步及其意义——以秦汉生态史研究为中心的考察	2003	5
15	梅雪芹	马克思主义环境史学论纲	2004	5
16	包茂红	英国的环境史研究	2005	5
17	梅雪芹	论环境史对人的存在的认识及其意义	2006	5
18	朱士光	关于中国环境史研究几个问题之管见	2006	5
19	高国荣	20世纪90年代以前美国环境史研究的特点	2006	5
20	王利华	生态环境史的学术界域与学科定位	2006	5
21	胡英泽	营田庄黄河滩地鱼鳞册及相关地册浅析——一个生态史的视角	2007	5

表10列出的是被引用5次及以上的论文，共21篇。其中，被引用23次的论文有1篇，被引用15次的论文有2篇，被引用13次的论文有1篇，被引用8次的论文有1篇，被引用7次的论文有5篇，被引用6次的论文有3篇，被引用5次的论文有8篇。

"作者论文被引用的程度可作为评价论文学术价值和影响的一种指标，并反映了该作者在研究领域的影响和地位。"[1] 表 10 列出的 21 篇论文之所以被不同研究者多次引用，是因为它们涉及的大多是有关环境史学科性质的论题和研究热点。这些论文一般都具有一定的理论价值和研究深度，创新性程度较大。

（三）研究的基本格局

1. 发文作者单位分布

学术机构的发文量是体现该机构学术影响力的一项重要指标，具有明显的指示意义。学者在从事学术研究活动的过程中，其所在机构的影响因素不容忽视。所以，从学术机构角度进行探讨，是了解学科发展状况的有效途径之一。表 11 所列内容反映的是 2000—2013 年共发表 139 篇文章的 37 家机构和单位，我们从中可以大体看出在环境史研究领域中有较大学术影响力的学术机构的分布情况。

表 11　　　　　　　　　　2000—2013 年发文机构统计　　　　　　单位：篇

序号	发文机构名称	2000	2001	2002	2003	2004	2005	2006	2007	2008	2009	2010	2011	2012	2013	合计	比重（%）
1	北京师范大学*				1	3	1	4	4	5	4	5	3	1	2	33	23.74
2	南开大学							2	1	2	3	4	2		4	18	12.95
3	北京大学	1	1	2	1	1	1			3	2	2			1	16	11.51
4	中国社会科学院世界历史研究所						3	2	2	1		1	1		2	12	8.63
5	陕西师范大学							1	1			2	1	1	3	9	6.47
6	中国人民大学*							1		1					3	5	3.60
7	云南大学*							1	1		1			1		4	2.88
8	复旦大学							1				1	1			4	2.88
9	中国文物研究所					1	2									3	2.16
10	山西大学		1						1		1					3	2.16
11	厦门大学											1	1		1	3	2.16
12	华南农业大学														3	3	2.16

---

① 杨宏：《从〈近代史研究〉看近十年来的中国近代史研究——基于 CSSCI（1998—2007）数据的分析》，《近代史研究》2009 年第 5 期。

续表

序号	发文机构名称	2000	2001	2002	2003	2004	2005	2006	2007	2008	2009	2010	2011	2012	2013	合计	比重(%)
13	中共中央党校				1	1										2	1.44
14	首都师范大学							1					1			2	1.44
15	中国科学院自然科学史研究所									2						2	1.44
16	新乡学院														2	2	1.44
17	西南大学*										1	1				2	1.44
18	青岛大学					1										1	0.72
19	中国社会科学院经济研究所							1								1	0.72
20	华中师范大学								1							1	0.72
21	中国社会科学院研究生院									1						1	0.72
22	北京联合大学									1						1	0.72
23	吉首大学										1					1	0.72
24	上海师范大学										1					1	0.72
25	太原师范学院										1					1	0.72
26	内蒙古师范大学*										1					1	0.72
27	保山高等师范专科学校*										1					1	0.72
28	河北师范大学											1				1	0.72
29	辽宁大学												1			1	0.72
30	江西师范大学												1			1	0.72
31	云南省社会科学院													1		1	0.72
32	西安电子科技大学*													1		1	0.72
33	清华大学														1	1	0.72
34	安徽大学														1	1	0.72
35	武汉大学														1	1	0.72
36	广西师范大学														1	1	0.72
37	华侨大学														1	1	0.72

说明：*为作者署名两个单位，各计1篇。

从上表11中可以看到，排名靠前发文在3篇及以上的12个机构和单位中，有 10 个单位均属高校，这说明高校是大陆地区从事环境史研究的主要科研阵地。如前所述，北京师范大学在环境史研究领域拥有较大优势，本表中显示历年共发文 33 篇，占机构发文量的 23.74%，正好也印证了这一点。值得一提的是，该校历史系世界史专业在梅雪芹教授的带领和指导下，在研究领域和课题方面均做出了比较突出的贡献，迄今已完成多篇学位论文，主要内容涉及环境政治史①、政府立法②、民间环保③、重新审视疾病④等。

2. 发文作者地区分布

需要指出的是，由于区域社会现实和学术研究传统在地区和机构上的差异，环境史学科在大陆各地区的发展程度是不一致的。从上表 11 发文作者所在单位的地区分布来看，在所有的 37 家研究机构中，华北地区有 17 家，华东地区有 7 家，西南地区和华中地区均有 4 家，西北和华南地区均有 2 家，东北地区有 1 家。总的来看，北方 20 家，南方 14 家，而发文在 3 篇及以上的 12 个机构和单位中，北方地区有 8 家，占了其中的 3/4。我们认为，这种研究格局有待学界共同努力予以改善。

三　现状分析与展望

通过上文统计分析，结合笔者"上下左右"的学术史考察（因限于相关篇幅，相关研究综述在此不赘）可以看到，自 20 世纪 90 年代末环境史研究在我国兴起以来至今的十余年，大陆学界无论是在构建中国环

---

①　刘向阳：《从环境政治史的视野看 20 世纪中期英国的空气污染治理》，硕士学位论文，北京师范大学，2007 年。

②　郭俊：《1876 年英国〈河流防污法〉的特征与成因探究》，硕士学位论文，北京师范大学，2004 年；张一帅：《科学知识的运用和利益博弈的结晶——1906 年英国〈碱业法〉探究》，硕士学位论文，北京师范大学，2005 年。

③　宋俊美：《为国民永久保护——论 1895—1939 年英国国民托管组织的环境保护行动》，硕士学位论文，北京师范大学，2006 年；陈祥：《从日本安田町反公害运动的新模式看地域再生的内涵与意义》，硕士学位论文，北京师范大学，2006 年；魏杰：《英国皇家爱鸟协会的兴起、发展及其意义》，学士学位论文，北京师范大学，2007 年。

④　毛利霞：《霍乱只是穷人的疾病吗？——在环境史视角下对 19 世纪英国霍乱的再探讨》，硕士学位论文，北京师范大学，2006 年。

境史研究的理论体系，还是涉及国内区域个案研究的重要问题，抑或引介国外环境史研究的理论和成果方面都进行了不懈努力，获得了长足发展，并已初见端倪，为中国环境史学者后续做进一步研究打下了良好的基础。但是，平心而论，当前大陆地区环境史研究依然还存在一些问题和不足，需要我们日后予以努力和完善。

（一）现状分析

1. 研究队伍不平衡

如前所见，环境史论文的历年发文作者所在单位和机构多属北方地区，体现出明显的北强南弱的区域不平衡性。这一点从刊载环境史论文的各种学术刊物（前文表6）所属单位也能得到一定程度上的反映。究其原因，主要在于目前中国环境史教学和人才培养等涉及学科建构的因子存在滞后性和不平衡性。从学术发展历程轨迹来看，当前从事中国环境史研究的大陆学者中的骨干力量，大多具有历史地理学、农业史等相邻学科背景，这种本土性学术渊源致使历史地理学等学科的研究格局在一定程度上移植到了中国环境史研究领域。与此同时，一批世界史学者（所在机构主要是北方地区的高校）如侯文蕙、包茂红、梅雪芹等陆续将西方环境史研究的思想主张及其相关论著陆续介绍到国内，使"环境史"作为史学分支逐渐为学界所接受。于是，在他们的带动和影响下，南开大学占得先机率先开设环境史类课程，之后北京大学、北京师范大学、厦门大学等其他高校也陆续开设此类课程。① 随后，构建环境史学科和加强人才培养工作日益成为学界重要的共识。于是，我国一批高校相继成立环境史研究机构，如南开大学、北京师范大学、北京大学、陕西师范大学、河北师范大学、复旦大学、云南大学、南京农业大学、华中师范大学等。至此，中国环境史研究的基本格局初步形成。但从研究成果来看，却呈现出明显的不平衡性——研究队伍北强南弱。

2. 生态学特性不明显

从环境史在美国的起源来看，生态学是其重要的理论基础。目前，

---

① 王利华：《中国环境史教学和人才培养的现状与展望》，刘新成主编：《全球史评论》第4辑，中国社会科学出版社2011年版，第310—311页。

大陆从事环境史研究的学者在构建中国环境史理论体系的过程中也不约而同地表达了对生态学的重视，并逐渐达成共识：生态学是环境史的理论基础，生态学的分析方法是环境史研究的重要工具。① 王利华指出："国外的理论源于其自身的学术文化传统和生态环境现实，未必尽皆适用于中国。我们应当鼓起勇气自行开展理论探索，一面向西方同行学习，一面从生态学等相关学科中直接借取，重要的是根据本国的实际和史学传统提出'中国的'环境史学命题，创建'中国的'环境史学理论方法体系，从而向世界提供'中国的'环境历史经验。"② 但是，从已有研究成果来看，尽管开展中国环境史研究需要借助生态学已成共识，但在实际操作层面中生态学特性却不甚明显。对于此种悖论，有学者从人类学角度探讨当前环境史研究存在的若干陷阱和误区，其他学者也撰文提醒研究者应该注意相关问题。③

　　3. 理论与实践不同步，跨学科交叉研究少

　　"跨学科研究是环境史的一个基本方法。环境史本身是多学科知识积累的结果，自然也继承了多学科的研究方法。研究环境史不但要有历史学的基本训练，还必须有环境和生态学的知识；另外由于人类行为异常复杂，环境史研究还涉及地理学、人类学、社会学、哲学、经济学和政治学等。"④ 可见，跨学科的理论及研究方法的应用，正是环境史学科的优势所在，也是环境史学科充满活力和动力的学术基础。然而，上述的环境史研究成果，除部分理论文章大力倡导跨学科研究外，只有极个别学者在具体的研究实践中自觉运用跨学科视野来探讨相关问题，由此说

　　① 包茂红：《环境史：历史、理论和方法》，《史学理论研究》2000 年第 4 期；侯文蕙：《环境史和环境史研究的生态学意识》，《世界历史》2004 年第 3 期；高国荣：《什么是环境史?》，《郑州大学学报》（哲学社会科学版）2005 年第 1 期；高国荣：《年鉴学派与环境史学》，《史学理论研究》2005 年第 3 期；王利华：《生态环境史的学术界域与学科定位》，《学术研究》2006 年第 9 期；王利华：《作为一种新史学的环境史》，《清华大学学报》（哲学社会科学版）2008 年第 1 期；王利华：《浅议中国环境史学建构》，《历史研究》2010 年第 1 期。

　　② 王利华：《浅议中国环境史学建构》，《历史研究》2010 年第 1 期。

　　③ 杨庭硕：《目前生态环境史研究中的陷阱和误区》，《南开学报》（哲学社会科学版）2009 年第 2 期；赵九洲：《中国环境史研究的认识误区与应对方法》，《学术研究》2011 年第 8 期。

　　④ 包茂红：《环境史学的起源和发展》，北京大学出版社 2012 年版，第 15—16 页。

明，尽管通过应用跨学科的研究方法和手段推动中国环境史研究向纵深发展已成学界共识，有些研究者也注意到研究方法的多样性，并力求运用多学科的研究方法，将自然科学的理论和方法融入环境史研究①，但从具体实际操作层面来看，环境史研究者与自然科学工作者的沟通还很不够，跨学科研究方法的真正应用也还较薄弱，而不同学科背景的学者共同探讨及深入细致地研究某个具体学术问题的现象更是不多见。可以说，中国环境史研究的跨学科特征不突出，在方法和手段上仍稍欠完善。"环境史是人文、社会科学和自然、工程科学之间的持续不断的对话。"② 我们希望学界共同努力，真正将跨学科的环境史研究与中国实际和史学传统充分结合起来，在国际史坛发出中国环境史学自己的"中国好声音"。

（二）设想与展望

"但凡一个史学分支学科，在学理上最好同时具备四个基本条件：区别于其他学科的特定研究对象、独特的研究手段、悠久的典籍传统和一定数量的研究团体和研究人员。以此来衡量当前方兴未艾的中国环境史学，它在历史学科范畴内的定位是任重而道远的。"③ 环境史作为史学新兴领域，存在一些问题和不足是学术发展过程中的正常现象。在此，提出几点关于今后环境史研究可能方向的设想，以期各位研究者共勉。

1. 加强学科建设规划，加大人才培养力度

学科建设，不仅要有制度保障，更重要的是队伍建设。人才是实现学术研究薪火相传的根本保障，研究队伍的壮大是推动学科向前发展的原动力。对于新兴的中国环境史学科而言，研究队伍的稳定和壮大具有重大意义。从学科长远发展来看，这一领域既要有一定数量的学科带头人（资深学者）和重要领域的领军人物（中青年学者），又要有足够的后

① 方万鹏：《自然科学方法运用于历史研究的可能与限度——以环境史为中心的几点思考》，《学术研究》2011年第8期。

② 包茂红：《环境史学的起源和发展》，北京大学出版社2012年版，第17页。

③ 李玉尚：《从计量看中国环境史研究手段》，《中国社会科学报》2011年3月24日，第13版。

备研究生队伍,才能保证中国环境史学科健康持续发展。有关目前国内环境史教学和人才培养现状,王利华作了较为全面的考察。① 王玉德在早期曾指出:"环境史是一门尴尬的学科。在国家公布的学科设置中,没有环境史的应有地位。历史学的八个二级学科中根本就没有环境史这个分支。绝大部分高校都没有环境史这门课,整个中国从事环境史研究的学者屈指可数。"② 尽管近年来环境史研究大有"显学"之势,环境史研究"尴尬"的局面有所改观,但与其他史学分支来说,依然比较滞后。因此,加强中国环境史学科建设规划,大力培养研究人才队伍,是中国环境史学科获得持续生机和活力的必然要求,可谓势在必行。

2. 拓展学科交叉研究,丰富理论和方法

跨学科方法是开展中国环境史研究的题中应有之义。研究者指出:"虽然多学科交叉研究法已因过分的炒作及只重其名无视其实的泛用而失去了其本真的特质,但透过学界有关多学科交叉方法应用的各类泡沫,我们依然无法否认其对传统史学研究方法的冲击、突破而带来的无穷魅力,无法否认这种方法对研究者思维方式、知识结构的巨大挑战所引发的忧患意识及其促进下的学科拓展与深入发展,也无法否认这种研究方法使用所导致对诸多悬而未决的学术问题的解决而被赋予的强大吸引力,更不能否认这种方法对传统历史研究范式与思维模式颠覆性刷新而引发对学术思维的革新与冲击。因此,多学科交叉的研究方法在客观、科学的学术研究面前,依然充满了盎然生机和巨大魅力。"③ 可见,尽管跨学科已在一定程度沦为"纸上谈兵",但对于中国环境史研究而言,要想突破现有的研究水平,取得创新性研究成果,改进目前存在的问题和不足,首先必须在理论上和方法上实现创新。笔者以为,在开展环境史研究过程中除了引入常规学科(如历史地理学、生态学、政治学、经济学等)探讨的理论和方法外,如果引入环境社会学的基本方法,创新中国环境史研究,或许将大大有助于我们丰富和提

---

① 王利华:《中国环境史教学和人才培养的现状与展望》,刘新成主编:《全球史评论》第4辑,中国社会科学出版社2011年版,第309—325页、第399—400页。

② 王玉德:《试析环境史研究热的缘由与走向——兼论环境史研究的学科属性》,《江西社会科学》2007年第7期。

③ 周琼:《环境史多学科研究法探微——以瘴气研究为例》,《思想战线》2012年第2期。

升相关研究。①

　　环境社会学主要是利用社会学的基本原理与方法，综合吸收环境科学、生态学等自然学科的理论与方法，对自然环境与人类关系进行跨学科综合研究，即在人类社会与自然环境的交互作用中探求环境问题的社会解决途径、人类社会与自然环境协调发展的规律。简言之，环境社会学是在环境与社会互动的框架内关注环境问题产生的社会原因和社会影响的一门学科。② 毫无疑问，针对中国环境史研究的领域（如空气污染、瘟疫、生态变迁等）进行分析时，可以借鉴环境社会学采纳自然学科和其他社会学科成熟理论与方法的模式予以思考，如环境社会学的基本研究方法中的结构分析、角色分析、制度分析和比较分析等，对分析人与自然关系变迁中的应对有积极的参考分析和借鉴价值。

　　3. 扩大研究视野，拓展研究领域和内容

　　一般而言，研究成果的优劣往往与研究视角和考察对象的分析与选择有关。刘翠溶总结了中国环境史研究有待深入的十大课题：人口与环境，土地利用与环境变迁，水环境的变化，气候变化及其影响，工业发展与环境变迁，疾病与环境，性别、族群与环境，利用资源的态度与决策，人类聚落与建筑环境，地理信息系统之运用等。③ 梅雪芹指出，环境史研究应分为四个层次：一是探讨自然生态系统的历史；二是探讨社会经济领域和环境之间的相互作用；三是研究一个社会和国家的环境政治和政策；四是研究关于人类的环境意识，即人类概述周围的世界及其自然资源的思想史。④ 对此，梅雪芹认为，"刘先生的这一论述，对中国环境史研究的进一步开展将具有指导意义。当然，她的论述肯定是开放性

---

　　① 张玉林：《环境问题演变与环境研究反思：跨学科交流的共识》，《南京工业大学学报》（社会科学版）2014 年第 1 期。

　　② 环境社会学关注环境问题产生的社会原因与社会影响，并非只是预设了环境问题的客观性，也并非是忽略对环境行为的分析。"社会原因"，包含了环境问题建构的社会过程和环境行为的因素；"社会影响"，包含了环境问题的直接影响和个人、社会在认识到这种影响后做出的积极应对举措。

　　③ 刘翠溶：《中国环境史研究刍议》，《南开学报》（哲学社会科学版）2006 年第 2 期。

　　④ 梅雪芹：《环境史学与环境问题》，人民出版社 2004 年版，第 10—11 页。

的，我们仍可以根据自己的理解和所好，延长或扩大这一主题单子。"①于是，结合国际环境史研究和发展的动向，她对 1840 年以后的中国环境史或者说中国近现代环境史研究作出自己的理解，主张从环境对人类历史的影响、人类活动对环境的影响及其反作用以及人类有关环境的思想和态度等方面提出 25 个研究课题。②

环境社会学既是社会学的分支学科，也是环境科学的分支学科。这就要求开展环境社会学研究时要兼顾环境与社会的各个侧面、各个层次形成的复杂关系。也就是说，环境社会学在研究任何一个环境问题的产生、发展及其解决途径的同时，总是要联系多种有关的自然环境因素和社会因素来加以思考和考察。这与中国环境史研究可谓异曲同工。因此，无论是刘翠溶总结的中国环境史研究的十大主题，还是梅雪芹剖析的中国近现代环境史研究的 25 个课题，采用"事件的视角"，引入和借鉴环境社会学的分析框架，探讨自然地理状况，考察社会制度、经济发展、文化背景等因素，都可以发挥环境社会学较强的实际应用价值，通过诸如环境态度、环境政策制定、环境问题的政治经济学分析等角度，来拓宽环境史研究中的相关内容。如基于环境意识与环境教育的普及，从环境社会学角度呼吁重视我国的环境国情教育，开展环境史研究，相信研究成果会别具一格，令人耳目一新。另外，在环境社会学视野的观照下，我们采用其相关理论建构和两种类型的环境社会学研究（环境学的环境社会学研究与社会学的环境社会学研究）开展中国环境史的具体研究工作，就是在研究过程中要有世界的眼光和宽广的视野。进一步来说，我们从大处着眼、小处着手，根据研究需要引入新理论、新方法，将宏观研究和微观研究结合起来提出新见解，笔者认为，这一研究方法将给中国环境史研究注入新的活力，使研究成果不仅更有理论深度，而且基础扎实，言之有物，也更有历史的厚度。

4. 加强史料收集整理，重视资料系统性建设工作

史料是开展史学研究的基础。恩格斯说："即使只是在一个单独的历

---

① 梅雪芹：《水利、霍乱及其他：关于环境史之主题的若干思考》，《学习与探索》2007 年第 6 期。

② 梅雪芹：《中国近现代环境史研究刍议》，《郑州大学学报》（哲学社会科学版）2010 年第 3 期。

史实例上发展唯物主义的观点，也是一项要求多年冷静钻研的科学工作，因为很明显，在这里只说空话是无济于事的，只有靠大量的、批判地审查过的、充分地掌握了的历史资料，才能解决这样的任务。"① 从目前的史料情况来看，环境史料主要零散分布在地方志、档案、文集、报纸杂志、统计资料等各种文献中。资料的分散性使环境史资料收集整理工作成为一项长期而艰巨的任务，值得欣慰的是，学界有识之士一直在为史料建设工作积极努力。周琼指出："环境史是历史学领域一门新兴的、最具生命力的分支学科，在其学科体系的构建及完善中，环境史文献史料是最重要也是亟待建构的基础性领域，传统史学研究中最受推重的是王国维的'二重证据法'，环境史研究无疑也是在此基础上进行的。但因环境史学及其研究已突破了传统史学的框架及方法，并在研究的视域、研究方法、研究理论等方面突破了传统史学的范式，使环境史文献学在具备传统文献学的特点及基本理论、基本方法的同时，也具有了跨学科研究所独有的特点，故环境史史料学应该是实践'四重证据法'最适合的分支学科——在'二重证据法'基础上重视实地调查（田野考察）法及非文字史料法。只有将文献史料、考古资料、实地考察访谈资料及非文字资料全面结合起来，环境史研究才能建立在可行、可靠的基础上。"②笔者以为，加强中国环境史史料的收集和整理，可从以下两方面进行：

第一，夯实哲学基础。马克思主义经典作家早已关注和论述人与环境的关系，③ 梅雪芹也撰文阐述了马克思主义对环境史的指导意义。④ 可见，马克思主义哲学可以为我们的环境史研究提供科学的理论指导和分析工具，有助于我们辨别和使用史料。这就要求我们在学习和研究中自觉运用这一哲学基础，并在具体实践中升华。如此，我们在收集和整理有关环境史料的过程中方能兼收并蓄，在丰富史料来源的同时为史料的

① 恩格斯：《卡尔·马克思〈政治经济学批判〉》，《马克思恩格斯选集》第2卷，人民出版社1972年版，第118页。
② 周琼：《环境史文献学刍论——以西南民族环境史研究为例》，林文勋、邢广程主编：《国际化视野下的中国西南边疆：历史与现状》，人民出版社2013年版，第178页。
③ 广州市环境保护宣传教育中心编：《马克思恩格斯论环境》，中国环境科学出版社2003年版。
④ 梅雪芹：《马克思主义环境史学论纲》，《史学月刊》2004年第3期。

客观性和科学性保驾护航。

第二，拓展学科基础。目前，环境史的史料大多数仍然来源于历史学范畴，跨学科特征还不明显。研究环境问题，需要具备生态学、环境科学等知识，因此环境史研究要获得进一步的发展，需要不断加大力度拓展史料的学科基础。在这一方面，南京大学做了有益而又大胆的尝试。① 在此，笔者认为我们可从环境社会学的研究内容和领域出发加强资料建设工作，以结构分析、分层、关系、制度等为切入点对史料加以分门别类地整理。另外，伴随现代科学技术的发展，在新的时代背景下，计算机、网络等高新技术在史学研究中的运用，为我们尽可能全面地掌握资料提供了设备上的可能。所以，我们还应努力掌握技术，建立完备的资料信息数据库，实现真正意义上的学科拓展。笔者相信，通过这些工作，环境史史料收集范围将会得到大大的拓展，从而为推动学科发展提供必要的资料土壤。

当然，需要提醒的是，除了上述工作还需努力外，在史料来源不断扩大、形式丰富多样的情况下，我们对获得的各种史料也应保持一份审慎的态度。换言之，优化史料基础，"在研究过程中针对不同史料的特点进行判断取舍，尽可能实现求真的史学诉求与批判的史学功能"，② 仍然值得我们注意。

余 论

环境史探讨人类与环境的互动演化，其重要的一个方面是深入理解具体历史时空下的人与自然，由此弥补传统史学总是忽略自然，仅侧重于人类政治活动的学术缺憾。自然环境的变迁，是历史的存在；研究环境史，则是人文的情怀。从历史的角度考察自然环境的变迁，分析其背后的政治、经济、社会、文化根源，从中总结经验与教训，以更好地保护人类生存的家园，解决人类面临的生存困境，正是时代赋予环境史研

---

① 张玉林主编：《环境与社会》，清华大学出版社 2013 年版。

② 贾珺：《试论从环境史的视角诠释高技术战争——研究价值与史料特点》，《学术研究》2007 年第 8 期。

究的重大任务。

　　"从现实看，环境史不仅是一门历史学科，还是一门未来学科，更是一门研究现实问题的当代学科。环境史着眼于历史，受益的是现代；关注的是自然，思考的是社会。环境史是一门实用的学科，它具有经世致用的功能，对社会的进步发展有至关重要的作用。"① 关于环境史研究的意义，梅雪芹不仅强调了从推动历史学发展的角度来理解，"具体而言，是从历史研究对象、历史认识以及研究方法等方面加以把握"，而且还指出开展环境史研究的现实意义，即可以使我们更好地认识环境问题，增强环境意识。② 时至今日，环境史研究异军突起，迅速成为学界研究热点，极大地影响了历史学的其他学科。③

　　本文通过文献计量统计和分析回顾了新世纪以来大陆地区的环境史研究现状，反思学界既往成果的不足，前瞻未来的可能发展方向。当然，大陆地区的环境史研究动向，并不仅仅通过期刊论文来完全展现，学术专著也是一种重要途径，如梅雪芹、包茂红、高国荣等人，均有佳作问世。④ 但是，从期刊论文的量化考察一窥大陆地区的环境史研究概况，借以勾勒鸟瞰式的图景，或不失为一种可能的路径。

　　最后，需要说明的是，文献计量统计固然对于学术史回顾和学术影响力评断具有重要价值，可以补充定性分析的不足，并与定性分析相互参照，从而使学科图景更加清晰地展现在研究者面前，但我们不能忽视纯粹的计量分析存在的风险和局限——囿于样本数据库信息的完整性和数据分析精确度。因此，本文仅是一种尝试，通过最基本的分析为中国

---

　　① 王玉德：《试析环境史研究热的缘由与走向——兼论环境史研究的学科属性》，《江西社会科学》2007 年第 7 期。

　　② 梅雪芹：《关于环境史研究意义的思考》，《学术研究》2007 年第 8 期。作者指出重大意义的具体表现在：环境史家致力于研究长期以来历史中所忽视的环境问题或环境灾害以及环境保护等内容，从而大大拓展了史学的范围；他们从人与自然互动的角度来认识历史运动，认为人与自然的关系自古以来在每一个时期都具有塑造历史的作用，并且更新了对人、自然以及人与自然之关系的理解；环境史在治史原则、叙述模式与具体方法等方面均有自己的特色。

　　③ 《光明日报》理论部，《学术月刊》编辑部：《2006 年度中国十大学术热点》，《光明日报》2007 年 1 月 16 日，第 011 版。

　　④ 梅雪芹：《环境史研究叙论》，中国环境科学出版社 2011 年版；包茂红：《环境史学的起源和发展》，北京大学出版社 2012 年版；高国荣：《美国环境史学研究》，中国社会科学出版社 2014 年版。

环境史研究领域的学者了解史学刊物和整体研究状况提供一定的参考，主要目的是给研究者提供相应资料，即从数据上为学界对大陆地区环境史研究蓬勃发展之路提供大致的认识，或许也可在一定程度上为梳理环境史研究的学术脉络提供一个新窗口，从而为常规性的定性学术史综述作一些侧面的支持。若果真如此，则之幸也！至于解读，研究者完全可以多层面、多角度地展开，并结合自己的具体研究实践提出看法，得到自己的结论。

（原文长达四万余字，经作者修改后，发表于《保山学院学报》2015年第1期）

近代来华西方人记述中国环境
变化文本的传播及影响[*]

刘　亮

　　近代以来，国门洞开，中西方之间在人员、物资等方面的流动不断加深，更多的中国人有机会走出国门，感受欧美各国的文明程度。与此同时，有着悠久历史传统和深厚文化积淀的东方古国也吸引着西方人源源不断地来到中国。这其中既包括各国派出的驻华外交人员、在华工作的职员、高等学校聘请的教习、政府部门聘请的顾问等，也包括探险家（队）、旅行家、商人、军官等。他们或以科学考察、研究、游历为名，或借中西合作交流的契机，深入中国大陆腹地进行各种活动，如动植物标本采集、地理勘测、地质调查、盗掘古物等。他们应用近代自然科学的方法和手段，获取大量的信息。这其中，有关对沿途自然环境的记录和描述成为西方国家认识中国自然环境的一个非常重要的渠道，也是中国学者认识本国环境的重要信息来源，尤其是对于森林植被破坏、野生动物遭到猎杀、土壤侵蚀严重、沙漠南侵等环境恶化的描述引起诸如美国等国家的警示，而美国以中国为戒的做法反过来又对中国国内保护森林等资源、开展水土保持工作等产生很大的影响。本文基于对西方人留下的此类文字的梳理，来展现近代西方人对中国自然环境变化的关注及理解，并对其在中国的传播及其

---

　　* 作者简介：刘亮，中国科学院自然科学史研究所，博士，主要研究方向为水土保持学史。

影响做出分析。这不仅有助于理解西方人对于中国自然环境印象的形成过程，同时也为研究近代西方农林等学科知识在中国的传播提供不同于以往的视角。对于认识民国时期开展的保存资源、水土保持等工作，也具有重要的意义。

一 相关研究综述

有关来华西方人关注中国环境变化的已有研究并不是很多。较早的有朱宗元的《十八世纪以来欧美学者对我国西北地区的地理环境考察研究》①，罗桂环的《20 世纪上半叶西方学者对我国水土保持的促进》②，史红帅的《1908—1909 年克拉克探险队在黄土高原地区的考察——基于〈穿越陕甘〉的探讨》③。其中，第一篇重于史实的梳理，考证和汇总了从 1700—1949 年，50 多位西方学者在西北地区进行实地考察的时间、路线、研究内容及发表的论著等。该文的特点是提供了大量西文文献资料的线索，但对文本本身的分析并不多，且将关于地理学和地质学的内容杂糅在一起，后者的比重甚至明显超过前者，其中一些内容也并非是关于地理环境的；第二篇则是从一些西方学者的工作促进中国水土保持的角度展开研究；第三篇以西方人一次具体的考察活动为中心，详述其取得的考察成果；其他如民国时期地理学家杨曾威的《近世西洋学者对于西藏地学之探察》④，我国著名地理学家徐近之（1908—1981）于 20 世纪 50 年代编著的《青康藏高原及毗连地区西文文献目录》⑤，郭双林的《晚清外国"探险家"在华活动述论》⑥，王晓伦的《近代西方在中国东半部

---

① 朱宗元：《十八世纪以来欧美学者对我国西北地区的地理环境考察研究》，《干旱区资源与环境》1999 年第 3 期。

② 罗桂环：《20 世纪上半叶西方学者对我国水土保持的促进》，《中国水土保持科学》2003 年第 13 期。

③ 史红帅：《1908—1909 年克拉克探险队在黄土高原地区的考察——基于〈穿越陕甘〉的探讨》，《中国历史地理论丛》2008 年第 4 辑。

④ 杨曾威：《近世西洋学者对于西藏地学之探察》，《清华周刊》1930 年第 11 期。

⑤ 徐近之：《青康藏高原及毗连地区西文文献目录》，科学出版社 1958 年版。

⑥ 郭双林：《晚清外国"探险家"在华活动述论》，《北京社会科学》1999 年第 4 期。

的地理探险及主要游记》以及有关"全球地理探险与游记创作"① 与本文研究也有不同程度的关联。

二　西方人关注中国环境变化的背景

近代以来，西方人关注中国环境变化绝非偶然，这既与中国的自然环境特点有直接的关系，也受到当时世界范围内保护森林和动植物资源运动的影响。

（一）中国频繁的自然灾害

近代以来，随着人口的激增，南方山地的开发，土壤垦殖的强度加大，以及随之造成的植被尤其是森林的减少，再加上中国自身特殊的地理环境和气候类型，各种自然灾害尤其是水旱灾害之频发达到空前的境地。几乎无年不灾，非涝即旱，动辄数省同时被灾，或者连续受灾。

（二）西方人长期以来对世界古代文明中心衰落的关注

自从西方国家在全球建立殖民地以来，就开始关注一些古老文明中心的衰落，并试图对其原因作出解释。恩格斯曾有一段非常著名的论述，"美索不达米亚、希腊、小亚细亚以及其他各地的居民，为了想得到耕地，把森林都砍完了，但是他们想不到，这些地方今天竟因此成为荒芜不毛之地……"这是西方人关注古代文明与环境关系的典型代表。而1955 年出版的《表土与人类文明》更是对近两个世纪以来西方人关注古代文明衰落与土地利用关系的总结性著述。②

（三）西方农、林、水、土等科学的传入

从 20 世纪初期开始，留学欧美学习农、林、土壤、水利等学科的留

---

① 王晓伦：《近代西方在中国东半部的地理探险及主要游记》，《人文地理》2001 年第 1 期；王晓伦：《试论游记创作与近代西方全球地理观形成和发展的关系》，《华东师范大学学报》2000 年第 1 期。

② Tom Dale, Vernon Gill Carter, *Topsoil and Civilization*, University of Oklahoma Press. 1955.

学生相继回国。同时，在应对一些重大自然灾害时，中国政府聘请外籍专家，这都使近代科学不断在国内生根发芽。如 1917 年直隶大水，就有水利工程师方维因、法国地理学家桑志华、英国科学家戴乐仁等或参与防水工程，或针对此次水灾提出救治的办法。① 而与此同时，当时在中国学者的论文当中，对西方借助实验科学研究农、林、水利、土壤等科学案例的引用不遗余力。

（四）保护天然纪念物运动在世界范围内的兴起

"天然纪念物"这一概念最初由德国博物学家洪堡（Alexander Humboldt 1769—1859）于 19 世纪初提出的，开始主要针对有价值的动植物，后来逐渐发展成为包括动植物、矿物以及风景名胜等在内的一个概念。② 1920 年，太平洋沿岸的多个国家和地区联合创办太平洋科学会议，更于 1926 年成立永久组织太平洋科学协会，其目的之一就是联合太平洋沿岸国家共同保护和开发该地区的自然资源。早在第二次澳洲会议时，议决案第六项即为太平洋物产的保护。③ 而第三次东京会议"正式讨论外，复议定保护太平洋沿岸天然纪念物，及防御病虫害等办法，实为此次会议之大成功，亦太平洋沿岸诸民族之大福音也"。④ 时任会议东道主日本方面对此项工作更是不遗余力，内务省设立专门机构天然纪念物保存委员会负责该项工作，由东京帝国大学退休的植物学教授三好学博士主持。⑤ 显而易见，当时在欧美国家以及日本，政府和学者对保存资源事业非常重视。

虽然中国学者直到 1926 年才开始正式参加该会议，但是早在 1912 年，就有国内学者绍章撰文，翻译日本三好学博士（Dr. Manabu Miyoshi）所著《天然纪念物之保存》，向国内介绍德、美等国在保护天然纪念物方面采取的各种措施。⑥ 此后章锡琛又发表了《欧美天然纪念物之保护》《动植物之保存》等文章，介绍普鲁士保存天然纪念物中央委员会会长康

① 凌道扬：《水灾根本救治方法》，《江苏省农学会报》1918 年第 1 期。
② 章锡琛译：《欧美天然纪念物之保护》，《东方杂志》1915 年第 4 期。
③ 任鸿隽：《泛太平洋学术会议的回顾》，《科学》1927 年第 4 期。
④ 魏喦寿：《第三届泛太平洋学术会议》，《科学》1927 年第 4 期。
⑤ 胡先骕：《应该设立保护天然纪念物的机构》，《科学通报》1957 年第 9 期。
⑥ 绍章：《天然纪念物之保存》，《进步》1912 年第 3 期。

文之博士、日本三好学博士在各自国家开展的资源保护工作。在成为太平洋科学协会正式会员国后，中国学者积极参加到这项工作中去，著名林学家凌道扬①（1887—1993）还在第五次太平洋科学会议上被推为森林资源组委员会主席。而国民政府中央保管古物委员会于 1935 年翻译德国 H. Jungmann 博士所著的《德国保护纪念物立法概观》②，系统介绍德国通过立法保护纪念物的发展过程。可以说，保护天然纪念物运动的兴起既是来华西方人关注中国环境变化的背景，也是其相关记述得到国内学者关注和传播的内在动力。

三　文本及其传播

近代来华西方人对中国环境变化的记述主要以游记、照片、论文等形式出现。这些文本或在西方国家出版，或者在中国发行，然后由中国学者翻译成中文并向国内予以介绍。

（一）文本的内容

英国植物学家福钧（Robert Fortune，1812—1880）提到了东南沿海省份土地裸露并遭受侵蚀；法国传教士谭卫道（Fr Jean Pierre Armand David，1826 – 1900）描述了中国北方地区森林破坏的现象；德国地理学家李希霍芬③（Ferdinand von Richthofen，1833—1905）也有对其他省份类

---

① 凌道扬，林学家、林业教育家。早年留学美国，获麻省农业大学农学士和耶鲁大学林学硕士学位。回国后曾任北平大学、金陵大学、中央大学林科教授兼系主任，并曾在农商部、交通部、青岛农林事务所、农矿部、中央模范林区管理局、广东省农林局、黄河水利委员会林垦设计委员会、联合国善后救济总署广东分署等机构任职。

② 中央保管古物委员会译：《德国保护纪念物立法概观》，《舆论辑要》1935 年第 8 期。

③ 李希霍芬于 1861 年以地质学家身份随普鲁士艾林波使节团首次来华。1868—1872 年得到美国银行的经济支持，再度来华调查中国各地的资源。后得到上海英国商会赞助，在中国内地进行了七次考察旅行，走遍了大半个中国，包括山东、直隶、四川及华中、华南、华西和南满，收集了许多地质和自然地理的宝贵资料。归国后发表了五卷本的《中国——亲身旅行和据此所作研究的成果》（China：Ergebnisse Eigener Reisen Und Darauf Gegründeter Studien）一书，从 1877 年开始出版，到 1912 年才出齐。李希霍芬有关胶州湾战略地位以及山西煤矿储量的论述引起很大影响，被认为是刺激了德国强占胶州湾以及列强掠夺中国自然资源。而他关于黄土的"风成假说"，长期以来在学界占有重要地位。

似情况的记载；而英文期刊 Notes and Queries 于 1869 年有如下评论："在像中国这样一个人口稠密、耕作发达的国度里，却只能找到一丁点残余的天然林，而这一丁点也是由于附近寺庙的保护才得以幸存。"法国传教士夏鸣雷（Henry Havret，1848—1901）记载了安徽省因太平天国起义造成森林大面积破坏；植物学家普当（Purdom）有对中国北方沙漠南移趋势的记述："……永久缺乏森林，则北面之沙漠，恐难免有侵入之一日。尝游榆林时，见长城以南，水草俱绝，是即沙漠侵入之起点。苟有森林保存土质，微特不致成此现状，且必获利无算。"这一观点对当时的西方人产生了很大的影响，并被广泛传播和接受。而美国林学家 T. Cleveland 则描述了中国东部地区的荒山，雨水沿荒瘠的表土倾泻而下，冲进河谷，毁坏农田和村庄。由于无法涵蓄雨水，以致缺乏灌溉，农业无法进行。[①]美国人洛史（Ross）游历中国后，写下关于粤闽、西北各省山土因积久缺乏森林，土壤肥质被雨水冲去的文字。慨叹"继此以往，彼国膏腴大陆之美称，恐不可复得……大地之上，灾患由于森林不讲，其迹之至显著，未有如中国之甚也。"[②]

以上学者的记述并未产生较大的影响，而 20 世纪以来的多位西方学者，其相关著述对当时的中国政府和学者产生了广泛的影响。

供职于美国农业部的植物学家迈耶[③]（Frank N. Meyer，1875—1918）于 1907 年 4 月 14 日在山西所拍摄的水土流失的照片"贫瘠的五台山"被美国总统西奥多·罗斯福（Theodore Roosevelt）于 1908 年向国会演讲时用到，希望美国避免出现中国的问题。[④]

[①] Norman Shaw，*Chinese Forest Trees and Timber Supply*，London. T Fisher Unwin，1914：15 – 22，p. 175.

[②] 凌道扬：《森林学大意》，《凌道扬全集》，公园出版有限公司 2009 年版。

[③] 迈耶，出生于荷兰阿姆斯特丹，自幼喜爱植物学。14 岁时成为阿姆斯特丹植物园园丁助理，在荷兰著名植物生理学家德弗里（Hugo de Vries）的指导下工作。1901 年，由荷兰赴美国并供职于美国农业部。受美国农业部委派，迈耶先后四次（分别是 1905—1908 年、1909—1911 年、1912—1915 年和 1916—1918 年）来华收集植物标本和种子。

[④] S. Cunningham，Frank N. Meyer，*Plant Hunter in Asia*，The Iowa Univ. Press，Ames. 1984. p. 28.

1912 年，记录美国克拉克探险队①考察成果的《穿越陕甘》（*Through Shen-Kan*）一书在伦敦出版。由于对黄土高原腹地的气象、地貌、水文、植被、动物、城镇、商贸、人口、交通等内容进行了深入调查和记述，该书对沿途黄土地貌、黄土原面切割冲蚀、水土流失、野生动物以及植被状况有详细观察描述，为后人认识和研究当时黄土高原地区的自然环境提供了一个轮廓。关于兰州，书中说"长期居住在这里的欧洲人指出，沙漠正在从北方缓慢而执着地侵袭而来，吞噬着所经过的乡野。关于这一状况的真实性已无可怀疑，如果不是因为有黄河，兰州必将不复存在。"② 关于沙漠南侵这一观点，得到了当时许多在华西人的认同和传播。值得注意的是，书中记载陕甘两省在回民起义和"丁戊奇荒"后因人口急剧减少，山地开垦活动减少乃至停顿使得陕北与甘肃东部、晋陕山地林草植被得到一定程度恢复。这和现代研究中关于减少人为干扰，使植被自然恢复的科学理论是相符的。另外，陕北榆林府因鄂尔多斯沙漠不断南侵，沙丘往往高及城墙。考察队到达榆河堡时即从北城墙外沙堆上直接入城。③ 这样的描述可以说是对当时该地生态环境近于量化的记录。书中有关黄土高原自然环境的照片，后来被多次引用，如下文提到的《中国的森林和木材供应》一书，其许多图片都来自于本书。著名生物学家周建人（1888—1984）于 1927 年将该书博物学节译，刊登在《自然界》杂志上。

1914 年，供职于中国海关的英国人肖（Norman Shaw）所著《中国的森林和木材供应》（*Chinese Forest Trees and Timber Supply*）在伦敦出版。此书主要是关于东北地区森林和木材贸易的简史以及对鸭绿江和松花江上木筏的描述，也有关于其他省份森林状况的简要描述。这本书实质上是对于多种书籍、游记以及官方报告的不加批判的汇编。④ 全书分 2 部分，共 8 章。其中第一部分第 3 章"中国森林问题"是作者对于中国森

---

① 这是一支由纽约华尔街银行家罗伯特·斯德林·克拉克（Robert Sterling Clark）个人出资、策划和组织，并得到雄厚财力支持的私人探险，于 1908—1909 年，在晋、陕、甘三省区进行了 480 余天的综合科学考察，是清代后期西方人对黄土高原地区自然和人文地理状况最为系统的一次考察。

② 史红帅译：《穿越陕甘》，上海科学技术文献出版社 2010 年版。

③ 史红帅：《1908—1909 年克拉克探险队在黄土高原地区的考察——基于〈穿越陕甘〉的探讨》，《中国历史地理论丛》2008 年第 4 辑。

④ Forestry and Trees，Nature，July 22，1915：555 – 557.

林资源破坏状况的详细记述。尽管这本书存在大量问题，但是其中有关森林破坏的内容还是引起了中国人的重视。1917 年，有学者在《科学》杂志上发表《中国无森林之惨苦》一文，记述自己在英国剑桥一书店看到《中国的森林和木材供应》一书，迅速购买并向国内予以介绍，并希望政府能够对森林实行有效的管理。① 1927 年，国内学者杜其盎将该书第 2 章——森林概况的内容翻译成中文，在《自然界》上连载。

作为克拉克探险队的重要成员，博物学家索尔比（Arthur de Carle Sowerby，1885—1954）于 1922 年定居上海，后创办了英文刊物《中国杂志》（The China Journal）。② 该刊的目的在于"深化在中国的科学研究，鼓励中国文学和艺术的研究"③。索尔比本人为该刊物写了大量文章，其主题囊括了工程学、工商业述评，科学札记与评论，教育笔记、资讯、旅行和探险笔记等。其中有关中国自然环境的有《正在向华北逼近的沙漠》（Approaching Desert Conditions in North China）、《饥荒、洪水和愚蠢》（Famine，Flood and Folly）、《中国的悲哀》（China's Sorrow）、《中国的森林》（Forestry in China）、《中国、蒙古、西藏东部以及满洲的哺乳动物需要保护》（Mammals of China，Mongolia，Eastern Tibet and Manchuria Requiring Protection）等，论述中国北方地区因森林滥伐、植被破坏引起沙漠南侵、黄河泛滥、水灾频繁等问题，其若干配图就取自记录克拉克探险队成果的《穿越陕甘》一书。凭借着多年在中国生活、探险、游历和收集动物标本的经历，索尔比对很多问题总是一语中的。他多次提到了木兰围场遭到破坏。除此而外，《中国杂志》还刊登了一些西方人论述如东陵森林、围场森林被破坏、中国野生动物需要保护等问题的文章，如《中国渔业的保护和发展》《东陵的野生动物》④《中国的动物保护》《中国需要什么》《拯救中国的鸟类》《洞庭湖的白鳍豚》《山西省中南部植物考察初步报告》等。

---

① 鳃：《中国无森林之惨苦》，《科学》1917 年第 5 期。

② 《穿越陕甘》，2010 年。

③ "Inception and Aims of The China Journal of Science and Arts"，*The China Journal of Science and Arts*，1923，1（1）：1 – 3.

④ G. D. "Wilder，Wild Life Today in the Eastern Tombs Forest"，*China Journal of Science and Arts*，1925 vol. Ⅲ，No. 5：276 – 282.

于 1922—1927 年、1943 年先后两次来华的美籍林学家、水土保持专家罗德民（W. C. Lowdermilk，1888—1974）20 世纪 20 年代在晋、陕、豫、皖以及青岛等地进行土壤侵蚀考察和研究，先后写有《黄河流域的侵蚀和洪水》（1924）、《变化中的中国北方蒸发降水周期》（1924）、《一个林学家在中国的森林考察》（1925）、《山西的森林破坏和坡地侵蚀》（1926）、《影响暴雨径流的因子》（1926）、《林业在饱受侵蚀的中国》（1930）、《人造沙漠》（1935）、《五台山土地利用史》（1938）、《西北水土保持考察报告》（1943）等，他详细论述了相关地区因垦殖过度引起土壤退化并引起水旱灾害的发生过程，并将人类文明和土壤侵蚀联系起来，认为其存在直接的关联，"文明的历史就是一部关于人类和耕作土地干燥化做斗争的记录。"[1]

德国林学家芬次尔（Gottlieb Fenzel，1896—1936）先后两次来华工作，曾在广东各地、海南岛、杭州等地考察森林，写有《中国森林问题》[2] 等文章，主要从荒地利用和经济发展需要两个方面来论述中国急需发展林业的必要性。他认为大量荒地的存在造成了土壤损坏、河底淤积，而这些灾害的源头都是毁坏森林。另外，发展工业亦需要木材，而中国因木材缺乏以至利权外溢，国家发展大受打击。解决这些问题的出路就是于荒地上广植森林，而政府必须担负起应当的职责。

（二）文本的传播及影响

由于上述本文的内容多与农、林、水利、土壤学等相关，因此这些学科的国内学者既是以上记述的主要受众，也是其传播者。

近代早期关注中国环境变化的主要是传教士、植物学家等，大部分集中于对中国东部地区森林毁坏的描述，相关内容散见于一些游记中。对西部地区的关注中，李希霍芬将中国西北地区的衰落归因于气候变化的观点引起了较大的反响。1878 年，《纽约时报》（*The New York Times*）曾在一篇报道中引用他的观点，"根据李希霍芬男爵、卡尔内博士（Dr. Carne）以及其他等人的证据，中国北方省份在过去两个世纪里，已经经历了一次地球

---

[1]　W. C. Lowdermilk. "Man-made Deserts", *Pacific Affairs*, 1935, 8（4）: 409 – 414.

[2]　齐敬鑫译：《中国森林问题》，《东方杂志》1929 年第 6 期。

上已被开发和种植地区几乎没有与之相似的气候变化。"① 这距离他完成在中国的地理考察时间不久，可见他的这一观点已经很快在美国传播开来。与李希霍芬类似，美国地理学家亨廷顿②（Ellsworth Huntington，1876—1947）亦将中国西北地区的衰落归咎于不利的气候变化。③

但是有学者对此持不同观点，这些学者将中国西北地区的衰落归于人为引起的土壤侵蚀，认为"很明显，气候变化曾在过去发生并且仍在进行中。这样的变化随着土地运动的速度，在人类历史时期相对缓慢。而人口数量及其活动的快速增长，以及他们牧群的活动，能够产生与气候变化同等效果的干旱化。"④ 他们的直接证据来自对中国北方地区寺庙林地的考察。"我已在中国北方多次发现，庙宇林地就像绿翡翠一样点缀在难看的受到剥蚀的山上。这些树木数百年来被保护免遭斧斤和耕种破坏，以及山羊、绵羊的啃咬、踩踏。在他们清凉宜人的树荫下，这些树木在目前的季风气候和降水条件下自然更新。这些森林足以证明目前的气候能够支撑相似地区类似的植被。这样，中国北方植被的损失不是由于不断干旱造成的，而是伴随着土壤流失不断的干旱，造成了水分保持的缺乏。"寺庙林地的存在的确有力反驳了关于气候变化引起中国西北地区衰落的说法，也得到了中国学者的认同，如曾任国民政府立法委员的我国著名林学家、林业教育家姚传法⑤（1893—1959）就曾说"西北退化

---

① "Seventy Million Starving-The Famine in Northern China", *The New York Times*, February 24, 1878.

② 他曾于 1903 年作为美国卡耐基学院彭帕里探险队队员，首次来到亚洲腹地进行野外实地考察，重点考察帕米尔高原的气候和地理条件，后出版《1903 年的中亚考察》和《重逢在亚洲腹地》等专著。1905—1906 年，亨廷顿完成了他的第二次中亚科学考察，研究中亚文明与气候的变化，其后半段行程主要是在塔里木盆地南缘、东侧一带。作为这段时间的考察成果，他出版了《文明与气候》《亚洲的脉搏》两部专著。

③ W. C. Lowdermilk, "Forestry and Erosion in China, 1922 – 1927", *Forestry History*, 1972, 16（1）：4 – 15.

④ W. C. Lowdermilk, "Man-made Deserts", *Pacific Affairs*, 1935, 8（4）：409 – 414.

⑤ 浙江鄞县（今宁波）人。1914 年毕业于上海沪江大学，同年赴美国留学，1919 年获美国俄亥俄州立大学科学硕士学位；1921 年获美国耶鲁大学林学硕士学位。1921 年加入中国国民党。曾任北京农业大学生物系主任、江苏第一农业学校林科主任、复旦大学教授、东南大学教授、沪江大学教授。1928 年发起创建中华林学会，1928 年和 1941 年两次当选为中华林学会理事长。1929 年创办《林学》杂志。1930 年任江苏省农林局局长。从 1932 年起任国民政府立法委员长达 15 年之久。1947 年后转任浙赣铁路局农林顾问技师；1949 年在南昌大学森林系任教授，1952 年随该系并入华中农学院森林系；1955 年又随该系并入南京林学院。

之原因，西方工程师曾谓由于气候之突变，或谓由于北方沙漠之下移。然经过近年来欧美各国水利专家、森林专家研究考察之结果，方知西北退化之真正原因，在于水土不能保持，而水土之所以冲失，实由于森林之全不存在。"①

西奥多・罗斯福总统任期内（1901—1921），美国的森林正在以惊人的速度遭受破坏。总统的科学顾问吉福德・平肖②（Gifford Pinchot，1865—1946）向他展示了一幅画，作于 15 世纪，关于在中国北方一个有森林覆盖的山脚下美丽、人口稠密、灌溉良好的河谷。另有关于这个山谷的一张照片，摄于 1900 年。照片显示山上无树，河床干涸，来自山上的砾石和岩石覆盖了肥沃的河谷地。这个人口减少的城市已成为废墟。总统用这些照片向国会传达他的信息并促成了旨在保护林地的美国林业局的成立。③ 虽然无直接证据表明这些照片与迈耶所拍照片之间的关系，但是吉福德・平肖当时任美国农业部林业局局长，迈耶多次来华考察和收集植物标本、种子，正是受美国农业部所派。另据凌道扬所说："美国前森林局局长宾菊德氏曾派人到中国，将各省荒山凄之惨状，摄影携回美国，到处讲演，以戒国人。"此处的宾菊德氏即上文提到的吉福德・平肖，由此推之，他给总统展示的照片当为迈耶从中国带回的。

1919 年，《纽约时报》发表了一篇题为"森林被宣布必须得到保护——吸取中国的教训"的报道。报道称"砍伐森林的结果，就如已经在像中国这样的国家所发生的那样，是一件众所周知的事情……当一个国家的森林资源被大多数人视为用之不竭的时候。毫无疑问，从前，这肯定是指中国的森林……'无树的中国'正被美国森林学会视为一个警告，希望激发普通公民关心和斗争的精神，因此森林财富将被视作国家的资产得到保护，无论是出于商业上还是它的气候效应。"④ 很显然，中

---

① 姚传法：《森林与建国》，《林学杂志》1943 年第 10 期。

② 美国著名林学家，美国森林局第一任局长（1905—1910 年），美国林学会和耶鲁大学林学院的创办者，是罗斯福当政时期多项自然资源保护政策的策划者，尤其是林业政策，被誉为美国 20 世纪自然资源保护运动和世界林业的重要奠基人和先驱，对美国林业政策影响深远。

③ W. C. Lowdermilk, "Man-made Deserts", *Pacific Affairs*, 1935, 8 (4): 409 - 419.

④ "Declares Forests Must Be Conserved, Draws Lesson from China", *The New York Times*, October 12, 1919.

国当时是被美国作为毁林的反面教材而宣传的，可以想见当时中国破坏森林引起环境灾难的程度。

在美国康奈尔大学获得林学硕士学位，时任清华学校校长的我国著名林学家金邦正①（1886—1946），曾发表《美国前总统罗斯福在美国两院演说中国森林情形》一文，向国人介绍美国总统在国会的演讲，以期引起社会的重视。②

受到罗德民关于中国数省土壤严重侵蚀状况考察报告的影响，国民政府行政院于1930年公布《堤防造林及限制倾斜地垦殖办法》。这是"以森林防止灾荒之良好计划"。③ 罗德民于1943年在中国进行西北水土保持考察时，也曾说，"美国进行护林，基于中国森林砍伐事例为借镜，若于土壤冲刷严重情形之认识，更系得自于中国研究……"④

自从1912年《穿越陕甘》一书出版后，关于北方沙漠南侵的观点不断得到传播和强化。索尔比的《正在向华北逼近的沙漠》和恩格德的《沙漠的起源长大和它的侵入华北》直接继承和发展了上述观点，在当时的中国学者中引起了极大的震动，被多次翻译和转载，予以警示国人。1926年，地理学家蔡源明在日本东京帝大看到《东洋学》杂志上日本早坂一郎博士翻译的索尔比的文章后，将其转译为《我国北方各省将化为沙漠之倾向与实证》一文以告国人。⑤ 另外，杜其垚的《中国北方森林的缺乏与沙漠状况的侵入》⑥ 一文，土壤学家黄瑞采的《中国北部森林之摧残与气候变为沙漠状况之关系》⑦ 均系对索尔比文章的译介。值得注意的是，这篇文章最初是以英文在中国发表的，但是中国学者竟然是在东京

---

① 金邦正，安徽黟县人，1914年在美国康奈尔大学与留美学生秉志、周仁、胡明复、赵元任、章元善、任鸿隽、杨杏佛、过探先等发起组织"科学社"。1915年，任安徽第一甲种农校校长。1920年，出任清华学校校长。
② 罗桂环：《20世纪上半叶西方学者对中国水土保持事业的促进》，《中国水土保持科学》2003年第3期。
③ 陈嵘：《中国森林史料》，中国林业出版社1983年版，第113—114页。
④ 罗德民：《行政院顾问罗德民考察西北水土保持初步报告》，《行政院水利委员会月刊》1944年第4期。
⑤ 蔡源明：《我国北方各省将化为沙漠之倾向与实证》，《东方杂志》1926年第15期。
⑥ 杜其垚：《中国北方森林的缺乏与沙漠状况的侵入》，《自然界》1926年第8期。
⑦ 黄瑞采：《中国北部森林之摧残与气候变为沙漠状况之关系》，《江苏月报》1935年第4期。

看到日本学者翻译的日文版才发现的，发人深省。《沙漠的起源长大和它的侵入华北》一文的中文版最初见于生物学家周建人 1930 年辑译出版的《进化和退化》一书中，亦于同年独立发表在《自然界》杂志上。《进化和退化》一书收录了关于生物科学的文章 8 篇，周树人（1881—1936）在《进化和退化》小引中认为该书最重要的两篇之一即此文，"沙漠之逐渐南徙，营养之已难支持，都是中国人极重要，极切身的问题，倘不解决，所得的将是一个灭亡的结局。可以解中国古史难以探索的原因，可以破中国人最能耐苦的谬说，还不是副次的收获罢了。林木伐尽，水泽湮枯，将来的一滴水，将和血液等价，倘这事能为现在和将来的青年所记，那么，这书所得的酬报，也就非常之大了。"①

1932 年，穆懿尔（Raymond T. Moyer）发表《华北的干旱》一文，对之前诸多西方学者的观点进行了综合，并结合有关灾荒和气候的记载，认为森林消失是加剧干旱的结果，而森林破坏又是干旱加剧的原因。②

罗德民的一些文章也被翻译成中文并在国内学者中引起反响，如任承统的《山西森林之滥伐与山坡土层之剥蚀》，黄瑞采的《森林植物与固障土砂及水源涵养之关系》《淮河上游之现状》《水土保持之重要：历史上各国给我们的几个教训》，林学家李顺卿翻译的《分工合作与土地利用》以及黄瑞采与原绍贤合译的《渭北灌溉事业之今昔》等文，均是对罗氏相关记述的介绍。值得注意的是，罗氏在其文章中也多次引用索尔比、肖的观点。

保护动植物方面，索尔比的《论中国猎物急宜保存之理由及方法》由甘作霖翻译成中文于 1914 年发表在《东方杂志》上。《山西的气候和植物分布状况》由周建人翻译后，发表在《自然界》杂志上。芬次尔的《中国森林问题》一文是由其助手齐敬鑫③（1900—1973）翻译后，于 1929 年发表在《东方杂志》上。

可以看出，来华西方人关于中国环境变化的记述首先引起了诸如美

---

① 周建人：《进化和退化》，光华书局 1930 年版，第 10 页。

② Meyerat，"The aridity of North China"，《皇家亚洲文会华北支会会刊》1931 年第 32 期。

③ 齐敬鑫，林学家，1923 年毕业于私立金陵大学林科，先后在中山大学、西北农林专科学校森林系任教。曾作为德籍林学家芬次尔的助手和翻译，协助其陕西等省开展造林工作。

国等国家的重视，推动了一些国家的保护森林运动。同时，中国政府和学者从中对本国的环境有了更深刻的认识，促使政府采取一些防止垦殖过度的措施，而学者们也不遗余力地呼吁造林护林，通过展林业来救国。

凌道扬曾说自己在美国留学时，"外人每引中国山陵荒废之害，为彼国人之戒"，"开会演讲辄曰："中国某省某省某某山如此如此，国遂因贫而弱，民遂被灾而苦，有如今日，可不惧哉!? 可不惧哉!? 余目见之，耳闻之，余心碎矣!"他曾专门就"外人对于中国森林缺乏之评论"作了整理，包括德国森林专家赫司（Hass）、英国那孟硕①（Norman Shaw）、美国希菲斯②（Sherfesee）、美国哈佛大学威尔逊（Wilson）、美国格非冷（Cleveland）、堪伯（Campbell）、洛史（Ross）、普当③（Purdom）等人对于中国乱砍滥伐、不讲林业以致灾害频发、沙漠南侵状况的担忧和警示。

结　　语

环境变化是近代来华西方人关注中国的一个重要方面。这既与当时中国自然资源损耗严重所导致水旱灾害频发有直接关系，也是西方人在近代自然科学不断取得进步的背景下必然会做出的反应，更是他们长期以来关注世界古代文明中心衰落原因并以此为鉴的一部分。翻译是有关文本在中国得到传播的主要方式，农、林、土壤、水利学家等既是主要受众，也是主要传播者。由于这些文本将一种严峻的形势呈现在中国学者的面前，并且西方学者关于中国无林少林、不讲林业、不知保护天产以致灾害频发的观点，引起了志在通过林业救国的中国学者思想上的共鸣，因此在推动中国积极开展造林防灾、防止土壤侵蚀等方面具有重要的作用。

（本文发表于《北京林业大学学报》（社会科学版）2015 年第 3 期）

---

① 此人即本文中提到的肖，此处人名保持凌道扬文中的译法。
② 也译作"佘佛西"。美国林学家，曾任菲律宾林务局局长。1915 年任北洋农商部林务处总办，曾协助金陵大学创办林科，支持义农会在南京紫金山以工代赈造林。后应安徽省巡按使和森林局局长金邦正的邀请到安徽省南部考察森林，提出了经营林业的建议。
③ 此人在前文所说的《中国的森林和木材供应》一书中也有提到。

中国环境史研究心态刍论[*]

——基于初学者的视角

李明奎

environment史因其与现实及未来的密切关系而成为历史学中一门有极大前途的新兴分支学科，在全世界方兴未艾。在中国，很多学者怀着对新学科的崇敬，在环境史领域进行了辛勤耕耘，在相关理论、方法和内容上进行了认真的思考，[①] 为环境史的深入开展奠定了基础。但不可忽视的是，在环境史研究队伍日益壮大的时候，部分学者的研究心态发生了新的变化，甚至偏差，并在一定程度上影响了环境史学科的未来发展。本文以中国环境史研究中出现的一些问题为切入点，分析这些问题与研究者心态之间的关系，提出以平淡忠厚的心态从事环境史研究的观点。

---

* 作者简介：李明奎，云南大学历史与档案学院中国古代史方向博士研究生，研究方向为中国环境史与文献学。

① 许多学者的研究成果均结集成书，如包茂红《环境史学的起源和发展》，北京大学出版社 2012 年版；梅雪芹《环境史学与环境问题》，人民出版社 2004 年版；梅雪芹《环境史研究叙论》，中国环境科学出版社 2011 年版；王利华《徘徊在人与自然之间——中国生态环境史探索》，天津古籍出版社 2012 年版。另外，如高国荣《什么是环境史》（《郑州大学学报》2005 年第 1 期）、刘翠溶《中国环境史研究刍议》（《南开学报》2006 年第 2 期）、朱士光《关于中国环境史研究几个问题之管见》（《山西大学学报》2006 年第 3 期）等文均对环境史的学科属性、研究内容等作了深入的讨论。

一 中国环境史研究中出现的问题

在中国，环境史正向专门之学发展，逐渐形成自己的研究机构、研究队伍和研究成果。然而，在具体的研究过程中，存在一些误区和陷阱，需要警惕。杨庭硕、赵九洲等学者就国内环境史研究中存在的误区、陷阱进行了探讨并提出相应的对策，对于国内环境史的发展极为有利。① 除此之外，国内环境史研究还有一些问题需要加以检讨。

第一，一些研究者认为环境史是万能的，是无所不包的。怀有这种倾向的人认为现实社会中的一切问题、现象都与环境史有千丝万缕的关系，故努力从环境史的角度加以解释和发挥；并且认为，只有从环境史的角度着眼，才能看到问题的本质，其他方面的考察，虽然有一定道理，但并不全面。其实，同一问题，由于研究视角和方法的不同，其结论也并不一致，这是很正常的。现在，环境史成为一门比较受欢迎的学科，部分学者在探讨历史问题和社会现实时，从环境史的角度进行考察，得出许多新颖而较有意义的结论。然而，少数的结论却有些令人怀疑。如伊拉克战争，一些学者将其与资源联系起来，认为美国发动伊拉克战争是为石油资源而战；又如认为恐怖主义的历史根源在于不合理的生产和生活方式造成的资源短缺和贫困化。这些看似新颖的结论，其可信度和有效性实令人质疑。法国学者热纳维耶夫·马萨－吉波便认为这是一种非常简单和非政治化的思维方式，看似富有启发性，也很激进，但实际上没有什么解释力，并进而说明：不管环境史多么重要，都不可以把世界史概括为环境史，它必须以与人及其创造的社会相关的文化和政治史料，还有人的感情、痛苦、需要等为基础。热纳维耶夫·马萨－吉波强调她不是激进者，但她痛恨一切原教旨主义，甚至是环境原教旨主义。② 从热纳维耶夫·马萨－吉波表达的意思，我们似乎亦可以说那种认为

---

① 杨庭硕：《目前生态环境史研究中的陷阱和误区》，《南开学报》2009 年第 2 期。赵九洲：《中国环境史研究的认识误区与应对方法》，《学术研究》2011 年第 8 期。

② 包茂红：《热纳维耶夫·马萨－吉波教授谈法国环境史研究》，《中国历史地理论丛》2004 年第 2 辑。

环境史无所不包、无所不能的人是否也存有一种环境原教旨主义的心理呢？

第二，片面地把新材料或新方法的使用作为评判研究水平高低的唯一标准。在历史研究中，需要新材料的挖掘和新方法的引入。但这并不意味着有了新材料、新方法便能得出正确的结果。然而，遗憾的是一些研究者将目光集中于新材料的获得，认为有了这些材料便能有新的具有重大意义的发现，便能解决某些重大的学术问题。于是，纷纷以占有新材料为喜。另一创新的途径便是研究方法的拓展。新方法的合理使用的确对研究有意想不到的效果。现在许多专家学者在环境史研究方法层面亦作了大量的探讨，以实现环境史向更深更好的方向发展。蓝勇以长江上游生态环境的历史变迁为例，就如何做好区域环境史的研究提出四点建议。[①] 而有的则从研究视角切入，认为中国的环境史研究应走向世界，故提出世界史视野下的环境史研究主张。[②] 至于环境史研究的具体方法，学者多明确主张跨学科研究。周琼教授以瘴气研究为例，运用田野调查法及非文字史料发掘法，并结合相关文献记载，对瘴、瘴气和瘴疠作出细致的考辨和全新的解释，为我们具体全面地阐述了跨学科研究法的使用及其需要注意的相关问题。[③] 要之，跨学科研究是目前一种极为有效、极受欢迎的研究范式。但使用时应视自己研究的范围、内容而定，而引入其他学科的研究理论或方法，无论在广度上，还是在深度上也应该有一定的限度，并非越多越好。然而，令人困惑的是一些环境史问题的探讨，并不十分需要借助自然科学等学科的理论方法，而研究者为了好看，偏要弄上几个图表公式或一两个数据模型进行分析与论证，从而显示研究者本身的知识储备和科研能力，展现其论证的严密。其实，数据、公式、模型、图表等的使用，应视自己研究的内容和表达的需要而定，那种一味地引用图表、公式的文章，并不见得是最好的。[④]

---

① 蓝勇：《对中国区域环境史研究的四点认识》，《历史研究》2010 年第 1 期。

② 梅雪芹：《世界史视野下环境史研究的重要意义》，《社会科学战线》2008 年第 6 期。

③ 周琼：《环境史多学科研究法探微——以瘴气研究为例》，《思想战线》2012 年第 2 期。

④ 方万鹏：《自然科学方法运用于历史研究的可能与限度——以环境史为中心的几点思考》，《学术研究》2011 年第 8 期；王利华：《中国生态史学的思想框架和研究理路》，唐大为主编：《中国环境史研究》（第 1 辑），中国环境科学出版社 2009 年版。

第三，极少数的学者因名利等缘故而把学问研究看成易事。现在，环境史越来越受到广泛的关注，一些从事环境史的研究者，认为环境史仅仅是研究自然环境的变迁或者某种人类活动对自然环境的影响，于是，不管其他，努力寻找相关材料将其写成文章。更有少数极端者，在研究之前便抱着一种预先假想的结论或目的，去寻找材料，从事研究。合乎其假设的便抄录出来，不遗余力地加以发挥，与其设想有偏差甚至相反的材料，便不予理会或者曲解原文。一些为了某种现实的需要，不顾历史的真实与学术的严谨，在极短的时间里完成研究，待需求达到，研究便被束之高阁。在他们看来，似乎从事研究是件很容易的工作，从事著作的撰写是一种极为有技术的文字游戏，可在极短的时间内高效完成，进而获得相应的名誉和地位。然而，不可忽视的是，这种将环境史简单化、片面化的做法常导致一些问题的产生。如对古人环境思想观念和认知方式的研究，由于对环境史的理论和相关问题有欠考量，对中国古代思想史的关注亦不全面，其研究，至少存在以下三方面的不足：重复论述非常多，哲学史和文学史研究存在内在的分离，历史学者的观察视野较为狭窄。针对这些问题，王利华等从"生态认知系统"方面入手，把环境史研究向精神层面深化，提出了中国社会（主要指汉族社会）对自然生态环境的四种基本认知方式。① 这些思考，既丰富和完善环境史的研究，又说明环境史的研究绝非易事，可以在极短的时间内完成，更说明环境史的研究是一项严肃认真的工作，绝非是借以博取声名抬高身价的工具。

上述问题的客观存在，与研究者的心态密不可分，需要我们引起重视，并提出相应的对策，以更好地促进环境史的发展。

二 部分研究者心态分析

现在，学术不端、学术腐败已经引起普遍的关注，有学者从道德心

---

① 王利华：《"生态认知系统"的概念及其环境史学意义——兼议中国环境史上的生态认知方式》，《鄱阳湖学刊》2010年第5期；夏明方：《历史的生态学解释——21世纪中国史学的新革命》，《新史学》第六卷《导论》，中华书局2012年版，第26页。

理学上进行探讨，认为浮躁心态、补偿心态、功利心态、侥幸心态和特权心态乃是学术腐败的心理之源。[①] 因此，研究者需要注重自身的心态，在研究中尽量警惕上述心态的影响。然而，由于社会主义市场经济的结构性要求、市场经济价值对传统文化价值的合逻辑突破以及当下中国人的发展要求，功利心态在我国社会普遍而客观地存在着。[②] 此种心态一方面强调个人价值创造的自为性与为己性，对历史有一定的推动作用，但也存在着不容忽视的负面效应，需要正确地加以引导。但受社会功利思潮和各种主客观因素的影响，部分研究者的心态或多或少的带有功利性。相关研究表明，我国一些高校学生干部进入高校学生干部队伍时，无论在其加入的动机和方式上，还是在相关工作作风方面，其功利性色彩较为浓厚；部分高校图书馆的高级职称馆员，其学术研究心态亦存在怠苦累难的情况；另外，某些高校的科技工作者在科学研究的目的方面，亦存在较强的功利性，表现为研究大多只是为了职称的晋升和完成学校规定的研究任务，很少是为解决工作中的实际问题而进行。[③] 这些功利心态的出现与整个社会注重经济和实效的大环境有关，也与我国的大学（高校）"文化环境"的偏至有关。我国现代意义上的大学，从建立伊始，就具有强烈的实用主义和国家功利主义的背景。由于"文化环境"的偏至，不仅导致大学学术精神和社会责任的缺失，而且导致功利心态和权力意志日趋膨胀，故在实践中极为注重物质利益与实际效果。[④]

而本文提及的三个问题，与其说是认识不足或认识偏差，毋宁说是心态问题。认为环境史无所不包、过分注重新材料、新方法以及把环境史研究简单化、容易化，在某种程度上，可说是一种急于求成、急于求

① 唐劭廉、罗自刚：《对学术腐败的道德心理学分析》，《福建师范大学学报》2004 年第 4 期。

② 胡建、何云峰：《社会主义市场经济条件下功利心态的合理定位》，《唯实》2001 年第 1 期。

③ 参阅刘晓娟《高校学生干部的功利心态问题》，《阜阳师范学院学报》2008 年第 2 期；李庆芬：《图书馆高级职称馆员学术研究心态刍议》，《大学图书情报学刊》2014 年第 1 期；杨竹、冉明会等：《高校科技工作者科学研究现状调查及科学研究心态分析》，《重庆医科大学学报》2007 年第 10 期。

④ 杨光钦：《文化环境与大学功利现象》，《郑州大学学报》2004 年第 4 期。该文指出文化环境即大学组织的办学理念和运行规则的总和。

名的心态在起作用。现在，由于出国深造、职称评定、项目检验、工作求职等诸多现实因素的交织，我们在学习和生活中面临较大的压力和诱惑，很难置身现实之外，做从容不迫的研究。于是，部分研究者不得不热衷于方法捷径的寻求，卷入求新求快的洪流中。尤其是现在环境史研究较为热门，许多专家学者从环境史的角度研究历史，不仅开辟出新的研究课题，而且，使得一些旧的问题被赋予时代的含义，得到新的解释，一些几成定论的观点亦被重新审视。因此，人们对环境史给予了极大的关注，不仅许多研究者加入研究的行列，而且，许多刊物专门辟出版面，刊登环境史方面的论文，有关环境史的学术会议亦举办得越来越频繁。在此大好前景下，少数的学者不顾研究的艰难和自身实际情况，开始环境史的研究。由于对环境史的理论方法、研究内容等掌握不全面，对其他学科的知识和研究成果亦未做到充分的吸收，仅凭一时的热血，一方面容易把环境史泛化，认为环境史无所不包，把社会现实和历史记载中的一切问题与环境史相联系，并努力做出论证；一方面则走入研究简单化和容易化的胡同，片面地认为环境史只研究某一两个问题，不需要多少时间。研究者自问将这一两个问题弄明白，便深觉研究已经完成，没有再继续深入、继续思考的必要。时间一久，其研究的热情也就慢慢淡了。

这种浮躁的跟风做法，对研究者自身和环境史均为不利。而且，在研究中求快求成求新求名，本身的目的性和实效性过于强烈，使研究者失去了从容不迫的准备和仔细思索认真钻研的空间，可以说，这是一种较为功利的心态和做法。顾炎武在《日知录》中对此进行揭露和批评。他说："今则务于捷得。……率天下而为欲速成之童子，学问由此而衰，心术由此而坏。"又说："昔人所须十年而成者，以一年毕之。昔人所待一年而习者，以一月毕之。成于剿袭，得于假借，卒而问其所未读之经，有茫然不知为何书者。"① 短短数语，扼要指出功利心态对人心世道的危

---

① 张京华：《日知录校释》，岳麓书社 2011 年版，第 683—684 页。顾炎武《日知录》卷二十一"著书之难"一条亦言："宋人书如司马温公《资治通鉴》，马贵与《文献通考》，皆以一生精力成之，遂为后世不可无之书。而其中小有舛漏，尚亦不免。若后人之书，愈多而愈舛漏，愈多（多，一作速）而愈不传。所以然者，其视成书太易而急于求名之故也。"所言尤为明白。

害。王阳明言功利之坏心术害学风隳风俗，尤为急切通彻，他言到："夫拔本塞源之论不明于天下，则天下之学圣人者，将日繁日难，斯人沦于禽兽夷狄，而犹自以为圣人之学。……于是乎有训诂之学……有记诵之学……有词章之学，万径千蹊，莫知所适。……圣人之学日远日晦，而功利之习愈趋愈下。……盖至于今，功利之毒，沦浃于人之心髓而习以成性也几千年矣。相矜以知，相轧以势，相争以利，相高以技能，相取以声誉。……记诵之广，适以长其敖也；知识之多，适以行其恶也；闻见之博，适以肆其辨也；辞章之富，适以饰其伪也。……其称名僭号，未尝不曰吾欲以共成天下之务，而其诚心实意之所在，以为不如是则无以济其私而满其欲也。呜呼！以若是之习染，以若是之心志，而又讲之以若是之学术，宜其闻吾圣人之教而视之以为赘疣枘凿；则其以良知为未足，而谓圣人之学为无所用，亦其势有所必至矣。……呜呼！可悲也已！"①王阳明以良知之学为本，以训诂、记诵、词章等学问为末，教人明其良知强其心志而去其功利私欲之习。

仔细思考，环境史若亦仅仅重视自然环境和简单的人与自然的关系探讨，而在具体的研究中，可以随意拈出一个题目抄抄资料发发议论便可成事。那么，这样的研究，其内容不免过于单一，其研究的模式和结论亦大同小异（多主张环境随着人类的开发而逐渐变坏），不仅极易使人陷入环境决定论和衰败论的思维，而且极易令研究者把环境史简单化容易化。平心而论，这样的研究文章，虽多亦没有太大的意义。对于研究者而言，也只是作了一番翻书抄书的工作而已。

三　研究中国环境史应有的情怀和心态

中国环境史的研究需要一种情怀，以指引其更好的发展。因为研究人文科学，绝非纯客观的研究，它必然掺杂着研究者自己的情感、志向和兴趣，即便是自然科学亦然。钱穆指出："治史当必备一番心情，必以国家民族当前事变为出发点。史学是大群人长期事，不是各私人之眼前事。若无关心民族国家的一番心情来治史学，则正如无雄之卵，孵不出

---

① 《传习录》卷中《答顾东桥书》，《王阳明全集》，上海古籍出版社 2011 年版。

小鸡来。"① 此说在战乱时期、在国家民族面临生死存亡的关头，较为有力，但在承平时期或太平盛世，此言似乎被看成是迂腐过时的陈词，徒遭人一笑。其实，在承平时期，仍需要这么一番情怀来作为自己安身立命的指南，作为自己从事研究的基本准则。所谓的情怀，对于塑造研究者的心态极为重要。积极的情怀能使人形成正确的心态，消极的情怀则容易使心态发生偏差，而情怀的缺乏则易使人陷入为研究而研究的路径之中，使研究者与自身和当时所处的社会时代发生脱离，而这种脱离产生的影响是难以估量的。

王利华教授曾就中国环境史研究的基点、立场、定位等问题，指出三点颇有意义的建议：（1）树立全球史观，在文明的多元比较中更加准确地揭示中国环境史的特殊性；（2）具备大国情怀，从全球环境危机和人类面临的共同困境入手，积极而系统地发掘本国的环境历史经验和生态文化资源，并阐释其全球价值；（3）充分树立自信心，在积极学习西方环境史理论、方法的同时，认真继承中国本土史学传统和思想资源，提出自己的学术命题、研究方式和原创性思想理论。② 此建议的提出，不仅在方法论上对中国的环境史研究具有很好的指示作用，即便在研究的心态上，对于研究中国环境史的学者来说，亦不无裨处。然而，我们应该如何才能具备大国情怀树立自信心呢？笔者综合前人研究，提出两点建议，供大家参考。

第一，对中国历史抱以温情与敬意，而非肆意的讥评与功利的利用。钱穆先生曾恳挚论到："当信任何一国之国民，尤其是自称知识在水平线以上之国民，对其本国已往之历史应该略有所知。……所谓对其本国已往历史略有所知者，尤必附随一种对其本国已往历史之温情与敬意。……所谓对其本国已往历史有一种温情与敬意者，至少不会对其本国已往历史抱一种偏激的虚无主义……亦至少不会感到现在我们是站在已往历史最高之顶点……而将我们当身种种罪恶与弱点，一切委卸于古人。……当信每一国家必待其国民备具上列诸条件者比数渐多，其国家

① 钱穆：《中国史学发微》，生活·读书·新知三联书店 2010 年版，第 55 页。
② 王利华：《全球学术版图上的中国环境史研究——第一届世界环境史大会之后的几点思考》，《南开学报》2010 年第 1 期。

乃再有向前发展之希望。否则其所改进，等于一个被征服国或次殖民地之改进，对其国家自身不发生关系。换言之，此种改进，无异是一种变相的文化征服，乃其文化自身之萎缩与消灭，并非其文化自身之转变与发皇。"① 其言何等深沉，又何等发人深省。

今日，因受就业问题和虚无主义等因素的影响，一些学者或认为以往的历史没有多大的价值不予关注，或站在今日时代的高度，对历史任意裁剪，对古人诸多批评，以彰显其不凡的学识和素养。这种研究对社会大众的影响多是消极而深远的。特别是环境史的研究，由于古人对环境的认识与今天的我们并不一致，故许多有关环境信息的记载显得较为简洁、破碎和隐蔽，加上史料在时空、区域等分布的不平衡，许多问题需要翻阅无数的书籍才能找到一两条记载，有的几乎没有任何记载，有的即便有也是含糊不清甚至错误百出。研究者失望之余，不得不为自己花费大量的精力时间而不值，亦不自觉中对古人产生一种"怨恨"。于是"文献不足""古人误我""历史欺人"等感叹出乎口，入乎耳，著乎心。久而久之，几成为一种常识而传播于大众，这对于学习历史了解历史的真相是极为不利的，对于欲借此资料研究中国的环境者们亦是迷糊的，因为有关环境史的信息大多很少很散，而且在这些少而散的记载中，还有部分是不可靠的。那后人又如何据以研究呢？不研究不了解是不现实的，然而又该如何从有限的记载中发现有用的信息呢？又该如何从含糊不清，甚至错误百出的记载中找到研究的线索呢？又该如何看待没有任何环境信息的历史记载呢？此时，讲求一定的方法是必要的。王利华、钞晓鸿等就如何利用相关文献研究中国环境史提出自己的经验之谈，十分贴切和实用。② 除了方法的讲求外，此时可能还要能心平气和地看待这些历史记载，而非以失望的眼光怨恨的口气来审视和评判它们。只有做到心平气和，才能认真思索这些记载背后的意义，才能对这些记载想方设法给予补足。故研究中国环境史，其平和的心态、诚挚的情感尤其重要。

---

① 钱穆：《国史大纲·扉页题词》，商务印书馆 2009 年版。
② 王利华：《上古生态环境史研究与传世文献的利用》，《历史教学问题》2007 年第 5 期；钞晓鸿：《文献与环境史研究》，《历史研究》2010 年第 1 期。

第二，对古人学说能表了解之同情，以期达于神游冥想的境界。我们今日所看到的材料只是古代所有材料中很小的一部分，欲借此很小的部分去了解全部的内容，并不是一件容易的事。而古人立说，大多针对当时的实情和需要而发，今人生乎千载之下，于当时之实情需要不措意，又不潜心涵咏其学说大意，而以现在的角度与眼光对古代历史之记载大发议论，很少有不似是而非的。如关于中国古代的环境思想，大多散见于各类书籍之中，有的还与天文、宗教等混杂，有的则不以文字表现，而体现于一幅幅图画、一首首民谣、一座座建筑之中，有的则只有残篇断简遗留，大多淹没于历史的长河之中。而古人言论，多一事一论，许多言论适合于此而不适合于彼，有的甚至彼此抵牾互相矛盾，但分开来看，则又各有道理。又如在环境史研究中，经常会提到"自然""天"等概念，这些概念的含义跟我们今天的理解并不完全一致，光天就有自然之天、人格之天、宗教之天、情感之天等含义，而许多动植物一物多名的现象更是极其普遍。后人要从事环境史研究，无疑需要极大的毅力和广博的知识，并且需要对古人言论的背景有较好的把握与真切的体会。关于这一点，陈寅恪先生借评阅冯友兰先生《中国哲学史》（上册）的契机，阐发得尤为详明。他说："凡著中国古代哲学史者，其对于古人之学说，应具了解之同情，方可下笔。盖古人著书立说，皆有所为而发。故其所处之环境，所受之背景，非完全明了，则其学说不易评论。而古代哲学家去今数千年，其时代之真相，极难推知。吾人今日可依据之材料，仅为当时所遗存最小之一部。欲借此残余断片，以窥测其全部结构，必须备艺术家欣赏古代绘画、雕刻之眼光及精神，然后古人立说之用意与对象，始可真了解。所谓真了解者，必神游冥想，与立说之古人，处于同一境界，而对于其持论所以不得不如是之苦心孤诣，表一种同情，始能批评其学说之是非得失，而无隔阂肤廓之论。否则数千年前之陈言旧说，与今之情势迥殊，何一不可以可笑可怪目之乎？"[1] 可见，若能对古人立言之背景、立言之大体有所把握，加以细心体味，则虽与古人相隔千载，亦可莫

---

[1] 陈寅恪：《冯友兰〈中国哲学史〉上册审查报告》，《陈寅恪史学论文选集》，上海古籍出版社 1992 年版，第 507 页。

逆于心，而其论议，亦可有渐得古人之原意而不大相径庭。

要做到以上两条，在今日是很不容易的。对古人之学说表以了解之同情，陈寅恪先生当年就强调"此种同情之态度，最易流于穿凿附会之恶习"，可见其难。而对中国历史抱以温情与敬意，更是遭受诸多学者的质疑，认为这样极易感情用事，陷入民族主义的泥潭。但鄙意认为以上两条却是对现在学习中国环境史的一剂最好的疗药，这主要出于以下三方面的考量。

首先，如前所云，研究者的心态对于研究及其研究者本身极为重要，若心态出现问题，则其研究和研究者本人亦容易受到影响。有学者曾指出学术研究需要的是平静而自由的心态，因此，要求人们必须认认真真对待学术研究，坚持严谨求实的科研作风，反对跟风，反对浮躁和追名逐利。① 相比平静而自由的心态，笔者更愿意使用平淡忠厚的心态一词。因平淡的含义较平静为广，忠厚亦较自由更显圆融。能做到平淡忠厚，自能做到心平气和地看待古人与他人，于其失误处平情以谅之，揆理以正之，于其不足处尽力以补足之，而非尖酸刻薄的批评，亦自能少些浮躁少些急功近利的追逐；而其人心胸气度亦较为宽广，于他人的批评与指责，更能虚心接受。然此平淡忠厚的心态，则源于对历史的温情与敬意，源于对古人学说的含英咀华。若研究者对本国历史任意剪裁与批评，对古人学说漫不经心，则于书中所得甚浅而又极易与人争竞，虽常年执卷，其效果亦正如王夫之所云"读书万卷，止以道迷，顾不如不学无术者之尚全其朴也"。因此，我们需要以平淡忠厚的心态来看待历史的记载和古人学说，若一味地批评，一味地感叹资料太少，抱怨记载不足，那我们的研究是很难向前推进的。

其次，在环境史研究中，一些问题较为复杂，其解决不能单讲方法与考据，必须义理、词章、考据三者皆备，而义理尤为重要。如研究中国古代的灾害，翻阅历代史书，其中关于祥瑞灾祥的记载大多较为简略，而且多附会牵强之说。对于此类记载，后人多以唯心、荒诞不经、缺乏科学根据等词语加以批评，这些批评与古代实情是不相符的。唐代孔颖达对古人援天象以警人事，以人事附会天象的问题，所见尤为透彻。他

---

① 黄航：《学术研究需要一个平静而自由的心态》，《重庆邮电学院学报》2004 年第 2 期。

说："日月之会，自有常数。虽千岁之日食，豫算而尽知，宁复由教不修而政不善也？……人君者，位贵居尊，志移心溢，或淫恣情欲，坏乱天下。圣人假之神灵，作为鉴戒。……所以重天变，警人君也。天道深远，时而有验，或亦人之祸衅，偶与相逢。故圣人得因其变常，假为劝诫。知达之士，识先圣之幽情；中下之主，信妖祥以自惧。但神道可以助教，不可专以为教。神之则惑众，去之则害宜。故其言若有若无，其事若信若不信，期于大通而已。世之学者，宜知其趣焉！"① 孔颖达此处论述，并不见得有多少考据的成分。若仅仅以考据的眼光视之，其考据不免粗疏而且其论述似乎有诡辩强辩之嫌，然而，孔氏义理、考据并重，其所言较为合乎中国古代的真相，其所得乃有超出考据之上者。今天的我们，在收集灾害、疾病等材料时，反而从这些荒诞不经的材料中得到许多有用的信息，进而理解当时的社会真相。因此，在环境史的研究中，需要一点义理之学。而此义理之学亦源于历史文化传统的积淀，源于古人学说的传承与融通。所以，需要对历史保持温情敬意，对古人学说表一了解之同情。

再次，我们现在读书求学，虽受诸多现实的刺激和诱惑，功利之习难免，常以求快求新求成来要求自己，但我们不应该局限于获得一文凭谋得一职业的狭隘目的之中，应该把读书与做人联系起来，齐头并进，进而融会贯通，而非仅仅是讲方法考史料。② 今人似乎特别欣赏清乾嘉学派的考据学风，认为实事求是，不尚空言，具有现代科学的精神；③ 而一些去到日本、中国台湾等地访问的学者，亦震撼于当地"史料即史学"的实证作风，认为今之研究历史最大的任务在于史料的重建，而非理论的张扬。客观而

① 孔颖达：《春秋左传注疏》卷44，北京大学出版社1999年版，第1241—1242页。
② 参阅钱穆《新亚遗铎》，生活·读书·新知三联书店2004年版。
③ 其实，当时便有许多学者对这种考据之学进行反思。如戴震于晚年有"今日方知义理之学有益于身心"之叹，其弟子段玉裁更云："喜言训诂考核，寻其枝叶，略其根本，老大无成，追悔已晚。"又云："今日大病，在弃洛、闽、关中之学，谓之庸腐；而立身苟简，气节坏，政事腐，天下皆君子而无真君子，未必非表率之故也。故专言汉学，不讲宋学，乃真人心世道之忧。"最心仪乾嘉考据学的阮元亦云："近之言汉学者，知宋人虚妄之病，而于圣贤修身立行大节，略而不谈，乃害于其心其事。"而陈澧痛感当时重训诂考据不讲求义理的学风，导致世道衰落人心散漫，亦剀切言到："今人只讲训诂考据而不求其义理，遂至于终年读许多书，而做人办事全无长进，此真与不读书者等耳。"

言，此举不尚空言的踏实研究，对于补救今日不顾材料游谈无根的孟浪学风不无裨益。然若仅仅局限于此，不敢越雷池一步，则亦会产生其他的问题，最终导致学术研究与个人修养脱离，虽研究有所成就，然研究者为人行事之大端，不得不使人有"文人无行"之感慨。所以，善读书者，贵能将书本知识与自己的日常生活与人格修养打成一片。

王夫之《读通鉴论》曾云："夫读书将以何为哉？辨其大义，以立修己治人之体也；察其微言，以善精义入神之用也。善读书者，有得于心而正之以书者，鲜矣。不规其大，不研其精，不审其时，无高明之量以持其大体，无斟酌之权以审于独知，则读书万卷，止以道迷，顾不如不学无术者之尚全其朴也。"因此，读书为学，掌握一定的方法很有必要，但懂得一点义理之学亦不容忽视。本文所讲的义理之学，主要有两层含义：其一，对古人立说的背景和指向、古人流传至今的记载做到真了解，能于其失误处平情以谅之，揆理以正之，于其不足处设法弥补，于其不解处不明处暂付阙如，而非刻薄的批评与主观的臆断，从而培养自己平淡忠厚的研究心态；其二，对古代的历史抱以温情之敬意，走平正通达的研究道路，不以偏激的态度对待历史，不以生活于现代社会为傲，而是结合时代现实，对于古人言论思想有益身心世道处潜心涵养，大力发挥，使自己在学习中逐渐完善人格培育性情，最终变化气质。简言之，此种义理之学即读书与为人齐头并进之学，在读书求学中学会为人处世，在完善自身人格的目标中完成学业。

结　语

今日，环境史已经在世界各国蔚然成风，不仅许多旧的领域如海洋环境史、战争环境史、俄罗斯和苏联环境史，以及许多传统领域如环境变迁史、政治环境史、经济环境史、文化环境史等方面继续深入，取得一系列研究成果，而且许多新领域如极地环境史、奥斯曼帝国环境史、世界体系环境史等已经开垦；① 研究者除了老师宿儒成名专家之外，亦有

---

① 包茂红：《国际环境史研究的新动向——第一届世界环境史大会俯瞰》，《南开学报》2010年第1期。

许多年轻学子加入。然不可否认的是中国环境史研究在取得重大成绩的同时，也存在着一些不得不重视的误区和陷阱。若不顾这些误区和陷阱，不顾研究的艰难，以研究方法为尽学问之能事，一味求新求快，则对环境史的健康长远发展极为不利。

笔者不虑浅薄，认为中国环境史的研究，其方法固然不能或缺，而研究心态尤为重要，特别是针对初学者而言，若心态发生偏差，趋于功利之习，则其学问难以名家，即便偶有所成，其贻害亦将不浅，故提倡平淡忠厚的研究心态和平正通达的研究道路。此种心态与道路的形成，需要义理之学的浇灌，以期对古人之学说抱以了解之同情，对于中国之历史抱以温情与敬意。否则，徒见一条条纷繁破碎的材料，一本本与自己身心、时代毫无关系的陈年旧书，纵使人人握素披黄，然亦只会愈读愈生僻，愈读愈疏略，虽能高产出一批批的论文和著作，却难以从书中造成对政治、社会、民族、文化有力量有效益的学者。

而此种平淡忠厚的心态运用到环境史研究中，首先要意识到环境史是一门跨学科的研究，所需知识极为广泛，不可强不知为已知，随意论断；其次，认真搜集、研读相关史料，对纷繁复杂的史料进行提要钩沉；再次，于具体的历史语境中去理解史料，对于古人为何如此记载、其中有无遗漏等问题进行全方位的思考，而非攻其一端不见其余；最后，守己以严，待物以正，不以无稽之言、剿袭之说和谀佞之文来谀人来悦人，亦不以研究作为博取名声的阶梯与砝码。

以上为本文的立意所在，其视角亦从初步接触和学习研究中国环境史的初学者而言，绝无任何标新立异、故作惊人之语以骇人听闻，混淆视听，亦无任何对研究中国环境史的专家学者不敬之意，相反，对于那些勤勤恳恳、严谨治学的专家学者，笔者表示由衷的敬佩。只是在学习和与其他老师讨论的过程中，发现不少初学者对中国环境史研究的内容、目的以及艰难程度等方面缺乏足够的认识，故从所见所闻的经历中，结合自己的一点浅薄之思敷衍成文。消极肤浅之处，尚请专家学者批评指正。

（本文的修改和完善，得到导师周琼教授和六花师姐的殷切指导，谨致谢忱）

城市・乡村

从环境史看近代云南的城市化[*]

刘翠溶

  19 世纪中叶以来，云南城市获得极大的发展，抗日战争爆发后，大量人口西进到云南，云南的城市尤其是昆明在政治、经济、文化影响的推动下，蓬勃发展起来。20 世纪中叶以后，云南城市得到全新的发展，1978 年改革开放后，中国政府提出的城市化战略，云南的城市化获得了极大的发展，城市生态环境也随之发生极大变化。云南环境多样和民族多样的特点，使城市环境的发展及变迁具有其他区域所不同的特点。本文将从城市环境史视角，通过对学术界相关研究论点及促进城市化进程的政府文告进行历时性梳理的基础上，探索云南城市化面临的问题及相关对策，从地理环境、人口密度与人均国内生产总值（GDP）等方面探讨云南城市发展的背景，阐述 19 世纪中叶以来云南城市的发展及其分布的地区差异与环境因素，讨论云南城市发展的策略及环境的改善之路，以期在讨论云南城市可持续发展的思考中，推动云南城市环境史研究的起步。

一　影响历史上云南城市发展的环境背景

  城市发展的快慢、城市化进程的优劣，是通过与其密切相关的诸

---

　* 作者简介：刘翠溶，台湾彰化人，台湾"中央研究院"院士，台湾"中央研究院"原副院长，台湾史研究所特聘研究员，主要研究方向为环境史、经济史、历史人口。

多因素显现的。中国历史城市形成及发展的影响因素很多，不同区域城市形成的影响因素各不相同。位于西南边疆多民族聚居区的云南，其城市形成及发展的影响因素也独具特点。具体说，地理交通、气候、民族、人口、经济等是云南城市形成发展过程中最具影响力的因素。

第一，地理交通的背景。云南位于中国的西南部，坐落在北纬21°09′—29°15′、东经97°39′—106°12′之间，土地总面积394000平方公里（占中国总面积的4.1%），自然环境相当复杂。山地面积330000平方公里，占全省面积的84%；高原面积40000平方公里，占10%；坝子面积24000平方公里，只占6%，却是云南历史时期以来人类聚落与生产活动集中之处。就土地坡度来看，坡度8度以下的面积占8.87%，坡度8—15度的面积占13.71%，坡度15—25度的占37.41%，坡度25—35度的占28.74%，坡度35度以上的占10.53%。以河川来说，云南流域面积达100平方公里以上的河川669条，分属六个主要的水系：金沙江（长江中上游）、南盘江（珠江上游）、元江（红河）、澜沧江、怒江以及伊洛瓦底江的上游（独龙江与龙川江），这些水系流经省界或国界进入太平洋或印度洋，这是其他各省所罕见的。云南面积达1平方公里以上的湖泊37个，分布在云南中部、西北部、南部与东部。云南北边、东边与西藏、青海、四川及贵州相邻，南部与西部与越南、老挝、缅甸为邻，特殊的地理环境使云南自古以来就成为中国与东南亚交通的枢纽。[①] 云南早期城市的建立及发展点多选择在地势平坦、近水、交通方便的地方，这就是云南很多河津渡口、交通中转点成为早期城市发展基点的地理因素。

第二，气候背景。云南是一个极其特殊的地区，其气候具有夏无酷暑、冬无严寒的特点，年均温度差异不大（最热的月份平均温度19℃—

---

① 陈永森主编：《云南省志·地理志》，云南人民出版社1998年版，第1—2、283—284、297页。石瑶主编：《云南省志·土地志》，云南人民出版社1997年版，第26—27页。关于云南的历史，可参见 Bin Yang, *Between Winds and Clouds：The Making of Yunnan（Second Century BCE to Twentieth Century CE）*，（Columbia University Press，2008），见 www. gutenberg-e. org/yang/. 2014/01/22查询。又关于云南的经纬度和全省土地面积，《云南省志·地理志·土地志》记为"云南省位于东经97°31′39″—106°11′47″和北纬21°08′32″—29°15′08″之间，全省总面积38.32万平方公里"，与此略有不同。

22℃，最冷的月份平均 5℃—7℃以上，南部可达 15℃以上），但干湿分明，分布不均（年均降水量约 1100 毫米，其中 85% 的雨量集中在五月至十月），日照的质量颇佳（年平均日照时数为 2200 小时）。① 气候湿热低洼的地方一般是疾病流传较快的地方，也容易引发水灾，因此，云南早期城镇的建筑、选址，一般都避开多涝酷暑之地，选择在干燥凉爽的台地或半坡地带。

第三，民族发展史的背景。云南是人类起源地之一，元谋猿人被发现生活在距今 170 万年前。此后，不同时代的远古人类遗址不断发现，这些古人类在云南不同的地理环境中繁衍栖息，形成了不同支系的族群，使云南成为中国各省区中少数民族最多的省份，目前居住在云南的民族有 52 个，人口超过 5000 人的民族有 25 个，少数民族中以彝族的人数最多，② 哈尼族及白族是云南民族人口数量第二、第三的少数民族。明清以来汉族移民大量进入，中央王朝的统治日渐深入，汉文化对各民族的生活生产、生活习惯及其文化传统产生了极为重要的影响，各区域城市的建设及发展也深受民族融合的影响。

第四，人口背景。人口是影响一个地方城市发展的关键因素之一。从云南有关历史史料的记载中，难以整理出连贯的人口数列。但从相关的研究可知，在 1840—1855 年间云南人口稳定地成长，其后因战乱和疫病等因素导致人口减少，大约有 30 年无数字可考。到 1890 年，云南人口增加到 12020000 人，但在战乱及灾害中死亡较多，1912 年减少为 9467697 人，随后云南人口不断波动，在 1931 年达到 13821000 人的高峰后，再减至 1940 年的 10178876 人。云南人口密度在 1912 年是每平方公里 24 人，1931 年是每平方公里 35 人，然后降至 1940 年的每平方公里 26 人。③ 图 1 绘出 1949—2012 年云南与中国的人口密度，以示云南与全国相较的情况。

---

① 陈永森主编：《云南省志·地理志》，第 2 页；石瑶主编：《云南省志·土地志》，第 26 页。

② 吴云、王光明主编：《云南省志·人口志》，云南人民出版社 1998 年版，第 1—2、150—151 页。

③ 同上书，第 31—32 页。

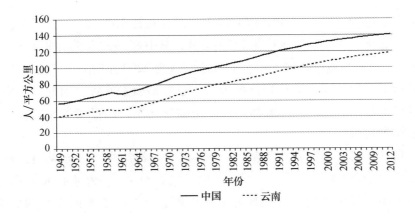

图1　1949—2012年中国与云南的城市人口比率①

　　由图1可见，1949—2012年，中国与云南的人口密度以相同趋势变动，但云南密度低于中国。此间，云南人口密度从每平方公里40.47人增至118.25人，中国人口密度从每平方公里56.42人增至141.05人，其差距由1949年每平方公里15.95人增至1990年的每平方公里25.28人，后减为2012年的每平方公里22.80人。尽管1950年以前云南城市化发展的动力主要源自多重因素，但人口的数量及其流动，成为影响云南城市形成及发展的重要原因。

　　第五，经济背景。经济条件是影响城市发展的另一重要因素。城市化常常是源于经济的发展，故城市化水平与经济发展的水平之间有密切的关系。云南现当代城市的发展，与经济发展程度有密切关系，在此采用国内生产总值（以下简称GDP）作为指标观察经济发展情形。图2给出的是1952—2012年，云南与中国人均GDP的指数（以前一年为100加以计算）。

　　从图2可见，在1952—2012年，中国与云南人均GDP指数曲线以相同趋势变动，虽然1968—1990年曲线上下波动的幅度较大，但云南的城市化与中国及云南经济发展的水平呈现出大致相同的频率及速度。从中反映出云南城市化的发展水平，与中国整体经济发展及云南地方经济发展水平呈现正相关的关系。

---

　　① 资料来源：国家统计局编《中国统计年鉴2013年》，表3—1；吴云、王光明主编：《云南省志·人口志》，表1—5；云南省统计局编：《云南统计年鉴2013年》，表15—1。

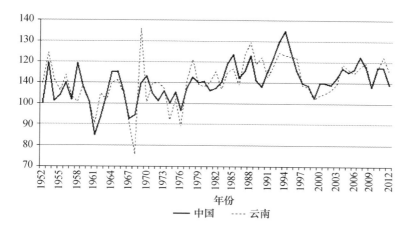

图2 中国与云南的人均 GDP 指数，1952—2012 年①

总之，特殊的地理、气候、历史、民族、人口及经济等背景，成为影响云南近现代城市发展及分布的重要因素，由此形成云南特殊的城市环境发展状况。

二 近代云南的城市发展

19世纪是云南近代城市发展的开始阶段，虽然滇池附近最早建立的城市可溯至距今两千年前②，但近代云南的城市发展，是以19世纪后期通商口岸开放为起始的。在中法战争（1883—1885）后，蒙自与河口于1886—1887年开放通商，在第三次英缅战争（1885—1887）后，思茅与腾越（今腾冲）于1897—1900年设立海关，以便依据与英国的协议开放

---

① 资料来源：国家统计局国民经济综合统计司编《新中国五十五年统计资料汇编（1949—2004）》，中国统计出版社2005年版，表1—6；表26—5。国家统计局编《中国统计年鉴2006年》，表3—9；《中国统计年鉴2007年》，表3—13；《中国统计年鉴2008—2011年》，表2—15；《中国统计年鉴2013年》，表2—1。云南省统计局编：《云南统计年鉴2013年》，表2—1。说明：在原始资料中，GRP用以指各省的数额，在此，以GDP表示GRP。

② 关于云南自古以来的城市发展，参见焦书千《论我国中南、西南民族地区城市的历史演变》，《中南民族学院学报》1990年第3期，第45—52页。蒋梅英、熊理然、阳茂庆：《云南城市化进程的特殊历史路径及其历史特征分析》，《经济论坛》2011年第2期，第89—91页。

中国与缅甸间的贸易。另外，清政府主动在 1905 年开放了昆明的对外贸易①，抗日战争期间（1937—1945）大量中国人从东部与东南部西迁，促进了西南一些地区城市快速发展。如昆明人口在 1936 年是 14 万人，1946年就增加为 30 余万人。②

　　1950 年后，中国第一个五年计划期间（1953—1957），中央政府把预定发展的 156 项重工业中的 4 项放在云南的个旧、东川与会泽。同时，政府大力投资交通运输的基础建设，很大程度上推进云南城市的发展。显然，近代云南城市化的主要推力来自政府而不是市场，这是云南城市发展一个限制因素。③ 为了综观中国与云南城市发展的水平，图 3 绘出的是1949—2012 年城市人口占总人口的比率。

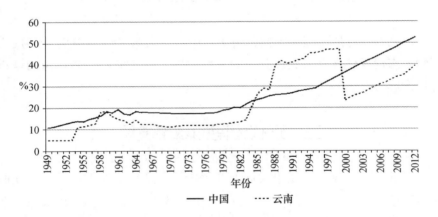

图 3　1949—2012 年中国与云南的城市人口比率④

　　① 戴鞍钢：《近代中国西部内陆边疆通商口岸论析》，《复旦学报》2005 年第 4 期，第 71—79 页；蒋梅英、熊理然、阳茂庆：《云南城市化进程的特殊历史路径及其历史特征分析》，第 90页。

　　② 何一民：《抗战时期人口"西进运动"与西南城市的发展》，《社会科学研究》1996 年第 3 期，第 101 页；蒋梅英、熊理然、阳茂庆：《云南城市化进程的特殊历史路径及其历史特征分析》，第 91 页。

　　③ 蒋梅英、熊理然、阳茂庆：《云南城市化进程的特殊历史路径及其历史特征分析》，第90—91 页。

　　④ 资料来源：国家统计局国民经济综合统计司编《新中国五十五年统计资料汇编（1949—2004）》，中国统计出版社 2005 年版，表 1—3；表 26—2。《中国统计年鉴 2013 年》，表 3—1。《云南统计年鉴 2011 年》，表 3—1；《云南统计年鉴 2012 年》，表 15—2；《云南统计年鉴 2013年》，表 15—2。

由图 3 可见，除 1984—1999 年以外，在大多数年份，云南城市人口比率低于中国城市人口的比率。云南人口的曲线在 1984 年与 1988 年两度猛升，而后在 1999 年陡降，这个特殊的情况将在下面说明。在此要指出的是，令狐安的研究指出，云南的城市人口比率由 1978 年的 10.48% 提高到 1999 年的 21.1%。[①] 这两个比率都低于图 3 所示的比率（分别是12.15% 与 47.50%）。很显然，这些结果依据的是不同的统计资料。但无论如何，云南的城市人口比率低于全国平均水平的事实，近年来已受到学者的重视。如蒋梅英、熊理然、阳茂庆的研究指出，在 2008 年中国城镇人口占总人口的 45.7%，而云南只占 33.0%。[②]

为了解图 3 中呈现的云南城市人口比率特别高的部分，我利用 2000年人口普查纪录中每一个市、镇、乡的人口资料来估计。就行政区划来看，在 2000 年 11 月普查时，云南省有 16 个地级市（州），辖下有 3 个地级市（昆明、曲靖、玉溪）共 31 街道；12 个县级市中，3 个县级市（红河、昭通、德宏）共 10 街道，亦即这 6 个市共有 41 街道。其他 9 个县级市没有街道，也就没有市的人口而只有镇和乡的人口。这 6 个市以及 109个县共有 457 个镇和 1103 个乡。从这些资料可以整理出每一地区的市（街道）、镇和乡的人口数。

图 4 绘出的就是依据 2000 年普查资料整理出来的云南市、镇、乡的人口占全省总人口的比率。这些统计显示，在 2000 年云南人口有 4.22%居住在市，有 43.25% 居住在镇，有 52.53% 居住在乡。以市和镇的人口合计，云南的城市人口占总人口的比率是 47.47%，这个比率接近图 3 所示 1999 年的 47.50%。这个统计结果是了解图 3 中云南城市人口比率较高部分的关键。必须指出的是，在 2000 年普查时，市和镇的人口是指"常住人口"，包括居住在某地半年以上但其户籍尚未迁至该地的人口。[③]这些人大多数是由乡村进入市镇工作的农民工，他们已在某一市或镇工

---

① 令狐安：《努力加快云南城镇建设促进经济社会协调发展》，《云南社会科学》2000 年第5 期，第 8—9 页。

② 蒋梅英、熊理然、阳茂庆：《云南城市化进程的特殊历史路径及其历史特征分析》，第89 页。

③ 国家统计局人口和社会科技统计司编：《中国乡镇街道人口资料·编辑说明》，中国统计出版社 2002 年版。

作半年以上，并等待取得该地的正式户籍。① 这是城市人口估计数出现差
异的关键因素。

此外，在图4中，16个地级区的排列是以昆明为中心，将云南分为
中部、东部和西部。从昆明到楚雄的4个地级区是滇中，从红河到昭通
的3个地级区是滇东（其中红河与文山是少数民族自治州），从西双版纳
至迪庆的9个地级区是滇西（其中除临沧、思茅、保山外，都是少数民
族自治州）。图4显示，在2000年，滇中的昆明、曲靖和玉溪三个地级
区（也就是三个地级市的所在地），有市和镇的人口。在滇东，同样的情
形也出现在红河州所属两个县级市（个旧和开远），以及昭通州下的昭通
市，但在文山州，城市人口只分布在镇。在滇西，除了德宏州下的瑞丽
市有两个虚拟街道外，城市人口也只是分布在镇。

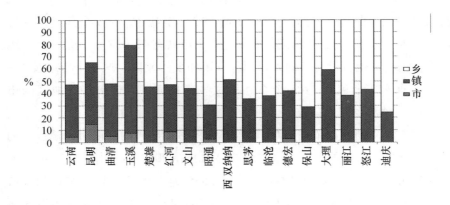

图4　2000年云南市、镇、乡人口占总人口的比率②

将市和镇的人口合计，在2000年云南的城市人口占总人口的
47.47%。高于这个全省平均的只有三个地级市，昆明（65.04%）、玉溪

---

① 近年有关云南农民工的研究，例如，王世波、陈斐敏、贺磊、耿红：《云南省农民工社
会保障制度现状分析及对策研究》，《保山学院学报》2010年第6期，第19—25页。董树、周婷
婷、何珊：《云南新生代农民工就业渠道不畅原因探析——基于昆明市的部分调查》，《价值工
程》2013年第36期，第309—311页。

② 资料来源：国家统计局人口和社会科技统计司编《中国乡镇街道人口资料·云南省》，
中国统计出版社2002年版，第791—821页。

（79.21%）及曲靖（48.30%）。但红河州的比率（47.41%）也相当接近全省平均。此外，大理州（58.88%）和西双版纳州（51.42%）的比率也高于全省平均，但这些比率是镇的人口而无市的人口。城市人口比率最低的是在迪庆州（24.31%）。

至于云南城市的人口规模，从2000年普查资料计算的结果显示，三个地级市的人口分别是：昆明市841064人、曲靖市282258人、玉溪市153564人。三个有街道的县级市之人口分别是开远市190692人、个旧市158996人、昭通市125189人。另外，瑞丽市的虚拟街道有34156人。从这些资料可知，在2000年云南尚无一个人口百万的城市，而大多数的城市人口少于20万人。

为观察镇的规模，在此把2000年云南省457个镇依其人口数分为六个级距：A级200000—299999人；B级100000—199999人；C级50000—99999人；D级20000—49999人；E级10000—19999人；F级低于10000人。各地区的统计结果绘于图5。依统计结果来看，各级距的镇所占比率高低排列如下：D级274个镇其人口合占59.96%；C级89个镇其人口合占19.47%；E级65个镇其人口合占14.22%；B级15个镇其人口合占3.2%；F级12个镇其人口合占2.63%；A级2个镇其人口合占0.44%。换言之，在2000年云南的镇都还是规模偏小。统计结果表明，云南省每镇平均有40088人，昆明地区每镇平均58382人，曲靖地区每镇平均57514人，而在其他地区，大多数的镇人口是20000—49999人。

就地区差异来看，有五点值得注意。一是两个A级镇都是在昆明地区，而昆明也是包含了六个级距的唯一地区。二是15个B级镇出现在七个地级区：昆明、曲靖和楚雄在滇中，昭通在滇东，西双版纳、思茅和大理在滇西。三是在大多数的地区都是以D级的比率最大，除了曲靖是以C级镇的比率最大（46.34%），高于D级镇的比率（41.46%）。四是D级镇最大的比率（86.67%）出现在西双版纳，虽然该州有一个B级镇。五是F级镇出现在七个地区，而以德宏州的比率（22.22%）与迪庆州的比率（25.00%）较高。

侯蕊玲等指出，在2000年底，云南城市发展有五个特点：城市规模小、分布密度低（每平方公里只有0.38个市）、人口分布零散、城市功

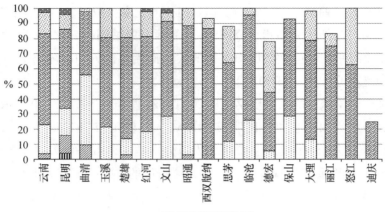

图5　2000年云南省各镇依人口级距分类①

能弱、最大的城市（昆明）与小城市之间的差距太大。② 尽管如此，正如上面图5所示，云南的城市发展在2000年以后稳步的推进。已公布的2010年人口普查的资料无个别地点的人口数，但有市（街道）、镇和乡的数目。根据这些数字可知，在2010年云南省有122个市（街道）、659个镇和584个乡。这122个街道分布在7个地级市（76个街道）、7个县级市（20个街道）和16个县（26个街道）。与2000年相比，街道数增加81个，镇数增加202个，而乡数减少519个。

　　由于2010年人口普查资料没有每一个地点的人口数，而每一地级区的人口总数也与《云南统计年鉴2011年》所载2010年的数字略有出入，在此以《云南统计年鉴》的资料来估计2010年的城市人口比率，得到34.81%。此外，在2010年，有五个地级区的城市人口比率高于全省的平均值：昆明（63.60%）、玉溪（37.77%）、西双版纳（35.77%）、曲靖（35.45%）以及红河（35.24%）；而最低的比率出现在怒江（21.50%）。

　　以《云南统计年鉴》的数据为基础，图6绘出的是1990年、2000年

　　① 资料来源：国家统计局人口和社会科技统计司编《中国乡镇街道人口资料·云南省》，中国统计出版社2002年版，第791—821页。
　　② 侯蕊玲、柯士涛：《云南城市化与区域发展若干问题的探讨》，《云南民族学院学报》（哲社版）2002年第4期，第38—41页。

与 2010 年云南各地级区城市人口的比率，并与 2000 年普查的资料
（2000c）相对照。

由图 6 可见，从 2000—2010 年，云南大多数地区的城市人口比率都
明显提高，其中 3 个地级区增加最为快速：曲靖（从 18.84% 增至
35.45%），临沧（从 9.07% 增至 29.07%），保山（从 9.89% 增至
22.28%）。但在德宏州，2000 年的城市人口比率与同年人口普查的比率
接近，且高于 2010 年的比率。此外，除迪庆州以外，其他各地区 1990 年
与 2000 年普查的比率都高于 2000 年与 2010 年的比率；而 2000 年普查有
一个特别高的比率出现在玉溪（79.21%）。至于 2000 年普查与《云南统
计年鉴》资料间的差异，被认为是农民工因素。

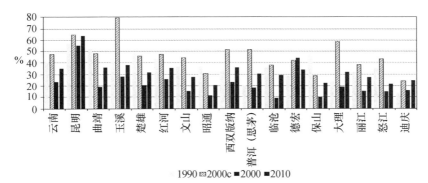

图 6 1990 年、2000 年、2010 年云南的城市人口比率①

值得注意的是，李继云与孙良涛采用对数曲线相关模型分析 1979—
2003 年云南城市化滞后的程度，发现在大多数年份云南的城市化水平相

————————

① 资料来源：《云南统计年鉴 1991 年》，第 96 页，见：http：//www.apabi.com/sinica/？
pid = yearbook.detail&db = yearbook&dt = EBook&filter = YearBookIdentifier：y.00780000199
100000000&sql = list&cult = CN.2014/05/14 查询。《云南统计年鉴 2001 年》，表 4—2.见：ht-
tp：//www.apabi.com/sinica/？pid = yearbook.detail&db = yearbook&dt = EBook&filter = YearBookI-
dentifier：y.00780000200100000000&sql = list&cult = CN.2014/05/14 查询。《云南统计年鉴 2011
年》，表 3—2，见：http：//www.apabi.com/sinica/？pid = yearbook.detail&db = yearbook&dt =
EBook&filter = YearBookIdentifier：y.00780000201100000000&sql = list&cult = CN.于 2014/05/14 查
询。

对落后于经济发展水平。在 1979 年滞后程度是 2.03%，但在 1990 年增至 4.71%，在 2003 年更增至 15.61%。据他们的估计，云南的城市化水平在 2001 年应该是 37.24%，而实际上只有 23.4%。相较于 2001 年中国的城市化水平 31%，世界的城市化水平 46%，中度开发国家的城市化水平 58%，高度开发国家的城市化水平 78%，则云南省城市化水平明显落后于世界水平。因此提高城市化水平是云南向现代化迈进过程中的长期而艰巨的任务，对促进云南社会经济的持续健康发展意义重大。[①]

上述资料显示，云南的城市化水平总体上是低于中国的平均，也低于世界的平均。同时，在云南省内，区域间的差异也相当明显。

三　云南城市化的地区差异及相关的环境因素

云南省内区域间城市化水平的差异与各区域的环境因素密切相关。近年来已有一些研究讨论过这个问题，以下撮要陈述其中一些观点及发现，以梳理云南城市化研究的学术思路及其特点，以及目前学界认知到的城市环境因素。

（一）云南城市化的区域差异

基于城市化水平在各地区之间存在的差异，在 1995 年有个课题组建议，在云南设立"二级中心城市"以便发挥"发展级"的功能。即这样的城市可以发挥良好的吸引、辐射、带动和服务的功能，以推进快速的现代化发展。在考量了交通运输、工商业基础、发展潜力以及社会经济特征之后，小组建议选择以下几个地点发展二级中心城市：在滇东北选择曲靖市，发展能源、金属、化工、烟草、食品、轻纺以及汽车工业，以建设成为经济繁荣、设施完善、环境优美、社会安定的具有综合服务功能的新型城市。在滇东南选择开远市，发展煤炭、电力、建材、化工、机械、制糖、造纸等工业，以建立一个经济发展、社会进步同环境保护相统一的开放型、多功能的综合工企城市。在滇南选择玉溪市，以发展

---

① 李继云、孙良涛：《云南省城市化水平测算及滞后程度分析》，《商业研究》2007 年第 6 期，第 80 页。

卷烟、化工、机电、轻纺、食品、建筑等为主的优势产业群，建成经济实力雄厚、工商业兴旺发达的以花灯音乐为特点的文化名城。在滇西南选择思茅市，以发展林产品、农产品、畜产品加工业及建材工业为主的优势产业群，建成对外开放前沿的、工商业发达的资源开发型林海花园城市。在滇西选择楚雄市，发展卷烟、化工、机械、轻纺、冶金、能源工业为主的优势产业群，以建成经济繁荣、功能齐全、具有彝族特色的外向型新兴城市。在滇西北选择大理市，发展电力、冶金、建材、卷烟、化工、食品、轻纺工业及以旅游业为主的优势产业群，以建成工商业、旅游业兴旺发达的具有白族特色的历史文化名城。①

2006 年，陈征平就认为滇东一些开发较早的坝子有较多的人口和较好的经济条件。她认为在滇中，昆明、曲靖和玉溪三个城市分布在路程约 0.5—2 小时的半径范围内，而且也有较好的综合条件；滇西较多高山、发展相对落后，城市的密度也较低；大理、楚雄、保山、瑞丽和畹町等市，则呈线状分布在通往滇西边境的交通沿线上，其地理空间联系的功能显然大于其经济联结与相互协作之功能。此外，滇南有个旧、开远，滇西南有思茅、景洪，滇东北有昭通、宣威，这类城市也基本上分布在交通沿线，而且较分散；除滇南外，彼此之间也缺乏一种经济的内在联系性。②

2007 年，李继云等认为在 2003 年云南的 16 个城市中，人口 100 万以上的特大城市只有 2 个（昆明市和宣威市），占城市总数的 12.5%；人口 50 万—100 万的大城市有 4 个（曲靖市、宝山市、昭通市、大理市），占城市总数的 25%；人口 20 万—50 万的中等城市有 7 个，占城市总数的 43.75%；人口 20 万以下的小城市有 3 个，占城市总数的 18.75%；换言之，中等城市和小城市合占 62.5%。他们建议，云南应首先建成滇中、滇东北、滇西、滇西南、滇西边境、滇南 6 大城市群。以昆明为中心，除了把昆明市建成特大型城市外，还要建成曲靖、大理、玉溪、个开蒙

① 云南二级中心城市布局、建设、功能研究课题组：《云南二级中心城市布局、建设、功能研究》，《云南学术探索》1995 年第 4 期，第 69—74 页。

② 陈征平：《西南边疆少数民族地区城市化结构差异与发展抉择》，《经济问题探索》2006 年第 9 期，第 43—48 页。

（即个旧、开远和蒙自）四个大城市；其次要大力发展中、小城市，如景
洪、丽江等多个中等城市，以及一大批小城市，需要继续扩大规模，提
高质量。此外，应优先发展沿路、沿边城镇和大中城市的卫星城镇，及
经济活力较强的特色城镇。对如何提高云南城市化水平的策略有5个：
一是通过推进城市化来转移农村人口，促进城市与农村、经济与社会的
协调发展；二是制订规划要有创新意识和发展眼光，编制出具有超前性、
分阶段性和科学性的发展规划；三是为了加快城市化进程，必须打破造
成城乡分割的户籍制度和就业制度；四是加大投融资体制改革，多渠道
筹措市建设资金；五是改善和加强对城市化的宏观调控，各级政府和
有关部门要切实加强对城市化工作的指导和协调。①

2011年，王学良等以云南126个县（市）为基础加以数量分析，认
为云南城市化的地区差异因素有3个：第一，从自然原因看，云南自然
地理条件差异巨大，影响各县（市）经济增长的自然物质基础；第二，
从历史继承性看，昆明继承了原有经济、社会、政治中心的地位而迅速
发展起来；第三，从政策因素看，不同县（市）制定各该县（市）经济
发展的政策，有些地方积极发展地方旅游，有些地方积极开发区域内矿
产资源。此外，人口、技术、资金、文化等因素，资源配置能力、国际
政策环境等，也是造成云南省各县（市）城市化指数区域差异大的
原因。②

（二）滇中城市群

2009年10月，云南省发展和改革委员会提出《云南省滇中城市经济
圈区域协调发展规划》，详细制定了2009—2020年滇中城市经济圈的发
展思路。③事实上，2010年滇中地区的人口占全省总人口的37.4%，其

---

① 李继云、孙良涛：《云南省城市化水平测算及滞后程度分析》，《商业研究》2007年第6期，第80—82页。
② 王学良、彭燕梅：《县域城市化水平区域差异实证研究——以云南省为例》，《曲靖师范学院学报》2011年第4期，第48—51页。
③ 陈涛：《滇中城市经济圈城乡统筹发展的经济学分析》，《思想战线》2012年第2期，第131页。

GDP 占全省的 59%，其财政收入占全省的 66.4%。[①] 因此在云南城市化进程中，应建设滇中城市群，以加速云南以及中国西南地区的发展。以下就略举这些研究的主要论点。

2011 年，丁生等基于考虑自然资源（诸如可耕地、淡水、森林与矿产）与环境基础，指出滇中城市群发展的限制因素主要包括：资源总量有限、人均拥有量不足、结构有所欠缺、长期消耗大。为有效解决滇中城市群经济社会与资源和环境的协调问题而建议今后的发展政策需要从几方面做相应的调整：一是资源开发方式，要从传统的规模扩张为主转变为向深度化加工为主，资源利用方式要从传统的资源一次性低效率粗放利用转变为多次性和重复性高效率利用；二是滇中城市群是云南省湖泊密集区、旅游人文资源富集区、矿产资源和能源富集区，应加强保护力度以加强其资源与环境承载力；三是改革农村能源消耗模式，应加大投入以沼气为主要渠道的替代能源，并尽快发展滇中高原的太阳能与风能；四是必须尽快确实改变政府官员考核机制，改变片面追求短期 GDP 的快速增长而不顾资源生态环境状况；五是为避免重复建设和投资、产业趋同、恶性竞争等不利情况发生，应统筹城市群整体规划。[②]

2012 年 10 月，在一项滇中城市经济圈规划的会议上，有学者首次提出"一区、两带、四城、多点"的规划战略。"一区"是核心，即滇中产业新区，规划在安宁市、易门县、禄丰县和楚雄市四县市 1.08 万平方公里的区域内，按照核心带动、组团发展、产城融合、用地上山的理念，集中布局，重点开发 1149 平方公里的土地，并在核心地带打造一个百万人口的新城。"两带"是双翼，即昆曲绿色经济示范带和昆玉旅游文化产业经济带。前者沿着昆曲公路、铁路干线分布的昆明市盘龙区、官渡区，以及曲靖市麒麟区、宣威市等 16 个县市区，将建设成推动云南高原特色农业跨越式发展的昆曲绿色经济示范带。后者以昆明、玉溪两市为核心，建设"五湖增长极"，主打旅游文化产业，建成"嵩建南北旅游轴、安石东西旅游轴"两条旅游经济主轴线。"四城"是纽带，即加快昆明、曲

① 《滇中城市经济圈，多点跨越大发展》，《创造》2012 年 12 月第 220 期，第 54 页。
② 丁生、潘玉君、赵兴国：《滇中城市群发展的资源与环境基础分析》，《地域研究与开发》2011 年第 1 期，第 59—64 页。

靖、玉溪、楚雄四个城市同城化建设，它是滇中城市经济圈建设的纽带。昆明要强化中心城市的聚集和辐射作用，成为引领滇中经济区跨越发展的龙头；曲靖要构建珠江源大城市，玉溪要打造现代宜居生态城市，楚雄则要建设滇中区域中心城市。"多点"是指四州市辖区的 42 个县（市、区），是滇中城市经济圈的基础和基石。[①]

此外，陈涛结合相关经济理论和滇中社会经济现状指出，统筹城乡发展的主要政策有 6 个方面：一是滇中城市经济圈四个州市协调发展更需要在省级政府统筹下，加强协调联动合作，推进政府职能转变，保障各项政策措施顺利实施；二是滇中城市经济圈规划制定了总体发展方向，但具体的实施还需不断完善各项制度措施加以保障；三是今后发展应致力于对乡村和城镇的合理规划与整合，促进人口的集中，获取人口集聚化效益；四是保证财政对农村地区的教育、医疗、基础设施建设等大力投入，保证对农村地区的财政支出占总财政支出的一定比例并逐渐增长；五是对现有产权制度进行改革，实现土地的合理规划和集约利用；六是深化户籍制度和城市用工制度改革，以增强城市对农村劳动力的吸纳能力，大力推进城市化进程。[②]

（三）加速云南城市化的策略

已有学者指出，加速云南城市化的策略，必须依据云南实际情况，优先发展中小型城市。

2000 年，令狐安指出，云南城市化面临的问题有 4 个：城市化水平低、城市规模小且结构和布局不合理、城镇基础设施落后且整体管理水平低、部分城镇经济缺乏活力且产业结构不合理、经济辐射带动作用差。为解决这些问题，他提出云南的城市化应抓住国家实施西部大开发战略和扩大内需的历史机遇，进一步解放思想、更新观念，围绕建设"绿色经济强省""民族文化大省"和"中国连接东南亚、南亚的国际大通道"三大目标，结合制定和实施区域经济发展规划，合理发展大城市，积极培育中等城市，大力发展小城镇，逐步形成大中小城市结合，城镇规模

---

① 《滇中城市经济圈，多点跨越大发展!》，第 54—55 页。
② 陈涛：《滇中城市经济圈城乡统筹发展的经济学分析》，第 131—132 页。

适度，职能分工明确，服务功能完善，布局结构合理的城镇格局。不断提高城市化水平，加快经济一体化进程，促进全省经济社会持续快速健康发展。①

同年，纳麒等指出，云南中小城市面临着 4 个问题：一是小城镇发展速度较快，但与沿海地区相比差距还很大；二是平原坝区人口集中，集镇多密度大，丘陵次之，山区地广人稀，交通不便，集镇少而小；三是小城镇职能单一，功能有待进一步发挥；四是小城镇的政府经济管理体制和财政管理体制已不适应迅速发展的实际要求，造成小城镇基础设施差、分布混乱、资源浪费和环境污染严重等问题。现阶段就应选择小城镇作为中国农村城市化的突破口，因为发展小城镇是解决农村剩余劳动力的重要途径，可以缩小城乡差别，促进城乡协调发展，同时，小城镇建设有助于推动农村社会生产力和商品经济的发展。此外，大中小不同类型的城市具有不同的功能和作用，它们在统一的城市体系中相互依存、相互促进，都有其存在和发展的客观必然性。发展小城镇可以协调中国的城市结构体系，实现大中小城市结合和社会生产力的合理配置，以及经济结构和布局在空间形式上的合理化。②

海拔山区包括迪庆、丽江和大理。毛刚等在 2001 年就认为，从自然环境来看，高海拔山区没有条件以密集型小城镇模式来缔造区域城市化，从经济角度上看很不现实；从自然生态角度上是灾难性的。他们建议山区城市化走向应该集中在"中心地"发展低密度城市化模式。在高海拔山区的区域低密度城市化进程中也没有必要将中心地城市发展成为超大城市或大都市圈，自然资源和空间都没有这样的承载力。③

此外，方玉谷等在 2002 年建议发展"特色中小城市"，但云南要发展这类城市存在一些问题。不仅城建队伍建设还不适应快速发展的需要，城市规划还缺乏前瞻性、科学性、长远性，规划的指导作用未能明显体现出来，而且城市建设的资金积累严重不足，与城市快速发展需要形成

---

① 令狐安：《努力加快云南城镇建设促进经济社会协调发展》，第 8—10 页。

② 纳麒、何军：《推动云南城市化进程的思考》，《云南民族学院学报》2000 年第 6 期，第 27—30 页。

③ 毛刚、樊晟：《西南高海拔山区城市化地域性策略探讨》，《城市化研究》2001 年第 10 期，第 47 页。

矛盾，市民的素质远远不能适应特色中小城市建设的要求，同时，城市管理体系还不健全。因此建议发展特色中小城市的策略，应该是高标规划，打造精品，树立名牌，建设特色名城；多轮驱动，经营城市，走出有自身特色的中小城市发展新路；重点挖掘整理、保护历史文化，提高中小城市知名度，大力发展城市旅游，着力培育城市经济增长点，以人为本，强化管理，着力提高市民素质，为建设特色中小城市提供精神动力和智力支持。[①]

四　提升云南城市可持续发展的策略

面对云南城市化的问题，已有不少学者提出关于城市可持续发展的看法，目前主要有以下几种观点。

（一）强调文化特色与技术创新

2001 年，李喜景等建议，以文化建设作为提升云南小城镇建设的重要内容。他们指出，云南要建设有特色的小城镇可采取 3 个主要的策略：一是在小城镇文化建设中，市民观念文化应放在文化建设的首位；应改变发展的生存观，要培养世界一体的时空观，重视务实开放的创业观念，有求异创新的操作观念；二是文化建设中的现实力量表现为制度文化的建设，涉及高效政府、法治政府、服务政府；三是物质文化建设作为云南城市化发展的基础，包括以合理规划布局为基本内容的城镇建设文化，以绿色生态为基本要求的居住文化，以文明进步为基本原则的城镇消费文化，以可持续为标准的发展文化。而观念、制度和物质文化三大要素相互影响，相互促进。[②]

2006 年，熊炎提出城市化的创新动力机制应包括 3 个方面：一是加大调整经济结构的力度，云南有丰富的生物、旅游和水能资源，要充分

---

① 方玉谷、王丽杰：《关于发展云南特色中小城市的几点思考》，《创造》2002 年第 11 期，第 36—37 页。

② 李喜景、孙刚：《文化建设是云南小城镇建设的重要内容之一：浙江与云南小城镇文化建设比较》，《学术探索》2001 年第 5 期，第 79—82 页。

运用现代科学技术，大力开发具有比较优势的资源，进一步突出云南的多样性文化、发展具有浓郁民族文化内涵的旅游业，完善基础设施建设和服务业，不断提高第三产业对经济增长和推进城市化的贡献份额；二是加快信息化带动工业化的进程，以信息化带动工业化是欠发达地区缩短与发达地区差距的主要途径，以信息化推动农村产业化和乡村工业化，实现农村城镇化，并利用信息加强城市的对外交流与合作，形成布局合理的城镇体系；三是把握发展机遇加快发展步伐，西部大开发为云南的发展提供了一个千载难逢的有利时机，云南要抓住发展机遇，加快调整和优化经济结构，建立支柱产业群，积极参与全球经济的合作与分工，壮大经济实力，才能实现可持续发展。①

2009 年，许宏等建立质量评价指标，比较云南城市化在 1996 年、2001 年、2006 年和 2007 年的情况，设定 4 个指标来衡量云南的城市现代化，以 2 个指标来评价云南的城乡一体化。量化研究结果显示，云南城市现代化的 4 个指标——经济现代化水平、居民素质与生活质量现代化水平、科技和信息现代化水平以及环境发展水平等都远低于全国平均的水平，其中尤以环境发展水平在每一个年份都低于全国水平，这表示云南城市在可持续发展中还需要加强环境的设计及建设。在城乡一体化方面，城乡居民收入差异与城乡居民恩格尔系数的差异都透露出城乡二元结构在云南仍普遍存在。因此，针对提高云南城市化的质与量，应加快经济发展并努力实现经济与环境生态的协调发展；努力创造云南城市特色，发展城市产业，保护和挖掘人文特色、景观特色；改善城市体系结构，优化地区布局；着力进行文化建设，提升人文素质；统筹城乡协调发展，加快城乡制度的改革和创新。②

2012 年，熊理然等强调云南城市化的经济困境中，其经济基础受限于 3 个因素：一是云南农村居民人均纯收入与全国差距拉大，使得云南农业和农村的发展难以提供产品、资本和市场等以推进城市发展，在一

---

① 熊炎：《云南城市化的动力机制探讨》，《经济问题探索》2006 年第 9 期，第 126—129 页。

② 许宏、周应恒：《云南城市化质量动态评价》，《云南社会科学》2009 年第 5 期，第 115—118、142 页。

定程度上制约了城市的发展速度和发展规模；二是云南的工业化进程与速度较之东部地区存在较大差距，成为严重制约云南城市发展的经济障碍；三是在云南省总体经济落后于全国平均水平的背景下，第三产业增加值比重却达到甚至是超过全国平均水平，即第三产业虚高的问题影响城市的发展质量和城市结构优化。由此认为推动云南城市发展应在不同层级的城市引导布局和积极培育不同的产业，不同层级可以选择相应的主体支撑产业。在农村要以特色优势农产品来支撑农村的生产，提高农村居民收入，为城市群体的发展奠定农村经济社会发展根本。在小城镇要以现代农业、农产品初步加工处理业作为主体支撑产业，发展成为真正的产业型城镇，为城市群体的发展奠定基层基础；还应把劳动密集型的轻纺工业、资本密集型的能源重化工业向中小城市转移，一方面可使中小城市的发展获得坚实的产业支撑基础，另一方面也可减轻特大城市、超大城市的交通、环境、能源、用地等压力。在特大城市与大城市应积极培育与发展现代服务业、技术密集型产业和高新技术产业为主体支撑产业，既可以引领城市群落产业结构合理演进的发展方向，也可以为中小城市产业的发展提供服务支持，还可以避免因传统产业和城市人口过度集聚而产生的城市病问题。①

陈国新等以云南为重点探讨中国西南城市化面临的问题，认为在2007年10月举行的中共第十七次全国代表大会正式确立了中国特色城镇化道路，即按照统筹城乡、布局合理、节约土地、功能完善、以大带小的原则促进大中小城市和小城镇协调发展。但中国西南地区由于历史、社会和自然环境等因素，在城镇化建设实践中还存在5个突出的矛盾和问题：一是城市化率与工业化水平不相适应的阶段性矛盾，云南2010年工业化水平已达42.4%，但城镇化水平仅为35.2%；二是城镇加速扩张与山多地少的突出矛盾，云南山地占国土总面积的94%，现代城镇体系建设全面推进将使土地开发与保护的矛盾越来越突出；三是现有城镇体

---

① 熊理然、蒋梅英：《云南城市发展的经济困境及其层级支撑产业选择研究》，《太原城市职业技术学院学报》2012年第6期，第1—3页。值得注意的是，在2013年中国的贫困率是8.5%，云南是17.8%，只低于新疆（19.8%）、贵州（21.3%）、青海（23.8%）与西藏（28.8%）；可见云南与中国全国的平均差距仍大。相关资料于2014/06/10在下列网址查询：ht-tp：//www. cpad. gov. cn/sofpro/ewebeditor/uploadfile/2014/04/11/20140411095556424. pdf.

系与统筹城乡发展的基础性矛盾，云南现有的城市基本上是按"省会城市—地级城市—县级城市—建制镇"·等几级不同的行政建制层次分布，大城市只有昆明，首位度太高、结构严重不合理、云南东西部城市空间分布明显失衡，且由城市向农村过渡的小城镇（含县级）少、小、弱的情况普遍存在；四是城镇综合承载能力较低与可持续发展的突出矛盾，云南从区域人居环境自然适宜性、区域土地资源承载力、区域水资源承载力、区域物质积累水平及区域人类发展水平等指标看，除昆明、曲靖、昭通、红河一些县（市、区）城镇综合承载力较高外，大部分县（市、区）都处于综合承载力较低的水平；五是粗放的城镇建设与特色发展的突出矛盾，西南地区城镇建设粗放性主要表现在土地粗放利用和浪费的现象越来越严重，城市缺乏特色，脱离西南地区山多地少、边疆民族的实际，忽视文化多彩、生态多样、资源多种的禀赋。因此提出"以山地城镇为主要类型、多极化空间布局、多层次城市体系、以特色小镇建设为重要支撑、以配套制度改革为保障"的具有特色的城镇化道路构想的"五位一体"，以推进云南的城市化发展。[①]

（二）民族地区的资源环境与城市发展

2006 年，陈征平在研究中指出，农业发展的滞后制约了中国西南边疆少数民族地区的工业发展和城市发展，要改变农业的经营结构和农业社会的关系、推进农业产业化经营的对策有两个：一是农业布局区域化，如南昆经济带复杂的地形和多样的气候决定了立体农业的特征，如果缺乏必要的区域化布局，则农业资源将得不到优化配置；二是农业生产的专业化发展，如呈贡县以花卉种植为主、宜良县以养鸭业为主、路南县以羊乳制品为主、富源县以水果为主、陆良县以林木为主、师宗县以林果业为主、罗平县以油料和蜂蜜桑蚕为主等。各县县府所在地的城市的培育有 3 种类型：一是重化工业城市如富源、师宗等地，资源丰富，必须加快工业化进程，由原料输出型转向产品输出型发展成具有自身特色的工业城市；二是旅游城市如罗平、宜良、澄江等地，由其农业特色则

---

① 陈国新、罗应光：《西南地区构建具有特色的城镇化道路研究——以云南省为例》，《思想战线》2012 年第 1 期，第 120—123 页。

可发展成集商贸、旅游、轻工为一体的城市；三是绿色轻工城市如在陆良、江川等地，应从资源的转换入手在广大农村发展再生产资源保护性生产基地，使之成为城市支柱产业稳固的原料基地和支柱产业链的第一个环节。①

值得注意的是，李正洪从 2011 年 3 月起，历时 3 个月，以云南正式建制的城市社区为基本单位，对 16 个州（市）、129 个县（市、区）、300 个乡（镇、街道）的 1455 个社区的民族工作状况进行了全面调查，城市少数民族人口共约 237 万人，其中社区常住人口 174 万人、流动人口 63 万人，少数民族常住人口占社区总人口数 30% 以上的社区有 377 个，占 10% 以上的社区有 918 个，他提出应坚持社区民族工作社会化的原则，以社区常住少数民族、社区流动少数民族以及社区失地少数民族三大群体为工作重点对象，构建和完善城市少数民族的服务体系，改善民生，保障城市少数民族群众合法权益，加强基层基础工作，健全体制机制，以促进各民族共同团结进步，努力把社区建设成各族群众团结和睦、安居乐业的幸福家园。②

（三）城市发展与城市污染的控制

针对现有城市的发展扩充和环境问题，陈征平指出产业集聚是重要基础，必须要考虑资源的环境与市场，以便移转二级产业、公共事业以及建筑业到适当的地方，并在城市扩大过程中提升三级产业的发展。根据城市分布与经济背景，云南曾提出"一带五群"的城市化发展的基本构想，即到 2020 年将培育并初步形成以昆明为中心的滇中城市带（昆明、曲靖、玉溪、楚雄）、以大理为中心的滇西城市群（大理、丽江、保山、祥云）、以景洪、思茅为中心的滇西南城市群（思茅、景洪、勐腊）、以个旧为中心的滇南城市群（个旧、开远、蒙自）、以昭通为中心的滇东北城市群（昭通、会泽、水富）、以潞西为中心的滇西边境城市群（潞西、瑞丽、腾冲）。这"一带五群"通过自身强有力的经济基础对内对外

---

① 陈征平：《西南边疆少数民族地区城市化结构差异与发展抉择》，第 45—46 页。
② 李正洪：《加强社区民族工作促进民族地区城市化发展》，《今日民族》2012 年第 10 期，第 15—18 页。

辐射，有效带动区域经济和城镇的共同发展。对此，陈征平提出 3 个实践办法：一是实施以超大城市与大城市为核心的城市群发展战略，首选的重点是滇中以昆明为中心的城市带及滇南以个开蒙为主体的城市群；二是打造核心或中心城市的兼并重组战略，基本产生有 3 个——扩极、连极、造极，如以昆明作为超大城市的培育，就主要采取扩极的作法；个开蒙则是连极的一个良好范例；三是以"再城市化"作为小城镇重组的策略，采取合镇为市、改镇为市、划镇入城、合镇为镇的办法。①

在城市的可持续发展中，环境问题成为最重要的、最需要建设的问题，这是现当代城市化及城市环境史研究最凸显的问题，其中，最重要的是控制城市的污染问题。仅以滇池与个旧为例来加以说明。

自从 20 世纪 60 年代后期以来，滇池就成为昆明水污染的重要场所。1973 年检测发现，滇池的水中含有砷、汞、酚、铬与硫化物等化学元素，它们的含量全都超出国家规定的水质标准。1970—1975 年，云南省卫生局进行滇池水污染的调查得到一些令人震惊的结果，即滇池水污染已日益严重、水质变得更差、溶解氧下降，有毒的物质如汞、酚和氰化物等大量发现且超出标准 20 倍以上；螳螂川和草海为污染最严重的地区，其污染物有汞、氰化物、砷、铅、铬、氟等，其中汞含量较标准高出 29 倍；水污染已对水生生物以及沿岸生物造成危害，也对饮水、土壤和农作物造成危害。② 目前，滇池成为中国污染最严重的内陆淡水湖泊之一，滇池污染治理已被列入云南省重点督查的 20 个重大建设项目之一。据滇池治理的长期规划，从 2008—2020 年，投入滇池治理的资金将突破 1000 亿元。故宋莎莎等在 2010 年，针对滇池水污染治理的审计工作加以检讨，提出采取 3 个方式加强滇池水污染治理的审计：一是对滇池水域进行的环境审计，把"评价水污染防治取得的效益——查找效益不高的原因——提出意见和建议促进水污染防治"作为效益审计的基本思路；二是对于滇池水污染治理环境审计可以尝试效益审计方法。为了监督评价环保部门及有关部门的工作绩效，应建立一套科学的环保指标体系，在环境监测的基础上对不符合环保指标要求的部门

① 陈征平：《西南边疆少数民族地区城市化结构差异与发展抉择》，第 45—48 页。
② 李广润主编：《云南省志·环境保护志》，云南人民出版社 1994 年版，第 17、70 页。

进行跟踪审计，分清责任，监督环保部门及有关部门改进工作，使环保政策和措施真正落到实处；三是积极开展联合审计，逐步提高环境审计人员自身素质，滇池地方政府可通过进修班、组织交流会等形式提高环境审计人员的素质，建立一支合格的环境审计人员队伍等办法来改进滇池的城市环境。[①]

2012 年 12 月 29 日的一份报道指出，1993 年以来，用于治理滇池水污染的经费已近 300 亿元，但仍未取得实质性进展。在滇池的污染负荷中，城市生活污水占一半以上。据公开数据统计，1949 年昆明城市用水人口为 6.3 万人，2009 年前后城市用水人口是 350 万人，增长了 56 倍。日需水量也从 1949 年的 0.11 万立方米增长到 2009 年的 80 万立方米左右，增长了 727 倍。对此，云南省水利水电勘察设计研究院专家李作洪在接受记者采访时表示，每年真正进入滇池的水资源只有 4.83 亿立方米，而用水量在 8.13 亿立方米，远超过承载能力，仅靠回归水利用实现水资源的基本平衡，而水资源的严重不足是导致水质恶化的基本原因。2012 年 4 月国务院批复了《滇池流域水污染防治"十二五"规划》，总投资 420.14 亿元。目前滇池治理的中心从水面转移到了城市，致力于把污染物截住净化。但据报道在 2012 年，昆明仅主城区每天就有 43 万吨污水未经任何处理直接排入滇池。[②]

在 2014 年 4 月 14 日于昆明举行的一次座谈会上，昆明市滇池管理局一份材料坦陈："1988 年以后，草海水质总体变差，水质为劣五类，外海水质在五类和劣五类之间波动。"云南省环境科学研究院教授郭慧光告诉记者："1986 年以前，滇池水质为三类水，按国家标准可作为饮用水水源，1987 年到 1988 年昆明工业得到迅猛发展，大量工业污水也开始直排滇池，1988 年蓝藻暴发，滇池水质全面恶化，水体发绿，1994 年后成为五类水，仅可作为农业用水，1998 年至 2000 年连续三年是劣五类水，几乎失去了作为水的各种功能，成为一池废水。而 1999 年、2000 年的蓝

---

① 宋莎莎、华文健：《基于云南滇池水污染治理的环境审计方法》，《合作经济与科技》2010 年 8 月第 399 期，第 74—75 页。

② 秦玥：《云南滇池污染治理 19 年数百亿未取得实质进展》，《中国经营报》2012 年 12 月 29 日，见 http://finance.sina.com.cn/china/20121219/002114452467.shtml，于 2014/06/13 查询。

藻、水葫芦大规模爆发，被生态学家诊断为'患上了生态癌'。"滇池污染治理每年需耗费昆明数额巨大的资金，每年昆明市对滇池污染治理的投入占其财政支出的 30% 左右。据昆明市环保局的资料，滇池水质治理的目标是到 2015 年，草海湖体水质基本达到五类，外海湖体水质基本达到四类，主要入湖河流水质明显改善，基本消除劣五类。①

因此，在昆明城市化进程中，滇池已经成为威胁城市环境最严重的因素。而现代化进程中的城市化，缺失了环境的指标及因素，城市也就失去了动力，尤其是在云南这样一个山多地少且水资源严重短缺的高原季风区，城市环境成为无法回避的主要问题。

至于个旧市的情况，谭刚在 2010 年的研究中提到，个旧锡矿业于1885 年后逐渐兴盛，在 1889 年蒙自开放通商后产量迅速增加，自 1910年滇越铁路完成后，锡矿业更进一步发展。但锡矿的大量开采已破坏个旧及周边蒙自、开远、建水与石屏的森林资源及生态环境，由于失去森林遮挡，更容易导致水旱及泥石流灾害，还外使个旧矿区的生态环境大受污染，影响矿工与居民的健康。个旧城市的环境污染问题主要 3 个方面：一是土壤受到重金属污染，据 2000 年调查分析，个旧土壤中镉、锑、铅和砷含量分别是世界土壤元素含量的约 7 倍、6 倍、36 倍和 40 倍；二是在锡矿大量开采和冶炼过程中产生的废水随意流入水塘与河流，污染了个旧的水源环境，尤其是个旧锡矿的土法选矿和冶炼对水源污染较大；三是富含重金属元素的锡矿在冶炼过程中释放出大量的二氧化硫、氧化锌、氧化锰、氧化银、氧化铝等有害气体进入大气，污染了个旧大气环境，也严重危害了矿工的身体健康。更严重的是，锡粉和炼锡烟尘中含有放射性元素氡造成了氡污染，个旧市大气氡值普遍偏高，大气氡浓度比北京高出 23 倍，比世界陆地平均高出 43 倍。②

有关氡浓度过高的问题，2000 年谈树成等就指出，个旧土壤的氡浓度高出国际标准达 2—10 倍之多，居室内氡浓度也高出国际标准

---

① 黄榆：《滇池治污之困：治理 20 年投入逾 600 亿，难复往昔容颜》，《工人日报》2014年 5 月 20 日，见 http://env.people.com.cn/n/2014/0520/c1010-25038571.html，于2014/06/13查询。

② 谭刚：《个旧锡业开发与生态环境变迁（1890—1949）》，《中国历史地理论丛》2010 年第 1 期，第 16—25 页。

1—2 倍，若与国际居室安全标准（148Bq/m³）相比，则高出数倍。此外，个旧市区岩石土壤，特别是花岗岩中的放射性元素铀、钍含量也很高，分别高出世界同类岩石的数倍至数十倍。这些元素的进一步衰变产生了氡及氡子体，放射性污染导致个旧地方病"肺癌"的盛行。个旧市防癌办公室资料显示，居民肺癌 4 年平均检出率达 271.2 人/10 万人，尤其是锡矿山的矿工，肺癌发病率及死亡率更高。为了个旧市实现可持续发展，谈树成等人建议采取以下策略：个旧市在制定经济社会发展战略时必须贯彻实施可持续发展战略，建立可持续发展的环境管理和宣传教育体系，建立可持续发展的科研投入体系，建立可持续发展的环境治理体系。① 至于肺癌，姚树祥等人指出，自 20 世纪 70 年代以来，云南锡矿工人普遍罹患肺癌，1974 年云南锡矿建立了肺癌发病和死亡的登记系统，对 1954 年以来的肺癌病例进行回顾调查，并开始定期登记新的肺癌病例和相关职业史资料。在 1954—2002 年云南锡矿登记的肺癌病例共 3149 例，有明确的职业史记录的有 3059 例，其中 2660 例（86.96%）有井下工作史。同期肺癌病例死亡 3024 例，病死率达 98.8%。②

因此，森林减少及大气污染成为严重制约个旧城市发展的主要因素，城市环境的建设及改善是城市化进程中最重要的问题。这不仅是在昆明及个旧，也是云南其他城市发展面临的问题。

（四）生态城市的建设

有关云南生态城市的建设及发展，最离不开的主题就是城市环境。在很大程度上，城市环境成为云南各大中小城市生态文明建设过程中的重要因素。在此要陈述的是玉溪的个案。

2006 年，玉溪市明确把"生态立市"作为发展的首要战略，其实践生态建设的成就表现在六个方面。一是在"十一五"期间（2006—2010

---

① 谈树成、赵筱青、薛传东、王学琨、秦德先：《云南省个旧市的环境问题与可持续发展》，《中国人口资源与环境》2000 年第 10 卷专刊，第 89—90 页。

② 姚树祥、晋萍、范亚光、吴锡南、黄玉辉、杨兰、常润生、姚明鉴、乔友林：《云南锡矿工人肺癌高发的流行病学调查（1954—2002 年）》，《环境与职业医学》2007 年第 5 期，第 465—468 页。

年）在中心城区20平方公里的生态文化区建设，基本形成了现代宜居生态城市框架，荣获"国家园林城市""中国十佳休闲宜居生态城市"称号。通海县、江川县、澄江县、红塔区、易门县、华宁县六个县区先后被国家环境保护总局批准为全国生态示范区建设试点地区，华宁、元江、易门分别获省级园林县城称号，大营街荣获国家园林城镇称号，桂山镇荣获全国环境优美乡镇称号。全市城镇化水平达40%，比"十五"末提高了7.8个百分点，中心城区城镇化率达58%。二是突出山水特质、人文历史特色，走出了一条具有玉溪独特优势的城镇化发展之路。三是以现实市情为出发点，初步形成了"城镇上山、工业入园"的城镇化用地新模式。全市使用山地的比例由50.11%提高到61.36%，每个县区至少有一个低丘缓坡土地综合开发利用试点项目，既绿化了荒山，又有效实现了开发。四是采取"生态立市、烟草兴市、工业强市、农业稳市、文化和市"的发展战略和"三优一特"的经济发展思路，以新型工业化推进城镇化，着力夯实城镇化发展产业基础。五是针对城镇化发展中不协调、不平衡、不可持续的问题，在四保（保湖泊、保基本农田、保河流、保生态）及两推进（推进工业化和城市化城镇化）的思路中加快现代化水电路基础设施建设，加强推进区域之间合理分工。六是统筹交通、水利、能源、通信等基础设施建设，解决了一些严重制约城镇发展的瓶颈问题，自来水厂供水普及率达99%，污水集中处理率达71%，垃圾处理率、生活垃圾无害化处理率分别达97%和61%，人均公园绿地面积达15.6平方米，教育、文化、医疗卫生设施不断完善，城镇面貌发生巨大变化，城市品位逐步提升，城市综合承载能力不断增强。

此外，玉溪市还提出一些对策来解决城镇化发展所面临的问题：一是突出中心城区和"三湖"城市群的核心地位，提升城镇的集聚和带动作用；二是推动产业结构的战略性调整，促进第三产业实现跨越式发展，为城镇化快速发展提供动力和承载力；三是破解投融资难题，创新投融资体制和机制，打造新型投融资平台，为城镇化发展注入造血功能；四是加大农村土地和城镇建设用地整治力度，确保开发与保护并进，实现城乡建设用地占补平衡，为城镇化的健康发展提供制度保障；五是统筹推进农民进城工作，实现城乡一体化发展。六是强化城镇经营理念，通过加强规划和管理来提升城镇品质。[1]

玉溪市生态城市建设实践及其取得的成效，虽然不能说完全适用于高原城市环境的建设及发展，但作为一个成功的案例，明确了云南现当代城市化过程中的环境建设及发展问题，是一条值得不断探索且需要坚持的道路。

根据《中国统计年鉴 2013 年》的资料选取 2012 年有关城市公共设施的一些指标，可以比较云南与中国城市化的现况。[2] 首先，云南的城市人口密度（每平方公里 4029 人）较全国的平均数（每平方公里 2307 人）高出甚多，这显然是因云南的城市集中在土地面积比率很小的坝区。云南有两个指标远低于全国平均：人均日生活用水量（118.3 升相对于全国的 171.8 升），燃气普及率（66.46% 相对于全国的 93.15%）。云南也有两个指标相当接近全国平均：建成区绿化覆盖率（39.3% 相对于全国的 39.6%），每万人拥有公共厕所（2.79 座相对于全国的 2.89 座）。但云南另有四个指标略低于全国平均：用水普及率（94.32% 相对于全国的 97.16%），人均拥有道路面积（11.92 平方米相对于全国的 14.39 平方米），人均公园绿地面积（10.43 平方米相对于全国的 12.26 平方米），每万人拥有公共交通车辆（10.25 标台相对于全国的 12.15 标台）。此外，在 2012 年中国 116 个生态城市健康状况的排名中，其中昆明是第 53 名，丽江是第 84 名，曲靖是第 98 名。[3]

要之，就目前城市公共设施的情况来说，云南仍需努力追上全国的平均水平。就城市环境来说，云南也还有很多方面需要去实践。

结　语

19 世纪后半期，云南开始了近代城市化的进程。虽然在初期有一些波动，但城市环境比较亲近自然，较少污染及破坏。从 1990 年以来，云

---

① 胡伟：《玉溪市城镇化发展面临的问题及对策》，《中共云南省委党校学报》2013 年第 4 期，第 111—114 页。

② 《中国统计年鉴 2013 年》，表 12—4，表 12—5，表 12—10，表 12—12。

③ 刘举科、孙伟平、胡文臻主编：《中国生态城市建设发展报告（2014）》，社会科学文献出版社 2014 年版，第 13 页、46 页。

南的城市化在稳定中取得了极大进展，但区域化差异日益明显，城市环境也开始了各自变坏的历程，因工农业的破坏及污染，城市环境从与自然较和谐的状态逐渐开始恶化并危害城市居民的健康。云南城市化的地区间差异与各地区的历史与环境因素密切相关，很多学者已针对各地的特殊情况提出许多有益的策略，很多建议成为云南现当代城市环境史书写中最为可贵的记录，为城市环境的改善及建设留下了宝贵的探索及思考。

针对云南城市可持续发展问题，学者们提出的策略重点多集中在建设有特色的、绿色生态的城镇，认为城市环境是当下城市化进程中回避不了的问题。虽然学者们提出了解决严重环境污染的对策，但起码目前还没有解决污染问题、改进城市环境的最佳办法，具体的措施及政策仍处于探索中。2006 年来玉溪市在生态城市建设方面已取得可观成就，就云南全省城市化发展状况，以及将城市发展水平与全国城市的平均水平比较，很显然能看出，云南在城市化过程中仍需努力地提升城市公共设施的水平，更需要根治水污染和大气污染，提高全体民众的环境意识及参与的行动力，才能使城市化在绿色、生态的道路上走出具有符合高原水域、气候及地理特点的道路。否则，没有良好的城市环境，就不可能有良好的城市化发展模式，这是现当代城市环境史研究者及书写者们尤其要引起重视的。

（本文为英文稿"Urbanization in Modern Yunnan from a Perspective of Environmental History"，经翻译修改后，以"环境史视野下近现代云南城市化初探"为题发表于《长安大学学报》（社会科学版）2016 年第 1 期，然略有删减。此次收录，据原稿对其稍作增补）

明清时期玉米在云贵传播的空间差异[*]

韩昭庆

一　已有研究综述

有关美洲作物在中国传播及其影响的研究可谓汗牛充栋，名篇迭出，其中对玉米的探讨尤其全面深入，这些研究包括玉米是否为我国原产物问题，玉米的传入时间和途径的探讨，它在我国各地的传播和分布情况，以及它的传入对我国农业生产、社会经济和其他方面产生的影响问题等。[①]

随着文献的不断挖掘，玉米的传入时间不断被修正，目前对玉米的传入时间有游修龄主张的成化十二年（1476），其依据是该年成书的《滇南本草》[②]；罗尔纲主张的明隆庆说[③]；万国鼎主张的正德六年（1511），其证据是安徽《颍州志》[④]；咸金山主张的嘉靖三十年（1551），其依据

---

  * 基金项目：国家自然科学基金项目（41371151）阶段性研究成果和上海市浦江计划项目（12PJC077）。

  作者简介：韩昭庆，复旦大学历史地理研究中心教授，研究方向为环境变迁历史时期西部开发与环境问题。

  ① 王思明：《美洲作物在中国的传播及其影响研究》，中国三峡出版社 2010 年版，第 28—29 页。

  ② 游修龄：《玉米传入中国和亚洲的时间途径及其起源问题》，《古今农业》1989 年第 2期。

  ③ 罗尔纲：《玉蜀黍传入中国》，《历史研究》1956 年第 3 期。

  ④ 万国鼎：《中国种玉米小史》，《作物学报》1962 年第 2 期。

是河南《襄城县志》①；佟屏亚等建议把玉米植物学形态特征的描述作为玉米传播的重要史证，认为嘉靖三十九年（1560）成书的甘肃《平凉府志》记述的番麦是国内最早的玉米记载。② 此外还有以万历元年（1573）成书的田艺蘅的《留青日札》为依据，以此作为玉米最早传入的时间。③ 总之，以上观点都认为，玉米最早是明代传入中国的，偶有学者认为，玉米原产美洲，到 14 世纪的元代，我国已有玉米的种植，不过没有给出依据。④

关于玉米引入中国之后的传播路线有六种，其中东南海路传入说、西北陆路传入说、西南陆路传入说为单一传入路线；西南陆路及东南海路传入说、西北西南陆路传入说为双线传入路线，另一种则是西南、西北陆路及东南海路多途径传入说。⑤ 涉及西南传入的说法有四种，一般都认为西南传入，是通过印度、缅甸传入云南，再由云南传入内地。总之玉米从陆路传入的传播方向大致是先边疆后内地，先丘陵后平原。⑥

虽然古籍和县志中最早有玉米记载的年代，可能不是当地最早引种玉米的时间，因为不同地区经济文化发展的差异、玉米在当地粮食作物中所占地位以及文人对它的评价等，都会影响玉米在史籍中能否准确和及时反映出来。但是，这个年代至少可以从文献的角度反映玉米在当地种植时间的最迟上限，因此，仍可以文献中有关玉米的记载当作玉米传播到当地的时间。

有关玉米在各地种植的研究，主要从全国范围展开，近年也有以省为单位进行的研究，⑦ 但鲜有相邻省份的对比研究；就研究手段而言，主要利用历史文献，尤其是方志，且集中利用方志中的物产类进行有关玉

① 咸金山：《从方志记载看玉米在我国的引进和传播》，《古今农业》1988 年第 1 期。
② 佟屏亚：《试论玉米传入我国的途径及其发展》，《古今农业》1989 年第 1 期。
③ 王毓瑚：《我国自古以来的重要农作物》，《农业考古》1982 年第 1 期。
④ 耿占军：《清代玉米在陕西的传播与分布》，《中国农史》1998 年第 1 期。
⑤ 王思明：《美洲作物在中国的传播及其影响研究》，中国三峡出版社 2010 年版，第 31—32 页。
⑥ 佟屏亚：《试论玉米传入我国的途径及其发展》，《古今农业》1989 年第 1 期。
⑦ 马雪芹：《明清时期玉米、番薯在河南的栽种与推广》，《古今农业》1999 年第 1 期；李映发：《清初移民与玉米甘薯在四川地区的传播》，《中国农史》2003 年第 2 期。

米的检索。以往研究为我们对这些问题的探讨奠定了良好的基础，但是我们也要看到，如果按照传统的方法和思路，对这些问题的研究很难再有所突破，所以在继承传统方法的同时，我们还需要寻找新的方法和视角。如今很多文献已经电子化，借助 e 考据，一方面可以大大提高查阅文献的速度；另一方面，使得我们的检索突破传统按照一定的格式或者在固定的条目下进行的思路，做到短时间内进行全方位的检索，不过检索的结果也将受到所用数据库的限制，为了减少这种限制，尽可能使用不同的电子数据库。此外 GIS 的运用，可以有助于我们对两省玉米传播随时间推移在空间上的差异性分布研究，故本文将尝试运用 e 考证和 GIS 的方法对以上问题进行研究。

二 资料的处理

玉米在历史时期有不同称呼，本文将地方志以及其他文献中出现的玉麦、玉蜀黍、苞谷及西番麦等一律视为玉米，根据南京农业大学中国农业遗产研究室对明清时期云贵方志中物产类有关玉米记录的整理，加上通过对爱如生公司开发的《中国基本古籍库》《中国方志库》对有关玉米及其别名的搜索，其中云贵有关玉米的记载有 180 多条。事实上，这个数字并不是一个固定的数字，它会受到检索词以及被检索数据库的资料收集情况而变化。同时，考虑到方志或文献中对玉米的记载，有时以府、州、厅为单位来记载，有时又以县为单位来记载，为统一分析地理单元，兼考虑到府是县的上级政区，本文采取的方法是，以府为单位来统计分析这些数据。这样做有三个优点，其一，有的资料本身以府为单位记载；其二，以府为单位可从一定程度减少因方志缺漏带来的资料损失，且从一定程度上增加资料的一致性、减少空间分布不均的问题；其三，可以解决一些县级地名的问题，如马关县，是民国时期才建置的，清代没有该地名，但是根据今图和清代地图的比较，可把它归入开化府。在此基础上，把以上数据作如下处理：（1）以府、州为单位的，则各算作一条记录；（2）原记载以县为单位的，则上溯到其上级政区府、州；（3）每府只取一条年代最早的资料。

本文以由复旦大学历史地理研究所与哈佛大学联合开发的中国历史

地理系统（CHGIS）提供的清代云南、贵州的数字化图为底图。按照该系统，清代云南有 14 个府 5 个直隶厅 4 个直隶州，共 23 个府州级政区，如表 1 所示。贵州有 12 个府 1 直隶厅 1 直隶州，共 14 个府州级政区，如表 2 所示。其中除隶属云南的镇边厅和镇沅厅没有资料外，其他都有记录，共产生 35 个数据，按照各地出现玉米时间的不同，作图 1 如下：

表 1   **清代云南的府州厅**

政区名称	政区类型	政区名称	政区类型
澄江府	府	临安府	府
楚雄府	府	普洱府	府
大理府	府	曲靖府	府
东川府	府	顺宁府	府
广南府	府	永昌府	府
开化府	府	云南府	府
丽江府	府	昭通府	府
景东厅	直隶厅	蒙化厅	直隶厅
永北厅	直隶厅	镇边厅	直隶厅
镇沅厅	直隶厅	元江州	直隶州
广西州	直隶州	镇雄州	直隶州
武定州	直隶州		

表 2   **清代贵州的府州厅政区**

政区	政区类型	政区	政区类型
贵阳府	府	安顺府	府
石阡府	府	大定府	府
铜仁府	府	都匀府	府
遵义府	府	思州府	府
黎平府	府	思南府	府
兴义府	府	镇远府	府
松桃厅	直隶厅	平越州	直隶州

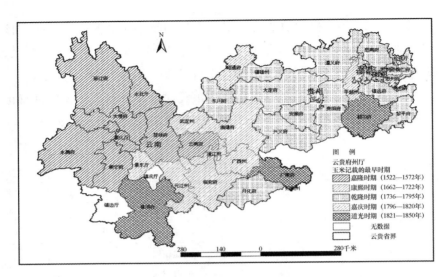

图1　云贵各府州厅最早记载玉米的时空分布图

三　玉米在云贵传播的时空差异

图1中的嘉隆时期指明代的嘉靖和隆庆时期，根据图1，云南自明代嘉靖时期就有玉米的记载，有玉米记载的8个府厅都出现在云南的西北，且呈现连续分布的态势，此时，玉米在云南的分布面积已经占到近一半的数量，到清康熙时期，又有6个府州出现了玉米的记载，玉米的种植范围进一步自西往东扩展。除了缺乏数据的镇沅厅和镇边厅，其余7个府厅州种植有玉米记载的时间较均匀分布在乾隆、嘉庆和道光时期，其中最晚种植玉米的是广南府和普洱府，分别位于云南的最南和最东南的区域。尽管贵州与云南毗邻，但是玉米在贵州的传播历史与云南呈现完全不同的情况。

贵州最早出现玉米记载的时间在康熙时期，晚于云南的种植时间，这两条资料出自于位于今日贵州东部的余庆县和岑巩县。其中，岑巩县为明代永乐十一年（1413）设置贵州省时最早的八府之一思州府的府治所在地，余庆县则设于明代万历二十九年（1601），是明末贵州辖属的14县之一。一般而论，地区开发有个较长的熟化过程，这个过程是通过各个州县设置的过程体现出来的，正如谭其骧所说"一地方创建县治，大致可以表示该地开发已臻成熟"①，所以相对其他贵州地区，余庆也是较为发达的地区②，故玉米在贵州的记载出现在东部开发较为成熟的地区。乾隆时期是玉米在贵州传播的巅峰，除了都匀府之外，其余各个府都是在这个时期出现玉米的相关记载。玉米在贵州各个府厅州出现记载的最早时间只有三个时段，分别是清代康熙、乾隆和道光时期，而云南则分别为明代嘉靖和隆庆时期。清康熙、乾隆、嘉庆和道光时期。从时期分布来看，云南虽然明代早就有了玉米的记载，但是一直到道光时期才在各府厅州传播开来，相较而言，玉米虽然在贵州的出现较晚，但是一经推广，乾隆时期即已在除了都匀府之外的全省得到推广。

两省种植玉米最晚的时间都出现在道光时期，而且都是开发较晚的地区，这是它们相同的地方。

四　玉米在云贵传播异同的讨论

玉米原产于中南美洲热带地区，是喜温耐旱作物，对土壤的要求也不十分严格，故具有较强的生态适应性，在我国东部和西南大部分地区皆可以生长。而且由于玉米的雌、雄花序着在同一植株的不同部位上，去雄方便，容易杂交，而杂种所表现的杂种优势又比较明显，因此玉米已成为目前广泛利用杂种优势以提高单位面积产量的主要作物之一。③

就全国范围而言，陈树平提出，玉米在国内的传播可以分成两个时期，由明代中叶到后期是开始发展时期，而乾隆、嘉庆近百年间，则是玉米传播比较广泛的时期。④ 郭松义也认为，玉米的大规模推广是在18

---

① 谭其骧：《浙江省历代行政区域——兼论浙江各地区的开发过程》，载《长水集》（上），人民出版社1987年版，第398—416页。

② 除了人口因素，边区县治的设置有时与其地理位置有关，但是从余庆的位置来看，不属于这种情况。

③ 山东省农业科学院主编：《中国玉米栽培学》，上海科学技术出版社2004年版，第55—73页。

④ 陈树平：《玉米和番薯在中国传播情况研究》，《中国社会科学》1980年第3期。

世纪中叶到 19 世纪初。① 由上所述，贵州的情况也不例外，而这与当时全国人口的急剧增加以及雍正、乾隆时期鼓励民垦的政策息息相关。②

和全国的情形相比，云南显然是个例外，图 1 所示，除了没有数据的镇边厅和镇沅厅外，云贵其他各个府厅皆有玉米的记载，不过虽然云南、贵州两省相邻，在时间上却出现很不一样的传播方式。

为什么会出现这种情况？它较早开始种植玉米，应该与它的地理位置有关。

与贵州相比，云南种植玉米确实比贵州早，而且范围也很广，按照前人的考证，玉米经过印度、缅甸传入云南，再由云南传播到中国其他地区是玉米在中国传播的主要路线之一。图 1 从一定程度上支持这个观点，因为它确实显示了随着时间的推移，玉米自西向东传播的过程是主流。但是，进入贵州东部，我们发现两条逆向进行的资料，即平越州和思州府，康熙时期已出现玉米的记载。如果按照前述由西向东的传播方向，平越州和思州府的玉米显然不是来自云南，而是相邻的湖南、四川或是其他地区。事实上，有关中国玉米的引种时间，利用 e 考证，最早的记载出现在明代初年成书的《饮食须知》，"蜀黍味甘涩，性温，高大如芦荻。一名芦粟，粘者与黍同功，种之可以济荒、可以养畜，梢堪作箒，茎可织箔席、编篱、供爨，其谷壳浸水，色红，可以红酒，《博物志》云，地种蜀黍，年久多蛇。玉蜀黍即番麦，味甘性平"。③ 该书的作者贾铭，生于 13、14 世纪，卒于明初，享年 106 岁，主要生活在元代。但是贾铭却是浙江海宁人，虽然仅凭这段，我们不能得出浙江在明代洪武年间（1368—1398 年）已经种植了玉米，但是可以证实当时玉米已经为中国人所知，而且是饮食的一种，在中国某个地区已经种植了玉米，这远比李时珍《本草纲目》④ 的记载早了 150 年，因为《本草纲目》采辑于

---

① 郭松义：《玉米、番薯在中国传播中的一些问题》，《清史论丛》第七辑，中华书局 1986 年版。

② 韩昭庆：《清中叶至民国玉米种植与贵州石漠化变迁的关系》，《复旦学报》（社会科学版）2015 年第 4 期。

③ （元）贾铭：《饮食须知》卷 2，《学海类编》本。

④ （明）李时珍：《本草纲目》卷 23《谷之二》记载："玉蜀黍种出西土，种者亦罕。其苗叶俱似蜀黍而肥矮亦似薏苡，高三四尺。六七月开花成穗，如秕麦状。苗心别出一苞，如梭鱼形。苞上出白须，垂垂久则苞拆子出，颗颗攒簇子，亦大如梭子，黄白色，可煠炒食之……"

嘉靖三十一年（1552）到万历六年（1578）之间，不过，它提到当时玉米"种者亦罕"。这显然与云南的情况有些矛盾。或许李时珍是湖北人，他记载的是湖北的情况，对远在他乡的云南和浙江的情况并不了解。

值得注意的是，玉米在云贵的传播似乎一点都没有受到两省高山深涧、地形破碎等带来的交通不便的影响。总体而言，云南高原面呈北高南低倾斜兼作梯层式下降的地势，其中，南部以元江谷地为界，向北大致以礼社江、巍山、大理、剑川、丽江、宁蒗一线为界，可划分出云南的两大地貌区域。这一线以东为滇东高原区，以西为横断山系峡谷中山高山区。滇东高原在北纬25°一线两侧，丘陵状高原的形态保存较为完好，是滇东高原的主体和核心。滇东高原的东南部，主要是文山壮族苗族自治州的范围内，为滇东南岩溶山原，滇东北的昭通地区一带属于滇东北山原，地势起伏较大，各种地貌类型交错分布。滇西在地貌上则形成了高山深谷平行纵列的横断山系，其北部为横断山系北部平行峡谷高山区，南北向褶皱和深大断裂排列十分紧密，为横断山脉的主要部分所在。① 贵州的地形切割度也很大，全省地形陡峻，坡度较大。地势总的来说，西高东低，中部隆起，分别向南、北两面倾斜，其地貌形态分为高原山地、丘陵和盆地三种基本类型，但是盆地仅占3%。将图1与两省的地形相对照，两省之间及两省内地形的差异并没有成为影响玉米传播过程的因素，倒是政区的界线成为两省玉米传播相异的主要原因，这从一个程度上反映出政区设置在农业开发中的作用。而政区的长官意识同样也会影响玉米或者其他作物的引种，如楚雄县的土官就曾号召当地百姓种植玉米：

杨毓秀，土县丞，康熙二十四年（1685），急公好义，颇以家赀助公费，修文庙继祖绍先志，教晓民抄纸，种包谷、洋芋以足食，素好读书，宏奖斯文，土司中铮铮有声。②

① 杨一光：《云南省综合自然区划》，高等教育出版社1991年版，第11—18页。
② 崇谦：《（宣统）楚雄县志》，《楚雄县志述辑》卷之七，清宣统二年钞本，又收入《楚雄彝族自治州旧方志全书》（楚雄卷下），云南人民出版社2005年版。

　　由云贵的例子，我们想到，玉米的引种和传播可能与地域的相连、地形的高低及交通的便利与否没有必然的联系，而是与人的行为关系更为紧密。如果地方官员倡导，百姓也支持，即会在较短的时间在一地得到广泛传播。此外，从各种不同玉米别名通行的区域判断玉米的来源也是个很好的方法，如龚胜生的《清代两湖地区的玉米和甘薯》① 提到两湖地区玉米具有多源融汇特征，这个观点在云贵地区也可得到证实。

---

① 龚胜生：《清代两湖地区的玉米和甘薯》，《中国农史》1993 年第 3 期。

地方文献与明清环境史研究

——以嘉陵江流域为主的考察*

马 强 杨 霄

　　明清时期大量的地方志和编纂及其一些县衙档案的保存至今，无疑为研究该时期各类历史问题提供了最为重要的地方史料支撑。就历史地理学与环境史研究而言，尽管明清时期只是全新世 12000 年间十分短暂的一个时段，但幸运的是由于地方文献特别是方志与档案的存在，不仅提供了大量珍贵的地方一手文献①依据，也将这一时段区域环境史诸要素的"分辨率"大大提高。以清代嘉陵江流域环境史为例，正史《清史稿》及其国家典章等文献提供的可资利用的资料十分有限，且零星分散，而清人编纂的四川各府、州、县、厅志及其幸运保存迄今的《南部档案》和《巴县档案》中却蕴藏着一些十分珍贵而罕被利用的环境史资料，如气候变迁、野生植物、动物的分布变迁等。我们在研究嘉陵江流域历史地理

　　* 基金项目：教育部人文社会科学规划项目"嘉陵江流域历史地理综合研究"（09YJA770054）；重庆市人文社会科学重点研究基地重点项目（2014065）。

　　作者简介：马强，陕西汉中市人，西南大学西南历史地理研究中心教授，博士生导师，历史学博士，主要从事西南历史地理研究；杨霄，山东青岛人，复旦大学历史地理研究中心博士研究生。

　　① 关于"地方文献"，笔者认为主要指明清以来的地方志和州、县衙门档案类官方文献，区别于主要由地方乡规民约、家谱、族谱、碑刻、地契、婚书及其乡绅著述类构成的"民间文献"，见拙文《嘉陵江流域地方文献的特征及其意义》，王胜明、金生扬主编：《西部区域文化研究 2012》，四川人民出版社 2013 年版，第 3 页。

及变迁的过程中，特别是延伸至明清时段时，就大量使用方志和清代地方档案资料，深感地方文献在区域环境史研究中的重要性和价值。

一 清代四川地方文献中的气候史料及意义

明清时期是全世界范围气候史上著名的寒冷期，又称"小冰期""小宇宙期"。尽管在小时段内气候冷暖有所反复，但寒冷仍然是这一时期的主要趋势，地处东亚季风区的中国在这一时期气候寒冷的特点表现得尤其典型。大量流传至今的明清地方历史文献中记载了丰富的反映当时气候状况的历史信息，这为统计明清时期的寒冷事件提供可能。我们对明清川中、川东北地方志结合奏折和正史中记载的嘉陵江流域的寒冷事件做了统计和分析，发现明清时期嘉陵江流域在几个时段的气温格外寒冷。

正德十年（1515）冬，潼南、遂宁等地天降大雪。[1] 嘉靖七年（1528）、九年（1530）、二十年（1541），安岳、射洪、遂宁等地均有严寒天气的记载。[2] 四川盆地的大部分地区属于亚热带气候，今天在四川盆地的冬季除川西北边缘海拔较高的山地外几乎很难见到积雪，但是上述记载均反映了明代某些年份，地处川中浅山丘陵嘉陵江流域的气候显得较为寒冷。正德至嘉靖年间密集出现的这些寒冷事件标志着嘉陵江流域进入明清时期第一个寒冷期。

在明末清初之际，嘉陵江流域进入明清小冰期的第二个寒冷期，天启三年，昭化"夏五月大雪"[3] 是这次寒冷期的显著表现，此外顺治年间也多有反映气候寒冷的记载。

康熙年间，嘉陵江流域的气候变得较为温暖，文献中可以见到"重花"的记载，如顺治七年（1650）九月，阶州（武都）桃再华。康熙七年（1668）九月，阶州（武都）桃生花。康熙八年（1669）秋九月，阶

---

[1] 民国《潼南县志》，《中国地方志集成·四川府县志辑》（后文简称"集成本"）45，巴蜀书社 1992 年版，第 218 页；民国《遂宁县志》，集成本 21，巴蜀书社 1992 年版，第 369 页。

[2] 道光《安岳县志》卷 15《祥异》，集成本 24，第 713 页；民国《遂宁县志》卷 8《杂记》，集成本 21，第 369 页；光绪《射洪县志》卷 17《祥异》，集成本 20，第 800 页。

[3] 道光重修《昭化县志》卷 48《祥异》，集成本 19，第 715 页。

州（武都）桃生花。康熙二十九年（1690）九月，广元"桃李华"。①

乾隆年间，嘉陵江流域的气候再次转寒，文献中多次出现降雪。从乾隆初年开始，经常可以见到四川巡抚、四川总督、四川布政使在给朝廷的奏折中报告降雪事件。如乾隆十一年（1746）四川巡抚纪山十一月二十二日（12月14日）奏："……潼川府属之三县、顺庆府属之三州县、重庆府属之三县……各于十一月初十、十一（12月2、3日）等日得雪，自一二寸至一二三尺不等……"②奏折中提到的潼川府、顺庆府、重庆府均属嘉陵江流域，位于四川盆地之内，主要地形是低山和丘陵，海拔并不高，出现如此大面积的降雪情况，可见当时的冬季气温比现在低得多。乾隆年间的寒冷冬季在整个四川盆地均有体现，如乾隆二十七年（1762）四川总督开泰正月十二日（2月5日）奏："成都一带地气较暖，向年冬雪甚少，即间有之，亦多不能积存。兹查上年十二月初十、十一（1762年1月4、5日）两日瑞雪缤纷，省会平地积厚至二三寸不等。又于二十六至二十九日（1月20—23日）连朝大雪，比前所积更厚。询之地方百姓，咸称实为数十年中所未见。其余各属据报自十二月初九至十三（1月3—7日）等日，又自二十日至二十九（1月14—23日）等日皆前后得雪，或旋落旋消，或积厚一二寸至六七寸不等。"③这条奏折中的记载证明，在当时，低温降雪现象在四川盆地内的诸多地区均存在。乾隆二十九年四川总督阿尔泰十二月二十日（1月22日）奏："川省地气较暖，冬雪颇稀。兹于十二月初八、九（1月10、11日）及十一、十二等日，据成都府属州县及保宁、潼川等府及茂、忠、邛、资等直隶州各属，现已报得雪一、二、三寸及四五寸不等。"④这份上奏中再次提到嘉陵江流域的保宁府、潼川府等地和四川盆地内其他地区出现大范围的降雪现象。奏折中记载的寒冷现象可与地方志中的记载相互对照，查阅方志中的记录，乾隆四十八年（1783）前后嘉陵江流域的广大地区再次出现寒冬，六部不同地点不同时期的地方志中均记载了乾隆四十八年和四

---

① 民国重修《广元县志稿》卷27《灾异报告》，集成本19，第562页。
② 葛全胜主编：《清代奏折汇编——农业·环境》，商务印书馆2005年版，第92页。
③ 同上书，第208页。
④ 同上书，第215页。

十九年的嘉陵江流域罕见的大范围低温降雪天气，其中乾隆《盐亭县志》的记载距离这次事件时间最近，记载应最为可靠，兹将原文抄录如下："乾隆四十八年，连日严寒，彤云密布，邑境城乡昼夜大雪，积厚二尺余，即全省及府属亦无不普遍。明年正月复得雪二次，是岁麦禾倍收，邑之耆老佥称数十年所未见者，洵为丰年兆庆云。"①

文中提到"全省及府属亦无不普遍"，可见这次寒冷事件的范围非常大，此外射洪、遂宁、安岳、乐至、潼南等地的方志中也记载了这次寒冷事件。合川地区的方志中虽然没有乾隆四十八年的记载，但是记载乾隆四十九年"正月瑞雪"，此外合川在乾隆五十二年冬天再次出现"大雪地盈一尺"②的寒冷记载。乾隆年间的这些寒冷事件虽然次数较多，但是在年际分布上不连续，往往是许多记载均集中于某几年，因此并不能视为一个寒冷期，而应当视为气候在冷暖之间波动的时期。

嘉陵江流域在明清小冰期中的第三个寒冷期出现在同治十年以后，此时嘉陵江流域的气候再次持续寒冷，文献中对寒冷事件的记载非常连续且数量众多，这种寒冷的气候在光绪年间达到顶峰，见图1。

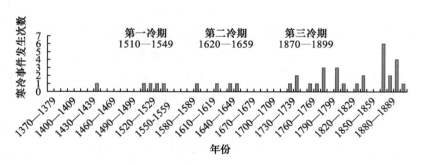

图1 文献记载中明清时期嘉陵江流域寒冷事件年际分布图（1370—1909 年）

通过文献证据得出的嘉陵江流域在明清小冰期中的三个寒冷期分别为 1510—1549 年、1620—1659 年、1870—1899 年。用此结论与全国其他区域的研究成果相比较，结果见表1。

① 乾隆《盐亭县志》卷8《杂记》，集成本20，第368页。
② 民国新修《合川县志》卷61《祥异》，集成本44，第444页。

表 1　　　　明清时期嘉陵江流域与全国其他地区的寒冷期起讫时间

地区	寒冷阶段 Ⅰ	寒冷阶段 Ⅱ	寒冷阶段 Ⅲ	来源
全国	1470—1520	1620—1720	1840—1890	张家诚①
全国	1500—1550	1610—1720	1830—1900	张丕远②
长江下游	1470—1520	1620—1700	1820—1890	张德二③
山东	1550—1579	1620—1679	1810—1919	郑景云④
华东 合肥	1450—1470, 1490—1510	1560—1600, 1620—1690	1790—1810, 1830—1890	王绍武⑤
			1791—1850, 1872—1906	周清波⑥
嘉陵江流域	1510—1549	1620—1659	1870—1899	本文

　　通过上表的比较，可以发现嘉陵江流域与全国其他地区相比，在明清小冰期中的三个寒冷期的起讫时间相差不多，第一个寒冷阶段开始的时间比山东以外全国其他区域稍晚，结束的时间也较晚。第二个冷期的开始时间基本与全国其他地区同步，第三冷期的开始时间较全国其他地区晚，结束的时间则基本一致。

二　明清地方文献中的植被分布与变迁

（一）明清时期嘉陵江流域的植被分布

　　从明清地方文献可以看出，嘉陵江中游森林仍呈现片状分布。潼川府挂钟山"上耸配乔岳，花木尽葱茏"，广安一带"林深箐密"，灵山

---

　　① 张家诚等：《气候变迁及其原因》，科学出版社 1976 年版。

　　② 张丕远、龚高法：《16 世纪以来中国气候变化的若干特征》，《地理学报》1979 年第 4 期。

　　③ 张德二、朱淑兰：《近五百年我国南部温度状况的初步》，《全国气候变化学术研讨会论文集（1978 年）》，科学出版社 1981 年版。

　　④ 郑景云、郑斯中：《山东历史时期冷暖旱涝状况分析》，《地理学报》1993 年第 4 期。

　　⑤ Wang Shaowu, "Climatic Characteristic of Little Ice Age in China", *Climatic Changes and Their Impacts*, 1990.

　　⑥ 张丕远：《中国历史气候变化》，山东科学技术出版社 1996 年版。

"岭头阵阵过啼鸦，千年古树高摩归"。顺庆府果山层峰秀起，上多黄柑。
西充翠屏山梧竹苍翠，岩若屏障。铜梁县罗日侯山"柏木干干隐映，耸
秀畅茂"。华蓥山"乔木荫翳""深林古藤纠结"。江北厅东山"林壑幽
奥，气势磅礴"。南充县光绪初年仍有"多柏"之称。光绪宣统时广安州
山地多材木，向王山上松柏秀拔绝伦，鸡公岭古榕蔽道。盆地北部低山
区：保宁府昭化县牛头山"苍崖古柏悬"，苍溪县云台山"山多松柏"；
盐亭县赐紫山"层峦耸秀，古木垂青"；米仓山、大巴山地区：明万历年
间，官员张瀚（嘉靖年间进士）曾经从成都出发经蜀道到达西安，他在
游记中记载金牛道沿线："凄凄生寒，五月如深秋……茂林峭壁，怪石鸣
泉，亦可观也。"① 张瀚的记载显示当时金牛道沿线的森林植被仍然可观。
康熙年间王士正曾奉使四川主持乡试，多次往返于蜀道之上，从他的
《蜀道驿程记》和不少纪实性行旅诗来看，从秦岭山区的褒斜道紫柏山、
柴关岭到大巴山区金牛道五丁关、剑阁、昭化一带仍可看见不少森林。
清代严如熤描写大巴山地区是"老林深箐，多人迹所不至"，"周遭千余
里，老树阴森，为太古时物，春夏常有积雪，山谷幽暗，入其中者，蒙
蔽不见天日"。宁强县东张家山与广元县相交"中多未辟老林"，县西阳
平关虽然当道，仍"深山大林，防范不易"，县西北至"略阳县共程二百
二十里，尚有未开辟老林"。略阳东北"入栈坝老林，交甘省两当界程共
一百四十里"，北"系老林，极为幽险""常家河、栈坝老林最为宽广，
约一二百里"。光绪时期略阳栈坝一带"数百里蒙茸蔽天"。嘉庆时太平
厅二州垭地界川陕，悬崖峭壁，深箐茂林。县东雪泡山"山谷幽邃，林
木蓊蔚"，"南白沙河后尚有未辟老林"。嘉庆时南江县黑龙潭林木葱蔚，
县东北至乾沟"老林苍云碧空"，北至汉中府"贵民关以北即入老林"嘉
庆时通江县有"幽林蔽日"之称，其北至青石关"从老林边行走"，"多
青枫树林，蒙密幽深"。②

　　明清时期穿越大巴山的蜀道沿线，常常有人工植树造林的情况，沿途
管理对于植树表路较为重视，如明正德年间剑州知州李璧在整修道路时就
曾大规模地种植柏树，"自剑阁南至阆州，西到梓潼，三百余里……以石砌

① 张瀚：《松窗梦语》卷2《西游记》。
② （清）严如熤：《三省山内风土杂识》，《丛书集成本》。

路，两旁植柏数十万"。清康熙时金牛道南段两旁的翠柏"今皆合抱，如苍龙蜿蜒，夏不见日"。① 秦岭地区西部仍然分布有较密集的原始森林，陇南徽县三石关峡"在老林中"。两当县东北利桥"此路自太阳寺起均未辟老林，鸟道郁盘"，西大焦山"一百里，有未辟老林"。但阶州东至略阳县"计程三百六十里，此路老林已辟"，北（至）西固"无老林"。②

（二）明清地方文献对嘉陵江中下游树木种类的记录

历史文献中对于明清时期嘉陵江流域植被状况的记载多是形容植被茂密或者植被遭到破坏的描述性语言，在对历史植被进行研究的过程中，笔者认为仅仅有静态的描述是不够的，还应当对于当时森林植被的成分进行复原。自明代至民国时期保存至今的地方志中往往对当地所产树木的种类有较为详细的记载。其中有些方志中对植被的种类和数量记载的相当详细，明清时期地方之中对于植被种类的记载见表2。

表 2   地方之中对嘉陵江流域树木种类的记载

所属地形区	地区	主要树木种类	资料来源
盆中丘陵区	重庆	樟树、松、油桐 等	民国《巴县志》卷 19 下 物产，第 574 页
	绵阳	苏铁、公孙树、桧（松柏科）、杉、青松、扁柏、缨络柏、罗汉松、桤、栎、胡桃、麻柳、白杨 等	民国《绵阳县志》卷 3 物产，第 133 页
	射洪	松、柏、女贞、杉、栎、梧桐、椿、枫、□、榆、槐、桑、柘、黄杨、桤树 等	光绪《射洪县志》卷 5 食货物产，第 550 页
	乐至	柏、桐、樟、桑、橡（今俗称青冈是也）、榕（今俗称黄连者是也）、嘉树（今俗称黄葛），二木崖谷所到皆植，多有大至数人围者，他州郡不恒见。白蜡树、红豆、银杏颇与诸邑异，余树与诸邑同。	道光《乐至县志》卷 3 物产，第 29 页

① 马强：《历史时期蜀道地带森林的分布与变迁》，《中国农史》2003 年第 2 期。
② （清）严如熤：《三省边防备览》卷 3《道路考》。

续表

所属地形区	地区	主要树木种类	资料来源
盆中丘陵区	安岳	柏 花柏、丛柏、圆柏、侧柏邑皆有之，质理坚实，独良于他产，然连抱者近亦不可多得。 楠、樟、槐、桑、枫、椿、桐、棕、青枫，邑产最饶	道光《安岳县志》卷15 土产，第707 页
	潼南	桑、柏、罗汉松、榕、椿、黄杨、青枫、香附	民国《潼南县志》卷6 杂记，第212 页
	南充	椿、柏、樟、楠、梧桐、桐、麻柳……	民国《南充县志》卷11 物产，第479 页
	南部	柏、松、樟、槐、桑、蜡树、西河柳、漆树……	道光《南部县志》卷8 物产，第423 页
	岳池	松、柏、桑、槐、楠、杉、香樟、栗橡、梧桐、皂荚、桦子、冬青、白杨、麻柳、杨柳、榕、香椿、黄荆、漆树、桐树、黄杨、柘、红豆	光绪《岳池县志》卷6 食货，第99 页
盆北低山区	江油	松、柏、杉、桐、柘、橡、椿、桤 等	光绪《江油县志》卷10 物产，第35 页
	营山	松、柏、椿、槐、桂、桑、柘、桐、油桐、梓、楝、栗、榆、柳、麻柳、棕、杉、枫、樟、楠、漆、橡、青皮、红豆、黄杨、水冬、瓜、白杨、黄连、皂角、酸枣、板栗子、女贞、白果、夜合	同治《营山县志》卷15 物产，第301 页
	达州	松、柏、椿、樟、柳、檀、杉、棕、桐、樯、桂、枫、桑、榆、柟、柘、罗加、红豆、黄连、青冈、冬青、白杨、皂角	乾隆《直隶达州志》卷2 物产，第702 页
		松、罗汉松、凤尾松、柏、扁柏、侧柏、插柏、杉、樟、檀、枫、椿、桐、泡桐、梧桐、夜合、黄杨、皂荚、梓、柳、麻柳、桎、白杨、柘、构、桵子、患子、冬青、白蜡树……	民国《达县志》卷12 食货 物产，第160 页
	通江	松、柏、枫、椿、冬青、桑、楠、荆竹、水竹、慈竹、斑竹	道光《通江县志》第10 卷 物产，第256 页
	巴中	木以松柏为多，历年木商运往合川、渝城获利颇厚，今日采伐渐稀。	民国《巴中县志》第一编 土地志 地产，第830 页

续表

所属 地形区	地区	主要树木种类	资料来源
米仓山与 大巴山	广元	柏、松、杉、沙木、白杨、黄杨、水杨、柳、麻柳、槐、榆、栋、枫、槭、皂荚、合欢、榕树、黄栋树、楠木、槲、樗、菩提树	民国重修《广元县志稿》卷 11 物产，第244 页
	万源	松、柏、枬、樟、杉、楸、橧、泡桐、油桐、构、桑、白荆、福寿桃、黄栌、麻柳、柞、槭、樸、朴、柘、花椒、罗汉松、锦屏松、棕榈、漆、皂荚、杨、柳、柽、榆、檀、枫、槐、梧桐、乌柏、棠棣、枞、桦、夜合、红豆木、樗、梧、栎、九把斧、苦桃木、冬青、冻缘、水丝木、黄杨、椿	民国《万源县志》卷 3食货 物产，第 380 页
	南江	木以柏为最多……漆、桐树、青枫、桑、茶	民国《南江县志》第二编 物产，第 747 页
秦岭山地区	两当	松、柏、椿、楸、槐、柳、榆、椴、白杨、青杠、木竹皆其多者也，他则桑、梓、皂荚、垂杨、青杨、沙柳、红柳、苦竹、金竹、凤尾竹	道光《两当县志》卷之四 食货物产
	巩昌府①	松（有马尾、黄针三种）、橧（有二种）、柏（四种）、垂杨、柽、楸、椿、槐、柳、榆、桦、桐、桑、椴、白杨、青杨、砂柳、青枫、红柳、椒、木竹、苦竹	康熙《巩昌府志》卷八 物产
	礼县	松、柏、槐、楸、柳、杨、漆、桂、榆、龙槐	乾隆《礼县志》卷 16物产
	徽县	松、柏、榆、柳、柘、槐、桐、楸、白杨、青红椿、铁杠、鸟桑、棕	嘉庆《徽县志》卷 7物产
	西和	松、柏、杨、槐、柳、楸、榆、椿、桦、椴、桑、竹、柞、铁力、漆、桧、橡、千枝柏	乾隆《西和县志》卷 2物产
	成县	松、柏、槐、柳、杨、桐、桑、椒、椿、粟、竹（两种）、榆	乾隆《成县新志》卷 3物产

---

① 清代的巩昌府辖嘉陵江流域的迭部、宕昌、西和等地。

续表

所属地形区	地区	主要树木种类	资料来源
龙门山地区	江油	松、柏、杉、桐、柘、橡、椿、桤 等	光绪《江油县志》卷10 物产，第 35 页
		桑、柘、橡、栎、柏、椿、漆树、油桐	道光《石泉县志》卷3 物产，第 248 页
	北川	松、柘、橡、杉、楠、椿、麻柳、柏 等	民国《北川县志》食货志 物产，第 423 页

注：资料来源中凡标注页码者其版本均为《中国地方志集成·四川府县志辑》，巴蜀书社1992 年版。

　　通过上表的统计可知，明清嘉陵江流域不同的树种其分布的地区和数量均有较大差异，如在四川盆地北缘的广元一带，据民国重修《广元县志稿》[①] 记载，柏"乃本县最普遍之材用植物，田野间广生之；常见者为扁柏，外有花柏、侧柏、罗汉柏等种，大者高达六七丈，径至三四尺。"松"县东北广植之，附城罕见，常为赤松或黑松，亦大小不等，唯东北乡大而且多，本县火柴赖之"。杉"县东北中岭梁山等甚产之。"沙木"本县各处微产之"。白杨"各处略产之"。黄杨"生水湿地，本县颇罕见"。水杨"生水湿地，县产极少"。柳"杨柳科落叶乔木，极易生长"。麻柳"多自生山野中"。槐"近年来始移植来县"。榆"各处皆产之"。枫"自生山野中"。槭"自生于山地"。皂荚"各处皆产之"。榕树"本县极少见"。樟"县东北乡甚产之"。楠木"县南广产之，临邑苍溪最多"。槲"仅能做薪，惟山林中易繁生耳"。樗"仅作薪用，自生山野中"。菩提树"此树罕见，寺庙间有栽培者"。依据以上记载可知，在广元一带，是以柏、杉、柳等树种较多，山地中松、杉、麻柳、枫、槭的比例要更高，而黄杨、水杨、榕树、菩提树等数量极少，仅是点状分布。

　　在大巴山地区的南江县，据民国《南江县志》[②] 记载，当地"木以柏为最多……县南东榆铺以下，沿河古柏疏密，相间直百余里……枝干

---

① 民国重修《广元县志稿》卷11《物产》，集成本19，第244 页。
② 民国《南江县志》第二编《物产》，集成本62，第747 页。

苍古，与剑南梓潼古柏竞美，皆数百年古物也""漆……为利甚厚，县境高处皆产之，然除北部外厥树无多者，则以树秧，皆属天然生长，未谙人工种植之法故也""乡民多用桐油，故桐树东南部低处遍地皆有之""青枫树产木耳与高山之黄花均为土产大宗""桑自清知县谢元瀛碑县属大堂教民以栽培之法，民间种植者颇多，惟县境高寒，养蚕之利不及他县""茶盛产北部"。

依据以上记载可知在大巴山南江县一带，柏树也是当地的优势树种，此外经济林木漆树、桐树、桑树、茶树等在当地都有较广泛的分布。四川盆地中的潼南县也具有类似的情况，据民国《潼南县志》[1] 记载，当地柏树很多，"柏，县属最多，居民以此木作屋作器，其他概目以杂木，有大数围长数十尺者"。经济林木种桑树的地位很重要，"县属各场均植有桑株，然以城厢及双江镇柏梓镇宝龙场等处最盛，有湖桑、鲁桑、荆桑、嘉定桑、茨桑数种，惟荆桑为多而各种尚少"。此外还有较多榕树"榕，俗名黄葛木……有大数十围者，县属鼓面桥店多植此树"。除此以外还有罗汉松、椿、黄杨、青枫、香附等树种。

（三）明清之际嘉陵江流域植被的恢复、破坏和保护

明末清初，四川地区再次陷入战乱之中，人口再次锐减，县志中多有"百不存一""土著仅十之一二"之类的记载，嘉陵江流域自然不能幸免。从成书于清初的《读史方舆纪要》中还可看到清代初年嘉陵江流域仍有不少森林，如阆中县附近的文成山、重锦山"林木葱倩""秀丽若锦"；南部县南山"蜿蜒苍翠，环绕县治"；剑州五子山"峰峦奇秀，清溪萦流"；南充县果山"层峦秀起"；广安州锦绣山"草木丛茂，宛如屏障"；重庆府昆崚山"山高十里，林壑深翠"，瀛山"四时青翠，宛若蓬、瀛"。[2]

嘉陵江流域的生态环境真正遭到重大破坏应始于清中期乾嘉垦殖之后。清政府面对明末战乱以来四川人口锐减、土地荒芜的局面，实行了招还本土留遗、入蜀民人准其入籍、新垦田地分年起课等措施，鼓励外

---

① 民国《潼南县志》卷6《杂记》，集成本45，第212页。
② （清）顾祖禹：《读史方舆纪要》，中华书局2005年版，第3273页。

籍客民迁入四川垦殖，形成了历史上第二次"湖广填四川"。① 乾隆时开始，大量被称为"棚民"的流民进入秦巴山区进行垦殖，"江、广、黔、楚、川、陕之无业者，侨居其中，以数百万计，垦种荒地，架屋数椽，即可栖身，谓之棚民"②，这些人大肆垦殖的结果是"虽蚕丛峻岭，老林幽谷，无土不垦，无门不举"③，嘉庆《续修汉南郡志》记载这种毁林开荒的方式为："山中开荒之法，大树巅缚长绸，下缒千钧巨石，就根斧锯并施。树既放倒，本干听其霉坏，砍旁干作薪，叶枝晒干，纵火焚之成灰，故其地肥美，不需加粪，往往种一收百。间有就树干中挖一大孔，置火其中，树油内注，火燃不息，久之烟出树顶，而大树成灰矣。"④ 此外，木炭也是当时棚民们重要的经济来源，史载"冬春之间藉烧炭贩炭营生者数千人"⑤，这种对森林资源无节制的破坏使得森林覆盖率迅速下降。至雍正五年已有"四川昔年荒芜田地渐皆垦辟"⑥ 的记载。在无地可耕的情况下，大量流民涌向四川的山林地带进行垦殖，"遇有溪泉之处，便垦成田"⑦，嘉陵江流域的山林自然也不能幸免，逐渐被砍伐殆尽。移民在山区四处迁移，"流民之入山者……扶老携幼，千百为群，到处络绎不绝。不由大路，不下客寓，夜在沿途之祠庙、岩屋或者密林之中住宿，取石支锅，拾柴作饭，遇有乡贯便寄住，写地开垦，伐木支橼，上覆茅草，仅蔽风雨。借杂粮数石作种，数年有收，典当山地，方渐次筑土屋数板，否则仍徙他处"⑧。山地土地贫瘠，垦民毁林耕种几年后便将其抛荒，再选新地垦殖，失去植被山地很容易水土流失，"山民伐林开荒，阴翳肥沃，一二年内杂粮必倍。至四五年后，土既挖松，山又陡峻，夏秋骤雨冲洗，水痕条条，只寸石骨，又须寻地垦种。"⑨ 因此，"今年在此，明岁在彼，甚

① 蓝勇：《乾嘉垦殖对四川农业生态和社会发展影响初探》，《中国农史》1993 年第 1 期。
② 《清宣宗实录》卷 10《卓秉恬奏折》。
③ 魏源：《古微堂外集》卷 6。
④ 嘉庆《续修汉南郡志》卷 21《山内风土》。
⑤ 《三省边防备览》卷 9《山货》。
⑥ 转引自蓝勇《乾嘉垦殖对四川农业生态和社会发展影响初探》，《中国农史》1993 年第 1 期。
⑦ 同上。
⑧ （清）严如熤：《三省风土杂识》。
⑨ 《三省边防备览》卷 11《策略》。

至一岁之中迁移数处"① 的现象甚为普遍，形成了恶性循环的局面。

纵观明清时期嘉陵江流域的植被状况，总体上森林覆盖率还是比较高的，尤其是距离城镇较远的山地丘陵地带，植被很多。在植被的种类中，柏树是占很大优势的树种，除了上文列举的县志中对柏树的记载之外，从保存至今的清代南部县衙档案和巴县档案中，也可以见到大量类似的记载，例如，《南部档案》中记载有时一次民事纠纷中砍伐的柏树就有百余株。② 柏树数量如此众多的原因，可能与当地民众将柏树视为风水树有关，在坟墓和房屋附近广为栽种，所以因砍伐柏树造成的诉讼案件特别多，这在《南部档案》与《巴县档案》的记载中随处可见。除此之外，当时对森林植被的保护也已在某种程度中成为一种官方的政策，如笔者在《巴县档案》中见到光绪八年九月巴县衙门要求严禁偷伐树木的公文③，还有《南部档案》中记载，光绪二十三年二月十日保宁府衙要求南部县《广种树木兴修水利以开利源》④ 的公文，四川农政总局也曾要求南部县栽植樟树，⑤ 并且可以见到南部县就此事对四川农政总局的答复。⑥ 四川劝业道衙门也曾要求南部县严禁砍伐青枫树，⑦ 可见当时对森林的保护似乎已经有了规范可循，这在宣统二年三月二十一日四川劝业道衙门给南部县的公文《为通饬按森林保护章程林木标记事饬南部县》⑧ 中留有相关记载。

结　语

由于《南部档案》资料尚在整理之中，目前披露的原始资料仅仅是冰山一角，许多原始档案目前一般学者尚难寓目，我们所能利用的环境资料还十分有限，相信今后随着该档案的陆续出版刊布，我们可以从中

① （清）严如熤：《三省山内风土杂识》，第35页。
② 《南部档案》08—00960—01 至 08—00960—03 件。
③ 《巴县档案》6—33—05903，光绪八年九月。
④ 《南部档案》13—00597—01，光绪二十三年二月十日。
⑤ 《南部档案》17—00566—01，光绪三十一年十月十四日。
⑥ 《南部档案》17—00566—04，光绪三十二年一月十五日。
⑦ 《南部档案》20—00114—01，宣统元年五月二十三日。
⑧ 《南部档案》21—00221—01，宣统二年三月二十一日。

发现并使用更多的区域环境史资料。

地方志与地方档案文献作为明清环境史研究的重要史料，其意义毋庸置疑。但比较而言，二者对于环境史的研究偏重仍然略有差异，相对来说，府、州、县志对环境变迁记载的时间维度相对较长，能使研究者从一个较长的历史地理阶段认识该政区自然环境"线型轨迹"，但缺点是地方志中的环境史资料总体而言其价值要低于地方档案文献，如有关水旱灾害、地质灾害的记载时间指向性往往模糊，灾害程度的定性也有很大的不确定性，如说到灾害，往往以"赤地千里""久旱不雨"之类模糊语汇记述，而地方档案中的记载则要具体实在得多，其收录的文献往往是具体的原始文档原件，没有后世添加的情景修饰和"灾难取舍"，如《南部档案》中记录有光绪年间衙门多次要求严禁偷伐树木的公文，甚至我们能够看到光绪二十三年二月十日四川农政总局也曾要求南部县栽植樟树的记录原件，这都是在地方志中很难看到的原始文件。因而我们可以说，地方档案中的环境史资料比起方志更加具体真实，具有更强的原始性，这对于包括环境史在内的清代社会史研究，其意义不言而喻。

上述论证引用的大量资料绝大部分来自四川方志和档案文献。由于这些资料大多数都是第一次从沉睡的方志与档案中被剥离挑选出来作为研究环境史新资料所使用，其记载的真实性与说服力皆不容置疑，故笔者不忍割爱舍弃或删节，更愿尽可能地原文披露使得更多学者能够使用。这说明地方文献中的方志、档案资料对于研究区域环境史时同样也是不可或缺的重要史料来源。特别是研究清代四川环境史中的气候、野生植物、动物等诸环境要素的变迁，大量的地方文献成为最具原始性、"实证性"的珍贵史料，而《南部档案》和《巴县档案》中的环境资料则为我们提供了最新的论证依据。

（本文原刊于《西华师范大学学报》（哲学社会科学版）2015 年第 3 期）

耕地的消失：城市化、产业化与
湖泊保护的博弈[*]

——滇池西岸观音山白族村土地利用变迁研究

吴　瑛

　　"自然并不是无能为力的，严格而论，它是一切力量的源泉……没有它，人类的努力就不起作用。"① 人类文明伴水而生，形成于 340 万年前的滇池，在距今 3 万年前，流域出现人类生息繁衍，3000 年前流域进入青铜时代，300 年前尚有"五百里滇池奔来眼底"的壮丽景观。但是，近一个世纪以来，以抗战时期昆明市工业雏形在滇池流域的布局为起点，到现代新昆明"一湖四片"城市发展建设，目前仅占云南省面积 0.78% 的 2920 平方公里滇池流域，集中了云南 8% 的人口和 30% 左右的经济总量，② 成为云南省人口高度密集、工业化和城市化程度最高、经济最为发达、投资增长和社会发展最具活力的地区之一。然而就自然条件而言，滇池地处三江分水岭，源近流短，水资源短缺，流域的生态系统封闭程度高，抵抗外力干扰和破坏能力弱小；流域内生态环境比较脆弱，经济活动易于导致生态环境的破坏。长期过度利用水资源和破坏生态环境，

---

　　* 作者简介：吴瑛，昆明学院教授。

　　① ［美］J. 唐纳德·休斯：《什么是环境史》，北京大学出版社 2008 年版，第 13 页。
　　② 《跳出滇池治滇池》，云南网，http://special. yunnan. cn/feature/content/2009 - 05/27/content_379699. html，2009 年 5 月 27 日。

以及快速城市化发展产生的污染，对生态系统产生持续沉重的压力，滇池流域成为我国单位面积污染负荷最大的区域。

概言之，以城市化、产业化为核心的经济社会发展，以水资源节约、水生态恢复、水污染治理为主体的生态环境保护，以矛盾对立的方式在相互交织发展的博弈中共同推动着全球化背景下的滇池流域现代化进程。滇池西岸观音山白族村土地利用类型的变迁，集中体现出发展与保护二元对立进程中，伴随耕地的消失逐步发生的、从土地到人口的城乡一体化。

一　传统生计模式下的土地利用

观音山居委会东邻滇池，南邻海口，西邻安宁，北邻西华，辖杨林港、白草村、马桑箐、观音山4个居民小组，村落依山伴水，环境优美，距昆明市区23公里，经高海公路或柏油辅道，仅需20分钟便可到达市区。全村辖4个村民小组，有农户832户，乡村人口2276人，其中农业人口2243人，劳动力1607人，其中从事第一产业人数897人。

据史料记载，白族先民始于滇池流域，唐代西迁大理、洱海地区。元明时期又从大理、洱海迁回滇池流域，主要聚居在观音山一带。民国《昆明县乡土教材》记载："民家族，据称其始祖系随明将沐英平滇由大理、鹤（庆）丽（江）诸县迁至今所——滇池西岸大小鼓（古）浪，阳临谷①等处。"据观音山杨林港、富善的白族老人董绍周、董湘、张正林回忆："观音山原名凤阳村，后改叫阳临谷，建观音寺，后叫观音山"。董氏《家谱》记载："阳谷董氏，安徽凤阳之世族也。明洪武年间，先祖赐以医学，随黔宁王沐英到滇。"②

明初以前，观音山称为石咀山，在滇池西岸中段突兀而立，山势不高，但却陡峭险峻。观音山海拔1888米，年平均气温17℃，年降水量1200毫米，适宜种植稻谷、蚕豆等农作物。滇池湖畔大片良田与云贵高原最大淡水湖泊为观音山村民提供了从事农业和渔业的良好条件，按照

---

① 注：阳临谷，即现在的观音山。
② 《西山区民族志》编写组：《西山区民族志》，云南人民出版社1990年版，第80页。

传统生计模式的不同，当地居民亦分为农民与疍民。① 对于在陆地上从事耕作的农民而言，水稻是最为重要的粮食作物。当地人通常按照"大春"和"小春"安排农作。每年从二三月开始直到九十月的"大春"期间，主要种植水稻和苞谷（玉米）。20 世纪 30 年代美国人类学家科尼利尔斯·奥斯古德对高峣村水稻种植的描述，亦可反映当时观音山区域的农耕生活。"男人在农历三月犁田、耙田，收拾出秧圃，接着男人女人共同施肥。……稻种分红白二色，种植方法相同。从四月中旬到月尾，稻种萌芽生产，长到了六七寸高，就拔出秧苗，移植到田里。……收获前，从七月到九月，男女皆下田除草。据说稻子的成熟期为 100 天至 120 天。……总之，稻子呈黄色就该割了。"② 种植苞谷不需要水田，可在旱地播种。农历三四月进入雨季，也就到了苞谷播种季节，七月初至八月十五是收获季节。"大春"结束到 11 月，则是"小春"，主要种植小麦、蚕豆、蔬菜，等等。

疍民则以打鱼为生，他们生活在渔船上，捕捞到的鱼虾多为自给自足，多余的拿到附近村子卖，与陆地上的人们换取稻谷及其他生活必需品。1950 年以后，中国农村土地改革运动，从事渔业的疍民也分到田地，从此在渔业之外，他们也从事农业耕种。但是，与滇池流域其余村庄拥有大片良田（如 20 世纪 50 年代，高峣村人均耕地面积 3.71 亩）不同的是，观音山片区历来存在山多地少的特点，据 1987 年末统计，人均耕地 1.02 亩，人均林地 9.5 亩。③ 观音山林场、杨林港柑橘苹果园等也为村民提供了林下作物、经济林果等收入。

二　城市发展模式下的土地利用

"工业化一旦开始进行之后，必然会破坏传统的前工业社会。"④ 昆明的城市化进程与工业化紧密联系。由于地处西南一隅，昆明的工业化比

---

① 注：疍民，即水上人家，指专事渔业的当地人。

② ［美］科尼利尔斯·奥斯古德：《旧中国的农村生活：对云南高峣的社区研究》，何国强译，（香港）国际炎黄文化出版社 2007 年版，第 136 页。

③ 《西山区民族志》编写组：《西山区民族志》，云南人民出版社 1990 年版，第 87 页。

④ 凯尔等著：《工业主义与工业人》，第 42 页。

沿海和内地晚起步 30—50 年，1891 年云南机器局开工，拉开了昆明工业化的序幕。1910 年 4 月 1 日，昆明至越南海防港滇越铁路正式通车，标志着昆明工业化的启动。抗战时期，昆明以独特的区位和交通条件，成为中国取道东南亚和南亚与国际社会联系的枢纽，与重庆、川中、广元、川东等并称西南大后方的 8 个工业中心之一。抗战胜利后，大批内迁的工厂、机关、学校等机构和人员回迁，昆明经济一度萧条。1949 年 12 月以后，进行了三年经济恢复和社会主义改造。1952 年，昆明工业总产值占社会总产值的 37.35%，工业收入占国民收入的 21.39%。1956 年，昆明第一、第二、第三产业的比重为 42.92∶42.07∶16.96，第二产业比重已接近第一产业。经过 1957 年到 1976 年的徘徊期之后，1977 年昆明的国民生产总值恢复并超过历史最好水平，达到 117974 万元，三大产业构成为 20.60∶63.68∶15.72。此后，农业和轻工业发展加快，第三产业也得到发展。1985 年，三大产业的构成演进为 11.45∶60.47∶28.18，产业结构向合理化和现代化发展。1993 年，在加大改革与开放力度的背景下，工业化进程进一步加快，三大产业比重达到 8.60∶59.43∶31.97，工业化的迅猛发展有力地推动了昆明城市化的进程。① 20 世纪 90 年代后期，在第三产业的带动下，昆明的城市化和产业结构演变总体呈现三、二、一的发展格局，城市化进入稳定发展阶段。2004 年昆明城市行政区划调整之后，提出构筑"一城四区""一湖四片""一湖四环"的大都市发展框架。2008 年，《昆明城市总体规划修编（2008—2020）》将昆明城市发展目标确定为：以"一湖四环""一湖四片""一城四区"为载体，集湖光山色、滇池景观、春城新姿、人文景色和自然风光于一体的森林式、环保型、园林化、可持续发展的高原湖滨特色生态城市，成为经济景气指数高、文化特色浓、人居环境好、投资环境佳、社会安定和谐的面向东南亚、南亚的区域性国际化城市。

在昆明城市化发展背景下，滇池西岸中段的观音山村，经历着从行政区划调整到城市用地、产业发展乃至湖泊保护等用地变迁。到 2010 年，国土面积 13.73 平方公里的观音山村，仅有耕地 742 亩，人均耕地 0.30 亩。相同的情况也发生在同一区域的高峣村，20 世纪 50 年代，高峣全村

---

① 谢本书主编：《昆明城市史》（第 1 卷），云南大学出版社 1997 年版，第 402—408 页。

人口为 270 人，土地 1000 多亩，人均土地面积 3.7 亩，土地面积大、劳动力不够充分是当时农业劳动面临的主要问题。而现在，村中 2000 多人，土地面积只有 100 亩左右，人均土地面积仅为 0.05 亩，土地不足已是当地的最大问题。一望无际的广袤耕地不复存在，仅剩的田地隐藏在水泥砖瓦建筑之后，外人不易发现。虽然肩挑手锄的传统农耕方式延续到今天，但是，在有限的耕地上，农民的精耕细作已经由种植粮食转向种植可以直接在当地市场出售的蔬菜，黄芽、韭菜等作物替代了水稻的地位。在观音山现有 818 户农户、2388 人的乡村人口中，虽然还有 2243 人为农业人口，1442 人的劳动力，但是从事第一产业人数仅 842 人。

（一）观音山行政区划调整

行政区划调整是城市政府拓展经济、社会发展空间的战略手段，也是目前城市政府调整辖区内各地区和部门经济社会职能、整合资源、提高资源利用效率的有效途径。在城市快速发展时期，政府通过行政区划调整，对城市空间拓展做出了制度性选择，目的是通过后续的实体性可操作策略机制，将行政区划调整后释放出来的能量用于城市的结构转型、空间优化和功能重塑。[①] 乡和镇分别是县级政区下辖的基层建制，管理职能各不相同。20 世纪 80 年代以来，乡改镇及其后的乡镇撤并，推动了农村城市化发展和小城镇建设。在"十二五"期间，昆明市又进行了"镇改街道"与"村委会改居委会"的调整，以适应区域城市化和经济发展的需要。

观音山居委会位于滇池西岸，因驻地观音山村而得名。明清属高峣里，清末属西华堡，民国属西碧乡，1952 年设凤阳乡，1958 年属凤华管理区，1962 年设观音山大队，1984 年 3 月设观音山白族乡，1987 年 8 月设观音山办事处，2000 年 11 月改为观音山村委会，2009 年 9 月改为观音山社区居委会。

2004 年 9 月，昆明市的区划调整，不仅为原来的两城区五华与盘龙获得更大的发展空间，也加快了两郊区西山、官渡的城市化进程。从此，

---

① 魏衡等：《城市化进程中行政区划调整的类型、问题与发展》，《人文地理》2009 年第 6 期。

地处西山区碧鸡办事处观音山村的发展主旋律定格在城市化上，这个白族村的土地利用与昆明城市建设发展的需要紧密相关，成为昆明城市建设、产业转型与环境保护的有机组成部分。

（二）城市建设发展

滇池西岸的观音山居委会，距昆明市区 32 公里，处于昆明市中心连续建成区与外围农业耕作区之间，人口密度低于中心城区，但高于周围的农村地区。在城市化进程中，原来以农耕和渔业为主的观音山村，发展成为兼有城市与乡村两方面特征的城乡过渡区。这一区域，城市与乡村的经济和人口相互渗透与扩散，促使土地利用发生显著变化，并随之带来产业转型、劳动力转移等复杂的经济社会问题。

1. 观音山土地利用变化的影响因素

自然条件、区位优势和人文内涵直接影响观音山的土地利用变化。第一，山水相融的自然风光为观音山的开发建设奠定了基础。观音山在滇池西岸中段突兀而立，山势不高，但却陡峭险峻，犹如一只展翅欲飞的凤凰，老昆明人极其形象地称其为"凤凰展翅"。观音山上林木繁茂，殿宇雄峙，亭阁耸立，寺宇就建在"凤凰"的背上。山下水中波光粼粼，千帆竞渡，五百里滇池，荡漾碧波，习习清风，水色山光，融汇成了人间仙境。第二，优越的区位条件使观音山的开发建设成为可能。观音山东邻滇池，南邻海口，西邻安宁，北邻西华，距昆明市区 22 公里，优越的区位条件，成为"一湖四片"现代新昆明交通网络干道建设的必经之地。第三，丰富的人文内涵增加了观音山开发建设的价值。明初以前，观音山称为石咀山。之后，因尊崇神的意愿，在山上建观音庙，把观音"请"到山上观音寺中，此山改叫观音山。明嘉靖年间，当时有名的悟真和明全两位僧人修建了观音山的后殿，又重修了迦蓝殿，增建了圣僧殿，观音山从此有了一片三层院宇的佛寺建筑群，佛寺南面还建有"小南海"和"普陀山"牌坊，佛寺山门前有一副石刻对联："浩月光中，昆水静澄南海景；慈云影里，华峰叠拥普陀山。"1982 年经中共昆明市委批准重修，重塑各殿佛身，并成为昆明佛教圣地之一。观音山麓的观音山村、杨林港村等是白族聚集的村庄，丰富多彩的白族风情，使这里更加具有文化魅力。每年的农历九月十九，是佛教传说中观音漂过南海的吉祥之日，到了这天，安宁、昆明、晋宁、呈贡、富民、玉溪、易门、嵩明和宜良等地的善男信女都会到观音山来烧香拜佛，因受白族民族风情的影响，庙会变成调子会。观音对人间的关爱，更表现在观音山上的对调子和唱山歌之中。观音寺门前的两棵古柏，被善男信女们视为夫妻树，被道道红线缠绕得层层叠叠，密密麻麻。

在建设昆明成为中国面向东南亚、南亚开放的门户枢纽，国家级历史文化名城，中国重要的旅游、商贸城市，以及西部地区重要的中心城市之一的过程中，观音山因秀美的自然风光、优越的区位条件及其多元的人文内涵，被纳入以生态建设为主导思路的城市建设进程。

2. 观音山土地利用变化的具体表现

经济发展和人口增长是城乡过渡区建设用地扩张的最重要因素，城市规划、投资政策和财政政策则刺激着城乡过渡区建设用地总量扩张和人均建设用地面积增长。

第一，城市旅游休闲地建设。

以湖光山色、佛教圣地和民族文化而闻名的滇池西岸观音山一带，是昆明的湖滨疗养胜地，各行业、各级别的疗养院遍布沿岸。始建于1958年的昆明市工人疗养院，西靠风景名胜小观音山，占地50余亩。改革开放之初，在现杨林港居民小组范围内投资兴建了占地300余亩的"小七十郎度假村山庄"。昆明某企业，2004年取得了证号为（昆国用〔2004〕01717号）的国有土地使用证，征用观音山林场片区（观音山村、林场村、白草村）800余亩土地，用于度假区建设。

2010年，在滇粤商提出斥资21亿元开发西山区碧鸡镇观音山旅游产业，把观音山旅游项目建成集会议、会展、高端运动、康体休闲区、运动、生态旅游区、高科技生态住宅园区的高端休闲居住为一体的复合多功能度假区。[①]

"十一五"期间，碧鸡镇提出了创响"两山""一线"的旅游发展思路。其中，"两山"是西山、观音山。西山景区将进行大规模的投资改造，把旅游文化、生态文化、宗教文化融为一体，山上、山下、前山、

---

① 《粤商21亿开发昆明观音山旅游》，http：//www.51766.com/xinwen/11018/1101887404.html。

后山统一管理，形成全新的西山旅游经济带，围绕观音山做大做强与佛教文化相结合的旅游度假产业。"一线"是高海公路沿线依托美丽的自然风光、众多的文物古迹、灿烂的历史文化大力发展生态农业和旅游观光农业，在"十一五"期间，协调和筹措资金，加大投入，建设3000亩花卉、苗木基地，启动观音山、西华、富善300亩现代化农业示范基地的建设。

"十二五"期间，政府将位于高海公路沿线的观音山规划为发展休闲度假旅游，并在观音山社区等地建设云南省第三批旅游特色村。昆明市共有一百多家农家乐，西山区就有五十多家，占了全市的一半左右。高海公路沿线的农家乐，设施设备比较新，且活动内容丰富，并由当地旅游管理部门评定一星到五星的不同等级。

第二，城市交通干线建设。

2006年，现代新昆明建设中"一湖四环"中最重要一环——高海公路建成通车。全长31.35公里的高海公路起于高峣枢纽立交，止于海口镇，蜿蜒在风景名胜区西山脚下，沿线是滇池湖滨生态带。作为现代新昆明建设"一湖四环"中环湖公路的西段，也是连接滇南、滇西南的重要通道之一，这条公路不仅担负起海口老工业基地10万人口的交通出行，将昔日滇池沿岸城郊接合部的村镇与昆明主城区连接起来，对缓解昆明入城交通、过境交通及昆明东西出入拥堵等起到重要作用，还具有滇池生态保护的使命。

按照市委市政府的要求，高海公路两侧生态保护要和景观建设和谐统一，同时要实施同步截污工程，拆除沿路临时建筑，所有拆迁点必须集中建房、安置在公路西侧，公路以东至滇池水面之间的用地一律退田、退房还湖，恢复为滇池湿地保护带，加大对滇池的保护。同时调整农业产业结构，由种粮变种树，改变开山采石、破坏环境的做法，注重可持续发展，结合新农村建设，把高海公路建成"一湖四环"第一个示范线。

在高海公路以东区域作为滇池水体和湖滨带保护区，有计划地建设生态修复系统，逐步恢复湿地，形成滇池西岸生态保护带的过程中，观音山居委会响应政府决策，退出了高海公路以东的耕地、鱼塘和宅基地。

第三，城市公墓群建设。

无论是观音山坐东向西，背山面水，放眼眺望，五百里滇池尽收眼

底，视野开阔，又相对封闭的自然环境，还是从盛唐年间唐皇赐婚大理
南诏国，数十年后，公主仙逝，南诏王遂将公主葬于西山脚下（今公主
坟遗址尚存），到龙云夫人曾安葬于观音山的人文历史，都成为观音山是
安置逝者、安抚生者的佳址证据。

为了满足城市化建设进程中土地集约化利用的迫切需求，昆明市民
政局充分结合了观音山当地条件、地形地貌，并利用原有山水、自然环
境进行规划，建设占地370余亩，具有典范性、开放式、园林式特色的文
化公墓——观音山公墓。更有上市公司诺仕达集团，在邻近观音山的晖
湾投入2.6亿元，建设了占地面积多达2533亩，集艺术、观光、纪念、
历史、教育为一体的景观型生命文化公园——云南金宝山艺术园林。

第四，村民非法建房与私卖耕地。

观音山地处城乡过渡地带，城市化进程中以满足城市建设需要发生
的征地、拆迁成为村民生活中不可避免的问题。同时，现代化的生活方
式也在影响着这个传统的村庄。建房—拆迁—集中居住，似乎已成为城
市化进程中村民逐步向市民转化的模式。在此过程中，建房与拆迁之间
的利润空间，是村民角逐的重点。

观音山村居民有500多户，据估计目前房屋数量有600—700栋。但
是，按现行政策，只允许观音山居委会村民拆老房屋，办理手续后可以
在原址上翻新，但不允许占用其他土地建房。因此，大概有10%—15%
的房屋属于占用农田，非法建盖。滇池卫士张正祥说："我们村里，有些
人已经盖了五六栋民房，有些人把地私下转让给别人，再以本村村民名
义盖小产权房。如果以后拆迁，可以获得更多的补偿。目前，这个村小
组非法建造的民宅不少于150栋。"为了在城市建设征地拆迁补偿中获得
更多的利益，一些村民不仅见缝插针式建盖房屋，甚至还有人破坏山体、
植被挖地基，非法建房的行为占用了有限的耕地，更破坏了滇池周边的
自然生态。

另外，据观音山村委会村民反映，近些年村里出现一股卖地风，有
些村民不愿种地，而是将自家坡地上的耕地卖给别人建房，一亩能卖约
30万元。随着大量耕地被卖掉，耕地上立起许多民房，还砌起了围墙。
由此可见，以传统农耕、渔业为主的村民价值观已发生变化，土地不再
是不能割舍的立命之本，以货币兑现土地价值，才是为生存与发展打下

基础的有效途径。

总之，观音山的自然环境、区位条件、人文资源，共同推动政府对此区域的建设决策和规划。在行政区划调整、城市交通网络建设、城市产业升级的过程中，城市土地利用向纵深发展。原处于城乡过渡地带的观音山逐步从城市建设的边缘进入到核心圈层。可以预见到的是，在现代新昆明建设进程中，将滇池西岸发展为复合型旅游度假区的战略决策，将会进一步影响以发展现代服务业为核心的城市建设用地规模扩张和人均建设用地增长。城市化与产业化交织进行，对耕地保护形成了巨大的威胁。

三　湖泊保护模式下的土地利用

滇池西岸的特殊地理位置，使观音山的发展及土地变迁不仅受到城市化和产业化的推动，更受到湖泊环境保护的影响。"十一五"期间，特别是 2008 年以来，昆明市在国家和省的大力支持下，坚持把加快滇池治理作为生态文明建设的着力点和突破口，突出抓好滇池环湖截污和交通、农业农村面源污染治理、生态修复与建设、入湖河道整治、生态清淤、外流域调水及节水"六大工程"，推动滇池治理提速增效。

第一，流域环境建设——滇池湖滨绿化带。

为配合昆明市创建国家园林城市和万亩绿化苗木基地建设，2006 年，西山区启动实施了"高海公路东岸 2000 亩生态带建设项目"，杨林港村全部土地（78.78 亩）被租赁，用于建设滇池湖滨绿化带。

第二，湖泊生态恢复——四退三还一护。

2008 年开始，在滇池湖滨 33.3km^2 范围全面开展"四退三还一护"（退田退塘、退人退房，还湖、还湿地、还林、护水）工作，搬迁 61 家各级企事业单位，累计退塘退田 4.5 万亩，退房 141.2 万平方米，退人 2.4 万人，建成湖滨生态湿地 5.4 万亩。整治滇池流域水土流失 167.49km^2。大力开展绿化造林、建绿补绿工作，建设城市生态隔离带，流域林木绿化率达 50.8%，城市建成区绿地率达 36.8%，使滇池湖滨生态状况有所改善，流域环境效益和生态效益显著提高。

西山区"四退三还一护"主要涉及西华、观音山社区居委会古莲、红映、红联、杨林港、观音山和百草村六个居民小组，1260 人，315 户，房屋面积 45928.49 平方米的拆迁工作。其中，以白族为主多民族聚居的杨林港居民小组，有 108 户，316 人。全村原有土地、山林面积 1284 亩，承包田面积 178 亩，由于产业结构调整及"四退三还一护"保护滇池重要决策，杨林港小组现有粮田面积全部用于种树，在高海公路修建"四退三环一护"保护滇池工程建设的就有 30 户农户。①

城市发展进程中湖泊环境保护的压力，使濒水而居的观音山人失去了耕地，在宅基地上建房分散居住的历史也悄然结束。湖泊环境保护的压力正在以前所未有的力度影响着观音山村的土地利用类型变化，也引起了人口生计模式和生活模式的变化。

在支持生态建设过程中失去土地的杨林港村民需要开辟新的生计模式。昆明市滇池旅游度假区多次实地考察和调研后，帮助杨林港村制定了旅游业发展规划。针对失地农民就业和建设绿色生态带的实际，区级职能部门组织开展了园林绿化职业技能培训，杨林港村参训 32 人，就地就业 32 人，为杨林港村发展旅游业打下了良好的基础。② 另外，从村民小组组员转变为居民小组组员的杨林港人，也将结束传统分散居住的模式，迁入具有城市社区特征的集中居住点。

四 结论：耕地的消失与人口城镇化

改革开放以来，我国城镇化进展显著，1978—2012 年，城市化率从17.9% 提高到52.6%。2013 年，昆明城市化率也达到了 67%。但是，在城镇化过程中，城镇化率提高的速度要远高于按照户籍人口计算的农业转移人口市民化速度。尤其在城乡过渡区，为服从于城市统筹规划、发展、建设的需要，农业用地不断让位于城市建设用地、产业发展用地乃至环境保护用地。为了获得更为广阔的城市发展空间，政府对城乡过渡

① 《努力创建文明祥和的新农村——西山区碧鸡街道办事处观音山社区居委会杨林港居民小组》，http：//kmds. km. gov. cn/kmds/kmds2011/kmds1101/14102528221764787HGA45BKE74-DEEG. shtml。
② 《碧鸡镇杨林港村社会主义新农村建设纪实》. http：//www. ynszxc. gov. cn/CountyModel/ShowDocument. aspx？DepartmentId＝46&Did＝46&id＝2140774。

区行政机构进行调整，乡镇及以下行政机构已改为街道办事处、居委会、居民小组；统筹规划城乡过渡区建设，充分发挥对中心城区的承接功能；明确城乡过渡区的产业发展方向，积极促成对中心城区的支撑功能；在生态文明建设中，生态环境保护的重任也集中在了城乡过渡区，尤其是位于生态脆弱地带的城乡过渡区。多方力量同时作用，致使城乡过渡区成为耕地丧失最显著、失地农民最集中的区域。城乡一体化推进的重点区域，也成为经济问题最集中、社会问题最突出的环节。

在新的发展阶段，以地域城市化为特征的城镇化，应尽快转变为以人口城市化为重点的城乡一体化。2014 年 7 月 30 日发布的《国务院关于进一步推进户籍制度改革的意见》，以打破长期存在的城乡二元户籍结构为途径，以城乡公共服务均等化为保障，促进农民向市民的转变，激发城市化发展需要的持续活力。同时，在农民向市民转变过程中，通过提高农业规模化经营的程度，最终实现土地资源的集约化利用。

排瑶传统乡村聚落的景观
特点及形成机制

——以广东连南地区油岭、南岗为例[*]

周　晴

引　言

乡村聚落景观是指由乡村自然环境和人类活动共同作用形成的，因人的活动而创造叠加于自然景观之上的人文景观，表现为一定地域人群所创造的村落文化的空间形象，代表特定地域人群的思想。[1] 广东北部的连南排瑶作为瑶族的一个分支，有其独特的历史渊源与发展进程，排瑶的大规模聚居村落集中在连南，据李默研究，隋代开始瑶人即已迁入现在的连南地区居住，"排"不仅指村落，也是明代在连南地区设立的基层行政组织。[2] 八大排约在明代初年已经出现。据民国《清远县志》讲述，经过历代对瑶民的征剿，清代瑶族较大规模的聚居区只剩下连南的瑶排。[3] 徐祖明对排瑶、八排瑶等概念进行了辨析。屈大均在《广东新语》

　＊　作者简介：周晴，广东省社会科学院广州地理研究所副研究员。

　①　金其铭：《农村聚落地理》，科学出版社 1988 年版；张小林：《乡村空间系统及其演变研究》，南京师范大学出版社 1999 年版。

　②　李默：《瑶史拾零七则》，《广东民族学院学报》1992 年第 7 期。

　③　民国《清远县志》卷四《舆地志·民族》，《广东历代方志集成》，第 444—445 页。

中记述的"八排瑶"为最早,"八排"指瑶寨,"八排瑶"指生活在连南地区定居的族群。① 八排指马箭、横坑、里八洞、油岭、南岗、军寮、火烧、大掌八个大型聚落,繁盛时期平均每个村落人口都在千人以上。

连南排瑶的传统聚落及其周边的景观营造是其独特的文化的代表。② 胡耐安先生认为八排瑶的村落称为排,是因为他们的房屋建筑行列望去一排排的,不相紊乱。③ 谢剑从过山瑶与排瑶的对比出发讨论排瑶选择聚居模式的原因,对广东连南排瑶聚落模式进行了初步研究。④ 但是目前为止,尚未有从地理学的角度对排瑶村落空间分布特征、基于生计的景观系统进行整体研究。连南排瑶传统村落位于喀斯特地区,从地理学的角度深入研究排瑶聚落的空间分布特点与景观特征,不仅可以更好地理解排瑶的族群文化,同时也可以给今天粤北地区的石漠化治理提供一些有益的参考。连南的排瑶村落以油岭、南岗两排聚落规模最大,也最具典型性,聚落建筑保存较好,但鉴于南岗排已进行整体的旅游开发,瑶民已基本搬迁完毕,目前只有油岭村的老排仍有一定数量的本地瑶民居住。因此本研究主要以油岭排为例,通过历史文献分析与实地调查访谈结合、GIS 制图分析等方法,对排瑶聚落分布特点与地貌环境之间的关系、基本的土地利用形态、聚落景观要素等进行分析,探讨传统排瑶聚落景观的一般特点,以期增进对排瑶传统聚落文化的认识,为排瑶地区传统村落的保护及相关规划开发提供参考。

一　排瑶聚落空间分布特点

排瑶主要居住在广东省北部的连南瑶族自治县,是我国瑶族独具特点的一个支系。据清康熙年间李来章编纂的《连阳八排风土记》,当时位于今连南地区有八个大排,即大型的瑶民聚落,这八个大排是油岭、横坑、行祥(即南岗),此为东三排;马箭、军寮、里八洞、火烧坪、大掌

① 徐祖明:《排、排瑶、瑶排、八排瑶等称谓之辨析》,《广西民族研究》2011 年第 1 期。
② 练铭志、马建钊、李筱文:《排瑶历史文化》,广东人民出版社 1992 年版。
③ 胡耐安:《说瑶》,《边疆论文集》,(台湾)联合出版中心 1964 年版,第 569—579 页。
④ 谢剑:《广东连南排瑶聚落模式的初步研究》,《广东民族学院学报》1991 年第 1 期。

岭，此为西五排。传统的八排瑶大型聚落分布的大概位置如图 1 所示。此外还有众多的小排或冲，即小型聚落。明初至康熙年间除八排外另有二十四冲，至道光《绥瑶厅志》中，冲扩展增加到 140 个，八排大型聚落位置仍保持不变。据 1988 年统计，当时连南有瑶民 10 万左右，八排瑶人口 61620 人，东南部的南岗、油岭、三排等地是排瑶的主要居住地及发源地。① 民国时期社会学家胡耐安曾遍历当时连阳三属之各大排，稽其谱牒，发现当地瑶民大都上溯至十五代而止，即元明之际迁徙至连南地区。油岭排是瑶民最先到达之地，大掌岭排、三排等都自油岭排繁衍而成。② 瑶聚落移民扩展的方向大致是由东三排向东、东北和西南迁徙，再由西五排向北、东北、东南及西南迁徙。③

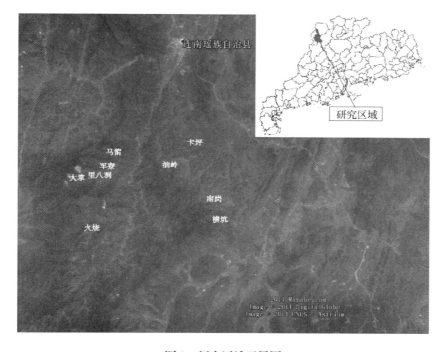

图1 研究区域卫星图

---

① 杨鹤书、李安民、陈淑濂等著：《八排文化——八排瑶的文化人类学考察》，中山大学出版社 1990 年版，第 4—5 页。

② 胡耐安：《说瑶》，《边疆论文集》，（台湾）联合出版中心 1964 年版，第 569—579 页。

③ 练铭志、马建钊、李筱文：《排瑶历史文化》，广东人民出版社 1992 年版，第 12 页。

图2　油岭排及周边环境（2014 年 8 月 2 日）

排瑶的迁徙路线与其地貌环境有直接的联系。排瑶生活的连南地区在地貌上属于连阳喀斯特高原，海拔高程一般为 500—800 米，岗丘起伏，由喀斯特山地、丘陵、峰林、台地、洼地等多种地貌类型组合，东部地区落水洞及埋藏喀斯特发育。① 据我们在油岭的访谈，油岭村是由位于东部喀斯特峰林区的山间小平地的散村居民不断移居山岭形成的大型聚落。根据油岭老排 80 岁以上的老人的访谈结果，瑶民从喀斯特峰林区的定居村落向油岭大排迁徙的过程一直延续。"油"的瑶语意为逛、游，同时也有聚集、团结的意思，油岭村就是由周边小村居民迁徙到山岭共同建成的大型聚落，据老排 85 岁老人唐买胡大不婆讲述油岭的起源："在很久以前，油岭老排是无人居住的，森林密布，当时村落位于今卡坪、景贵、大东（今油岭新村）、和长等东北部地区几个分散的地方。后来不知哪户人家的母猪跑到现在油岭排的这座山上来，这头母猪的主人四处寻找，最后在油岭老排这里发现了，后来人们见到这里森林繁茂，土壤肥沃，山高又望得远，于是都在这里定居。"②

---

① 中国科学院华南热带生物资源综合考察队、中国科学院广州地理研究所：《广东地貌区划》，内部资料，1962 年，第 153 页。

② 唐买胡妹：《连南油岭访谈笔记》，2014 年 5 月 2 日，手稿。

　　总体来说八排瑶的聚落分布呈现以涡水河为中心分布的特点。涡水河是北江上游主要支流连江的支流，发源于起微山，由北向南汇入连江。从1958年涡水河流域五万分之一的地貌图可以看出西部五排排瑶聚落皆位于起微山余脉的森林中。军寮排等位于涡水河的支流的上游，这里的水资源十分丰富，道光《连山绥瑶厅志》记载的镬水即涡水，是连江的主要支流："连州三江者，一为连水，一为镬水，一为沿陂水。其沿陂水多伏流，导自连州土狗塘，至交盃山下，行二里许，合镬水为一江，其镬水发源连山黄帝源，北过军寮，又东过油岭两瑶排界，又北至军田迳，会众小水为一江。"[1] 从涡水河流域1:5万地形图中也可看出，油岭、南岗、横坑三排东部为典型的喀斯特峰林，地下暗河发育，整个东部地区取水条件不如西部地区。上述"沿陂水"即见于记载的一条暗河，实际上东部地区这样的小暗河还有许多条。但是近20年来的人口迁移过程却与历史时期截然相反，1986年以来，已将油岭老排的150户756人迁移至山下石灰岩山地间的纸排洞（支排洞）居住，[2] 加上后期向油岭新村的搬迁，目前油岭老排剩余不到100户。

　　油岭、南岗、横坑排位于东部喀斯特高原的边缘，周围没有大的河流，水源以山涧小溪为主，如南岗北面的法罗（音译，下同）溪发源于田坑，长约17华里；在东面，七星溪发源于埂断坑，长约20华里；东南面，佬龙溪（来龙坑）发源于人寨（莨萁溪），流经地堂洞、横埂等地，全长约20华里。田峒的稻田，在非雨水季节就靠以上几条溪水灌溉。山腰梯田则靠山上石缝间的小量流水灌溉，全瑶排群众饮水，亦靠这些流水。[3] 由于东部喀斯特峰地貌环境限制，人口才往西部迁移，建立了西部的五大排及其他众多小排。

---

①　道光《连山绥瑶厅志·总志》，《广东历代方志集成》韶州府部（一六），第358页。

②　连南县政府：《连南瑶族自治县移民计划表》，1986年11月26日，连南县档案馆，58—G1.2—132。

③　《连南瑶族自治县瑶族社会调查》，广东人民出版社1987年版，第11页。

二　景观要素形态与形成机制

（一）林地与刀耕火种

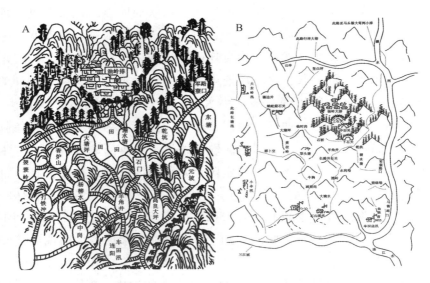

A：清康熙年间油岭排周边环境示意图［图片改绘自（清）李来章《连阳八排风土记》卷一《图绘》］。

B：清道光年间油岭排周边环境示意图［图片改绘自道光《连山绥瑶厅志·舆图》，《广东历代方志集成》韶州府部（一六），第 377 页］。

历史时期每个不同阶段排瑶的生计与族群文化特点有不同。清初油岭瑶民以林业为主。据李来章《连阳八排风土记》："（油岭）排坐南向北，两山环抱，中有层级，高下相承，瑶人此地居之，面对高良。石山背后，高山耸立如屏。下有圆墩，因立祖庙。地平坦，多古树。山背出小水，细流涓涓，以竹引入排，至六月则断绝，皆于山腰掘砍取之，故排中时时乏水。"[①] 如图 A 与图 B 所示清康熙年间和道光年间油岭排的示意图，油岭排周边被森林环绕。林敬隅在 20 世纪 30 年代初在油岭调研，

---

① （清）李来章撰，黄志辉校注：《连阳八排风土记》，中山大学出版社 1990 年版，第 42 页。

发现当地的杉木十分丰富，我们通过在油岭的访谈得知，油岭排周边以前多几百年的古树森林，其中的杉树多是自然生长的大树，很少人去随意砍来卖掉，杉树需要留下做棺材或建房子之用，普通人家用杉皮替代屋瓦，砍伐杉木的时间仅在春分之后或秋分之前，因为在其他时间所砍之杉无法把皮剥下。① 1958 年之后油岭旁边的森林开始被大量砍伐，许多大杉树这时也被命令砍掉，谁不砍就批斗谁。砍掉之后的树送往广州，砍树没有薪酬，一日供给三餐。20 世纪 50 年代以前很少人去种树，也很少人乱砍树，一般的林地称为杂木林，杂木林为公有，20 世纪 50 年代之后，杂木林也被分到户，才有火烧杂木林之后种杉的情况。

南岗也曾是森林密布的地区，瑶语中称柴为"项"，称锅为"坑"，南岗在瑶族自称为"坑项"。② 瑶民所种的林木无须护理，随其生长。杉树约需 20 年方能砍伐使用或出卖。砍伐杉木的时间仅在春分之后或秋分之前。因为在其他时间所砍之杉无法把皮剥下。杉材主要用于建造房屋，其次用于制作家具，如桌子、箱子，等等。油岭的山地多属私人所有。仅少量属于公众，例如，三江至油岭的大路的入口处荷塘属唐法罗二厅共有。富瑶的一些闲置山地由穷瑶开垦，种上杉树。杉树属种植者所有，而山地仍属其所有者。③ 在军寮排和火烧排，篱竹是公共所有的。④ 南岗排周边山岭间的小盆地与山坡上开垦而无水灌溉的旱地主要种植玉米、甘薯、黄粟、芝麻、小麦、花生、黄豆，而以玉米为最大宗。玉米的种植时期有一种叫六月麦（包麦），三月播种，六月收割；一种叫八月麦，五月播种，八月收获。甘薯在五六月播种，十月收获，芋三四月种，八月收获，黄粟四五月种，七八月收获，小麦雪豆十一月后种，次年四月收获，黄豆五月后种，八月收获，岭地所种各种作物施肥极少，以草灰牛粪草或烧的草坭为肥料，因缺乏及路远施放极少。在播种及至收获时期普遍均中耕除草一次，一般旱地均以较肥沃的地种玉米，株距与行距约 2—3 尺，其株距间几全部什种黄豆，播种方法全采用直播，玉米于锄

---

① 林敬隅：《瑶族的经济生活》，练铭志译《广东民族研究论丛》（第 7 辑），广东省民族研究学会、广东省民族研究所编，1995 年，第 266 页。

② 《连南瑶族自治县瑶族社会调查》，广东人民出版社 1987 年版，第 10 页。

③ Lin King Yu："The economics of Yao Life"，*Lingnan Science Journal*，Vol. 18（3），1939.

④ 连南县政府：《第二区军寮排火烧排的概况》，1951 年，连南县档案馆，58—G1.1—42。

地后每穴放约5粒，待长至四五寸时便间拔而只留存二株，而山岭或较贫瘠之地以多耕甘薯、芋、黄粟、芝麻等，普通种芋、甘薯之地，次多改种别种作物。即种其他作物之地均得年年种植，不过因需要关系亦时有改变。岭地利用有的一年种植两次，有的一次，种六月麦的地收获后继续种甘薯，种八月麦的地除少部分于冬季种小麦外，便休闲至明年。一般瑶民因劳力与肥料的缺乏，将岭地多年休闲及进行烧垦的耕作，甚为普遍。普遍于耕作三数年后，耕地肥分已吸收殆尽，若作生长不佳时便停止耕种，任其生草，约三年将草割下烧而成灰，又重新开垦种植。[①]

排瑶有悠久的营林历史和世代相传的营造杉林经验。军寮排、火烧排的农作季节特点是以杉林为中心的。正月锄山地；二月耕水田、种芋头、下番薯种；三月耕水田；四月播谷种；五月插秧、种番薯；六月耘草、斩杉到汉区、替汉人做夏收工作；七月替汉人做田工、斩杉、斩篱竹；八月割玉米、挖芋头；九月割禾；十月挖番薯；十一月烧灰；十二月烧草灰；其中水田的耕作方法与汉区相同，其民族特色体现在耕山方面。耕山时先将山坡杉木及其他树木砍伐下来，随即放火烧山，利用草灰做肥料，然后用锄把泥土锄松，用杉木横隔起来，泥土便不会被水冲下山去；第一、二、三年种的是玉米、芋头、番薯等什粮，并在第一年就种杉木，到了第四年便改种山禾（旱禾），第五年还是种山禾，以后就不种作物歇耕。[②] 我们通过在油岭的访谈得知，杉树苗一般在火烧杂树、杂草后种植，杂树林中枫树一般留下，杉苗栽种间距6—7尺，杉间主要栽培玉米及黄豆，20世纪50年代以前的山地耕作主要以收入旱地粮食为主要目的，每亩旱地可收黄豆60—70斤，林中比较多的是间作品种名为"盘古王"的玉米品种，每年可产400—500斤。

旱地作物是排瑶的主要的粮食来源。据练铭志的调查，1949年以前，粮食作物的生产率高低顺序依次是：番薯（21.9斤/日）、玉米（9.6斤/日）、芋头（8.3斤/日）、水稻（7.8斤/日）。排瑶的水稻生产率不如旱地作物。据练铭志等的调查和研究，指出排瑶虽然营定居农耕，但一直以刀耕火种作为生计的大部分来源，排瑶至今对砍山、开垦、种植以至

① 连南县政府：《南江排政治社会情况调查》，1951年，连南县档案馆，58—G1.1—42。
② 连南县政府：《第二区军寮排火烧排的概况》，1951年，连南县档案馆，58—G1.1—42。

间种、轮作、轮耕等生产旱粮作物的经验仍相当熟习，对水稻插植则相形见绌，虽说水稻引种已有近千年的历史，但他们对这一套耕作技术未真正掌握，其耕作方法、耕作过程虽模仿汉族，但在若干重要环节，诸如犁耙田、育秧、中耕除草、施追肥和排灌等显得十分马虎，比如不中耕除草或中耕除草次数少，不施追肥或追肥量少，肥料品种单一，仅石灰一种，以及不分禾苗生长阶段一律深水灌溉，等等。① 据 1956 年的统计，油岭排第三社的经济收入比例中，林地中产出的玉米、黄豆、青豆、花生、黄粟、芝麻、芋头、番薯等什粮作物收入占总产值的 50%，林业占 20%，水稻占 30%。② 油岭排唐买胡大不婆老人讲她在 1949 年前与其表兄结亲时，是非常不情愿的，其中最大的原因是其表兄只有继承的一亩水田，而她却有继承下来的三块旱地。在传统时代，这种经济收入格局也反映在景观空间格局上。连南油岭、南岗一带，山地的耕作有梯田和"耕山"两种类型。排瑶在水源条件相对较差的地区，坡度较陡的山坡种旱稻、芋头和玉米等旱地作物。③ 直到 20 世纪 80 年代，连南地区旱地仍有刀耕火种的残留："种旱地作物，粗耕粗放，种时到处放火开荒拼命种，种下后就不施肥，不松土，任其生长，杂草高过庄稼，也不去铲除，有的过了季节，还在继续下种，他们认为有收无收在于天，不用操心。"④

连南的瑶民历来有耕山造林、以耕代抚的历史习惯。即造林后，在林地上间种农作物或杉桐混交，在管理农作物的同时，对幼林进行除草、松土，每年 1—2 次，连续 3—4 年，待幼林郁闭时，才停止间作。在对农作物进行中耕的同时，使幼林也照样得到及时的精细的抚育。⑤ 连南金坑瑶族的杉林经验十分有名，所产的金坑杉材质特别好。金坑地区经营杉木林，一般从种到砍需要二十年左右，经营的过程是：第一年全垦整地，

① 练铭志、马建钊、李筱文：《排瑶历史文化》，广东人民出版社 1992 年版，第 200 页。
② 中共连南县委调查组：《连南油岭乡第三社经济情况调查报告（初稿）》，1957 年 9 月 13 日，连南县档案馆，58—G1.1—105。
③ 练铭志整理校注：《广东北江瑶族情况调查》，广东人民出版社 2012 年版，第 5 页。
④ 连南县委：《采取特殊政策，加快瑶区脱贫——关于连南县四个石灰岩瑶区的调查》，1986 年，连南县档案馆，58—G1.2—131。
⑤ 连南瑶族自治县林业局编写组：《连南瑶族自治县林业志》，1990 年，第 68 页。

插杉造林，间种玉米、番薯、大薯、芋头；第二年间种玉米、番薯、大薯、芋头，点种油桐；第三年间种山禾、木薯；第四年到第八年，油桐与杉木共生，八年后杉木完全郁闭，油桐衰老死去；从第九年开始，杉木迅速生长，到二十年左右成材砍伐。这样，在头三年有杂粮收入，第四年到第八年有油桐收入，再过十年左右，又有木材收入。据调查，经营一亩杉木林，从栽到砍约需四十个工，平均可收杂粮二百多斤（折谷），油桐籽二百斤左右，木材五至六立方米。金坑地区砍伐杉木，实行小块砍伐，一般分二次砍完，第一次在林木生长十八至二十年左右，选择径级较大的林木砍伐，再过三四年，将剩下的林木全部砍完，林木采伐后，一般在第二年即进行更新。每年采伐数量大体上是根据合理的轮伐期（二十年左右）确定的。① 据调查，金坑群众经营一亩杉木林，第一年栽杉间种，可收玉米 120 斤、生姜 1200 斤；第二年间种油桐，可收玉米 100 斤、芋头 200 斤；第三年可收甘薯或大薯 300 市斤、山禾 100 市斤；第四年可收山禾 100 市斤，间种油桐，可收油桐籽 200 市斤。大掌公社群众，经营一亩杉木林，第一年全垦栽杉间种，可收玉米 200 市斤；第二年可收甘薯 400 市斤、芋头 300 市斤；第三年可收山禾 200 市斤。香坪公社群众经营一亩杉木林，第一年栽杉间种，可收甘薯 600—1000 市斤；第二年可收山禾 150—200 市斤；第三年可收木薯 200 市斤（以上杂粮收入全部折谷计）。②

传统时代排瑶进行刀耕火种、林粮间作模式的同时，并没有破坏周边的森林环境，杨成志先生曾指出："瑶山之树木，简直是一个'绿荫丛密'的林国，瑶人爱惜树林的美性，植物学家将之奉为完人。"③ 排瑶有丰富的植物学知识，例如油岭的许多人都对当地的植物资源的药用、食用价值都十分熟悉，并能自己制作草药，一部分瑶民还有一些秘传的药方，这些医药资源大部分都取自周边的森林。我们通过调查还发现排瑶对于森林资源的保护有一套比较原始的观念，在没有进行大规模的搬迁，

---

① 中央林业部、中南局计委林业局、中共连南县委工作组：《林粮并茂、采一造二——金坑公社发展杉木林的经验（草稿）》1964 年 5 月 4 日，连南县档案馆，58—G1.2—38。

② 连南瑶族自治县林业局编写组：《连南瑶族自治县林业志》，1990 年，第 69 页。

③ 杨成志：《广东北江瑶人的文化现象》，刘耀荃、李默编：《乳源瑶族调查资料》，广东省社会科学院，1986 年编印，第 9 页。

油岭新村一带的大型聚落未形成之前，连南石灰岩山地的植被一直保存较好，据油岭老排的老年人叙说，住在老排的人都将对面的石灰岩山地视为"圣山"，排瑶对石灰岩山地的森林保护已经形成了一些禁忌和观念，如油岭村的老人认为赴石山砍伐树木的人都会遇到灾祸，同时老排的居民对于视野所及的喀斯特峰林地貌中的石山有着大量相关的传说与故事，这些都代代相传。

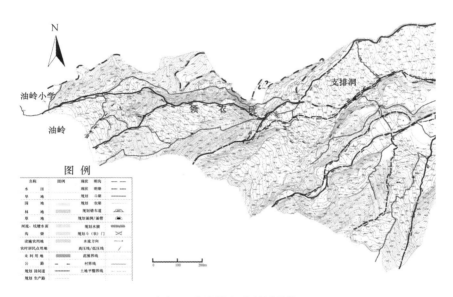

图3 油岭村土地利用现状

（二）梯田与稻作

不同的地貌条件往往对应不同的土地利用形态，油岭村的可供稻作梯田利用的小地貌形态有三种：一种山间河流堆积平原或小盆地称为"洞"，如油岭的"支排洞"，这些地区土壤比较肥沃，以种植水稻为主；另一种是地势较高的缓坡地称为"坑"，亦有叫"冲"，如油岭的"领衣坑"，耕地往往倾斜度较大，面积较小，这些地区多有山泉，在倾斜度比较缓和，土壤较厚的地方，开成梯田。传统的梯田每级相距数尺或丈余，长度约三五丈；还有一种坡度更大的斜坡地山地称为"岭"，油岭的老排即位于这一类地区。从图 A 中可以看出清初油岭排所在的山岭周边都是茂密的树林，山下石门之外才是水田。[①]

日本学者竹村卓二曾认为定居与梯田农业是八排瑶族群的主要特色，梯田灌溉农业是八排瑶聚居并形成大规模聚落的基础。[②] 但是从稻作技术来看，排瑶的稻田耕作十分粗放，排瑶只是通过营建梯田扩大稻田耕作面积实现粮食的增产。南岗排的稻作技术水平几乎代表了排瑶的最高水平，这里水田全部为梯田，分布于居住地的左右及下面的山岭一带，全部种水稻，仅一造，四月间播种，五月插莳，九月收获，中耕除草二次，施放肥料以牛粪绿肥石灰为主。[③] 我们通过访谈发现在油岭排 1950 年以前多栽培适应性强的 "红稻"，四月种，八月收，每年栽种一季，肥料主要是柴灰、树叶灰、牛粪、石灰，产量很低。因稻田离居住地较远，水稻的传统收获形式是割穗。

稻田管理中最关键的是水的分配。"放水公" 是专门放水、维修渠道的田间工程师，放水公要协调每家放水的时间，我们以当地实际勘测距离为 1 米等高线地形图为基础绘制了油岭村土地利用及高标准农田规划图（图 3）。油岭的梯田基本上是沿着等高线修建，上下田块中仍没有修建过水沟渠，村民用传统的方法，即杉木做成的水管人工向下级梯田导水。过水的时间是在白天，一片梯田区一天之内可以放完水。排瑶大部分土地都是私有的，很少有属于全排或一厅公有的土地、林地或房屋，以家庭为单位的房屋、土地的私有在油岭排占统治地位。[④] 当地政府至今未能在油岭推进农田规划的相关建设，对于梯田中公共水渠的数平方米的建设用地调动都很难协调成功。

排瑶的耕地多分布在山腰和山谷间，田地一般多在七八里路以上的山脚下，梯田约占三分之一。[⑤] 到 20 世纪 50 年代初期，八排瑶地区一般

① 练铭志整理校注：《广东北江瑶族情况调查》，广东人民出版社 2012 年版，第 12 页。

② ［日］竹村卓二：《访问 "广东排瑶"》，韩伯泉译，广西壮族自治区民族研究所编：《广西民族研究参考资料》（第 6 辑），1986 年，编印本，第 99 页。

③ 连南县政府：《南江排政治社会情况调查》，1951 年，连南县档案馆，58—G1.1—42。

④ Lin King Yu（林敬隅）， "The economics of Yao Life"，*Lingnan Science Journal*，Vol. 18（3），1939.

⑤ 中共连南县委调查组：《连南油岭乡第三社经济情况调查报告（初稿）》，1957 年 9 月 13 日，连南县档案馆，58—G1.1—105。

山地中坡度较缓可以引水灌溉的地区，差不多都辟为梯田，火烧排的梯田高度海拔达 700 米左右。① 20 世纪 50 年代以来以粮为纲政策也促进了梯田面积的扩张，但瑶民对于稻田的耕作、管理相对汉族的稻作区是十分简单、粗放的。连南地区直到 20 世纪 80 年代，排瑶"刀耕火种"的旧习惯还没有完全消除，瑶民种水稻一般是挑着秧去犁耙田，即犁即插，不讲田间管理。② 随着近年来杉木价格的上涨以及退耕还林政策的推行，油岭老排周边的许多梯田已经抛荒，稻田逐渐被杉木林和其他树木所取代。

（三）喀斯特地貌与聚落内聚性特征

排瑶一般是聚族而居，一排中只有几个大姓，在聚落中以几个大姓形成固定的组团结构，因此排瑶内部具有很强的内聚力。在连南，排瑶聚居的老排地区，例如油岭、南岗等地，土墙瓦屋依山势建造，鳞次栉比，自山腰一排排紧接的房屋，层叠至山峰，而峰顶则有小径向下行，把房屋分隔成不同的区，因此有所谓"一条龙""两条龙"的说法。由于山势陡峭，房屋的结构很特别，大门之前必连接一吊脚楼，放置生产工具及造酒锅灶等，同时也是一排房屋的走道。屋后则有猪栏之类的设施，有时也用来作厕所。③ 如南岗排占地面积 14.39 公顷，坐落在海拔 655—753 米的坡地，坡度约为 30 度，④ 油岭排则坐落在海拔 650—670 米的坡地，村庄两侧一般都有陡崖，背靠 1000 多米的起微山余脉，在村中每户门口都可俯视喀斯特峰林及山间平原景观。

聚居模式也是出于防卫机制作用的考虑。排瑶利用喀斯特地貌中的陡崖地形有效防范外敌侵犯，据《连阳八排风土记》中记载："入排俱深山险崖，路小，仅通人行，路亦在排北。"排瑶的聚落有明显的防卫设施，"八排者，瑶僚所居也，以竹木为寨栅"。排瑶也利用森林进行防卫，油岭排保留森林大树也是出于防守的考虑："上岭，有大树。又二里许，两臂环抱，崎岖峻险，盖油岭要隘云。"同时排瑶还设有多重石门防守，

---

① 练铭志整理校注：《广东北江瑶族情况调查》，广东人民出版社 2012 年版，第 5 页。
② 连南县委：《采取特殊政策，加快瑶区脱贫——关于连南县四个石灰岩瑶区的调查》，1986 年，连南县档案馆，58—G1.2—131。
③ 谢剑：《广东连南排瑶聚落模式的初步研究》，《广东民族学院学报》1991 年第 1 期。
④ 郑力鹏、郭祥：《南岗古排——瑶族村落与建筑》，《华中建筑》2009 年第 12 期。

石门至少保留到清末仍存在，道光《连山绥瑶厅志》中的舆图中，油岭大排还在密林中，入油岭大排从山脚开始，需要经过三重石关，这些石关清初已筑成，李来章言："至石门，左崖大山，杂以大树森林。瑶尝设伏，败官兵于此。又半里，到油岭。……又三里，至排。防斩大木截路。若兵入石门，须由右手上岭，先据唐梨冲截瑶，可获全胜。若瑶先占唐梨冲，须由岭岐而上，既入石门，各山岐俱可进兵。勿行田峒，防泥陷也。至排，左右林木森密，山皆峻险，路在排北。"[①] 这里提到油岭排周围有"田峒"，也就是喀斯特岩洞，瑶民不仅可在这些石洞设防，油岭排的牛多关在山间的自然岩洞里，由"放牛公"负责管理牧人来看管，受牛主雇用的牧人晚上就在岩洞旁边的茅屋过夜，看守牛只，一个牧人可看管 20—30 头牛。[②]

总之，传统排瑶的聚落要素主要由森林、梯田及其防卫系统等组成，每一要素都与其生计模式、社会生活形态直接相关。排瑶正是在独特的地貌环境利用过程中形成了独特的族群文化特点。

小　结

排瑶的聚落分布以涡水河及其支流为中心，由油岭、南岗、横坑三大排向西迁徙到其他地区，喀斯特峰林地貌及环境限制了聚落的向东发展；刀耕火种与兼营梯田农业是排瑶这一族群的生计特点；油岭聚落选址基于林地与周边有适宜梯田耕作的坡地及水源的考虑；旱地的林粮间作模式是排瑶的主要生计来源，排瑶的梯田管理、水稻耕作技术十分粗放。

八排瑶传统村落以树林及石寨门来确定与周边村庄与社区的界限，利用喀斯特地形进行防卫，形成典型的内聚性聚落。林农结合是排瑶传统乡村聚落景观特点形成的生计基础，排瑶聚落景观是瑶族文化的重要组成部分，传统时代排瑶对于当地喀斯特地貌、坡地环境的经验都有许多有益的经验，深入研究这些地方性知识可以为今天当地的各项规划、建设提供及时和必要的参考。

---

① （清）李来章撰，黄志辉校注：《连阳八排风土记》，中山大学出版社1990年版，第42页。

② Lin King Yu, *The economics of Yao Life*, Lingnan Science Journal, Vol. 18（3），1939.

近代云南矿业城市的形成及其影响[*]

赵小平

　　通常而言，工商业市镇的形成有其共同的特点：即生产的单一性使它们成为铜或锡或盐的产地，而在物质生活资料方面却需以产品与外界沟通，以求所缺物资；与此同时，此类手工业生产基地又因其巨大的发展潜力而吸引着各类人的关注，大批移民至此从事开采，商贩前往产地并带来各地所产之物于产区进行交换，从而形成固定的商品市场；最后，各生产地和因矿而产生的就地集市的结合，改变了单纯生产的局面，使生产和消费同在一地发生发展，上述地区既是商品的生产地，又是产品的集散处。这里出销与入销同时进行，人口愈来愈稠密、百货云集，工商业市镇便应运而出现了。

　　市镇一旦形成，无论大小，都会留下其一定的痕迹。云南于近代相继出现的一系列因矿业而形成的工商市镇，至今仍可以从其经济发展的城市产业的布局及城市文化诸方面寻找到历史的印迹。

一　因金属矿而形成的冶金工业城市

　　云南素有"有色金属王国"之美誉，故而因开采金属矿而形成的市

　　* 基金项目：本文受云南大学"中青年骨干教师培养计划"专项经费资助，2013 年度云南省教育厅人文社会科学重点研究项目（项目编号：2013Z059）、2013 年度云南省哲学社会科学重点研究基地一般项目（项目编号：JD13YB05）的阶段性成果。

　　作者简介：赵小平，云南大学中国经济史研究所副教授、博士。

镇不在少数，但是最为典型者却莫过于东川、个旧两地。

（一）"铜都"东川

东川铜矿的开采有悠久的历史。东晋常璩《华阳国志》卷4《南中志》云："堂螂县，因山名也。出银、铅、白铜、铜、杂药。"① 这里所指之堂螂县，即西汉所置堂琅（狼）县，属犍为郡，即今东川故地。其所产"白铜"即久负盛名的"云铜"，其色泽如银，为佳品。然而即使至明万历年间铜的生产有了较明显的增加时，但仍难形成规模效应。

清初，由于商品生产进一步发展，货币的需求量随之剧增，尤其是作为辅币的"制钱"流通量更大，从而出现了"钱贵银贱"的铜荒现象。清政府为了压制随之而来的民间私铸之风，极力鼓励大量开采铜矿，在给予云南开发矿业的鼓励政策的同时②，又放宽了云南铜的出口限制。③

云南是中国最著名的铜产地，"吾国铜矿，分布甚广。其矿藏种类，亦极繁复。自以前开采成绩而言，惟云南四川间之交换矿床，及脉形矿床，为矿量最富"。④ 清代云南著名的铜产地较多，但以东川府产铜最丰，"铜出于滇，凡四十八厂。最著者：东则汤丹、落雪⑤，西则芦塘、宁台⑥"。⑦ 可见，东川铜矿的生产可谓极一时之盛。

由矿厂的开发至市镇的形成，王崧在其《矿厂采炼篇》中记载颇为

---

① 参见（晋）常璩撰，任乃强校注：《华阳国志校补图注》，上海古籍出版社1987年版，第278页。

② 云南总督蔡毓荣在《筹滇理财疏》中说，康熙二十一年（1682），清政府开始"开矿藏""广鼓铸"。见贺长龄辑录：《皇朝经世文编》卷26，第969—971页。

③ 据张增祺《云南冶金史》记载，明代政府是严禁滇铜出口越南的。清初期，政府不但不予以禁止，反而鼓励云南铸钱向越南出售，且还与越南订有"购销合同"。云南美术出版社2000年版，第106页。

④ 《中国矿产志略》，农商部地质调研所印行，1919年10月，第119页。

⑤ 汤丹厂在东川府会泽县汤丹山，明代即开，乾隆年间最盛；落雪厂（旧名碌碌厂）在东川府会泽县西一百六十里，雍正四年（1726）由四川改隶云南开采。

⑥ 芦塘厂、宁台厂均在顺宁府顺宁县（今凤庆县）东北。芦塘厂乾隆三十八年（1773）开，宁台厂乾隆四十六年（1781）开。

⑦ （清）檀萃辑，宋文熙、李东平校注：《滇海虞衡志校注》，云南人民出版社1990年版，第38页。

翔实："（矿厂）杂流竞逐，百物骈罗，意非有他，但为利耳。……凡厂之初辟也，不过数十人，裹粮结棚而栖，曰'火房'。……四方之民入厂谋生，谓之'走厂'，久之，由寡而渐众。" "厂既丰盛，构屋庐以居处。……厂之所需，自米、粟、薪、炭、油、盐而外，凡身之所被服，口之所饮啖，室宇之所陈设，攻采煎炼之器具，祭祀宴飨之仪品，引重致远之畜产，均当毕具。于是商贾负贩，百工众技，不远数千里，蜂屯蚁聚，以备厂民之用。"① 可以肯定，矿厂的开发过程，同时也是当地市镇孕育发展的过程。这也就不难解释清代以前此类矿厂为何大多未能形成市镇的原因了。因为只有"厂既丰盛"之时，当地市镇才随之形成。换言之，并非所有矿厂都能成为市镇，能成为市镇者，必为产量相对丰旺稳定、专业人员较多之产区。

东川产铜历史虽较久远，但是东川真正成为工商市镇，则在清代。据《新纂云南通志》统计，乾隆、嘉庆年间，东川府的汤丹厂、碌碌厂、大水沟厂、大风岭厂、紫半坡厂、茂农厂共计产额铜 530.3 万斤。② 可见，这一时期东川铜矿的生产不但规模大，且较稳定，已成为该地区经济发展的命脉。民国初期，东川铜矿由清末官办改为官商合办，更名为东川矿业公司。1953 年 1 月又正式成立东川矿务局，足见铜矿在东川历史发展过程中的重要性。

（二）"锡都"个旧

云南锡矿，以个旧最为著名，"本省产锡，有个旧、宣威、泸西等县，而以个旧独著盛名"。③ 个旧于民国二年（1913）始设县。而其正式作为地名，始见于明正德五年（1510）纂修的《云南志》："锡，蒙自县个旧村出。"④ 无疑当时个旧只为蒙自县的一个村落。这与清乾隆年间所修《蒙自县志》及民国时期所修《续修蒙自县志》的记载"个旧为蒙自

---

① 参见道光《云南通志》卷 73《食货志》八之一《矿厂一》。

② 由《新纂云南通志》卷 146《矿业考二·铜矿》表中相关数据整理而得。参见牛鸿斌等点校《新纂云南通志》第 7 册，云南人民出版社 2007 年版，第 130 页。

③ 《新纂云南通志》卷 146《矿业考二·锡矿》，参见牛鸿斌等点校《新纂云南通志》第 7 册，第 140 页。

④ （明）周季凤纂修：《云南志》卷 4《临安府·土产》。

一乡户"类同。①

那么，个旧如何从一个偏僻的村落一跃变成近代著名的冶金工业城市的呢？《蒙自县志》云："个旧为蒙自一乡户，皆编甲，居皆瓦舍。商贾贸易者十有八九，土著无几。"② 《个旧锡矿业演讲稿》记载："个旧……当初不过是一荒僻的村落，人口寥寥，但是因其厂区山脉连绵……遂产生银、铜、铅、锡等矿，其中惟锡的产量最丰富，真是天然的宝藏，四方的人，都来其间开采，群聚杂处，攘往熙来，遂日渐繁盛，其初统名个旧厂。"③ 毋庸置疑，个旧演变为冶金工业城市与生产大锡有着十分密切的关系。可见，清初伴随着开发西南边疆的大潮，丰富的锡产量吸引了大批外地人至此从事锡矿开采，这些外来的非农业人口的激增，使得农产品和日用品的需求量大增，因而又反过来吸引着大量的商人贩运生产、生活必需品至矿区，又于返回时携运大锡，从而就形成了"攘往熙来"的盛况。当这种商业贸易达到一定程度时，以大锡厂为中心的城市便应运而成。这也就不难解释清代以前个旧矿区虽已开采却未能形成市镇这一疑问了。

事实上，个旧锡矿于清初大规模开采，与同时期云南废贝行钱，铸钱业发展极快使得锡的需求量亦相应增加有关，以致锡矿的开采与冶炼遂成为当时云南仅次于铜的第二大产业。早在康熙、乾隆年间，个旧已成为云南最大的锡产地，史载每年课税银四千两以上。④ 然而直到光绪九年（1883）才始设官商经营。光绪十一年（1885）临安府将双水塘同知移驻于此，更名个旧厅，专管矿务，兼收课税。至光绪三十一年（1905）成立了"个旧厂官商股份有限公司"。不难看出，个旧锡产量的日益剧增及巨额的课税是政府由征收税收转为直接参与管理的根本动因所在。

个旧锡矿之所以在国际上享有盛名，与其产量高、质量好不无关系。"蒙自之锡名于天下……其厂名曰个旧。个旧之锡，响锡也，锡不杂铅自

① 乾隆《蒙自县志》，乾隆五十六年抄本，参见《蒙自县志》，（台湾）成文出版社 1967年版，第 62 页。
② 乾隆《蒙自县志》，乾隆五十六年抄本，参见《蒙自县志》，第 62 页。
③ 1938 年编《个旧锡矿业演讲稿》第二章《个旧厂的史略》。
④ 道光《云南通志》卷 74《食货志》八之二《矿厂二·锡厂》。

响也。"① 能够自称"响锡",足见质量之佳。世界大锡产地,亚洲之英
属马来半岛、荷属东印度、印度、缅甸、安南(越南)、暹罗(泰国)、
中国、日本,欧洲之英国,美洲之玻利维亚,非洲之尼加利亚、南非、
刚果,澳洲之澳大利亚皆为重要产锡地。从民国十七年(1928)至二十
一年(1932)世界主要产锡额来看,亚洲的马来半岛为第一大锡产地,
南美的玻利维亚第二,荷属东印度居第三位,中国则位居第六位。② 中国
大锡生产地有云南、湖南、江西、广东、广西等处,而以云南个旧最丰
富,占全国总产量 80% 以上,民国十九年(1930)全国锡产量为 7218
吨,③ 而云南当年产量为 6015 吨。④ 故而个旧有"锡都"之美称。

可以说,正是铸钱业的发展对锡产量提出了更高的要求,以及大批
移民的涌入,进而促成冶锡业的繁荣。个旧也随之由原来的小村落至清
中期发展成为如余庆长所述"商贾辐辏,烟火繁稠"⑤ 的工商业城镇。余
庆长为清乾隆年间的通海县令,曾奉命巡视滇南厂矿,所见皆耳闻目睹
之事,故其言可信。足见乾隆年间个旧早已成为一个繁荣的城市。至于
个旧城镇的形成之因,当归功于大锡生产及其所吸引的移民。《新纂云南
通志》记载,开矿者以砂丁为主,"砂丁土著者少,概来自外县,如曲
靖、陆良、宣威、东川、石屏、河西、通海、玉溪、建水、弥勒、路南
等属为多,远则有来自昭通、新平、楚雄各县者"。⑥ 实际上,前来开采
锡矿者何止其他县之人,外省移民开矿者甚众。乾隆《蒙自县志》卷三
云:"个旧为蒙自一乡……初因方连硐兴旺,四方来采者不下数万人,楚
居其七,江右居其三,山陕次之,别省又次之。"⑦ 不难看出,产锡和移

① (清)檀萃辑,宋文熙、李东平校注:《滇海虞衡志校注》,云南人民出版社 1990 年版,
第 53 页。
② 《五金矿产及其商品概说》,《工商半月刊》第 7 卷第 14 号,1935 年,第 32—33 页。
③ 《中国矿产按省别分类统计》,《工商半月刊》第 5 卷第 13 号,1933 年,第 129 页。
④ 《五金矿产及其商品概说》对该年全国锡产统计表显示,全国共产锡 7217 吨,其中,云
南个旧产量为 6645 吨,其次为湖南 232 吨、江西 225 吨、广东 75 吨、广西 40 吨。参见《工商
半月刊》第 7 卷第 14 号,1935 年,第 34 页。
⑤ 余庆长:《金厂行纪》,载《小方壶斋舆地丛钞》八帙卷一。参见方国瑜主编《云南史
料丛刊》第 12 卷,云南大学出版社 2001 年版,第 186 页。
⑥ 《新纂云南通志》卷 146《矿业考二·锡矿》,参见牛鸿斌等点校《新纂云南通志》第 7
册,第 142 页。
⑦ 乾隆《蒙自县志》,乾隆五十六年抄本。参见《蒙自县志》,第 63 页。

民是促使个旧成为工商业城镇的两个关键因素。

二 因盐而成的新兴工商市镇

清代云南盐井的开发进入一个新高潮，先后增辟盐井20多处，并形成滇中、滇西和滇南三片区的生产新格局。那么，是何因素引发的呢？究其原因，当与人口的激增分不开。而人口的发展又与同期矿业开采的兴盛及大量外省移民的涌入息息相关。毋庸置疑，外省劳动力不断涌入云南，这势必引起滇盐供给的紧缺，因而增开新盐井势在必行。

食盐是商品，其生产目的主要为了外销而非自用。因此，食盐买卖在市场，并通过盐商与市场沟通。《云南盐政纪要》卷4云："其在远岸之商贩，多是运货物而来之人，返则顺贩盐回，以博蝇头之利。"① 由于大量商人参与盐产地的贸易，致使盐井店铺增多，聚落的商业功能扩大，盐井因此最终成为一定规模的市镇。

正是盐产地既具有售盐后转换而来的现实购买力，又有进行再生产而必须维持的消费力，因此，两者的综合作用产生市场运作机能。与此同时，盐井聚落的贸易形式是推动这类市场向市镇方向发展的强大动力。如白盐井"商贩往来，车马辐辏，视附近州县，颇觉熙攘。诚迤西之重地，实财富之奥区也"。② 由此可见，白盐井市镇于清中期已十分繁盛。那么，白盐井市镇是如何形成的呢？《滇南志略》卷6说白盐井地区"土瘠民贫，不事纺织，多以卤代耕"。乾隆《白盐井志》亦云："人以煎盐为业，办课用于滇省。"③ 无疑这一地区主要以食盐生产为其业务，是为手工业区。既为手工业区，人人均以煎盐为务，其他生活资料都须靠外地运入，并以盐相易。"凡外商之来井买盐者，恒多挟其地之所有，到井销售"。④ 由于商贩往来，货物蜂拥而至，到处设摊立店，有了市场贸易，

---

① 潘定祥：《云南盐政纪要》，民国元年（1912）铅印本。
② 乾隆《白盐井志》卷4《艺文》。
③ 刘邦瑞：《修理白井路道德政碑》，乾隆《白盐井志》卷4《艺文》。
④ 民国九年《云南盐丰县调查省会征集地志资料稿》四《产业·商业》。

故而才有了上述之繁华景象。

事实上，白盐井之所以成为工商市镇，全系食盐。赵淳作《白盐井志跋》时曾说："盖其地以盐名，学以盐闻，凡兹一切兴建文物之得比于州郡者皆以盐。"① 民国设盐丰县是为此证。盐井市镇是盐产地长年生产和商品交易运动的必然产物，它无疑是一个小型社会结构，基本上是纯经济性质的工商业市镇。

除白盐井外，因盐兴起的较大市镇还有黑盐井产区。事实上，黑盐井区成为市镇的唯一因素便是产盐和食盐交易。《黑盐井志》卷6云："楚雄黑井，蕞尔之地，又在深山大泽之中，男不耕，女不织，饮食日用，视其井水煮以为盐，上以输课，下以资身。"② 可见，盐是这里的唯一产品。而人口的密集程度，是一个市镇构成的重要因素。黑井盐开发后，吸引了各地商民，人口日多，"若夫闾阎云集，宅舍缠绵，立千门以共启，辟万户以相先"。③ 而这些迁入黑井之人，或商或灶，皆以盐为其生业。虽然井地输出之物唯盐，然而前往井地交易的人们贩货入井，或以易盐，或以资助井地人民日用，故街市上的货物种类很多，黑井街市十分兴盛，正如《烟溪赋》所述"尔其街衢……肩相摩，趾相蹂，乘骑必须于按辔，步履不容以携手，通牛马于中央"。④ 其繁荣程度可见一斑。

黑盐井成为手工业生产基地后，各地人民因盐而至，同时又吸引大量商贩流入该地互通有无。从拥挤、繁华的街市，众多的货物等情形来看，黑盐井的工商市镇特征已形成。可以说，黑盐井市镇的出现和发展，都离不开食盐及其商品经济的运动。而民国立盐兴县，就足以说明这里是一个生产商品盐的手工业基地。

当然，如黑盐井般繁盛的盐井聚落市镇还有一些，如乔后井"登楼远望，则城郭排列于前，屋宇层层，灶烟冲霄"。⑤ 此外，虽有一些不及上述几井繁盛，但这些盐井却是因开发而萌生市镇，则是可以肯定的

---

① （清）李训铉、罗其泽纂修，赵志刚校注：《光绪续修白盐井志》，第543页。
② 《康熙黑盐井志》卷6《艺文·铎风台记》，参见李希林主点校《康熙黑盐井志》，云南大学出版社2003年版，第115页。
③ 《康熙黑盐井志》卷8《词·赋》，参见李希林主点校《康熙黑盐井志》，第286页。
④ 同上书，第285页。
⑤ 杨润蕊《乔后历史杂志》引杨艾侯《新建怀远桥序》，中央民院古籍办1983年翻印本。

222　　/　城市·乡村

事实。

　　与其他市镇相比，云南盐井市镇大部分具有持久发展的能力。一则盐业资本多由本省官府、灶户、商贩投入，其基础是根植于云南地方的，有较强的稳定性；二则食盐为关系国计民生的日常生活必需品，不容有大的衰败。虽然清后期云南食盐生产日趋萎缩，一些盐产地因卤淡、薪贵、成本高、产销失调、战乱等因素而多有盐卤枯竭情况，但云南地方政府通过整顿盐井，恢复生产，致使一些大的盐产地市镇较平稳地保持其规模。而事实上盐井市镇在三迤地区一直平稳发展，至清末仍保持了较多的数量。

　　因此，作为与社会交换的滇盐，从属于云南地区商品经济，并受其制约。这主要表现为两个方面：其一，滇盐投放市场进行商品交换，与其他商品交换共同构成云南地方商品经济的运动，从而对市场活动的繁荣有着促发作用；其二，交易活动发生在盐产地，自然诱发了工商市镇的出现，这是滇盐所产生的经济硕果。这类市镇有生产有交换，同样是商品经济运动的表现。而这些市镇的物货交换，扩大商品流通的空间，构成了新的商品市场和商业网点。这说明盐对云南地区社会经济的进一步发展有着反作用力。

三　矿业对城市发展的深远影响

　　东川、个旧、黑盐井等因矿业而兴起的工商市镇，在其城市发展中不可避免地会受到矿业因素的影响。这些影响涉及城市的命名、城市的产业结构、城市的未来规划及其对周围城市发展的影响力诸方面。

　　首先，此类城市的名称往往与矿业有密切的联系，属城市文化的重要组成部分。被誉为高原明珠的东川汤丹镇，其镇名的由来虽有两种说法，但皆与铜有关。其一是源于土法炼铜。在冶炼过程中，若炼出的铜为黑色，则要用火燎汤泼的办法使其还原出铜色，故汤丹之名与此地铜矿为黑色相关。① 其二是说汤丹原为原始森林，一猎人煮饭时偶然将米汤

---

① 参见《巧家县志》卷10《轶事》，（台湾）成文出版社1974（据1941年铅印本）年版，第697页。

泼在支锅的石头上发现自然铜，从而开矿炼铜得名汤泼厂，后雅化为汤丹。① 再如汤丹下辖的白锡腊，其名称源于此地山体中多出产一种色白体重、上面有簇针状边纹的白锡腊矿。

不只上述市镇名称与产矿有关，作为个旧政治、经济、文化中心的锡城区，其"锡城"之名就来源于所在地盛产大锡之故。而其下辖的新冠村，亦因当地有锡矿资源而得名。②

民国盐丰县、盐兴县的设置命名无疑与本地区产盐有着直接的联系，而盐津县名称的由来亦如此。盐津县所在地原名为盐井渡，因曾设渡于城北产盐之地盐井坝而得名。事实上，民国六年（1917）设新县定名时称盐津，也含有盐井渡之意。其县政府所在地盐井镇，与镇北半公里处曾有盐井产盐就有着直接的关系。再收缩我们的视野，中和乡之盐井溪村、流场乡之盐井沟村、楠木乡之盐井坝村等，其村名皆因曾有盐井而得名。

一个市镇的命名多有其历史渊源。上述一些市镇及其所辖部分地区的命名，无疑皆直接或间接地向后人昭示一段不可磨灭的历史——市镇的形成史。

其次，矿业在此类城市的产业结构布局中具有举足轻重的地位。东川在清代就有汤丹厂、碌碌厂、大水沟厂、茂麓厂、紫牛坡厂、大风岭厂等较著名的铜厂。民国初更是成立了专门的东川矿业公司进行负责生产、管理。1949 年以来，随着矿山建设的需要，铜矿公路四通八达，东川不但成为东川市政治、经济、文化和地方工业的中心，更成为滇东北新兴的工业城市。

个旧如今是一个以生产大锡为主并产铅、钨、铜等多种有色金属的冶金工业城市。民国二十九年（1940）就成立了"云南锡业公司"，并一直发展至今。该公司在 1949 年后所产精锡连续 20 年获外贸"免检"信誉，并畅销于欧、美、亚、非等国。而云南锡业公司下辖的各处锡矿厂、选矿厂及个旧市下辖的各锡矿厂等，无疑仍是个旧市经济发展中的支柱

---

① 参见东川市人民政府编：《东川市地名志》，1989 年，第 86 页。
② 据个旧市人民政府编《个旧市地名志》载："清代曾在此设护城关卡，原名新关，后演化为新冠。"1985 年，第 37 页。

产业。

盐兴县各盐场均位于县境内之盆地、丘陵坝及峡谷中，四周山脉蜿蜒起伏，水利欠便，农产不丰，大部分居民直接或间接依盐为生。

再次，矿业资源的优势在此类城市未来的发展规划中一定会体现出来。如安宁城，早在唐前期因有久负盛名的安宁盐而成为兵家必争之地。[1] 然而民国年间却因制盐技术的陈旧而日趋衰落。1949 年以来，由于采用了注水溶盐、机械抽卤、真空蒸发等一系列新技术而使安宁盐业又获新生。可见，安宁市镇形成虽早，但其真正步入工业化道路则在近代以后。安宁的铁、盐和磷的储量极为可观，具有一定的资源优势。尤其是 20 世纪 80 年代用科学方法探测的高品位巨型盐矿，其石盐矿 NaCl 储量 136 亿吨，钙芒硝矿 Na_2SO_4 储量 72 亿吨。[2] 因此，只有加快制盐业的发展，资源优势才能转化为经济优势。而安宁所制定的发展新工业化道路战略，即建立在搞好冶金工业、盐化工及磷化工基地的基础之上。

事实上，今天我们搞城市建设，肯定会受城市形成初期主导其发展的经济因素的影响。因而在绘制一个城市未来发展的蓝图时，引入域外的线条和色彩固然重要，然而自身固有的资源文化才能使城市焕发魅力。

最后，一个城市的发展往往又会影响到其周围城市或地区的发展走势。以蒙自为例，早在元代至元十三年（1276）改为蒙自县，并沿用至今。然而至清初，由于个旧锡矿大规模开采，地位日升。又于光绪十三年（1887）据《中法续议商务专条》开为商埠，专设蒙自关，至此蒙自遂成为个旧大锡外销的重要出口处。蒙自开埠以后，"蒙自关对外贸易的重要地位日益显现，进出口贸易货值呈现长期持续增长之势；腾越关对外贸易重要性明显下降，其优势地位渐为蒙自关取而代之"。[3] 而滇越铁路、个碧石铁路的开通，也与外运大锡有着莫大的关系，"滇越铁路的建

---

① 《新纂云南通志》卷 147《盐务考一·沿革一·唐》，"天宝十三年，李宓讨南诏，自安南而北进，取安宁及盐井。未几败没，安宁遂没于南诏"。参见牛鸿斌等点校《新纂云南通志》第 7 册，第 144 页。

② 《云南省志》卷 19《盐业志》，云南人民出版社 1993 年版，第 69 页。

③ 吴兴南：《云南对外贸易——从传统到近代化的历程》，云南民族出版社 1997 年版，第 294 页。

成通车，开始了云南对外贸易的蒙自时代"。① 因此，个旧对蒙自城市发展走势影响极大。换言之，因为个旧锡矿、蒙自开关和滇越铁路这三大因素，蒙自的经济社会发展已被纳入国际市场。

四　矿产开发对环境的影响

历史上，云南矿产开发以土法为主，多为露天开采，技术含量要求低，随意挖掘和随意弃用现象普遍。加之煎制食盐，冶炼铜、锡之燃料，完全靠柴薪为主，耗柴薪量巨大，成本极高，对森林的破坏非常严重。

就盐井所在地而言，云南传统的煎盐方法是以柴薪为燃料，因此，盐井周围森林往往被大肆砍伐，植被破坏严重。而植被遭破坏后的另一后果，就是容易发生泥石流和山体滑坡，一些盐井卤水被冲淡，有些井硐甚至最终垮塌，如"民国时期，滇中元永井，滇西乔后、弥沙、拉鸡，以及滇南磨黑、按板、勐野、石膏、香盐、益香等井场，不少井硐均因盲目采掘、不事维护而陷落"。② 另一方面，由于云南岩盐矿通常埋藏较浅，往往乱事开采，极容易破坏地表，进而引发矿山灾害。

铜矿开采对生态的破坏亦如此。"滇铜几遍全国，后厂情盛极而衰，原因本非一端……至于硐老山空，薪炭缺乏，产区僻远，输运不便，亦其一因。"③ "薪炭缺乏"，说明铜厂周围森林已经破坏殆尽了。而"计得铜百斤，已用炭一千数百斤矣"。④ 用炭量如此之大，要维持生产，只能到更远的地方砍伐森林了。"坑道用支柱者少，往往岩石崩落，致岩穴闭塞，采掘因以中止者多。"⑤ "汤丹铜厂，多属不耕作与不植被之地，故采矿均用明嘈作业，即露天掘"。⑥ 汤丹为"不耕作与不植被之地"，可见

① 吴兴南：《云南对外贸易——从传统到近代化的历程》，云南民族出版社 1997 年版，第295 页。

② 《云南省志》卷 19《盐业志》，第 136 页。

③ 《新纂云南通志》卷 146《矿业考二·铜矿》，参见牛鸿斌等点校《新纂云南通志》第 7册，第 133 页。

④ 同上书，第 135 页。

⑤ 同上书，第 134 页。

⑥ 同上书，第 134 页。

其生态之恶劣。而随意开采和开采过程中因不科学而导致的硐穴塌陷，无疑对地表的破坏必将日益严重。

锡矿开采亦不例外。"大致土炉熔锡，每昼夜为一火（又名扯一个炉），需木炭约三千斤，熔矿三石余（三千余斤），得锡三十余片（每片重五十斤至五十四斤）。"① 生产1斤锡约需2斤木炭，其耗木炭量十分巨大。个旧锡之采炼，多用土法，计分草皮尖和硐尖两种，"草皮尖之工作，即露天采掘之意"。② 露天采掘，有矿时采之，无矿时抛弃，其对地表之破坏可想而知。

因此，矿产开发，无疑对当地生态环境会有较大影响。一方面，无论是盐产区，还是铜、锡矿产区，植被破坏都十分严重，周围大多是秃山，容易发生山体滑坡、泥石流等自然灾害；另一方面，低技术含量、低成本的露天开采，极易破坏地表，出现硐穴浸水，甚至塌陷事故。

五　结　语

列宁曾提出"社会分工是商品经济的基础"③ 这一命题，市场量和社会劳动专业化的程度有不可分割的联系。拿这一理论来解释近代云南一些矿业城市的形成便合理多了。清初，大批有技术的移民涌入云南开矿，于是在一些矿产区出现了规模效应的专业化、社会化生产，这必将促使市场的扩大。可以说，新增的非农业人口绝大部分是汇聚在矿厂、盐井及交通要冲的聚落里。这部分非农业人口无疑构成了十分巨大的消费市场，其对外部商品的供给十分依赖。同时，上述地区基本上属专业性生产地，其生产的产品主要以外销为主，故而通过商品的互补转输，贸易日渐繁盛，商贾日渐云集。其结果就是以上述产区为中心，自然形成了市镇市场。

---

① 《新纂云南通志》卷146《矿业考二·铜矿》，参见牛鸿斌等点校《新纂云南通志》第7册，第141页。
② 同上书，第139页。
③ 《列宁全集》第3卷，人民出版社1959年版，第17页。

因此，这一时期的移民在孕育区域经济方面起到极为重要的作用。当然，这是许多力量的交互作用。一方面，移民通过扩大可耕地和提高农作物产量，极大扩大了乡村基础；更重要的是，他们提供了建造市镇网络的劳力、资本和组织。

与政治中心城市相比，这些新兴的工商市镇其商业功能更加显著，因为这类市镇的形成因素中更多的是经济动因。事实上，这类市镇不仅是生产性的聚落，同时也承载着商品流通和服务、娱乐等功能。毋庸置疑，正是云南富饶的矿产资源吸引大批的外省劳动力，这些非农业人口的激增又反过来直接扩展了商品生产和流通规模，从而为市场的孕育、发展注入新的活力。

诚然这类新兴工商市镇形成时规模尚小，还不具备那些政治中心城市的影响。但是，这类小市镇的发展潜力却不容忽视。正是这类具有专业、半专业性市镇的兴起，才使得云南商品经济的发展在广度和深度方面更进了一步。当这类市镇市场逐步扩展到一定程度时，就标志着云南各地市场的贸易已由松散的各个贸易点走向了一体化。这种趋势随着清末与世界市场联系的加强而显得更加明显。

需要强调的是，政府对矿业的干预及其相关政策的变动，无疑也会影响这类市镇的发展。清初大批外省移民蜂拥而至，这与清政府颁布的鼓励商民至云南开矿的优惠政策有莫大的关系。而清政府对云南铜、锡等矿在外销方面的开放政策，是上述矿区日趋繁荣的外部推动力。

矿产开发对市镇发展的负面影响也应引起我们的重视。矿业城市的发展走的是依托资源开发、建立资源开发型产业的传统发展道路。这在资源转换、促进城市经济发展的同时，环境（生态、资源）承载能力对经济增长的遏制作用也越来越明显。由于持续的资源开发，使资源开采过巨，难以短期内再生，致使一些地区（如东川铜矿）矿产业资源日趋枯竭，从而使集采、选、冶于一身的矿山企业已基本没有继续生存的可能，产业替代势在必行。

一个市镇的沧桑变更，其规律赫然。市镇一旦形成，其发展就不可能无序可循，也无法独立于周围环境自行运转。因此，我们希望能在历史的回顾和反思中找到解决现实问题的借鉴。由于上述工商业城镇体系实质上是我国西南地域矿产资源开发和利用的具体体现，因而具有明显的地域分布特征。这类城镇虽以资源开发为特色，城镇职能显得较为单一，但是，我们完全可以通过追求其与周围城镇的整体效益，达到整个"城市—区域"社会、经济、环境最佳的总目标。

官民反应与区域生境：民国时期昆明地区的森林覆被研究[*]

耿　金

早在民国时期就有不少探讨当时云南森林覆被与土地利用的文章①。20 世纪 80 年代以后，刘德隅长期研究云南森林变迁，对历史时期云南森林变迁过程与民国时期云南林业政策都有研究，但皆为宏观定性描述。②在定量研究上，近几年，何凡能等人③对过去 300 年（1700—1998 年）全国尺度的森林覆被率进行再估算与分析，也将云南全省 300 年的全国森林覆被率变化过程做了大致复原。但是，森林覆被率的统计与分析，涉及地区差异问题，一些开发较早、人类影响较深远的地区，森林覆被率就要低一些；而开发较少的区域，则相对较高。昆明地区明显属于前者。在省一级空间尺度上，加权平均后，地区间的差异性就被平滑，地区上

　　* 本文系第二批"云岭学者"培养项目"中国西南边疆发展环境监测及综合治理研究"（201512018）阶段性科研成果；云南大学服务云南行动计划"生态文明建设的云南模式研究"项目（KS161005）阶段性科研成果。

　　作者简介：耿金，云南大学历史与档案学院讲师，研究方向为环境史、历史自然地理。

　　① 如郝景盛：《云南林业》，《云南实业通讯》1940 年第 8 期；程潞、宋铭奎、陈述彭、黄秉成：《云南滇池区域之土地利用》，《地理学报》1947 年第 14 卷第 2 期等；马绳武：《滇池西北岸平原之人地景》，《地理》1943 年第 3 卷 1、2 期，第 29—39 页。等等。

　　② 刘德隅：《云南森林历史变迁初探》，《农业考古》1995 年第 3 期；《云南森林资源史料的探寻》，《云南林业调查规划》1984 年第 2 期；《民国初年的云南林业》，《云南林业》1985 年第 1 期。此外，涉及民国林业法规的还有杨炳绪的《民国时期云南林业法规摘要》，《云南林业》1988 年第 3 期。

　　③ 何凡能、葛全胜等：《近 300 年来中国森林的变迁》，《地理学报》2007 年第 1 期。

的差异性就很难体现出来。就省内各区域森林覆被的情况而言，昆明为中心的滇中区及以矿业为核心的滇东北地区，是全省森林覆被较低的区域，而滇南地区则森林覆被率相对较高。这种地区上的差异，使小区域、小范围的量化研究就显得十分重要，这方面的研究可以更好揭示在整体森林覆被率下降的大趋势下，不同区域之间的差别。目前，省内小区域森林覆被率的研究也有不少成果，但主要集中在滇东北地区，原因是矿业开采对森林覆被影响极大，而对矿区森林覆被的研究也有利于说明人类开发与环境变迁之间的内在驱动关系，如萧宁年、周麟、杨煜达等[①]对矿业开采与森林覆被率下降之间的量化关系的研究，即是如此。而其他区域的高精度、小区域的研究还相对较少。对昆明地区森林与燃料的关系，以及影响民国以来昆明生态环境的驱动力因素分析的文章中也较少。故笔者以省会昆明[②]为中心，以民国（1912—1949 年）为研究时段，对短时段、小区域的森林覆被与民生状况进行分析，从民国时期政府在森林覆被锐减背景下的反应与民众生活燃料的需求角度入手，分析当时昆明地区的森林覆被情况，并在此基础上探讨当地的覆被景观与生态景观。

一　政策应对及燃料供应

（一）政府努力与造林效果

整个明清时期，云南的森林植被一直在递减。据何凡能等人的研究，云南在 1700—1949 年的锐减期中，森林覆被率下降了 35%，而在 1949—

---

① 萧宁年：《东川地区历史上伐薪烧炭炼铜对森林资源消耗的研究》，《云南林业调查规划》1988 年第 3 期；周麟：《清末民初人类活动对东川森林破坏的定量评估》，《山地学报》2003 年第 3 期；杨煜达：《清代中期滇东北的铜矿开发与环境变迁研究》，《中国史研究》2004 年第 3 期。

② 本文的昆明与今天的昆明市有区别，民国时期虽也有昆明市，但昆明市的所辖范围小于昆明县。1928 年 8 月，省政府认为昆明为云南省"省会所在地，交通便利，工商业发达，有设市之必要"，并划昆明县城及 27 村面积约 250 丈为市区，于 1935 年经行政院核准。设市后，昆明县改名谷昌县，1948 年又恢复昆明县名。（参见傅林祥、郑宝恒《中国行政区划通史·中华民国卷》，复旦大学出版社 2007 年版，第 303 页）本文的昆明地区，主要指今天昆明所辖四区（盘龙区、西山区、官渡区、北市区），在民国时期主要是省府所在地及附郭县昆明县。

1998 年的恢复期中，云南等西部省份的森林覆被率增加均小于 5% ,① 1928 年侯彧华先生在《云南高原的天然矿产和地质的构造（森林附）》一文末专论了云南森林分布情况，其言："现在云南森林的情形是怎么样呢？根据这几年游客记载和关税处的报告，我们觉得云南的森林，除了由昭通到东川和丽江、鹤庆、邓川、维西、兰坪这几个县有天然的森木外，若就中部而言，简直是牛山濯濯。所以有很多游客从安南搭越南铁路到云南省城，或是由缅甸乘铁路到云南中部的时候，就觉得很奇怪。在安南和缅甸的地方，总是森木参天，满山浓绿。一到了云南山地，却是如诸葛武侯说'深入不毛'的情境。"② 昆明周边地区的情况也不容乐观，1930 年的铁道部调查情况是："近年以远，昆明林木供不及求，砍伐无规，为害至大，以至除省垣附近各山外，大部童山濯濯，举目荒凉，新植之木，尚未成材，荒芜居多。"③ 在过去 300 年时间里，全省的森林覆被率减少了 30%，民国时期仍处在锐减的持续阶段。处于传统社会末期的云南，特别是省会昆明地区在森林持续锐减的大背景下，政府与民众又做出了怎样的努力与反应，是了解当时的覆被变化最直观的感性资料。

从目前文献资料看，民国时期云南地方政府对森林种植、保护投入力度不可谓不大，短短的 30 多年间，有关云南地方政府推行鼓励森林种植、保护的法令、章程就多达几十项,④ 从省级到县级，甚至乡级都有森林保护法规，这些法规内容极细，且"迭次颁行，屡次修正，经二十余年之递嬗演进，组织渐趋健全，法令亦称完密"。⑤ 特别是从民国十年

---

① 何凡能、葛全胜等：《近 300 年来中国森林的变迁》，《地理学报》2007 年第 1 期。

② 侯彧华：《云南高原的天然矿产和地质的构造（森林附）》，《科学丛刊》1928 年第 1 期，第 28—29 页。

③ （民国）铁道部财务司调查科编：《昆明县市经济调查报告书》，铁道部财务司调查科，1930 年，第 107 页。

④ 参见民国行政院农村复兴委员会编《云南农村调查》，《云南林业》部分，商务印书馆，第 52—59 页。（见《中国六省农村调查资料（2）》，全国图书馆文献缩微复印中心 2006 年，第 288—295 页。）《续云南通志长编·下》林业部分（云南省志编纂委员会办公室 1985 年，第 321 页），以及《云南省志·林业志》（云南民族出版社 2003 年版）等相关文献，皆有涉及森林种植、保护之法令。

⑤ 云南省志编纂委员会：《续云南通志长编·下》，云南省志编纂委员会办公室 1985 年，第 320 页。

（1921）开始，云南省长公署及滇军总司令部核准公布了《云南种树章程》，强制公民植树造林，"凡军、政、法、学、警及自治机关团体暨各地方人民，均有在本省境内种树之权，均得享有种树之利，即均负有种树之责。"[①] 这成为云南历史上首次由政府强制性的全民造林活动；后又将全省划分为四个林区，"厘订《云南分区造林章程》二十九条，于民国十五年一月公布实行，其要旨即为于省会地方及矿厂盐井区域、滇越铁路由河口之宜良路线附近一带，实行官督民种，扩充造林，分为四大林区，每区委派督种委员一员，会同林区所在地方官绅，督率人民限期垦荒，逐年扩充造林"。[②] 以省会附近一带为第一林区，行政机构设于昆明。民国二十年（1931）后，在全省又推行造林运动，制定造林运动章程，以十年为期。计划"凡在云南全省所属区域应在造林法令之下，发动民众，一致种树，期于十年之内种满荒山，养成森林是也"。[③]

为从根本上改变全省森林匮乏的局面，从1912年开始，政府通过颁布相关法令与政策，设立各级林场。最初的十年，所设林场多为试验性的苗圃基地，主要为造林提供树苗，属于苗圃性质的试验，规模相对较小，如设在昆明小西门打猪巷的省立农事试验场就属此类。第二阶段为发展阶段（1923—1941年），从省立第一造林场设立开始，随后又设立省立5个造林场，并公布《云南模范林场暂行章程》，推动县级林场的设立，开始由试验性的苗圃向大规模的林场转变。特别是民国十九年（1930）省政府颁布的《云南造林运动章程》、《云南造林运动宣传大纲》，均规定6个月内分别成立林场。此后，各县纷纷建立林场，一个县少则12个，多则101个。到民国二十二年（1933）全省林场达3900多个，省林务处1933年的统计数据，全省林场达3954个，面积近千万亩。第三阶段林场逐渐减少（1942—1949年），到1949年12月仅剩下少量林场，县乡林场大都名存实亡。[④] 政府组织的造林运动经历了兴起、发展与衰败的过程，反映了政府在林木稀少的背景下对林政投入力度的变化过

---

① 云南省志编纂委员会：《续云南通志长编·下》，云南省志编纂委员会办公室1985年，第321页。

② 同上书，第322页。

③ 同上书，第321—322页。

④ 李荣高：《民国时期云南林场考》，《农业考古》2003年第1期，第28页。

程，也揭示了森林覆被走向衰减的大势。

毋庸置疑，政府的努力在短期之内确实起到较好的效果，从数据上看，在造林运动期间，云南各县的林业面积确有较大提升。① 造林运动初始，"昆明五乡，周年播下之树实不下数十石，移植之林秧，不下十余万，而其免于盗伐火灾之森林不下数十万，合数年而计之，造林之面积不下一万亩，森林之株数不下两百万"。"然此不过营林之初级耳。"② 植树只是第一步，如何让森林持续保持高覆盖率则是难题，政策风暴过后，民众及政府对植树的热情下降，加之受经费等条件制约，"虽政府有林业推动机关，而因经费外少，未有显然之成绩"。③ 特别是 1942 年后，林政衰败，森林覆被率又急剧下降，到 1947 年滇池区域的森林覆被率还是很低，"本区（滇池流域）林业，因居民之不断砍伐，至为稀少。仅盆地边缘之山地部分，间有小面积疏林存在"。④ 新增林木保护不当，至少在昆明地区，政府造林法令并没有取得较好的效果。究其原因，确有无力改变之困局，即来自民生所需之压力。当然，昆明地区由于在抗战期间人口大量涌入，扰乱了其自身经济、社会发展步伐，对林木需求量剧增，这也是民国时期昆明地区森林覆被一直较低的原因之一。

政府法令、政策并不能从根本上改变森林覆被状况。只有在生产、生活方式发生变革，对燃料的需求不再大量依靠林木，这样的情况才会有根本改变。法令代表的是政府层面对森林覆被变化的上层反映，法令密集程度直接反映出政府的态度以及森林的覆被情况。但单从法令上看，似乎会给人一种欣欣向荣的假象，而通过对普通民众生活的考察，却能

---

① 40 年代初，在张肖梅编著的《云南经济》中，对民国二十三年（1934）至二十五年（1936）云南六十二个县的造林情况进行统计，在这六十二县以外的县由于天然林较多，勿需再行造林。这六十二个县造林新增森林面积 304825 亩，昆明市新增森林面积 500 亩，昆明县的新增面积则达到 33000 亩，周边地区安宁、嵩明、呈贡等也皆在数千亩以上，特别是嵩明新增面积达 80000 亩。（张肖梅编著：《云南经济》第十三章《森林之材积及其栽植》第二节《造林运动》，见《民国西南边陲史料丛刊·云贵卷》第六册，全国图书馆文献微缩复制中心 2006 年，第 509—510 页）

② （民国）张祖荫：《云南林业衰败之原因及其补救之方法》，《云南实业改进会季刊》1919 年第 2 期，第 17 页。

③ （民国）郝景盛：《云南林业》，《云南实业通讯》1940 年第 8 期，第 186 页。

④ （民国）程潞、宋铭奎、陈述彭、黄秉成：《云南滇池区域之土地利用》，《地理学报》1947 年 14 卷第 2 期，第 20—21 页。

发现政策、法令所不能反映的民生状况与生态景观。对底层民众而言，林木稀少的影响直接体现在实实在在的生活上。在传统能源时代，煤炭等化石燃料还没有大规模推行以前，燃料对森林的依赖程度很高，木柴是最为方便、便捷，成本较低的燃料来源。民国时期昆明地区，乃至全省的燃料更多依靠木柴。

（二）燃料与民生

民国时期，昆明地区的燃料构成中，柴炭与煤炭的比重极大，后者更多供给燃料需求大户，诸如学校、工厂等；前者在一般民众生活中所占的比重更大。而随着木柴的日趋紧张，进入 20 世纪 30 年代末 40 年代初，煤炭的比重上升，但木柴一直是昆明地区最重要的燃料。薪柴，按需求人群来分主要为市区居民与乡村农户；按用途则包括生活用柴、烧砖瓦用柴以及工业用柴等。

1. 市区生活燃料

民国时期，昆明市区的燃料主要可以分为煤炭、木炭与木柴三种。木炭、木柴皆以林木为根本。而木柴以松木为最多，其他杂木次之。20 年代木柴大宗已不能从本地获取，需从周边县份运入。而高昂的运价，又致使昆明市区的燃料价格一直相对较高。成书于 1924 年的《昆明市志》记载："本市木料与薪炭近年价值陡涨，较之五年前，约贵一二倍，试就普通木料言之，其圆径一尺左右之柱头，每棵约需六七元至十元，圆径四五寸之横梁，每棵约需二元至四元，木板则每宽一丈需银三元至五元，柴薪每百斤八角至一元二角，栗炭每百斤三元至四元，松炭每百斤一元八角至二元五角，凡消费量较多，如机关、学校、军队、工厂中概以煤代薪炭矣。"[1] 消费量大的单位转而烧煤炭，燃料危机已经在 20 年代初凸显。

柴薪每百斤 0.8—1.2 元，松炭 1.8—2.5 元，栗炭价最贵，每百斤达 3—4 元。而当时昆明下层民众收入多不能承担如此昂贵的薪柴。由于"工业尚未十分发达，工厂之设立既少……每人每日之生活费至少约在二

---

[1] （民国）张维翰修，童振藻纂修：《昆明市志》，成文出版社据 1924 铅印本影印，第 87 页。

角至三角之间,普通工资每日亦不过二三角,虽竭力节省,犹不免时感困难,其素无职业者,则困难尤甚。"① 一般贫民的日收入在 0.2—0.3元,基本处于收支相抵的状态,少有积蓄。按照这样的工资收入,一般普通百姓根本无力购买柴薪,更别说相对更贵的栗炭了。市区的柴薪、木炭也并不是一般百姓可以消费得起的。

市区薪炭大量依靠周边县区供给,且皆需从百里外运来,1923 年的昆明燃料调查记载,"查现在昆明市所燃之燃料,计分二种,一为薪料,二为炭料。薪料南方由禄丰村、西洱糯等租地火车之力运至省垣销售,西方由安宁以及昆明属所管之西乡等地,东北方由寻甸、嵩明、富民、罗茨以及昆明属所管之外北乡等地。勿论南东北三方运来之薪料,皆距省一百里以外或二百里以外"。而"因运费比购费增加数倍,运至省垣,不得不高价售出,若遇到大雨,路途阻塞,运来的燃料少,销售的燃料多,大有供不给求之势,则价值因之陡涨,此一定之理也"。② 随着人口持续增多,燃料外源地也越来越远。

因燃料紧张,价格昂贵,在 20 年代有人提议市民可以通过改造炉灶,以节省薪炭,"现在各户所用之炉灶,其构造不甚完全,耗费燃料,损失甚巨。将一切炉灶,改成新式利用煤炭以作炊,或利用薪柴以作炊,不唯一家之经济可以节省,即市面之燃料价值,亦可以维持均一"。然新式炉灶比老式炉灶费用高,又成为其推广的制约因素,"目前市面所售之铁灶,每灶价值十五六元或三十元,虽当时购者贵用者贱,用老式灶每月须用三元之燃料,用新式只用一元五角,可以节省一半。若能各户改用新式则市面燃料之价当然维持矣"。对一般市民而言,花费15—30 元去更换炉灶,实在是不小的花费,于普通民众而言,更是不切实际。

薪炭价格高昂,最主要原因还是林木稀少,缪嘉祥在分析价格高昂之原因时也提到了这点,但却将更主要的原因归咎于交通不便:

日下薪炭价值高昂,其原因不一。一为路途不平,难于搬运,

① (民国)《昆明市志》,第 48 页。
② (民国)缪嘉祥:《解决昆明市燃料问题》,《昆明市政月刊》1923 年第 5 期,第 4 页。

非肩挑马驮不能至省销售，道路修平，则搬运燃料利用马车、汽车之力，搬运甚易；二为附近山麓树木稀少，一切薪炭皆自远方运来，运费较购价高五六倍之谱，则柴炭之价值不高者未有也。县村道路由县知事督促村民分段兴修，道理始平，运输燃料，较为容易，运费减则价自易低矣。例如，富民者北地方所产之栗炭，在生产地每百斤不过一元左右，由此至省往返需五日之谱，每日一人工资，约需五角，每百斤连购、运价合银三元五角左右，售四元，所余不过四五角之谱，其余类推，是其明证也。①

其总结薪柴价格高昂，一为交通不便，二为林木稀少。根本原因还是林木稀少，无木可伐，无柴可烧，这才是 20 年代后昆明周边的社会生活与自然景观的真实写照。

市区的燃料紧张问题，并没有随着时间的推移而有所改变，相反，却在持续恶化。1940 年郝景盛先生对昆明市区家庭生活消耗木炭进行估算，以昆明市区人口 15 万计，"四口之家，每月用木炭约百斤，每人每月约 25 斤。云南土法制炭，产量甚低，最多不过原木百分之二十，故每人每月炊用柴约 125 斤，每年 1500 斤，昆明市每年炊饭之柴，计 213322500 斤"。② 即市区每年当生火做饭需要的木柴就达 2 亿多斤。市区燃料如此，乡村又是怎样一番景象呢？相比城市底层民众而言，农村在燃料的使用上稍显宽松，但也并不乐观。

2. 乡村燃料

在乡村的燃料问题上，有坝区农民与山地区农民之别。坝区农民由于区域内林木稀少，燃料更多元，木柴为其中重要燃料资源，并配以部分农作物秸秆，特别是靠近市区周边的农村，农作物秸秆也成为燃料。近市区的农户多进城将城里的人粪带回乡村，而作物秸秆则可以部分充当燃料。"城市附近，人口较多，肥料丰富，农民运米等农产品入城，少有不带粪肥入乡者，因之城市附近之田地，施肥甚多，肥力每较乡村土

---

① （民国）缪嘉祥：《解决昆明市燃料问题》，《昆明市政月刊》1923 年第 5 期，第 3—6 页。

② （民国）郝景盛：《云南林业》，《云南实业通讯》1940 年第 8 期，第 184 页。

壤为高,此种情况,在滇池盆地,以昆明为尤甚。"① 然秸秆燃料毕竟热能低,乡村燃料更主要还得依靠周边的林木。靠近市区的农田粪肥相对充裕,而其他地区则肥料仍旧十分稀缺,大部分农民以作物秸秆为肥料,滨湖农民以打捞藻草充作绿肥,远离湖滨的村民以苦草、苦蒿、青蚕豆等充作绿肥,以及油饼等伴着人粪尿及畜粪,合理搭配才能基本保证土壤肥力。秸秆中一大部分直接作绿肥,一部分作为牲畜之饲料,留作燃料者不多。在对 20 世纪 30 年代昆明地区的农村经济调查中,农民每年支出费用中没有燃料一项,② 可见,燃料还是依靠就近取材。

居住区周边的林木成为村民燃料的主要来源,但一定区域内的林木只够维持一定数量人家的生计所需。在林木稀少的大背景下,乡村林木纠纷案件也呈多发之势。以 1926 年为例,从《云南实业公报》连续刊载的 12 期森林诉讼案件汇总看,昆明地区平均每个月处理的林木产权纠纷案件在 10 起左右,几乎每三天林务局就需要审理 1 件有关林木的民事、刑事案件。③ 案件密集也是乡村林木稀缺的间接体现。从目前所见案件处理看,大致反映出以下两点信息:

(1) 林木成为乡村重要资源,一定范围内的既有林木价值远远高于土地本身的价值。如 1926 年昆明东乡大蘇堡李荣因林地所有权争执状告同村那发,林务局在派人核实案件中对林木价格进行评定,认为"所争树木现生存于山及已砍而未运搬者,大约值银三百元左右,地价不过值银十元"。④ 林木价格是土地价格的 30 倍。

(2) 政府对林木产权的判定极为仔细,认真核实每个涉及产权争议的关键问题,且对盗伐他人林木者处以重罚,部分以刑事案件处理。如 1926 年昆明人张寿状告同村村管邱金才等人盗伐自家林木,林务局仔细核查林木产权,认为"被告等未能举出丝毫证据,亦未能举出反证非原

---

① (民国)程潞、宋铭奎、陈述彭、黄秉成:《云南滇池区域之土地利用》,《地理学报》1947 年第 14 卷第 2 期,第 23 页。

② 王必波:《云南省五县农村经济之研究》,见《民国二十年中国大陆土地问题资料(52)》,成文出版社、(美国)中文资料中心 1977 年,第 26603 页。

③ 参见《云南实业公报》1926 年第 42—53 期。

④ 《云南实业司林务局森林民事诉讼初审判决书》(第四号),《云南实业公报》1925 年第 32 期,第 4—9 页。

告之地，独以众目为据，显系势众盗砍，惟所砍之树现存寺内，亦未如原告所言值银百五十元，不过值银二三十元而已"，认为被告邱金才等人盗伐他人林木成立，所伐"桑树二棵，柳树一棵，歪斜枯死"，价值20—30元，以刑事案件处理，"照森林法第二十一条之规定判处被告人邱金才五等有期徒刑，酌定刑期为三个月，以示惩戒"①。刑期三月，虽不是很长，但对于三棵树而言，确有严刑重罚之味道。且这三棵树也不是名木古树，不过一般柳、桑树罢了，以如此重罚处之，反映出乡村聚落周边林木稀少，村民以林木为贵，政府也对保护私人林木高度重视。

农村的燃料问题，相比于市区要略微轻松一些，农户砍伐当地林木，在留够自家所用后，也将剩余部分运至城里售卖，以换取家用，"采樵，烧炭为农村普遍之副业，尤以农隙时，贫农以此为重要收入，平时农民，多以采樵为副业，除供自己燃料外，并肩挑城市贩卖"。② 但其在城市薪炭构成中比重不大，城市薪炭更多还得从更远的地区运来。

3. 砖瓦场等燃料需求

燃料不仅指生活燃料，工业生产所需燃料也是木柴消耗的大头。昆明周边分布众多砖瓦厂，市区内还有造币厂，也多以木材为燃料。1940年，贺纯卿在《昆明建筑材料的调查》中粗略统计昆明周边地区的砖瓦厂约为220余座，主要分布在以下八区（见表1）：

表1　　　　　　　　　　昆明周边的砖瓦厂数量统计

窑区	与昆明市区距离	砖瓦场数（座）	窑区	与昆明市区距离	砖瓦场数（座）
观音山	一百旧里	40	碧鸡关长坡	西郊，二公里	20
普基	东部，二十旧里	30	小街子	东郊，二十旧里	30
八元井	东部，十八旧里	20	彩虹桥	东郊，二十旧里	20
金殿云山村	东部，二十旧里	40	小边（板）桥	东郊，二十旧里	20
总计			220		

资料来源：贺纯卿：《昆明建筑材料的调查》，《云南实业通讯》1940年第3期，第53页。

---

① 《云南实业司林务局森林刑事诉讼初审判决书》（第三十二号），《云南实业公报》1926年第45期，第116—119页。

② 《云南省农村调查》，见《中国六省农村调查资料（2）》，第311页。

烧砖瓦的方法一直沿袭传统做法,在资本投入中,"以柴木需款最多"。所用的燃料有松柴、松枝、栗柴三种,可以兼用,"每窑连烧七日,出品一次,每砖瓦一块用柴约一斤许,每次每窑所消费的柴约四万斤,柴价各区稍有不同,以观音山一区的为贵,每百斤4元,其他各区平均每百斤约价3元,所以每座窑每次烧窑需用柴国币1200元。220座的砖瓦窑每月消费木柴约800万斤,值国币24万元"。[1] 每月需要木柴量约为800万斤,一年则需要9600万斤。

1940年郭景盛的估算值则相对要略高些,其以"烧一窑用柴约为45000斤,每窑每年平均烧10次,每次用柴45000斤,则昆明300余窑,每月需13000000余斤,每年需135000000斤"。即每年消费木柴约1.35亿斤,比贺纯卿的估算要高出近4000万斤。基数不一样,估算的结果也自然有出入。以此二数取平均值,三四十年代昆明地区每年烧砖瓦消耗的木柴量也达到1.15亿斤。

此外,云南作为产铜大省,晚清以后产量开始衰退,但并没有完全衰败,依旧是全国最重要的铜产地之一。为炼铜,在昆明设有铸币、造币厂,铸币厂也以木柴为燃料,且由于对温度要求高,对燃料的消耗量极大。20年代的估计认为,"造币厂每月所烧之薪炭,总计二万斤以上,可供本市市民每日燃料四分之一。"[2] 也成为二三十年代昆明市区主要的木柴燃料消耗大户之一。

郝景盛将市区生活用柴、烧砖瓦用柴以及建筑用材与棺木用材四项进行估算,认为只此四项,"昆明市每年用材367486980斤"。而"木材比重普通为0.6,故合木材400000立方公尺,平均每人每年用材2.2立方公尺。此外,工业用材,如炼铁、制盐、炼锡、造船、铁路枕木,桥梁、电杆等,尚未计算在内"。[3] 燃料需求量之大,可见一斑。而昆明本地完全不能提供如此巨大的木柴需求量。

燃料的稀缺,也可从建筑木料的获取不易上得到证明。相比木柴,建筑木料对树木品质、规格要求更高,来源地更远。"许多年来,昆明建

---

① (民国)贺纯卿:《昆明建筑材料的调查》,《云南实业通讯》1940年第3期,第53页。
② (民国)缪嘉祥:《解决昆明市燃料问题》,《昆明市政月刊》1923年第5期,3—6页。
③ (民国)郝景盛:《云南林业》,《云南实业通讯》1940年第8期,第184页。

筑所需要的木料，都需由外地地区运来供给，距离多在一百公里左右。
较近昆明的地方，没什么森林，再远的地方运输成本所限制，不容易供
给昆明。"① 当时，供应昆明地区木料的区域主要有寻甸、易龙交界的功
山，马龙大青山，嵩明长松园，武定狮子山，富民美女山等②，相对较近
的呈贡、晋宁等区域已几乎没有富余的林木可以输往昆明，而在 20 年代
左右，这些地区还是昆明木料最主要的供应地之一，到 40 年代，燃料的
供应地又向外围延伸了。

　　整个民国时期，昆明地区除乡村可以依靠周围仅有的林木以及作物
秸秆勉强维持燃料需求外，市区所需木柴（材）以及周边砖瓦厂所需木
柴几乎都需要从外面运入，本地林木在农业垦殖与薪炭砍伐的破坏下几
乎处于崩溃边缘。

二　森林覆被重现后的区域生境

　　景观生态学强调景观与生态系统之间的动态关系，其将地理学上的
景观与生物学中的生态结合为一体，以景观为对象，通过物质流、能量
流、信息流和物种流在地球表层的迁移与交换，研究景观的空间结构、
功能及各部分之间的相互关系。③ 景观的一般理解，可以等于自然风景。
在德语中，"景观"（Landschaft）本身的含义是一片或一块乡村土地，通
常被用来描述美丽的乡村自然风光。英语中的"景观"（Landschaft）源
于德语，也被理解为形象而又富于艺术性的风景概念。而中国也一直将
景观与风景等同。不过，随着学科不断发展，人们对景观的概念有了更
科学的定义，景观逐渐被引申为包含着"土地"的地理空间概念。在 18、
19 世纪以后，这个空间的概念有了一个更为广泛的含义，即景观是总体
环境的空间可见整体或地面可见景象的综合。④ 已不再仅仅只是优美风景
的代称了。19 世纪初期，现代地理学先驱洪堡（A. von Humboldt）把景

　　① 《昆明建筑材料的调查》，第 53—59 页。
　　② 同上书，第 55 页。
　　③ 傅伯杰等编著：《景观生态学的原理及运用》前言，科学出版社 2006 年版。
　　④ 同上书，第 1 页。

观作为科学的地理术语提出,从此形成作为"自然地域综合体"代名词的景观含义。即认为景观是由气候、水文、土壤、植被等自然要素以及文化现象组成的地理综合体。[①] 通过对民国时期,昆明的森林、农田等自然景观以及其构成的生态景观的再现,可以部分反映当时的生态环境格局。

(一) 农田、荒地为主的覆被景观

农田、荒地、森林、湖泊等生态系统镶嵌而形成景观。构成景观成分的比重多少,决定着景观的外在呈现。民国时期的昆明,农田与荒地所占比重极大,在当时的土地利用中,平坝地区,几乎以农田为主,农田间零星分布有少量的树林,树林中的树木成为坝区农民生活所需的燃料来源。山地区则荒地成片,在大片荒地中镶嵌有碎片状的森林,这构成一幅远望荒山一片、近观农田、荒山满布的覆被景观。

据统计,1937 全省的荒地比重平均占耕地面积的 80% 以上,到 1940年的调查统计中,全省的荒地比重又有上升,"最近滇缅铁路局测量滇缅路南线北线,所经弥渡、蒙花、云县、顺宁、镇康、缅宁、双江、京东、澜沧、镇沅、景谷、保山、漾濞、永平、腾冲、千崖、盏达十七个县,知荒山平均面积不为 81%,除云县及景谷两县外,皆在 90% 以上,十七县荒山面积平均为 95.6%。"[②] 正因如此,进入滇中,才有犹如深入"不毛之地"之感。[③]

昆明地区的荒山、荒地占土地总面积之比重也很大,"盆地(滇池盆地)之中,除以水田为主外,边缘山坡,几近系荒地"[④]。荒地多分布于盆地周边的山地区,"所占面积,极为广大",这些荒地除一部分是由于土壤、地质因素无法生长植被,大部分则是在强行垦殖后,水土流失而成荒山,"此类荒地,在盆地边缘,分布尤广,且不断扩张,破坏其邻近

① 傅伯杰等编著:《景观生态学的原理及运用》前言,科学出版社 2006 年版,第 1—2 页。

② (民国)郝景盛:《云南林业》,《云南实业通讯》1940 年第 8 期,第 186 页。

③ (民国)侯彧华:《云南高原的天然矿产和地质的构造(森林附)》,《科学丛刊》1928年第 1 期,第 29 页。

④ 《云南滇池区域之土地利用》,《地理学报》1947 年第 14 卷第 2 期,第 21 页。

之耕地。"① 荒地并不是静态的，而是处于动态扩展中。

这样的荒地大部分不再适合耕种，短期内也难以长出树木。这些荒地包括以下几种：一是完全不可耕种，也不能生长树木的石骨地，以石灰岩之山地为主，昆明北郊铁峰庵以及西山一带几乎都是这样的土地；二是可以耕种的荒地，这种荒地部分于盆地之中，由于缺少灌溉水源，或赋税太重，或其他用途所占，不过这种分布于盆地中之荒地"所占面积尚不过大也"。更多的耕荒地还是分布于盆地边缘的山区，但由于坡度陡急，已不适合开垦，而即便如此，强力开垦之农户仍极多，"此类坡地，开垦以后，土壤冲刷增剧，甚至土壤全失，母岩外露，不但其本身变为荒地，即低坡之可耕地，保护不当，亦不免受其影响"。② 还有一种劣地，乃盆地边缘的沟蚀地面，亦是盆地周边的主要荒地，由于"土壤结持力较为疏松，其上林木，既经伐刈，又不予修复机会，致侵蚀日形剧烈，大雨之季，凡牛蹄车辙，及稍低之处，均可引起剧烈侵蚀，由此逐渐扩大，而成沟谷。此类沟谷侵蚀地面，草木不生，恐永无耕垦之价值"。③ 昆明东郊饭盒山、长春山麓等地区，此种荒地分布极广。

相比于大面积的荒地，昆明地区的林地比重则很低。从 30 年代的调查统计资料看，全省的森林面积占土地面积之比重极小，各类土地面积之百分比分别为："耕地面积占 11%，森林面积占 2.17%，荒地荒山面积占 86.83%。"④ 而昆明地区的林地比重明显要低于全省的平均水平。40年代，昆明地区，"残存之树木，大抵分布于盆地边缘之山地。惟其中仅在玄武岩山坡上，间有小面积之疏林"。而在石灰岩坡地则几乎没有林木，"石灰岩之山地，则多童山濯濯，非但无松林，即草被亦不多见"。⑤ 可见其林地所占比重之小。

这种林木稀少的景观，在民国时期来昆明的文人笔下多有回避，更多的还是在描述昆明的美，以给人精神上的寄托与向往。不过，在欣赏

---

① 《云南滇池区域之土地利用》，《地理学报》1947 年第 14 卷第 2 期，第 21 页。

② 同上书，第 28 页。

③ 同上书，第 29 页。

④ 《滇南垦殖事业之调查》，见《民国二十年中国大陆土地问题资料（57）》，成文出版社、（美国）中文资料中心 1977 年版，第 29330 页。

⑤ 《云南滇池区域之土地利用》，第 28 页。

美景之余，也有人关注到昆明的痛。1943 年，曾本淮在《昆明小景》一文中对昆明之美景，诸如昆明池（滇池）、市区山茶花等皆有赞美，认为"美丽的昆明，四季的气候，有如春天"。但对昆明近郊一片濯濯童山之景象，却表现出无限的忧虑与深深的伤感，其言：

> 市区的近郊，近来只见童山濯濯，记得前两年在野外躲空袭的时候，还常见一小片一小片的树林，树木虽不多，可是都正在成长，现在都不见了。这许多年来，在中国的许多地方，都只见人在伐林，而不见人在植林，每年一度的植树节，多半成了奉行故事，曾有几人见到何处的树苗活了多少？也许若干年后，全中国都要成为一片大沙漠了。这是我们的民族自己在毁灭自己啊！①

生态景观的改变，只要不影响主流景观格局，在文人笔下就很少有人会去刻意关注。但对于普通民众而言，林木稀少，却是影响生活的大事。通过覆被景观的再现，也可以大致了解一般民众生活之不易。

（二）森林稀少背景下的生态环境

覆被景观的再现，还只是一种外在的展现，而通过对森林减少后乡村生态景观的分析，则可以更细致地还原当时乡村、荒野的生态环境。人类在对自然景观的开发利用中，一方面给自然景观赋予了更多的人为色彩，另一方面也改变了原来的景观与生态格局。森林的存在是一种三位一体的景观，具有涵养水源、保护生物多样性和阻止水土流失的多重效应，对森林的砍伐，将其改变为农田或其他用地，在很大程度上将改变区域的水文和径流过程，失去保护生物多样性的功能，而且会加剧区域水土流失。② 昆明周边地区由于林木稀少，盆地周边山麓及坡地沟蚀现象严重，1946 年在对滇池流域周边的土地状况的分析中，这样描述当时的覆被景观：

---

① （民国）曾本淮：《昆明小景》，《旅行便览》1943 年第 1 期，第 19 页。
② 《景观生态学的原理及运用》，第 101 页。

一区山地林木之能否保存，关系该区自然与人文之景物者颇巨。本区林木，因经居民不断砍伐，致山麓地带，土壤冲刷极盛。若干红土层以及下寒武纪砂页岩地带，侵蚀尤为剧烈，沟蚀（Gully Erosion）现象，甚为显著。此不特对平原农作影响甚大，且大小河床，泥沙淤淀，水流不畅，尤为潦患之阶。①

沟蚀，其实就是水土流失，不过是规模相对较小，而没有发展成片的一种水土流失。这种线状的水土流失现象，在当时的滇池盆地周边的山麓地带是很多的。而这种沟蚀现象所导致的后果主要表现在两个方面：（1）坡地泥沙随流水而下，淤积于平坝区，毁坏良田。当时昆明地区的"若干河流，自盆地四周山地，挟红壤沙砾而下，故平原田亩，每覆红壤一层，影响收成甚大，刈获谷物，亦常成糙红之色，此类现象，在富民盆地北部，滇池盆地东部，均可见之"。② 此为其影响之一。（2）泥沙随山水汇聚于河道中，阻塞河道，影响水流通畅，严重者致洪涝灾害发生。昆明水患之主要威胁来自于滇池，历史上常有湖水排泄不畅，淹没农田、房屋。元代赛典赤开始对滇池出水口进行疏导，以后历代皆有疏浚。滇池出水口（海口）乃滇池水患关键所在，此处阻塞，则昆明地区洪涝灾害发生的频率必加大。"每当雨季，如暴雨滂沱，连绵数日，海口附近泥沙淤积，湖水宣泄不及，昆明、呈贡、晋宁、昆阳四县农田，动则淹没，每致酿成巨灾。"③

森林本身具有渗透雨水、降低洪涝发生概率的作用。植被稀缺，也致使水灾发生的频率增加。从现有资料看，民国时期昆明地区的洪水灾害频率的确相对较高，水患威胁主要来自滇池，当地的老农有谚语称"三年一小涨，五年一大涨"，民国年间，昆明就有 1911 年、1915 年、1918 年、1920 年、1924 年、1928 年、1933 年、1939 年、1945 年等年份发生大水灾，④ 湖滨之农田损失惨重。特别是民国二十八年（1939）的大

---

① 《云南滇池区域之土地利用》，第 28 页。
② 同上书，第 26 页。
③ 同上。
④ 同上。

水,滇池最高水位达"1886.71公尺,滨湖四县农田被淹者约六万亩",而"三十四年(1945)七、八九三月,昆明雨量多至975.5公厘,超出年总雨量65%以上,八月三日、十五日、廿二日数次暴雨,为量尤钜,致八、九月间,水潦为患,滇池最高水位为1887.31公尺,滨湖农田被淹者,达十万亩之多"。此次大水,到次年一月仍未完全消退,次年(1946)一月,在此昆明作调查的研究人员,"尚可见船只在大观楼左近之田中行驶"。①

滇池海口受阻,影响湖泊周边的农田,而河道淤积则对沿河农田带来威胁。横贯昆明南北的盘龙江是最主要的入滇河道之一,当雨季到来,"每见洪水成灾,沿岸数公尺之若干田地,常于割麦之后,不得不任其休闲"②,影响农业耕种的正常进行。

森林生态系统是一个整体,其不仅影响林区的生态与环境,而且影响周边其他生态系统的运行情况,森林、农田、水利等看似属于不同的生态体系,但其内部之间却相互依存而又相互影响。民国时期,昆明周边地区的各种生态问题,根本原因在于燃料伐木、农垦伐木致使森林生态系统遭到极大破坏,森林少、荒地多,不仅只是一种覆被景观,更是一种生态景观之展现。

小　结

民国时期昆明地区的森林覆被处在持续锐减期,这种情况已经引起政府的高度关注,在20世纪二三十年代的全民造林运动中,各地的森林面积确有回升,然而这种回升并没有持续下去,在燃料稀缺的巨大压力下,转向恶化。民众的燃料压力也并没有因各种法令的颁布而有根本改观。来自民众生存所必需的现实需求,使政府的法令在后期变成应景式的条文。政府极力想摆脱森林贫乏的困局,却往往心有余而力不足。

在森林稀缺的背景下,当时昆明地区呈现出农田、荒山为主的覆被景观,因森林覆被稀少而导致的水土流失、河道淤塞等对农业生产与民

---

① 《云南滇池区域之土地利用》,第26页。
② 同上。

众生活又产生极大影响。进入 50 年代以后，昆明地区的森林覆被率有小规模回升，然 60 年代以后又回缩，直到 90 年代以后，林木不再是民众燃料生活的主要来源，情况才有所改观。然而，又出现农田过分挤占林地，植树、护林的制度体系不完善等原因，致使今天昆明周边地区森林覆盖率依旧不高。不过相比于民国时期，是有极大改观的。但这种改变原因并非来自于制度、政策的作用，而更多是由于生活燃料结构的改变所致。

（本文原载《昆明学院学报》2015 年第 4 期）

疾病·医疗

浅议生态史研究中的文化维度

——立足于疾病与健康议题的思考 *

余新忠

当今不断凸显的环境问题，无疑让环保主义和生态意识无论在学术还是社会话语中，拥有了无与伦比的正当性，与此同时，欧美等西方发达国家的环境史研究，不仅已着先鞭，而且还渐趋成熟并受到学界和社会的认可。借此"东风"，国内的环境史研究，自 20 世纪八九十年代出现后，迅速取得了蓬勃的发展，特别是 21 世纪以来，若将其视为史学界最受关注和倡导的新研究领域，似当不为过。与欧美环境史研究最初主要是通过相关研究者奉献优秀的实证性研究著作来赢得地位并创立该学科，然后再逐步进行理论上的总结和阐释不同，目下中国环境史的兴盛则主要表现在对欧美等地环境史研究的译介、学科的建构和理论阐发等方面。① 这使得当前国内的环境史研

* 作者简介：余新忠，男，南开大学中国社会史研究中心暨历史学院教授。

① 关于国内环境史研究兴起的情况，可以参阅王利华《作为一种新史学的环境史》，《清华大学学报》2008 年第 1 期；梅雪芹：《中国环境史研究的过去、现在和未来》，《史学理论》2009 年第 3 期；包茂红：《环境史学的起源和发展》，北京大学出版社 2012 年版，第 157—185 页；夏明方：《历史的生态学解释——21 世纪中国史学的新革命》，载夏明方主编《新史学》第六卷，中华书局 2012 年版，第 1—43 页。关于学界对这一研究的关注和倡导，从近年不时举办的高水平学术会议以及一些重要的学术刊物，比如《历史研究》《南开学报》《史学月刊》不时刊发相关的笔谈和专栏论文中不难看出。而有关中国目前环境史研究注重国外相关成果的译介和学科理论建设，从目下活跃于这一领域重要学者包茂红、王利华、梅雪芹、侯文惠和高国荣等人主要成果中亦不难看出。特别是包茂红和梅雪芹，已有相关的专著问世（包茂红：《环境史学的起源和发展》；梅雪芹：《环境史研究叙论》，中国环境科学出版社 2012 年版），王利华的最新著作，也有相当一部分属于这方面的内容（《徘徊在人与自然之间——中国生态环境史探索》，天津古籍出版社 2012 年版）。

究，一开始就拥有了较高的学术起点，让我们未来的研究可以比较容易地站在国际学术交流平台上展开思考和对话。可以说，目前国内的环境史研究，通过一些学者不懈努力，已经取得了不俗的成绩，并为未来这一的深入发展打下良好的基础。不过笔者在通读相关论著的过程中，亦为目前的相关论述往往缺乏对该研究的文化维度①的论述和思考而感到有些意犹未尽。现有的绝大多数有关环境史的论述，或有意无意地忽略了这一方面，② 或仅有简略的介绍，③ 或在倡言生态史研究的社会史视角时将其与社会混同在一起④，而基本未见有专门的论述。有鉴于此，笔者意欲立足疾病与健康等议题，对环境史研究中引入文化维度的价值、意义和内容做一粗浅的探讨。

一　文化维度缺失的缘由

何谓"环境史"？虽然目前学界并无一个公认的标准性定义，但大体上都会接受以下这样的基本认识，首先它是一门历史，其次探究的是人

---

① 维度（dimension）原本是一个数理概念，是指"在一定前提下描述一个数学对象所需的参数个数"，或"一种视角，而不是一个固定的数字；是一个判断、说明、评价和确定一个事物的多方位、多角度、多层次的条件和概念。"（参阅"百度百科·维度"和"读秀·词条·物理维度"）该词在当今中文语境下含义较广，亦不固定，本文中的"文化维度"主要有以下两层含义：一是文化的视角，即从文化研究的角度探究生态史；二是文化属性，即生态环境所蕴含的文化属性和意蕴。

② 比如景爱、朱士光等先生的论述中基本看不到文化方面的内容。参阅景爱《环境史：定义、内容与方法》，《史学月刊》2004 年第 3 期；朱士光：《遵循"人地关系"理念，深入开展生态环境史研究》，《历史研究》2010 年第 1 期。

③ 比如梅雪芹虽对西方特别是美国 20 世纪 90 年代以后环境史研究的文化转向有简略的提及，但并未在具体有关学科建构的讨论中论及。（《环境史研究叙论》，特别是第 223—315 页）包茂红则不仅介绍了西方相关研究以及后现代的挑战，还把"文化或知识环境史"列入环境史的研究内容，但也未在其他部分对此做进一步的阐释。（包茂红：《环境史学的起源和发展》，特别是第 3—49 页）

④ 比如王利华和王先明均对生态史研究中社会史视角或取向有较深入的探讨，文化的维度或因素固然也包括他们所说的社会之中，但都是笼统而言的，而且未从新文化史的角度来理解文化。（参阅王利华《徘徊在人与自然之间——中国生态环境史探索》，天津古籍出版社 2012 年版，第 6—29、62—70 页；王先明《环境史研究的社会史取向——关于"社会环境史"的思考》，《历史研究》2010 年第 1 期）

及其社会与非人类自然之间关系及其演变。① 毫无疑问，环境史出发点是要在人类历史的探究中引入生态意识，打破传统的"人类中心主义"，但只要其探究的不是纯粹的环境变迁，而是有人参与其中的变迁，就不可能不涉及人及其社会的思想认识、经验感受等内容。故而，较近的有关环境史的定义，基本都会将文化包含中环境史的研究主题中的，特别是不同时空中的人的环境意识和认知这一内容，几乎均有提及。② 然而，揆诸现实，可以明显看到环境史研究中对文化维度的轻忽，不论是实证性的研究，还是理论性的阐发，均未见有专门的研究从文化角度做出深入的探究。个中的原因，以笔者粗浅的思考，大略有以下几端。

首先，环境史是一个新兴的研究领域，对中国来说，"环境史"概念的引入不过二三十年的时间，大凡一个新研究的展开，人们首先关注的往往是实在而明显的事物，对环境史来说，人地关系、环境的破坏及其与人们相应行为、国家的政策等的关系和环境变化对文明和社会的影响等，无疑是最容易引起大家关注的。而文化显然不属于这样实在而明显的事物。

其次，中国环境史研究虽然起步较晚，但未名之为"环境史"的相关研究，却早在 20 世纪初就已出现，他们对人与自然关系的探讨往往是在历史地理学、历史气象学、灾荒史和生态人类学这样的学科框架下展开的。③ 当今许多比较重要的环境史学者，也往往具有以上这些学科背景。而这些传统的学科，总体上都相对忽视人的文化活动和因素。

再次，与西方在 20 世纪七八十年代在经历文化转向和语言转向和后现代史学的洗礼后，新文化史的不断兴起并日渐成为主流史学不同，④ 国

① 参阅唐纳德·休斯《什么是环境史》，北京大学出版社 2008 年版，第 1—2 页；包茂红：《环境史学的起源和发展》，第 4—8 页。
② 参阅唐纳德·休斯《什么是环境史》，第 3—5 页；包茂红：《环境史学的起源和发展》，第 4—8 页；王利华：《徘徊在人与自然之间——中国生态环境史探索》，第 62—70 页；梅雪芹：《环境史研究叙论》，第 18—20 页。
③ 参阅夏明方《历史的生态学解释——21 世纪中国史学的新革命》，第 3—21 页。
④ 关于西方新文化史兴起的相关情况，可以参阅林·亨特编，姜进译：《新文化史》，华东师范大学出版社 2011 年版，第 1—21 页；劳伦斯·斯通（Lawrence Stone）：《历史叙事的复兴：对一种新的老历史的反省》，载陈恒、耿相新主编《新史学》第四辑《新文化史》，大象出版社 2005 年版，第 8—27 页；米格尔·卡夫雷拉：《后社会史初探》，北京大学出版社 2008 年版，第 1—25 页。

内的新文化史研究虽然也已受到一定的关注并有所展开①，但至今仍远非是主流史学较为关注并倡行的研究。而且也不像西方，它的兴起有种对社会史研究反动的意味，②而往往将其视为社会史研究的一种延伸。这无疑使得当前史学界整体上对文化研究的重要性和独立性方面有所欠缺，从而影响了从事环境史研究的学者对其中文化维度的关注和思考。

最后，当今中国环境史兴起，无疑与当今中国日渐凸显的环境问题直接相关，众多的研究者也往往以此来疾呼学界和社会关注环境史研究。这就是说，当今的环境史研究其实有很强的现实性目的，即希望通过从历史中获得的反省资源，来批评当今一味追求发展的国家政策和社会意识，增强人们的环保意识。而为了达到这一目标，尽力呈现历史上人与环境和谐共生的故事，以及忽视环境保护，恣意开发造成环境破坏所带来的灾难性后果，显然是最为有效的。而从文化研究的角度入手，去探究个体对环境的认知、体验和反应以及这些认知和体验背后的文化意涵和权力关系，可能就不是那么必要，甚至还可能被认为会冲淡那种批评色彩。③

二　文化研究的意义

由此可见，在当前的中国环境史研究中，文化维度的缺失，不仅完全可以理解，而且在某种程度上亦可以说一种必然。那么是不是说，对环境史来说，倡导文化研究乃是缘木求鱼，搞错了方向，或者说文化研究对环境史来说并不必要呢？答案是否定的。为了回答这个问题，不妨先从当下现实谈起。

近年来，华北地区乃是整个东部地区不时出现大面积持续的雾霾天气，让外来的"北京咳"（Beijing cough）一词迅速蹿红，根据百度百科

①　参阅蒋竹山《当代史学研究的趋势、方法与实践：从新文化史到全球史》，五南图书出版股份有限公司2012年版，第85—108页；张仲民：《新文化史与中国研究》，《复旦学报》2008年第1期。

②　李孝悌：《序：明清文化史研究的一些新课题》，载李孝悌主编《中国的城市生活》，新星出版社2006年版，第3页。

③　高国荣：《什么是环境史》，《郑州大学学报》2005年第1期。

的解释，它"是居住在北京的外国人易患的一种呼吸道症候，主要表现为咽痒干咳，类似外国人水土不服的一种表现……北京咳是老百姓、特别是外国人的一种说法，并不是一个医学名词和学术概念，也没有一个定义和确切的症候群。'北京咳'的叫法，已经在外国人中间流传了十余年，2013年1月初，'北京咳'竟被外国人白纸黑字地印入了旅游指南。"① 如果说这一词汇的出现和被强调，乃是缘于外人身体上的不适以及文化上对日渐兴起的中国社会的复杂情绪，那么它的蹿红，则不能不说是当下中国面对环境问题一种值得思考的文化反应。不断引述外人多少负面的说法并将其标签化，借此来表达自己的忧虑和愤恨以及批判当局乃至中国的历史与文化，乃是近代以来中国社会常见的现象，在这一点上，"北京咳"的蹿红与20世纪对"东亚病夫"②的反复引述，似不无异曲同工之处。这无疑是一种值得深入思考的文化现象，不过就此而言，更需要思考似乎还在于，虽然这一词汇早在20世纪90年代就已出现，何以在当下才引起国人广泛的关注？是因为目下的环境问题变得前所未有的严重了，还是国人的环境意识日渐增强，抑或当今社会的信息更为丰富以及信息传播渠道更加多元和通畅？

当下的深刻的环境问题，固然不会因此类的文化反应，而有直接的改观，甚至可能根本不会有直接的影响，但又有谁能说，这类反应对世人环境认知、意识等可能造成的影响，不会波及人们的日常行为乃至国家的环境政策，并进而对环境产生影响呢？更何况，这类因应环境问题形成的文化现象，本身就是历史的重要内容。既然环境史首先是一门历史，文化研究当然就不是可以或缺的。

当然，在环境史研究中引入文化维度，并不仅仅只是为了使该研究的内容更加完整而全面，以及更好地理解人与社会因应环境的行为及其影响，同时也可借此让我们更深入地认识和理解人与其所处环境关系的

---

① http://baike.baidu.com/view/9894632.htm，2013年1月31日采集。该词条于1月16日生成后，不断被网友浏览和编辑，自生成到笔者采集日，在短短半个月的时间里，就被编辑了34次。

② 关于"东亚病夫"这一历史记忆的形成和演变过程及其在近现代文化史的意义，可参阅杨瑞松《想象民族耻辱：近代中国思想文化史上的"东亚病夫"》，《"国立"政治大学历史学报》第23期，2005年5月。

复杂性，人类文化涉及环境问题的深度和广度。对此我们可以再从疾病史的角度来做一说明。

疾病史研究有多重的视角，如果缺乏生态分析的视角，未必应该归入环境史之列，不过由于疾病，特别是其中的传染病与环境间显而易见的密切关系，故而在目前有关环境史的论述中，往往都会将此囊括在内。① 不仅一些研究疾病史的学者自觉地将自己的研究归入环境史范畴，② 而且还出现了专门阐释环境史领域的疾病史研究的意义的论文，③ 并进而有研究者围绕着瘟疫何以肆虐这一问题，提出了"医学环境史"的概念，希望借此将社会和生态两方面的因素结合起来，更全面地解释瘟疫的成因。④ 不过现有相关研究的关注点基本还局限于疾病的环境因素与疾病对生态环境变化的影响等方面，有些研究虽然是从环境史的角度来讨论疾病史的意义，但实际讨论似乎还只是引入环境史的视野对推动疾病研究深入开展的意义，而没有论及疾病史探讨对于环境史研究来说有何价值，更重要的是，这些研究几乎都将疾病当作一种实体概念，而未意识到，疾病概念和认知同时也是一种文化建构和时代的文化产物。在生态史视野下的疾病研究中引入文化维度，不仅有利于更深入探究疾病的实质与影响，而且还可以促进我们更好地来理解人类的生态行为和认识及其背后的复杂甚至迂回的环境因子。就以普遍受到关注瘟疫来说，中国传统认识中的环境因子就从来未曾缺席。瘟疫本为众多疫病中一种，不过现今早已视为疫病的同义语。在古人的认识中，疫病既是"沿门合户、众人均等"的流行病，同时又是由外邪引起的外感性疾病（即伤寒）。引发疫病的外邪，古人有不同的说法，比如"六气""时气""四时不正之气""异气""杂气""戾气"，等等，而且也一直处于发展变化之中，但

---

① 比如著名学者刘翠溶曾针对当前的研究状况，列举了尚待深入研究的十大课题，其中第六项为疾病与环境。（《中国环境史研究刍议》，《南开学报》2006 年第 2 期）

② 如，周琼《环境史多学科研究法探微——以瘴气研究为例》，《思想战线》2012 年第 2 期。

③ 如，毛利霞《疾病、社会与水污染——在环境史视角下对 19 世纪英国霍乱的再探讨》，《学习与探索》2007 年第 6 期；《环境史领域的疾病史研究及其意义》，《学术研究》2009 年第 6 期。

④ 李化成、沈琦：《瘟疫何以肆虐？——一项医疗环境史的研究》，《中国历史地理论丛》2012 年第 3 辑。

总体上基本都是在"气"这一认识框架下展开的，大体而言，较早时期，关注点较多地集中在反常的自然之气，如"六气""四时不正之气"等，而宋元以降，开始越来越重视"气"中的杂质与污秽内容，特别是随着吴有性的《瘟疫论》的出版和清代温病学的发展，到清前期，医界逐渐形成了有关疫病成因较为系统的认识，即认为，戾气即疫气是由暑湿燥火等四时不正之气混入病气、尸气以及其他秽浊之气而形成的，并进一步密切了疫气与"毒"之间的关系。① 这些认识中，环境的因素是显而易见的，而且还随着时代的推移而分量不断加重，疫病不仅源于气候的异常变化，而且还与恶劣被污染的环境直接相关。这样的认识，不仅会影响到人们面对某些不良环境时的身体行为，也势必会在人们自身居住环境等的选择方面产生影响。不仅如此，这样的认识，还与古人因应疫病的态度密切相关。由于古人对疫病的认识是建立在"气"的基础上的，而且主要还是自然的异常变化之气，这显然不是人力可以改变的，故而就形成了养内避外的因应策略，即一方面增强体质，巩固正气，使外邪无法侵入，另一方面避开疫气，不受其毒。这样的认识一旦形成，就会产生强大的思维惯性，虽然后来人们意识到了秽物之气亦会致疫，但人们的应对，仍以避为主，最多就是采取熏香或佩带香囊的办法盖过秽恶之气，而一直没有出现主动采取措施改变环境以消除病源的意识。② 显而易见，历史上人们对疾病的认识，不仅与环境认知及其相应行为密不可分，而且还在相当深的层次影响到了人与环境互动关系。可见，引入文化维度，对于深入全面考察人与环境互动的复杂性和多样性来说，是必不可少的。

三　文化研究内容

从以上的论述可以看到，在环境史研究中引入文化维度，不仅有利

---

① 参阅余新忠《清代江南的瘟疫与社会——一项医疗社会史的研究》，中国人民大学出版社2003年版，第5—11、120—158页；梁其姿：《疾病与方士之关系：元至清间医界的看法》，黄克武主编：《"中央研究院"第三届国际汉学会议论文集历史组·性别与医疗》，"中央"研究院近代史研究所2002年版，第185—194页。

② 参阅余新忠《从避疫到防疫：晚清因应疫病观念的演变》，《华中师范大学学报》2008年第2期。

于更全面深入考察环境变迁的内在机理，而且也可以更好地认识和理解人类环境认知的复杂性、多样性和历史性。前面已经谈到，国内的环境史研究虽然比较缺乏对文化研究的关注和专门论述，但作为人类社会与历史的重要组成部分的文化，在大多数学科建构的论述中，并未被排斥在外。比如，包茂红将"文化或知识的环境史"视为环境研究的四个组成部分之一，其"主要研究人类如何感知环境，这种认识反过来又是如何影响人类对环境的适应与利用的"。① 王利华也将人类的生态认知的历史视为环境史应该重点关注的方面，指出："生态认知系统的历史——包括格物认知、伦理认知、宗教认知和诗性认知，涉及科学、宗教、民俗和审美等诸多方面，考察历史上人类关于自身与环境关系的认知方法和知识水平，考察有关思想、观念、经验和知识如何影响人们同环境进一步打交道。"② 这些论述对日后的环境史研究来说，无疑是很有指导意义的，不过由于其并非专门的论述，似乎还不无可进一步细化和补充的空间。笔者认为，环境史中的文化研究，主要包括以下三方面的内容。

第一，人类因应环境所形成的文化内容。这主要包括人类在因应环境时所形成的生态认知、环境体验和有关环境的文化反应等三个方面。

生态认知对于环境史研究的意义，显而易见，实际上这也是目前有关环境史论述中被最多提及的文化方面的内容。这方面的研究，在国际学术界，早已有非常优秀的著作问世。唐纳德·沃斯特在《自然的经济体系：生态思想史》③ 一书中，非常深入而系统地向我们展示了18世纪以来，西方世界（主要是英国和美国）生态认识的演变历程，让我们看到了当今流行的生态认知的历史性及其形成的复杂的社会文化因素。他没有简单地将对当今世界"始终打算驾驭自然，以增加他们的财富和权力"这一生态认知的批评作为本书的目标，而是在更深层次阐述了这一研究的意义："我们再也不会把自然界定位成某种通过完全公正的科学研究可变得易于理解的永恒完善状态，也不会有新发现和权威性的典籍加

---

① 包茂红：《环境史学的起源和发展》，第8页。

② 王利华：《徘徊在人与自然之间——中国生态环境史探索》，第69页。

③ ［美］唐纳德·沃斯特：《自然的经济体系：生态思想史》，侯文惠译，商务印书馆1999年版。

以倚靠。只有通过认识经常变化的过去——人类与自然总是一个统一整体的过去——我们才能在并不完善的人类理性的帮助下，发现哪些是我们认为有价值的，而哪些又是我们该防备的。"① 沃斯特的这一经典性研究已极有说服力地展示了生态认知这一文化史探讨对于环境史乃至历史学研究的重要价值。这里需要补充的是，探究历史上人们的环境认知，并不应局限于环境本身的议题，其实，有关疾病和健康等方面的认知，同样也关涉时人的环境认知。前面关于疫病认知的论述已经清楚地说明了这一点。

环境体验，是指人处在特定环境中所形成的有关环境的日常感受。它是人类文化的重要组成部分，对文化史和身体史的意义不言而喻，而对环境史研究来说，也同样不可或缺。它实际是人适应环境的一种结果和表征，借此可以让我们更好地认识人类适应环境的机制和过程，并透视这类感受背后的环境状况。比如对于气味的适应程度，不仅具有个体上的差异，而且也存在文化上的区别，比如在中世纪的欧洲，"在长时期里，有气味的人意味着力量与富裕，许多谚语表明了这一点。人们用粪便臭味来抵抗瘟疫，大门口的粪便垃圾堆不使任何人感到不适，而是代表这家人的富足——这是了解未婚妻可能得到的遗产的可信标志。"② 然而，到了近代，臭味却成了严重危害健康的重要病因，从而也变得让人难以忍受。③ 而透过这类感受，亦不难让我们感知时人所处环境的状貌，比如前举的例子可以推测，中世纪欧洲大门口的粪便和垃圾堆积应是常见的现象。又如，晚清河北的一位士人记下了他初到北京后的环境感受："余初入都，颇觉气味参商，苦出门者，累月。后亦安之，殊不觉矣。"④ 咸丰时浙江海宁的王士雄到上海后，感到此地，"室庐稠密，秽气愈盛，附郭之河，藏垢纳污，水皆恶浊不堪"。⑤ 从这些感受中，大概不难体会

---

① ［美］唐纳德·沃斯特：《自然的经济体系：生态思想史》，侯文惠译，第 499 页。

② 达尼尔·罗什：《平常事情的历史——消费自传统社会中的诞生（17 世纪初—19 世纪初）》，吴鼐译，百花文艺出版社 2005 年版，第 194—195 页。

③ Alain Corbin, *The Foul and the Fragrant*: *Odor and the French Social Imagination*, Cambridge, Mass. : Harvard University Press, 1988.

④ 阙名：《燕京杂记》，北京古籍出版社 1986 年版，第 114 页。

⑤ 王士雄：《随息居霍乱论》卷上，见曹炳章校刊：《中国医学大成》，中国中医古籍出版社 1995 年版，第 4 册，第 654 页。

到，当时都市环境状况的不良，至少多有不如中小城镇与农村之处。

有关环境的文化反应，指的是人类在因应所处环境及其问题过程中所出现的具有时代和地域特色的文化行为。除了上文所举现实例子中所说的内容外，在历史上，这方面的内容也十分丰富，比如，面对灾变的祭祀祈禳活动，出于对自然的敬畏而形成的某些民间信仰与习俗（如民间的山川、土地信仰），某些节日风俗（如端午节中实际含有消毒内容的习俗），和以诗词等文字形式对环境与灾变的文化表达等。至于这方面内容对于环境史的意义，在上文有关现实例子的论说中已有说明，于此不赘。

第二，以上所说的文化内容对环境的可能影响。不用说，环境自身的演变及其成因乃是环境史研究最重要的内容之一，而以上所说的文化内容，都或多或少、直接或间接地对社会环境策略、行为以及环境本身产生影响。比如，前述"北京咳"一词的蹿红，就多少会通过外人的压力来对国人环境意识和国家环保政策产生影响。又如，对疫病的预防观念，中国社会在近代经历了从"避疫"到"防疫"的转变，相对消极的"避疫"较为明显地体现出了中国传统社会顺应自然的思想倾向，而"防疫"则以一种积极进取的姿态出现，主张通过国家和社会的力量主动去改造环境防治疫病的发生和蔓延。[1] 对自然不再是一味的顺应，而是尽力抗争和改造。这种改变无疑会对人们的环境行为和环境本身产生影响。再如，前面谈到的人们对臭味感受和认识在近代的变化，也同样有这样的效果。由于臭味变成了严重危害健康的病因，所以也就成了近代卫生机制优先要加以处理的问题。为此，近代以来，人们采取种种举措，包括整治环境、创建近代粪秽处理机制、发明大量除臭剂，等等来维护自身的健康。我们暂且不论这些措施是否对人类的健康完全必要，至少如此不同对臭味的认识，必然会影响到人类的生活环境，同时也对自然环境造成影响（如大量化学除臭剂的使用）。[2]

第三，以上所说文化内容背后的文化意涵，如利益纠葛、权力关系

---

[1]　参阅余新忠《从避疫到防疫：晚清因应疫病观念的演变》。

[2]　参阅余新忠《卫生史与环境史——以中国近世历史为中心的思考》，《南开学报》2008年第2期。

和社会文化特色等。当今的国际学术界，在经历了文化转向与语言转向之后，早已不再将语言和文化简单地视为反映客观事实或思想的实体概念，而多将其视为一种人类的建构（当然不是没有根据的建构），一种分析和探索的对象。这样的认知在20世纪90年代以后的西方特别是美国环境史研究中，已有显著的体现。[①] 就拿环境史研究中使用最为频繁的概念"自然"来说，其在著名的环境史家克罗农看来，就"完全是一个人类的建构"。他说，在当今世界上，并没有真正的自然，实际上，"自然"都是不自然的，每个人都有自己心目中的自然。[②] 即便是对后现代史学持有高度谨慎态度的唐纳德·沃斯特，也对人类生态意识的历史性及其背后的文化意涵有清醒的认识和深刻的阐释，他指出："假如生态学家更加熟悉他们这一领域的历史，他们可能会惊讶地发现，在历史学家看来，他们的教科书中所描绘的自然经常是不真实和虚构的。""一应名词，诸如生态系统、小生境、竞争排斥、生物量、能量流、板块构造、混沌等，都不过是'名词'，是必须当作名词进行分析的。……所有环境史学家探讨的科学都以语言的形式呈现于他们面前，而语言饱蕴比喻、修辞，暗藏结构，甚而世界观，总之，它们是由文化所充实的。……语言本身就是一个分析的中心对象，因此，他或她都必然坚信，科学家的名词是不得不经过检验的。它们自身就值得作为一种文化的表现而予以重视，亦即是说，它们可能就是道德或者伦理信仰的表现方式。"[③] 对此，我们亦不难找到的中国疾病史上的例子来加以说明。比如，对古代的文献中记载甚多的"瘴气"，目前学界已有相当多的探究，这些探究大多关注是其为今日的何种疾病，分布状况以及与环境的关系等，[④] 而较少将其视为一种文化现象来加以探讨，而张文则从文化研究的角度，对此做了别开生面的研究，从这一概念背后看到地域歧视与文化偏见，认为，瘴气和瘴病是以汉文化为主体的中原文化对南方尤其是西南地区的地域偏见与族

---

① 参阅包茂红《环境史学的起源和发展》，第32—53页。

② 参阅侯文惠《环境史与环境史研究的生态学意识》，《世界历史》2004年第3期。

③ ［美］唐纳德·沃斯特：《为什么我们需要环境史》，侯深译，《世界历史》2004年第3期。

④ 参阅周琼《清代云南的瘴气与生态变迁研究》，中国社会科学出版社2007年版，第5—28页。

群歧视的形象塑模。① 实际上，在众多文人的表述中，瘴气往往与烟瘴之地相关联，瘴气概念所表达不只是偏见与歧视，也有对未开发地区不健康环境的想象。透过这样的探析，无疑可以让我们看到不一样的历史面相与文化意涵，从而推动环境史乃至历史学的深入开展。

余　论

对于对中国环境史研究的倡导者来说，当下环境问题的日渐严重，无疑是其最响亮也最具说服力的理由。不用说，历史研究不能自外于现实，因感受环境问题而展开环境史研究，不仅正当，而且必要。不过，作为一项自成体系的学术研究，若仅一味以此相标榜，似乎亦让人感到不无进一步思考的空间。日本的生态人类学家在谈到日本的这一研究时，颇出人意料地否认了其与环境问题的直接关联，称："日本生态人类学的研究并不是与全球'环境问题深刻化'的步调相配合来进行的。而是通过对日本、非洲、新几内亚、大洋洲、东南亚等不同区域进行长期的野外调查，以依赖自然环境而生存的人们为对象，详细地收集和积累资料并探求理论概括的科学研究。"② 这样的认识对于真正的学科建设来说，无疑是十分必要的。其实，从文化研究的角度来说，目前为应对环境问题而影响日炽的环保主义，同样是一种历史性的文化现象，其众多的认知与表述同样是一种文化的建构，值得我们去分析甚或批判。如果我们不能真正体认到人类认知及其与环境互动的深刻性和复杂性，只是从以往历史研究中的缺乏生态意识转换为一味关注环境的环境至上论，那不过是从一种极端走向另一种极端，恐怕无益于推动我们全面而深入地呈现和认识历史，也难以让"历史"变得不再单向和线性，不再特别富有逻辑。环境史的研究固然是希望通过其研究以增益人类的生态学意识，但同时似乎也需要文化地来理解这样的一种潮流和现象，这正如沃斯特

---

① 张文：《地域偏见与族群歧视：中国古代瘴气与瘴病的文化学解读》，《民族研究》2005年第3期。
② ［日］秋道智弥、市川光雄、大塚柳太郎编著：《生态人类学》，范广融、尹绍亭译，云南大学出版社2006年版，第2页。

所指出的那样：

> 我献出这部生态学历史，是试图激发一种对科学和环境保护主义两者都少点天真的观点。历史并未教导我们必须拒绝这两种现象中的一种，而是要把他们理解为复杂的、多方面的、常常是互相矛盾的思想运动——如今这些运动在每个国家里都已对我们的生活变得非常重要。①

（本文曾发表于《史学理论研究》2014 年第 2 期）

---

① ［美］唐纳德·沃斯特：《自然的经济体系：生态思想史·中译本序》，第 11 页。

清末西南边疆商埠的气候
环境、疾病与医疗卫生

——基于《海关医报》的分析*

佳宏伟

1870 年 12 月 31 日第 19 号海关总税务司通令载称："有人建议我利用各地海关所处的环境，获取有关外国人和当地中国人中发生的疾病资料是非常有益的，因此，我决定将收集到的资料按半年汇集成册出版……各关税务司可以将该通令复制给各关医生，以我的名义请他提交此类半年报告。"① 按照这一海关通令的要求，1871 年 9 月 11 日海关总税务署出版第 1 期海关医报，迄于 1910 年 9 月为止，总共 80 期，涉及广州、上海、厦门等 33 个沿海、沿江及边境口岸城市。这些记载对于认识 19 世纪末 20 世纪初的商埠城市环境、卫生和疾病等问题提供了弥足珍贵的文本。因此，学者对于这些医学报告所展示的史料价值也给予高度赞许。特别是 20 世纪 80 年代以来，随着医疗文化史的勃兴，《海关医报》的相关研究日益受到学界重视。应该说，这些研究对于认识这些医报本

---

* 基金项目：2010 年国家社会科学基金项目 "近代中国通商口岸的环境与疾病传播研究"（批准号：10CZS041）；2012 年福建省高校杰出青年科研人才培育计划项目。

作者简介：佳宏伟，厦门大学马克思主义学院副教授，历史学博士，主要从事中国环境史、医疗文化史、区域社会经济史等方面的研究。

① "Inspector general's circular No. 19 of 1870", Imperial Maritime Customs, China. *Medical Reports*（*No. 1*），Shanghai：Statistical Department of the Inspectorate General of Customs，1871，p. 3.

身的价值及所展示的医疗史意义可以说大有裨益。不过，从目前的这些研究分析，相关论著主要是围绕一些沿海大埠，而且大多仍是停留在对《海关医报》所刊内容的若干资料引述。[①] 本文则以西南边疆地区的腾越、思茅、蒙自商埠为中心，通过对《海关医报》中所载相关商埠资料的整理和发掘，考察清末这些边疆地区口岸城市的气候、疾病与医疗社会，冀望对相关研究有所裨益。[②]

一　商埠设立与《海关医报》的刊行

鸦片战争以降，清政府被迫与英国、法国、美国等西方列强先后签订一系列不平等条约，一大批沿海、沿江和沿边城市先后被开辟为通商口岸。根据 1908 年 7 月 17 日的海关总税务司第 1535 号通令内容，截至 1908 年，已经先后有 49 个条约口岸和 8 个自开商埠设关对外开放。[③] 西南边境作为中越、中缅的边界线，一直是英、法两国争夺的焦点。商埠的设立，也与英、法两国对西南边境的争夺密切相关。[④] 表 1 是与蒙自、思茅、腾越开埠密切相关的一系列条约及内容：

根据上述相关条约内容，1889 年 8 月 24 日，蒙自设立海关正式开放；1897 年 1 月 2 日，思茅设立开埠通商，并建立新式海关；1902 年 5 月 8 日，腾越正式设关开埠。随着商埠海关的设立，法国人密黍（J. L. Michoud）、

---

① 学术界已有相关研究成果，可参阅佳宏伟《十九世纪后期厦门港埠的疾病与医疗社会——基于〈海关医报〉的分析》，载《中国社会历史评论（第十四卷）》，天津古籍出版社 2013 年版，第 103—131 页。

② 关于云南这些边境商埠的研究，长期以来主要是关注于商埠贸易。具体研究可参阅：张永帅：《近代云南的开埠与口岸贸易》，博士论文，复旦大学，2011 年，第 7—10 页。关于这些商埠的疾病与医疗问题，长期以来并不为学者所重视，周琼《清代云南的瘴气与生态环境变迁》（中国社会科学出版社 2007 年版）一书中针对云南的瘴气；李玉尚、曹树基《咸同年间的鼠疫流行与云南人口的死亡》（《清史研究》2001 年第 2 期）、《清代云南昆明的鼠疫流行》（《中华医史杂志》2003 年第 2 期）、李玉尚、顾维方《都天与木莲：清代云南鼠疫流行与社会秩序重建》（《社会科学研究》2012 年第 1 期）等系列文章对云南的鼠疫疾病都有精彩论述，但是由于论题关注的重点不同，关于这些口岸城市本身的气候、疾病与医疗卫生并没有专门论述。

③ 《总税务司通令（第二辑）》，第 513—516 页。

④ 民国《新纂云南通志》卷 143《商业考一》，第 91 页。

表 1　　　　　　蒙自、思茅、腾越三地商埠设立密切相关的条约一览

时间	条约名称	相关内容
1876 年 9 月 13 日	中英《烟台条约》	条约第一端第 4 条规定："自英历来年正月初一日即光绪二年十一月十七日起，定以五年为限，由英国选派官员，在于滇省大理府或他处相宜地方一区驻寓，察看通商情形，俾商定章程得有把握；并与关系英国官民一切事宜，由此项官员与该省官员随时商办。或五年之内或候期满之时，由英国斟酌定期，开办通商。"
1885 年 6 月 9 日	中法《会订越南条约》	第五款规定："中国与北沂陆路交界，允准法国商人及法国保护之商人并中国商人运货进出，其贸易应限定若干处，及在何处，俟日后体察两国贸易多寡及往来道路定夺，须照中国内地现有章程酌核办理。总之，通商处所在中国边界者，应指定两处，一在保胜以上；一在谅山以北，法国商人均可在此居住。应得利益，应遵章程，均与通商各口无异。中国应在此设关收税，法国亦得在此设立领事官；其领事官应得权利，与法在通商各口之领事官无异。"
1886 年 4 月 25 日	中法《会议越南边界通商章程》	第一款明确指出："两国议定按照新约第五款，现今指定两处，一在保胜以上某处；一在谅山以北某处，中国在此设关通商，允许法国在此两处设立领事官，该法国领事官应得权利即照中国待最优之国领事官无异。现在条款画押时，两国勘界大臣尚未定议其谅山以北应开通商处所。本年内应由中国与法国驻华大臣互商，择定至保胜以上应开通商处所，亦候两国勘界定后，再行定商。"
1887 年 6 月 26 日	中法《续议商务专条》	第二条明确指出："按照光绪十二年三月二十二日所定和约第一款，两国指定通商处所广西则开龙州，云南则开蒙自，缘因蛮耗系保胜至蒙自水道必由之路，所以中国允开该处通商，与龙州、蒙自无异。又允法国任派在蒙自法国领事官属下一员，在蛮耗驻扎。"
1894 年 3 月 1 日	中英《续议滇缅界务商务条款》	第九条规定："凡货由缅甸入中国，或由中国赴缅甸边界之处，准其由蛮允、盏西两路行走，俟将来贸易兴旺，可以设立别处边关时，再当酌量添设"。
1896 年 6 月 28 日	中法《续议商务专条附章》	第三条议定："云南之思茅开为法越通商处所，与龙州、蒙自无异，即照通商各口之例，法国任派领事官驻扎，中国亦驻有海关一员至"。

时间	条约名称	相关内容
1897 年 2 月 4 日	中英《缅甸条约附款》	第十三条规定：允许英国"将驻蛮允之领事官，改驻或腾越或顺宁府一，任英国之便，择定一处，并准在思茅设立英国领事官驻扎"。

资料来源：田涛主编：《清朝条约全集》，黑龙江人民出版社 1999 年，第 628、752—753、771、797、883、957、992 页。

海公德（E. Reygoudard）、葛德（L. Gaide）、和多兰（T. Ortholan）、包佩季（G. Barbezieux）、松达莱（G. A. Sautarel）、叶禄（G. Arand）和英国人龚世侯（R. L. Sircar）等人先后被委派为这 3 个边疆商埠的海关医员。[①]这些医员根据 1870 年 12 月 31 日的第 19 号海关总税务司通令的要求[②]，蒙自于 1893 年、思茅于 1899 年、腾越于 1903 年开始编写各埠的《海关医报》。表 2 是腾越、思茅、蒙自商埠医员所编撰的《海关医报》具体情况：

根据表 2 可知，腾越、思茅、蒙自海关与其他很多口岸一样，并没有严格按照第 19 号海关总税务司通令要求，每半年编写一期报告。蒙自的报告从 1893 年 5 月 1 日开始，到 1904 年 12 月 31 日截止，期间缺报 1894 年 5 月 1 日至 1894 年 9 月 30 日、1895 年 10 月 1 日至 1898 年 9 月 30 日、1899 年 10 月 1 日至 1901 年 5 月 31 日、1901 年 10 月 1 日至 1902 年 3 月 31 日；思茅报告是从 1899 年 9 月 1 日开始，至 1902 年 12 月 31 日，期间缺报 1899 年 9 月 1 日至 1900 年 3 月 31 日、1902 年 4 月 1 日至 1902 年 9 月 30 日；腾越报告内容从 1903 年 10 月 1 日开始，到 1910 年 3 月 31 日截止，期间缺报 1904 年 4 月 1 日至 1906 年 3 月 31 日。即便如此，由于所刊医报仍有大量有关各埠气候变化、公共卫生和医事方面的统计与叙述，[③] 因此，透过这些报告对于了解清末这些商埠城市的环境、

[①] 《海关职员录》，天津档案馆藏，档案号：天津海关 IX‑1736‑1740‑1750。

[②] "Inspector general's circular No. 19 of 1870"，Imperial Maritime Customs，China. *Medical Reports*（No. 1），Shanghai：Statistical Department of the Inspectorate General of Customs，1871，p. 3.

[③] Ibid. .

卫生与医疗社会十分有益。以下将围绕着相关问题展开分析。

表 2　　　　　　蒙自、思茅、腾越三地所编撰《海关医报》一览表

期数	报告口岸	撰写医员	内容时间	期数	报告口岸	撰写医员	内容时间
48	蒙自	J. F. Michoud	1893. 5. 1—1894. 4. 30	65	蒙自	Georges Barbezieux	1902. 10. 1—1903. 3. 31
49	蒙自	J. L. Michoud	1894. 10. 1—1895. 3. 31		思茅	G. A. Sautarel	1902. 10. 1—1903. 3. 31
50	蒙自	J. L. Michoud	1895. 4. 1—1895. 9. 30	66	蒙自	Georges Barbezieux	1903. 4. 1—1903. 9. 30
57	蒙自	E. Reygondaud	1898. 10. 1—1899. 3. 31		腾越	Ram Lall Sircar	1903. 10. 1—1904. 3. 31
58	蒙自	E. Reygondaud	1899. 4. 1—1899. 9. 30	68 – 80	蒙自	G. Barbezieux	1903. 10. 1—1904. 12. 31
	思茅	Laurent Gaide	1899. 9. 1—1899. 8. 31		腾越	Ram Lall Sircar	1906. 4. 1—1908. 3. 31
60	思茅	Ortholan	1900. 4. 1—1900. 9. 30		腾越	Wihai. Chand	1908. 4. 1—1909. 3. 31
62	蒙自	Georges Barbezieux	1901. 6. 1—1901. 9. 30		腾越	N. Chand	1909. 4. 1—1909. 9. 30
	思茅	Sautarel	1901. 4. 1—1901. 7. 30		腾越	N. Chand	1910. 4. 1—1910. 9. 30
64	思茅	G. A. Sautarel	1901. 4. 1—1902. 4. 1		腾越	N. Chand	1909. 10. 1—1910. 3. 31
	蒙自	Georges Barbezieux	1902. 4. 1—1902. 9. 30				

资料来源：Imperial Maritime Customs，China. *Medical Reports*（No. 1 – 80），Shanghai：Statistical Department of the Inspectorate General of Customs，1871 – 1911.

二　从《海关医报》看清末腾越、思茅、蒙自商埠的气候环境

人的机体是在一定地理环境的影响之下，经过进化、遗传、变异，

并形成人与地理环境物质交换的动态平衡。因此，地理环境的变化势必会改变人与地理环境之间的动态平衡，进而促进人的机体发生突变，其病变的概率或者不适应性就会增加。因此，疾病与地域环境的关系一直以来都是学界十分关注的问题。① 任职海关的海关医员由于受到西方医学专业训练，特别受到当时西方流行的热带医学理论的影响，因此，在相关的医疗报告记载中特别重视气候等环境诸要素的变化对于人的机体的影响。所以，这些报告给我们留下十分珍贵的气象环境信息。

（一）从《海关医报》看清末腾越、思茅和蒙自商埠的降雨量

降雨量是指在一定时间内降落到地面的水层深度，是衡量气候变化的要素之一。不过，历史上一直缺乏正常时刻的降水量记载。因此，学术界通过采用非正常的降水（旱、涝灾害）记载来揭示历史时期降水量变化，进而考察历史上的气候变迁情况。② 应该说，这些研究具有相当高的可信度，但是，这些推算显然不能如现代仪器设备温度表、雨量计之精确。因此，这些海关医员利用现代科学仪器观察和记载的降雨信息就显得弥足珍贵。表3根据《海关医报》上的记载整理1902—1910年腾越商埠的降雨量情况：

表3　　　　　　　　1902—1910年腾越降雨量一览表　　　　单位：英寸

年代 月份	1902	1903	1904	1905	1906	1907	1908	1909	1910
1	0.15	0.35	0.82	—	—	2.00	1.28	1.11	1.26
2	0.25	0.89	0.97	—	—	1.05	0.25	—	0.52

① 相关的实证研究和理论阐述可参阅曹树基：《地理环境与宋元代的传染病》，《历史地理》第12辑，上海人民出版社1995年版；范家伟：《地理环境与疾病——论古代医学对岭南地区疾病的解释》，《中国历史地理论丛》，2000年第1期；萧璠：《汉宋文献所见古代中国南方的地理环境与地方病及其影响》和梁其姿：《疾病与方士之关系：元至清间医界的看法》，载李建民主编：《生命与医疗》，中国大百科全书出版社2005年版，第193—298页、第355—389页；等等。
② 关于云南的相关研究，可参阅杨煜达《清代云南季风气候与天气灾害研究》，复旦大学出版社2006年版。

年代 月份	1902	1903	1904	1905	1906	1907	1908	1909	1910
3	0.87	2.30	1.29	—	—	2.00	0.40	0.11	2.06
4	5.33	0.72	—	—	3.42	3.72	—	3.77	3.97
5	6.15	3.08	—	—	3.01	3.73	4.46	5.51	7.71
6	11.38	17.74	—	—	9.15	5.27	11.30	14.7	16.70
7	16.68	8.88	—	—	11.40	13.80	12.90	7.13	13.20
8	11.68	12.47	—	—	7.00	12.80	8.76	11.8	9.10
9	9.88	12.30	—	—	6.28	7.30	4.87	5.37	4.48
10	2.23	4.84	—	—	3.12	7.00	4.37	3.61	—
11	0.16	5.54	—	—	0.53	—	9.37	5.86	—
12	0.93	0.26	—	—	—	4.65	—	2.40	—

资料来源: Imperial Maritime Customs, China. *Medical Reports*（*No. 66*、*67*、*68 - 80*）, Shanghai: Statistical Department of the Inspectorate General of Customs, 1905、1911.

由表3可知，虽然期间缺失某些月份数字，但是从上表仍可以看出这一时期腾越的年降雨量趋势和特点，每年3、4月份降雨量开始增多，至6、7、8月份降雨进一步增多。1902年7月，降雨量达到16.68英寸（423.672毫米）；1903年6月，降雨量为17.74英寸（450.596毫米）；1910年6月，降雨量达到16.7英寸（424.18毫米）。从年降雨量分析，仅资料完整的1902年、1903年、1907年、1908年、1909年而言，年降雨量分别达到65.69英寸（1668.526毫米）、69.37英寸（1761.998毫米）、63.32英寸（1608.328毫米）、57.96英寸（1472.184毫米）、61.37英寸（1558.798毫米），年降雨量都在1400—1800毫米之间。显然，从年降雨量分析，腾越商埠属于雨量充沛城市，不过，年降雨量不平衡性也十分明显，冬季和春季相对较少。例如，1902年的1月和11月份，降雨量只有0.15英寸（3.81毫米）和0.16英寸（4.063毫米）。

思茅，医报记录没有精确到每月的具体降雨量，但是从记载的每月降雨天数可以看出其降雨特点与腾越相似，3、4月雨量明显增加，至6、7、8月份，降雨量进一步增大。表4是1896—1900年思茅每月降雨天数一览表：

表4   **1896—1900 年思茅每月降雨天数一览表**   单位：天

月份 年代	1	2	3	4	5	6	7	8	9	10	11	12
1896	—	—	—	—	—	—	—	25	18	14	—	—
1897	0	4	3	0	10	20	26	30	17	18	—	—
1898	—	—	—	—	—	—	—		20	8	3	8
1899	4	4	4	10	24	28	31	23	24	13	7	0
1900	0	0	0	11	11	20	25	—	—	—	—	—

资料来源：Imperial Maritime Customs，China. *Medical Reports*（*No. 58*、60、65），Shanghai：Statistical Department of the Inspectorate General of Customs，1900、1902、1904.

由表 4 可知，进入 6 月份后，思茅的降雨天数明显增多，有的月份甚至每天都有降雨，如 1896 年 8 月份，有 25 天降雨；1897 年 7 月份，有 26 天降雨，8 月份，有 30 天降雨；1899 年 7 月份降雨天数 31 天，天天都在降雨。从年降雨量上分析，也属于雨量充沛地区，仅资料完整的 1899 年看，一年中有 172 天降雨。蒙自、较腾越和思茅缺乏更为系统数据，但是从 1893 年一年资料分析（见表 5）应该是可以推测与腾越和思茅类似的降雨特征。

表5   **1893 年蒙自每月降雨天数一览表**   单位：天

月份	1	2	3	4	5	6	7	8	10	11	12
降雨天数	3	3	13	14	14	18	22	20	4	8	2

资料来源：Imperial Maritime Customs，China. *Medical Reports*（*No. 48*），Shanghai：Statistical Department of the Inspectorate General of Customs，1895.（9 月数据缺）

由表 4 可知，1893 年蒙自的降雨主要集中夏、秋两季，7 月、8 月份分别有 22、20 天降雨，春季和冬季降雨明显减少。这一降雨特点，曾经任职蒙自的海关医员密黍（J. L. Michoud）在 1893 年 5 月 1 日至 1894 年 4 月 30 日的医报中也深有体会记载："蒙自冬天的降雨是较为罕见的，春天有时候会出现短期降雨，1893 年的春天的持续降雨是一个例外。事实上，大雨仅仅在七月开始，断断续续持续到九月。在十月和十一月天空常保持多云天气。"① 从年降雨量分析，蒙自仍属于雨量充沛地区，1893年的年降雨天数总计达到 131 天。

（二）从《海关医报》看清末腾越、思茅和蒙自商埠的气温变化

气温是用来衡量地球表面大气温度分布状况和变化态势的重要指标，气温的差异也是造成自然景观和我们生存环境差异的主要因素之一。海关医员对于当地气温的变化也十分重视，利用现代仪器记录了当时腾越、思茅、蒙自的气温变化情况。表 6 根据《海关医报》上的记载整理的1902—1910 年腾越商埠的每月最低和最高温度变化情况：

表 6　　　　1902—1910 年腾越每月最低温度、最高温度变化一览表　　　单位：°F

温度 / 月份	1902		1903		1906		1907		1908		1909		1910	
	最低	最高	最低	最高	最低	最高	最低	最高	最低	最高	最低	最高	最低	最高
1	33	69	30	67	—	—	39	61	35	61	30	67	33	73
2	33	74	34	69	—	—	44	63	37	64	34	70	37	76
3	38	81	37	75	—	—	45	67	42	74	40	76	42	77
4	46	83	46	83	54	71	48	64	—	—	49.76	74.1	51	79
5	52	85	52	93	59	78	56	71	59	77	59.12	76.64	59	81
6	61	89	61	81	63	81	68	77	65	75	62.9	76.27	65	70
7	61	85	64	87	66	76	66	71	65	77	63.06	78.74	64	69
8	61	88	60	90	65	75	66	73	64	—	62.45	76.42	65	71
9	56	82	58	87	65	79	66	76	61	80	62.53	84.7	66	73
10	—	—	—	—	56	73	59	74	52	79	58	86	—	—
11	—	—	—	—	47	69	46	66	45	71	47	78	—	—
12	—	—	—	—	38	65	44	58	32	73	38	70	—	—

资料来源：Imperial Maritime Customs, China. *Medical Reports*（*No. 66*、67、68 – 80），Shanghai：Statistical Department of the Inspectorate General of Customs，1905、1911.

气温记录与降雨量记载一样也缺失某些月份的数字，但是从表 6 可

---

① Dr. J. L. Michoud's Report on the health of Mengtsz for the year ended 30th April, 1894, Imperial Maritime Customs, China. *Medical Reports*（*No. 48*），Shanghai：Statistical Department of the Inspectorate General of Customs，p. 36.

以看出腾越的年气温变化特点，虽然个别月份会出现气温异常现象，总体上呈现相对稳定态势。例如，以每月最高温度变化而言，除 1902 年 6、8 月份和 1903 年 5、7、8 和 9 月份气温在 30℃（86°F）以上之外，常年最高气温都维持在 30℃ 以下；最低温度都保持在 0℃（30°F）以上。从气温变化分析，腾越的气温变化应该属于气候学上较适宜气候。思茅的气温变化特征与腾越大致一致，表 7 是 1896—1902 年思茅每月最低温度、最高温度变化一览表：

表 7　　　　1896—1902 年思茅每月最低温度、最高温度变化一览表　　　单位：℃

温度 月份	1896		1897		1898		1899		1900		1901		1902	
	最低	最高	最低	最高	最低	最高	最低	最高	最低	最高	最低	最高	最低	最高
1	11.2	17.2	11.2	17.2	—	—	7.4	19.3	3.9	23.0	—	—	6.50	18.00
2	—	—	11.0	22.5	—	—	7.3	20.2	6.3	23.4	—	—	8.85	18.92
3	—	—	13.5	25.0	—	—	12.2	25.1	8.5	28.5	—	—	11.97	27.06
4	—	—	22.0	30.5	—	—	15.9	27.5	14.0	30.2			14.30	29.35
5	—	—	22.6	33.6	—	—	18.5	25.5	16.9	29.5	18.07	30.30	—	—
6	—	—	23.7	29.2	—	—	19.1	24.9	19.4	28.7	20.64	29.68	—	—
7	—	—	22.2	26.9	—	—	18.9	23.0	19.2	29.2	19.74	28.59	—	—
8	20.1	23.	21.5	26.5	—	—	19.0	25.9	—	—	19.67	27.78		
9	19.4	22.7	20.9	26.5	19.0	25.2	—	—	—	—	19.06	26.31	18.51	27.27
10	17.0	22.3	20.3	26.2	15.0	25.9	16.5	24.5	—	—			15.96	24.39
11	12.8	19.0	—	—	11.0	23.1	11.0	22.0	—	—	13.51	22.32	11.54	21.99
12	9.1	15.8	—	—	8.8	19.2	—	—	—	—	13.85	19.68	—	—

资料来源：Imperial Maritime Customs，China. *Medical Reports*（*No.* 58、60、65），Shanghai：Statistical Department of the Inspectorate General of Customs，1900、1902、1904.

　　由表 7 可知，除个别月份的最高气温在 30℃ 以上之外，大部分月份最高气温也都在 17℃—30℃ 之间；最低气温都在 0℃ 以上，所记载的最低气温出现在为 1900 年 1 月份，最低气温降至 3.9℃。蒙自，从 1893 年一年资料（见表 8）可以推测与腾越和思茅的气温变化相似。

表8   1893年蒙自每月最低温度、最高温度、平均温度变化一览表   单位:°F

月份	1	2	3	4	5	6	7	8	9	10	11	12
最低温度	33	45	45	51	53	67	68	65	60	55	45	37
最高温度	79	87	88	93	91	84	83	81	87	86	85	73
平均最高	68.58	76.72	74.06	80.56	79.64	77.33	76.74	77.90	77.06	74.89	73.80	66.75
平均最低	48.19	52.54	57.90	61.66	64.74	69.60	69.60	69.26	67.46	60.07	52.73	43.00
平均温度	57.30	62.60	64.50	69.00	71.20	73.80	73.00	73.70	72.00	67.20	58.50	55.40

资料来源: Imperial Maritime Customs, China. *Medical Reports* (*No. 47 – 48*), Shanghai: Statistical Department of the Inspectorate General of Customs, 1895.

由表8可知，1893年蒙自气温常年都保持在0℃以上，最低温度是1月份0.6℃（33°F），最高温度是4月33.9℃（93°F），虽然一些月份会出现极端温度，但是每月白天的平均温度都保持在13℃（55.40°F）至23.22℃（73.80°F）之间。

三   从《海关医报》看清末腾越、思茅、蒙自商埠居民的疾病与卫生医疗

由于这些海关医员的个人偏好，海关医报所载内容会有选择地记录某些疾病，不过，这些医员在每一期报告中都会选取一些医疗案例进行分析，详细的报告则会对半年来，甚至是一年或者两年的医治疾病进行分类统计，腾越、思茅、蒙自的医报也是如此。虽然这些记载并不能反映整个商埠的疾病流行全貌，但是，仔细梳理这些记载，仍不难看到腾越、思茅、蒙自商埠居民的一些疾病流行特点，特别是通过《海关医报》所记录的这些观察和实践活动，实际上又可以折射出清末腾越、思茅、蒙自居民的某些医疗卫生观念与行为的某些变化。

（一）从《海关医报》看清末腾越、思茅、蒙自商埠居民的疾病流行

疾病流行是指某地区在一定时期内某人群中某种疾病发病数量的变化情况。为便于分析，我们会根据相关的医疗案例记载整理出腾越、思茅、蒙自商埠居民医治疾病的具体病患情况表进行分析。表9是根据

《海关医报》所载海关医员医治的腾越居民各类疾病患病人数一览表。这些分类依据现代医学的分类方法也许未必科学。但是，从表9每年所载医员医治和观察的疾病案例可知，腾越商埠居民所染患疾病涉及几十种疾病类型，在所提供的这几年病例中，疟疾、消化系统疾病、皮肤病、眼疾、溃疡、呼吸系统疾病是患病人数较多的疾病，分别占到整个所载病例的14.08%、12.15%、11.93%、10.63%、8.53%、4.50%，这几种疾病的患病人数占到整个海关医员医治病人的61.37%；寄生虫病、痢疾、梅毒、淋病等疾病紧随其后，分别占到整个所载病例的2.26%、2.02%、2.89%、1.70%，这几种疾病占到整个医治病人的8.87%。

表10、表11是《海关医报》所载海关医员医治的思茅和蒙自商埠居民患病人数一览表。由表10、表11可知，思茅、蒙自的医报所载的医治疾病也有上百种疾病类型，涉及传染性疾病、消化系统、呼吸系统、神经系统、生殖系统、泌尿系统、运动系统等疾病。在所提供的病例中，有几种疾病是患病率较高的疾病，在所记载的3090个病例中，染患疟疾有977人次，占到整个病例的31.62%；外科手术病例紧随其后，有878人次进行各种外科手术，占到所载病例的28.41%；然后依次是皮肤病、眼疾、胃病、除胃病之外其他消化系统疾病、呼吸系统疾病分别占到所载病例的6.69%、6.63%、5.66%、4.92%、4.63%。蒙自商埠在所记载的1832例医治病例中，211人次因为各种伤口先后接受外科手术治疗，眼疾、胃病、疟疾、疥疮、湿疹、除胃病之外的消化系统疾病分别有243人次、181人次、126人次、109人次、86人次、86人次先后被接受医治，占到所载病例的11.52%、8.13%、5.95%、5.13%、4.69%。

（二）从《海关医报》看清末腾越、思茅、蒙自商埠的卫生医疗

这些商埠城市从地理位置讲相对偏僻和闭塞，但是因为包括这些海关医员在内的大量西方人的到来，这里并不缺乏中西医疗卫生观念的交流和冲突。《海关医报》作为这些交流和冲突的重要载体之一，透过这些报告可以清晰地看到这些边疆城市在这一历史变革时期医疗卫生观念的若干变化和特征。

表9 《海关医报》所载海关医员医治的腾越商埠居民染患各类疾病人数情况

单位：人次

类型＼时间	1903.1/1903.9	1906.3/1907.3	1907.3/1908.3	1908.3/1909.3	1909.3/1909.9	1909.9/1910.3	1910/1911
疟疾	31	126	117	115	124	72	300
消化系统疾病	91	183	151	130	80	42	243
皮肤病	55	176	111	80	58	32	237
眼疾	21	132	133	85	36	40	221
溃疡	43	122	114	95	28	17	117
呼吸系统疾病	50	36	54	45	17	18	63
寄生虫病	12	—	—	39	23	14	54
痢疾	14	24	8	7	11	12	51
局部损伤	16	—	—	19	15	15	48
结缔组织疾病	23	38	33	34	11	22	41
神经系统疾病	16	53	31	9	8	9	29
梅毒	7	36	51	39	7	15	27
淋病	10	22	19	11	12	6	27
甲状腺肿	10	13	8	22	14	4	18
结核病	3	11	5	12	—	4	10
助产病例	—	7	9	10	3	—	3

类型＼时间	1903.1/1903.9	1906.3/1907.3	1907.3/1908.3	1908.3/1909.3	1909.3/1909.9	1909.9/1910.3	1910.3/1910.9
毒瘾	3	2	1	3	—	—	3
麻风病	2	2	1	—	—	6	2
生殖系统疾病	25	24	38	17	7	6	—
耳病	10	—	—	27	5	6	—
虚弱与贫血	14	22	18	15	16	12	—
白喉	—	—	—	—	—	3	—
狂犬病	—	—	—	—	—	1	—
循环系统疾病	1	7	6	8	5	—	—
泌尿系统疾病	10	25	9	7	5	—	—
腹泻	10	29	17	17	—	—	—
肿瘤	—	—	—	1	—	—	—
天花	—	1	—	—	—	—	—
肝病	10	11	7	—	—	—	—
肺病	22	33	33	—	—	—	—
风湿病	11	—	—	—	—	—	—
其他各类疾病	30	146	124	9	9	14	144

资料来源：Imperial Maritime Customs, China. *Medical Reports* (*No. 66, 68—80*), Shanghai: Statistical Department of the Inspectorate General of Customs, 1905, 1911.

表10　《海关医报》所载海关医员医治的思茅商埠居民染患各类疾病人数情况

单位：人次

时间 类型	1898.9 — 1899.8	1900.4 — 1900.9	1901.9 — 1902.4	1901.4 — 1901.7	1902.1 — 1902.12
疟疾	81	33	445	89	329
痢疾	7	2	11	3	14
眼疾	56	16	33	14	86
风湿症	2	2	11	6	38
皮肤病	51	27	30	9	90
消化系统疾病	44	34	67	39	143
神经系统疾病	15	—	8	—	—
呼吸系统	68	12	7	14	42
性病	8	4	23	7	51
生殖疾病	21	10	1	2	—
鸦片中毒	12	6	—	5	—
麻风病	2	—	6	1	1
外科手术	20	—	209	148	501
其他类疾病	55	9	9	1	—

资料来源：Imperial Maritime Customs, China. *Medical Reports* (*No. 58、60、62、63、65*), Shanghai: Statistical Department of the Inspectorate General of Customs, 1900、1902、1903、1904.

表11 《海关医报》所载海关医员医治的蒙自商埠居民染患各类疾病人数情况

单位：人次

类型＼时间	1898.10.1—1899.3.31	1899.4.1—1899.9.30	1901.6.1—1901.9.30	1902.4.1—1902.9.30
胃病	14	23	128	16
脓肿	1	7	8	19
支气管炎	14	7	15	26
疥疮	15	20	7	67
湿疹	4	2	34	46
牙病	8	6	9	29
眼疾	35	34	62	112
疟疾	9	17	28	72
耳鼻疾	3	4	6	15
各种伤口	39	74	26	72
鸦片中毒	—	1	14	31
神经系统疾病	2	40	25	15
泌尿系统疾病	2	5	7	14
皮肤病	—	8	15	15
消化系统疾病	5	15	43	23
流行性疾病	8	4	16	74
运动系统疾病	8	14	17	36
生殖系统疾病	1	—	7	7
其他类疾病	11	17	66	133

资料来源：Imperial Maritime Customs, China. *Medical Reports* (*No. 57、58、62、64*), Shanghai: Statistical Department of the Inspectorate General of Customs, 1899, 1900, 1903.

　　首先，对于这些受过西方现代医学训练的海关医员而言，思茅、腾越和蒙自居民的公共卫生意识极为缺乏，因此，医报中记载了大量这些医员对于思茅、腾越和蒙自居民卫生意识的忧虑、担心，甚至抱怨。通过这些记载可知清末思茅、腾越和蒙自的某些"现代"卫生意识和行为较为缺乏。例如，1898 年 9 月 1 日至 1899 年 8 月 31 日的思茅医报载称："从卫生角度看，思茅与其他城市没有什么差别。也就是说它有许多需要改进。人们不知道设置下水道，街上没有公共厕所设施。在一些路口，特别是市场附近或者是繁华街道，到处是一些四处乱扔的垃圾。确实有一个下水道系统，但是它们是通过降雨冲洗，因此，当需要时却充塞各种淤积物。此外，由于它们的建造方式欠妥，它们很容易成为垃圾点。"① 法国人亨利·奥尔于 1895 年经过思茅后的一段记载也可以看出当时思茅卫生状况令人担忧，"我们在思茅停留了四天……我们住在一家糟糕极了的马帮客栈，一溜院子，庭院深深，人住在一层房子里，里面是一个一个的小窝。第一天晚上，我住在拐角处的一间客房。这里老鼠为患，不计其数，墙上被老鼠弄得千疮百孔，四面八方的老鼠都在嬉戏嘶叫，追逐扭打，让人难以入睡"。② 腾越的情况也好不过思茅。1902 年 12 月 31 日至 1903 年 9 月 30 日的腾越医报载称，"这里的自然排水系统非常有效率，在洪水和大雨时能够很好达到排水目的。但是人工的排水设施实践是无用的，经常被阻塞和缺乏清理。因此，在雨季会形成很大麻烦，在低地会形成死水，滋生了大量蚊虫"，"没有公共厕所，孩子和很多男人习惯于在自然解决，狗、猪和园丁充当公共拾荒者"。③ 1903 年 10 月 1 日至 1904 年 3 月 31 日报告称："在这个城市没有公共厕所，除了在南门附近有个很糟糕的。排水设施仍然没有

---

　　① Rapport médical sur la situation sanitaire de Ssemao pour la périodé annuelle comprise entre le 1ᵉʳ September 1898 et le 31 août 1899, Imperial Maritime Customs, China. *Medical Reports* (*No.* 58), Shanghai：Statistical Department of the Inspectorate General of Customs, p. 75.

　　② 亨利·奥尔：《云南游记：从东京湾到印度》，云南人民出版社 2011 年版，第 76 页。

　　③ Dr. Lall Sircar's report on the health of Tengyueh for the nine months ended 30ᵗʰ September 1903, Imperial Maritime Customs, China. *Medical Reports* (*No.* 67), Shanghai：Statistical Department of the Inspectorate General of Customs, p. 17.

改变，公厕和个人卫生状况依然如旧。"① 这种状况一直没有根本改善，1908 年 4 月 1 日至 1909 年 3 月 31 日的报告指出："（腾越）人工排水系统非常不满意，公厕的清洁和粪便的处理没有改善。"② 1909 年 3 月 31 日至 1909 年 9 月 30 日报告再次指出，"（腾越）几年来在排水系统、公共厕所和个人卫生方面，没有特别值得注意的"。③ 1910 年 4 月 1 日至 1910 年 9 月 30 日的报告再次提及，"没有特别措施被利用来提高这个城市的卫生状况"。④ 蒙自居民的公共卫生意识一样较为缺乏，19 世纪 90 年代法国里昂考察团在经过蒙自一家寺院时载称："他们丝毫不关心宗教崇拜的庄严与壮观，更不注意寺院的清洁与卫生。至于他们自己的个人卫生，就更谈不上了。"⑤ 不仅仅公共卫生，一些个人卫生行为在这些医员看来也是非常糟糕，成为这一时期某些疾病流行的重要推手。1893 年 3 月 31 日至 1894 年 4 月 30 日蒙自医报载称："蒙自的中国人和绝大多数中国人一样并不重视个人卫生，没有洗澡的习惯，仅仅有时会洗脸。穿的衣服也很脏。在家也总是光着脚。"⑥ 1906 年 4 月 1 日至 1908 年 3 月 31 日，腾越医报也载称："这个地方的中国人很少洗澡，每天早晨他们仅仅洗脸和手，因此，很多人要忍受痒、湿疹和癣等。他们长指甲成为许多疾病

① Dr. Lall Sircar's report on the health of Tengyueh for the half-year ended 31ˢᵗ March, 1904, Imperial Maritime Customs, China. *Medical Reports* (*No.* 67), Shanghai: Statistical Department of the Inspectorate General of Customs, p. 44.

② Report on the health of Tengyueh for the year ended 31ˢᵗ March, 1909, Imperial Maritime Customs, China. *Medical Reports* (*No.* 68 – 80), Shanghai: Statistical Department of the Inspectorate General of Customs, p. 56.

③ Report on the health of Tengyueh for the six months ended 30ᵗʰ September, 1909, Imperial Maritime Customs, China. *Medical Reports* (*No.* 68 – 80), Shanghai: Statistical Department of the Inspectorate General of Customs, p. 75.

④ Report on the health of Tengyueh for the half-year ended 30ˢᵗ September, 1910, Imperial Maritime Customs, China. *Medical Reports* (*No.* 68 – 80), Shanghai: Statistical Department of the Inspectorate General of Customs, p. 95.

⑤ 法国里昂商会编著：《西南一隅——法国里昂商会中国西南考察纪实（1895—1897）》，云南美术出版社 2008 年版，第 25 页。

⑥ Dr. J. Michoud's report on the health of Mengtsz for the year ended 30 April 1894, Imperial Maritime Customs, China. *Medical Reports* (*No.* 48), Shanghai: Statistical Department of the Inspectorate General of Customs, p. 38.

细菌的温床。"①

　　当然，这一时期思茅、腾越和蒙自的医疗卫生观念和行为在西方医疗观念的影响下也在发生变化，特别是西方的某些医疗方式和手段。1909 年 4 月 1 日至 1909 年 9 月 30 日，腾越医报记载："我非常高兴提及这里的人们正越来越信任外国治疗，他们认为它是可靠的，因为当他们试了各种中国传统医疗方式还不能成功，这可以给他们其他机会治愈，除了一些小毛病之外，这里人们还用外国医疗技术治疗产科、复杂疾疾和外科手术。本地中国医生还没有训练参与这样治疗案例。"② 1910 年 4 月 1 日至 1910 年 9 月 30 日，腾越医报上记载了一个麻风病患者，患病已经 12 年，他试了各种治疗方法，但是效果不好。因此他不再喜欢中医治疗，请求腾越关关医 N. Chand 治疗。③ N. Chand 在报告中明确指出这种转变："我非常高兴提及许多无望的病例已经被我们治愈，这大大提升外国治疗技术在中国人中的受欢迎程度。在医务室迅速增加病人也可以证明这一点。此外，他们不害怕得到治疗作为住院病人。"④ 关于此，即便是经常和中国人打交道的这些海关人员，有时就中国人对于西医的信任感到吃惊。1902—1911 年腾越海关十年报告载称："（腾越）很多商人和马帮已经了解奎宁的药效，这在这个地方是非常不寻常的。"⑤ 为了能够接受西方医疗技术治疗，中国人甚至可以忍受更大痛苦。1908 年 4 月 1 日至 1909 年 3 月 31 日的腾越医报载称："尽管这里的人民非常担心手术，我非常高兴告知他们比外国人更坚强，更能忍受疼痛。例如，我曾经治疗过一

---

① Report on the health of Tengyueh for the two years ended 31st March, 1908, Imperial Maritime Customs, China. *Medical Reports* (*No.* 68 – 80), Shanghai：Statistical Department of the Inspectorate General of Customs, p. 35.

② Report on the health of Tengyueh for the six months r ended 30th September, 1909, Imperial Maritime Customs, China. *Medical Reports* (*No.* 68 – 80), Shanghai：Statistical Department of the Inspectorate General of Customs, p. 77.

③ Report on the health of Tengyueh for the half-year ended 30st September, 1910, Imperial Maritime Customs, China. *Medical Reports* (*No.* 68 –80), Shanghai：Statistical Department of the Inspectorate General of Customs, p. 95.

④ Report on the health of Tengyueh for the half-year ended 30st September, 1910, Imperial Maritime Customs, China. *Medical Reports* (*No.* 68 –80), Shanghai：Statistical Department of the Inspectorate General of Customs, p. 96.

⑤ Decenial reports, 1902—1911, 载刘辉主编：《五十年各埠海关报告 1882—1931》，中国海关出版社 2009 年版，第 329 页。

个要求拔牙的妇女，我一颗一颗拔掉三颗，但是他从来都没有告诉我她感觉到疼痛。"① 1906 年 4 月 1 日至 1908 年 3 月 31 日腾越医报记载医员医治的病人人数也可以看出中国人对于西医的认可和信任，医报载称 1906 年 4 月至 1907 年 3 月，接受医员医治病人有 1281 人，其中男性 867 人，女性 302 人，儿童 112 人；1907 年 4 月至 1908 年 3 月，医员医治的病人有 1098 人，其中男性 795 人，女性 234 人，儿童 69 人。② 不仅仅是腾越，蒙自和思茅的报告上也记载了这种变化。例如，蒙自在开埠之初，对于西方医疗技术缺乏信任，致使这些西方医员十分沮丧，1895 年 4 月 1 日至 1895 年 9 月 30 日，蒙自医报记载："我们发现我们专业的做法，在蒙自并没有被接受，我们希望我们获得当地人的信任，听取他们意见，但是也没有任何希望。发药的医生被压抑，患者常常认为他没有看到，我们已经做了所有努力，但是由于误解，我们神圣职业没有被尊重，没有蒙自人被治疗。"③ 不过，这种情况几年后发生很大变化。1902 年 10 月 1 日至 1903 年 3 月 31 日医报载称："过去两年，蒙自的医疗站建设取得重要进步。因为建设铁路，致使许多公司来到蒙自，建造了一个 50 张床的法国医院，其中 20 张床位免费提供给本地人。"④ 可见，当地人看西医的情况在当时应该不会少见。从前述医员医治的疾病统计的大量案例也可以得到证明。

关于此，当地居民对于种痘新技术的认可和接受也可以说明这一时期这三个商埠城市医疗观念在不断发生变化。1903 年 4 月 1 日至 1903 年 9 月 30 日，腾越医报记载："接种疫苗在这里还不被为人所知，有两种种痘方法被执行：一种在胳膊上刺入霍乱血清；一种'吹化'技术。这种

---

① Report on the health of Tengyueh for the year ended 31st March, 1909, Imperial Maritime Customs, China. *Medical Reports* (*No.* 68 – 80), Shanghai: Statistical Department of the Inspectorate General of Customs, p. 59.

② Report on the health of Tengyueh for the two years ended 31st March, 1908, Imperial Maritime Customs, China. *Medical Reports* (*No.* 68 – 80), Shanghai: Statistical Department of the Inspectorate General of Customs, p. 36.

③ Rapport médical pour le semestre finissant le 30 Septembre 1895, sur la situation sanitaire de Mengtsz, Imperial Maritime Customs, China. *Medical Reports* (*No.* 50), Shanghai: Statistical Department of the Inspectorate General of Customs, pp. 41 – 42.

④ Rapport médical sur l'éat situation sanitaire de Mengtsz du 1er October 1902 au 31 Mars 1903, Imperial Maritime Customs, China. *Medical Reports* (*No.* 65), Shanghai: Statistical Department of the Inspectorate General of Customs, p. 25.

方式据说非常有害。我听说一个江湖医生已经致使九个孩子丧命，已经被当地官员囚禁。我提出接种疫苗，但是没有人前来试验。"① 不过，几年之后，人们对于这种技术逐渐接受和认可。1906 年 4 月 1 日至 1908 年 3 月 31 日，腾越医报记载："接种疫苗正被越来越多的人接受，现在有许多江湖医生也正把它作为一件好的生意。在过去的两年内，我们每年成功接种疫苗的孩子有 100 人左右。"② 当地的地方官员也在着力推广这种技术，例如，1906 年 4 月 1 日至 1908 年 3 月 31 日，腾越医报载称："当地官员已经采取步骤建立免费疫苗点，一个受到尊敬的医生被任命来执行这些工作，我了解到在过去的一个季度，他已经接种疫苗 500 个案例。"③ 1908 年 4 月 1 日 1909 年 3 月 31 日，腾越医报记载："我非常高兴告知这里现代接种疫苗现在正代替传统种痘技术，由于我的前任努力利用各种方法引导父母亲给孩子打疫苗，接种疫苗已经获得信任。在过去的六年里，接种疫苗一直非常成功。这个冬季，我已经成功完成 92 例。"④ 1909 年 9 月 30 日至 1910 年 3 月 31 日，腾越医报亦载称："我非常高兴提及这里的人们现在已经对牛痘疫苗技术十分信任。在过去的两个月内，有 54 个儿童被成功接种，9 个被重新接种……一些本地接种者利用外国的疫苗技术在城区和郊外成功进行很多例相关接种。我想很快这里的人们会对传统的种痘技术越来越不信任。"⑤

---

① Dr. Lall Sircar's report on the health of Tengyueh for the nine months ended 30th September 1903, Imperial Maritime Customs, China. *Medical Reports* (No. 67), Shanghai: Statistical Department of the Inspectorate General of Customs, p. 19.

② Report on the health of Tengyueh for the two years ended 31st March, 1908, Imperial Maritime Customs, China. *Medical Reports* (No. 68 – 80), Shanghai: Statistical Department of the Inspectorate General of Customs, p. 38.

③ Report on the health of Tengyueh for the two years ended 31st March, 1908, Imperial Maritime Customs, China. *Medical Reports* (No. 68 – 80), Shanghai: Statistical Department of the Inspectorate General of Customs, p. 39.

④ Report on the health of Tengyueh for the year ended 31st March, 1909, Imperial Maritime Customs, China. *Medical Reports* (No. 68 – 80), Shanghai: Statistical Department of the Inspectorate General of Customs, p. 58.

⑤ Report on the health of Tengyueh for the health-year ended 31st March, 1910, Imperial Maritime Customs, China. *Medical Reports* (No. 68 – 80), Shanghai: Statistical Department of the Inspectorate General of Customs, p. 100.

结　论

　　本文主要是通过对《海关医报》所载相关内容进行整理，考察清末腾越、思茅、蒙自商埠的气候、疾病流行与医疗社会，从以上分析至少可以有以下几点结论与认识：

　　（一）无论是从年降雨量，还是年温度变化，《海关医报》都为我们提供了清末腾越、思茅、蒙自商埠珍贵的现代气候参数，尽管这些数据不够系统，但是从这些数据仍大致可以看出清末这些商埠的若干气候变化特征。虽然我们不能断然确定这一气候特征与当地疾病流行特征一定有必然联系，毕竟疾病的流行与发生受制于自然和社会诸要素的影响。例如，1895 年，蒙自医报有一段话实际上也指出这个问题，"虽然很难说这里的气候不健康，因为它似乎对外来人口影响不大。但是。我必须说，在这偏僻的角落世界，以生活在这里两年之久的欧洲人经验而言，这里生活条件是有缺陷的……男人基本上是有点大男子主义，行使这种社交属性是必不可少的道德健康。因此，他可以自由地行使这项属性，他必须与生活在同一社区其他男人一样，虽然出身不一，但是至少在语言和风俗等方面保持一致"。① 不过，一些记载确实也可以提供一些明确佐证，特别是一些异常天气如长时间持续降雨对人的身体健康的影响就会十分明显。例如，1901 年，思茅海关贸易报告载称："本年夏间，雨水淋沥，既多且大，瘟病发浅，传染者十之六七，死亡之人，闻六百有余。此病向来所无，今年始有，俗名打摆子。"② 1892—1901 年，思茅海关十年报告对这次连续降雨之后的疾病流行也有记载，"1901 年，由于持续的雨季，疟疾流行，据当地人估计，在几个月内有 600 名受害者"。③ 1901 年

---

　　① Rapport médical pour l'année finissant le 31 Mars 1895, sur la situation sanitaire de Mengtsz, Imperial Maritime Customs, China. *Medical Reports*（No. 49），Shanghai：Statistical Department of the Inspectorate General of Customs, pp. 8 - 9.

　　② 《光绪二十七年思茅口华洋贸易情形论略》，茅家琦主编：《中国旧海关史料（第 34 册）》，京华出版社 2001 年版，第 313 页。

　　③ Decenial reports, 1892—1901, 载刘辉主编《五十年各埠海关报告 1882—1931》，第 134 页。

9 月至 1902 年 3 月的海关医报记载更为具体，"由于雨季延长，这一直持续到十月底，疟疾已经出现回潮，4 月以来，已经有六百至八百人，这是非常不寻常。有一天，有 10—12 个葬礼"。① 1910 年夏季，思茅又一次出现长时间阴雨天气。1910 年，思茅海关贸易报告记载："本处节交夏令，淫雨淋漓，瘴毒蛮烟。"② 蒙自也是一样。1894 年，蒙自海关医报记载，"1893 年，大雨从七月开始，一直持续到九月，直到十月、十一月也一直阴雨不断，这一时期出现'瘴气'流行，当地居民不敢外出"。③ 1910 年 4 月 1 日至 1910 年 9 月 30 日，腾越的海关医报载称："夏季既热又潮，这里的气候非常不健康，外国人偶尔也会出现头疼和疟疾等病症。"④ 当然，这种气候特征对于这些商埠的健康状况也未必全为坏事，"这里没有特别的人为措施被用来改善这个城市的卫生状况，但是大雨冲刷着这个城市的街道，在报告所记录的时期，这种情况发生许多次，令人十分满意"。⑤

（二）从疾病流行特征分析，虽然有些传染性疾病的发病率较高，如疟疾，但是大家长期关注的一些传染性疾病，如痢疾、霍乱、鼠疫、寄生虫病等疾病，包括大家讨论较多的麻风病、结核病、梅毒、淋病等疾病，虽然各埠时有发生，但并不是当地居民患病最多的疾病，反而一些慢性疾病或者非传染性疾病如消化系统疾病、眼疾和皮肤病的患病人数却占有相当大的比例。长期以来，由于传染性疾病的流行性、传染性、突发性和危害性等特质，无论是社会大众还是学术界，在关注和考察近

---

① Rapport médical sur la situation sanitaire de Ssemao du 1er September 1901 au 1er April 1902, Imperial Maritime Customs, China. *Medical Reports* (*No.* 63), Shanghai：Statistical Department of the Inspectorate General of Customs, p. 30.

② 《宣统二年思茅口华洋贸易情形论略》,《中国旧海关史料（第 53 册）》, 第 491 页。

③ "Dr. J. L. Michoud's report on the health of Mengtsz for the year ended 30th April 1894", Imperial Maritime Customs, China. *Medical Reports* (*No.* 48), Shanghai：Statistical Department of the Inspectorate General of Customs, p. 36.

④ Report on the health of Tengyueh for the half-year ended 30st September, 1910, Imperial Maritime Customs, China. *Medical Reports* (*No.* 68 – 80), Shanghai：Statistical Department of the Inspectorate General of Customs, p. 95.

⑤ Report on the health of Tengyueh for the half-year ended 30st September, 1910, Imperial Maritime Customs, China. *Medical Reports* (*No.* 68 – 80), Shanghai：Statistical Department of the Inspectorate General of Customs, p. 95.

代生命体演进时，更多关注的是这些传染性疾病，特别是一些法定传染性疾病对于生命体的影响。在评判近世某一地区的医疗发展水平时，也常以并且似乎也只有以这些传染性疾病防治和治疗的好坏来判断。传染病作为"历史进程指标"，[①] 其本身所展现的社会意义确实可以成为衡量某一地区某些医疗指标的重要参数。不过，从上面分析可知，这一认知逻辑必须谨慎对待。1906 年 4 月 1 日至 1908 年 3 月 31 日，腾越医报记载也许给我们一些启示，"在这个口岸服务的五年里，我从没有看到和听到一例霍乱病例。同时，我也从没有听说一例黑死病在云南省这个地方出现，尽管瘟疫有时会在永昌城发生严重流行，但是这个地方离这里有 300 里远，这里的人们相信这种疾病从来不会跨越 Salwun 河"。[②] 1902—1911年，腾越海关十年报告记载也可以说明之，"值得注意的是，在回教叛乱之后，瘟疫肆虐永昌，在八莫现在每年还有受害者，这种情况，在腾越并没有出现。霍乱在当地也没有"。[③]

（三）腾冲、思茅和蒙自属于边疆城市，从传统地理观念的认识逻辑分析，这里更多是表现出偏僻、闭塞和落后的城市形象，在近代社会的"现代"转型过程中，其现代性要素的转变要远远迟滞于一些沿海通商大埠。从上面分析可以了解到虽然一些观念如公共卫生意识表现薄弱，[④] 但是，从这些报告中仍可以体会到西方现代力量对于现代中国的可塑性影响非常大，这些边疆商埠虽然开埠较晚，但受西方的影响却十分明显，某些医疗观念和医疗行为的"现代"转变已经悄然发生。从医疗卫生观念分析，《海关医报》给我们展现了一个相当复杂和充满冲突的认识版

---

① 饭岛涉：《作为历史进程指标的传染病》，《中国社会历史评论（第八卷）》，天津古籍出版社 2007 年版，第 19—26 页。

② Report on the health of Tengyueh for the two years ended 31st March, 1908, Imperial Maritime Customs, China. *Medical Reports* (*No.* 68 – 80), Shanghai：Statistical Department of the Inspectorate General of Customs, p. 38.

③ Decenial reports, 1902—1911, 载刘辉主编《五十年各埠海关报告 1882—1931》，第 329页。

④ 19 世纪末这种公共卫生意识的缺乏，实际上在一些通商大埠也是表现非常普遍。例如，笔者曾考察过开埠较早的厦门港埠也是普遍存在类似问题，相关研究可参阅拙文《十九世纪后期厦门港埠的疾病与医疗社会——基于〈海关医报〉的分析》，载《中国社会历史评论（第十四卷）》，天津古籍出版社 2013 年版，第 103—131 页。

图。虽然有学者已经指出从医疗史角度理解近代社会的"现代性"必须意识到医疗史或者疾病史的相关问题长期以来受制于西方"殖民语境"这一不争的事实，因此，在考察近代社会现代性必须要注意现代进程中的传统力量。但是，必须指出的是，西方对于近代中国的可塑性是永远不能回避的事实。当然，我们在认识这种变化和影响也不能给予过高估计，例如，1906年4月1日至1908年3月31日，腾越医报记载便很能说明问题，"在过去的两年内，我们每年成功接种疫苗的孩子有100人左右……但是这个数字与巨大的人口数量相比，接种疫苗的孩子还是不如种痘多。许多人依然相信传统的'吹化'技术"。①

（本文曾以"清末云南商埠的气候环境、疾病与医疗卫生"为题发表于《暨南学报》（哲学社会科学版）2015年第6期，略有删改）

---

① Report on the health of Tengyueh for the two years ended 31st March, 1908, Imperial Maritime Customs, China. *Medical Reports* (*No.* 68 – 80), Shanghai: Statistical Department of the Inspectorate General of Customs, p. 38.

The Origins of Yunnan Anti-Malaria Commission, 1935 – 1939

Yubin Shen[*]

Introduction

In late July, 1939, Jin Baoshan (P. Z. King 金宝善), the Deputy Director of National Health Administration (NHA, weisheng shu 卫生署), flew to Yunnan Province's capital city Kunming from China's wartime capital Chongqing. Invited by Long Yun (龙云), Governor of Yunnan Province, Jin's purpose of this trip was to attend and chair the opening meeting of the Yunnan Anti-Malaria Commission (云南省抗疟委员会 YAMC), a new governmental institution specifically dealing with the serious endemic malaria in Yunnan. Several days later, on August 2nd 1939, the opening meeting of the YAMC was held in the meeting room of the Yunnan Provincial Health Administration (云南全省卫生实验处 YPHA). Jin Baoshan announced that the YAMC, directly affiliated with the Yunnan Provincial Government, was officially established. In the following five years, the YAMC would initiate a provincial-wide malaria controlling movement, the first time in Chinese history.

In his presidential address of the opening conference, Jin Baoshan provid-

* 作者简介：沈宇斌，美国乔治城大学历史系博士，现任德国柏林马普科学史研究所博士后研究员，研究方向为近代中国的疾病史与环境史。

Jin Baoshan（**P. Z. King** 金宝善）

ed a short introduction to the origin of the YAMC. According to him, there were three major events or factors contributed to the establishment of this institution: Yao Yongzheng（姚永政）and his team investigated the "zhangqi"（瘴气）problem in Yunnan in 1935; the NHA sent Yao Xunyuan（姚寻源）to plan and establish the Yunnan Provincial Health Administration in Kunming in 1936; and the Executive Yuan（行政院）approved the budget for its five-year program of anti-malaria in July 1939. ①

By elaborating these scientific, administrative and financial foundations of YAMC, this paper will explore the origins of YAMC in the 1930s, based on multi-archives both in China and the US. It argues that malaria control in Yunnan in the 1930s was by no means a pure scientific research, but part of the Nationalist regime's state-building within an international context, and during the process, the YAMC was involved in a complicated network in which the central and localgovernments, foreign allies, international organizations, and individual physicians, cooperated together for their own purposes and agendas.

1

Yao Yongzheng（Y. T. Yao 姚永政）and his *zhangqi* investigation team

---

① Yunnan Provincial Archives, the YAMC archives, 1030 – 001 – 00007 – 011.

played a key role in the establishment of the YAMC, because they in the first time identified *zhangqi* as malaria with "scientific" fieldwork. The so-called *zhangqi* is a traditional Chinese medical term referring to a kind of deadly disease caused by poisonous vapors generated in warm and moist mountains and valleys, used to be prevalent in China's southern and southwestern provinces, especially Yunnan and Guizhou. Those zhangqi-ridden regions, most of which habituated by non-Han ethnic groups, were called as zhangqu (瘴区), so dangerous that "no Han could go for long". [1] Although there were considerable records of *zhangqi* in Chinese history, and people had provided several different explanations, scientifically what this disease really was still unknown. For most Chinese in the first half of 20th century, *zhangqi* was a mythical lethal disease that could not be cured, if the ineffective popular healings were not considered.

Yao Yongzheng（Y. T. Yao 姚永政）

It was not until 1935, the secret of *zhangqi* began to be "uncovered". In May that year, Generalissimo Chiang Kai-shek ordered the National Health Ad-

---

① David A. Bello, "To Go Where No Han Could Go for Long: Malaria and the Qing Construction of Ethnic Administrative Space in Frontier Yunnan," *Modern China*, 31. 3 (July 2005): 283 – 317.

ministration to investigate the *zhangqi* disease in Guizhou province. Chiang just came back from Guizhou's capital city Guiyang, where he was shocked that his troops suffered a heavy loss from *zhangqi* endemics in the encirclement campaigns against the Chinese Communist Red Army. This order immediately gained strong attention of Yao Yongzheng, Head of the Department of Parasitology, Central Field Health Station (CFHS, 中央卫生实验处). A graduate from Zhejiang Public School of Medicine (浙江公立医药专门学校), Yao went to the US to study medicine, and received a Mater of Pubic Health from the Johns Hopkins University. In 1932, he went abroad again to study parasitology in the London School of Tropical Medicine. [1]Although Yao Yongzheng held a head position, he was still an unfledged medical researcher without any significant academic contribution at this moment. Having been trained with medical education for so many years, he could fully recognize the importance of studying zhangqi problem: for one thing, it could save millions of Chinese lives; for another, solving this thousand-year myth would provide more opportunities for his professional career. As a result, Yao volunteered to take this task. Several days later he led an investigation team of twelve men immediately left for Guizhou. [2]

Having stationed in Guiyang for two months, Yao and his team went to Guizhou's southern borderland with Guangxi, where this mythical disease was most prevalent. They stayed this zhangqi area and studied this disease for another one month and a half. By examining zhangqi patients' blood and spleen, they found zhangqi was clinically and microscopically as a form of subtertian malaria, with parasites in blood and enlarged spleen. [3]In September, Yao and his team received a new order from Liu Ruiheng (J. H Liu, 刘瑞恒), Director of the NHA, and went to the neighbored Yunnan Province to investigate *zhangqi*

---

① Yunnan Provincial Archives, the YAMC archives, 1030 – 001 – 00007 – 09.

② Y. T. Yao, L. C. Ling and K. B. Liu, "Studies on the So-called Changch'i (瘴气) I. Changch'i in Kweichow and Kwangsi Border," *The Chinese Medical Journal*, 50 (1936): 726.

③ Ibid. , pp. 726 – 738.

there.

In the following five months, Yao and his team workers, mainly L. C. Ling（林梁城）and K. B. Liu（刘经邦）, conducted an comprehensive *zhangqi* investigation in south Yunnan, especially in the borderland between Yunnan and Burma, the so-called Sipu Borderland（思普沿边）, or the Chinese Shan States, where is believed to be the original home of *zhangqi*. Leaving from Kunming, they successively visited the major towns in this regions, including Simao（思茅）, Ning-er（宁洱）, Cheli（车里）, Fohai（佛海）and Ta-lo（打洛）on the Yunnan-Burma border. In all those towns, Yao and his team examined spleens and blood of patients suffering *zhangqi*. The results were the same as in Guizhou: most of them had enlarged spleen and several types of malaria parasite, especially *Pl falciparum* in blood. What is more, nearly every *zhangqi* case "responded beautifully to quinine and plasmoquine treatment". Once again, according to them, *zhangqi* was proved to subtertian malaria. [1]

Yao's finding was really break news. In December, 1935, Yao claimed in a newspaper interview that they had discovered the myth of *zhangqi* in Yunnan and Guizhou: it was subterian malaria, and could be cured by effective medical methods. [2] In the next year, Yao and his collages published their final research results in *the Chinese Medical Journal*, the leading medical journal in China, which had gained considerable attentions from China and abroad. [3] Being considered to have solved one thousand-year puzzle of *zhangqi*, he now was among the leading medical scientists in China with certain international reputation.

---

[1]　L. C. Ling, K. B. Liu and Y. T. Yao, "Studies on the So-called Changch'i Part II. Changch'i in Yunnan," *The Chinese Medical Journal*, 50（1936）: 1815 – 1828.

[2]　"Yungui zhangqi xi e xing nueji,"（云贵瘴气系恶性疟疾 zhangqi in Yunnan and Guizhou is malaria）Dong nan ribao（东南日报）, December 3rd, 1935.

[3]　Y. T. Yao, L. C. Ling and K. B. Liu, "Studies on the So-called Changch'i（瘴气）I. Changch'i in Kweichow and Kwangsi Border," *The Chinese Medical Journal*, 50（1936）: 726 – 738; L. C. Ling, K. B. Liu and Y. T. Yao, "Studies on the So-called Changch'i Part II. Changch'i in Yunnan," *The Chinese Medical Journal*, 50（1936）: 1815 – 1828.

Some recent historical studies have convincingly demonstrated that zhangqi in Chinese history was a much more complicated term with distinctive etiological, cultural and environmental characteristics. It included not only malaria, but also some other different diseases and pernicious materials. To some extent, it had similar meanings with "miasma". [1] In short, Yao's scientific discovery of *zhangqi* as malaria was a misunderstanding. However, putting it back to its historical context and consequence, the importance of Yao's "discovery" should be still given more credits. For one thing, even if zhangqi could not be completely identified with malaria, the reality that malaria was widely distributed in Yunnan and people there suffered malaria miserably, could not be denied; for another, Yao's scientific findings exerted great influence on Chinese (central and Yunnan) medical administers: since *zhangqi* was not that mythical, but the real disease of malaria, Chinese government could utilize modern medical and public health measures to control it. In other words, Yao's research provided a scientific foundation for the establishment of the YAMC.

2

The other two factors mentioned by Jin Baoshan are in fact about the administration and financial cooperation between the central government and the Yunnan government. In 1928, after the establishment of Nationalist government in Nanjing, a Ministry of Health (in 1931, it was reconstituted as the National Health Administration) was organized to build modern public health system in China. [2] It required that all provinces should set up their own provincial health

---

[1]   For a comprehensive revisionist study on history of zhangqi, see Zhou Qiong (周琼), *Qingdai Yunnan zhangqi he shengtai bianqian yanjiu* (清代云南瘴气和生态变迁研究 A Study of the Zhang and Environmental Changes in Qing Yunnan), Beijing: Zhongguo Shehuikexue Wenxian Chubanshe, 2007; also Bin Yang, "The Zhang on Chinese Southern Frontiers: Disease Constructions, Environmental Changes, and Imperial Colonization," *Bulletin of the History of Medicine*, Volume 84, Number 2, (2010): 163 – 192.

[2]   Ka-che Yip, *Health and National Reconstruction in Nationalist China: The Development of Modern Health Services*, 1928 – 1937, Ann Arbor: Association for Asian Studies, 1995, pp. 44 – 53.

Children suffering malaria with enlarged spleen in Yunnan

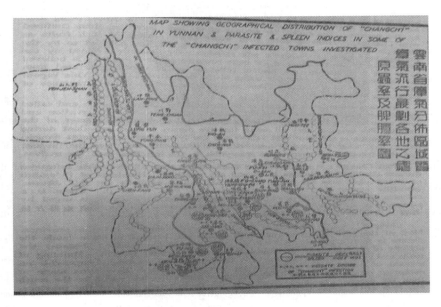

（Map Showing Geographic Distribution of zhangqi in Yunnan and
Parasite and Spleen Indices in Some of the zhangqi infected Towns Investigated）[1]

① L. C. Ling，K. B. Liu and Y. T. Yao，"Changch'i in Yunnan"：1817.

administrations, and if possible, the NHA could provide help to provincial governments for this. [1]In effect, throughout the entire Nanjing period (1928 – 1937), similar as the Nationalist government, the NHA had no direct control on those provincial and municipal health administrations beyond southeastern regions. [2]This order, to some extend, was an attempt to expand its administrative powers to the provincial level. While on the side of Yunnan, lack of personnel and financial support, there was not a specific governmental agency responsible for public health until 1936. Understanding the importance of a modern provincial public health system for his legitimacy, Long Yun, the governor of Yunnan also planed to establish a new provincial health administration. In 1934, Long Yun, ordered Yunnan's Representative Zhang Banghan (张邦翰) in Nanjing to contact with the NHA for organizing Yunnan Provincial Health Administration. The NHA regarded it a good opportunity to involve in Yunnan's provincial public health. Since Yao Yongzheng was at time in Yunnan, he was appointed by the NHA to negotiate with Yunnan officials, and a preliminary plan for the agency was drafted. Later on, the NHA send its advisor Dr. Andrija Stampar, from the League of Nations Health Organization (LNHO), to investigate public health problem in Yunnan, and made an agreement to organize the YPHA. On July 1st, 1936, the YPHA was officially established. Yao Xunyuan, Director of the Department of Medical Relief and Social Medicine, Central Field Health Station (CFHS) was appointed by the NHA to serve as the first commissioner of YPHA. [3]

Yao Xunyuan, a graduate from the Peking Union Medical College (PUMC), with a Master of Pubic Health from the Johns Hopkins University,

① Chen Shiguang and Zhou Qinlai, "minguo shiqi yunnan wiesheng shihua," （民国时期云南卫生史话 A History of Public Health in Republican Yunnan）, in Zheng xie Yunnan Sheng wei yuan hui Wen shi zi liao yan jiu wei yuan hui ed., *Yunnan wenshi ziliao xuanji*, （云南文史资料选辑） No. 35, Kunming: Yunnan renming chubanshe, 1989, p. 197.

② John R. Watt, *Saving Lives in Wartime China: How Medical Reformers Built Modern Healthcare Systems Amid War and Epidemics*, 1928 – 1945, Leiden and Boston, Brill, 2014, p. 50.

③ Yunnan sheng weisheng ting, *Yunnan weisheng tongzhi* （云南卫生通志 A History of Public Health in Yunnan）, Kunming: Yunnan keji chubanshe, 1999, pp. 42 – 43.

was a well-trained medical administer. ①He was keen aware of the serious *zhan-gqi* (*or malaria in this context*) *problem in Yunnan*: *it had caused more mor-bidity and mortality in Yunnan than all other causes combined and had retarded* greatly economical growth of the province. For instance, Simao County, which used to be a prosperous commercial center, suffered an epidemic of malaria from 1919 – 1927, and its population dropped from 76800 to 24106 in 1928. After that the population continued to drop, and it nearly became a ghost city in 1950. Another County, Yunxian (云县) with a population of 140000, was

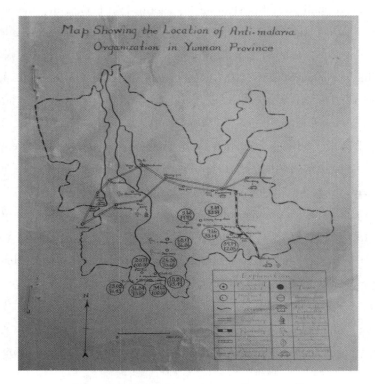

Map of the YAMC's Anti-Malaria Stations②

---

① Yunnan Provincial Archives, the YAMC archives, 1030 – 001 – 00007 – 09.

② Yunnan Provincial Archives, the YAMC archives, 1030 – 001 – 00007 – 006. Also see Rockefel-ler Archives, RG1 601 Box 43, Folder 356, 601 I Malaria 1938 – 1939, F. C. Yan's letter to Dr. Balfour, August 31, 1939, Memorandum on the Five-Year Program of Anti-Malaria Work in Yunnan Province.

attacked by malaria in 1935, and in 1940 with only 90000 survived. [1]Working together with local Yunnan government, in spring 1939, Yao Xunyuan proposed to set up a new agency to control malaria in Yunnan, named as the Yunnan Anti-Malaria Commission, with a five year plan.

According to this plan, the YAMC was directly affiliated with the Yunnan Provincial Government, paralleled with the Yunnan Provincial Health Administration. It would be organized as follows: a General Corps in Kunming in charging of all anti-malaria actives with Yao Xunyuan himself as the General Director and a Malaria Research Institute (with a duty to operate the Anti-Malaria Training Class) in Yunxian. The General Corps were consisted of four major sections: Anti-malaria stations in nine counties, a Circulating Anti-Malaria Corps worked on other malaria-infected counties, Corps of Engineer and Corps of Inspectors. In the first year, the two anti-malaria stations would be built in Simao (思茅) and Ning-er (宁洱); four stations in Yunxian (云县), Shunning (顺宁), Zhefang (or Chefang 遮放) and Fohai (佛海) in the second year; in the third year, the last three stations in Yuanjiang (元江), Hekou (河口), and Jinggu (景谷); the fourth year plan was: with counties mentioned above as the intensive experimental areas, gradually extending the activities in their vicinities or neighboring counties. Trying to plant cinchona trees and manufacture quinine; the last year: "Continuing to do the task initiated in the fourth year, examining the records, and making an end of the work."[2]

However, this five-year plan for the YAMC could not be implemented due to the lack of funding in the first place. After a long time negotiation between the central and the provincial governments, it was approved by the Executive Yuan (行政院) in July 1939. Its budget was fixed at the sum of N. C. $ 1824000.00, and it was agreed that an initial fund of $ 160000.00 and a running expense of $ 832000.00 were to be allowed from the Central Treasury, while the provincial government of Yunnan gave a grant of $ 832000.00 as the

---

①   Chen Shiguang and Zhou Qinlai, "minguo shiqi yunnan wiesheng shihua," pp. 227 – 228.

②   Yunnan Provincial Archives, the YAMC archives, 1030 – 001 – 00010 – 004.

running expense of the commission. (Below is a table which will indicate the expense in detail in the tentative five years):

	Central Government		Provincial Government	
	Initial Expenses	Running Expenses	Initial Expenses	Running Expenses
1ˢᵗ year	60000. 00	160000. 00		220000. 00
2ⁿᵈ year	60000. 00	304000. 00		364000. 00
3ʳᵈ year	40000. 00	200000. 00	200000. 00	440000. 00
4ᵗʰ year		100000. 00	300000. 00	400000. 00
5ᵗʰ year		68000. 00	332000. 00	400000. 00

Total $ 1824000. 00[1]

3

As Jin Baoshan's address had demonstrated that, initiated by Chiang Kai-shek's civil-war-oriented order of investigating zhangqi, scientifically founded by Yao Yongzheng's findings, organized by the YPHA's five-year anti-malaria plan and financially supported by the central and local governments, the YAMC, was resulted from the cooperation between the central and the Yunnan provincial governments due to their own state-building purposes. In one public statement to Yunnan people by the YAMC in June 1ˢᵗ, 1940, it was clearly claimed that the YAMC was organized by the "beloved" Chiang Kai-shek and Long Yun for the purpose to save Yunnanese lives. [2]

However, it was not the whole story. A close examination will indicate that the establishment of the YAMC was also deeply involved with international contexts. First of all, the Central Field Health Station, where Yao Yongzheng and Yao Xunyuan came from, was a product from international cooperation. It was

---

[1] "A Brief Report on the Activities of the Anti-Malaria Commission," May 16ᵗʰ, 1941. Yunnan Provincial Archives, the YAMC archives, 1030 – 001 – 00010 – 005.

[2] Yunnan Provincial Archives, the YAMC archives, 1030 – 001 – 00078 – 018.

established in 1931 under the suggestions of Berislav Borcic, a professor of the Zagreb Institute of Hygiene (Yugoslavia), who was send to China by the League of Nations Health Organization (LNHO) as a medical advisor. [1]In November 1931, another LNHO medical advisor, Prof. Mihai Ciuca, malariolgist from Romania, was sent to China. Together with Dr. OK. Khaw (许雨阶) (from the PUMC) and Yao Yongzheng, they built a malaria division in the Central Field Health Station (an entomology division was established in 1932. The two divisions would be expanded into the Department of Parasitology, directed by Yao Yongzheng). [2] This Malaria Division started the first major scientifically survey of malaria along the lower and middle Yangzi Valley, and conducted research on mosquito bionomics and their relationship to malaria. [3]Advised by the LNHO, the methods of searching for enlarged spleen, blood exaninations and mosquito study[4], were practiced in this survey, which would help Yao Yongzheng to identify zhangqi as malaria later on.

Another international context was the outbreak of the Sino-Japanese War and the construction of the Yunnan-Burma Highway in October 1937. With the retreat of Nationalist central government to Southwest China, the Yunnan-Burma Highway emerged as the most important route of materials and provisions from abroad.

"On January 10, 1939, the first batch of 6000 tons of military materials supported by Russia to China was transshipped from Burma to Wanding in Chi-

---

① John R. Watt, *Saving Lives in Wartime China: How Medical Reformers Built Modern Healthcare Systems Amid War and Epidemics*, 1928 – 1945, Leiden and Boston, Brill, 2014, pp. 43, 47 – 48.

② Chang Li (张力), *Guoji hezuo zai zhongguo: guoji lianmeng juese de kaocha*, 1919 – 1946 (国际合作在中国：国际联盟角色的考察 International Cooperation in China: A Study of the Role of the League of Nations, 1919 – 1946), Taipei: Institute of Modern History, Academia Sinica, 1999, pp. 84 – 85.

③ Ka-che Yip, *Health and National Reconstruction in Nationalist China: The Development of Modern Health Services*, 1928 – 1937, Ann Arbor: Association for Asian Studies, 1995, p. 112.

④ Division of Malariology, Wei Sheng Shu (National Health Administration), Nanking, "Medical and Health Reports: A Preliminary Survey of the Endemicity of Malaria in Nanking, Soochow, Hangchow, Wukong and Districts along the Yangtze Valley," *Chinese Medical Journal*, 46 (1932): 719 – 726.

na, and was internally transported to Kunming across Yunnan-Burma Highway, which was the beginning of Yunnan-Burma Highway to transport military materials aided by foreign countries. "① At this time, Yunnan became a key center for Chinese national defense. Since the Yunnan-Burma Highway was situated in one of the most serious malaria-ridden regions, the malaria problem in Yunnan began to gain attentions from the central government. It was also in the context that the NHA was eager to cooperate with Yunnan government to set up the YAMC.

The last international element in the establishment of the YAMC has to do with the financial problem of the Malaria Research Institute (MRI). The MRI was a key component of the YAMC. It was designed to "take charge of all the researches on malaria and give the technical advice in anti-malaria work". ②On

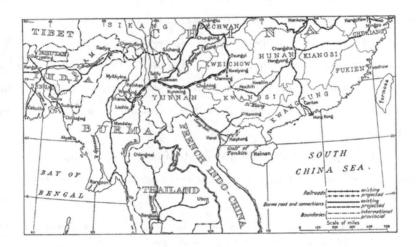

Yunnan in Southeast Asia and the Yunnan-Burma Highway③

---

① Lattimore, "Yunnan, Pivot of Southeast Asia," *Foreign Affairs* 1943 April Issue. http://www.foreignaffairs.com/articles/70255/owen-lattimore/yunnan-pivot-of-southeast-asia.

② Rockefeller Archives, RG1 601 Box 43, Folder 356, 601 I Malaria 1938–1939, F. C. Yan's letter to Dr. Balfour, August 31, 1939, Memorandum on the Five-Year Program of Anti-Malaria Work in Yunnan Province, Appendix 9.

③ Ibid.

August 3rd 1939, the First Meeting of the YAMC appointed Yao Yongzheng as MRI's director, and passed the budget plan for the Malaria Research Institute: the initial expense is N. C. $49000, operating expense is 8940/per month. YMAC would provide one third of the funding, while the YMAC would asked the Rockefeller Foundation and the Sino-British Boxer Rebellion Indemnity Commission to help pay for the other two thirds. [1]The two foreign rich foundations had long time cooperation with Chinese government, especially the RF, which had played a key role in the development of public health and medical education in China since the 1910s. [2]It was also known RF that had a strong interest in malaria control in China, the YAMC naturally assumed that they would also support this plan for MRI, and passed this budget without contacting with them in advance. At this moment, nearly all Chinese in this regard had strong ambition and confidence that MRI would be sponsored by those international organizations. However, the results would be quite disappointing. But that is another story.

---

[1]   Yunnan Provincial Archives, the YAMC archives, 1030 – 001 – 00007 – 001.

[2]   See Mary E. Ferguson, *China Medical Board and Peking Union Medical College: A Chronicle of Fruitful Collaboration*, 1914 – 1951, China Medical Board of New York, Inc, 1970; John Z. Bowers, *Western Medicine in a Chinese Palace: Peking Union Medical College*, 1917 – 1951, The Josiah Macy, Jr. Foundation, 1972; Mary Brown Bullock, *An American Transplant: The Rockefeller Foundation and Peking Union Medical College*, Berkeley: University of California Press, 1980; and *The Oil Prince's Legacy: Rockefeller Philanthropy in China*, Woodrow Wilson Center Press, 2011.

民国以前湖南疫灾流行与
环境的关系[*]

杨鹏程　　杨妮兰

对于疫疠发生的原因，隋朝巢元方编纂的病因、病理与症候专著——《诸病源候论》认为：

> 其病与时、温、热等病相类，皆由一岁之内节气不和，寒暑乖候，或有暴雨疾风，雾露不散，则民多疾疫。疾无长少，率皆相似。如有鬼厉之气，故云疫疠病。①

即认为疫疠与"节气不和，寒暑乖候，或有暴雨疾风，雾露不散"等自然条件相关，其实除了自然地理环境之外，瘟疫也与政治、经济和战争等社会环境有密切关系。

---

* 基金项目：本文为湖南省哲学社会科学成果评审委员会重点项目"湖南疫灾史与防治对策研究"（1011109Z），省教育厅教研教改项目"加强历史专业学生实践能力、创新能力和就业能力的研究与实践"及省教育厅重点研究基地"中国古代文学与社会文化"研究中心成果之一。

作者简介：杨鹏程，湖南科技大学人文学院教授，研究方向为中国近代史与湖南地方史。杨妮兰，湖南科技大学人文学院硕士研究生，研习中国近代史与湖南地方史。

① 巢元方著、丁光迪主编：《诸病源候论校注》，人民卫生出版社1991年版，第334—335页。

一 "湿热"的地理环境是湖南瘟疫频繁流行的自然因素

湖南省自然地理环境的基本特点可以概括为湿热二字,而潮湿多水和较高的气温恰恰又是许多传染病流行的必备条件。

古人认为地理因素如气、风、水、土等对人的健康或所患疾病起着重要作用,常用"水土""风土""风气"等语词来代表某一地区的地理条件或自然环境。诗人杜牧《上池州李使君书》称:"大江之南,夏候郁湿,易生百疾。"[1] 元朝衡阳人曾世荣认为"北人水气多,南人瘟疫盛,地气天时使之然也"。[2]

在古人的观念中,北方"土厚水深,居之不疾",对健康较为有利;而南方土薄水浅则不利于健康,"江南卑湿,丈夫早夭"。生活在包括湖南在内的低洼湿热地区之人,"腑脏日与恶劣水土接,毒气侵淫,终当有疾。"[3]

《湖南通志》称"岳州北滨江,州郡气候尤热,夏月南风则郁蒸特甚。盖湖南千里无山,多得日色,故少阴凉之气也。居民每至夏秋多病痢疟,皆暑湿所致也"。[4]

刘禹锡有诗称:"南国异气候,火旻尚昏霾。瘴烟跕飞羽,沴气伤百骸。"[5] 意为湖南气候太怪异,秋天还如此阴暗。南方湿热的毒气让飞鸟也坠落于地,恶气对百物都有毒害。

唐张谓《长沙风土碑序》称:"郡临江湖,大抵卑湿,修短疵疠,未违天常,而云家有重腿之人,乡无斑白之老。谈者之过也。"[6] 即时人认

---

[1]　陈允吉点校本《樊川文集》,上海古籍出版社 1978 年版,第 193 页。

[2]　曾世荣:《活幼口议》,北京中医古籍出版社 1985 年版,第 48 页。

[3]　转引自梁其姿《疾病与方土之关系:元至清间医界的看法》,载李建民主编《生命与医疗》,中国大百科全书出版社 1995 年版,第 371 页。

[4]　卞宝第、李瀚章等修,曾国荃、郭嵩焘等纂:《湖南通志》卷 40《地理志·风俗》,清光绪十一年刻本。

[5]　刘禹锡:《卧病闻常山旋师策宥过王泽大洽因寄李六侍御》,陶敏校注:《刘禹锡全集编年校注》,岳麓书社 2003 年版,第 97 页。

[6]　祝穆:《方舆胜览》卷 23。

为湖南滨临江湖，地势低而潮湿，因此多生疾疫而影响寿命。尽管张谓不赞成这种说法，但湖南古代为"炎瘴之地"乃至仕宦者视为畏途则是不争的事实。

西汉长沙定王发"以其母微无宠，故王卑湿贫国"。① "母微无宠"，子以母贱，只能打发到卑湿贫穷的湖南为王。东汉城阳恭王祉"光武族兄舂陵侯敞之子也。敞曾祖父节侯买，以长沙定王子封零道县之舂陵乡……[孙]仁以舂陵以执下湿，山林毒气，上书求减邑内徙。元帝初元四年（前45）徙封南阳之白水乡，犹以舂陵为国名，遂与从弟钜鹿都尉回及宗族往家焉。"② 反之从南方迁往北方则是一种奖赏："孝景四年（153），吴、楚已破，衡山王朝，上以为贞信乃劳苦之，曰：'南方卑湿'，徙王于济北以褒之。"③

南朝梁时王亮"出为衡阳太守，以南土卑湿，辞之不官"。④ 唐朝柳公绰"出为湖南观察使，以地卑湿，不可迎养，求分司东都"。⑤ 因担心不服湖南水土、卑湿易致疾病而请求易地为官甚至宁愿辞官不做，可见当时人们对炎瘴之地的恐惧心理。

长江中下游地区的开发远较黄河流域滞后，湖南很长时期内被视为蛮荒不毛之地，自古即为受到朝廷排挤打击者如屈原、贾谊辈的放逐流亡之地。贾谊"既以适（谪）居长沙，长沙卑湿，自以为寿不得长，伤悼之乃为赋以自广"。⑥

唐"曹王皋贬衡州"。⑦ 太和二年（828）贬四川节度使杜元颖为邵州刺史，九年（835）贬左金吾大将军沈曦为邵州刺史。永贞革新失败之后"二王八司马"的柳宗元被贬永州，刘禹锡被贬朗州司马，其诗中称

① 《史记·五宗世家》。
② 《后汉书·宗室四王三侯列传》。
③ 《史记·淮南衡山列传》。
④ 《梁书·王亮传》。
⑤ 《唐书·柳公绰传》。
⑥ 《汉书·贾谊传》。
⑦ 卞宝第、李瀚章等修，曾国荃、郭嵩焘等纂：《湖南通志》卷210《人物志·技术》，清光绪十一年刻本。

"悒悒何悒悒，长沙地卑湿"，① 被贬谪之地湖南地势低洼潮湿，因此心情忧郁不乐。又有"邻里皆迁客（被贬谪官吏）"之句，可见人数之众。②

至宋朝贬谪到湖南的官员有增无减：《岳阳楼记》中的"滕子京谪守巴陵郡"，"迁客骚人，多会于此"。范尧夫谪居永州，官居尚书左仆射都督诸路军马的张浚"三徙永州"，③ 韩侂胄擅政时蔡元定谪道州。④ 有人做过统计，两宋时期贬谪永州的文官即有 47 人，包括寇准、周敦颐、苏轼、苏辙、黄庭坚等著名人物。⑤

湖南为大陆性中亚热带季风湿润气候，省境距海 400 公里，受东亚季风环流的影响。气候年内与年际变化较大，冬寒冷而夏酷热，春温多变，秋温骤降，时常出现秋冬干旱、春夏暴雨等灾害性天气，天气时寒时温，最易患病，这种气候条件适合种种病媒虫害和病原微生物的滋生繁殖，从而导致各种疫病流行。

湖南的主要农作物为水稻，水稻从萌芽至收获几乎离不开水，江河、湖泊、池塘、沟渠、洼地处处是水，而这些水源以及民居周边则是无穷无尽的杂草繁木，为疟疾的媒介——蚊虫提供了栖身繁育之地。无霜期短暂、冬季较少降雪结冰又使某些病菌包括霍乱、痢疾等传染病的媒介——苍蝇的卵虫安然蛰伏越冬，次年死灰复燃。

疟疾的传播媒介是按蚊，当代的调查研究显示，我国境内存在近 60 种按蚊，具有流行病学意义的媒介湖南境内主要为中华按蚊、雷氏按蚊嗜人亚种和微小按蚊 3 种。中华按蚊遍布除新疆及青藏高原之外的全国各地，主要滋生在水稻田及湖沼、池塘、洼地、沟渠之地，陆游有诗曰"泽国故多蚊"，乃是长江中下游水乡泽国蚊蚋密布的真实写照。其数量在 5、6 月急速增加，到 7、8 月达到最高峰。雷氏按蚊嗜亚种孳生于水草密布的水坑、沟渠、稻田、池塘中，8、9 月间数量最多。微小按蚊孳生

---

① 刘禹锡：《谪居悼往二首》，陶敏校注：《刘禹锡全集编年校注》，岳麓书社 2003 年版，第 119 页。

② 刘禹锡：《武陵书怀五十韵》，陶敏校注：《刘禹锡全集编年校注》，第 71 页。

③ 卞宝第、李瀚章等修，曾国荃、郭嵩焘等纂：《湖南通志》卷 210《人物志·流寓》，清光绪十一年刻本。

④ 卞宝第、李瀚章等修，曾国荃、郭嵩焘等纂：《湖南通志》卷末之 3《杂志三·纪闻三》，清光绪十一年刻本。

⑤ 汤军：《两宋人物贬谪永州编年考》，《邵阳学院学报》2010 年第 5 期。

在山区流速缓慢、水质清凉的溪流岸边杂草中。湖南的自然条件为蚊虫的繁育滋生提供了合适的生存环境，因此疟疾一直是威胁湖南民众生命健康的祸首元凶，几乎无年不有，无处不发，无人不患。

二　大灾之后必有大疫

疫灾多为水旱虫灾饥馑兵燹的次生灾害，大水大旱之后必有大疫几乎已成定律。原因如下。

第一，洪水泛滥，传染病菌以水为媒介广泛传播。湿热又恰恰是病菌繁殖的有利条件。道光二十九年（1849）五月湘潭大水，"下游流民数万，散居城乡，饥疫并行"。[1] 宣统二年（1910）常德府五月中旬洪水，"附近居民避水入城，露宿城上，几无隙地。城内又为积潦所浸，深者灭顶，浅亦没膝。水蒸之气，积为疠疫，死亡枕藉，日百数十起云。"[2]

第二，灾害发生后往往饥荒缺粮，灾民饥不择食，吃树皮、野菜、草根、观音土，或变质腐败的动物尸体甚至人的尸体，喝被污染旳生水都可能致病。

顺治八年（1651），安福、永明、慈利、石门旱。其中永明斗米钱四千，饿死者五六百人。慈利以兵荒交困，饿死人口十分之三。九年（1652）安乡"自春徂秋无雨，禾尽枯，谷价二两一石，民尽徙湖边依菱茨为命。时谣曰：'五月菱，饱杀人'"。[3] 康熙四年（1665）长沙、永州大旱，"竹实如燕麦，男妇竞扫以为食"。[4] 十七年（1678）嘉禾及郴州各县均大饥，民食蕨根、蕉头、苦菜。[5] 十八年（1679）石门"自六月至十月无雨，溪涧尽龟坼，斗米价至四钱，菱茨野菜觅采都尽，饿殍载路，流亡甚众。"[6] 三十五年（1696）湘乡正月至五月不雨，"农未分秧"，

---

① 陈嘉榆修，王闿运纂：《湘潭县志》卷9《五行第九·疫》，清光绪十五年刻本。

② 《国风报》，1910年第15号《中国纪事》。

③ 《湖南自然灾害年表》，湖南人民出版社1961年版，第52页。

④ 卞宝第、李瀚章等修，曾国荃、郭嵩焘等纂：《湖南通志》卷244《祥异志》，清光绪十一年刻本。

⑤ 《湖南自然灾害年表》，湖南人民出版社1961年版，第57页。

⑥ 林葆元、陈煊修，申正扬纂：《石门县志》卷12《荒歉》，1936年印。

"民大饥,采蕨根以食,又苦乏盐"。① 如果说葛根、薯叶、菱芡、竹实都还是有机物尚可聊以充饥果腹的话,更有甚者,灾民饥不择食以白泥填腹,称之为救苦救难的"观音土"。康熙九年(1670)龙阳大旱,"草根食尽,居民指白泥为'佛粉',争相掘食,死亡极众"。

清初出现过两次"人相食"的记载。一是顺治七年(1650),黔阳斗米上涨至银三两,"民间初食草实槐树皮,继人相食,丁口几尽"。十年(1653),长沙、辰州府属各县大旱,人相食。② 此后湖南还发生过若干次"人相食"甚至"或杀同伴,或杀己孩,或易子相食"的惨剧,疫病焉得不泛滥成灾。

第三,灾民失去家园后流离失所,风餐露宿,缺医少药,身体羸瘦虚弱,抵抗力下降,都是极易致病的。

第四,灾民迁徙流移时将病菌沿途扩散,如道光十二年(1832)湖北灾民带病进入平江,造成该县大疫即为一例。且灾民四方乞讨,杂处麇集,容易互相感染。古人在论及施粥的弊端时就认为粥厂地方狭小,人多杂处,易感时疾。因为这种方式施赈,"行之一城不知散布诸县。以致四方饥民闻风骈集,主者势力难及,来者壅积无"。施粥往往多在城镇设厂,"少壮弃家就食,老弱道路难堪";"竟日伺候二餐,遇夜投宿无地;秒杂易染疾疫,给散难免挤踏"。施粥者见僧多粥少,随时增添生水,"往往致疾"。③

第五,兵灾与天灾之后死者尸体未能及时妥善掩埋造成瘟疫肆虐。

古代医家认为:"时行疫疠,非常有之病……多发于兵荒之后,发则一方之内,沿门合境,老幼皆然,此大疫也。至于大疫,则一时详一时之证,一方用一方之法,难可预为拟议也。"意思是指兵荒与饥荒之时,路上无人料理堆积的死尸,构成一方之"戾气",形成传染源。明清间医家周扬俊说:"大疫之沿门合境,传染相同者,允在兵荒之后,尸浊秽气,充斥道路,人在气交,感之而病,气无所异,人病亦同。所以月偻于孟春掩骼埋胔,不敢或后者。"又说:"或因天之风雨不时,地之湿浊

---

① 齐德五、王述恩修,黄楷盛纂:《湘乡县志》卷5《祥异》,清同治十三年刻本。

② 《湖南自然灾害年表》,湖南人民出版社1961年版,第52—53页。

③ 《钦定康济录》,四库全书,上海古籍出版社1987年版,第663册,第325—326页。

蒸动，又因骴骼掩埋不厚，遂使大陵积尸之气，随天地之升降者，飘泊远近，人在气中，无可逃避，感之而病而死，于是更增一种病气尸气，流行其间，复相渐染，至久弥甚矣。故从来疫疠行于兵荒之后居多，不但人厕中气先弱也，良由所积之秽气特甚耳……天下秽恶之气，至疫则为毒极矣，人犯之者，三焦混淆，内外无间，不分表里。"灾荒时期积尸盈野而造成疠气、病气、尸气是致病的传染源："种种恶秽，上溷苍天清净之气，下败水土物产之气，人受之者，亲上亲下，病从其类，有必然之势……蒸气中原杂诸秽，益以病气尸气，无分老少，触之即同一病状矣。"[①]

以下分述水灾、旱灾、蝗灾和兵灾改变生活环境引发瘟疫的情况。

三　水灾引发瘟疫

江洪灾如嘉靖三十九年（1560）长江洪峰与洞庭四水洪峰交汇，湖南发生特大水灾。岳州、宝庆、辰州等府，靖州、安化、益阳、浏阳、衡山、安乡、龙阳、华容等诸多州县受灾，据称"是岁之潦古今仅见"：

> 夏，淫雨不止，山水内冲，江水外涨，洞庭泛滥如海，伤坏田庐无数。水发迅速，老稚多溺死者，尸满湖中。漂流畜产，所在皆是，有连人连房浮沉水上，犹扃未开者。[②]

山洪灾如嘉靖八年（1529）秋七月桂阳山洪暴发：

> 桂阳县淇江洪水突起七丈有奇，三日方退，死者满百，积尸巨港，不可胜记。知县杨易亲往祭之。[③]

---

① 转引自梁其姿《疾病与方土之关系：元至清间医界的看法》，载李建民主编《生命与医疗》，中国大百科全书出版社1995年版，第377—379页。

② 陶澍、万年淳修纂：《洞庭湖志》卷7《事记》，清道光刻本。

③ 胡汉纂修：《郴州志》卷20《祥异纪》，明万历四年刻本。

隆庆六年（1572）夏六月东安大雨山崩：

> 是年六月五日，金字岭云雾四塞，雷雨大作。岭巅土石如泻，大木悉拔。岭凹间民居倾洗，人畜浮江而下，江水暴涨，秽毒漫盈，潇湘二流鱼虾尽死。[①]

水灾之后发生疫病的又如永乐十五年（1417）酃县山崩，山洪暴发，冬大疫；成化二十年（1484）夏大水，秋大疫；[②] 嘉靖元年（1522）衡州府大水冲毁城垣，水退后民多疫；万历十二年（1584）湘潭水灾后发生饥疫，十六年（1588）宝庆府、湘潭、湘乡、衡山、安乡等地水灾后"疫疠大作，死者枕藉"。[③] 三十八年（1610）新化夏秋"淫雨连绵，民疫"。

顺治四年（1647）醴陵"淫雨，正月至六月大疫，斗米千钱"。[④] 是年二月衡阳"大水，饥，六月疫"。[⑤] 道光十二年（1832）全省因先年湘、资、沅、澧四水同涨，水灾引发普遍大饥疫，死亡无算。其中武陵"道殣相望，殍毙者以上万计。民户多绝"。[⑥] 同治七年（1868）芷江"淫雨伤稼，大疫，死者甚众，十室九空"。[⑦] 光绪十五年（1889）永绥自四月至七月"苦雨三月，淹没民房禾稼，瘟疫死者数十人"。[⑧] 三十四年（1908）六月十九，澧州有"冲破城堤之灾，罹灾者七八十人，牲畜遍地，瘟疫起焉"。[⑨]

清末数年间湖南频频遭受洪水蹂躏，继1905年至1908年连续4年水灾之后，1909年又发生特大洪水，灾情"重于上年数倍，常、岳、澧各

---

①　黄心菊修，席宝田、谢兰阶纂：《东安县志》，清光绪元年刻本。

②　唐荣邦等修，周作瀚等纂：《酃县志》卷11《事纪》，清同治十二年刻本。

③　《湖南省自然灾害年表》，湖南人民出版社1961年版。

④　陈鲲修，刘谦纂：《醴陵县志》卷1《大事纪》，民国37年铅印本。

⑤　罗庆芗修，殷家隽、彭玉麟纂：《衡阳县志》卷1《事纪》，清同治十三年刻本。

⑥　《湖南自然灾害年表》，湖南人民出版社1961年版，第83页。

⑦　卞宝第、李瀚章等修，曾国荃、郭嵩焘等纂：《湖南通志》卷244《祥异志》，清光绪十一年刻本。

⑧　董鸿勋纂修：《永绥厅志》卷1《灾祥》，清宣统元年刻本。

⑨　澧县档案馆：《澧州志》卷3《纪念志》，1981年整理编印本。

属灾黎惨状耳不忍闻"。① 以下是灾情特别严重的州县:

安乡:"今年(1909)五月下旬则荆、澧、沅三水齐涨,五百九十余垸存者仅三十有奇。屋舍已漂,鸡犬亦尽,惊涛骇浪中攀鹊巢浮木以延残喘者所在皆是。逮秋初水退,其地稍高阜者相率典冬衣鬻耕牛以种晚稻。讵天不悔祸,秋涨迭乘,种甫怒芽,尽成虾菜。盖饥民掠食蚁聚蜂屯,其互相戕贼及死于法者不下数百。""迩来落木萧萧,寒风瑟瑟,十七万灾民无论十年布被、百结鹑衣,概归质库,即半椽茅屋什物家囊亦俱付之流水。无富无贵,无男无女,扶老携幼,道路颠连。或咀菜和根,或糊糠作饼;此餍木叶,彼食丸泥,悲惨之情,笔不能绘。"②"饥民沿户掠食,定家之有无,无人之亲疏,虽平昔往来缜密亲朋戚友,如有谷米,必分食殆尽,无情谊可言。事平后委员放赈,酒席宴前吐弃鱼肉骨,众小儿争拾食如犬。堤局煮饭沸,争分米汤致门毁。朝见扶杖乞食,夕则饿死道旁者比比。青草树皮,争食净尽。糠秕糟谷,视若珍品。虽得捐父母鬻妻子,相对饮泣,流离失所者不计其数。"③

华容:"去夏(1908)水泛垸田,尽成泽国。沧海山田,亦被积淹。……计自秋冬以来,饥殍之僵仆于道旁者,始为流民,继则居民。死者长已矣,为此奄奄一息者之余生,垂死未死,至为可悯。其剥树皮、掘菜根、摸蚌拾蛤以疗残饥者不下数万家,偶得蓬蒿、藜藿、莱芜、荆菁、芹荇、菱藻之属,视之不啻精馔。况水所不得而尽者,雨又从而蚀之;雨所不得而绝者,地又因而厄之。所生有几,而所食无余。惟耕牛仅存十之一二,又病苦雨,死伤过半。明年播种无牛,何以能耕?"④

澧州:"(1908年)六月十九日大水溃城,东南十九皆成泽国,计灾黎十有六万。当是时积蓄未空,尚有极贫次贫之别。迨宣统元年五月复罹水患,东南二百余垸仅存百分之一,前此所谓次贫者已极贫,所谓极贫者

① 《致军机处、度支部》,《湖南咨议局第一届报告书》卷五,电报类,第9页。清宣统二年铅印本,湖南省图书馆藏。

② 《呈据安乡邓纶源等请筹水灾善后借工代赈文》,《湖南咨议局第一届报告书》卷4,第41页。清宣统二年铅印本,湖南省图书馆藏。

③ 《安乡县志》,民国二十五年石印本。

④ 《呈据华容议员刘承孝函送王岳四等以饥荒请赈文》,《湖南咨议局第一届报告书》卷4,第46页,清宣统二年铅印本,湖南省图书馆藏。

且鬻妇卖儿，大半为沟中瘠矣。"① "堤破之后，势如山崩地裂，于是庐宅荡析，人民漂溺，田畴刮削，丘墓掘发。其尤惨者，汪洋一片，尸胂遍浮，或至流入民户，积填壑中，甚或挂悬林间，漂搁岸上，然鱼鸟争食，哀不忍睹。幸而得保余生，或抱树杪，或蹲屋脊，然不为溺鬼，终不能不流为饿鬼。" "至于垫溺余生，数日未食，气息奄奄，行辄仆地，或竟仆地以死。瞬届冬令，饥寒交迫，情更难堪，然而卖妻鬻子，四方逃散诸惨状，去岁发轫，今更甚焉。"② "有什物妻子典卖为生者，预指今年（1909）春收度命，岂意入春淫雨，豆麦失望，高乡稻种损失亦巨，有以极贵之价购稻种于别乡，三四次下种而无秧苗可插者，下年秋收又未可必。现谷价已涨至四串余，米价已涨至八串余，且无可买，亦无以为买。扶老携幼，男号女啼，遍野沿门，鸠形鹄面，食树皮、草根、观音土及糟糠而毙者所在皆是，大都身无完肤，为一息尚存者割以充饥。尤惨者则生人相食，如黄杉树、福兴窑等处，或杀同伴，或杀己孩，或易子相食。"③

南洲："全境概属垸田，去岁（1908）水灾实为从前所未有，合厅大小分合约二百垸，存者不过二十垸而已。" "而天未悔祸，又成春灾，自正二月至今淫雨连绵……兼之地本低湿，大水之后，加以春霖过多，潮湿愈重，除每日饿殍死亡相继外，而卧病呻吟几于比户皆是，耕牛亦因湿病而大半瘠毙。天灾至此，人心惶惶，未知将来伊于胡底。"④

常德府：宣统二年（1910）五月中旬洪水陡涨，又连日大雨，"郡城六门，闭者凡五。附近居民避水入城，露宿城上，几无隙地。城内又为积潦所浸，深者灭顶，浅亦没膝。水蒸之气，积为疠疫，死亡枕藉，日百数十起云。"⑤

水灾频频，带来的后果是"卧病呻吟几于比户皆是"，"水蒸之气，积为疠疫，死亡枕藉"，"耕牛亦因湿病而大半瘠毙"。

---

① 《呈据澧州谢开运等以灾惨情形乞赈文》，《湖南咨议局第一届报告书》卷4，第55页，清宣统二年铅印本，湖南省图书馆藏。

② 《澧州灾荒实状》，《长沙日报》1909年十月初一日。

③ 《呈据澧州谢开运等以灾惨情形乞赈文》，《湖南咨议局第一届报告书》卷4，第55页，清宣统二年铅印本，湖南省图书馆藏。

④ 《呈据全炳辉等以灾重赈缺转恳设法救助文》，《湖南咨议局第一届报告书》卷4，第48—49页，清宣统二年铅印本，湖南省图书馆藏。

⑤ 《国风报》，1910年第15号《中国纪事》。

四　旱灾、蝗灾引发瘟疫

对于旱灾引发的饥荒与死亡，文献记载中常常会出现"赤地千里，饿殍遍野""殍死者枕藉""民多饥死""死者甚众"之类触目惊心的字句。如明天顺三年（1459）"辰州、永州、常德、衡州、岳州、铜鼓、五开等府卫自五月至七月不雨，民之饥殍者不可胜记"。① 成化二十三年（1487）武陵、桃源、龙阳、沅江及祁阳"大旱、饥、谷米昂贵，道殍枕藉"；嘉靖十三年（1534）常德府大旱，"民多饿死"；三十五年（1607）永明"大旱，米贵，饥死者五六百人"。②

因旱导致疫病的如宋嘉定五年（1212）"宜章旱，多疫"；元至顺二年（1331）"衡州路属县比岁旱蝗，仍大水，民食草殆尽，又疫死者十九"。③

明宣德十年（1435），"慈利大旱，疫"；天顺五年（1461），"兴宁大旱，虫食苗，大疫"；成化十二年（1476），"湖广夏秋亢旱，田禾损伤，人染疫死者甚众。"④ 成化二十二年（1486）湖广旱，郴州、宜章大疫；明弘治元年（1488）"平江旱、饥，兼以时疫"；华容"自二月不雨至十月，饥、人相食"。⑤ 次年春发生大疫。⑥ 正德十二年（1517）宝庆、祁阳大旱，疫；万历十八年（1590）临湘、绥宁"大旱，大疫"。天启六年（1626）醴陵大旱，"泉井水绝，饥疫载道"。⑦

顺治四年（1647）泸溪大旱，斗米五钱，翌年"春疫"。⑧ 顺治九年（1652）武冈大旱，自正月至九月，"斗米银六钱，无籴处。继以大疫，

---

① 《明英宗实录》卷309。
② 以上均见《湖南自然灾害年表》，湖南人民出版社1961年版。
③ 卞宝第、李瀚章等修，曾国荃、郭嵩焘等纂：《湖南通志》卷243《祥异志》，清光绪十一年刻本。
④ 《明宪宗实录》卷165。
⑤ 《湖南自然灾害年表》，湖南人民出版社1961年版，第28页。
⑥ 卞宝第、李瀚章等修，曾国荃、郭嵩焘等纂：《湖南通志》卷243《祥异志》，清光绪十一年刻本。
⑦ 陈鲲修，刘谦纂：《醴陵县志》卷1《大事纪》，民国37年铅印本。
⑧ 顾奎光修，李涌纂：《泸溪县志》卷22《祥异》，清乾隆二十年刻本。

男女枕藉，死者无算"。①

康熙四十五年（1706）岳州"自三月不雨至七月，斗米钱三百多，加以民多疫病"，② 乾隆十八年（1753）汝城大旱，"井泉皆涸，田不能耕。秋大疫，死者枕藉，至无棺以殓"。③ 嘉庆二十五年（1820）蓝山旱后大疫。道光十五年（1835）全省大旱，自湘南至湘北，包括长沙、善化在内，"飞蝗蔽天，早、中、晚稻俱枯槁啮尽无收。民间大饥，且多疫"。三十年（1850）桂阳夏旱，"秋冬间疫作，死亡尤众"。咸丰十一年（1861）浏阳"秋旱疫"。光绪十七年（1891）"湖南北饥，其冬，疫起"。翌年春，"饥益甚，疫乃大作，人死者盖三之一焉。荆、沔流移尤甚"。

暖冬为病害蛰伏过冬提供了条件，有可能导致翌年瘟疫流行。乾隆十二年（1747）郴州"冬燠无水，次年宜章、桂阳、桂东大疫"。这次疫灾延续了4年，乾隆十四年（1749）兴宁、桂东"疫大作"，乾隆十五年（1750）兴宁、桂东牛瘟几尽。④

光绪二十八年（1902）宁远"春夏旱，已而疫大作，县城为甚"。⑤ 县城人口密集，疫病较易传染扩散。

气候反常，人体难以适应也易致病。隋朝巢元方编纂的《诸病源候论》认为："时行病者，是春时应暖而反寒，夏时应热而反冷，秋日应凉而反热，冬时应寒而反温，此非其时而有其气，是以一岁之中，病无少长，率相似者，此则时行之气也。"⑥

嘉靖二十三年（1544）衡阳春、夏、秋三季连旱，"又自九月至十一月不雨，炎热如夏，民多疫"，流亡不可胜数。道光元年（1821）永州夏季气候反常，"淫雨，甚寒，民多疫"。⑦ 五年（1825）夏，浏阳"淫雨，

① 《湖南自然灾害年表》，湖南人民出版社1961年版，第52页。
② 陶澍、万年淳：《洞庭湖志》，岳麓书社2003年版，第173页。
③ 陈必闻修，卢纯道等纂：《汝城县志·祥异》，民国二十一年铅印本。
④ 朱偓修，陈昭谋纂：《郴州总志》卷41《事纪》，清嘉庆二十五年刻本。
⑤ 李毓九、王者兴修，徐桢立纂：《宁远县志》卷3《灾祥》，民国31年刻本。
⑥ 巢元方著，丁光迪主编：《诸病源候论校注》，人民卫生出版社1991年版，第279—280页。
⑦ 卞宝第、李瀚章等修，曾国荃、郭嵩焘等纂：《湖南通志》卷244《祥异志》，清光绪十一年刻本。

甚寒，大水，民多疫"。①

因蝗虫肆虐禾稻失收，导致饥荒引发疾病的如明天顺五年（1461）兴宁"大旱，虫食苗，大疫"；嘉靖二十三年（1544）郴州蝗灾后"秋大疫，死数千人，复大饥。"② 万历三十八年（1610）新化"蝗伤稻，疫"。咸丰四年（1854）夏桂阳州北蝗旱瘟疫成灾，60余口人的荷叶塘太平村死50余人。③

五　兵燹战乱引发瘟疫

历史上湖南境内因兵燹战乱引发疫病的情况比比皆是。

汉吕后七年（前181），赵佗"乃自尊号为南越武帝，发兵攻长沙边邑，败数县而去焉。高后遣将军隆虑侯晁往击之。会暑湿，士卒大疫，兵不能逾岭"。④ 伏波将军马援南征时"军史经瘴疫死者十四五"、征武陵蛮时"暑甚，士卒多疫死，援亦中病"，"卒于师。军士多温湿疾病，死者大半"。⑤ "瘴疫"可能是指疟疾，竟导致兵败帅亡。

隋开皇十七年（597）："桂州人李光仕举兵作乱，令［周］法尚与上柱国王世积讨之。法尚驰往桂州发岭南兵，世积出兵岳州征岑南军，俱会于尹州。光仕来逆战，击走之。世积所部多遇瘴，不能进，顿于衡州。法尚独讨之。"⑥

北宋庆历四年（1044）："帝谓抚臣曰：'湖广击蛮吏士，方夏瘴热，而罹疾者众，宜遣医往为诊视。'"⑦

宋景炎元年（1276），攸县人吴希奭、陈子全、王梦应响应文天祥勤王的号召，起兵抗元。次年与元军大战，曾收复攸县、萍乡、醴陵。终以寡不敌众，吴希奭、陈子全战死，王梦应率百余人走永新，竟因疫病

① 李馥纂修：《浏阳县志》卷2《事略志》，民国二十年印本。
② 胡汉纂修：《郴州志》卷20《祥异志》，明万历四年刻本。
③ 桂阳县志编纂委员会：《桂阳县志》，中国文史出版社1994年版，第11页。
④ 《史记·南越列传》。
⑤ 《后汉书》之《南蛮传》《马援传》《宋均传》。
⑥ 《隋书·周法尚传》。
⑦ 《宋史·兵志十》。

而亡。①

元末农民战争爆发，天下汹汹。至正十四年（1354）"四月湖广大饥，民疫疠者众。"② 平江"大饥，大疫，死者无算"。十五年（1355）湖南大饥，"民以疫疠死者甚众"。安化大疫，"死者无算"。十九年（1359）平江大饥，"民多饥死，加以疫疠流行，积尸盈野"。③

明末清初是多事之秋，水旱天灾与兵燹交织，造成瘟疫肆虐。崇祯十六年（1643）湖南大旱，"赤地千里，饥疫死者甚众"。发生瘟疫的还有永兴、宜章、安仁等县。安仁"连岁旱，斗米价至一金，兵荒荐至，疫气盛行，死者枕藉道路，民间几无孑遗"。④ 辰州米价腾贵，葛根采食殆尽，争掘土中白泥，名曰"佛粉"，食者多以梗塞病死。会同"大旱无收，民皆远出逃生，夫妻母子流离不堪"。⑤ 龙阳"自四月不雨，抵秋九月，烈暑如炽，岁大旱，是年疫遍行"。⑥

元末、明末瘟疫频繁，既是朝代更迭的原因与征兆，更加重了末代王朝亡国景象的阴霾。

顺治元年（1644）明军与李自成军战于湘北，安乡与湖北石首交界处居民因战乱、瘟疫者死亡过半。⑦ 沅江"谷贵，每石价银四两，民遭疫毙者十之九"。⑧ 益阳"大饥疫，民死不胜记"。⑨ 发生瘟疫的还有郴州。周昉诗称："中原赤旱万骑呼，遗黎已见膏脂枯。"⑩ 顺治二年（1645）宁乡、浏阳"大饥疫，民死不胜记"。天灾复加人祸，更是雪上加霜。三年（1646），湖南巡抚张懋喜奏称："七郡之中，岳州焚毁杀戮极惨；而巴陵最惨。自壬午（1642）以来，无岁不被焚杀，无地不为战伤；加以

① 攸县志编纂委员会：《攸县志》，中国文史出版社1990年版，第15页。
② 《元史》卷43。
③ 《湖南自然灾害年表》，湖南人民出版社1961年版，第21页。
④ 张景垣修，张鹏、侯材骥纂：《安仁县志》卷5《积贮》，清同治八年刻本。
⑤ 孙炳煜等修，黄世昌等纂：《会同县志》，卷14《外纪传·灾异》，清光绪二年刻本。
⑥ 黄教鏐、黄文桐修，陈保真、彭日晓纂：《重修龙阳县志》卷11《灾祥》，清光绪元年刻本。
⑦ 安乡县志编纂委员会：《安乡县志》，新华出版社1994年版，第10页。
⑧ 《湖南自然灾害年表》，湖南人民出版社1961年版，第50页。
⑨ 姚念杨等修，赵装哲纂：《益阳县志》卷25《祥异》，清同治十三年刻本。
⑩ 何光岳：《岳阳历史上的自然灾害》（内刊），1988年，第63页。

今春奇荒，骼肉盈道，蓬蒿满城。"自岳州至长沙，"村不见一庐舍，路不见一行人，惨目骇心"，"他县止苦于田地荒芜，巴陵则苦于人丁断绝"。① 四年（1647）耒阳"斗米银七钱，自四月至六月阴雨不息，时兵氛未靖，疫气盛蒸，死亡者枕藉于道"。② 五年（1648）沅陵、泸溪入秋后大旱，饥疫大作，米价上涨至一两，饿毙及病死者极众。安化、新宁、临武等地均有饥疫。③ 八年（1651），朝廷遣侍读学士白允谦祭炎陵，因酃县境内兵乱"并以疾疫，遂于衡州遥祭"。④ 康熙十二年（1673）开始的吴三桂叛乱，历时八载，"湖南迭丧乱，战伤生野烟。祲疫且时至，旷莽空桑田"。⑤ 军队人员密集，军营拥挤龌龊，容易感染疫症。十七年（1678）二月吴三桂称帝，八月即患疾"下痢不止"而亡。十九年（1680）辰溪大饥，谷麦价腾，民多食蕨茹草，且瘟疫流行。五、六、七三月靖州大疫，"会江西总督董驻师于靖，兵民死者甚众"。⑥ 会同六、七、八三月大疫时行，兵民死者无算。绥宁瘟疫，"王师恢复，饥馑荐至，瘟疫流行，床上白骨，沟中僵尸，惨然满目"。⑦

最惨烈的大屠杀引发大瘟疫发生在湘潭县。

顺治六年（1649）郑献亲王济尔哈朗率兵进入湘潭后，遭遇各种反清武装袭击，济尔哈朗以"邑人多贰于圣朝"为由下令屠城。康熙刊《湘潭县志》载："己丑（1649），王师屠城，在市多属客商，各乡鸿集无几"。大屠杀之后，湘潭元气大伤，全县仅存4653户，男女20053人。光绪刊《湘潭县志》说：济尔哈朗"以余贼未靖，下令屠城，自二十六日至二十九日止"。有安徽休宁人汪辉，明末至潭经商，亲历明末清初湘潭这场浩劫，自称"湘上痴"，又称"鹅道人"。其写成于是年冬的《湘上痴脱难杂录》说："二十一日开刀，屠至二十六日封刀，二十九日方

① 何光岳：《岳阳历史上的自然灾害》（内刊），1988年，第65页。
② 李师濂、于学琴修，宋世煦纂：《耒阳县志》卷1《事纪》，清光绪十二年刻本。
③ 《湖南自然灾害年表》，湖南人民出版社1961年版，第52页。
④ 酃县志编纂委员会：《酃县志》，中国社会出版社1994年版，第6页。
⑤ 陈鹏年：《忧旱诗》，卞宝第、李瀚章等修，曾国荃、郭嵩焘等纂：《湖南通志》卷244《祥异志》，清光绪十一年刻本。
⑥ 吴起凤、劳铭勋修，唐际虞、李廷森纂：《靖州直隶州志》卷12《事纪·灾异》，清光绪五年刻本。
⑦ 方传质修，龙凤翥纂：《绥宁县志·祥异》，清同治六年刻本。

止。"他"（次年）二月中随伴到市，近前则足软，欲退又不能，时血迹尚鲜，腥臭逼人，立身无地，有食不能下咽，但见尸首纵横地满，惨不可言"。"市上人民不上二三十，城中不满百人，受伤未死者数十人。""连日人烟渐聚，眼前尸骸，人各了各，抛投河中者多，拖置荒郊者不少，亦有拆屋焚化者，亦有出钱掩埋者。有葬犬腹者，骨骼犹存；有作鼠窝者，腹脏俱尽。间有亲人识认收葬者，百中一二。"这场浩劫，绝不亚于清兵的"扬州十日""嘉定三屠"。时李璘为知县，收拾残局，入城后即组织人力掩埋尸体。乾隆刊《湘潭县志》载有《李璘传》说："方兵灾后，尸枕藉满道，人率僵仆死，璘煮糜存活者，募工掩死者。"光绪刊《湘潭县志·李璘传》载："璘代视事，境内荒芜，道墐相望。而军符督饷益急。璘叹曰：'无民其可敛乎？'即募资收掩胔骸，且为粥食饿者。条上户口逃亡之数，为绝荒簿，请免征。"

逃难居民陆续返回，一场特大瘟疫侵袭湘潭。光绪刊《湘潭县志》说：顺治六年（1649）清军与南明军激战于湘潭，"正月大疫。时兵过，杀戮方盛，余疹成疫者，有一门殄绝者。"① 《湘上痴脱难杂录》记载更为详尽："湘中人烟甫集，瘟疫又行，一乡传染一乡，十人病倒九人，无药无医，甚至一门瘟绝，竟无人收拾。或有一村轻减，亦皆闭门不出。路少人行，室无烟火，虎豹成群，饿狗成队。屠戮不足其辜，瘟疫更加其惨。城市之人，早间谈笑，午后发热，晚即狂言，天明视之，鼠亦食其几处矣。盖病对时（指一昼夜）而亡者，十之二三；三日而亡者，十之五六。有三日内外发狂，跳入河中死者。""屠戮之骸不及尽，疠疫之尸又遍河干，恰逢四五月大水，积尸漂去多半。"《湘上痴脱难杂录》系目前仅存的当年现场亲历的纪录。

湘潭两遭劫难，尸横遍野，城区尸骨草草掩埋，掩土甚薄，历时未久又暴骨于野。城市一片萧条。周岁永于康熙二十二年（1683）所作《白骨冢序》对此作了描述："星沙十二城，吾潭之盛甲诸邑。匪惟甲诸邑也，湖南七郡亦莫之。而罹兵灾之惨，亦惟潭为最。""兵戈之后，继以凶年，饥疫荐至。竟有今宵娱聚，明日强半不堪问者，行尸走魃。其时之望族、绅士鲜有焉。以故佩玉鸣珂，鹑衣百结矣；峻宇雕墙，町疃

---

① 陈嘉榆修，王闿运纂：《湘潭县志》卷9《五行第九·疫》，清光绪十五年刻本。

鹿场矣；连天阡陌，满目蓬蒿矣。举尸填城堙，血染湘江，惨不下于明初，死者十之八九。迄今潭城内外，犹瓦砾龃龉。荆棘纵横，土满之患，悉为昔时屠者资也。门第人物者，无有也，居民星落，市堪走马。"

是年七月，安徽人黄希倩（克念）、程青来（奭）来湘潭经商，周岁永的《白骨冢序》说他们"游于城，纵观于野，见若骼、若骰、若颅，颠倒于道路，枕藉于沟壑者不下亿万计。此绅耶、士耶、农工耶、商贾耶，老若少而男若妇耶，合富贵、贫贱、亲疏、远近而同为此枯骨耶。"两位商人顿起恻隐之心，"不忍任其暴而无所归也"。恰好有五位僧人愿意协助捡拾白骨予以埋葬。光绪刊《湘潭县志·五僧传》说："当明末寇乱大兵经过，叛藩窃踞，城中屠戮无虚岁，白骨填路，犬狼搏人食之，商民无敢返城，独佛寺可居，（僧）节中避兵南岳，五僧留城，自负筐帚，拾骼扫胔。"随后僧人节中回县城，"助五僧拓空地，经历十余年，所掩瘗无量计"。

从顺治六年八月至次年二月，历时一百九十日，五僧共拾获枯骨数千石，作墓三百余冢，埋于二圣寺故址。于墓旁立有《湘燐化碧碑》。碑记说，顺治"六年正月，万骑自长潜渡，屠其城，尸坟起垣，檐平，会守帅提馁卒至，剥尸衣而暴露之"。八年（1651）僧节中从南岳返湘潭，率徒智觉、智芳，徒孙慧德、慧慈再捡枯骨，历三年又拾遗骸埋成四十八冢，并在附近筑寺住僧以维护。①

明朝时有"小南京"美誉的湘潭经过这场兵燹加瘟疫的浩劫变成一片瓦砾场和白骨堆。

六　其他因素

与全国其他地区一样，旧时湖南卫生状况极为恶劣。早期维新思想家王韬描写上海卫生极差的状况："河渠甚狭，秋潮盛至，水溢城间，然浊不能饮。随处狭沟积水，腥黑如墨。一至酷暑，秽恶上蒸，殊不可

---

① 以上未注出处者均转引自周磊《湘潭历史考述》，湖南人民出版社2003年版，第177—180页。

耐。"① 另一位早期维新思想家郑观应对中国城市发展过程中的医疗卫生表示关注,上海"商旅麇集,人烟稠密,煤气、电气满布空中,早寂夜嚣,奢靡成习,居家涉世,殊大不易。况吾国人之于生活程度尚未发展,源既不开,不得不节流以资补。故楼房一幢,居者四五家,人口二三十,空气窒塞,秽浊自必充斥,即西人所谓炭气多养气少,疫疠一起,如放鞭炮,循此药线而接续不绝,此卫生上一大问题。然经济困乏,虽知之而不能行也。"② 他对上海租界内外的公共卫生进行对比:"余见上海租界街道宽阔平整而洁净,一入中国地界则污秽不堪,非牛溲马勃即垃圾臭泥,深知老幼随处可以便溺,疮毒恶疾之人无处不有,虽呻吟仆地皆置不理,唯掩鼻过之而已。"③ 其实这种状况何止上海一隅,上海还是较早开放、较早实现现代化的大都市,与上海相比有天壤之别的湘省城镇更有过之而无不及。1910 年来到中国的美国社会学家罗斯注意到:

> 几千年来,生活在华南和中原的人们,密集地聚居在乡村或围墙内的城市中,他们一直饮用着运河或稻田间排水沟内的肮脏的水,吃着变了质的猪肉以及那些以污水池中的废物为肥料的蔬菜。他们挤在肮脏的小巷内低矮而污浊的房屋中,睡在简陋、污秽、令人窒息的窄小房间内。④

有记载称:

> 长沙卑湿之地,雨潦极多,故市上沟渠纵横,以资宣泄。有清之季年久失修,壅塞日甚渐成潦患,每遇大雨,各处街巷即一片汪洋,水深没踝,益以泥泞甚厚,消泄愈难,日光射之,辄生恶臭,薰蒸日久,疫疠以生。光绪二十年(1894),曾由长吏筹款修浚,以中饱太甚,所成无几。⑤

---

① 王韬:《瀛壖杂志》,上海古籍出版社 1989 年版,策 4—5 页。
② 夏东元编:《郑观应集》,上海人民出版社 1988 年版,第 1234 页。
③ 夏东元编:《郑观应集》,上海人民出版社 1982 年版,第 633 页。
④ 罗斯著,公茂虹、张皓译:《变化中的中国人》,中华书局 2006 年版,第 25 页。
⑤ 《民国二十二年湖南年鉴》,1933 年,第 823 页。

城乡水源污染，卫生条件恶劣，都容易诱发瘟疫。

人畜随处大便而产生的野粪是导致土壤及水源污染的因素。宋代诗人范成大《骖鸾录》记："大抵湘中率不治道，又逆旅桨家皆不设圊溷，行客苦之。"①《徐霞客游记》也说到湘南永州愚溪桥附近"石甚森幻"，"行人至此以为溷围，污秽灵异，莫此为甚。"② 旧时社会经济落后，民众文明程度低下，"不设圊溷"随处野便的情况极为普遍，这种状况甚至延续至中华人民共和国成立后的若干年。

郴州、桂阳、宜章、永兴等地有银、铁、铜、锡等矿，前往采矿者趋之若鹜。但有识之士认识到，"天下利之所在，害必随之"，其中两大"害"即为对自然环境的污染破坏，引发疾疫："恶水一出数十里，沟涧溪河皆成秽浊，民间饮之，辄生疾病"；"万山环聚，疠气本深，更加掘发，瘴雨岚烟，染者多害"。③ 随着社会的发展，经商、运输、采矿、办厂、教育等活动日趋频繁，都增加了社会成员的流动性或密集性，人员流动传播病菌，密切接触而易互相传染疫病。

此外，旧时监狱环境恶劣，人员拥挤，往往成为重要的疫源地。清代学者方苞因文字狱获罪入监，曾亲历其境，他的《狱中杂记》称：

> 康熙五十一年（1712）三月，余在刑部狱，见死而由窦出者日三四人。有洪洞令杜君者，作而言曰："此疫作也，今天时顺正，死者尚稀，往岁多至日十数人。"余叩所以，杜君曰："是疾易传染，遘者虽戚属，不敢同卧起。而狱中为老监者四，监五室。禁卒居中央，牖其前以通明，屋有窗以达气。旁四室则无之，而系囚常二百余。每薄暮下管键，矢溺皆闭其中，与饮食之气相薄。又隆冬，贫者席地而卧，春气动，鲜不疫矣。狱中成法，质明启钥。方夜中，生人与死者并踵顶而卧，无可旋避。此所以染者

① 《丛书集成初编本》，第13—14页。
② 《徐霞客日记》卷2下《楚游日记》。
③ 卞宝第、李瀚章等修，曾国荃、郭嵩焘等纂：《湖南通志》卷末《杂志十四·摭谈四》，清光绪十一年刻本。

众也。①

　　与方苞同为"牢友"的"朱翁、余生及在狱同官僧某，遭疫死，皆不应重罚"。郑观应在《狱囚》一文中指出：犯人一入监牢，"土室棘垣，暗无天日，赭衣黑素，惨受拘挛，禁卒毒若虎狼，秽气积成疠疫。自斩、绞以下诸罪人，本无死法，而久系瘐毙者往往有之，其冤惨可胜言哉"。②由于监狱卫生条件极差，饮食与居住环境恶劣，一人患病，迅即传染同监，囚犯不死于刑而死于疫，监狱成为瘟疫暴发的渊薮。

---

① 方苞：《狱中杂记》，载《古文鉴赏辞典》，上海辞书出版社 1998 年版，第 1869 页。
② 夏东元编：《郑观应集》，上海人民出版社 1982 年版，第 505 页。

南京国民政府时期湖南瘟疫
流行与战时环境关系[*]

胡忆红　彭　丹

南京国民政府统治的 22 年间湖南战争频繁惨烈，社会极度动荡。就大规模的战争而言，国民党军队围剿共产党领导的红军和革命根据地的十年内战（1928—1937 年）、抗日战争（1937—1945 年，包括日机对湖南的轰炸在内）、解放战争（1946—1949 年），可谓一波未平，一波又起。战争对城乡的破坏是毁灭性的，战区生存环境恶劣，卫生状况极差，战后所遗留的尸体长期暴露于野外，腐烂容易滋生病菌。据省政府统计，湖南全省抗战期间死亡 920085 人，伤者 1703398 人。[①] 民众的正常生活秩序被打乱，精神长期处于高度紧张的状态。难民颠沛流离，疲劳过度，睡眠不足，饮食不洁，人口集中，水土不服，受伤军民未能得到及时救治，以致免疫力下降，病原微生物乘虚而入；城镇、交通枢纽成为争夺的焦点，大多成为疫源地；军队的移动和难民的迁徙都成为疫病的流行和扩散的巨大动力源；疫区不断扩大，构成一个恶劣的微型生态循环系

＊ 基金项目：本文为湖南省哲学社会科学成果评审委员会重点项目"湖南疫灾史与防治对策研究"（1011109Z），省高校创新平台基金项目"湖南历史上的疫灾与乡村社会"（09k078）及省教育厅重点研究基地"中国古代文学与社会文化"研究中心成果之一。
作者简介：胡忆红，博士，湖南科技大学人文学院讲师，研究方向为中国近代史与湖南地方史。彭丹，湖南科技大学人文学院硕士研究生，研习中国近代史与湖南地方史。

① 湖南省地方志编纂委员会：《湖南省志》第 1 卷《大事记》，湖南人民出版社 1999 年版，第 512 页。

统，使瘟疫易于发生。

一 1927—1937 年湖南境内主要战事与瘟疫流行

1927—1937 年湖南境内主要战事既有国共两党的军事对抗，也有国民党军阀之间的混战，详见下表：

1927—1937 年湖南境内主要战争简表①

时　　间	主要战争	持续时间
1927 年 10 月—1928 年 3 月	宁汉战争	5 个月
1928 年 1—7 月	湘南年关暴动	6 个月
1928 年 4—7 月	第一次反围剿	3 个月
1928 年 5—11 月	清乡大屠杀	7 个月
1928 年 7—8 月	平江起义	1 个月
1928 年 7—11 月	红军进军湘南	4 个月
1929 年 2—7 月	蒋桂战争	5 个月
1929 年 1—2 月	第三次"会剿"	1 个月
1929 年 9 月—1930 年 1 月	张发奎部经湘入桂	6 个月
1930 年 5—7 月	中原大战中桂军犯湘	2 个月
1930 年 7—9 月	红军两攻长沙	2 个月
1930—1933 年	洞庭湖特区的游击战	3 年
1930—1934 年	湘南游击队的斗争	4 年
1930—1934 年	湘赣湘鄂赣革命根据地斗争	4 年
1934 年 8—10 月	红六军突围西征	2 个月
1934 年 10—12 月	中央红军长征经湘粤桂边	2 个月
1934 年 11 月—1937 年 7 月	湘赣红军游击队的斗争	2 年 8 个月
1934 年秋至 1937 年 7 月	湘鄂赣区红军游击队的斗争	2 年 8 个月

由上表可知，抗战爆发前湖南境内连年战乱，虽只是局部战事，规模和破坏性无法比拟后期的抗日战争，但也几乎均达数月，其至绵延数

---

① 王勇：《湖南人口变迁史》，湖南人民出版社 2009 年，第 216—217 页。

年之久，战区疾疫丛生。如1934年国民党军队围剿湘赣苏区，诸县"间里荡然，劫没灾黎，饥寒交迫，流离载道。本年天气又复奇热，瘟疫发生，蔓延迅速，死亡枕藉。当杼柚已空之际，医药缺乏，疗治无法"，"电讯纷纷，请求赈济"。平江"民众大都面容枯瘦，唇色苍白，颇现贫血之状，以患疟疾者为极多，大概每一住民家，必有一二人患疟，甚至有一家数口全患斯疾者，无人举火者。其疟疾大概以一日发、间日发者为多，而三日发者鲜见。尚有所谓'火败子'（摆子），其病状即终日发热不止。又有所谓'抽筋败子'（摆子），即发时手足起痉挛也"。① 浏阳"监狱狭小，'匪犯'极多，几无一不有疾病。而城内人民，因畏乡间'匪'患而来者有之，或沉沦'匪类'而自新者有之，或逃亡在外新近归来者亦有之。此项居民多数已患有病疫，均足为传染之原因，因之病疫不少。再该县东乡第二、三、四区为'匪共'盘踞多年，新近收服，其民众之起居饮食，殊不安适，因之身体瘦弱，最易受染。其极重者即第四区，盖该区原出产纸料，纸业工人多沦'匪类'，现自新归来，大都均罹病疫，以患疟疫者为极多，痢症间或有之"。② "第四区毗连江西，丛山颇多，竹林尤茂，蚊虫多栖于其间。至于该处水源出自山泉，清洁味甘，长流不息，且该地绝少池塘死水，故蚊虫似无在水中滋生之可能。该地蚊虫形状，较寻常者长而大，体质甚坚，且咬人时所吐之毒液甚烈"。"据云民十六年以前我地无是项蚊虫，亦无是项疟疾，盖因'匪共'之乱，由江西传来，就此间山木之茂，栖止其间，现随地皆有。为害我等实非浅鲜。"③

鄙县"民十八年（1929）间'赤匪'陷城，年几数次，人民死亡，房屋被毁者，不可胜数，近大军进剿，互有损伤，血流成渠，尸横遍野。近一二年来人民惊魂甫定，疫疠继生，城外之集棺，山旁之新冢，皆最近死于'匪'死于疫者也"。④ 茶陵"市民患痢者极多，死亡甚众，又有寒热往来似疟非疟之症。传染甚炽，百药不效，死亡尤多，再间有上吐

---

① 湖南卫生实验处编：《湖南卫生实验处湘赣边境防治疫病工作报告》，1934年，第4页，湖南省图书馆藏。

② 同上书，1934年，第8页，湖南省图书馆藏。

③ 同上书，1934年，第10页，湖南省图书馆藏。

④ 同上书，1934年，第19页，湖南省图书馆藏。

下泻之症，幸尚不多。"①

二　抗战期间湖南境内瘟疫流行

抗战爆发后，国民党前线伤员源源不断涌入湖南，至1937年10月，总人数达20000以上，次年一月又增至30000余人。省政府虽成立伤兵管理处，但对伤兵基本置之不顾。由于管理不善，伤兵无粮无饷，"既少饭吃，又无医护条件，甚至遭到歧视"，他们三五成群，横冲直撞，占据旅馆、商店，扰民事件日达数十起，甚至造成流血冲突等恶性事件，其生存环境曾一度无人问津，个人健康愈渐恶化，使得疾疫滋生并向外传播。②

1938年10月武汉、广州失守后，湖南成为抗日战争正面战场的重要组成部分，该年11月8日，日军由湖北咸宁向湘北推移，水陆并进，于11月9日占领临湘和岳阳城陵矶，11日进占岳阳。中国军民奋起反抗，此后战事处于持久的相持阶段。以第九战区为主体的40余万中国军队同以第十一军为主体的10万日军，长期对峙，反复拉锯，先后进行了三次长沙会战、常德会战、长衡会战、芷江战役6次重大会战，敌我双方共投入200万以上的兵力，伤亡30余万，参战兵力之多，规模之大、伤亡之惨重，在全国各地战场均属罕见。日军对中国军民肆意屠杀，全省人民遭受严重的牺牲和损失。

"兵燹之后，必有凶年。"所谓凶年，主要是指瘟疫而言。

1938年《大公报》（长沙）载：正值抗战，"湘各地近因人口密集，及流动频繁，疫疠（霍乱）流行"；③ 1940年报载："近月以还，岳阳、临湘一带疫病流行，日益剧烈，敌伪患霍乱症者，竟达百分之七十。据当地迁来之难民谈，敌伪患此症死之者日逾百人，其染疥疮者几至人人皆有云云。"④ "此次湘北大捷，敌寇死伤惨重，遗尸枕藉。据报因暴露日久，已发现疫疠情事"，"军民创伤甚多，患疟痢者，亦复不少，每日就

---

① 湖南卫生实验处编：《湖南卫生实验处湘赣边境防治疫病工作报告》，1934年，第17页，湖南省图书馆藏。
② 宋斐夫：《湖南通史》（现代卷），湖南出版社1994年版，第374页。
③ 《大公报》（长沙），1938年11月7日。
④ 《岳、临敌染疫死之日以百计》，《湖南国民日报》1940年8月27日。

诊人数，共达六七百人"。① 1941 年，长沙县卫生院曹天行在《湘北二次大捷后战地疫痢流行与感言》一文中记载："战地一带民众染疫以病以死者不可胜数"，"死亡率百分之四十至六十，以路口、金井、脱甲、白沙一带为甚"。② 抗战期间，醴陵大批民夫去江西铜鼓运军粮，返乡后绝大多数患恶性疟疾。③ 1942 年，驻新宁县城一国民党士兵患霍乱病，引起金石镇霍乱流行，居民死 39 人，士兵死亡尤多。④ 1944 年 5 月，溆浦 5000多民工被征修建桥江军用机场，开工月余，工地上痢疾、霍乱流行，蔓延至周围 50 多个村镇，仅民工死亡就近 600 人。⑤ 1945 年晃县农民杨宗权到芷江修飞机坪患霍乱回家，引发家乡良知乡桓胆村毁灭性的灾难。⑥

在沦陷区，日军肆意驱使中国民工修路、建桥、修机场等，却视人命如草芥，劳动强度高，配给食物少，卫生条件恶劣，致使疾疫横行。

1944 年，日本为挽救在太平洋战场上的危机，打通中国大陆南北交通线，发动了大规模的豫湘桂战役，衡阳是双方争夺的重点区域之一，"粤桂各地霍乱流行，衡阳首当其冲。因衡阳为粤桂交通孔道，人口密集，易被传入"。⑦ "全县被掳杀 113500 人，患疟痢诸疫死 68400 余人。"⑧ 随着难民的迁移与军队的调动，疾疫随着人群向更广大的区域传播，呈现出由战区向后方，由人口集聚地、军事重镇向边远乡村地区扩散的状况。

有些地区祸不单行，天灾与人祸交织，危害更加深重。浏阳地处冲要，抗战时期迭遭灾害，40 乡镇仅 1 镇未沦陷，"兽蹄所至，十室九空"。又有土匪横行，"掳掠奸杀，无所不用其极"。1945 年春夏秋三季干旱，全县收获仅一成，又遇飓风为灾，晚稻损失惊人。"入秋复疟痢死亡尤众"，统计全县死亡 56876 人，其中死于日军之手占 30%，死于匪灾占

① 《一年来的湖南卫生事业》，湖南省政府编：《湘政一年》，1940 年，湖南省档案馆藏，档案号：22—1—1145。
② 长沙县志编纂委员会：《长沙县志》，中国文史出版社 1995 年版，第 628 页。
③ 醴陵市志编纂委员会：《醴陵市志》，湖南出版社 1995 年版，第 810 页。
④ 新宁县编纂委员会：《新宁县志》，湖南出版社 1995 年版，第 634 页。
⑤ 溆浦县志编纂委员会：《溆浦县志》，社会科学文献出版社 1993 年版，第 20 页。
⑥ 新晃侗族自治县卫生局编：《新晃侗族自治县卫生志》，1989 年，第 251 页。
⑦ 《一年来湖南卫生事业》，湖南省政府编：《湘政四年》，湖南省档案馆藏，档案号：22—1—1149。
⑧ 刘泱泱：《近代湖南社会变迁》，湖南人民出版社 1998 年版，第 127 页。

10%，死于疫灾达60%，① 据此推算，该县因疫致死约34000人。

1945年"长沙粮价，上等粒谷，每市石不过二千元，时囤积营运者不乏其人，官民熟视无睹，听其外流，不加节制。甫至春初，求过于供，粮价即突飞狂涨，谷每市石至二万数千元，乡村饿殍载途，有钱无市，饥荒病疫，接续而来，死亡至不可胜记。湖南以久经战事，五十余县，悉被寇灾。城市平夷，乡村破毁，民多死难，百业俱荒，复以久旱不雨，虫病洊臻，赤地千里，人绝生计。次年荒象毕呈，数百万灾黎，以草为食，食土为继，死亡枕藉，非复人间，以是湘灾之重，列为全国第一"。②

"抗战八年湖南作战最久，争夺最烈，受灾亦最重。省会长沙曾经一次大火，四次会战，全城精华，尽化灰烬。其次常德、衡阳、湘西几次会战，时间均达数月之久，斗争亦极激烈。"据不完全统计，全省78县市，"县城沦陷四十四，被敌窜扰者十一，仅被轰炸者八"。总计伤亡2622383人，其中伤1702298人，亡920085人。财产损失12192210270264元，直接损失11504405560497元，间接损失687804709767元，"损失之巨，冠于各省"。③战争的创伤之一便是瘟疫肆虐，城乡凋敝。

三　日军的细菌战造成湖南境内鼠疫流行

湖南除了"以战时军民迁调频繁，生活波动，疫疠较平时更易流行"之外，特别要强调指出的是："倭寇近且罔顾人道，使用毒菌危害我军民健康"，妄图削弱中国军民抵抗意志和决心。1941年11月，日军开始向常德等地投放鼠疫病菌，鼠疫自此开始大范围流行。11月4日，"敌机在常德市区投掷谷麦颗粒、棉絮、毯条等物，经常德、广德医院检验发现类似鼠疫杆菌，同月11日，即发生类似鼠疫病例，相继死亡16人，均经验证确系鼠疫"。查医疗文献，常德历史上无鼠疫病例之记载，而该地鼠疫病例之发生，"在敌机散播颗粒等物后之一星期左右，适与鼠疫潜伏期相吻合，足以证明此次常德鼠疫，非由地方性之再度增加，亦非因国内

---

① 《浏阳、湘乡请赈代表昨分别招待新闻界》，《湖南国民日报》，1945年11月23日。
② 湖南灾荒急救会编：《湖南灾荒急救会征信录》，1946年11月，第1页。
③ 湖南省政府统计室编：《湖南省抗战损失统计》，1946年12月，湖南省图书馆藏。

疫病之传播，其病菌确为暴日所散播。"① "常德关庙街，原系敌机散布颗粒最多，亦发现鼠疫患者最多之区域，上月三十日，忽发现死鼠十五只，均经外籍鼠疫专家伯力士解剖检验，其中四只发现鼠疫杆菌"。② 13 日常德关庙街 13 岁女孩蔡桃儿染病死亡，经广德医院、长沙红十字会化验证实，系感染烈性传染病鼠疫杆菌。"鼠疫主要之传播者为沟鼠，现家鼠及小鼠亦被传染，几及全城，为近来死鼠激增之原因，目前所幸者，即印度跳蚤，尚不多见。"③

当年 12 月外籍专家伯力士抵常"开始检验鼠疫鼠蚤，发现疫鼠甚多，深虑暴发"，次年 2 月常德又有一人患鼠疫死亡。"死者胡氏，年三十岁，家住胡家院子，于二月十日发病，十一日上午因病下乡，至石公桥娘家，嗣以病危返城，于十三日上午十一时途经城门口，被岗警发觉，请四七二队检查，转送隔离医院，旋于当日下午五时死亡"。后由常德卫生院证明确实因鼠疫而死。④ "三月以后鼠疫复炽，共死 8 人。其中有肺鼠疫 2 人"。4 月"常德鼠族染疫率经伯力士专员检验，由 86% 降至 23%，疫情已趋好转"。"桃源莫林乡忽然发现一肺鼠疫，系一布贩李佑生在常染疫潜归病发互相传染所致，死十七人。"⑤

> 有名李佑生者桃源县莫林乡第十保茶盐商人，年四十余岁，贩布卖盐为生，古历三月二十日，由常德返家。二十六日遽告病死。佑生之长子年二十余岁，次子十七岁，及其已嫁谢姓之女均于四月初五起病，初八日死。其长媳初十起病，十一日死，致全家死绝，其已出嫁谢姓之女往婆家，住莫林乡第八保谢家湾，该女在其娘家发病后，初口送回婆家，翌日死后，其子及婆及嫂亦染病，危在旦夕。又李耀全住李佑生隔壁，古历三月二十九日起病，其妻及三子

① 《一年来湖南卫生事业》，湖南省政府编：《湘政四年》，湖南省档案馆藏，档案号：22—1—1149。

② 《常德死鼠突增》，《湖南国民日报》，1942 年 2 月 9 日。

③ 《常德鼠疫传及家鼠》，《湖南国民日报》，1942 年 3 月 17 日。

④ 《常德鼠疫复现》，《湖南国民日报》，1942 年 3 月 13 日。

⑤ 湖南省卫生处编：《湖南省第四次扩大行政会议湖南省卫生处工作报告》，1942 年，第 19 页，湖南省图书馆藏。

亦相继染病，均告死亡。李口贯住李耀全之隔壁，于十一日染病死。向周恒住第十保孔水坡，于初七曾往李佑生家一行，初十起病，现正垂危。某道士因赴李佑生家念经，返家即病死。计从古历三月二十六日起至四月十二日调查时止死十四人，在垂危中者六人，其后尚待调查者尚未计入。[①]

以下为 1942 年 1 月—10 月常德鼠疫逐月疫情统计：

1942 年 1 月—10 月常德鼠疫逐月疫情统计表[②]

类 别		1 月	2 月	3 月	4 月	5 月	6 月	7 月	8 月	9 月	10 月
疫鼠百分率		未详	19.05	17	42	9.1	2.7	0	1.2	1.6	9
印度蚤百分率		未详	1.7	21.6	0.1	0.5	2.3	77.1	60	0	7.7
鼠疫病例	治愈人数	0	0	0	3	4	2	1	0	0	0
	死亡人数	1	0	6	25	4	1	0	0	0	0
	合 计	1	0	6	28	8	3	1	0	0	0

应该说明的是这份官方公布的疫情统计表病例数字疏漏较大，仅为1942 年 1 月—10 月的情况，而且患死者家属及乡保基于种种因素不敢声张，悄悄掩埋。据学者研究，1941—1942 年两县鼠疫共发病 106 人，死亡 100 人，先后死亡 600 余人，大西门外设临时火葬场予以火化。[③] 刘禄德老人曾在 1942 年担任湖南省卫生巡回工作队队长、常德防疫处设计委

---

① 《桃源鼠疫流行原因——系一布贩由常德带去》，《湖南国民日报》，1942 年 6 月 6 日。

② 湖南省卫生处编：《湖南省第四次扩大行政会议湖南省卫生处工作报告》，1942 年，第 21 页，湖南省图书馆藏。

③ 中国医学科学院流行病学微生物学研究所等编：《中国鼠疫流行史》（下册），1981 年，第 1776—1777 页。关于日军在常德细菌战中造成常德城区和平居民死亡的人数有多种说法：日本学者据防疫档案记录认为可以确定的是 36 人；据常德细菌战受害调查会从 1996—2002 年近 7 年的调查结果是 334 人；而据当年曾参与常德防疫工作的人士估计，有 400 人以上、500 人以上、600 人以上 3 种说法。而据《细菌战受害者调查表》统计，常德城、常德县、临澧县、石门县、桃源县、汉寿县等地人民深受日军细菌战危害，因患上腺鼠疫、败血性鼠疫、肺鼠疫等疫病而死亡的民众在 15000 人以上（见该统计表第 369—370 页，常德市档案馆藏）。陈致远经过详细的考证，认为城区居民死亡 600 人以上的说法是可信的，但仍估计不足，实际死亡数字应在 1000 人左右。参见陈致远《日军常德细菌战致死城区居民人数的研究》，《民国档案》2006 年第 2 期。

员会委员，他回忆时说："（常德）每天都要死一二十人，常常是上午还在抬别人，晚上又被别人抬出去，这样夏天闹瘟疫，冬天闹鼠疫，持续不断，一直搞了几年。"①

　　日军在湖南常德撒播带有鼠疫杆菌的物体，也为1949年伯力审判所证实。②日军制造的鼠疫流行在当地造成的潜在危害性长期未能消除，给当地民众的生活笼罩着一种恐怖的阴影。甚至在1990年和1991年，据常德市卫生防疫站和桃源县卫生防疫站的监测，在当地所捕获的老鼠身上检验出鼠疫F1抗体阳性血清3份，后被吉林省白城市全国鼠疫防治基地复验确认。③

　　此外，据《茶陵县志》载：1944年，日军在茶陵地区使用细菌武器，致使伤寒连年流行，死亡1000余人。④又据《道县志》载：1945年，日军撤离道县时撒布了病菌，境内霍乱、疟疾、麻疹等疫病大发，全县死亡近万人，小甲一带因麻疹死亡300多人。⑤

四　其他战事造成湖南境内瘟疫流行

　　除了因日军大规模侵袭造成疫灾外，湘省疫病流行与境内的小规模军事行动也有一定关系。1944年初，沅陵仁平乡熊十宣拖队和永顺县土匪头目黎四勇的八大队一起上山为匪。是年二月，国民党部队奉命到大庸剿匪，队伍由覃师长率领，从常德出发，途经沅陵的大河坪、火场进入大白乡、黄家河，到达四都坪，在四都坪驻扎了一段时间，然后又进入永顺县永茂、榔溪，与土匪遭遇。这年的八九月份，四都坪和永茂、榔溪等地瘟疫相继流行。十月，与此相邻的乌梅峪、田坪、骡子塔、九龙、铜斗等地也发生了瘟疫流行。八月，国民党部队与熊十宣的队伍在

① 陈先初：《人道的颠覆——日军在湘暴行研究》，社会科学文献出版社2004年版，第182页。
② 张泰山：《民国时期的传染病与社会》，社会科学文献出版社2008年版，第68页。
③ 陈先初：《人道的颠覆——日军在湘暴行研究》，社会科学文献出版社2004年版，第183页。
④ 茶陵县志编纂委员会：《茶陵县志》，中国文史出版社1993年版，第609页。
⑤ 道县志编纂委员会：《道县志》，中国社会出版社1994年版，第23页。

泉水打仗，十月，泉水瘟疫大流行。1945 年初，剿匪部队追到姚家界，二月份姚家界遂发生瘟疫流行。① 由此可见，这次瘟疫流行是沿着国民党部队的进军路线蔓延开的，军队开到哪里，哪里便发生瘟疫，发生的时间一般是军队到后 2 个月左右，然后疫情在相邻区域逐步扩散，形成了一个纵横百余里的大疫区。这次瘟疫流行就是兵匪为祸、军队染疾沿途传播殃及民众的典型事例之一。

"人民在长期的战争中流离颠沛，身心过度痛苦，生活压迫，忧伤憔悴，因为不胜精神与物质双重压迫，遂致身体羸弱，抵抗力减低，疫疬乘之而生。另一个原因就是战后环境卫生恶劣，到处污秽狼藉，细菌滋生，致成疫疬。"② 可以说，战争与疫疬的流行具有极为密切的关系，不少疫疬便产生于战争。战乱致疫即可总结为频繁的战争严重破坏当地正常的生产和生活秩序，国家和社会应对灾荒的能力因战争的破坏而严重下降，致使难民不断增加，饥馑载道，诱发瘟疫，而军队和难民的流动则导致了疾疫的蔓延流传。

---

① 大庸县卫生局编：《大庸县卫生志》，1984 年，第 135—136 页。
② 《湖南省政之新展望》，1946 年，湖南省图书馆藏。

民国时期云南麻风病人污名化的个案分析[*]

刘少航

　　我国传统社会就已经有了无限接近于现代医学中麻风的慢性传染病，可并未真正地视其为洪水猛兽，国人对于麻风病人急剧的态度转变发生在民国时期。[①]"麻风病人"自民国以来一直是社会的弱势群体，有着极强的"污名化"隐喻，他们的基本权利长期被社会剥夺，长期受到歧视与偏见。歧视是一种主观感受，一个人失去了自尊，被别人看不起；社会偏见是一种刻板印象和过度类化（"类化"系指对某一单独对象持某种态度的人，对同类对象也倾向于持这种态度）的倾向。很久以来，麻风及其患者甚至亲属，遭受严重的社会歧视和偏见。云南作为麻风流行非常普遍的边疆省份，麻风病人污名化的情形是怎样的？从细节入手，发掘生动的案例可以窥见一二。笔者选取具有典型性的三个案例，试图以司法、行政等角度揭示当时云南社会各阶层对待麻风病人的态度及麻风病人的不同境遇。

一　巧家县"李进榜案"

　　20世纪30年代云南省政府提出过本省的四大要政，铲除麻风与禁烟

---

　　* 作者简介：刘少航，黑龙江省铁力市人，云南大学西南环境史研究所中国环境史专业硕士研究生，研究方向为西南灾荒史及疾病史研究。目前在中国人民大学清史研究所攻读博士学位。

　　① 参见梁其姿《麻风：一种疾病的医疗社会史》，商务印书馆2013年版。

两项在列，而1938年底1939年初在滇东北的巧家县就发生了一件麻风病人村民李进榜违禁种烟的事件。此案对于司法而言涉及两难的选择，对于麻风病人适用的法条并没有明确的规定，实属专案专办。

巧家县栗树坪位于两省交界地带位置偏僻，生态环境恶劣，许多农民为了生存，追逐暴利，私种烟苗，1938年底，迫于省府的压力巧家县政府不得不动用警察力量禁烟，"第一区小河青刚坝栗树坪林口花山等处据报有少数人民，罔畏法纪，竟敢于偏僻地方违禁偷种烟苗，业经责令各该当事人等严予铲除，乃种户人等有意循延，迄未遵令铲去，县长据报当即令派警察局长李和前往督铲……督同乡镇闾邻长查铲栗树坪烟苗，二十六日分头细密检查，各处铲除尽净，根株不留"①。

在这样强大的威权之下巧家的农民基本屈服了，可不料在隐僻之处，有三块种烟苗的田地被发现并未铲除一株，"查此三块烟苗，系大麻风病人李进榜之地，烟亦系该李进榜所种者，其不铲缘由，恃其麻风病毒，以为任何人无伊之法，公然关门避去，抗不铲除，殊堪痛恨，饬该管闾邻长及族人铲除，均所畏危！该地方人均恨如蛇，畏如虎，祈公设法除害等语。"② 在这里麻风病人变成了乡党邻里人人害怕的"恶霸"，仿佛与我们印象中那个社会边缘群体不相符，其实不难理解，正因为健康村民平日里对于麻风病人排斥隔离的消极态度，使麻风病人自我意识的构建过程中有着因污名化带来的自卑，但同时还滋生了利用社会恐惧为非作歹的强盗式畸形心理，似乎与所谓"穷生奸计"有相通之处，而这些心理多半是健康的社会人群自作自受的结果，"恶霸"的出现也不足为奇。

无奈之下，只得由县长高昕亲自带领警员强制铲除李进榜所种的烟苗。依据禁烟法令，对于抗法违禁拒不铲除的人员是要处以死刑的，尤其像这般情节恶劣的暴民更是要从重发落，在县长高昕上民政厅的公函中明确表达了这一看法，"恳祈钧长作主，处以极刑，并将其违禁种烟抗

① 巧家县政府：《为惩办违禁种烟麻风病人李进榜一案呈云南省民政厅》，1939年1月1日，云南省档案馆，1011-011-01380-035。

② 同上。

不铲除之地充公，儆一戒百，为民除害，则政府前途幸甚，民众幸甚矣！"① 可是问题来了，麻风病人犯案该如何处理？涉及两大要政，高县长自然没有决断的权力，他暂时能做的仅仅是将田地没收，至于李进榜如何发落只好请示民政厅的丁副厅长，"据此，查麻风病人李进榜，在此禁令森严之下，胆敢恃病估抗，栽种烟苗，实属目无法纪，殊堪痛恨，除仍令该局（警察局）长迅将所种烟苗立予铲尽，并饬将种烟田地亩积四至坐落详细查明开单呈府，以凭照案宣布没收，该李进榜身患恶疾，违抗禁令，可否处以极刑，以昭儆戒，而免传染之处，县长未敢擅专，理合具文呈请，钧厅鉴核示遵！"② 将这个皮球踢给了省府。

本案到了民政厅也犯难，因为在当时的司法中没有这样的条文规定麻风病人的权利义务等，法律法规的缺失使此案一旦判定今后的判决就会以此为依据了，所以马虎不得。这个案子两难的地方在于，第一，"麻风病人李进榜，违禁种烟，拒不铲除，将其田地没收，尚无书立禁烟治罪条例栽种罂粟等因有免死刑之条，惟本省尚无先例"③，种烟者死刑是禁烟治罪条例的规定；第二，"而免传染一节，对于麻风病人之处置，政府另有专案令在案，目应照章统筹令案办理，不应与此相混"④，而作为麻风病人的李进榜同样适用麻风条例，这两者没有协调的机制。民厅丁副厅长的观点是，"正因请该县长再处以应得之徒刑即足以示惩戒，正谓请处以死，身染恶疾，而请处以极刑殊觉不合"⑤，可以说做出这样的判断是对麻风病人充满着极大仁慈的，在穷乡僻壤不存在舆论压力，对官员来说判处死刑既可以厉行禁烟法令又可以杜绝传染实在是两全其美的事情，但初步的决策并没有这样做，应该算做社会集体污名化麻风病人的氛围中站在麻风病人一边的典型了。

丁副厅长将他的意见呈与最终决策的李厅长处，"应否核饬没收田地

① 巧家县政府：《为惩办违禁种烟麻风病人李进榜一案呈云南省民政厅》，1939 年 1 月 1 日，云南省档案馆，1011 - 011 - 01380 - 035。

② 同上。

③ 同上。

④ 同上。

⑤ 同上。

之外，何立刑法或治罪条例处以徒刑抑饬上麻风病人安置，应否杀请核示"①。一个月后，李厅长做出了最终的决断，"令巧家县县长高昕……麻风病人李进榜违禁种烟，抗不铲除，因为罪有应得，应准将其种烟苗地没收，以免妨碍烟禁，而示惩戒。正因该犯身染恶疾，即请处以极刑，殊为不合！除将该李进榜违种之田地没收外，仰该县长遵照管理麻风病人规则，将其妥为处置！并将没收田地具报为核"②。虽然并无具体的证据，我们也有理由相信这一个月中间是经过各方反复协商达成的解决方案，笔者认为这与民国年间基督教会在云南的积极活动有关，政府在决策的时候也零星具有了基督式的慈善，我们可以预想到经此判罚后李进榜们受到感化至少行为会有收敛，这亦是怀柔之术。

二 昆阳县"赵增礼案"

平民感染麻风病的例子比比皆是，在民众看来也不足为奇，可在 20 世纪 40 年代初的云南昆阳县③发生了一件官员感染麻风病的案例，而且在上任之前就已经发病，"刑不上大夫"的传统与官官相护的潜规则加之官僚集团的权力斗争使此事的处理可谓一波三折，又一次考验了当局的智慧。

赵增礼受云南省警务处的委派于 1940 年 8 月 1 日赴任昆阳县新街警察分局局长，实际上在上任之前就已经患有麻风病，只是处于发病初期症状不明显，这一情况却也引起了昆阳县地方政府的注意，无论是出于防治传染还是排除异己的考虑他们都要参赵增礼一本，并换成自己熟悉的人，一举两得。时任县长朱光明将这一情况报到省警务处，"新街警察分局长赵增礼身患麻风，隐匿不报，应予申斥……查职县新街警察分局长赵增礼系警务处委派之员，于二十九年八月一日到职，嗣因查知该局长有染患麻风嫌疑，当即于同年九月八日呈请以省会警长冯世荣黄桂根

---

① 巧家县政府：《为惩办违禁种烟麻风病人李进榜一案呈云南省民政厅》，1939 年 1 月 1 日，云南省档案馆，1011 – 011 – 01380 – 035。

② 云南省民政厅：《指令巧家县没收麻风病人李进榜田地并详报小河一带查铲烟苗情况》，1939 年 2 月 15 日，云南省档案馆，1011 – 011 – 01380 – 037。

③ 即今天昆明市晋宁县昆阳镇。

等二员择一对调服务, 俾便就医去"。① 面对地方政府利用麻风病人污名化的发难, 省警务处当然不会自我否定, 即便知道麻风病的传染性也要先保住赵增礼的职位, "呈悉查所呈新街分局长赵增礼有染患麻风嫌疑, 是否属实, 应饬由专科麻风医师检定证明, 再为核办, 所请与省会警长冯世荣黄桂根二员, 择一对调服务之处, 应从缓议, 仰即遵照, 并转饬该警察局长遵照此令"②, 地方政府只好照办。一个麻风病人仍然身居警务要职, 在这样的博弈下麻风病人之污名化全然不见。

这样的妥协维持了一年, 当赵增礼的病情恶化之时昆阳县政府抓住了机会, 但这次他们并没有直接与省警务处交涉, 而是请省民政厅出面进行调停。"因县属无专科麻风医师, 无法检定, 但该员手足面部, 已现浮肿, 实难隐饰。……理合将呈请撤换新街局长赵增礼之始末原委录案备文呈请, 钧厅鉴核准予转咨撤换以免传染而杜藉口沾德便。"③ 这算是戳中了民政厅的要害, "以免传染而杜藉口实"的理由正是民政厅主抓麻风病防治工作的需要, 因为他们惧怕防治不力加袒护官员的双重舆论压力, 所以赵增礼非撤不可。于是经过民政厅一方的协调以后, 省警务处做出了让步, 但也最大限度的保障了本部门利益即撤换人选的选择, "以据第五区督导员呈报视察昆阳县要政大概情形案内, 列举新街警察分局长赵增礼身染麻风, 病势严重, 应予更换, 以免传染等情函请查照希即遴员抵充, 以卫生而免传染, 并冀见后等由, 准此。查该新街警察分局长赵增礼经督导员查照身染麻风, 病势区重, 自应立予解除职务, 即遗员缺, 以警员朱家麟委充。"④ 这样的解决方案民政厅当然可以接受, "令昆阳县长朱光明……函请撤换新街警察分局长赵增礼一层, 前据第五区督导员呈报到厅, 业经函请警务处查照办理在案……已将该赵增礼解除职务, 遗缺已委朱家麟委充等由……"⑤ 昆阳县地方政府在"赵增礼

---

① 昆阳县政府:《为呈报办理收容麻风隔离及呈请撤换新街警察局长赵增礼各情形祈备案核示由》, 1941 年 8 月 21 日, 云南省档案馆, 1011 – 007 – 00177 – 028。

② 同上。

③ 同上。

④ 云南省警务处:《函复已将昆阳县新街警察分局长赵增礼解除职务请查照由》, 1941 年 8 月 26 日, 云南省档案馆, 1011 – 007 – 00177 – 028。

⑤ 云南省民政厅:《据昆阳县呈报收容麻风病情形一案准警务处函复撤换昆阳县新街警分局长指令昆阳县知照》, 1941 年 9 月 18 日, 云南省档案馆, 1011 – 007 – 00177 – 028。

案"中无疑是失败的一方。

从"赵增礼案"中我们可以看出，不管背景如何，至少官员染病后在同僚中也是被孤立排挤的，轻则丢掉官位重则直接进入麻风院"软禁"，但是官员们拥有的特权是可以比较体面的得到保护，污名化在这一群体中的影响是比较小的。

三　洱源县"虐待麻风病人案"

以上的案例毕竟是少数，由于污名化的身体，大多时候麻风病人的命运是极其悲惨的。民国时期最有影响力的麻风救济刊物《麻疯季刊》中有对云南麻风病防治过程中极端激进行为的揭露。在 20 世纪 40 年代初，云南洱源地方当局曾经以极其残酷的方法铲除当地的麻风病人，他们将麻风病人运送到荒山之中并不予任何给养，让这些病人饿死在荒山上。恰巧这时候因抗战因素华中大学迁到了大理喜洲，该校吴乐恩医师得知这个不法事件后报告给了中华麻风救济会：

> 一余谨一短函报告一件人类惨剧，盖此事常盘桓于吾等之心中，想必亦为君所欲闻者也。是即关系洱源麻风人之事件。此项消息乃由洱源某传教士所报告，该传教士曾予该地麻风人以深切之同情，并给衣食住以改善其生活。一日，她于其麻风人之谈话中得知一极悲惨之事件，盖有六麻风人自述彼等与其同伴曾被地方当局押送至一荒山中，意欲待其自行饿毙于彼处也。若干麻风人确已若是毕命云。[①]

《麻疯季刊》对此当局极力掩饰的丑闻进行连续的报道，对这种野蛮的行为提出抗议和谴责，中华麻风救济会致函云南省卫生处希望进行调查并惩处相关人员。面对这次云南洱源虐待麻风病人的恶性事件，时任云南省卫生厅代理厅长的李宣果医师很快便对中华麻风救济会的发难做出了回复，来化解这一公关危机，《麻疯季刊》予以刊登：

---

① 《云南麻疯人横遭饿毙之惨剧》，《麻疯季刊》1941 年第 15 卷第 2 期。

顷接七月一日来函关于前传在洱源惨杀麻风人一事已悉，余对痛苦之麻风人实深表同情，故已有公文致洱源县政府，并将吴君之报告为之转达，一方面并请该县县长立即对此事加以详细调查，倘调查结果确与报告相符合，则将主事者科以惩罚。[①]

事实上，这些官员们是在其他救济办法低效率的前提下，迫于铲除麻风的压力才有此极端激进的政策。"深信以后此种非人道而耻辱之麻风人惨杀案将不再见之于云南"。[②]

不只是在云南，当时此类恶性事件在其他麻风病高发地区如广东也时有发生。李文忠在《现代麻风病学》里面提到，在广东军阀陈济棠主粤期间，1934年3月新兴、四会两县驻军下令拘捕麻风患者（仅新兴县就100余人），将所捕患者枪杀后深埋。1935年清明节后，广州军警当局在白云山横枝岗的紫薇庙一带，就集体屠杀了300多名麻风患者。同年8月，广东驻军捕捉广宁县麻风患者49人，并将之活埋。1936年5月广东高要县县长马炳乾奉指示，派员率兵捆绑麻风患者，在肇城、大湾乡及六步乡等地执行枪决、活埋达200多人。1937年三水、阳江等县驻军、又有捕、诱杀麻风患者事件发生。同年，澄海县有20—30名麻风患者被当地民团勒令出境。污名化达到顶峰的时候麻风病人就以这样的方式与社会隔绝了。

结　语

在民国麻风病人污名化的大环境中，无论出于何种考虑至少也存在着一些尊重麻风病人的案例，正是体现了污名化问题的层次感，这也是在历史细节中值得注意的问题。当然，蔑视麻风病人的情况是民国时代社会大众的主流态度，这一点毋庸置疑，甚至在云南省一直持续到20世纪90年代。2005年8月27日李伯重先生致梁其姿的私人信件讲了20世纪70年代他在云南目击的一个事件：一个有权势的高级干部被诊断出有

---

① 《云南虐待麻疯人事件在调查中》，《麻疯季刊》1941年第15卷第3期。

② 同上。

麻风病后，因为害怕被村民烧死，连夜与家人逃进了最近的麻风村。这样对待麻风病人在 20 世纪 90 年代的云南显然仍然常见。[1] 当时云南麻风病人的遭遇也或多或少的在全国范围内存在着，笔者仅仅是从云南着眼，因为相比于内地，他们要承受由于经济水平、社会结构、文化传统等方面的落后带来的更多苦难。

歧视和偏见的形成原因，受到众多因素的影响，除长期以来麻风病因不明，又缺乏有效的治疗药物，被视为"不治之症"外，疾病本身的传染性、长期缺乏有效治疗方法，以及可能使近半的治愈者留有残疾或畸形等，亦是相关的因素。致残使患者丧失劳动力，给个人、家庭和社会带来沉重的经济和精神负担，一些社会人群对麻风产生的恐惧、歧视心理，麻风患者遭到家庭、社会的抛弃，从而导致如自杀等种种社会问题。调查显示，知识水平越高越害怕麻风病人的传染，这似乎是一个悖论，在基本控制了麻风病的今天，如何消除社会对于麻风病人的恐惧，仍是一个难题。

---

[1]　梁其姿：《麻风：一种疾病的医疗社会史》，商务印书馆 2013 年版，第 219 页。

灾害・救济

The Energetics of Militarized Landscapes

——Wartime Flood and Famine in China's Henan Province*

Micah S. Muscolino

During World War II, or the "Anti-Japanese War of Resistance" (1937 – 1945) as it is known in China, North China's Henan province endured a series of war-induced ecological disasters. The first struck in June 1938, when Chinese Nationalist armies under the command of Chiang Kai-shek breached the Yellow River's dikes in Henan in a desperate attempt to block a Japanese military advance. [①]For the next nine years, the Yellow River's waters spread to the southeast into the Huai River system via its tributaries, inundating vast quantities of land. Perhaps the single most environmentally damaging act of warfare in world history, the strategic interdiction threw long-established water control in-

---

* 作者简介：Micah S. Muscolino（穆盛博），哈佛大学博士，曾执教于乔治城大学历史系，现任职于牛津大学历史系、Merton 学院中国史教授，研究方向为近代中国环境史。

① For existing works that examine the flood from a military perspective see, Qu Changgen, *Gongzui qianqiu: Huayuankou shijian yanjiu* (Merits and wrongdoings for a thousand years: Research on the Huayuankou incident) (Lanzhou: Lanzhou daxue chubanshe, 2003); Diana Lary, "The Waters Covered the Earth: China's War-Induced Natural Disasters," in Mark Selden and Alvin So, eds. *War and State Terrorism: The United States, Japan, and the Asia-Pacific in the Long Twentieth Century* (Lanham: Rowan and Littlefield, 2004). Most of the empirical information in this chapter draws upon Micah S. Muscolino, *The Ecology of War in North China: Henan Province, the Yellow River, and Beyond, 1938 – 1950* (Cambridge: Cambridge University Press, forthcoming).

frastructure into disarray, leading to floods that persisted until after the conflict had come to an end. Investigations carried out after 1945 estimated that the resulting floods killed over 800000 people and made nearly four million refugees in the provinces of Henan, Anhui, and Jiangsu. In Henan province alone, wartime flooding killed over 325000 people and displaced over 1170000. [1]

But that was not all. An even greater catastrophe struck Henan in 1942 – 1943, when climatic anomalies associated with a global El Niño event, wartime disruption of transport, and the food energy demands of Chinese and Japanese armies stationed in Henan precipitated a famine of terrific magnitude. [2]The Henan famine led to as many deaths—approximately two million—as the famous Bengal famine that occurred in India at nearly the same time, and millions more Henan residents took to the roads and fled to escape this subsistence crisis. [3]

This chapter contends that the disasters that took place in Henan during World War II resulted not from arbitrary destruction, but from the nature of war and militarization itself.

Military Metabolism

To comprehend Henan's war-induced ecological catastrophes, one can employ a conceptual approach that traces energy flows through and between socie-

---

[1]   Han Qitong and Nan Zhongwan, *Huang fan qu de sunhai yu shanhou jiuji* (Damage and recovery and relief in the Yellow River flooded area) (Shanghai: Xingzhengyuan shanhou jiuji zongshu, 1948), 22 –23.

[2]   The oldest and still the most influential account is Theodore H. White and Annalee Jacoby, *Thunder Out of China* (New York: W. Sloane Associates, 1946). For a more recent accounts see, Lary, "The Waters Covered the Earth: China's War-Induced Natural Disasters"; Odoric Wou, "Food Shortage and Japanese Grain Extraction in Henan," in Stephen R. MacKinnon, Diana Lary, and Ezra F. Vogel, eds. *China at War: Regions of China*, 1937 – 1945 (Stanford: Stanford University Press, 2007).

[3]   Largely because of flooding and famine, during the Sino-Japanese War Henan had a larger refugee population than any other province in China. From 1937 to 1945, an estimated 14533200 people in Henan, an astounding 43 percent of the province's total prewar population, lived as refugees for a least a time. Stephen R. MacKinnon, "Refugee Flight at the Outset of the Anti-Japanese War," in Diana Lary and Stephen MacKinnon, eds. *The Impact of War on Modern China* (Vancouver: University of British Columbia Press, 2001), 122.

ties and environments. ①Metabolic processes transform energy and materials, enabling biological systems (whether organisms or higher-level ecosystems) to maintain life, grow, and reproduce. Socio-economic systems also depend on continuous throughputs of energy and materials to maintain their internal structures. By exploiting various energy sources, human societies modify and manipulate land, water, plants, and animals to fulfill their basic needs. The concept of "social metabolism" likens this dependence to the biological metabolism of a living organism. Unlike the biological notion of metabolism, however, this socio-ecological concept links energy and material flows to social organization. The quantity of resource use, its material composition, and the sources of these flows are a function of socio-economic production and consumption systems that vary greatly across time and space. This framework analyzes socio-metabolic patterns at different spatial, functional, and temporal scales, while also tracing their environmental consequences. ②By seeing human societies as embedded in larger organic systems, an energy-centered approach renders legible the connections between phenomena that historians have conventionally been treated as discrete. Rather than artificially separating socioeconomic and biophysical processes, this approach enables us to highlight the seamless interrelationships and interdependencies that existed among societies, environments, and the

---

① My conceptual framework draws considerable inspiration from the insights provided by Mark Fiege, "Gettysburg and the Organic Nature of the American Civil War," in Richard P. Tucker and Edmund Russell, eds. *Natural Enemy, Natural Ally: Toward An Environmental History of War* (Corvallis: Oregon State University Press, 2004), and Simo Laakkonen, "War, an Ecological Alternative to Peace?: Indirect Impacts of World War II on the Finnish Environment," in Tucker and Russell, eds. *Natural Enemy, Natural Ally.*

② Helga Weisz, "Combining Social Metabolism and Input-Output Analyses to Account for Ecologically Unequal Trade," in Alf Hornborg, John Robert McNeill, Juan Martínez-Alier, eds. *Rethinking Environmental History: World-System History and Global Environmental Change* (Lanham: AltaMira Press, 2007), 291 – 292. This approach has also benefited greatly from Joan Martinez-Alier, *Ecological Economics: Energy, Environment and Society* (New York: Blackwell, 1987); Joan Martinez-Alier, "Marxism, Social Metabolism, and International Trade," in Hornborg, McNeill, and Martinez-Alier, eds. *Rethinking Environmental History*; Marina Fischer-Kowalski and Helmut Haberl, *Socioecological Transitions and Global Change: Trajectories of Social Metabolism and Land Use* (Northampton: Edward Elgar Publishing, 2007).

military establishments that they support.

Like all socio-economic systems, militaries have metabolisms. Nature's energy makes warfare possible. Fighting and preparing for war, like all work, requires appropriating and exploiting energy sources. Militaries consist of vast agglomerations of humans, animals, machines, raw materials, logistical networks, engineering works, and many other components. No military system can survive without energy inputs from the surrounding environment. They take in food, fuel, building materials, and other resources; they emit wastes. Focusing on energy and its transformations allows for a better understanding of war-environment connections than any interpretation premised on an artificial division between the "human" and "natural". The metabolism of militaries and societies shapes the choices of commanders, the fates of civilian communities, and the course of environmental change. Thinking in terms of energy, moreover, offers a conceptual apparatus that can tie together the conflicts waged in vastly different times and places that, taken when together, comprise the environmental history of war.

We conventionally define energy as the capacity to do work. Work occurs when a force acts on a body, causing it to move some distance in that force's direction. Moving an object entails doing work and expending energy. The specific amount of energy depends on the size of the object, how far it moves, and the resistance it encounters. Energy assumes many forms, but they all have the potential to do work. Capturing more of that energy and using it with greater efficiency enables more work to be done. On this planet, the primary source of energy is the sun. Solar energy drives energy conversions at all levels. Photosynthesis, the process by which plants capture and store solar energy as chemical energy, is central to life on earth. As Edmund Burke III explains, "All complex life forms have devised methods for accessing the solar energy stored in plants. Human metabolism allows us to unlock this store of energy either directly, by consuming plants, or indirectly, by consuming animals. Alone among other complex forms of life, humans have been able to devise means of storing and using solar energy. "①

Two laws govern energy flows. The first law of thermodynamics states that energy can change from one form to another, but cannot be created or destroyed. The same amount of energy exists before and after it is transformed. ②The second law of thermodynamics dictates that whenever energy changes forms, part of the energy becomes heat. Energy conversion is never one hundred percent efficient. Some energy will always become heat and dissipate into the environment. No energy transformations occur without some energy being degraded from a concentrated to a more dispersed form. The functioning of complex entities involves numerous energy conversions. As energy is converted to do work, some of it changes into heat. Energy transferred as heat is still energy, but is no longer useful for doing work. The quantity of energy is fixed, but its quality is not. As energy conversion chains progress, potential for useful work steadily declines. Entropy is the measure of this dissipation of useful energy.

All complex structures require energy inputs to maintain their organization and to keep functioning. In a closed system, energy dissipation due to entropy will lead to loss of complexity, greater homogeneity, and more disorder. In actuality, however, most energy conversions happen in open systems that interact with the surrounding environment. Complex entities can temporarily defy entropy by importing and metabolizing energy. They arise in a balance between the usable free energy in the environment, which they can put to work, and the entropy they throw off. Inputs of high-quality energy make it possible for complex structures to combat decay from within. In the process, they also dissipate large

① Edmund Burke III, "The Big Story: Human History, Energy Regimes, and the Environment," in Edmund Burke III and Kenneth Pomeranz, eds. *The Environment and World History* (Berkeley: University of California Press, 2009), 35. See also Richard White, *Organic Machine: The Remaking of the Columbia River* (New York: Hill and Wang, 1995), 4 – 5.

② David Pimentel and Marcia H. Pimentel, *Food, Energy, and Society*, Third Edition (Boca Raton: CRC Press, 2007), 9; Gerald G. Marten, *Human Ecology: Basic Concepts for Sustainable Development* (London and Sterling, VA: Earthscan Publications, 2001), 109; Vaclav Smil, *Energy in Nature and Society: General Energetics of Complex Systems* (Cambridge: MIT Press, 2008), 4 – 5.

amounts of energy as heat, increasing entropy overall. As complex systems, living organisms maintain continuous energy inflows and outflows. Metabolism enables organisms to avert decay and stay alive by drawing energy from their environment. But they maintain their structures at the expense of increased contribution of entropy to the surrounding environment. ①

Grasping the environmental dimensions of war and militarization requires understanding how energy is converted for military purposes. Militaries can be thought of as organic systems that continuously interact with their environments, engaging in transfers of energy and materials. Militaries must constantly find new sources of useful energy and develop more effective mechanisms for handling extraordinarily large energy flows. As complex organisms, military systems extract energy to do work and maintain their internal organization, while at the same time releasing low-level energy via entropy (waste).

The forms of energy that can support this "military metabolism" are strictly limited. Other complex systems—including agrarian ecosystems and hydraulic networks—stake their claims to these finite energy sources as well. As it is transferred across different spatial scales, energy changes forms. But because the total amount of energy remains constant, appropriating energy in forms that are needed to fight or prepare for war necessarily entails losing it in others. Even if war and militarization lead economies to exploit new energy forms drawn from nature, they render energy unavailable for other purposes. Militaries struggle for strategic advantage, as well as for energy sources that drive their metabolism. The better militaries gather, store, and deploy energy, the greater their potential for organized violence, coercion, and destruction. Military systems exploit finite sources of useful energy to maintain themselves, do work, and expand. At the same time, they release heat, pollution, and wastes. Building complex military structures and expanding their realm of operations leads to dis-

---

① Smil, *Energy in Nature and Society*, 6 – 7; Marten, *Human Ecology*, 109 – 110; Pimentel and Pimentel, *Food, Energy, and Society*, 9 – 11; David Christian, *Maps of Time: An Introduction to Big History* (Berkeley: University of California Press, 2005), Appendix II; Burke, "The Big Story," 34.

organization, chaos, and degradation in the environments on which they depend. This degradation occurs at the level of ecosystems, as well as in the wastage of human bodies.

We can imagine far-reaching webs woven together by transfers of energy. Various actors that strive for power occupy and move from one node to another in these webs. By straining one thread in the web of energy transfer, actors may break another thread. Enormous transfers of energy occur across vast spaces, as military and non-military actors re-negotiate their roles and possessions. The catastrophes that occurred in Henan during World War II derived from the impact of channeling various forms of energy for military purposes, as well as the acute disturbances that these distorted flows created.

The Yellow River Flood

The same energy that propels rivers drives all human activities, including the waging of war. As Richard White has observed, labor that humans expend trying to control rivers ties them so closely to the environment that they become fundamentally inseparable from it. [1]White also reminds us that energy and work intertwine with power. Sometimes, power measures rates of energy flow and energy use. At other times, power means doing work and effecting change. In other instances, power refers to the ability to command energy and work of others. All these different meanings of power, "involve the ability to do work, to command labor. To be powerful is to be able to accomplish things, to be able to turn the energy and work of nature and humans to your own purposes. "[2] Energy harnessed as power becomes a means of attaining human ends and pursuing human goals, including military ones.

By the twentieth century, exploiting China's rivers and waterways for mili-

---

[1] Richard White, *Organic Machine: The Remaking of the Columbia* River (New York: Hill and Wang, 1995), 4–5.

[2] Ibid, 14.

tary-strategic purposes had plenty of historical precedent. From ancient times, China's extensive irrigation systems had been a "sword of Damocles—and almost anyone could snip the thread. "① On many occasions, armies intentionally flooded China's rivers to gain an upper hand against their opponent. Chiang Kai-shek and his subordinates perceived the Yellow River in similar strategic terms. In June 1938, Nationalist armies transformed nature's awesome energy into a weapon by breaking the Yellow River southern dike in Henan to block the Japanese army's advance. With this decision, the Chinese Nationalist armies exploited the river's energy to counter Japanese military power. Manipulating rivers in this fashion can also be thought of as a way to alter the energy needs of the enemy. Breaching the dikes greatly increased the energy required for the Japanese army to carry out its military advance, as well as other logistical requirements. Those logistical requirements, of course, were also energy requirements.

Throughout World War II, Chinese and Japanese armies in Henan engaged in hydraulic warfare as they struggled to harness the river's energy and deploy it against their military adversaries. Following the river's diversion in 1938, Chinese and Japanese armies confronted one another across its new course, making it a strategically vital frontline area. Long after the initial flood, the Yellow River remained an actor in the military conflict, with battles between natural and human forces continuing to play out as part of the Sino-Japanese War. Military actors on either side expended huge amounts of energy working with, on, and against the river to attain objectives, undertaking projects to channel and redirect its flow to fortify their positions and deploy it against their enemies. Their struggles were over power; contests over who could control the river, manipulate its energy, and secure its benefits. Manipulating the Yellow River to attain military-strategic advantage also required power in another sense—the ability to gain

---

① J. R. McNeill, "China's Environmental History in World Perspective," in Mark Elvin and Liu Ts' ui-jung, eds. *Sediments of Time: Environment and Society in Chinese History* (Cambridge: Cambridge University Press, 1998), 46. See also Ralph Sawyer, *Fire and Water: The Art of Incendiary and Aquatic Warfare in China* (Boulder: Westview, 2004).

advantage from the labor of others. The river demanded vast expenditures of human energy to match its own energies. To carry out wartime hydraulic engineering projects, military forces and water control agencies that allied with them had to mobilize massive flows of labor and materials. But as refugees fled Henan in the wake of the 1938 flood, those energy sources became extremely difficult to obtain. The task of providing these inputs placed an even greater burden on localities that had already been devastated by warfare and flooding.

The Yellow River was not a passive object, but acted to frustrate human efforts aimed at shaping its behavior for military-strategic purposes. As in times past, "hydrological systems kept twisting free from the grip of human would-be mastery, drying out, silting up, flooding over, or changing their channels. By doing so they devoured the resources needed to keep them under control or serviceable. "[1] In a time of war, when armies devoured or destroyed virtually all available resources, this cycle grew even more vicious. Given the sheer level of damage, Henan's flooded area had precious little energy to devote to hydraulic engineering, let alone for repairing ecological devastation. Military systems drained energy out of local society, making it virtually impossible to recover from war-induced disasters. Energy is finite. If it is diverted to waging war, it is unavailable for the work of reconstruction.

Competition for energy and power played out not simply between Chinese and Japanese armies—or between these military forces and the river—but between militaries and the local communities that they exploited as well. Tensions emerged between central authorities, who wanted to exploit limited energy sources for national defense, and localities in the flooded area that struggled to retain them for their own needs. War-induced distortion of energy flows rearranged the environment physically, disrupted human-constructed hydraulic and agro-ecological systems, and made their repair all but impossible. The Yellow River's hydro-energy benefited the Nationalist military in the short-term by slo-

---

[1]　Mark Elvin, *The Retreat of the Elephants: An Environmental History of China* (New Haven: Yale University Press, 2004), 164.

wing the Japanese invasion, but the fateful decision to divert its course left the Nationalists stuck in a quagmire that was at least partly of their own making.

The Effect of War on Environmental Infrastructure

Writings on war and the environment tend to describe the myriad ways in which military conflict-or preparation for it-degrades previously healthy or unspoiled landscapes. But Henan's wartime experience points to the importance of baselines in reconstructing narratives of war's environmental effects. All agricultural landscapes are human-made or "anthropogenic." From late imperial times, human labor sculpted China's agricultural landscapes to an unusually high degree. Such hyper-anthropogenic landscapes required vigilant management, as well as constant investments of labor and resources. Without those inputs, rapid and costly deterioration followed. Given the vulnerability of Henan's human-constructed landscapes to neglect, wartime population loss brought rapid and severe ecological decline. To put it another way, creating and maintaining agro-ecological and hydraulic systems consumed huge energy flows in the form of human labor power and materials. In the 1930s and 1940s, diversion of energy to military conflict led to environmental degradation and disorder. [1]

North China's anthropogenic environments were neither purely "natural," nor entirely the product of human artifice. Rather, human-engineered agricultural landscapes inhabited the "twilight zone between Nature and Culture" characteristic of what Emmanuel Kreike calls "environmental infrastructure." Examples of environmental infrastructure include cultivated landscapes, farms, fields, and water-management systems. Humans, as environmental actors, "work with nature (which is at once an actor and a medium), rather than dominating nature or being dominated by nature." Any changes in how human

---

[1]　Marks, *China*, 336; Elvin, *Retreat of the Elephants*; Mark Elvin, "Three Thousand Years of Unsustainable Growth: China's Environment from Archaic Times to the Present," *East Asian History*, 6 (1993): 7-46.

societies interact with and maintain their environment will have implications for environmental infrastructure as well. ①

Prior to the Japanese invasion of the late 1930s, therefore, Henan's environment did not exist in any sort of pristine or "natural" condition. Centuries of intensive human exploitation and management thoroughly altered the landscape, removing forests and other vegetation to make way for farms. Ecological diversity, and hence resilience, declined dramatically. Population growth pressed resources to the limit; ecological buffers were lost. ②

By the nineteenth century, Henan and the rest of North China confronted what many historians have labeled an environmental crisis. Deforestation led to intensified erosion and caused sediments to accumulate in the Yellow River, the Huai River, and many other river systems, necessitating higher dikes and resulting in more frequent and costly flooding. Loss of vegetation cover led to critical shortages of fuel as well as building materials. ③Maintaining a balance between hydraulic and agricultural systems demanded ever greater amounts of energy. During the early twentieth century, in Lillian Li's assessment, "Environmental decline, especially the siltation of rivers, was historically unprecedented ···. The cumulative effect of centuries of deforestation, intensive land use, and excessive control of rivers posed a problem of greater magnitude than had ever been

---

① Emmanuel Kreike, "Architects of Nature: Environmental Infrastructure and the Nature-Culture Dichotomy" (PhD dissertation, Wageningen University, 2006), 18 – 19. These ideas are refined and elaborated in Emmanuel Kreike, *Environmental Infrastructure in African History: Examining the Myth of Natural Resource Management in Namibia* (Cambridge: Cambridge University Press, 2013).

② Marks, *China*, 243.

③ A relatively abundant literature exists on the environmental crisis that prevailed in North China from the 1800s through the 1930s. See especially Kenneth Pomeranz, *The Making of a Hinterland: State, Society, and Economy in Inland North China*, 1853 – 1937 (Berkeley: University of California Press, 1993); Randall A. Dodgen, *Controlling the Dragon: Confucian Engineers and the Yellow River in Late Imperial China* (Honolulu: University of Hawaii Press, 2001); Elvin, *The Retreat of the Elephants*; Lillian M. Li, *Fighting Famine in North China: State, Market, and Environmental Decline, 1690s – 1990s* (Stanford: Stanford University Press, 2007); Kenneth Pomeranz, "The Transformation of China's Environment, 1500 – 2000," in Burke and Kenneth, eds. *The Environment and World History*; Marks, *China*, 235 – 243.

experienced. " The frequency and scale of flood and famine in the Republican period (1911 – 1949) "far exceeded anything that had occurred previously. "[1] Under these circumstances, World War II caused dislocations that destabilized fragile environments and upset precarious ecological balances, triggering acute shocks.

Upheavals created by the Japanese invasion and the Yellow River's strategic diversion led to large-scale population displacement that dispersed energy embodied in human labor power and made intensive management of Henan's environmental infrastructure impossible. Rapid ecological damage was the inevitable result. Attaining and maintaining order in anthropogenic agro-ecological and hydraulic systems, as with militaries and other complex systems, takes energy. But the energy used to maintain armies and fight wars—or energy that is dispersed due to military dislocations—cannot be utilized for other purposes. Without adequate inputs of labor and resources, Henan's agricultural and hydraulic systems quickly spiraled into disarray and recovery became nearly impossible. [2]Military conscription drained labor power from local societies, while the army's appetite for energy took food supplies out of the hands of civilian populations. As the direction of energy flows changed, agricultural landscapes transitioned into "warscapes" transformed by destructive human action. [3]

The Henan Famine

As the dislocations of war dealt severe blow to production of energy surplus-

---

① Li, *Fighting Famine in North China*, 307. For a survey of flood and drought disasters in Henan during the Republican period, see Su Xinliu, *Minguo shiqi Henan shui han zaihai yu xiangcun shehui* (Zhengzhou: Huanghe shuili chubanshe, 2004). Scattered oral histories and memoir literature are usefully collected in Wen Fang, ed. *Tianzai renhuo—tianhuo* (Beijing: Zhongguo wenshi chubanshe, 2004).

② Micah S. Muscolino, "Violence Against People and the Land: The Environment and Refugee Migration from China's Henan Province, 1938 – 1945," *Environment and History* 17: 2 (2011): 291 – 311.

③ The term "warscapes" is drawn from Carolyn Nordstrom, *A Different Kind of War Story* (Philadelphia: University of Pennsylvania Press, 1997).

es through agriculture, short-term climatic fluctuations added additional shocks. In 1941 – 1942, Henan andother parts of North China experienced unpredictable weather patterns and low rainfall levels connected with a strong El Niño event, causing agricultural output to fall precipitously. [1] As Peter Perdue has observed, "Whether or not famine happens depends on the effect of climate conditions on interactions between officials, peasants, relief agencies, and markets for labor and grain." People's ability to sell their labor and resources on markets, not simply the aggregate availability of food, determines life or death. In late imperial times, Chinese officials had effectively mobilized relief programs to deliver food, cash, and work opportunities to starving communities. [2] In the early 1940s, wartime instability combined with state security interests to rule out effective interventions to assist Henan's rural population and avert famine.

Even as harvests collapsed, the imperatives of war demanded huge concentrations of energy. As a frontline region, Henan had to supply vast amounts of resources to the military. Satisfying this appetite required seizing energy and materials from already devastated agro-ecological systems. The Nationalist regime collected taxes in kind and extracted an array of other levies to secure food for the army; other armies launched grain raids for the same purpose. In these circumstances, all combatants had to violently compete for food supplies, which took on the utmost military-strategic importance. In Hans van de Ven's words, "Battles for the harvest followed between the Nationalist state, its armies, local militaries, and the population, which the Japanese also joined." [3] The Chinese Communist Party's military forces actively participated in these food

---

[1] S. Brönnimann, et al. "Extreme Climate of the Global Troposphere and Stratosphere in 1940 – 1942 Related to El Niño," *Nature* 431 (Oct. 21, 2004).

[2] Peter Perdue, "Is There a Chinese View of Technology and Nature?" in Martin Reuss and Stephen H. Cutcliffe, eds. *The Illusory Boundary: Environment and Technology in History* (Charlottesville: University of Virginia Press, 2010), 114.

[3] Hans van de Ven, "The Sino-Japanese War in History," in Peattie, Drea, and van de Ven, eds. *The Battle for China*, 458.

struggles as well. With military and state actors trying to capture more and more energy to fight a war, the energy available for other life forms dwindled. Channeling energy to the military distorted food entitlement relations in Henan and made grain scarce or unavailable for vulnerable segments of society.

It should be stressed that in the 1930s and 1940s, Henan and the rest of the North China Plain remained overwhelmingly an "advanced organic economy" without a significant industrial sector powered by fossil fuels. No mechanisms existed to extract and transport hydrocarbon energy, or to process it into forms that were useful for modern militaries. ①Waging war in this particular region of China required massive concentrations of people, animals, food, and fuel in battle zones. Under what J. R. McNeill terms the "somatic energy regime," in which energy resources came primarily in the form of human and animal muscle, more people and livestock meant more productive power. Human and animal populations were a "flywheel in the society's energy system" that could be mobilized regardless of the abundance or scarcity of plant crops that were the primary source of energy. The only way to achieve political dominance and military success was to direct the somatic energy regime, harness its surplus, and apply it to fuel warfare. Because muscle was the main energy source, attaining power required controlling large numbers of people and livestock. ②

Viewed from this perspective, agriculture was "a solar-energy system controlled by humans, in which the energy output of selected plants is monopolized for human purposes. " States and militaries thus regarded humans as "ambulatory solar-energy storage systems. "③ Differential access to energy sources corre-

① The concept of "advanced organic economy" originated with E. A. Wrigley, *Continuity, Chance, and Change: The Character of the Industrial Revolution in England* (Cambridge: Cambridge University Press, 1990). Late imperial and early twentieth-century China has been characterized as an advanced organic economy by Robert B. Marks, *China: Its Environment and History* (Lanham: Rowman and Littlefied, 2012), as well as Robert B. Marks, *The Origins of the Modern World: A Global and Ecological Narrative* (Lanham: Rowman and Littlefield, 2002).

② J. R. McNeill, *Something New Under the Sun: An Environmental History of the Twentieth-Century World* (New York: Norton, 2001), 11–12.

③ Burke, "The Big Story," 36.

sponded to power differentials between groups of people. Large-scale con-
scription of able-bodied males in wartime Henan—both to fight and to work—
kept labor power away from agriculture, making recovery difficult. Extrac-
ting energy from a war-devastated environment influenced by climatic anoma-
lies threw ecological systems into disarray, creating an "energy crisis" in
which civilian populations could not obtain caloric intake needed for their
minimal subsistence.

War-induced flood and famine displaced millions of people in Henan,
forcing them to adapt to unfamiliar environments and find ways to secure the en-
ergy they needed to survive. Their ecological adaptations had an impact. Many
flood victims earned income by gathering and selling energy stored in the form of
organic biomass as fuel for heating and cooking. But few refugees could cut
down trees. In a part of China that had been deforested for centuries, and
where severe fuel shortages existed since the nineteenth century, refugees took
whatever they could find. They gathered brush, grass, chaff, and roots—any-
thing that could serve as fuel. Though fuel shortages existed in northern China
for decades, refugee survival strategies made them more severe. Extraction of
biomass deprived soils of organic nutrients and subjected land that was already
jeopardized by erosion to greater damage.

Displaced people placed additional pressure on scarce resources in areas of
in-migration and dramatically altered environments, especially in the sites
where China's wartime state resettled refugees to reclaim wasteland for agricul-
tural production. China's Nationalist and Communist regimes alike envisioned
land reclamation as a way to mobilize refugee labor power in order to boost agri-
cultural production and strengthen China's military resistance. Much of this
"wasteland" consisted of upland areas covered with trees and other vegetation.
Unlike Henan, Shaanxi province's Huanglongshan region, site of the largest
wartime resettlement project, had forests. Land reclamation converted wooded
landscapes for agricultural production, simplifying ecosystems, jeopardizing
wildlife habitats, and accelerating soil erosion. All of these ecological changes,
it is important to emphasized, carried deleterious consequences for the health

and wellbeing of the most refugee populations. ①

Aftermath

World War II did tremendous damage to North China's natural landscape. But war-induced environmental decline is only part of the story. Assessments of war's ecological legacies also have to consider the capacity of societies to restore war-ravaged landscapes to productivity. ②Along with presenting a particularly graphic example of the immediate impact of military conflict on the natural landscape, which has been the focus of previous environmental histories of warfare, Henan's experience also illustrates the resilience of human societies and their capacity to restore war-ravaged landscapes into productive agro-ecosystems. After World War II's ended—and even as China was embroiled in civil war between the Nationalist and Communist parties—Henan's most badly damaged areas experienced resettlement, socio-environmental reconstruction, and the re-creation of humanized agricultural landscapes.

Based on his environmental history of World War II in Japan, William Tsutsui asserts "that the effects of warfare on the environment (be they favorable or detrimental) are often less lasting and less significant than we might imagine. " War's environmental legacies "are complex, contingent, and often surprisingly transitory. " ③ Writing of the twentieth-century world as a whole, J. R. McNeill likewise writes that, "Combat had its impacts on the environment, occasionally acute but usually fleeting. More serious changes arose from the desperate business of preparing and mobilizing for industrial warfare. " In

---

① Micah S. Muscolino, "Refugees, Land Reclamation, and Militarized Landscapes in Wartime China: Huanglongshan, Shaanxi, 1937 – 45," *The Journal of Asian Studies* 69: 2 (2010): 453 – 478; Muscolino, "Violence Against People and the Land. "

② Richard P. Tucker, "War and the Environment," *World History Connected* 8: 2 (2011) < http: //worldhistoryconnected. press. illinois. edu/8. 2/forum_tucker. html >.

③ William M. Tsutsui, "Landscapes in the Dark Valley: Toward an Environmental History of Wartime Japan," *Environmental History* 8: 2 (2003), 295.

his view, "patient labor and the processes of nature" have usually hidden the scars of war and "assimilated into the surrounding countryside the sites of even the most ferocious battles—except where there has been conscious effort to preserve the battlefields as memorials. " He notes that dryland agriculture, as practiced in Henan and on the rest of the North China Plain, "recovered quickly from war, on average in about three years. "[1] These observations ring true for Henan's flooded area, at least to an extent. The rebuilding of agro-ecological systems and return of agricultural productivity to prewar levels indeed occurred in a rather short time. In line with McNeill's assertion, agricultural output in Henan's flooded area returned to pre – 1937 levels about three years after full-fledged peace and stability returned with the Chinese Civil War's conclusion in 1949. Human labor and investment remade landscapes of unparalleled devastation into environmental infrastructure.

In other respects, however, Henan's post-conflict experience makes it necessary to qualify these conclusions about war's transitory environmental effects. Recovery did not result from nature's powers of regeneration alone. Repairing the ecological degradation caused by war-induced neglect came about only through active human management. Recovering from the damage caused by war-induced neglect of agro-ecosystems demanded huge flows of energy embodied in labor and resources, as well as agencies capable of channeling and coordinating them. After 1945, large-scale external assistance came from the United Nations Relief and Rehabilitation Administration (UNRRA), which launched redevelopment programs in war-damaged areas of China in conjunction with the Nationalist regime's Chinese National Relief and Rehabilitation Administration (CNRRA).

In 1946 – 1947, tens of thousands of laborers supervised by UNRRA-CNRRA exerted their energies to return the Yellow River to its pre – 1938 course. UNRRA-CNRRA offered considerable material support to refugees who returned to their homes in Henan's flooded area and assisted them in bringing

---

[1] McNeill, *Something New Under the Sun.*

land back under cultivation. In conjunction with the labor of Henan's rural populace, processes of post-conflict ecological reconstruction garnered huge energy subsidies from these transnational relief agencies. Without those external inputs, human communities could not have remade war-torn landscapes into productive agro-ecosystems so quickly and the environmental scars of warfare would have persisted much longer. With this external assistance, but mostly thanks to their own exertions, farmers reclaimed nearly all of the previously flooded area by 1949 and the landscape gave little indication of the disasters that had occurred only a few years earlier.

At the same time, the rapidly changing ecological conditions in Henan's flooded areas shaped the geostrategic terrain on which the final stage of the Chinese Civil War between the Nationalists and the Chinese Communist Party (CCP) was fought. The Yellow River took on renewed strategic importance in the late 1940s, as Nationalist military leaders sought to isolate Communist forces in eastern Henan by returning the river to its pre – 1938 course. Contrary to Nationalist intentions, the river's re-diversion decreased the water barrier between Nationalist and Communist armies, affording the CCP greater mobility. The Chinese Civil War of 1946 – 1949 proved much less devastating than World War II, which enabled recovery to proceed without serious impediment. Return of human population and agricultural recovery gave the Communists and Nationalists reason to exert control over flooded area, making it a point of military contestation.

William McNeill once conceptualized food energy consumption by armies as the "macroparasitism of military operations." [1] In order to sustain themselves, militaries have to rob agriculturalists of portion of their harvests. But any parasites that kill or harm their host do not last long. Just as viruses evolve less virulent strains that exploit hosts without killing them, armies have normally recognized the importance of protecting the farmers they exploit. But such symbiotic

---

[1] William H. McNeill, *Plagues and Peoples* (Paperback edition, New York: Anchor, 1998), 72.

balances have not always existed. In times of crisis, as David Christian rightly notes, able rulers often become brutal and destructive predators. Less able—or more desperate—rulers employ destructive fiscal methods that they or their advisors know will undermine the basis of their power. ①The direction of the Chinese Civil War in Henan depended largely on which side was able to secure flows of energy and resources for its military.

Struggles over energy flows in wartime Henan intersected with twentieth-century China's most significant political transformation. At the height of World War II and into the Chinese Civil War that followed, Nationalist "military macroparasitism" damaged its host society, seizing food supplies and drafting men as soldiers and laborers. Without effective structures to channel and coordinate large energy flows, the Nationalist military position in Henan crumbled. A more symbiotic balance, by contrast, undergirded expansion of Communist influence. In the wake of the 1942 – 1943 famine, the CCP's forces improvised relatively stable and effective methods of exploitation that benefited armies and civilian populations alike. After 1945, the CCP proved adept at attracting returning refugees—and labor power—to its base areas in Henan's flooded area, enacting land reform in conjunction with land reclamation. In large part, the Communist capacity to innovate new, more stable ways of extracting energy from ecological systems explains the CCP's consolidation of power in local society.

For the Chinese Nationalist regime, a desperate need to extract energy for the army and remold the hydraulic environment to meet its strategic priorities gave rise to socio-ecological disruptions that paved the way for its eventual military collapse in North China. The Chinese Communist Party's military forces in Henan, during the 1940s at least, proved more capable of adapting to changed environmental conditions and improvising ways of capturing the energy they needed to survive. To an extent, the contrast between the ecological impact of the Chinese Nationalist and Communist militaries derived from their tactics. The Nationalist armies engaged in positional warfare, while the Communists relied

---

① Christian, *Maps of Time*, 322.

primarily upon guerilla warfare, which gave them greater mobility and flexibility. Differing military-strategic choices necessitated by the war against Japanese thus resulted in different ecological outcomes, which also had significant political implications.

****

The energy-centered approach employed in this book complements other ways of thinking about the war-environment nexus. Edmund Russell, for instance, has suggested that analyzing military supply chains as food chains "will help us uncover the indirect and hidden, but absolutely essential, links between armed forces and civilian, agricultural and natural systems. " Thinking in terms of food chains, as he notes, demonstrates "that the area of militarized landscapes extends far beyond battlefields and bases, growing ever wider as the supply chain lengthens. "[1] For ecologists, trophic pyramids are used to represent the roles of different organisms within food chains. In terrestrial ecosystems plants anchor the bottom level, herbivores the next, and predators the next up from them. "Species at each level depend not only on the level immediately below them, but on all lower levels-though their dependence becomes less apparent as the food chain lengthens. "

This mode of analysis also highlights the importance of energy flows. Though Russell does not dwell on the point, it is worth stressing that trophic pyramids map energy transfers between producers and consumers at each step in the food chain. As he explains, "The width of the pyramid represents biomass (the weight of organisms). Transforming energy from one form to another always comes at the cost of lost energy, so the biomass of each level must always be less than that of the level below it. "[2] Russell usefully applies the model of a trophic-pyramid to militarization's ecological effects: "Starting at the bottom,

---

[1] Edmund Russell, "Afterword: Militarized Landscapes," in Coates and Cole, eds. *Militarized Landscapes*, 237.

[2] Ibid, 236. On energy transfer within food webs, see Smil, *Energy in Nature and Society*, 113 – 118.

we can label the levels natural systems, agricultural systems, political, economic and technological systems, and armed forces. " Armed forces depend on political, economic and technological systems for their sustenance. "Less apparently but just as much, they rely on the agricultural and natural systems that support the political and economic systems. Moreover, since each level must harvest greater biomass than itself to survive, the impact of military consumption widens as one goes down the scale. This means that militarization grows ever more pervasive as it becomes ever less visible. "① Fully grasping the ecological impact of warfare and militarization requires investigating energy conversions at every level of the food-web pyramid.

Seeking to expand the environmental history of warfare "beyond the battlefield" to the "host of semiperiheral contexts where war etched its distant imprint on the land," Matthew Evenden analyzes commodity chains- "the linked labor and production processes involved in the making of a commodity from production to finished good. "② As Evenden explains in his path-breaking research on aluminum production during World War II, "Far from dividing the environmental history of the Second World War into a series of national histories, commodity chains bridge the distance between places, point up the importance and irrelevance of international boundaries, and connect social and environmental change on several spatial scales. The commodity chain thus offers a useful angle of vision to help understand the dynamics of warfare and environmental change over distance. "③ Evenden examines the development of new geographies of production, military efforts to defend vital commodity chains, and environmental repercussions of these strategically-important processes. As he shows, wartime expansion of aluminum production increased the character and the extent of environmental effects. ④Commodity-chain analysis highlights the " unprecedented

---

① Russell, "Afterword," 236 – 237.

② Matthew Evenden, "Aluminum, Commodity Chains, and the Environmental History of the Second World War," *Environmental History* 16: 1 (2011), 70.

③ Ibid.

④ Ibid, 71.

capacity of the Second World War to gather and scatter materials with untold human and environmental consequences, linking diverse locations with no necessary former connections. "[1]

As a conceptual framework for investigating links between war and the environment, commodity chain analysis also melds nicely with the mode of analysis employed in this study of World War II and its aftermath in Henan, which focuses on energy transfers to understand the ecological dimensions of war and militarization. Most significantly for our purposes, wartime expansion of aluminum commodity chains "required massive material and energy inputs" derived from multiple world regions, from extraction of tropical soils to the damming of rivers for hydroelectricity. What is more, as Evenden notes, "These critical links in the supply chain were bound together by a fossil-fueled, long-distance transportation system. "[2] Commodity chain analysis, like the concept of metabolism, directs our attention to how military systems acquire the inputs of energy and materials that they need to survive and function, as well as the environmental consequences of these flows. Taking a cue from the approaches proposed by Evenden and Russell, we can explore the history of war through the lens of energy conversion to better understand its environmental consequences.

Because they also depended upon constant energy inputs for their maintenance, intensively exploited agricultural landscapes and hydraulic systems like those that prevailed on the North China Plain proved especially vulnerable to war-induced disruption. Warfare upset finely honed human relationships with anthropogenic environments in Henan, triggering rapid and acute shocks. The military's insatiable appetite for energy drained the labor and resources needed to maintain environmental infrastructure, making it impossible to recreate a viable human-ecological order until conflict came to an end. Warfare, in other words, rendered post-disaster recovery even more difficult than usual by monop-

---

[1] Matthew Evenden, "Aluminum, Commodity Chains, and the Environmental History of the Second World War," *Environmental History* 16: 1 (2011), 88.

[2] Ibid, 83.

olizing the energy flows needed to pull things back together.

Multifaceted and multidirectional relationships played out between war, society, and the environment. Armies in eastern Henan intentionally disrupted hydraulic systems, after which they expended huge quantities of energy trying to manipulate rivers for strategic purposes. Warfare tore asunder agro-ecosystems and disrupted agricultural production, as Chinese and Japanese armiesconsumed increasing amounts of food energy to meet their metabolic demands. Military systems likewise extracted tremendous amounts of labor power from local societies in the form of soldiers and conscript labor, even as their actions caused population loss due to death and displacement. Due to precipitous war-induced population decline, local societies (or what remained of them) could not invest the labor and resources needed to maintain agro-ecological systems from which they derived food and biomass. When hydraulic systems suffered war-induced disruption, flooding led to additional loss of labor and materials.

With military actors extracting even larger amounts of energy in their efforts to manipulate waterways, maintaining militarized hydraulic systems placed greater burdens on devastated localities. At the same time, Henan lost additional energy sources as refugees migrated west to Shaanxi, where their survival strategies generated additional environmental change. After World War II came to an end in the late 1940s, it took massive influxes of energy to draw human labor power back into eastern Henan's flooded area, making it possible to repair war-ravaged environmental infrastructure and restore agricultural landscapes to productivity.

请神祈禳：明清以来清水江地区民众的
日常灾害防范及其实践[*]

吴才茂　　冯贤亮

一　引论

灾害，是"由自然变异、人为因素或自然变异与人为因素相结合所引起的对人类生命财产和生存条件造成的危害"。[①] 进而言之，举凡自然灾

---

* 作者简介：吴才茂，凯里学院人文学院讲师，兼任贵州原生态民族文化研究中心研究员；冯贤亮，浙江嘉善人，复旦大学历史学系教授。

① 郭强、陈兴民、张立汉主编：《灾害大百科》，山西人民出版社 1996 年版，第 1045 页。灾害学研究中谈论之灾害概念，与 Disaster 直接对应，其词义也趋于专业化和更加科学化。比如：马宗晋在 1990 年提出了自然灾害系统，认为自然灾害包括气象、海洋、生物、地质、人类、地球系统组成的综合系统，从组成要素看，可归纳为自然致灾因子（气象、海洋、生物、地质）、孕灾环境（地球系统）、承灾体（人类）三部分；史培军在 1991 年提出了 $D = E \cap H \cap S$，即灾害（D）是地球表层孕灾环境（E）、致灾因子（H）、承灾体（S）综合作用的产物，认为任何一个特定地区的灾害，都是三者综合作用的结果；王劲峰则将灾害系统（I）划分为两个部分，即实体（M）和过程（F），即 $I = F (M) = f3 (f1, f2, m1, m2)$ ……。在这个公式中，F 包括自然过程 f1，社会过程 f2；致灾因子 m1 和承灾体 m2；美国学者丹尼斯·米勒蒂（Dennis S. Mileti）在 1999 年认为，灾害系统是由地球物理系统（大气圈、岩石圈、水圈、生物圈）（E）、人类系统（人口、文化、技术、社会阶层、经济、政治（H）与结构系统（建筑物、道路、桥梁、公共基础设施、房屋）（C）共同组成，即 $D = E \cap H \cap C$（参见史培军：《区域灾害系统与中国自然灾害时空格局》，载国家减灾委员会办公室编：《灾害应急管理丛书：灾害科学和灾害理论》，中国社会出版社 2006 年版，第 1—10 页）。然而，限于篇幅，本文所讨论的灾害范围，更多地集中于民众日常生活常见的疾病、潜在灾害的应对与防护。因为"人之一生，与自身最密切相关的莫过于衣食住行、生老病死，这些似乎无关社会发展规律之宏旨的细微小事，其实正是人类历史最真实、最具体的内容。而现代国际学术发展趋向，已经逐渐表现出对人本身的关注以及对呈现人类经验的重视"（参见余新忠《疫病社会史研究：现实与史学发展的共同要求》，《史学理论研究》2003 年第 4 期）。

害、社会变乱、日常疾病与未来所隐含的潜在危险,都可包含在灾害研究的范畴。尽管中国古代关于灾害的记载甚多,但有关灾害的系统研究,始于 20 世纪 30 年代,邓云特的《中国救荒史》[①] 可谓代表,该书被认为是中国近现代第一部比较全面系统地阐述中国历代灾情、救灾思想和救荒政策的专著,其中的许多资料和结论至今仍被引用。[②] 自是以后,中国古代的减灾制度长期受到关注,且成果丰富。[③] 实际上,民众面对灾害,也并非均能以这种防灾、救灾等减灾模式即可完全消除灾害所带来的创伤。在古代中国,尚存在以往学者较少探讨的,或者被视之为"迷信"的禳灾制度模式。[④] 然而更为重要的是,日常生活中民众的灾害应对和防范方式,运行极其娴熟的可能更多的是祈禳,若把请神祈禳与其他应对方式结合起来讨论民众日常生活中的灾害应对和防范,可能会呈现出更为全面的灾害应对及其防范的历史细节。[⑤]

---

① 邓云特:《中国救荒史》,商务印书馆 1937 年版。

② 段伟:《禳灾与减灾:秦汉社会自然灾害应对制度的形成》,复旦大学出版社 2008 年版,第 4 页。

③ 可参见有关灾害史研究综述之成果介绍:李文海《论近代中国灾荒史研究》,《中国人民大学学报》1988 年第 6 期;史培军:《国内外自然灾害研究综述及我国近期对策》,《干旱区资源与环境》1989 年第 3 期;吴滔:《建国以来明清农业自然灾害研究综述》,《中国农史》1992 年第 4 期;余新忠:《1980 年以来国内明清社会救济史研究综述》,《中国史研究动态》1996 年第 9 期;卜风贤:《中国农业灾害史研究总论》,《中国史研究动态》2001 年第 2 期;阎永增、池子华:《近十年来中国近代灾荒史研究综述》,《唐山师范学院学报》2001 年第 1 期;朱浒:《二十世纪清代灾荒史研究述评》,《清史研究》2003 年第 2 期;邵永忠:《二十世纪以来荒政史研究综述》,《中国史研究动态》2004 年第 3 期;么振华:《唐代自然灾害及救灾史研究综述》,《中国史研究动态》2004 年第 4 期;于运全:《20 世纪以来中国海洋灾害史研究评述》,《中国史研究动态》2004 年第 12 期;苏全有、王宏英:《民国初年灾荒史研究综述》,《防灾技术高等专科学校学报》2006 年第 1 期;王欣欣、杨超:《近十年来中国自然灾害史研究综述》,《经济与社会发展》2013 年第 1 期。

④ 安德明:《天人之际的非常对话》,中国社会科学出版社 2003 年版,第 14 页。另,禳灾制度的研究成果主要有:雷闻《祈雨与唐代社会》,参见《国学研究》第 8 卷,北京大学出版社 2001 年版,第 245—289 页;林涓:《祈雨习俗及其地域差异:以传统社会后期的江南地区为中心》,《中国历史地理论丛》2003 年第 1 期;李军、马国英:《中国古代政府的政治救灾制度》,《山西大学学报》(哲社版) 2008 年第 1 期;段伟:《迷信与理性:汉代禳灾制度初探》,《山西大学学报》(哲社版) 2008 年第 6 期;刘卫英:《清代求雨禳灾叙事的伦理意蕴与民俗信仰》,《福建师范大学学报》(哲社版) 2013 年第 6 期;等等。

⑤ 对江南地区的旱魃为虐和祈雨等灾害的发生与应对研究,可参见冯贤亮《太湖平原的环境刻画与城乡变迁 (1368—1912)》,上海人民出版社 2008 年版,第 227—307 页和《近世浙西的环境、水利与社会》,中国社会科学出版社 2010 年版,第 136—168 页。

近年来，随着清水江文书的大量发现和刊布，① 清水江地区将逐渐成为学术界研究的热点区域之一，② 但有关灾害史尤其是民众日常生活中常见灾害应对与防范的研究尚不多见。③ 事实上，在清水江地区，民众面对灾害，不管是现实社会中所见的各类请神等所谓"封建迷信"活动④，还是在明清以来地方志编纂体系中的坛庙、祠宇、寺庙和"专事鬼神"风俗的描述，无不显示出当地民众在日常生活策略中有着虔诚的请神情结。然而，明清士大夫的刻画和描述，更多的是把这种行为作为陋习来宣扬。近代以来的研究者，也多延续了这种思维模式，对以苗族为主的信仰与民俗极尽挖掘之能事，为我们留下了很多宝贵的文献。⑤ 但对于请神活动是民众日常生活中一种固定的生存防护策略，更是维系民众日常生活得以安宁的一种基本规范，则似未加注意。本文试图以"遇病不药，而事祈祷"这种极为常见且最为近代以来诟病的风俗进行勾勒与分析，接着分类梳理民众日常生活中请神的人生防护，讨论其存在的合理性，进而着力讨论当明清王朝制度和契约规范盛行之后，民众把神明引入契约文

①　清水江地区契约文书的刊布情况：《侗族社会历史调查》（贵州民族出版社 1988 年版）计 16 份；《黔东南州志·林业志》（中国林业出版社 1990 年版）计 13 份；《锦屏林业志》（贵州人民出版社 2002 年版）计 25 份；唐立、杨有赓、武内房司主编：《贵州苗族林业契约文书汇编（1736—1950）》（东京：东京外国语大学出版会 2001、2002、2003 年版）共三卷计 858 份；谢晖主编：《民间法》第 3 卷（山东人民出版社 2004 年版）计 134 份；张应强、王宗勋主编：《清水江文书》（广西师范大学出版社 2007、2009、2011 年版），共三辑 33 册计 15000 份；陈金全、杜万华主编：《贵州文斗寨苗族契约法律文书汇编——姜元泽家藏契约文书》（人民出版社 2008年版）计 664 份；潘成志、吴大华主编：《土地关系及其他事物文书》（贵州民族出版社 2011 年版）计 139 份；高聪、谭洪沛主编：《贵州清水江流域明清土司契约文书·九南篇》（民族出版社 2013 年版）计 507 份；张新民主编：《天柱文书》（江苏人民出版社 2014 年版），第一辑共 22册计 7000 余份。总计 23350 余份。

②　参见吴才茂《近五十年来清水江文书的发现与研究》，《中国史研究动态》2014 年第 1期。

③　对云贵的环境与社会变迁的研究中，也多有灾害应对之讨论，但多着力于环境史的范畴。参见杨伟兵《云贵高原的土地利用与生态变迁（1659—1912）》（上海人民出版社 2008 年版）、《旱涝、水利化与云贵高原农业环境（1659—1960 年）》（载曹树基主编《田祖有神：明清以来的自然灾害及其社会应对机制》，上海交通大学出版社 2007 年版，第 54—81 页）以及杨伟兵主编：《明清以来云贵高原的环境与社会》（东方出版中心 2010 年版），等等。

④　实际上，一些研究者对当代贵州的调查显示，神灵在民众的日常生活中无处不在（参见吴秋林《众神之域：贵州当代民族民间信仰文化调查与研究》，民族出版社 2007 年版）。

⑤　与之相关且较为详细的文献梳理，可参见马国君《苗族历史文献及研究述评》，《怀化学院学报》2009 年第 10 期。

书签署的程式中,并在日常公共生活所面临的潜在风险时也以之来刊碑立约。换言之,即这种看似消极与"迷信"的灾害应对与防范行为,是如何被民众规约化、制度化了的,并如何成为民众日常生活中面临灾害与防范灾害的基本策略。

二 遇病不药:民众日常生活中疾病的应对策略

梁其姿认为,面对疾病,中国传统社会中曾有着一套较为成熟的社会医疗组织,也有着较为成熟的医疗观念。[①] 但是否所有的病痛都能在这套医疗体系下得以消除,恐怕即便现代医学都未能有如此信心。因此,早在汉代医书《五十二病方》中,就略述了不少以致病闻名的鬼魂和神灵[②],到宋代文人的著作中,业已能详细描述魂灵引发的疾病,以及针对问题的不同等级的僧道和巫师。[③] 这可能也是明清士大夫以"遇病不药"来描述各地风俗的主要理论来源。[④] 在明清这一波"遇病不药"的风俗描述中,尤以对清水江地区民众的刻画最为让人印象深刻。为示说明,兹列表如下:

表 1 **明、清、民国清水江地区民众应对疾病风俗一览**

府县/族群	病情	应对策略	资料来源
苗	病	病不服药,祷鬼而已	(明)田汝成:《炎徼纪闻》,页 51

---

① 参见梁其姿《面对疾病——传统中国社会的医疗观念与组织》,中国人民大学出版社 2011 年版,第 145—148、165—171、217—248 页。但这种组织机构的功能更多的还是慈善事业(参见夫马进著,伍跃等译《中国善会善堂史研究》,商务印书馆 2005 年版,尤其是第 178—404 页;陈宝良:《中国的社与会》(增订本),中国人民大学出版社 2011 年版,第 172—231 页)。

② 参见蒲慕州《追寻一己之福:中国古代的信仰世界》,允晨文化实业有限公司 1995 年版,第 165—170 页。

③ Edward L. Davis. Society and the Supernatural in Song China. Honolulu: University of Hawaii Press, 2001. pp. 45–53.

④ 南到广东嘉应:"病鲜服药,信巫觋,鸣锣吹角,咒鬼令安适,名曰跳茅山。"(咸丰《兴宁县志》卷八《风俗·习尚》,第 31 页,《中国方志丛书·第九号》,成文出版社 1966 年版,第 136 页)。北至黑龙江:"巫风盛行,家有病者,不知医药之事,辄招巫入室诵经。装束如方相状,以鼓随之,应声跳舞,云病由某祟,飞镜驱之,向病者按摩数次遂愈。"(徐宗亮:《黑龙江述略》卷六,第 5 页,《丛书集成续编》第 239 册,新文丰出版公司 1988 年版,第 777 页)。

府县/族群	病情	应对策略	资料来源
黄平所	病	有病祈福	嘉靖《贵州通志》卷三《风俗》，页13
诸夷	病	病不服药，祷鬼而已	万历《黔记》卷五十九《诸夷》，页4
苗	病	疾不延医，惟用巫	康熙《黔书》上卷《苗俗》，页20
苗	病	病不延医禳除，但从祈祷	同上，页14
清浪卫	疾病	遇有人疾病，不谋医而谋之巫	康熙《清浪卫志》，页17
天柱县	病	遇病不药，而事祈祷	康熙《天柱县志》上卷《风俗》，页7
镇远府	病	苗病不服药，惟听巫卜	乾隆《镇远府志》卷九《风俗》，页12
镇远府	病	遇病延鬼师于堂持咒	同上，页7
清江厅	病	符水	乾隆《清江志》卷十《仙释》，页48
苗人	病	尚鬼，不信医药	乾隆《黔南识略》卷十三《台拱同知》，页12
黄平州	病	苗病不服药，惟听巫卜	嘉庆《黄平州志》卷一《风俗》，页7
苗	瘟疫	醵金延僧道逐瘟疫	嘉庆《桑梓述闻》卷三《风俗》，页17
苗	病	病不服药，惟祈鬼信巫	道光《黔南职方纪略》卷九《苗蛮》，页7
苗	病	病不用医药，辄延巫宰牛禳之	同治《苗疆闻见录》，页21
天柱县	病	遇病不药，而事祈祷	光绪《续修天柱县志》上卷《风俗》，页27
黎平府	疾病	有疾病，每招巫祈祷驱逐之	光绪《黎平府志》卷二下《妇职》，页124
平越州	疾病	疾病不知服药，第罄产事巫禳	光绪《平越直录州志》卷五《风俗》，页2

续表

府县/族群	病情	应对策略	资料来源
平越州	疾	有疾召巫禳之	光绪《平越直录州志》，卷五《苗蛮》，页 26
诸苗	病	病不服药，尚鬼信巫	宣统《贵州地理志》卷三《种族》，页 8
花苗	病	病不服药，惟祷于鬼	同上
台拱县	病	病不服药，尚鬼信巫	民国《台拱县文献纪要》，页 69
剑河县	病	病者不事医药治疗，惟乞于巫祝	民国《剑河县志》卷七《民政志》，页 6
剑河县	天花	唯乞灵于鬼神	同上，页 13
八寨县	病	病不服药，惟祷于鬼	民国《八寨县志稿》卷廿一《风俗》，页 8
麻江县	小儿疾	辄以水和饭，钱纸三张烧于中出门三步泼向外禳之	民国《麻江县志》卷五《风俗》，页 8
麻江县	小儿猝昏迷	歃雄鸡血，点其头面将鸡绕其身而掷出之	同上
麻江县	身猝发疹	用秽扫其身，或请公正士人朱书"虎"字于疹上	同上

　　由上表不难知道，在面对疾病时，民众的应对并非请医，而采用了其他治疗方式，细分这些方式："祷鬼"9 次，"信巫"8 次，"祈祷"4 次，"符水"1 次，"鬼师"1 次，僧道 1 次，泼水饭 1 次，歃雄鸡血 1 次，其他 1 次。显然，"尚鬼信巫"成为主要的治疗手段，而神与僧道的出现，时间则更趋于近代。① 尽管这只是一份不太完全的

---

　　① 这和明清王朝的正统信仰逐步传入清水江地区及其在地化需要一个过程有密切关系。相关初步研究，可参见吴才茂、李斌《明清以来汉神信仰在清水江下游的传播及其影响——以天柱苗侗地区为中心》，《贵州大学学报》（社会科学版）2013 年第 1 期。然而，中国人素有鬼神不分的传统观念，鲁迅就曾指出："天神地祇人鬼，古者虽若有辨，而人鬼亦为神祇。人神淆杂，则原始信仰无由蜕尽，原始信仰存则类于传说之言日出不已。"（鲁迅：《中国小说史略》，上海古籍出版社 1998 年版，第 10 页）

统计表，但作为风俗记录，也可知清水江地区民众在面临疾病这一灾害时，在其思维方式中，"遇病不药，而事祈祷"成为一种很重要的应对方式。①

当然，并非所有的疾病应对均以"病不服药，尚鬼信巫"寥寥几字来表述，这既未能让人得知其治疗的细节，也难令人接受。不过，我们也可以在阅读中发现诸多显示细节的史料，譬如：

> 有头痛身热，或沉迷不省人事，谓逢路鬼，以茅叶挽标扫周身，再以钱纸包茅置香龛，谓之"愿标"。招善禳者造花盆，置标于中，香烛酒脯，夜送至三岔路，祭毕，倾祭物于地，其盛器掷破之。有茅草扎船及杉皮作棺者，锣鼓送出，谓之送茅娘替死，亦同。又云二分土地，凡男女弱幼腹痛呕吐，必祷之。日暮，以香三炷，饭二盂，每盂置鸡子一枚，二人送菜园中，祀之毕，二人食，不留余归。②

再如：

> 人有患病者，不求医，先取病者衻衣一缕，延苗巫看香，或打茅草卦，惟巫言是听。巫曰某物作祟，须泼水饭。病家取水一勺，

---

① 事实上，面对疾病，尤其是遇到一些医学尚无法解决的疾病，民众便会更多地利用前现代医学的实践，即巫术、魔法等治疗手段来解决，在西方世界亦如是 [参见吉多·鲁格埃罗 (Guido Ruggiero) 著，李恭忠译《离奇之死——前现代医学中的病痛、症状与日常世界》，该文原载《美国历史评论》(American Historical Review) 106 卷 2 期，2001 年 10 月号，译文载王笛主编：《时间·空间·书写》，浙江人民出版社 2006 年版，第 124—150 页]。

② 民国《麻江县志》卷五《风俗》，第 8 页，此据《中国地方志集成·贵州府县志辑》第 18 册，巴蜀书社 2006 年影印本，第 368 页（按：注释第一个页码为原书页码，第二个页码为《中国地方志集成·贵州府县志辑》编排中的页码，本文所引贵州地方志，除特别另注外，均为此版影印本）；光绪《平越直录州志》卷五《风俗》，第 14 页 b，《中国地方志集成·贵州府县志辑》第 18 册，第 78 页；但对"二分土地"，民国《八寨县志稿》所记稍有不同："俗谓苗人凡幼小儿女身热腹痛或呕吐，必祷之。日暮，以香三炷，饭二盂，每饭中置鸡公一枚，送于菜园之中祝之，祝毕，则祝者食之，不留一粒。"（民国《八寨县志稿》卷十一《风俗》，第 12 页，《中国地方志集成·贵州府县志辑》第 19 册，第 218 页）。

洒饭数粒，焚香其中，于深夜泼之路头，谓之"泼水饭"。①

上面所检录的这两则材料，尽管交代了一些疾病应对的细节，但我们也很难得知"乞鬼"与"祷神"的结果是否有效，这也许是人们关注的焦点所在。然而，从"不愈则曰鬼无所昏也，弃之不顾"。②"不幸不愈，无所怨词也。"③"病愈则归功于巫卜之甚灵，病死则归咎于祭鬼之未遍。"④从上述说法来看，这种方式可能在民间日常生活中似乎多有灵验之时。譬如："二分土地，凡幼男女或腹痛呕吐，必祷之，以香三炷，饭二盏，每盏内置鸡蛋一个，令人送菜园中，祀之毕，二人将饭及鸡蛋食

---

① 民国《施秉县志》卷一《风俗》，第 45 页，《中国地方志集成·贵州府县志辑》第 19 册，第 541 页；关于"泼水饭"的描述，又见民国《麻江县志》卷五《风俗》，第 8 页，《中国地方志集成·贵州府县志辑》第 18 册，第 368 页；光绪《平越直隶州志》卷五《风俗》，第 8 页 a，《中国地方志集成·贵州府县志辑》第 26 册，第 75 页；嘉庆《桑梓述闻》卷三《风俗》，第 14 页。事实上，"泼水饭"的风俗，现今依然存在于清水江两岸的村落社会中，日常生活中，若小孩突然哪里不舒服，家里的老人尤其是妇女，就会用一个平时吃饭的碗盛半碗水，然后拿三根筷子并拢，插入碗中，口中念已经过世的人尤其是那些不能寿终正寝的所谓"不好死"的人，请他上筷，若筷子立着不倒，则就可确定"泼水饭"的对象，并告诫鬼魂放过小孩，迨至夜静人深之时并进行"泼水饭"仪式。当然，若是以此法不能禳除，则请道士或巫师进行捉鬼仪式。对于捉鬼，民国《定番县乡土教材调查报告》有载：苗、夷不讲医药，生病时听其自然，直等到病重，乃请筮师卜筮，是否碰到鬼邪。若筮师断定有鬼邪，则病家便请筮师到家捉鬼。此时筮师一变而成为捉鬼师。捉鬼的时候，先在屋内就病人床前念"把雅"（是一种咒语）。"做神福"以禳之。此时门边上插上一根竹子，上飘白纸，门上并悬挂一柄染着鸡血的小木刀，这些便是家在捉鬼的标记，外人是不能闯入门的。否则，捉鬼就不灵验，病家为此非归咎于此不速之客不可。但捉鬼也有在塍中举行者，筮师捉鬼完毕后，便将所有的鸡、米等煮熟，在塍中开怀畅饮，吃尽始散（民国《定番县乡土教材调查报告》第十一章《社会》，第 53—54 页，《中国地方志集成·贵州府县志辑》第 27 册，第 327 页）；而所谓人病了则去"看香问信"，然后请道教法师来为病人镇邪除妖驱魔，为病人"冲滩索魂"的现象至今也并不少见（参见天柱县政协非物质文化遗产宝库编委会编《天柱县非物质文化遗产宝库》，贵州大学出版社 2009 年版，第 262 页）。

② 万历《黔记》卷五十九《诸夷》，第 4 页，《中国地方志集成·贵州府县志辑》第 3 册，第 405 页。

③ 康熙《清浪卫志》不分卷，第 18 页，《中国地方志集成·贵州府县志辑》第 22 册，第 587 页。

④ 嘉庆《黄平州志》卷一《风俗》，第 7 页，《中国地方志集成·贵州府县志辑》第 20 册，第 73 页；又见乾隆《镇远府志》卷九《风俗·苗俗》，第 12 页，《中国地方志集成·贵州府县志辑》第 16 册，第 90 页。

尽，不留一粒，或曰孩童病皆二分作祟，此法甚妙，可置之小儿科中。"①
而清代的朱定元也讲述了他十六岁时所经历的一件事情：

> 康熙壬午年夏月时，元年十六，忽病剧甚，父延医胡姓调治，想药与病反，药煎炉中。元恍惚见一白须老人曰，汝不服此药，可与汝父母养生送死，否则不能矣。元转述于母，母即向父言，父怒曰，儿素不喜药，故作此狂言。临饮药时，又见一童子至言如前，元惧父不敢再言，俯首饮讫，半刻浑身冷汗，牙关咬紧，不知人事。母哭曰，儿逝矣，父急请医至，手已无脉，针指不见血出，一身俱冷，惟心窝尚热，父母仓惶悲恸，医趁隙逃去。此父母待元复生转述之言，彼时元不知也。元饮药后，即见医手持利刃从口至腹直下破开，将五脏取出，见前童复至云，原不令汝服药，今从我去也。元即从之去，由下水关转小路至城隍庙门首，童令元稍待，我复命即唤汝，元独立阶前，回视吾城，生前所见烟火数百家者，今只见烟雾朦胧，并不见一人户，须臾童至曰，命汝进，元进门，其光像不与平素同，并不见十二司，止大路一条，高耸直至前殿，路两旁觉至低暗，而房宅甚多，转前殿角入正殿，见一修容伟貌者，魏然端坐于上，童令跪，元跪神膝前，觉赤身不挂一丝，甚为羞赧。神曰，我原命人前来不令尔服药，汝父何执着止信人言，不信神言，竟服药至此，将若何，若为踌躇，言曰吾救汝，于袖中，取药一枝，状若树根，亲手授元曰，饮此即愈，元投口中，嚼而咽之，见医前用刀破口腹俱开者，渐次复合，神命童曰，转引回宅，元随童由前去旧路而回至王家桥，始闻父母号泣声，吐气一口，转生回世，父母闻口中吐气，喜出意外，饮以沸水。少顷，元转述神言，父母惊喜曰，城隍爷救吾儿也。深夜不能赴庙，即于园中向城隍庙叩谢，后父买牲酬神，母缉麻卖鞋买油于神前点灯，元少年多病，从此不再药，而愈加以精神壮健，得读书成名，父母尝谓元曰，尔自申时服药，即汗出身冷，口已气绝，历酉戌二时至亥复生，皆赖神力，

---

① 光绪《增修仁怀厅志》卷六《风俗》，第 38 页，《中国地方志集成·贵州府县志辑》第 38 册，第 240 页。

儿后当富贵勿忘，元领诺，元至阴府始终并无一言，命之左则左，命之右则右，毫无主张，亦不知父母悲泣，想人生去来大概如此。元丁巳自浙江观察丁父艰回里，适值苗变之后，别庙俱毁，惟神庙独存，然倾圮不堪矣，元捐余俸重新神像，悬额置联，并前殿后殿均为修整，非敢云报德，盖以神之灵应若此，且为庸医所误者，鉴也，是为记。①

我们不厌其烦地引述朱定元的长篇叙述，是因为这样的故事在民间也多有流传。而朱定元在为城隍庙重修之际撰写其经历并刻之树碑，不管事情经过是否果如其言，但对于神灵的灵验却是一种宣传，并表示对庸医的憎恶。这也许会进一步促进民众在遭遇疾病时选择神灵的信心和修建神庙的决心，例如：在九南，民众为了有场所祭祀神灵以禳除病灾而"解囊倾筐，集腋成裘"地修建关帝庙与供奉观音大士。②

诚然，作为一直饱受争议的疾病应对办法，也并非所有的人都赞同这种遇病不药的方式，甚至很多人都有批评的声音，譬如王標就有《祀鬼》诗云："不信医兮只信巫，杀生救死甚糊涂，可怜昨夜篱边犊，未毕耕耘又被屠。"③ 又如黎平一首竹枝词曰："疾病啁啾暨死亡，动惊神鬼信荒唐，西家禳祟东家诛，道士巫师镇日忙。"④ 因此，即便民国时力挺中医的章太炎，也毫不留情地质疑传统医学的一些核心观念："然谓中医为

① 朱定元：《城隍灵应记》，载嘉庆《黄平州志》卷九《艺文志上》，第26—28页，《中国地方志集成·贵州府县志辑》第20册，第323页上—324页。按：朱定元（1686—1770），字奎山，贵州黄平人，康熙癸巳恩科举人。曾任内阁学士兼礼部侍郎、都察院右副都御史等职，著有《四书文稿》《静宁堂诗文稿》《河工便览》《治平要略》《黄平州志稿》等。其事迹参见嘉庆《黄平州志》卷七《宦绩》，第12—18页，《中国地方志集成·贵州府县志辑》第20册，第223—226页。另，类似的宣扬事例如：天启丁卯科孝廉江之望，与父同宦蜀中，父卒扶榇归里，至夔门，狂风徒作，邻舟俱覆，之望吁祷，舟中随风欹侧行六十里，风息舟正，竟得无恙，人以为诚孝所感服（《思县志稿》卷六《人物志》，第1页，《中国地方志集成·贵州府县志辑》第16册，第504页）。

② 《九南大岩洞建庙碑》，载高聪、谭洪沛主编：《贵州清水江流域明清土司契约文书——九南篇》，民族出版社2013年版，第497页。

③ 嘉庆《黄平州志》卷十一《艺文志》，第2页，《中国地方志集成·贵州府县志辑》第20册，第389页。

④ 光绪《黎平府志》卷二下《方言》，第127页，《中国地方志集成·贵州府县志辑》第20册，第175页。

哲学医，又以五行为可信。前者则近于辞遁，后者直令人笑耳。"① 另外，甚至有人认为，"乞鬼敬神"在某种程度上，只是满足了一种仪式的狂欢和食欲的满足，譬如：

> 老者病，则扶禄马。巫以红纸画马，上写"禄马扶持"，两端写"禄丰马起，病却（祛）年延"。或摇刀诵神，或按科通论，亲友馈米、钱者围坐，中置杯盘，各上粮米及钱。以筊决饬酒杯数，阳筊三，阴筊四。一时欢乐毕，取纸马贴一床头，粮罐置其下。又以鸡罐酒、米放养，曰"禄马鸡"。众呼道喜，设席燕饮，尽欢而散。②

又如：

> 若有灾害疾病，能祷者则书愿贴祝于神，以后应否。必须酬之，曰"还愿"。或数月，或数年，则预备猪酒，择吉延巫于家，歌舞以娱神，献生献熟，必诚必敬，或间以诙谐，观者为大笑。至勾愿酬神毕，则以祭余宴诸友。时以夜为常。③

再如：

> 黔信鬼尚巫。坛神者，邪鬼也。巫言能为人祸福。奉之者，幽暗处置大圆石于地，谓为神所据也。又言三年小庆，五年大庆，则盛具牲醴歌乐以悦神。④

---

① 章太炎：《论中医剥复案与吴检斋书》，见《章太炎集》第 8 册，上海人民出版社 1994 年版，第 323 页。

② 民国《麻江县志》卷五《风俗》，第 8—9 页，《中国地方志集成·贵州府县志辑》第 18 册，第 368—369 页。

③ 民国《八寨县志稿》卷廿一《风俗》，第 11 页，《中国地方志集成·贵州府县志辑》第 19 册，第 217 页。

④ 吴振棫：《黔语》卷下《坛神》，贵阳陈氏灵峰草堂刊本，西南大学图书馆藏。

　　当然，也有人认为这是巫师借神敛金的一种手段，所谓"巫师亦众，皆借神敛金，无高妙可纪也"。① 又谓"巫亦计其贫富，恣其醉饱，愚而弄之……此耗财之蠹也"。② 因而，杨念群所言"无钱就医者，基于经济的考量往往信巫而不信医"③，也并非均如是。更何况，即便家财万贯，付得起庞大的医药费用，仍治不了病或得了不治之症者，便不得不转而相信神灵的医疗，希望透过祈禳或者其他宗教仪式寻求化解病厄之苦的事例并不少见。④

　　事实上，在民众的日常生活中，面对疾病这一常见的灾害，除了延医之外，求助于鬼、神的倾向一直没有消除。因为这些由来已久的仪式处处反映出人的身体观、疾病观、宇宙观，正是医疗文化的基本构成因素，⑤ 亦更为千百年来普通百姓从日常生活中积累起来的应对经验。这也正是我们阅读地方志星野部分时，编纂者不厌其烦地要辨明府县所处星宿管辖的位置的原因，例如：黎平府的星野归宿，就曾"纷如聚讼"，其目的还是需要"以星土辨九州之地所封，封域皆有星以观妖祥"。⑥ 有所谓"翼宿主戏乐，今苗人好为歌唱以赛鬼神，或其气之相感应软"的说法。⑦ 换言之，即二十八星宿各自所辖区域，自有其运行的风俗传统。而根据此一传统所衍生的生活经验，在民众看来，是有其"天人感应"的逻辑合理性。

---

① 民国《剑河县志》卷七《民政志·礼俗》，第6—7页，《中国地方志集成·贵州府县志辑》第22册，第546页。

② 嘉庆《黄平州志》卷一《风俗》，第7页，《中国地方志集成·贵州府县志辑》第20册，第73页。

③ 参见杨念群《再造"病人"——中西医冲突下的空间政治（1832—1985）》，中国人民大学出版社2006年版，第186—191页。

④ 陈玉女：《明代的佛家与社会》，北京大学出版社2011年版，第425页。

⑤ 梁其姿：《为中国医疗史研究请命（代序）》，梁其姿《面对疾病：传统中国社会的医疗观念与组织》，中国人民大学出版社2011年版，第8页。

⑥ 参见光绪《黎平府志》卷一《星野》，第4、2页，《中国地方志集成·贵州府县志辑》第17册，第33、32页。

⑦ 乾隆《开泰县志》春部《占验》，第3页，《中国地方志集成·贵州府县志辑》第19册，第7页。

三 请神祈禳:民众日常生活中的人生防护

此一生活经验的积累,不仅仅关乎灾害发生之后,在灾害尚未出现之前,即存在于民众思维观念中对未知的潜在灾害,他们即已着手防护。尽管这些防护的方式各地不同,但透过日常生活,我们也可以发现,清水江地区的民众,有一套看似零散而内部却极其严密的且多与请神有关的人生防护经验,兹分类述之。

首先,当一个小孩生下来时,就开始了他(她)的生命历程,其一生中伴随着多次请神祈禳的人生防护。譬如,西汉早期马王堆墓葬出土一份《禹藏》图,上面记载了应如何依小儿出生的月份选定埋胞的地方,以便让小儿得到高寿。这是基于古代天人感应式的宇宙观,相信方位和星宿具有与人生命运相关的神秘力量,而小儿的胞衣又被认为是和人的生命有一体的关系,因此将胞衣依一定的方位埋藏而不予随意抛弃,可以让小儿的生命与宇宙的神秘力量发生相互关联,进而得到保护。[①] 明清以来的清水江地区,孩子生下来以后,为了孩子的健康成长,将孩子抱到树下拜祭,寻古树给孩子当树爹,庇护孩子成长。祭拜以后,在家里放一牌位,逢年过节祭以鸡、鸭、鱼、蛋,常年香火不绝。[②] 亦有书小孩名字于民众认为灵异处而祈福者,比如:"黄平州有赤岩,高百余丈,颇著灵异,多书小儿名于岩上,以祈福寿。"[③] 但更为重要者,还是小孩未满月之前,便要给他(她)算命,即所谓"排八字"。从"八字"中推算他(她)未来所面临的疾厄,便通过请神、祭神的方式进行化解和防护。兹举一例说明之。

---

① 蒲慕州:《追寻一己之福:中国古代的信仰世界》,允晨文化实业有限公司 1995 年版,第 162 页。

② 黔东南苗族侗族自治州地方编纂委员会编:《黔东南州·民族志》,贵州人民出版社 2000 年版,第 128 页。

③ 嘉庆《黄平州志》卷一《山川》,第 5 页,《中国地方志集成·贵州府县志辑》第 20 册,第 48 页。

　　这是清水江地区一张普普通通的算命单,① 然而在这张算命单的背后,其父母却要按照命单的指引,完成多方面的事项,以确保小孩一生安康。具体言之,该命单五行缺水、火(防护办法:寄拜井、火炉;取名带水、火);而所触犯的关煞计有:将军箭(防护办法:寄拜万年碑)、克亲煞(防护办法:过房)、豆(短)命关(防护办法:带保命手圈)、五鬼关(防护办法:小心豆麻,送吉)、鸡脚关(防护办法:三年不行亲——主要是在未满三岁前,不能去姥爷家)、取命关(防护办法:寄拜

命单A面　　　　　　　　　　　　　　　　命单B面

---

　　① 这一算命单是笔者于 2013 年 7 月 20 日在贵州省天柱县竹林乡地坌村田野调查时所收集,并当场仔细请教了算命先生李茂椿(82 岁)老人有关命理知识,其所依据者,是其父于民国二十一年抄录的《算命通书》,按照他的说法,他从未胡言,只是依“八字”来翻书而已,但他却为周围村寨的每个新出生的小孩“排八字”,小孩的父母亦能遵照其吩咐一一办理,对小孩“解关送煞”而进行防护。类似的算命单在已出版的清水江文书中亦不少见。可参见张应强、王宗勋主编《清水江文书》,第 1 辑第 1 册,广西师范大学出版社 2007 年版,第 297 页,契约编号:1 - 1 - 2 - 176《姜圣瑞等算命单》;第 1 辑第 1 册第 471 - 503 页,契约编号:1 - 1 - 3 - 164 - 196《算命单》;第 1 辑第 3 册 448 页,契约编号:1 - 1 - 8 - 136《命理推算单》;第 1 辑第 3 册第 450 页,契约编号:1 - 1 - 8 - 138《命理推算单》;第 1 辑第 7 册 341 页,契约编号:1 - 3 - 3 - 206《算命单》;第 1 辑第 7 册 360 页,契约编号:1 - 3 - 3 - 225《算命单》;第 1 辑第 7 册 346 页,契约编号:1 - 3 - 3 - 211《算命单》;第 1 辑第 7 册 347 页,契约编号:1 - 3 - 3 - 212《算命单》;第 1 辑第 8 册 332 页,契约编号 1 - 3 - 5 - 144《算命单》;第 1 辑第 9 册第 172 页,契约编号:1 - 4 - 1 - 168《八字单》;第 1 辑第 11 册第 328 页,契约编号:1 - 9 - 1 - 050《算命单》,等等。

观音老母）、烫火关（防护办法：小心火边）、鸡飞关（防护办法：寄拜鸡栖）、和尚关（防护办法：穿和尚衣）、深水关（防护办法：寄渡船）。也许，科学主义者对此不屑一顾，一句"封建迷信"即可斥之。然而，初为人父母者，何人又能不顾于此？更为重要的是，生活在乡村社会的民众，这本就是其日常生活中防护小孩健康成长的组成部分。

另外，对小孩的防护，民众还有诸多办法与禁忌。譬如，黔中著名的"跳端公"① 仪式，为了避免小孩被摄取"生魂"，所谓"其角声所及之处，人家小儿每不令睡，恐其于梦中应之也，主家亦然。间有小儿于坐立时无故如应人者，父母不觉，常至奄奄而毙"。② 再如，端午节之时，以五色线合为绳，系小儿四肢，名曰"百岁索"。以雄黄抹小儿面及手足心，可以驱邪兼避疫。③ 这些经过长期生活总结出来的乡村经验，在日常生活中被民众娴熟运用，以期确保小孩的健康成长。

其次，历书的运用与日常生活。古代民众在日常生活中，"在处理

---

① 所谓"跳端公"，民国《八寨县志稿》载之甚详：民间或祟或疾，即招巫师驱逐祈禳，曰跳端公。行其术曰"师娘"。教所奉之神制二神头，一男形，赤面长须，曰"师爷"；一女行，白面，曰"师娘"。临事，各以一竹承其颈，竹上下贯两圈，衣以男女衣，倚立于案之左右，下以两碗承其足。又设一小案，右供二小神头，曰"五猖"。巫党捶锣击鼓于此。巫则披红衣，戴七佛冠，登坛歌舞，右执神带，左执牛角，或吹、或歌、或舞，抑扬拜跪，进退徐疾，衣裙舒圆，旋转生风。至夜深，大巫两手挥诀，小巫戴假面具，扮土地导引，受令而出，受令而入，曰"放五猖"。大巫则踏阈吹角，侧耳听之，谓其时必有应者，不应则再吹。时掷卦，卦得吉，谓已得生魂。故其角声所及之处，人家小儿每不令睡，恐其于梦中应之也，主家亦然。间有小儿于坐立时无故如应人者，父母不觉，常至奄奄而毙。先必斩茅作人行，衣祷者之衣，侑以酒肉，以茅舟送出门焚之，曰"送茅娘"，谓其可以替灾难事。毕，遗（移）神像于案前，歌以送之，仆则谓神去。女像每后仆，谓其教率娘主之，故其迎送独难云（民国《八寨县志稿》卷廿一《风俗》，第11—12页，《中国地方志集成·贵州府县志辑》第19册，第217—218页）。相关记载还可参见光绪《黎平府志》卷二下《妇职》，第124—125页，《中国地方志集成·贵州府县志辑》第17册，第124—125页；民国《麻江县志》卷五《风俗》，9页，《中国地方志集成·贵州府县志辑》第18册，第369页；嘉庆《黄平州志》卷一《风俗》，7页，《中国地方志集成·贵州府县志辑》第20册，第73页；民国《黄平县志》卷三《风俗》，第161页，《中国地方志集成·贵州府县志辑》第18册，第122页；光绪《增修仁怀厅志》卷六《风俗》，第36页，《中国地方志集成·贵州府县志辑》第38册，第239页。

② 民国《八寨县志稿》卷廿一《风俗》，第12页，《中国地方志集成·贵州府县志辑》第19册，第218页。

③ 光绪《黎平府志》卷二下《风俗》，第121页，《中国地方志集成·贵州府县志辑》第17册，第172页；又见民国《八寨县志稿》卷二十一《风俗》，第2页，《中国地方志集成·贵州府县志辑》第19册，第213页。

婚、丧、祭祀、修宅、出行等日常事务时，为着避免冲犯神灵并求其保
佑，同时避免对办事者及其亲属的种种关防，根据一定的方法选择所谓
吉利的年、月、日、时"，称之为选日子。① 明清以来的清水江地区，举
凡祭祀、祈福、塑像、开光、求嗣、斋醮、出行、入学、解除、剃头、
整手足甲、分居、沐浴、会亲友、裁衣合帐、纳采请期、冠笄、嫁娶、
纳婿、订婚订盟、修造、起基动土、伐木造梁、竖柱上梁、盖屋合脊、
移居入宅、挂匾、开市、纳财、修仓、捕捉、栽种纳畜、造庙、入庙登
殿、安香火、平治道途、开生基合寿木、入殓、成除服、除灵、破土、
移柩、启攒、安葬、谢土、修坟等日常事务，② 民众均要选取吉日，以确
保诸事顺利。譬如：定番人，通行作一事物须看《通书》，此书中备载
"宜禁""宜行"之时日，可预知凶吉。

　　如男女结婚吉日：宜丙寅、丁卯、丙子、戊寅、己卯、丙戌、

　　① 刘道超：《择吉风俗论》，《社会科学家》1989 年第 5 期。按：明清小说中已多有人们查
阅通书以择吉的反映，兹举数例。(1) 行者道："也不必看通书，今朝是个天恩上吉日，你来拜
了师父，进去做了女婿罢。"［(明) 吴承恩：《西游记》(上册) 第 23 回，人民文学出版社 1980
年版，第 298 页］(2) 忙取通书选日，择于二月二十日戌时合卺。［(明) 西湖渔隐人主人：
《欢喜冤家》第 2 回，中国戏剧出版社 2001 年版，第 37 页］(3) 时值十二月十九庚申日，正合
通书腊底庆申，一切修造迁葬祭祀求神俱吉。［(明) 清溪道人：《禅真逸史》第 21 回，齐鲁书
社 1986 年版，第 311 页］(4) 岳安人即取通书，拣定了吉日，搬移出去另住。［(清) 钱彩、金
丰：《说岳全传》第 2 回，天津古籍出版社 2004 年版，第 16 页］(5) 静远即把通书呈上，陈母
查阅，说道："明朝乃是黄道吉辰，便可行事。"［(清) 乌有先生：《绣鞋记》第 17 回，中国戏
剧出版社 2000 年版，第 76 页］(6) 珧坚道："我检通书十月廿七最好。"［(清) 邹弢：《海上
尘天影》(上册) 第 4 回，民族出版社 1995 年版，第 43 页］(7) 王进士就叫取过通书一看，笑
道："明日就是个移居吉辰，正好迁移，不必再拣日了。"［(清) 陈朗：《雪月梅》第 27 回，上
海古籍出版社 1987 年版，第 220 页］(8) 严先生因取过通书一看，道："这月二十八日是个天
喜月德，正好过礼。闰十月初三日却是不将吉日，合卺最好。竟定了，不必改移。"（《雪月梅》
第 32 回，第 262 页）(9) 这郑公子却拿着一本通书在那里翻着，笑道："这十一月十一日却是
个天恩上吉日，正好起身。"（《雪月梅》第 32 回，第 283 页）(10) 孙曰："纳婢亦须吉日。"
乃指架上，使取通书第四卷，盖试之也。女翻检得之。先自涉览，而后进之，笑曰："今日河魁
不曾在房。"［(清) 蒲松龄：《聊斋志异》(第 3 册) 卷八《吕无病》，上海古籍出版社 1987 年
版，第 1110 页］(11) 乃指架上通书云："我当与尔谋吉。今夜天德合，河魁不房，无再渎。今
不取，恐反受殃矣。"［(清) 曾七如：《小豆棚》卷十一《鬼魅类·鬼妻》，荆楚书社 1989 年
版，第 218 页］
　　② 不著撰者：《择日通书》，光绪九年手抄本，原件为贵州省天柱县竹林乡梅花村吴恒政
藏，笔者藏有 1992 年重抄本。

戊子、庚寅、壬寅、癸卯。

如种植农作物吉日，若：栽植——宜母仓除满成收开日吉。栽木——宜甲子、丙子、丁丑、乙卯、癸丑、壬辰日吉。栽竹——宜辰午十三日，竹醉正月一日、二月二日、三月三日吉。耕种——宜甲子、乙丑、丁卯、己巳、庚午、辛未、癸酉、乙亥、丙子、丁丑、甲申日吉。浸谷——宜甲戌、乙亥、壬午、乙酉、壬辰、乙卯日吉。下秧——宜辛未、癸酉、壬午、庚寅、甲辰、乙巳、丙子、丁未日吉。栽禾——宜母仓除满成收开日吉。种豆——宜六月三卯日吉。种麦——宜八月三卯日吉。

如寅，不祭祀。卯，不掘井。辰，不哭泣。巳，不远行。午，不盖屋。未，不服药。申，不安床。酉，不会客。戌，不逐犬。亥，不逐鸡。子，不问卜。丑，不冠带。①

地方志中于此也多记录，比如民国《麻江县志》就有对选日子的说明："自小满至夏至三十日，太阳缠申宫。此三十日午时采药，或洗药以藏，取辰将次寅宫，名罡塞鬼路，药极效灵。此时订门、作灶，百事皆吉，鬼不敢入。惟请木主入祠，及归葬忌用。"② 又如乾隆《玉屏县志》亦载："葬必先卜吉地，再择吉日，信相家言，求其与子孙五行无犯者。"③ 在清水江文书中，也多有择日课单，兹举一例如下：

装修吉日：取八月初六日巳时，宜向午方起头，吉。安香火吉日：取八月十九日，吉。上大门吉期：取八月二十日丑时，大吉。

吉课：乙丑，癸酉，癸巳，癸丑。

丁山癸向，兼午子三分。安门只以向为主，并不以坐山而论。课格宜巳、酉、丑。金局补向，又名天干三朋格，三癸比和，三禄

① 民国《定番县乡土教材调查报告》第十一章《社会》，第49—50页，《中国地方志集成·贵州府县志辑》第27册，第325页。
② 民国《麻江县志》卷五《风俗》，第3—4页，《中国地方志集成·贵州府县志辑》第18册，第366页。
③ 乾隆《玉屏县志》卷二《风俗》，第19页，《中国地方志集成·贵州府县志辑》第47册，第41页。

朝向。造主甲子生，人以癸相生，三癸禄归子命。斗首五行，癸属火，三癸化火。元辰作用。书云：三元三武共一家，子孙世代享荣华。此乃丁山癸向之上格也，用之大发。

开火炉吉期：取九月二十四日，吉。入宅吉期：取十月二十八日丑时，大吉。

课格：乙丑，乙亥，庚子，丁丑。

但先安香火，不合山运亦吉，况有一木相生，又得丁巳。禄朝山头，本命甲子；子与丑合，六合生财；庚金虽克，甲木得时；上丁火制，度反得威权。又得乙巳，天乙贵人，贵子命。书云：禄进山头人富盛，贵朝生命贵人扶。

以上选择，吉时、方向，定要斟酌。共择五期，俱各查用，切勿粗心，恐误良辰吉日，慎之慎之。兄潘宏彬择。①

该课单结合房屋山向、屋主命格择取吉日，颇为繁复，但却说明了自装修到入宅这一过程所遵循的防护理念。若从操作层面言，该课单之时间相隔也较为合理，能保证屋主顺利乔迁新居。所以，不管是民众所期盼的防护功能，还是房屋工程的建设进度，择日都尽可能满足民众的需求，这也许是择日在乡村日常生活中长盛不衰的主要原因。

再次，危险行业的防护行为。清水江地区，明清以来因"木材之流动"而繁荣航运业，民众在顺清水江"放木排"而下江淮之时，均需搭神蓬敬神，祈祷平安。兹举神蓬敬神需用各项如下：

---

① 该契约文书原件由贵州省锦屏县九南村冲头组陆宏林保存。此据高聪、谭洪沛主编：《贵州清水江流域明清土司契约文书——九南篇》，民族出版社 2013 年版，第 470 页。类似的择日课单又见张应强、王宗勋主编《清水江文书》第 1 辑第 1 册第 103 页，契约编号：1 - 1 - 1 - 103《起造择日单》；第 1 辑第 1 册第 422 页，契约编号：1 - 1 - 3 - 121《择日》；第 1 辑第 1 册第 425 页，契约编号：1 - 1 - 3 - 126《择日》；第 1 辑第 1 册第 428 页，契约编号：1 - 1 - 3 - 129《择日》；第 1 辑第 1 册第 429 页，契约编号：1 - 1 - 3 - 130《择日》；第 1 辑第 1 册第 431 页，契约编号：1 - 1 - 3 - 132《择日》；第 1 辑第 1 册第 438 页，契约编号：1 - 1 - 3 - 139《择日》；第 1 辑第 1 册第 439 页，契约编号：1 - 1 - 3 - 140《择日》；第 1 辑第 1 册第 471 - 503 页，契约编号：1 - 1 - 3 - 164《择日》；第 1 辑第 3 册第 455 页，契约编号：1 - 1 - 8 - 143《择日》；第 1 辑第 10 册第 455 页，契约编号：1 - 5 - 3 - 116《建房皇历日期》，等等。

檀香二斤，束香二斤，线香二斤，白蜡二斤，清油三十斤，钱纸三十斤，更香一千，纸马二百付，红纸六张，香灯二个，灯笼六对，红线旗两面（各用布三尺二寸），黄布龙□团一条，门□一挂，神龛用松枝式块，锡灯台二个，香柱一付，烛剪大小二把，瓦灯台二个，碟子十个，酒壶十把，酒盃十个，茶盃十个，供神果品十斤，大鼓一面，铜锣两面，宰猪刀二把，刨子二把，宰猪盆一个，鹅四只，雄鸡一百只。①

从胪列敬神所需物件来看，为把木材顺利以"放排"的形式运抵江淮之间，排工们煞费苦心，准备周详，为的也是能在险滩激流的江河之中，完成木材转运任务。

而面对猛兽，民众亦有周全的请神法门，民间口诀中就有《上洞梅王咒》《中洞梅王咒》《五郎咒》《化身口诀》《收虎收蛇诀》《引路符》《上元将军符》《下元将军符》《紫微讳》《五方讳》《井水讳》《骨卡讳》《安梅山口诀》《藏身躲影口诀》等。譬如《藏身躲影口诀》就云："藏吾身，化吾身，弟子升在九霄云，千里云雾好藏身。风吹云头朵朵动，不知哪朵藏吾身。山中百草数不清，弟子化作草一根，风吹茅草根根动，不知哪根是吾身。近不见，远不清，人不清来鬼不明。吾奉太上老君急急如律令！"② 显然，这种巫术式的口诀令人捧腹，但在民众的思维观念里，却广泛存在着这一类口诀来实施人生防护却又是不争的事实。

面对未知"鬼""魔"侵扰。生苗、红苗就曾以"不出户以避鬼"。③然而，民众运用的更多的还是"隔鬼""驱魔"与"送鬼"的防护办法。隔鬼的主要方式是请苗老司画符避鬼。符的种类很多，针对不同的鬼有

---

① 不著撰者：《采运皇木案牍》，第7b—8a页，原书藏中国科学院图书馆，共117页。承蒙日本大学共同利用机构法人人间文化研究机构研究员兼东洋文库研究员相原佳之博士惠寄手打稿和复印件，特此致谢。

② 天柱县政协非物质文化遗产宝库编委会编：《天柱县非物质文化遗产宝库》，贵州大学出版社2009年版，第249页。

③ 康熙《黔书》上卷《苗俗》，第18页，《中国地方志集成·贵州府县志辑》第3册，第477页。

不同的符,符上画的大多是天神、雷神、火神、祖先神等法力无边的神的符。符号旁边镶有几行咒语,说明其符之威力。而请苗老司来举行隔鬼仪式,规模较大,苗老司首先要占卜然后选择合适的符,进行"搜鬼",遍搜每个房间,然后把符分别贴在房间的门口,贴完符后,另有一段"隔鬼咒":"……人鬼分道,两不相扰,千年不相遇,万年不相逢"。① 此外,"隔鬼"还有简便方法。一种是家有病人,疑鬼缠身,便用桃树枝先于病人身上"赶鬼驱魔",而后将此桃树条插在门上,以示"隔鬼"。尚有"封门"之法,即画符或插桃树枝条,禁止生人出入。② 而如果"路途中有鬼",则需要"送鬼",即"以茅草作标扫之,将此草标致龛上,谓之'愿标'。延善禳者,以酒饭香纸置盘中,夜送至三岔路焚之,其盛物之器亦碎之。"③ 当然,民间也多有用桐油烧、封鬼之说,民谚所谓"再不放过我,桐油罐子封了你"④。而对于"纵鬼害人"之人,更是要"开除族籍"。⑤

另外,还有一些特殊的物质用来辟邪祛病,实施人生防护,也非少见,譬如用朱砂练成砂宝,"辟邪魔魅",又如以雄黄"辟恶而除毒",再如以"羑草祛病"⑥。至于在日常生活中,民众对于做哪些事情不祥,也有各种忌讳以避免灾害降临,譬如同治《苗疆闻见录》就有载:"城北有

① 吴荣臻、吴曙光主编:《苗族通史(五)》卷二十四《风俗志》,民族出版社 2007 年版,第 719—720 页。

② 其实还有元旦喝桃汤之说,所谓桃汤,即取桃之叶、枝、茎三者煮沸而饮,古人以桃为五行之精,能厌伏邪气,制百鬼,故饮之(参见常建华《岁时节日里的中国》,中华书局 2006 年版,第 9 页)。而有关驱鬼更为细致的勾勒(参见徐华龙《中国鬼文化》,上海文艺出版社 1991 年版,第 212—240 页)。

③ 民国《八寨县志稿》卷廿一《风俗》,第 12 页,《中国地方志集成·贵州府县志辑》第 19 册,第 218 页;民国《麻江县志》卷五《风俗》,第 8 页,《中国地方志集成·贵州府县志辑》第 19 册,第 368 页。

④ 黄平一带的民间故事"翁包勇埋鬼"也有用桐油烧鬼、怪,可使其永远消失说法[参见黔东南苗族侗族自治州民族事务委员会、黔东南苗族侗族自治州文学艺术研究室编《苗族民间故事集》(第一集),湖南省芷江县印刷厂 1982 年内部印刷本,第 54—57 页]。

⑤ 《十二条款约(理词)》,此款约系道光年间各地大款于黎平腊洞举行联款制定,至今六洞、二千九等地区仍奉行,此据张子刚编《从江石刻资料汇编》,政协从江县文史学习委员会、从江县文化体育广播电视局 2007 年编印本,第 65 页。

⑥ 康熙《黔书》卷下,第 43、45、53 页,《中国地方志集成·贵州府县志辑》第 3 册,第 527、528、532 页。

井泉，鱼游上下，群戒勿取，俗传有神司之，取之辄不祥。"① 举头三尺有神明的观念，深入人心，故而民众在日常生活中，尽量避免与神鬼发生冲突。

显然，上述所言几类民众的人生防护，作为一种长期以来形成的风俗传统，在明清以来的清水江地区广泛存在，这些日常生活中衍生出来的请神祈禳的应对灾害办法。尽管学界深受邓云特救荒史研究的影响，认为古代人民对灾害的态度有积极和消极两种。② 请神禳灾属于消极一类，故而也多被认为至多能"收心灵治疗之效"③。但在文学人类学界，已开始提倡文学禳灾的社会功能。④ 杨庆堃也曾指出："低估宗教在中国社会中的地位，实际上是有悖于历史事实的。在中国广袤的土地上，几乎每个角落都有寺庙、祠堂、神坛和拜佛的地方。寺院、神坛散落于各地，比比皆是，表明宗教在中国社会强大的、无所不在的影响力，它们是一个社会现实的象征。"⑤ 而事实上，早在1939年，费孝通就指出农民对危机的反映分为"科学"和"巫术"，在农业生产中，农民明确区分开技术力量能解决的问题和那些听凭天命的问题，前者采用科学方法，后者则借用巫术，两套系统并不抵触，反而互补，二者被用来达到一个现实的目的。⑥ 因此，作为一种风俗传统，即便是有完全的科学控制办法，这种传统都不可能完全消除。更何况，民众在日常生活中，还会创造性地把风俗传统运用到更广泛的生活领域，甚至进行民间制度化的运用。

四　见证与监察：民众契约文书签署中的神明

不仅在面对疾病和人生防护方面，清水江地区的民众多利用鬼神的

① 徐家幹：《苗疆闻见录》不分卷，第4页，《中国地方志集成·贵州府县志辑》第19册，第595页。

② 邓云特：《中国救荒史》，商务印书馆1937年版，第3页。

③ 陈玉女：《明代的佛教与社会》，北京大学出版社2011年版，第428页。

④ 参见叶舒宪《文学禳灾的民族志》，《中外文化与文论》2010年第1期。

⑤ 杨庆堃：《中国社会中的宗教：宗教的现代社会功能与历史因素之研究》，范丽珠译，上海人民出版社2006年版，第24页。

⑥ 费孝通：《乡村经济》，上海人民出版社2006年版，第114—117页。

无边法力，即便在日常生活的纠纷中，也多有"鸣神"的风俗传统。① 例如《田居蚕室录》就载："（苗民）负屈莫白，力求自明，焚香神前，求速报，曰'凭神'。其执鸡、狗于所争地或神前伸其冤，恳其报斩之，曰'砍鸡、刭狗'。"② 又如，民国《麻江县志》也载："龙江老，讼神也，讼者祀之豚一只，祭毕，折豚左肩视之，有红纹者吉，黑者凶，以此验胜负。"③ 民国《八寨县志稿》记述更为清楚："讼神，以酒肉祀之。祝毕，将所供肉分视之，有红丝者胜，黑丝则败，谓之卜讼。故人有讼事，两造均以酒肉祈之，曰得胜。"④ 另外，"苗民之间发生重大的难以解决的地界、财产、盗窃等争端时，往往有"指日发誓"的习惯，请求太阳神作证，公判人间纠纷，其法有"沸油取斧""砍鸡剁筷""喝血酒"等传统。⑤

事实上，正是请神祈禳的风俗传统盛行而积累起来的生活经验，使得民众赋予了神鬼诸多的权力想象。当民众进行官司控诉，即便"结讼，也是终无了期"⑥ 之时，他们便会多方利用风俗传统来进一步规范日常生活中所遇到的争端。最为便捷的思维方式，即是援引神鬼所构筑起来的

---

① 相关讨论参见（日）武内房司《鸣神と鸣官のめいだ——清代贵州苗族林业契约文书に见る苗族の习俗纷争处理》，收入唐立、杨有赓、武内房司主编：《贵州苗族林业契约文书汇编（1736—1950 年）》第三卷，东京：东京外国语大学国立亚非文化研究所 2003 年版，第 83—120 页。吴才茂：《理讲、鸣神与鸣官：民间文献所见明清黔东南纠纷解决机制的多元化研究》，载《中国社会历史评论》第 15 辑，天津古籍出版社 2014 年版，第 236—251 页。

② 民国《麻江县志》卷五《风俗》，第 10 页，《中国地方志集成·贵州府县志辑》第 18 册，第 369 页。

③ 同上书，第 369 页。

④ 民国《八寨县志稿》卷二十一《风俗》，第 13 页，《中国地方志集成·贵州府县志辑》第 19 册，第 218 页。

⑤ 吴荣臻、吴曙光主编：《苗族通史（五）》，卷二十四《风俗志》，第 724 页。按：同页有对这三种办法的说明。所谓"沸油取斧"，即由争端双方各请苗巫，届时在太阳庙烧沸油一锅，内放无柄斧头一把，一边烧火，一边捞斧，待油沸腾时，捞方卷袖洗手，预装一些米于袖中，乘米入锅时，快速把斧捞出，次日公验，以是否有烫伤决胜负；所谓"砍鸡剁筷"，即双方用鸡一只，或者筷子一把，同对青天白日发誓，大意是谁偷了东西或霸占了财产即死于非命，然后一方提鸡或者拿着筷子，一方挥刀砍下，在三年内谁家死人即为输；"喝血酒"在苗人看来是一种最隆重的起誓方法，双方当着神灵发重誓说"九死九绝""断子绝孙"之类的话，然后面对鬼灵，破中指滴血，和酒而喝下。

⑥ 林溥：《古州杂记》不分卷，第 9 页，《中国地方志集成·贵州府县志辑》第 18 册，第575 页。

社会监管体系。譬如："有冤不得申，有冤不见理，于是不得不诉之于神，而鬼神之往来于人间者，亦或著其灵爽视听，所接赏罚为昭，蚩蚩之氓，其畏王铖，也常不如其畏鬼责。"① 于是神明作为王朝权力薄弱之地的监管与裁判的角色，常常被民众在日常生活中运用。

更加值得注意的新动向是，当明清王朝制度和契约规范盛行以后，清水江地区的民众也把这种请神祈禳的行为引入到契约文书的签署中，以解争端，例如：

> 立平心合同字人本寨姜开文叔侄，因与世道弟兄所争皆楼都油山垅下杉木一行十二根，又争碰咬杉木一行，二比争持不定，请中姜光秀等理论，奈是非难明，各自愿投城隍庙老爷台前，宰鸡鸣神，核夺真假。凭中先断碰咬土木一行，着开文叔侄永远管业，又先断油山垅下土木一行，着世道弟兄永远管业，日后另栽，不许霸占寸土，如有霸占滋事在爱立合同一纸存照。
>
> 凭中：姜之连、姜光秀、范绍昭
> 代笔：姜思作
> 道光二十二年六月二十一日立②

很明显，契约文书呈现出来的是日常生活中常见的物权争夺纠纷，却是需要城隍庙的神明来"核夺真假"，这种解决方式，这和前述"遇病不药"的行事逻辑并无多大区别。进一步表现出来的是，民众在关乎物权争夺而利用神明的裁判权威时，更创造性地利用了契约制度，即需签署一纸所谓"鸣神文书"。此类文书的出现，说明清水江地区

---

① 嘉庆《续黔书》卷一《诅盟》，第13页，《中国地方志集成·贵州府县志辑》第3册，第557页。按：在城市亦如是，即"当民间对司法体系缺乏信心的时候，城隍神更常成为百姓的控诉的对象。"（巫仁恕：《激变良民：传统中国城市群体集体行动之分析》，北京大学出版社2011年版，第149页）

② 张应强、王宗勋主编：《清水江文书》第1辑第1册，第48页。类似的鸣神文书还有：张应强、王宗勋主编：《清水江文书》第2辑第2册，广西师范大学出版社2009年版，第176页；张应强、王宗勋主编：《清水江文书》第2辑第5册，第184、185、326页；唐立、杨有赓、武内房司主编：《贵州苗族林业契约文书汇编（1736—1950年）》第三卷，契约编号：F—〇〇三三，等等。按：现存全国且已被发现了的明清契约文书中，仅见清水江地区有此类契约文书。

的风俗传统有向制度化转变的可能,在民众日常生活的具体操作中,已经显示出了这一趋向。其实,在地方官员的治黔策略中,也提倡利用风俗传统,比如康熙年间任职贵州巡抚的田雯就指出:"黔,鬼方也,俗信鬼神,因其俗而利导之,宣朝廷德意,以与民休养生息……善为政者,必合民情而宜土俗,苟利于民,因而道之可也。"① 而事实上,在清代的法律制度中,也因地制宜地吸收了苗地的风俗传统,所谓"苗例"更是明证。②

不仅仅纠纷解决不下之时民众会有"鸣神"之举,为了把隐患消弭于未现之时,民众也会常常请神明到契约文书中来监察与防范,譬如:

> 立合同字人吴学乾、坤璧、常清、登云、周书、必振、升书、经书、廷兰、用功、丕赞、楚英、解远、升书、维范、力庵、明益、枝茂、象六、师周、有俊、馨正、枝茂、士葵、士如、坤耀、克文、士明、敬周、俊万、周维、纯萃、姚明周、刘从芝、杨正枝、杨正邦、黄政文。今因黄田村人烟星散,停留杂姓,亦多因前设立禁约不严,已至日藏夜出,窃盗甚多,兹值五谷成熟,屡备(被)塘扣失漏,油树、柴山、竹木等项肆伐,各团众等,公议复立禁约。或五六家编名,为须不得畏势躲闪,徇情隐匿。如偷盗犯禁者,在为头之人公罚,倘不听公处,通众赴上治罪,不可支吾,其赴上盘费昭炯奏办,有佃住雇工犯禁,任向停留主家公罚。倘抗党不听公处,为头不得畏势认情,日后恐有犯禁者,为头若有不肯出费,公议亲书典约一纸,在众等出当,不得异言。恐有私情不出以同送上,不得假公济私,侵骗分文,若有以事私完,众等查出公罚。我等择取

---

① 康熙《黔书》上卷《苗俗》,第42—43页,《中国地方志集成·贵州府县志辑》第3册,第489—490页。

② 乾隆五年编纂的《大清律例》中,有24条"苗例",而在薛允升的《读例存疑》中记载有关苗疆地区的条例共36条。相关研究参见苏钦《"苗例"考析》,《民族研究》1993年第6期;胡兴东:《清代民族法中"苗例"之考释》,《思想战线》2004年第6期;黄国信:《苗例:清王朝湖南新开苗疆地区的法律制度安排与运作实践》,《清史研究》2011年第3期;胡晓东:《"理辞"与"苗例"》,《贵州社会科学》2011年第10期。

良辰，齐集飞山庙，斩鸡、宰猪盟神立誓，若一人隐认徇情，抗党恃势，天地神明监察，全家绝灭。此系通众公议，今各头收存为据。

坤璧一纸在楚英收，姚明周一纸在廷兰收，楚英一纸在坤璧收，士如一纸在敬周收，解远一纸在升书收，升书一纸在维范收，力庵一纸在象六收，象六一纸在枝茂收，枝茂一纸在明益收，明益一纸在士如收，敬周一纸在力庵收，廷兰一纸在明周收。

乾隆四十七年七月初八日坤璧亲笔立①

这是一份村落防护盗贼和财产的合同书，从签署的人名可知，其涉及人数甚多，为了避免人心不齐或其他意外事项的发生，特意"择取良辰，齐集飞山庙，斩鸡、宰猪盟神立誓"，且白纸黑字地写道："若一人隐认徇情，抗党恃势，天地神明监察，全家绝灭。"以神明来见证和监察他们在日常生活中的违规行为，以确保社会生活的安宁运行。

另外尚需注意的是，当民间和解与王朝制度在解决日常纠纷无能为力时，神明这种在民众生活经验中极其重要的监察资源便会被立刻激活，作为撒手锏来使用。如下面的契约文书所示：

自愿书立杜后清白虑约字。下敖寨龙老乔、老信，于道光十年□□□□请地方头等，向予龙乔田、邦乔所言，予地名岑领之田，说是姑娘之田，闻知骇异。先年父亲乾隆伍十九年用价得买龙我三之田，现有契据中证朗然。约至黄姓之店，复向理论不明。伊反将司主具控一案，即出差提。予到司主诉明，礼法完备，差亦不提油案数月。予遂邀伊鸣神，以各岑庙神佛一尊接至供养数月，伊又畏死，一概塘偿，见事有碍，伊哀请地方亲朋龙洞岩、彭三尊人等劝合解释，伊愿烧案。予送菩萨，二比不得异言。地方若劝，以予母氏头簪、耳环、颈圈四两八头。当日一概领清，母氏终亡，日后永远不得藉故生端孳事。今凭地方自愿书立杜后清白虑约一纸为据。

凭中人：龙洞容、彭三宁

---

① 该契约文书原件存贵州省天柱县梅花村吴家塝吴恒荣家，笔者存有复印件。

卖全：龙老乔 龙老仔

两请代笔人：彭绍揆

道光拾年十月初二日立吉①

我们看到，即便有官府的判决，也有乡村社会和解制度的参与，但最终还需要请出神明，才能使纠纷最终得以解决，这本身也说明了民众已经能创造性地把神判、和解与王朝制度结合起来，处理日常生活中已知与未知的潜在争端和风险。

同样值得注意的是，清水江地区的民众进一步利用请神祈禳的方式对日常公共生活所面临的潜在风险进行刊碑立约，把应对灾害的风俗传统规约化。譬如一方光绪二十六年九月已迫大小两寨众等公议同立的《永远禁封》碑就刊刻道：

> 从来人之吉凶祸福，皆由天地所降，而得之亦实由乎人所自作，而致之人作降之百祥作，忍善而降之百殃譬之。先人初入此疆之际，我后龙兴以，是关系阴地不葬一塚，桥梁不架一步，值此时，人鲜有不来，物鲜有不阜，迫至百年。上至上涠高衙梁子，下至本寨屋背与四面山岗，有阴地、桥梁、田地、屡有侵犯，人病畜类招瘟，今昔所犯，前后俱已起之，迄今世道陵□，人心愉磷，然已往之事毕，而未来之祸福难知，故众等为人心莫测，事关性命时，鸣锣请神，齐聚商议，俱出一日章程，立定万世准则。……一是关系之地不准谁人再葬阴地，再架桥梁，开坎田地，如有再犯，无论与再犯动之地，一切折起另罚银一十三两在外，另请神明鉴之。又有后龙之杉木、札（杂）木、封□鸭顶以下，不准谁人砍伐，有此等情，一例罚处。……试思一寨之老泰少昌，实赖龙神，民康物阜，端蒙地脉，阴扶盛之，我等立此条规，非为一室一家著愿，通村清吉一朝一夕，还期万载兴隆，倘或后人济济，英才满寨，竟邀天眷，翩翩公子通村皇恩不已，从此一旦之仁心，制作留恩赐福于后人哉，

---

① 贵州剑河"盘乐侗族契约文书"，第 054 号，贵州省凯里学院苗侗民族文化博物馆藏。

因有此意欲仲，故特藉私列此碑晓示，众等知悉，庶免后日祸端。……[①]

碑文叙述己迫民众防护村寨安全禁约的确立过程，首先是鸣锣请神来见证商议，然后定万世准则，而在惩罚之时，也有神明的参与，可以说，村落社会在防范村寨安全时，常常会运用神明的见证与监察功能来确立规约。因为民众相信当“人藏其心不可测也，测之者惟神，顾神非测也，目不类观视于无形，耳不烦听比于无声，喜怒不呈于色，赏罚不出于口，而善者赐之百祥，不善者赐之百殃”。[②] 事实上，民众赋予各类神明见证与监察的功能，每当遇到重大变故或重大约定需要确立之时，神明众多的庙宇成为民众最为信赖和最佳的议事场所。比如在波澜壮阔的百年“争江案”[③] 中，杨公庙就起到了整合清水江下游四十八寨款组织的作用，民间唱本《争江记》就唱道：“……输了官司转坌处，杨公庙内又商量，派定股数四十八，议人上省投牙行。……众棍坐在杨公庙，朝的杀猪夜杀羊。……众人听得这句话，大家上庙又商量。”[④] 因此，可以说崇信神明的风俗传统在清水江地区已被民众作为一种民间制度加以设立并运用，这无疑使这一传统更加具有了生命力与延续性。

余　论

明清以来的清水江地区，由于盛行“遇病不药”“俗信鬼神”风俗传统，便成为民众日常生活中重要组成部分，举凡病痛、灾害、人生防护、日常争端等事，他们很多时候都需要请神祈禳，寄予“身安命泰、福集灾消、读书功名显达、求嗣早叶麟祥、老者重添花甲、孩童关煞开通、

① 碑立于贵州省黎平县平寨乡己迫村村口红豆杉树脚，笔者于 2013 年 1 月 30 日田野调查时抄录。

② 《重建城隍庙碑记》，载康熙《天柱县志》下卷《艺文》，第 45 页。《中国地方志集成·贵州府县志辑》第 22 册，第 112 页。

③ 有关清水江下游“争江案”研究最为详细的论著，参见张应强《木材之流动：清代清水江下游地区的市场、权力与社会》，生活·读书·新知三联书店 2006 年版。

④ 民间唱本《争江记》全文，参见贵州省编辑组：《侗族社会历史调查》，贵州民族出版社 1988 年版，第 41—46 页。

牲畜兴旺、五谷丰登、功果不虚、津梁有托、诸谋遂意、百事从心、凡
在光中全于庇佑"① 的殷切期望。不仅如此，甚至尚需神明来辅助管理社
会，一则碑刻就记道：

> 吾隆故俗好善而敬神，各所年有祈禳之醮，月有表忏之会，其
> 来久矣。各寺观神祠，供昼夜之灯者，百余家以岁计，市油一千二
> 百觔，虽大歉不废。……人心不淑，虽国法森严，有恬不知畏者。
> 若质诸鬼神，证以经典，即畏缩而不敢放肆。②

这些直接产生并存在于日常生活和社会交往活动中的生活经验，尽
管所受到的诟病一直没有中断，但其赖以存在的生存环境和社会生活尚
未在根本上得到改变，它们具有极强的韧性和生命力，并以其实用性而
被民众谨慎而顽强地坚守着。不仅如此，我们还发现作为风俗传统的创
造者和操作者，明清以来清水江地区的民众不仅仅继承着风俗传统，还
能在步入"王朝国家体系"之后甚至日益科学化的现代之下有所作为和
创新。杜维明曾说："为了人类的绵延长存，无论在理论上还是实践上，
我们与自然的关系都需要有一个根本性的转变，这是一个紧迫的任务。
有关人类和自然的关系的重新阐述，要求我们有选择地回归世界各宗教
传统的精神本源并做出有鉴别的重估。这样一个回归和重估的过程可能
会自然而然地更新传统本身。"③ 因此，不管是正统宗教传统还是民间宗
教传统，其所蕴含的生活经验，都需要我们重新去发掘并更新运用。尤
其是请神祈禳仪式将灾难放入人、自然和超自然量的三维中进行理解和
诠释，可以进一步增强了人们对于神性自然的信仰与敬畏，并转化为他
们日常生活世界中的生态伦理。这对于现代化背景下而不断为各种新型
灾害困扰的人类社会而言，仍然十分重要。因为畏病怯灾，希望吉祥康
泰；厌弃贫穷困厄，期求富足幸福；不满足于现实状况，热切追求美好

---

① 张应强、王宗勋主编：《清水江文书》第1辑第1册，第302页。
② 朱应旌《新建玉清宫碑记》，载嘉庆《黄平州志》卷九《艺文志上》，第19页，《中国
地方志集成·贵州府县志辑》第20册，第319页。
③ 杜维明：《对话与创新》，广西师范大学出版社2005年版，第182页。

未来，这仍是一种普遍的社会心态。

（本文曾为吴才茂专著《民间文书与清水江地区的社会变迁》第六章，民族出版社 2016 年版。又以"请神祈禳：明清以来清水江地区民众日常灾害防范习俗研究"为题发表于《江汉论坛》2016 年第 2 期）

论民族传统文化与生态灾变的救治[*]

罗康隆　刘　旭

人类社会同时面临着两项制约人类社会可持续发展的挑战：一是民族文化的消失；二是生态环境的恶化。对此，我国学界提出了相应的策略，一方面，反对形形色色的文化霸权，倡议对各民族的非物质文化展开保护，维护民族文化的多元并存；另一方面，大力倡导可持续发展，呼吁维护生态安全，进而采取必要的手段（如工程技术手段），修复受损的生态环境，维护人类社会可持续发展的能力。事实上，中国学界的应对，从理论到实践，皆可见其值得称道的成果。然而，问题也同样存在。其中最主要的是，这些应对之策，从理论到实践，从学术研究到技术操作，较少关注甚至忽视民族文化与所处生态环境的相互关联性，未将其视为一个问题整体，而是割裂了"生态"与"文化"这一物之两面，将它作为互不关联的两个问题去分别加以解决。由此而使得传统文化继续在流失，生态环境继续在恶化，究其实质而言，生态环境的恶化乃是传统文化流失的直接后果之一。本文力图探索传统文化在维护生态环境方面的价值。

　＊　基金项目：国家社科基金项目"民族文化差异与区域协同发展研究"（12AMZ007）；湖南省武陵山区扶贫开发研究中心研究成果；国家社科基金项目"湘黔桂边区侗族聚落遗存与文化生态变迁研究"（14CMZ016）阶段性成果。
　　作者简介：罗康隆，湖北楚天学者中南民族大学民族学讲座教授，吉首大学人类学与民族学研究所研究员；刘旭，吉首大学人类学与民族学研究所硕士研究生。

一　生态灾变的实质

在人类生息的地球上，能直接影响人类生态环境安全的灾变，可以大致为两类，自然灾变与生态灾变。灾变是立足于人类安全而提出的文化概念，为此，人类对灾变的理解中必然打上价值判断的烙印。而价值判断随文化而异，因民族而别，以致不同民族不同区域的民众对灾变的理解并不完全一致。从终极意义上讲，作为生物属性的人类，为了谋求生命的延续与发展，都具有趋利避害的禀赋，这与其他生物并无实质性的差异。对安全的渴求完全出自个人的本能，但如何谋求安全却必然打上文化的烙印。这是因为人类谋求安全与其他生物不同，人类不是凭借个人，而是靠社会合力，即是靠文化去减缓受灾的程度，甚至化解灾变。

由于自然灾变的发生在空间分布上的不均衡，因而不同民族对不同自然灾变的敏感性和救治能力也就互有区别。为了应对自然灾变，民族文化的建构只能是在承认其客观存在的基础上，做出最经济、最有效的抗风险适应。需要慎重指出的是，由于自然灾变古今无别，不同民族文化中抗风险适应手段，不仅对过去有效，今天有效，未来仍然有效。有鉴于此，救治突发的自然灾变，从民族文化的视角而言，翻新不如续古。师法"传统"绝对不能曲解向后看，留恋"愚昧"与"落后"，反倒是最明智、最有效的不二法门。

就时下而论，抗击自然灾变必须破除两种偏见，在精神生活层面上，必须破除文化本为偏见，倡导文化相对主义；在物质生活层面上，必须扬弃现行的线性发展模式，在谋求现代生活水平提高的同时，必须做出多样化的选择，而做出选择的根基正在于稳定传承本土的知识与技能，确保抗风险适应能力少受冲击。总之，师法传统并不会影响相关民族的现代化，反而会使现代生活更其多样化和丰富化。只要在精神和物质的两个方面作出努力，今后即使发生再强烈的自然灾变，都可以将损失降到最低限度，由此可以做到以最低的文化代价换取最大的人类生存安全。

自然形成的生态系统，本身就具有稳态延续的禀赋，尽管生态系统也会发生演替，但持续的时间极为漫长，一般不会影响到民族文化的正常延续与正常生活。任何一个民族为了谋求自身的发展和社会的高效凝聚，都需要对所处生态环境作一定程度的改性，使之更适应该民族的需要，如果这样的改性没有冲击该民族所处生态系统的脆弱环节，那么所处生态系统仍然可以保持稳态延续的能力。其结果表现为不仅生态系统能够稳态延续，相关民族文化得以稳态延续，这是人与自然和谐的理想状态。

相反地，如果人类的社会存在，直接或间接地冲击生态系统的脆弱环节，或者这种冲击表现为无序状态，导致生态系统的快速演替，以致相关于民族文化不能正常地利用所处的生态系统，那就酿成了生态灾变。相关的民族由于无法利用改性的生态系统或者跟不上生态改性的速度，生存必然受到极大的威胁。目前人类社会面临的生态挑战正因此而酿成。

自然属性的生态系统本身无灾变可言，但对于人类来说可能就是灾变。生态灾变完全导因于人类不合理的利用，化解生态灾变的根本对策在于借助民族文化改变对生态系统的利用方式，提高民族对所处生态系统的适应能力，在利用的过程中确保生态系统的稳态延续。

而目前对生态灾变的偏颇正在于轻率地动用社会力量强制实施生态改性，并因此而冲击到所处生态系统的脆弱环节，以致相关生态系统失去了稳态延续的能力。从而导致相关民族文化的失范，不仅救不了灾，反而造成更大的生态灾难。化解生态灾变的最高境界只能是在高效利用生态系统的同时，谋求所处生态系统的稳态延续，使高效利用与精心维护两全其美。随着生态系统和利用方式多样化并存，达成制衡格局，人类的生存安全才有保障，人类的可持续发展才会成为可能。

生态灾变与民族文化或利益冲突而有关，主要取决于民族文化与自然生态因素关系的偏离，一旦这样的偏离叠加到一定量度时，就会引发生态灾变，其灾变的后果却不仅危及人类社会的可持续发展，还必然波及人类社会的生态安全，甚至会给自然留下隐患。因为民族文化所能凝聚起来的社会活力十分强大，具有明确的针对性和转换的灵活性，在一定范围内改变生态系统的某些属性，这也是民族文化能动性的集中表现，由此导致的生态改性对相关民族而言至关重要，也无可厚非，但对所处的生态系统而言却不然，它必然表现为对所处生态系统的偏离、冲击与损害。对生态系统造成的冲击与损害，所导致的生态改性很容易被相关民族意识到，理所当然地在文化的适应中会得到明显的体现。至于对所处生态的偏离则有所不同，因为它具有隐含性和可积累性，还会在族际交往中扩大和叠加。因此，而成为众多生态灾变的导因。

对生态灾变而言，重在化解灾变，规避所处生态相同的脆弱环节，顺应生态系统的本底特征去加以利用，灾变发生后，关键是要改变资源利用方式，力求避免实施人为生态改性；化解生态灾变的文化对策，在于维护民族文化的多元并存与相互尊重，破除文化的本位偏见。要坚持文化平等原则，与各式各样的文化偏见做斗争，灾变发生后重在治理，协调好各民族关系和利益分享，致力于消除对抗。特别是为了眼前利益而转嫁危机，伤及其他民族和文化。坚持人类社会的可持续发展，只能仰仗多元文化并存的这一原则。

二　民族传统文化的生态价值

我国 56 个民族，每一个民族都在他们的生存地域内，在世代探索中，积累总结出了众多有关生态灾变救治的经验和智慧，到今天仍不失其借鉴或利用价值。在此以如下至今尚在使用的传统技能为例，以期说明民族传统文化对生态环境维护与生态灾变救治中的价值。

列举一：应对干旱地区生态环境的传统文化价值。我国黄河的兰州河段及南部主要支流洮河和大夏河一带，生息着四个信奉伊斯兰教的民族，即回族、东乡族、保安族、撒拉族，连同当地的世居汉人，在极其干旱的黄土高原上创造了覆砂抗旱的农耕技术。砂田的产生和应用，有一定的自然环境与自然生态背景。分布地区总的特点如下。1. 一般地貌为山地和丘陵，岗峦起伏，梁谷相间，河流两旁有多级阶地，也有较大面积的高原地，海拔高度多在 1500—2500 米之间。2. 年平均降水量在 180—350 毫米左右，最低 100 毫米，最高 400 毫米，年变率大，季节分配不均，7—9 月降水占总降水量的 60% 以上，春旱，夏秋暴雨多，水土流失现象严重。3. 气候属于温带干旱草原气候型，年蒸发量为 1500—1800 毫米，大气干旱。4. 一月平均温度在 -5℃ 至 -10℃ 之间，绝对最低温度不到 -30℃，七月平均温度一般超过 22℃，绝对最高温度达 30℃，平均日较差为 13.5℃，最大在 27℃ 以上，冬季寒冷，夏季炎热。5. 无霜期短，一般为 150—180

天，九月下旬至十月上旬初霜，四月中旬至五月上旬终霜，结冻最早在十一月中旬，解冻最晚至三月初，冻土层 100 厘米上下，冬季较长，春季甚短。6. 全年日照约 2500 小时，夏季长达 14 小时以上。7. 主要土类为灰钙土、草甸土和栗钙土，土壤侵蚀严重，有机质和养分缺乏，呈强石灰性反应，在河谷低地有轻度盐渍化现象，土层厚度，由一米至数十米不等。8. 植被为荒漠草原型，风蚀剧烈。9. 在上述条件下，栽培的农作物有春小麦、糜、谷、马铃薯、豌豆、亚麻等，其中以春小麦为主；在有水源可以灌溉的地方，则盛产各类蔬菜和瓜果。[①] 2008年我们在撒拉族和回族地区进行了田野调查，发现其基本做法是：在耙平的旱地上，铺上一层 1—2 厘米的细河沙，沙粒直径在 1 毫米左右。细沙上再铺盖直径在 1—7 厘米的大小不等的鹅卵石，铺垫厚度达 5—10 厘米。从表面上看，这样建构起来的砂田既不能用畜力翻耕，又不便于施肥，播种时劳动强度大，因此似乎有些愚蠢。但种植的效果确使很多旱地农业专家为之叹服。

经过与当地农民的讨论与验证，发现其实际功效有如下六个方面。其一，在卵石之间或沙粒之间形成了稳定的空气隔热层，在当地昼夜温差高达 11 度乃至 20 多度的情况下，夜间降温时土地热量不容易散失，致使在每年的早春其土壤温度比不用砂石覆盖的土地要高出 3—5 度，致使玉米的播种时间可以提早半个月，收获期可以提前 20 天，有效地避开了霜害。

其二，因为覆砂后地温较高，冬季的积雪可以及时融化，提高了春季的土壤墒情。下雨时，雨水可以顺着卵石渗入土中，提高了对雨水的截留能力。即使是仅下不足 5 毫米的微雨，也会因为有卵石的隔绝而不被蒸发掉，使天然降水最大限度地被农作物利用，减少水资源的无效蒸发。因而，这是一种干旱地带有效提高雨水使用效益的好办法。

其三，覆盖卵石还具有抗风蚀的功效。黄土高原上颗粒细小的土层很容易被风吹走，严重时甚至将作物的根暴露出来。有了卵石的庇护，作物绝无遭强风袭击的危险。

---

① 参见钮簿、翟允禔《我国西北部干旱地区的"石砂田"》，《西北农学院学报》1980 年第 3 期。

其四，卵石覆盖还能有效地抑制杂草的生长，对农作物有害的杂草由于很难靠自己的力量长出沙土层，因而杂草生长受到了很大的抑制。杂草即使萌发后穿过厚厚的砂石层，草茎极为瘦弱，很容易被清除掉。

其五，这一地区的年蒸发量高于年降雨量的3—5倍，若无卵石覆盖，人工灌溉后土地极容易盐碱化。有了卵石层的庇护，地表的直接蒸发被降到最低限度，因而凡是砂田均能有效防止盐碱化的发生。

其六，这样的卵石吸热升温快，降温也快。白天可以抵抗烈日，避免作物的根部受过分日照而损伤；夜间表层鹅卵石又能很快地降温至与周围的空气相同。在一年中，有1/3的天数由于昼夜温差剧烈都能在卵石的表层形成露珠，滴落到地下，不花任何劳动而实现了天然灌溉。

这些既巧妙又实惠、适应当地生态环境的耕作办法，至今仍发挥着极大的作用。当地砂田玉米每亩的产量要比非砂田高出2—3成，普通玉米可收700斤，杂交玉米可收近千斤，而且大大节约了灌溉用水。遗憾的是，在当前的水土流失治理中，这样的智慧与技能并没有得到发掘和推广，更没有借助现代的科学技术使之实现创新。当地汉族和这些少数民族的文化价值在实际的水土流失治理中其实是被遗忘而失落了。事实上，这样的砂田投资成本比以色列最先进的电脑滴灌技术还要低，而且砂田运行不需要投入设备运行能量。管理和操作也极其简易，同时比以色列电脑滴灌技术更能抑制盐碱化，更能提高土壤的活性，其价值绝不逊色于以色列的滴灌技术。[①]

在自然规律的作用下，地球表面永远会有相对干旱的地带存在，生活在干旱地带的民族如果没有相应的适应干旱环境的能力，其稳态的延续就无从谈起。而这种能力往往在相关民族文化中以特殊智慧与技能的方式表现出来，发掘、整理和利用这样的智慧与技能在今天的干旱地带仍然具有不容忽视的价值和作用。

列举二：恢复我国西南石漠化岩山区植被的传统文化价值。我国西南喀斯特山区目前正面临土地石漠化的威胁，被很多学者看成为土地"癌症"，无法治理。但在我们从1986年直到今天近30年不间断的田野调查发现，生活在当地的苗族、布依族等民族却有一套行之有效的做法，

---

① 威得良：《以色列节水富国之策》，《生态环境与保护》2001年第1期。

能够在裸露石崖的夹缝中种上具有一定价值的经济作物，使之成为石漠化地带生态恢复的先锋植物群落。

我们在田野调查中发现，麻山腹地的苗族群众选用的树种是构树和藤本岩豆（当地俗称岩胡豆），而北盘江流域的布依族群众则选用马桑树和椿树。构树是一种桑科植物，其树皮纤维不仅长而且坚韧，早年苗族群众用这些纤维来制作衣物。清代后由于棉花和麻的推广种植，构皮的衣料加工逐渐被替代。但构皮纤维由于可以用作优质的造纸原料而成为当地苗族重要的外销土特产品。更重要的还在于，构树的叶和果实是重要的猪饲料，剥下皮后的枝条又可充作燃料，普遍种植在当地具有较高的经济价值。

当地苗族饲养的猪都采用放牧方式，猪采食构树复果后，由于其种子具有坚硬的外壳不会被消化，而随猪粪一道排出，在土边地角和草坡上分散开去，来年这些猪粪堆就成了构树种子的培养基。春雨过后，从其中就会长出一丛丛的构树苗来。只需要将这些构树苗就地拾取，用棍棒沿着有土的石缝戳一个浅洞，将构树苗连同猪粪一同塞入洞中，稍加压紧，就能长出构树来。三年后，就可以采集构树叶喂猪。五年以后便可以修剪枝条，剥取树皮。但无论构树皮的售价再高，当地群众都绝对不会砍断构树的主干；无论燃料多么缺乏，都不会动岩缝中的构树根。因为他们深知，这种连片种植的构树，不仅具有经济价值，而且还是一个微型水库。一方面，在构树枝条的荫庇下，那些裸露的石灰岩上会慢慢地长出青苔，在岩缝中还能长出浓密的蕨类植物来。一旦构树的浓荫荫庇时间超过三年，这样的苔藓层可以像海绵一样在下雨时吸收超过自身重量五倍到十倍的雨水。哪怕无雨期超过两个月，从青苔中释放的雨水还能顺着石缝在山脚汇成小水塘。当地群众的旱季生活用水就是靠这样的小水塘维持。①

而生活在北盘江两岸的布依族，则选用马桑树作为石漠化救治的先锋树种，这也有异曲同工之妙。马桑树由于不能充作燃料，很少遭到人为破坏。但马桑树叶可以饲养野蚕，在当地具有一定的经济价值。更可

---

① 罗康隆：《麻山地区苗族复合生计克服"缺水少土"的传统生态智慧》，《云南师范大学学报》2011 年第 1 期。

贵的是，马桑树扎根很深，而树冠藤蔓迁延，对裸露的岩石具有很好的遮覆能力，使岩石上容易长出苔藓层来。

布依族对马桑树的育苗也借助了生物办法，马桑树结的浆果是众多鸟类取食的对象。而马桑树种子也像构树种子那样，不会被消化而随鸟粪排出。鸟粪如果落到潮湿的环境上就能萌发成苗。只需将这样的育苗插入有土的石缝中，就能轻而易举地定植成活。若鸟粪落在光滑的岩石上，只要刮取塞到石缝中，同样能长出马桑树来。

上述两个民族在石漠化岩山上恢复植被的做法，不仅成本低，成活率高，成活后郁闭快，而且在获取其经济价值时，不需要改变土石结构，更不会损坏岩石上的苔藓层，是一套行之有效的石漠化植被恢复技能。

然而，遗憾的是，这种技能至今没有得到足够的认识，时下在当地实施的石漠化救治办法是开山取石，堆砌土埂，从石缝中掏土修建梯田。修建一亩这样的梯田需投入人工一千日以上。这留下的隐患却堪忧，导致四个方面的生态灾变问题。

首先，这样造成的梯田会打乱地表的土石结构，特别是掏土建梯田会将岩石的纵向裂纹掏空，这样的裂纹下接地下溶洞，一旦下雨，雨水会沿着裂缝完全泄入地下溶洞，即使修成梯田也会十年九旱。

其次，这样的梯田一经修成，周围石山上将会寸草不生。石漠化并不能因此得到救治，残存的害兽、害鸟和害虫没有受食物链的相互牵制，会成群结队地危害农作物，即使长成了作物，也不能保证收到家。

再次，这样构成的梯田全部是一些体积庞大的花盆而已，长出的农作物不容易与外界环境顺利地实现物质、能量的循环，土壤会越来越贫瘠，若不年年投入大量的化肥根本不能连续耕作。

最后，这样做的后果将导致多种经营的完全丧失，日益突出的燃料危机和水源枯竭将导致当地的群众难以在当地定居。这些不切实际的石漠化山区整治办法一旦强行实施下去，必将贻害无穷，当地各民族传统文化的失落不仅是水土流失灾变救治的悲剧，也是当地的生态悲剧。

上述两个实例对于我国丰富的民族文化宝库而言，不过是九鼎一脔而已。但它们充分表明，忽视了民族文化的价值，即使再大的工程设施，再先进的技术，都无法与我国错综复杂的生态资源组成结构相兼容。正确的做法只能是，在充分地认识和发掘各民族传统文化的价值后，针对性地引进现代技术，只有在绝对必要时才动用工程手段，我们的生态灾变救治工作才能事半功倍。因此，挖掘、发扬和创新各民族的传统文化财富，以此为依据提出一条正确的水土流失治理思路。

各民族传统文化不仅能够提供维护生态环境的智慧和技能，在利用生态环境资源方面的具体操作中也能发挥不可替代的作用；不仅能够提供灾变救治的成熟经验，在灾变救治工程的实施中也能发挥积极的社会作用。生态灾变救治是一项需要长时间努力的社会活动，任何政治、法律和经济的手段都不可能发挥长久持续作用的能力。只有各民族的传统文化可以将它的成员凝结起来，形成稳定的社会动力，将生态灾变救治的社会活动持续下去，直到取得圆满的成功。如果生态灾变救治的活动与各民族传统文化脱节，相关民族的成员将只能充当旁观者和群氓。如果生态灾变救治的各项措施植根于各民族的传统文化之中，那么各民族成员就能够将生态灾变救治的活动与自己的传统文化结合起来。生态灾变救治与生态环境建设社会活动就不愁没有持续的社会力量去推动。

三 民族传统文化的流失与生态灾变的出现

当前，我国生态环境的维护和生态灾变的救治不尽如人意，研究者各自提出了自己的不同看法。绝大多数人都归咎于投资力度不够，现代科学技术利用不充分，甚至指责西部各民族群众素质低，缺乏科学知识，但却很少有人注意到各民族传统文化在生态环境维护和生态灾变救治上的特殊价值。在这样的舆论背景下，正面承认我国各族人民在维护生态环境与生态灾变救治的经验、智慧和技能，是值得称道的，也就显得难能可贵了。[①] 这样的生存智慧和生存技能是以民族文化为载体而整合起来的。它不仅仅是一个简单的对自然资源的适应问题，也与各民族的宇宙观、自然观和价值观密切相关。而这一点，正是当前的生态维护和生态灾变救治工作者最为缺乏的基本认识。

事实上，目前在从事生态维护和灾变救治时，无意中失落了中华各民族文化的价值。就我国的生态灾变救治而言，我国各民族传统文化是

---

① 黄万里：《增进我国水资源利用的途径》，《自然资源学报》1989 年第 10 期。

无可替代的至宝，若不总结并发扬我国各民族生态灾变救治的经验和智慧，不管是从哪个国家搬来的先进玩艺，都无法在我国发挥其生态维护与生态灾变救治的实效。

我国"三江源"地区属于典型的高原内陆性气候，寒冷、干旱、风沙大、辐射强、降水量少、蒸发量大。在这种环境下广泛分布着以蒿草属的冷中生植物为建群种的高寒草甸和以针茅属一些寒旱生植物为建群种的高寒草原，以及以垫状点地梅，苔状蚕缀等。近年来，该区域生态环境表现出恶化的趋势，出现了草地退化，植被破坏，土地沙漠化扩大，水土流失严重，湖泊与沼泽地萎缩、冰川退缩、河流水源减少等一系列问题，给我国社会经济发展带来了巨大的影响。

三江源区最脆弱的生态环节就是其永久冻土层，而覆盖其上的腐殖质层和泥炭层又是保护其脆弱环境的命根子。因此，只要在三江源区的人类活动不去干扰这样的环节，其生态系统就是安全的。这里的生态环境一旦遭受破坏而发生逆行演替，将很难恢复，甚至完全无法恢复。[①] 从20世纪50年代以来的经济活动总是在不同程度地冲击到这一生态系统的脆弱环节。

其一，草场使用权的更替。1957年以前，草原所有权属于当地头人和寺院，是按照藏族传统方式来利用草原。半个世纪之后，草原的所有权经历了几次变革，先是建立国有牧场，由自由牧场改建为共有集体牧场，过去的私营畜牧业转化为了集体畜牧业。1982年被分配到小组，1995年再次被分配到家庭，实行草场包干的牧场责任制，草场下放到牧民手中。

其二，草库伦与网围栏的建设。在70年代"牧业学大寨"中，从内蒙古草原传入的草库伦建设；通过建造草库伦和网围栏的办法提高产草量，但却没有注意到寒漠带的草不是长在土中而是长在有机物中，以至于修建草库伦并不能提高产草量。相反的，建草库伦取土要去掉腐殖质层和泥炭层，反而导致了取土区段永久性的生态破坏。2005年国家开始实施"围栏封育"政策。这解决了牲畜"混群"的问题，但"草场分

---

① 罗康隆、杨曾辉：《藏族传统游牧方式与三江源"中华水塔"的安全》，《吉首大学学报》2011年第1期。

割"与草场"围封计划"，牵制了牲畜的流动，反而使草场退化。

其三，从 20 世纪 80 年代开始的无节制、无规律的黄金、煤矿开采，不仅撕裂了地表的泥炭层和腐殖质层，还掘开了永冻层，这样就使地表植物失去了赖以生存的根基。矿产的开采不但地表的腐殖质层被破坏了，永久冻土层也遭到严重破坏，草场出现沙漠化。药材的挖掘，人为地拔掉了地表腐殖质层，挖翻寒漠带腐殖质层和泥炭层会导致植物单位面积生长量严重下降，甚至彻底丧失，导致了大规模的沙化。

其四，农业的不合理开发在河谷滩涂地带，藏族居民还是可以种植一些农作物的，比如青稞、豌豆等，但政府鼓励改种小麦，甚至采取行政手段推广种植小麦，改种冬小麦和春小麦在一般年景产量会比青稞高得多，但却无法应对随机发生的剧烈升温和降温。这导致过度地、无节制地开垦滩涂地带。导致了黑土滩的出现，严重影响了草原生态系统的平衡。

其五，各类工程的建设。在三江源区修筑硬化公路、开采石材、光缆、小型水电站以及其他工程建设。这些工程建设大多是环绕山脚而行，而这些工程建设对上方的坡体都没有加以牢固，由此导致坡体的草皮下滑，导致草甸坍塌。这些草甸的下滑都是以冻土层为切面，草甸下滑后冻土层自然就暴露在太阳光下，如此会导致冻土层下伸，其结果将会导致整个山体的下滑，一旦这样的范围扩大而不能得到有效控制的话，整个三江源的生态屏障功能就会消失，将会导致无可估量的生态灾变。因此，我们认为任何决策的前提只能是在充分考虑不破坏高原生态系统，不扰动生态环境的前提下进行，否则得不偿失。直接的结果则是投入与产出形成巨大的反差，最后导致生态环境的恶化，人类面临灾难。

这样的传统文化流失在我国西南地区也引发了生态灾变问题。20 世纪 50 年代以来，随着土地改革的完成，中国农村的生产关系发生了巨大的变化，少数民族地区也不例外。在这种变化的过程中，国家在乡村社区中的力量变得十分强大，与原有的村寨权力结构相适应的少数民族文化也因而受到重大的影响——由于缺乏社区权力的支持和推动，一些具有环保功能的文化因素难以传承，有消失的趋势。尤其是在 20 世纪 50 年代末至 70 年代中，由于受到"左"的思想的左右，盲目地把一切民族传统文化都归为所谓"封建迷信思想"，导致众多有利于生态平衡和环境保护的民族习俗遭到抛弃。少数民族传统文化中对自然界都十分的尊敬和崇拜，一个很重要的原因在于受到相对简单的、朴素的"万物有灵"思想的支配。认为地上的神鬼无所不有，山中的花草树木无不充满灵气。特别是对奇花异草、奇藤怪树，莫不视之为神加以崇拜，还把一些神灵直接物化到树木花草和动物上，这有利于这些生物的保护和利用，在50年代以后的历次"运动"中，提出"向鬼山开战，向神林要粮"以及"破除迷信，解放思想"的"革命"口号下，我国西南地区大部分"神山禁林"遭到了破坏，从而造成水土严重流失，气温升高，农作物病虫害增多，风灾、水灾、冻害频繁，森林覆盖率也一度下降到30%以下。如我国云南的基诺族，在20世纪70年代以前还保持着刀耕火种的耕种方式，有严格的土地和山林轮歇习惯法，一般只种植一两年就抛荒，在七八年甚至十余年后才再次种植作物，把轮歇地划为13块，即13年轮种一次，这对生态环境的破坏和影响不大，有时反倒利于新生树木的生长和环境的平衡。而要求他们固定耕作区域，使轮歇周期越来越短，轮歇范围越来越大，最后导致所有轮歇地都成为永久的固定耕地，从而造成森林资源的锐减。

可见，任何民族的生态智慧与技能都是针对特定的生态背景建构起来的，也是针对特有的生态系统结构完善起来的，如果这些传统智慧与技能一旦丢失，其生态灾变就有可能发生，因此，对传统文化的尊重，提倡多元文化的并存，是防范生态灾变的前提基础。而今面对已经蜕变乃至演变为灾变的生态环境，在实施生态环境维护与生态灾变救治时，必须视相关民族文化所适应的特定生态系统分布面为转移。原因在于，各民族在长期历史过程中独立形成的生态智慧与技能，其适用的范围必然具有特异性，一旦离开了这种特定的生态系统结构，相应的智慧与技能就会失效，甚至会产生负面效果。

各民族的传统生态智慧与技能总是植根于特定的生产生活方式中，而这样生产生活方式在目前已经有了很大的改变，借助传统的生态智慧与技能维护和利用生态资源或生态灾变救治时显然不能机械地沿袭。各民族传统的生态智慧与技能当然需要现代科技的支持，然而问题在于习惯性的思维方式往往会干扰人们对传统生态智慧与技能的正确认识，以至于借助现代科学技术实现传统生态智慧与技能的创新成了一句空话。

四 生态灾变的救治与传统文化的耦合

我国的水土资源构成极其复杂，我国各民族在长期的生产生活实践中，积累起了多样化利用水土资源的渠道和方法，也找出了一系列防治水土流失的有效对策，总结出许多有效治理水土流失灾变的经验。这些各民族的文化精华若得不到充分的认识和利用，将会使我们今天的水土流失治理工作陷入盲人瞎马的境地。完成这一任务需要从三个方面入手。

其一，总结各民族传统文化中有效利用所处地区的生态智慧和技能，以便提供一整套多样化的生态资源利用的办法，从而与我国错综复杂的生态资源结构相称。生态资源是一项综合自然资源，诸如不同的土质需要不同的水资源匹配，不同的水资源分布不能完全适应同一类土质的需要。此外，除了水土资源的自身匹配关系外，一定的水土资源结构还与其他的自然条件休戚相关，如地形、地貌、气候、生态群落都会与相应的水土资源结构相互关联相互制约，致使水土资源结构极其错综复杂，由此而引发的生态灾变也不能用单一的指标去加以描述。

我国生态资源结构的极端不均衡性，从根本上规定了生息在不同地带的人们在利用自然资源时必须采用各不相同的办法，文化类型的差异正因此而产生。当然，各地区自然资源的差异还会导致另外一种文化差异，那就是文化样式的差异。由于样式差异对水土资源的影响与类型差异不同：狩猎采集文化大多分布在自然环境极端恶劣的地带；游耕文化则总是分布在建构固定农田极为艰难的山地丛林，或者极度炎热多雨的热带雨林中；畜牧文化分布在极其干旱的内陆草原或热带草原；农耕文化主要分布在亚热带滨水平原区和湿润的温带草原地带；工业类型文化最集中、发育程度最高的地区都是在滨水的北温带。由此可见，不同类型的文化各有自己的最佳适应范围，没有任何一种文化可以普适于任何一个角落。人类历史上最古老的狩猎采集文化至今还可以延续，恰好证明了这种在人们心目中最原始、最粗放的生计方式并不会因为现代科技的发展而失去其生存的余地。即使动用现代的科学技术，要在北极圈内建构工业文化的固定居民点，要么不可能，要么就是代价太高。这充分表明，工业文化绝非所在皆适，它也有其运行范围的极限。也正因为如此，比工业类型文化"落后"的其他类型文化由于各有其最佳适应区域，而工业类型文化在这些区域运行会得不偿失，使得这些类型文化可以继续存活。

其二，我国生态灾变的原因错综复杂，因而控制生态灾变的办法也必须多样化。中华民族数千年的历史在我国广袤的大地上已经积累了各自的生态智慧，这就为我们准备了各式各样的生态灾变控制办法。借鉴这些做法，肯定可以收到他山之石、可以攻玉的奇效。举例说，在前面提到的砂田从表面上看是一种节水抗旱农耕模式，但如果移植到更为干旱的黄土高原沟壑地带，却可以改造成一种抑制土壤流失的有效办法。在开始露头的侵蚀沟源头铺设固体块状堆积物，在暴雨季节可以有效地减缓地表径流的速度，有效地抑制流水切割。而在干旱季节，由于这些堆砌物能有效地抑制地表蒸发，确保在这些堆积物的缝隙中长出牧草，甚至灌木丛来。一旦植物群落定根，固体堆积物可以顺侵蚀沟下移，形成新的植物群落。这种办法若能与固体废物的处理结合起来，并赋予现代技术的成型办法，使这样的堆砌物效能得以提高，将不失为一种抑制黄土高原侵蚀沟扩大的可行方法。同样的道理，在北方换茬轮作在半干旱的农田中推广，并在作物中套种牧草，有效地提高土壤的覆盖率，那么半干旱地区的风蚀、沙漠化问题就可以得到抑制。据国外提供的资料表明，地表的覆盖率在水侵蚀地段超过40%，在风蚀地段超过60%，水土流失将得到有效地控制。① 按照上述的做法要达到这样的指标难度并不大。只要选择好换茬的作物品种、牧草品种，不到10年，就能在沙漠化的防治中发挥积极的作用。

其三，生态灾变是一个复杂的物质与能量的运动过程，其造成的后果也具有多重性，对灾变留下的后遗症进行治理也不能简单化。因为灾变后的生态资源结构已经发生了变化，按照单一的办法去整治这些后遗症，肯定无法收到明显的成效，因而生态灾变的救治也需要办法的多样化，我国各民族的传统文化中也已经为我们储备了医治生态灾变创伤的多样化对策和措施。借鉴、改进这样的办法和措施，就能使我们的灾变

---

① Michael A. Zobich、刘瑞禄：《肯尼亚东部地区牧场的水土流失》，《水土保持科技情报》1995年第2期。

救治工作做得更好。贵州的麻山地区苗族和布依族治理石漠化的办法就是一个很好的例证。① 在他们的经验中，他们不仅考虑到了救治过程中的经济收益，同时考虑到了治理办法尽可能地省力省钱，又考虑到了石灰岩纵向裂纹的堵塞，以及有利岩石表面长出青苔和岩缝中长出蕨类植物，以增加对水资源的截留能力。

这一简单的办法中兼顾了多重的治理需要和治理目标，这样的思路借鉴到我国北方沙漠化的治理，肯定能够获得一种多角度的治理思路；还可以启迪受沙漠威胁的人们如何利用现有条件增加地表覆盖，减缓蒸发，提高水的使用效益。举例说，在干旱地带不可能迅速地长成绿色植被，但作物杆蒿肯定是有的，牲畜的粪便也肯定是有的，这些废物如果能采取有效的办法固定在地表上，在辅以现代科技的黏结材料，使之成形而不被风轻易吹走，那么土壤抗风蚀的能力肯定能得到一定程度的提高。② 有幸的是，用杆蒿覆盖减缓风蚀和水蚀的办法在国外已经有了报道。③ 足见这一思路具有其科学道理。再如用生物的办法播种野生植物，在荒漠化的草原上也有借鉴价值。只要能像砂田那样把含有野草种子的牲畜粪便庇护起来，其中的野生植物种子，即使再干旱，只要能截留天然降水同样能发芽生根，在荒漠上形成植物群落。

总之，借鉴多种民族的生态灾变救治传统，并辅以现代的科学技术，肯定可以收到比单一的工程技术措施更好的救治成效。民族传统文化价值的失落，总是在不经意的情况下发生的，但这种忽视却可能扰乱我们控制生态灾变的思路，使我们在引进现代科学技术时失去了针对性。在开展具体的工程技术措施时，又难以切中当地的实际需要，有鉴于当前的生态灾变治理不尽如人意，关注民族传统文化的价值就显得更当其时。其原因如下：

首先，生态灾变救治是一项需要长时间努力的社会活动，任何政治、

---

① 罗康隆：《地方性知识与生存安全——以贵州麻山苗族治理石漠化灾变为例》，《西南民族大学学报》2011 年第 7 期。

② Charman，P. E. V.：《水土保持研究的主要成果和未来目标》，《水土保持科技情报》1996 年第 2 期。

③ Mullen，M. D.，Melhorn，C. G.，Tyler，D. D.，Duck，B. N.：《在不同作物覆盖条件下免耕玉米地土壤的生物生化特性》，《水土保持科技情报》1999 年第 3 期。

法律和经济的手段都不可能发挥长久持续作用的能力。只有各民族的传统文化可以将它的成员凝结起来，形成稳定的社会动力，将控制水土流失的社会活动持续下去，直到取得圆满的成功。如果控制水土流失的活动与各民族传统文化脱节，相关民族的成员将只能充当旁观者和群氓。如果控制水土流失各项措施植根于各民族的传统文化之中，那么各民族成员就能够将控制水土流失的活动与其传统文化结合起来。控制水土流失的社会活动就不愁没有持续的社会力量去推动。

我们在内蒙古乌审召旗调查时，乌审召大寺的两位年高喇嘛介绍说，20 世纪 40 年代，该地区的土地沙化现象已经十分严重了，当时的寺院住持就将植树种草作为僧人和信徒所必须遵守的戒律中的一个组成部分。明确规定僧俗信众每年都得完成定量的种植任务，才算完满了该年的功德，结果在短短的几年内绿化了大片的沙丘，而且持续执行了 20 多年。①不难看出各民族的传统文化，哪怕是具有负面影响的文化要素，只要引导得当，就能在水土流失的控制中发挥效应，将群众凝结成可以持续生效的社会力量。

不仅蒙古族如此，我国的傣族都有自己的龙林神山，每个布依族村寨的后山都有自己的风水林，贵州中部和南部的苗族各宗族都有自己的崖葬洞，这类地带是相关民族的圣地，不仅本民族成员精心管护，其他民族的成员也会自觉地尊重相关民族的信仰。这样的社会基础若与自然保护区的建设联系起来，那么建构与管护自然保护区就几乎可以不花国家一分投资，也不需要雇人管护，就能把自然保护区保护好，从而控制水土流失。忽视各民族传统文化的社会凝聚力和持续作用力，显然是一个莫大的损失。

其次，生态灾变救治又是一项需要长时间投入，却难以在短期内收到明显成效的社会活动。相关民族群众的长远利益和眼前利益如果不能相互兼容，生态灾变救治是一项长时段的社会活动。长远利益和眼前利益兼容的最佳途径正在于，兼收并蓄多样化的生态资源利用方式，使眼前的损失得到合理的分担，长远的利益得到提前分享。退耕还林意味着眼前耕地的损失，而林木的郁闭又非朝夕之功。如果能在退耕的幼林地

---

① 调查时间在 2008 年 8 月 18 日，调查资料存于吉首大学人类学与民族学研究所。

间作供刈割的牧草，用来发展舍饲畜牧，相关的群众在退耕的时期就可以因此减轻部分损失。因此，生态灾变的控制在实际的操作中，需要有众多的过渡性水土资源利用方式。好在我们国家的各民族农、林、牧、副、渔，甚至狩猎采集都有各式各样的生态资源利用办法，稍加收集整理，完全可以编制出供各地各民族群众选用的办法清单来。这乃是各民族传统文化价值的又一表现形式。有了这些精神财富，生态灾变的控制措施执行过程中的阻力都能得到有效缓解。

再次，生态灾变救治是一项牵涉面很广的社会活动，地域跨度很大，各地的生态资源结构互不相同，所以各地域间的相互协调至关重要。好在不同的地域内往往都有特定的民族生息，各民族居民最熟悉和了解所在地的生态资源结构，也最能够承担起相关地区的控制生态灾变的责任来。因此各民族多元文化的并存也是一笔财富。以乌江上游为例，布依族最熟悉河谷坝子的情况，汉族居民较为熟悉市镇周围固定耕地的情况，彝族群众对草场林带十分熟悉，苗族和仡佬族对贫瘠的高山草甸和陡坡草带有较深的了解。只要将该地区的生态灾变救治的任务按各民族文化的特点分，将资源结构互不相同的地段，交由不同的民族群众去负责执行，一项复杂的生态灾变救治工程就能做到相互协调，权责分明。因此，面对生态资源结构错综复杂的背景，多元文化的并存是生态灾变控制工程开展的一项社会保障。调动多元文化的协同运作，生态灾变的救治同样可以事半功倍。

综上所述，在艰巨的生态灾变救治中，我国各民族的传统文化具有独特的应用价值。以往不同程度地忽视民族文化的价值，已经给我国的生态灾变救治带来了众多不利的影响。发掘、整理并有意识地利用各民族传统文化，才能使我们的生态灾变救治工作做得更好，也更具有广泛的群众基础。这应当是当前的生态灾变救治工作中十分紧迫的一项任务。

结　　语

我国生态安全源于我国各民族传统知识对其生态环境的高效利用与精心维护，因此我们在可持续发展的理念下，首先要尊重和理解少数民族文化，吸收民族传统文化所含的生态知识、智慧与技能，并在精神层面上营造人地和谐共融氛围，使社会各界应该有意识地肯定我国各少数民族对生态环境做出的贡献，弘扬我国各民族传统生态环境文化。对于国家层面而言，需要根据不同区域生态环境与民族文化的分布特点，因地制宜，因势利导，走生态建设与文化建设相结合的道路，做全国生态环境坚实后盾，民族生态文化传承发扬基地，确保不同区域生态环境与社会的健康发展。

民族及其生态智慧与技能必须强化对其的科学研究，完善相关的政策法规，积极组织宣传推广，同时严格界定这些智慧和技能的适用范围，避免其他地区加以误用。那么这些民族及所在地区的生态资源维护就可以完全交由当地的民族按其传统方式去加以完成，并收到事半功倍的实效。为了使传统智慧与技能能与现代生活方式相兼容，相应的技术改进也是绝对必需的。做好这一工作需要付出艰辛的努力，进行深入的研究。作为一种人类宝贵的精神财富，相关民族的传统智慧和技能并不会过时，即使当前或未来一段时间内会受到一定程度的冷落，但它依然在将来会有得到发掘和利用的机会。

（本文曾载高建国、万汉斌主编《中国防灾减灾之路》，气象出版社2014年版，第234—244页。）

光绪年间的自然灾害与农业经济[*]

张高臣

光绪年间，中国社会重灾频发，如 1877—1878 年惨绝人寰的"丁戊奇荒"、1879 年甘肃发生的里氏 8 级大地震、1882—1890 年的黄河连续 9 年漫决、1889 年的全国性大水灾、19 世纪末连年发生的顺直水灾、戊戌维新时期以潦为主的全国灾荒、义和团运动时期以旱为主的全国灾荒等，无不在中国灾荒史上写下了令人触目惊心的一页。

中国是一个传统的农业国家，农业生产在社会发展中的地位至关重要。由于农业生产是以动、植物为基本劳动对象，以土地为基本生产资料，主要通过露天作业的方式来获取各种农产品及经济效益的，它是自然性与经济性的统一。这种特点决定了光绪年间重大自然灾害的频繁发生，不可避免地对当时的农业经济造成极其严重的破坏。

一 造成灾地劳动力缺失和土地大量荒芜

伴随各类大灾奇荒而来的首先是灾地因人口的死亡和流移而造成的农村劳动力的匮乏。人——准确一点说是劳动者，是生产力系统中起主导作用的因素，是"全人类的首要生产力"。尤其是在中国这样一个以小农经营为基础的传统农业社会中，劳动人口的盛衰，直接关系到农业经

    * 作者简介：张高臣，山东财经大学马克思主义学院副教授，主要从事马克思主义中国化、中国近现代史方向的研究。

营所得之多寡，间接关系到农村各种事业的兴废。

据保守统计，光绪年间单是万人以上死亡的巨灾导致的人口死亡数即达 15612442 人。如此过量的因灾人口死亡，即意味着对社会生产力的极大摧残。即使能够在大灾荒中生存下来，灾荒过后的幸存者也多身体羸弱，无力从事正常的农事活动。如美国传教士倪维思记光绪三年（1877）山东临朐灾情时谈道："我们所遇见的人，十个中就有九个都是脸黄饥瘦，眼睛凹下去，有的骨瘦如柴，仅仅有个骨架。"[①]另外，大灾荒发生后，灾民流亡不可避免，这又造成灾区劳动力的大量流失。翁同龢于光绪四年（1878）上奏说："今岁晋豫畿南之旱实数百年仅见之旱灾。"……"臣闻被灾处所得雨之后，未尝无可耕之地，而苦无耕种之人。死者既不可复生，生者亦仅存皮骨。室庐尽毁，籽种全无。山西蒲州、解州等属竟合村无人，一亩之地卖三百文尚无售者。河南渑池济源等处掘人以食，遗民不过十之三四。即直隶交河阜城一带，野色青青，其实草谷并生，甚且草多于谷。种种情状皆由于人少之故。"[②] 光绪五年（1879）的《申报》亦载文称，经过四年多的旱灾后，晋南"灾遗之民不过十分之二，极贫次贫皆尽矣！"直到 20 世纪初，这种劳动力缺乏的状况也没有发生根本改变，美国学者 E. A. 罗斯于宣统三年（1911）出版的《病痛时代》中也说："30 多年前，7/10 的山西人死于饥荒。现在，触目之处，只有空旷的土地和残垣断壁，说明这儿人丁并不兴旺。"[③]

在传统的农业社会，社会经济存在和发展的前提是一定数量的人口和一定数量土地的结合。大量劳动力的死亡和流失，不可避免地造成了大量土地无人耕种，出现田野凋敝荒芜的局面。如"丁戊奇荒"之后，山西对荒地进行了勘查，全省计有水冲沙压的老荒地 12812 顷，有地无主的新荒地 22076 顷，有主而无力耕种的暂荒地是大量的。虽然灾后政府采取发放牛具、籽种，免收赋税，招徕外省客民来晋垦荒等措施，但土地

① 顾长声：《从马礼逊到司徒雷登——来华新教传教士评传》，上海人民出版社 1985 年版，第 172—173 页。

② 中国第一历史档案馆藏：《录副档》，光绪四年六月二十二日翁同龢折。

③ ［美］E. A. 罗斯：《病痛时代（19—20 世纪之交的中国）》，张彩虹译，中央编译出版社 2005 年版，第 82 页。

荒芜问题仍得不到解决，到光绪八年（1882）新荒地仍有 10183 顷没有垦辟。① 光绪十八年（1892），湖南北部饥荒严重，疾疫流行，差不多有三分之一的人死于疾病，荆江、沅水一带大批劳动力出外逃荒，耕地大量抛荒，出现了"至今耕种地，不见一人归"的局面。光绪十八年至光绪二十年（1892—1894 年），山西灾荒严重，自代州以北至口外七厅，"村店居民或逃、或殍、或鬻，十室九空"。② 据《归化城厅志》载，厅属大青山后牧地、大青山后四旗空闲地在光绪二十年（1894）的勘察中，共有荒地 3393 顷，而当时两处的熟地才有 3839 顷，抛荒比例很大。③ 光绪二十七年（1901）陕西大旱后，"虽已得雨，然田亩之可耕种者，已不及五分之一，耕牛又皆不足用，致三农等莫不愁眉双锁，有今冬难以卒岁之叹"④。陕西巡抚升允于光绪三十年（1904）上奏说："陕西各属自庚子（1900）、辛丑（1901）两年，迭遭灾歉……弃地而逃非止一处，现多粮额无著，承种乏人。"⑤

耕地，是农业生产的基本资料，耕地的荒芜，就意味着农业的荒废。它最终会延缓农业经济的再生产，甚至使农业经济的发展产生倒退。无怪乎张煦在追述"丁戊奇荒"大旱灾的影响时，发出"耗户口累百万而无从稽，旷田畴及十年而未尽辟"的感叹。

二　农业生产的重要动力——耕畜在灾害过程中被大量宰杀和买卖

光绪朝灾荒对农业生产的影响还体现在对耕畜，尤其是耕牛的大量宰杀和买卖上。在传统农业社会，耕牛是农民的半份家当。"无屋尚可生，无犊不可耕"，只要尚有一线生机，农民是不会宰杀和卖耕牛糊口的。然而，光绪时期频繁且严重的自然灾害，迫使广大饥民为求活命，

①　光绪《山西通志》卷 82。

②　中国第一历史档案馆藏：《朱批档》，光绪十九年四月初八日山西学政王廷相片。

③　《归化城厅志》卷 6。

④　《北京新文汇报》（四），光绪二十七年七月初三日。

⑤　中国第一历史档案馆编：《清代奏折汇编——农业·环境》，商务印书馆 2005 年版，第 600 页。

不得不宰杀耕牛果腹或换钱买粮糊口。

　　光绪年间，因自然灾害导致畜力，尤其是耕牛被大量宰杀和买卖现象经常发生，有关这方面的记载史书常见。据马勒礼所著《中国》记载，天津万国救济委员会主席曾报告说，光绪初年旱灾中，"驼、牛、骡、驴在最野蛮的混乱中疾驰，山中绝望的人们为了吃它们的肉，而将它们大批大批地杀死"。"丁戊奇荒"期间中国牛皮出口贸易的数据也从正反两个方面反映了灾区畜力的惨重损失。在大旱之前的同治十三年（1874），牛皮出口量还只有 1207 担，光绪二年（1876）时就急剧上升到 11350 担，约相当于两年前的 10 倍，而这些牛皮绝大部分是从华北输往国外的。到了光绪三年（1877），由于灾区农民大量宰杀牛群，牛皮供应过多，价格猛跌，极大地刺激了对英国伦敦的大量出口，使牛皮出口量猛增到 57192 担，比一年前又翻了 5 番。到了光绪五年（1879），由于灾区瘟疫流行，耕牛大批死亡，牛皮出口量开始下降，但即便如此，从光绪二年（1876）到光绪五年（1879）的 4 年间，牛皮输出总量也高达 135507 担。可以说，当时是"牛种耕具，百无一存"。光绪十四年（1888），"天时亢旱，年谷不登，江北农民类宰耕牛南渡贱价出售"。①光绪十六年（1890），顺直大水灾，灾民"无所得食，往往将牲畜易钱，每牛一头向售六十千文者，现只二十千，骡马价值亦不相上下"②。光绪十八年（1892），江苏甘泉、丹徒、丹阳等县旱灾甚重，"小民多典鬻牛具，以资糊口"。③淮阴县的王营镇，由于"光绪中，岁比不登，耕者竟以牛入市，官弗能禁。于是北来大贾，设庄以求，皮直渐起。顷之，金陵商亦挟资走集。外输之盛，为北货最矣。始镇人犹未甚重之。迨沪道大通，其居间食酬者，乃竟发贮以课其赢。丙午大祲，岁贩皮过四千担。宣统间，虽熟年亦二三千担。"④

　　由于大量耕畜于灾荒期间被宰杀和出卖，致使灾荒过后重建家园的过程中，不可避免地出现耕畜匮乏现象，影响着农业生产的正常进行。

---

① 《益闻报》，光绪十四年九月三十日。
② 《申报》，光绪十六年七月初五日，上海书店影印本。
③ 中国第一历史档案馆藏：《朱批档》，光绪十八年八月二十五日刘坤一、奎俊折。
④ 《民国王家营志》卷 3。

"播种需牛，又乏巨资购买，因而膏腴土地任其荒芜。"① 时人对灾民灾荒时宰杀和出卖耕牛的无奈及灾后因耕畜缺乏影响农事活动的局面做过不少阐述，如陶澎说："贫民遇灾，口食尚且难顾，虽有耕牛，无力喂养，往往鬻于私宰之人，得钱过渡。目前既嗟殄物，日后又叹辍耕。"② 沈葆桢也指出，"旱久谷荒，草亦垂尽，农民自顾不暇。视牛更加赘疣，剜肉补疮，相率鬻于屠肆。致六合一带牛肉每斤仅值二十余文。到春耕时，必有悬耜仰屋而叹者"。③ 确实，耕畜的缺乏，使灾情缓解后恢复生产的基本条件丧失，自然很难重建残破的家园。对于这种情况，下面几段文献资料均可清楚地有所反映：光绪四年（1878）旱灾，直隶"河间等属灾重之区，耕田牛马宰卖殆尽，耕作难兴。"④ 光绪后期川东遭灾，"饥荒之余，牲畜已尽，所有耕作等事，均以人代，困苦颠连之状，言之酸鼻。"⑤ 光绪二十一年（1895）御史洪良品的奏折中也说："自光绪十六年起，淫雨为灾，连年水患，畿南一带百姓困苦，拆房毁柱，权作薪售，以为生计。……小民坐食数月，籽种牲畜食卖一空。现在遍野荒地，无力市牛布种，耕收绝望。"⑥

可以说，在传统的农业社会中，宰杀耕牛的道德障碍仅次于"人相食"。一旦灾荒影响发展到人食人的程度，则耕牛的宰杀和买卖就成为必然，鲁一同的《卖耕牛》诗很恰当地说明了这一点。该诗曰："卖耕牛，耕牛鸣何哀。原头草尽不得食，牵牛踯躅屠门来，牛不能言空呜咽。屠人磨刀向牛说：有田可耕汝当活，农夫死尽汝命绝。旁观老子方福巾，戒人食牛人怒嗔：不见前村人食人。"⑦

---

① 李文治编：《中国近代农业史资料》第1辑，生活·读书·新知三联书店1957年版，第747页。

② 《皇朝经世文续编》卷45。

③ 同上。

④ 中国第一历史档案馆藏：《录副档》，光绪四年七月二十三日李鸿章折。

⑤ 李文治编：《中国近代农业史资料》第1辑，生活·读书·新知三联书店1957年版，第747页。

⑥ 中国第一历史档案馆藏：《录副档》，光绪二十一年三月二十二日洪良品折。

⑦ 鲁一同：《通甫类稿》。

三 直接遭受物质财富的极大损失

较大的水、旱、风、雹、地震或霜冻等灾害，除了造成大量的人员伤亡以外，都直接伴有物质财富的严重破坏，如庐舍漂没、屋宇倾塌、田苗淹浸、禾稼枯槁、畜禽毙没等。如光绪五年（1879）甘肃阶州、文县发生强烈地震，财产损失惨重。阶州下游巨镇，曰羊汤河，万家灯火，倏成泽国，鸡犬无踪。武都南乡牲畜房屋毙坏十分之六，西乡牲畜房屋毙坏十分之四，北乡牲畜房屋毙坏十分之六，东乡牲畜房屋毙坏十分之二。光绪六年（1880），海河发水，河北文安、雄县、任丘、武清等县"水势汪洋，禾稼全无"。[①] 光绪八年（1882），黄河在山东境内多处决口，其中历城被淹二百六十余村庄，冲塌房屋六万二百余间，济阳冲塌房屋四万三百余间，其他如章邱、齐东、临邑、乐陵、惠民、阳信、商河、滨州、海丰、蒲台等州县，也多陷巨浸，损失不可胜计。[②] 光绪九年（1883），滦、青二河水涨二丈有余，郡城西南两面内外均成泽国，沿河一带居民房屋一扫而空。滦境东南一带，前后被淹没者四百八十余村。[③] 光绪十年（1884），江西景德镇蛟水成灾，共淹去屋宇一万八千余栋，淹毙人口不下二万，早谷晚稻颗粒无收。[④] 光绪十一年（1885）广东两度被水，冲塌民居四万五千余间。光绪十二年（1886）山西暴发山洪，倒塌民房二万余间，省垣城墙经水冲激淹浸，破坏计有二千余丈。光绪十三年（1887），四川都江堰陡发大水，冲毁鱼嘴并各处堤堰，兼没农田三千余亩，冲毁民房百有余间。[⑤] 光绪十四年（1888），奉天连降大雨，江河并涨，泛滥千里，受灾田地三百五十余万亩，水到之处，人口、牲畜、房屋、器皿淹没者不可胜计。[⑥] 光绪十六年（1890），广大内地"遭灾地

---

① 李文治编：《中国近代农业史资料》第1辑，生活·读书·新知三联书店1957年版，第736页。

② 《清德宗实录》卷152，中华书局1985年版。

③ 李文治编：《中国近代农业史资料》第1辑，生活·读书·新知三联书店1957年版，第738页。

④ 《申报》，光绪十年九月初一日，上海书店影印本。

⑤ 中国第一历史档案馆藏：《录副档》，刘秉璋片，上奏日期不详。

⑥ 中国第一历史档案馆藏：《朱批档》，光绪十四年十一月二十六日庆裕、裕长折。

方不下 60000 余方里，禾稼全行失收，冬初约有 4000000 居民全赖赈济，其禾稼失收、房屋倒塌、物业毁失约估价值亦不下 3000 余万两，淹毙之人……总在 15000 至 20000 之谱"，"盘运内地进出口各货，因水灾而遭阻滞，诚有非纸墨所能缕述者也"。① 光绪十七年（1891）夏，陕西雹灾，绥德、州北、水暖、水沟四村堡打伤秋禾地 1570 垧，地内各色秋粮全行失收；刘家沟等三村堡打伤秋禾地 638 垧，地内穈谷黑豆全行打损。长武县东北乡大西作等十五村堡约长三十余里被雹地段，地内荞麦穈子多已摧折，不过一、二分收成。神木县自西乡张家涧起，至西南乡马家滩止，计长三十五里，宽约十五六里、十八九里不等，各村秋禾穗粒打碎，根株朽坏，收成无望。榆林县二十一村庄成熟穈谷荞麦多被打折。甘泉县南北二乡九村堡地内秋禾多被打折。损失惨重。② 光绪十八年（1892）河南卫河暴涨，被淹 492 村庄，冲坍及被浸续坍民房 2790 间。③ 光绪二十年（1894）湖南新化县山水暴发，冲坏民田一千七百余亩，少收秋谷一万一千余石。④ 光绪二十二年（1896）吉林淫雨连绵，松花江、牡丹江、图们江等大小江河漫溢，三姓"旗、民田庐冲淹殆尽"；富可绵地方冲坏房屋三万三十七间。⑤ 光绪二十三年（1897）江苏北部地区大水成灾，稻粱菽麦，旁及菜蔬，霉烂漂流，一时俱尽。城县村落，十室九空。光绪二十四年（1898）夏，黄河历城决口，禾稼皆淹没一空，庐舍亦坍塌殆尽。光绪二十五年（1899），广西贺县秋旱，十六万余亩田地成灾。⑥ 光绪二十七年（1901）黄河决口，考城县水冲民房二万三千五百余间，兰仪县水冲民房二千八百四十五间。⑦ 另秋禾受伤，收成欠薄。光绪二十八年（1902）浙江兰溪县雷雨风雹交作成灾，衙署民房坍塌甚多，其中西乡房屋十去其九，春花摧折殆尽。⑧ 光绪二十九年（1903），嘉陵江上游

① 吴弘明编译：《津海关贸易年报（1865—1946）》，天津社会科学院出版社 2006 年版，第 158 页。

② 中国第一历史档案馆藏：《录副档》，光绪十七年九月二十日鹿传霖折。

③ 中国第一历史档案馆藏：《朱批档》，光绪十八年八月初十日裕宽折。

④ 中国第一历史档案馆藏：《朱批档》，光绪二十年七月初八日吴大澂折。

⑤ 中国第一历史档案馆藏：《朱批档》，光绪二十二年延茂片，月日不详。

⑥ 李文海等编：《近代中国灾荒纪年》，湖南教育出版社 1990 年版，第 658 页。

⑦ 中国第一历史档案馆藏：《朱批档》，光绪二十七年十月十八日松寿折。

⑧ 中国第一历史档案馆藏：《朱批档》，光绪二十八年三月二十六日任道镕片。

突发蛟水，沿河两岸冲刷田土及稻粱菽黍无算。四川合州城，冲去人民不可胜计。"凡绅商财产货物俱抢护不及，淹失约值数百万金。"① 光绪三十一年（1905），江苏沿海大风潮，上海商埠被水，货物损失值千余万。② 光绪三十四年（1908）夏，广东连日大雨，东西北三江同时涨溢，"田禾已损伤百分之八十，无家者二万八千四百人，无食者二十五万人，损失之数约值洋一千万元"。③

　　以上列举的，只是光绪时期自然灾害造成物质财富损失的部分表现。实际上，单纯从光绪时期的夏秋收成来看，也能反映出自然灾害造成财产损失的严重程度。吴承明先生在《中国近代农业生产力的考察》一文中，根据河北、河南、山西、陕西、浙江、安徽、江西、湖北、湖南、福建10省的年成报告，按10年平均对1841—1911年的年成进行比较，得出如下数据：

1841—1911 年年成比较

时间	夏收		秋收	
	成数	指数	成数	指数
1841—1850	6.7	100	6.6	100
1851—1860	6.3	94	6.4	97
1861—1870	5.9	88	6.0	91
1871—1880	5.8	87	5.9	89
1881—1890	5.9	88	5.7	86
1891—1900	5.8	87	5.5	83
1901—1911	5.8	87	5.5	83

　　资料来源：吴承明：《中国近代农业生产力的考察》，《中国经济史研究》1989 年第 2 期。

　　年成表示岁收丰歉。由表可知，1851—1870 年收成猛降，部分地反映了太平天国战争和捻军起义对农业生产的影响。但是，70 年代以后，

---

　　① 中国第一历史档案馆藏：《录副档》，光绪二十九年十月初六日都察院左都御史清锐等折。

　　② 《东方杂志》，1905 年第 2 卷第 10 期。

　　③ 《申报》，光绪三十四年六月二十三日，上海书店影印本。

在大规模战争相对较少、社会相对安定的情况下，收成仍无起色，甚至秋收状况不断恶化。这是为什么呢？

竺可桢先生研究指出，大约从公元 1000 年开始，中国气候进入一个长达 900 多年的寒冷时期。尤其是从 15 世纪以来的近 500 年中，中国进入一个被称为"明清小冰期"的最寒冷时期。在此期间，出现了两个温暖期（1550—1600 年，1770—1830 年）、三个寒冷期（1470—1520 年，1620—1720 年，1840—1890 年），此后气候逐步变暖，并于 20 世纪 20 年代以后又逐步进入下一个温暖期。[①] 因而，光绪朝时的气候条件始终处于一个相对较为寒冷的时期。气候趋冷，对我国农业生产的影响是非常明显的。学者张家诚先生研究指出，年平均气温每变化 1℃，中国各季作物的熟级（早熟品种—中熟品种—晚熟品种）可相应变化大约一级，而根据我国的农业生产经验，每相差一个熟级，产量变化大约为 10%。[②] 简言之，气候趋暖，可使农作物产量上升，对农业生产有利；气候趋冷，农作物产量则会下降，农业受损。在气候趋冷使农业产量本就降低的同时，又适逢大旱、大涝、大震、大疫、大风等自然灾害频发，经常使灾发地区农作物歉收或绝收，从而给农业生产造成更为沉重的打击。

大规模自然灾害的频繁袭击，在造成农田歉收或失收的同时，又使千千万万的灾民祖祖辈辈辛勤积攒的非常有限的财产甚至包括生命被剥夺殆尽。在政府救灾不力的情况下，大批灾民只能颠沛流离，沦为饿殍。

四　引发粮价暴涨

重大自然灾害的发生对灾区粮价的影响也异常明显。影响粮食价格的因素很多，如人口增减、金融状态、粮食贸易、交通等。但最重要的因素还是粮食供应的多少。大灾之年，由于灾区农田大都歉收或绝收，灾民又鲜有贮藏，因而他们要生存下来，只有依靠封建国家或民间从灾区外调拨粮食予以赈济。

移粟就民，是清代统治者在大规模自然灾害发生后经常采用的重要

---

① 竺可桢：《中国近五千年来气候变迁的初步研究》，《中国科学》1972 年第 2 期。

② 张家诚、林之光：《中国气候》，上海科学技术出版社 1985 年版，第 566 页。

救灾方法。这种方法要取得实效，必须有便利的交通作保障。但是，近代中国的交通事业异常落后，根本无法保证救灾行动有效实施。在交通条件异常落后的情况下，毋论统治者是否确如他们自己所标榜的那样"实心爱民"，不遗余力地救灾了，即使果能如此，这些方法也无法真正发挥出其应有的救灾效用来。"丁戊奇荒"时的救灾情况即是明证。灾荒期间，清政府从各省调拨了大量漕粮，又在各省的丰稔之区采买了大量粮食，以备救灾之需，但由于交通条件的限制，这些粮食很难运到当时的重灾区山西和陕西去。陕西省在运购外省粮米时，因"不通水道，劳苦万分"，大员"设法筹运，殚精竭虑，备历诸艰，昼夜焦思，鬓发为之一白"。① 山西省的情况也是如此。由于交通不便，赈粮的运送只能靠夫运、骡运、车运、牛运、小车运，致使"脚价数倍于米价"。山西省在赈灾中支发的一千余万两白银，绝大多数用在了赈粮运送上。② 天津的万国救济委员会主席在其报告中对当时救灾情况的总结很能反映出当时落后的交通对救灾的不利影响：从每一个可动用的港口都有物资涌向天津，码头上粮食堆积如山，政府仓库全部储满，所有船只都被征往山西和直隶的河间府运粮。大车小车全部动用。但是由于没有现代化的交通工具，华北地区又缺乏便捷的水运系统，所有救灾物资只能依靠人力与畜力运往内地灾区，效率极为低下，不仅无法即时运达，而且大量的物资在运输的过程中已被运输它们的人和动物消耗了。沿海港口与仓库中粮食堆积如山，却只能眼睁睁地目睹大批灾民饿死。同样，由于缺乏便捷的交通，灾民们也无法逃离灾区，只能坐以待毙。③ 可以说，交通条件的落后，是导致当时人口死亡惨重的一个重要原因。

由于灾害导致灾地农田歉收或失收，粮食生产减少，加上因交通不便导致粮食供应不足，粮价自然急剧上涨。光绪年间有关重大自然灾害引起粮价上涨的记载很多，如"丁戊奇荒"期间，山东粮价较平时涨3至4倍。其中，光绪三年（1877），临朐一斗高粱卖1100文，寿光卖1800文，阳谷和莘县一斗米卖900文，范县卖4000文。光绪四年

①　续修《陕西通志稿》卷127。
②　光绪《山西通志》卷82。
③　葛剑雄等编：《人口与中国的现代化》，学林出版社1999年版，第144页。

（1878），临朐一斗小米卖 2800 文。① 在泰安，"豆饼每斤值大钱二十四文，果饼每斤值大钱十八文，花生果叶每二斤值大钱七文"。② 山西在光绪三年（1877），"太原米价 2400—2500 文"，光绪四年（1878），则"大米每斗涨到 3000—4000 文，全省平均 2982 文左右；8 月，白面每斤100 文，到 10 月每斤涨到 125 文"。③ 绛州传教士利玛窦致李提摩太论灾书中，对灾荒期间和平时的粮价进行了比较，"小米每斗重三十斤常时粜铜钱四百文者，今则每斗粜铜钱三千文；常时小麦每斗粜钱三百有零者，今则每斗粜钱二千八百有零；常时高粱每斗粜钱二百文者，今则每斗粜钱一千六百文"。④ 河南粮价在光绪三年（1877），小米每石以市斗 190 斤算，约合银 4.2 两，若以官斗 140 斤折算，则每石约合银 3.2 两；高粱每石以市斗 180 斤算，约合银三两，官斗 130 余斤折算，则合银 2.2 两。但到光绪四年（1878），豫北地区小米每石急涨至 13.5 两，高粱则涨至 8两。天津粮价在光绪二年（1876）高粱每石 3408 文，到光绪三年（1877）涨到 6800 文，上涨一倍，小米每石由 5112 文涨到 10000 文，也涨了近一倍。⑤ 赵晓华博士根据方志，对"丁戊奇荒"时的山西、河南两省部分州县的米价进行统计对比，认为"丁戊奇荒"期间晋豫两省的米价较全国上升了 3 到 50 倍。⑥

　　"丁戊奇荒"以后，有关灾害引起粮价大涨的记载也屡见不鲜，如光绪十六年（1890），四川黔江县"春淫雨，夏大水。……谷价腾贵，斗米钱千六、七百文，杂粮仿是"。⑦ 是年，"顺直水灾过重，几于赤地千里，不特米如珠贵，即柴亦价增二倍"。"杂粮陡贵，玉米每石前售通钱三千八百文者，今忽增至九千文；小米每石前售六千文者，现增至十千左右；

————————————

　　① 何汉威：《光绪初年（1876—1879）华北的大旱灾》，香港中文大学出版社 1980 年版，第 29 页。
　　② 《万国公报》，光绪三年七月初十日。
　　③ 何汉威：《光绪初年（1876—1879）华北的大旱灾》，香港中文大学出版社，1980 年，第 16 页。
　　④ 《申报》，光绪四年二月二十九日，上海书店影印本。
　　⑤ 谢永刚等：《重大水旱灾害对粮食价格的影响研究》，《吉林水利》2003 年第 6 期。
　　⑥ 赵晓华：《"丁戊奇荒"中的社会秩序》，《华南师范大学学报》（社会科学版）2008 年第 2 期。
　　⑦ 鲁子键：《清代四川财政史料》（上），四川省社会科学院出版社 1984 年版，第 691 页。

高粱每石前售五千文者，现增至六千八百文。"① 光绪二十一年（1895）贵州亢旱，粮价三倍于甲午。② 光绪二十二年（1896），陕西"夏旱秋潦，兴安、商州等属秋收欠薄，粮价增昂。兼之邻境川、楚亦遭岁欠，以致陕境粮价愈涨，民食维艰"。③ 光绪二十三年（1897），安徽"颍州府七州县……二月大雨三旬，水大涨，麦苗下地尽淹，岗田多渍死。六、七、八月大雨，沙、淮复涨，近河之地两季未收一粒，岗禾复被水渍死。秋冬至春，谷物柴草大贵。每岁麦价值钱三百余文一斗者，今八百文"。④ 同年，湖南"古丈大旱。桂阳螟害稼，米价大涨，斗米银八钱。永顺凶荒，民多菜色。慈利饥，县西北斗米至千钱。"⑤ 四川则"川东被旱，斗米二两余金。"⑥ 光绪二十七年（1901），山西旱荒，《新修曲沃县志》记，"是岁大荒，石麦价元银二十一、二两不等"⑦。《北京新闻汇报》报道："山陕两省，则以饥荒之故，虽人肉亦须百八十文始获一斤。"⑧ 光绪二十八年（1902）四川大旱，致使米价腾贵，石米涨至十金以外⑨。光绪三十二年（1906）入夏后，云南亢旱不雨，"核计十分成灾者有昆明、昆阳等二十余州县，米贵如珠。……灾区过广，民困异常，……市中每米百斤仍需银七两以外"。⑩

　　事实上，一旦灾害发生，或一有灾荒的苗头，都会出现粮价迅速攀升现象。这除了因交通不便造成粮食供给短缺以外，还与其他因素有关：一是政府救灾投入不足且救灾效率低下；二是由于长期频繁的灾害打击，使中国百姓形成了一种严重的灾害恐惧心理，致使一有灾荒的苗头，往往会出现抢购风潮，从而引起粮价的上涨。中国许多地区的老百姓甚至根据历史的经验和教训，将米价上涨的某种限度作为荒年出现与否的标

---

① 《申报》，光绪十六年十月初八日，上海书店影印本。

② 李文治编：《中国近代农业史资料》第1辑，三联书店1957年版，第340页。

③ 中国第一历史档案馆藏：《录副档》，光绪二十三年十二月初十日魏光焘折。

④ 中国第一历史档案馆藏：《录副档》，时间、人名不详。

⑤ 湖南历史考古研究所编：《湖南自然灾害年表》，湖南人民出版社1961年版，第103页。

⑥ 翁同龢：《翁同龢日记》第5册，中华书局1998年版，第2076页。

⑦ 《义和团史料》下，中国社会科学出版社1982年版，第1021页。

⑧ 《北京新文汇报》（四），光绪二十七年七月二十五日。

⑨ 《辛亥革命前十年间民变档案史料》下册，中华书局1985年版，第735页。

⑩ 中国第一历史档案馆藏：《录副档》，丁振铎折，上奏日期不详。

志。如湖南省"历年米价如每升过百文，即为荒年"。陕西米脂县也有"米价过串，人要死一半"的谣言；三是灾荒期间，有些不法地主、商人囤积居奇，待价而沽。光绪八年（1882）的《申报》载《米铺可恶》一文谈及：是年安徽先潦后旱，灾民嗷嗷待哺，市上米行"通同定谋，闭不出卖。其外来之米商，则故抑其价，使之裹足不前，俾遂其居奇之计"。① 光绪十八年（1892），"杭地各米铺因入秋以来雨泽稀少，居奇垄断，每米一石增价至三四百文之多"。② 光绪三十二年（1906）江苏徐淮海大水灾，饥民嗷嗷待哺，但江苏松江"郡城绅富店商积米百余万石，四乡尚不止此，闭不出粜"。③ 扬州"米价翔贵，迭经地方官出示平价，不许加增，乃各米行置若罔闻，居为奇货，十五日每担又涨价角许。目下，上白米价均七元七角，极糙之民亦须五元外，不能下咽。究其原因，均系多年陈货，乘此出手。奸商狡猾至此，贫民苦之"。④ 光绪三十三年（1907），杭州阴雨过久，晚稻均被淹没，"米商纷纷购囤，乘机涨价，数日之间，骤贵三四倍"。⑤ 各种因素的交织，导致了灾荒年间粮价的不断飙升。

自然灾害的发生，除直接引发灾区粮价的上涨外，还会导致非灾区粮价一定程度的上升。有人抱怨说："天灾流行，凶年迭告，米石多运至灾区散赈，致令市中储米日少，米商皆奇货是居而不知非也。"⑥ 光绪十二年（1886）的《申报》亦曾载文谈道："是年江苏年谷丰登，"只以别省偏灾，多来贩运，以致本年各处产米之乡仓储告竭，市价翔贵，贫民苦乏。"⑦ 光绪三十二年（1906），江西"袁、瑞二府米价本甚平低，近因湖南大水为灾，米商相率居奇，以致每米一石涨至四千六百文，其吉、临、抚、建四府，每米一石亦涨至四千数百文"。⑧

粮价如此昂贵，灾民为了支付生活费用，只好变卖家产，换钱买粮。

① 《申报》，光绪八年七月十七日，上海书店影印本。
② 《申报》，光绪十八年九月初六日，上海书店影印本。
③ 《申报》，光绪三十三年三月四日，上海书店影印本。
④ 《申报》，光绪三十三年二月二十日，上海书店影印本。
⑤ 《申报》，光绪三十三年九月三十日，上海书店影印本。
⑥ 《申报》，光绪二十四年三月初一日，上海书店影印本。
⑦ 《申报》，光绪十二年八月十八日，上海书店影印本。
⑧ 《申报》，光绪三十二年闰四月十一日，上海书店影印本。

当变卖家产所得不足以购买高价的粮食时，草根、树皮、禾秆、白土等则成了充饥之物，卖儿鬻女现象也随之产生。当全部物品卖尽，仍无法看到生路时，大批灾民只好走上逃荒一途。江苏有人做《米贵谣》："市廛百物贵，米价犹高翔。一斗值五百，人心殊惶惶……米愈售愈少，价愈过愈昂，所以民食艰，道殣遥相望。"① 实是对因粮价高昂造成灾民流离失所惨状的生动概括。

五　导致地价的暴跌和地权的集中

"土地私有，土地较早成为商品，可以自由买卖是中国封建社会商品经济的重要特征。"② 单从时间上看，中国在公元前 359 年商鞅变法之时，土地买卖就逐渐盛行起来。中国封建社会的土地买卖，并不表明商品经济的发达，它只是地主、富农兼并农民土地的一种手段。土地兼并是中国封建社会地主土地所有制下无法割除的一个痼疾，它往往造成"富者田连阡陌，贫者无立锥之地"的严重后果，影响着社会的稳定。历代统治者大都把"抑制兼并"作为施政的要项，可是土地兼并的浪潮从来没有停止过。也正是由于这个原因，"均贫富""均田免粮"就成了中国历代农民起义最有诱惑力的口号。

近代随着外国势力的入侵和资本主义因素的增长，中国社会逐步演变为半殖民地半封建社会。但土地私有制一仍其旧。作为"财富之母"的土地仍是地主、富农、官僚、商人等争相攫取的对象，外国侵略者也加入其中，大量侵占农田，对人民进行封建剥削。然而，在农业社会，土地是农民的命根子，"一直是社会的最主要的生产手段和财富的最稳妥保障……是各种形态财富的最后归宿"。③ 只要有一息生机，农民是断不会卖掉土地的。因而，大规模的土地兼并一般都是依靠土地买卖之外的非经济强制因素进行的。这种非经济的强制因素一方面来自兵燹等人祸；另一方面则来自天灾。尽管土地是传统农业社会最基本的生产资料，是

---

① 《大公报》，光绪二十八年六月二十一日。
② 姜守鹏：《中国封建社会商品经济的特点》，《社会科学战线》1991 年第 2 期。
③ 傅筑夫：《中国经济史论丛》，生活·读书·新知三联书店 1980 年版，第 191 页。

农民的衣食之源，但当土地在自然灾害的袭击下暂时失去价值而其主人又被自然灾害剥掘得一干二净的时候，出卖土地便成为人们求取生机的最无奈的手段了。当成千上万不堪重压的饥民纷纷竞卖土地造成土地供求关系严重失衡时，土地的价格自然一落千丈。① 近代著名思想家魏源的《江南吟》中的"急卖田，急卖田，不卖水至田成川。谁人肯买下河地，万顷膏腴不值钱"。② 颇能反映出灾害降临对地价的影响。光绪年间因大灾奇荒导致地价下跌的现象很多，其中光绪初年大旱灾时表现得尤为明显。在这场"亘古未见"的大灾难中，不少农民为了活命，不得不廉价出卖土地，由于"卖者众，置者寡，入口者贵，不疗饥者贱，百数千之地土院舍难保一家一日之不饥"③，结果造成大范围内地价持续暴跌。光绪二年（1876）夏，山东"土地的价格减少到了以前的三分之一，即使这样也很难找到买主"。④ 随着灾情的加深，地价继续暴跌，平常价值百两的土地，现在只能卖十五两。⑤ 山东青州地区业户出卖田地，"照原价仅可得十之一"。⑥ 在部分地区，每亩原价 50—100 元的土地，此时只能卖 2.5 元。如沂源县有一个拥有五百亩土地的地主，愿意卖掉地产，换取粮食，然而，买主的出价最高不超过每亩 2.5 元，尽管他的土地的价值在每亩 50—100 元。如此低的价格使他非常绝望，于是他在全家吃的饭里放上砒霜，以全家同归于尽了结了他们的烦恼。⑦ 光绪二年（1876）冬天，李提摩太在灾情最严重的灾区进行考察时发现，"土地所有者用一两块钱就把一亩地卖掉"。⑧ 陕西同州府，"亩地三百钱"。⑨ 山西省临汾县"有土地一亩卖钱一二百者"。⑩ 后来山西甚至出现每地一亩，换面几两、馍

① 夏明方：《民国时期自然灾害与乡村社会》，中华书局 2000 年版，第 223 页。
② 魏源：《魏源集》下册，中华书局 1976 年版，第 671 页。
③ 《申报》，光绪四年二月二十六日，上海书店影印本。
④ ［英］李提摩太：《亲历晚清四十五年》，李宪堂等译，天津人民出版社 2005 年版，第 85—86 页。
⑤ 《申报》，光绪三年正月二十五日，上海书店影印本。
⑥ 《申报》，光绪三年三月二十一日，上海书店影印本。
⑦ ［英］李提摩太：《亲历晚清四十五年》，李宪堂等译，天津人民出版社 2005 年版，第 82 页。
⑧ 同上书，第 98 页。
⑨ 光绪《同州府续志》卷 3。
⑩ 民国《临汾县志》卷 5。

几个的悲惨局面。①

地价的下跌，为地权的集中创造了条件。部分地主、富农、商人、官吏，甚至外国教堂则灾时乘机贱价收买土地。结果是使地权更为集中，生产关系更为不合理。如前清秀才孙钦亮（1874—1925），号称诸暨县"盖县财主"，以糖业起家，后乘灾荒时不断置买土地，全盛时有田二万三四千亩，到孙钦亮病卒时尚有田一万多亩。土地大部出租，各处设田庄，代理收租。光绪二十七年（1901）辛丑条约后，天主教会利用四川大旱地价下跌之机，在川西圈占的田地累计达 30 多万亩。对于这些土地，他们并不像在西方资本主义国家那样采用雇工经营的方式，而是把土地租给教民，收取地租。他们实际上是生活在中国的"洋地主"。农民灾荒期间为求得一息生机把土地卖掉，灾荒过后则成为无地可耕之人。据行龙先生估算，光绪十三年（1887），全国有 3000 万人无地可耕，加上劳动力年龄组的妇女人数，实际可达 6000 万人。② 尽管政府偶尔也能制定一些还算公平的政策措施，如光绪三年（1877）山东大灾荒结束之后，省巡抚发布了一项公告，宣布一年前进行的妇女和土地买卖为无效交易。但这样的政策究竟能否真正落实，则无人可知了。

当然，对灾荒期间的土地兼并也不能无限地夸大。因为土地占有的集中与分散，是地权运动的两种不同趋势，两者不是彼此孤立或相互排斥的，而是相反相成、并行不悖的。灾荒在造成一个相对过剩的土地供给市场的同时，也造成了一个相对萎靡的土地需求市场，它一方面为土地兼并提供了可能性；一方面又限制了土地兼并的大肆扩张。这是因为，天灾打击的对象是不分阶级、不论贫富的，当大量的灾民被无情的饥饿推向流亡和死亡的绝境时，赖之为生的地主、富农必将随之陷入困境。并且紧随水旱饥馑而来的，往往是大面积瘟疫，它也会给地主老财们的身家性命带来严重的威胁。即使这些地主、富农能够承受得住来自天灾的直接打击，也不一定能躲得过所谓的"匪祸"的冲击。因而，灾荒期间地主为活命而卖田的情况并不鲜见，凤阳花鼓中所唱的"大户人家卖田地，小户人家卖儿郎。奴家没有儿郎卖，身背花鼓走四方"，反映的即

① 张杰编：《山西自然灾害史年表》，山西省地方志编纂委员会 1988 年版，第 269 页。
② 行龙：《人口问题与近代社会》，人民出版社 1992 年版，第 51 页。

是此理。

另外，中国传统社会中的"财产多子均分制"和经常存在的"土地陷阱"等因素的存在，也在一定程度上限制着地主富农兼并土地的程度。同时，灾荒期间地价的暴跌，也给那些侥幸生存下来的贫苦农民提供了购买土地的机会，加以灾荒期间各阶层人口死亡流徙的不规则波动，都在更大的程度上缓和了地权集中的趋势。因而，正如夏明方先生所说的那样，我们既要承认灾荒是土地兼并的杠杆这一事实，也不能无视灾荒期间地权分散的趋向。但无论是哪一种情况，都与社会进步无缘。因为，前者表明生产关系的进一步恶化，后者则反映了社会生产力的巨大破坏。[①]

六　对农田生态系统破坏严重

重大的水旱或其他灾害频发经常会对农田生态系统造成持久性破坏。地震、飓风的危害尽管是局部的，但往往又是毁灭性的。强烈地震不但会造成财产损失和人畜伤亡，而且因地震而引起的山崩、地裂、滑坡、泥石流等，往往会在顷刻之间将大量农田荡涤殆尽，甚至会壅塞河流，改变水系，毁坏灌溉设施。光绪五年（1879）的甘肃大地震、光绪二十八年（1902）的新疆阿图什大地震，都造成了山体崩落、平地裂缝，河岸垮塌、河道阻塞现象。由飓风引起的海啸、海潮涨溢、卤水倒灌等海洋灾害不但会毁坏海塘，坍没农田，而且由于大量海水倒灌，往往会碱化农田，导致几年甚至数十年不能耕种，造成大片不毛之地。经常遭受卤潮侵袭的地区，灾民在卤潮灾害过后，往往盼望洪水来临，就是因为坼卤之田非洪水洗淋不能复耕。此外，由于河道保护不力，河水长期冲刷侵蚀，也经常会对两岸农田生态系统带来重大危害，如江苏南通滨江之地，截止到1918年，"四十年来，渐次坍于江，远者几十里，近亦六、七里，以至少计，已逾十万亩"。[②]

当然，对农田生态系统破坏最严重的还是洪涝和干旱。每一次特大

---

① 夏明方：《民国时期自然灾害与乡村社会》，中华书局2000年版，第225—232页。
② 杨立强等编：《张謇存稿》，上海人民出版社1987年版，第180页。

洪涝灾害的发生，往往都会对堤圩渠坝产生毁灭性的破坏，非短期内所能恢复。如光绪十三年（1887）黄河河南郑州决口，到光绪十四年（1888）末才合拢，一年多的时间里，滔滔黄水一直倾泻不止，浸淹着大片农田。尤其严重的是，频繁的水患还会使土壤成分发生变化，不利于耕种。美国学者亨廷顿曾对频发的黄河水患进行研究后指出："大水留滞的时候，把土里所含大部分带有碱性的化合物都给分解了，水退之后，地上就添上一薄层白的沉淀。科学进步的人民也许会设法把这种沉淀用人工洗去，但是中国人对此，便一筹莫展了：他们只好等着，让自然的势力把含有碱性的物质重新调剂一过以后，才着手耕种。"另外，"凡属河水流过的田地上，都铺上一层细沙。细沙所占的面积往往很宽"，"论起浅深，自几寸到几尺不等"。在这样的田地上耕种，"将来的收成一定减色"。"结果，一部分的农民依旧不免挨饿，依旧不能不出去当难民，除非打头就饿死了。"[①]

旱灾虽不像洪灾那样来势迅猛，但其对农田生态系统的破坏往往较水灾更为严重。有道是，"水灾一条线，旱灾一大片"，旱灾的形成是一个缓慢积累的过程，它分布面积广，持续时间长，初时人们很难感觉得到，然而，一旦人们觉察到旱灾的威胁时，往往也是对其无可奈何的时候。持续不断的大旱和饥馑，往往会使灾区的农业生态环境遭到毁灭性的打击。如"丁戊奇荒"曾使百余万平方公里的土地成为废墟。关于大旱荒对生态系统的影响，我们可以借用史沫特莱在《中国的战歌》一书中对1929年河南饥荒造成的环境后果的描绘来判断。她说："饥荒所逼，森林砍光，树皮食尽，童山濯濯，土地荒芜。雨季一来，水土流失，河水暴涨；冬天来了，寒风刮起黄土，到处飞扬。有些城镇的沙丘高过城墙，很快沦为废墟。"[②] 确实，干旱引起饥馑，饥馑破坏生态环境，生态环境的破坏又导致更大的灾害发生。

综上所述，光绪时期的严重自然灾害在造成物质财富巨大损失的同时，又无情地摧毁了农民生存、农业发展的基本条件：它严重破坏了农田生态系统；导致了劳动力和农用生产工具的大量缺失及大片耕地的荒

---

① 潘乃穆、潘乃和编：《潘光旦文集》第 3 卷，北京大学出版社 2000 年版，第 149 页。
② ［美］史沫特莱：《史沫特莱文集》第 1 卷，袁文译，新华出版社 1985 年版，第 48 页。

芜；造成了地价的大跌和粮价的暴涨，使生产关系和灾民生存条件进一步恶化。所有这些都充分说明，光绪年间的自然灾害给农业经济带来了何等严重的破坏性影响。同时由于光绪朝自然灾害的继发性非常突出，往往旧灾造成的民困未苏、疮痍未复，新的灾害又接踵而至，灾害对农业经济所带来的影响往往长久地难以消除。由于光绪时期的中国社会实质上仍是一个传统的农业社会，农业经济的发展状况直接影响着整个社会经济的发展，从这个意义上说，自然灾害对农业经济造成的严重破坏实质上对当时整个社会经济的正常运转产生了致命的影响。

20 世纪前半期云南地震救灾
资源条件分析[*]

杨丽娥

　　本文所谓地震救灾的资源条件主要是指应对地震灾害、救济灾民、恢复家园的各种客观因素。由于震灾观念、经济水平和科学技术的限制，历朝历代在应对地震灾害时总要面对两大矛盾：一是救灾的紧急性要求与缓慢的救灾速度之间的矛盾；二是救灾资源的稀缺性与灾区的巨大需求之间的矛盾。20 世纪前半期清代封建政府和云南地方政府应对历次云南地震灾害时，也面临着这两个矛盾和难题。

一　财政制度与救灾款项来源

　　1901—1949 年，云南财政制度经历了两个不同时期，1901—1911 年云南实行的是清代财政制度，1912—1949 年云南实行相对独立的地方财政制度。在不同的财政制度下，救灾款项构成有所不同，但在总额投入差别不大。

　　清代地震救灾款项主要来自中央财政。有清一代财政权高度集于中央，"各省赋税解部后，存留部分的使用，要完全听从户部的调拨审批。用于地方行政开支的款项，也须造册报部。各省几无钱粮可供支配。唯

　　* 作者简介：杨丽娥，云南开放大学文化旅游学院副教授。

有一种地方闲款，乃行政支出之盈余，系每年各州县杂项开支的剩余部分，陆续解存司库，汇积而成。"当然，为了减轻国家财政负担，地方政府在办赈期间常常鼓励个人捐纳，以此吸收社会资源参与救灾。个人捐纳是官办赈济的重要补充，清代已形成了一套鼓励个人捐纳的机制，即政府给捐纳者名誉奖励，如奖给红花、牌匾，捐赠数额较大的，还会得到八品官员顶戴及相应的赏赐，捐纳数额巨大的，则根据其身份或级别奖给不同的荣誉。在救灾实践过程中，政府的这种捐赠激励机制的确能获得为数不少的赈济款谷，因为政府赏给捐赠者的各种奖励和尊号，"具有相当大的吸引力，因为与官方有关的每一件事所带来的声望和荣誉在社会竞争中具有决定性优势，特别是对那些尚未获得绅衿地位的家庭来说"。①

民国时期多数省份各自为政，云南也不例外，云南地方财政基本上独立于中央财政之外，这种情况一直持续到 20 世纪 40 年代初期。到民国三十一年（1942），云南财政才收归中央，实行统收统支管理。与独立的地方财政制度相对应，在民国年间大部分时期中云南省的救灾经费主要由省财政支出，一般得不到中央财政的补助，也不可能得到国家指令性的邻省协济。

那么，民国时期云南财政状况能够承受得了大地震等自然灾害的袭击吗？据一组可查数据显示，民国时期云南的财政收支情况并不理想。

民国前期收支欠统计表②：

年份	收入（银元）	支出（银元）	政府借款（仅欠富滇银行债务）元
民国元年	6393781.096	62016634.83	—
民国二年	73173786.37	7591011.964	—
民国三年	6746030.888	7471709.83	—

---

① ［法］魏丕信：《18 世纪中国的官僚制度与荒政》，江苏人民出版社 2003 年版，第 113 页。

② 该表依据《续云南通志长编》（中册）卷 43《民政·地方岁入一》中提供的地方岁入数据整理而来。

续表

年份	收入（银元）	支出（银元）	政府借款（仅欠富滇银行债务）元
民国四年	4404994.692	4389985.766	—
民国五年	5723499.477	5598783.557	800000
民国六年	5382935.26	5421408.451	1100000
民国七年	5910134.498	5887327.291	1300000
民国八年	86770887.27	6883852.449	1600000
民国九年	96144269.299	6069538.479	1600000
民国十年	5272114.217	5288162.481	2200000
民国十一年	3974540.89	6490977.452	3100000
民国十二年	4413875.392	7494832.6664	9400000
民国十三年	5728233.433	8693738.477	13300000
民国十四年	14961589.452	14987558.802	19800000
民国十五年	4411944.991	5467883.556	29400000
民国十六年	5786713	18983800	

从上表中的收支两栏数字看，民国十六年以前，云南地方政府财政基本上是赤字状态。的确，从清末至龙云执政以前，云南"历经援川、援黔及护国、靖国、建国诸役，为时既久，需饷浩繁"。[1] 1927 年以后，龙云致力于发展云南经济，一度使财政由亏转盈，但由于抗战等原因，云南的收支平衡状况改善不大，在应对大地震时，政府的救济能力可想而知。

二　粮食供应

粮食是地震后接济灾民最急迫的物资之一，保持一定的粮食仓储量

---

① 云南省志编纂委员会编：《续云南通志长编》（中册）卷 43《民政·地方岁入一》，1985 年印，第 506 页。

是政府的一项重要救灾政策。

清末至民国十九年（1930）间云南仓储制度中保留了常平仓、义仓和社仓三种，但此时政局动荡，谷仓多废弃，积谷甚少。"民国元年（1912）六月，云南军都督府临时省议会议决《保存积谷简章》二十三条，通令公布遵循……是为民国滇省仓储有法规之始。自此各属尚多能奉行。嗣以护国、靖国诸役，历年用兵，耗费甚巨，继则盗匪蜂起，劫略至烈，遂至荡然无余。"① 到民国十七年（1928），经过整理仓政，制定了《地方仓储管理规则》。民国十九年（1930）云南分原仓制为县仓、市仓、区仓、乡仓、镇仓、义仓六种，县、市仓的功能与原常平仓相同，主要是供平粜散放，区、乡、镇仓和义仓的功能既有平粜散放的作用，又有借贷救济的目的。

民国十七年（1928）、19 年（1930）的仓政没有解决云南的粮食储备问题，因为此时期云南仓储的根本问题，不是粮仓建设问题，而是积谷问题。民国二十一年（1932）云南省政府查清全省仓储，结果是"新旧合计仅得谷一十万四千一百四十京石四斗四升一合，包谷二百一十八京石一斗七升六合，荞五百三十九京石七斗九升四方合，谷款一万五千四百二十四元二角一分。"② 民国二十一年（1932）以后，政府对仓政又进行了整顿，以后各年积谷逐渐增加，但积谷实数也仅是应积谷数的一半左右，加上管理不善，积谷霉坏损耗，实际仓谷储量比实际积谷还少。

民国云南部分年份积谷统计表③

年份	应积谷标准数（石）	实际积谷数（石）	比较标准数增或差（石）
民国二十二年	2338272	1144135	差 1198730
民国二十三年	2804753	1508597	差 1310110

---

① 云南省志编纂委员会编：《续云南通志长编》（中册）卷 40《民政五·积谷》，1985 年印，第 261 页。

② 同上。

③ 同上。

续表

年份	应积谷标准数（石）	实际积谷数（石）	比较标准数 增或差（石）
民国二十四年	3273554	1954100	差 1356098
民国二十五年	3741225	2404227	差 1370536
民国二十六年	4442730	2866737	差 1632345
民国二十七年	5378044	3294356	差 133248
民国二十八年	5589113	3226517	差 2394853
民国二十九年	6223264	3487270	差 2665131
民国三十年	6142933	3678760	差 2489626

造成云南粮食短缺的原因是多方面的，粮食生产力低下是其中最主要的原因。

云南是一个山区省份，适于粮食生产的土地有限。民国二十一年（1932 年）的统计，云南"本省全部面积，计一百一十一万方里，每里以五百四十亩计之，约有五亿五千九百四十万亩。只以山岳高耸，岗峦起伏，耕地总量仅居少数。据国府统计局报告：云南全省耕地面积为二千七百十二万五千亩，则耕地面积合山林川泽计之，不过占全面积百分之四而强。"[①] 民国二十九年（1940 年），云南全省完成耕地清丈计划，实测到全省耕地面积共计 28 522 505 亩 9 分 8 厘 5 毫。至于这些耕地的产量，历史资料仅提供了部分年份的主要农产品的大概数目，现以民国二十四年的产量作为这个时期粮食产量的参考数字。[②]

———————

① 云南省志编纂委员会编：《续云南通志长编》（下册）卷 69《农业一》，1985 年印，第 249 页。

② 民国二十四年（1935 年）是云南社会较为稳定、经济发展较快的时期，故将该年的粮食产量用以代表民国时期云南粮食的生产水平，这样做，是为了不至于低估民国时期云南的粮食生产能力。

民国二十四年云南全省主要农产品统计表①

种类	出产县、局数	全省县、局数	出产石数	价值新币元数	产地面积（亩）
稻	108		34312376	1852868304	11782797
小麦	91		2305672	131423304	769416
大麦	91		1860129	76265289	821018
荞	92		3712419	92810475	986062
高粱	70	124	869291	30425185	304488
玉蜀黍	110		14770863	590834520	5639763
大豆	101		2835333	155943315	1302001
蚕豆	99		3969804	138943140	3115402
豌豆	102		1349484	45882456	1290518
马铃薯	101		10661913	159928695	1749520
总计			76637284		27760985

该统计表的数字是由各县局上报省建设厅的，其准确度要打折扣，但仍可以作为分析云南粮食供给的参考资料。从这个统计表中可知，云南全省一年的稻谷和主要杂粮总收入是 76637284 石，而出产这些粮食的当年耕地数是 27760985 亩，那么平均每亩耕地产粮约为 2.8 担，这是个比较小的亩产量。不过仅凭这些数字还不能说明云南粮食的丰歉，粮食的多少是相对于人口而言的，所以还有必要弄清参与粮食分配的人口数字。而民国时期云南人口的每年的平均数都在 1000 万以上。

民国时期云南省人口变化统计表②

年份	人口	年份	人口
民国元年（1912）	9467697	民国二十一年（1932）	11795486
民国八年（1919）	9839180	民国二十三年（1934）	12042157

---

① 云南省志编纂委员会编：《续云南通志长编》（中册）卷69《农业一》，1985年印，第249页。

② 云南省地方志编纂委员会总纂：《云南省志》卷71《人口志》，云南人民出版社1998年版。

年份	人口	年份	人口
民国九年（1920）	9839187	民国二十四年（1935）	11963269
民国十年（1921）	9839000	民国二十五年（1936）	12047157
民国十一年（1922）	9839180	民国二十六年（1937）	12390477
民国十二年（1923）	5121020	民国二十七年（1938）	12390477
民国十三年（1924）	11020607	民国二十八年（1939）	10853359
民国十四年（1925）	11020591	民国二十九年（1940）	10178876
民国十五年（1926）	11020591	民国三十二年（1943）	9224455
民国十六年（1927）	9839000	民国三十三年（1944）	9309412
民国十七年（1928）	11216400	民国三十四年（1945）	9620492
民国十八年（1929）	11020607	民国三十五年（1946）	9171035
民国二十年（1931）	13821000	民国三十六年（1947）	9028761

如果大胆地将民国二十四年的粮食生产量 76637284 石作为这个时期云南年平均粮食产量，又保守地将 1000 万作为云南人口的年平均值，也不考虑粮食的其他用途，可知每年每人理论上可获得近 7.7 石粮食（包括所有杂粮在内），以一石 60 公斤计，每人年粮食收入是 462 公斤，按 1∶0.7 的比例将这些粮食脱壳，则每人年粮食收入是 323.2 公斤，但这仅仅是一个理论数字，如果考虑到粮食的实际使用和分配过程，每人年粮食收入数字就会小得多。

为了解决粮食供给问题，清朝及民国时期采取节约用粮、调粮入滇等措施。但是，向外省调粮这种做法并不经常采用，原因成本太高，"向省外购运粮食，因交通不便，运价昂贵，有时运来 1 石大米的运价比购价高 1 倍多。"[1] 故政府只会在发生大范围的灾荒或为了保证军米的情况下，才会临时向省外购米。

20 世纪 50 年代以前，粮食短缺是云南社会的主要问题之一，特别是遇到大灾之年，这个问题就更加突出和严峻。这从民国十四年（1925 年）大理地震救灾的资料中可以得到证明。大理地震后，查到重灾区凤仪县

---

[1] 云南省地方志编纂委员会编：《云南省志》卷 15《粮油志》，云南人民出版社 1993 年版，第 284 页。

"积谷一项，仓空六年，诉讼尚未了结，实无颗粒可拨。"① 省政府命令邻近县份向重灾区大理、凤仪县调米，有记录的数据是，邓川为大理垫购了 20 石米，蒙化县为大理重灾区购到 50 石米，其他各县筹米情况不详，大概所筹粮食不会太多，许多具体办赈人员深感当时粮款"杯水车薪""无补万一"，"难救燃眉"，"目睹哀鸿，拯救无计，极为焦灼"。②

三　地震救灾的信息通道

地震灾害与干旱、水涝等其他自然灾害有很大不同，这种灾害具有突发性和暴发性特点，要求抢救时间性要强，赈济行动要快，否则灾害范围会立即扩散。一般地，地震中死亡人数会随时间进展而递增，"震后的头两天增加尤其迅速，死亡人数达到总死亡数的 77%。一周后，死亡数趋于饱和。"③ 因此，地震救灾的效果，首先取决于政府对震灾的应急反应能力和地震灾情信息在政府组织体系中层层上传及回流的速度，故灾情信息是政府救灾的重要依据，科学合理的灾情信息通道是衡量政府救灾能力的一个指标。

清代及之前历朝政府没有设置专门的救灾机构，也没有专门管理救灾的官员，救灾工作被当作各级政府日常行政事务的一部分，灾害发生后，通过各级官僚机构的链条传递灾情和救灾决策。"当灾害还局限在一定的地理范围之内时，问题主要由地方官员掌控，他们必须通过正常渠道向省级政府报告情况，然后由后者决定是否需要利用紧急程序以使京城的朝廷尽快批准自己的解决方案。在缺少现代通信工具的条件下，这意味着考虑和拟订报告要一级一级地进行（从县官到府的官员，再到省布政使、巡抚和/或总督），利用普通的快递（步行）方式，等等，在这方面，违反规定的做法立刻会遭到申斥。"④

封建政府的这种管理方式及报灾程序尤其不适合地震这种灾种。在

____

① 云南省赈务处编汇：《云南大理等属震灾报告》，民国十四年 3 月印。
② 同上。
③ 王景来、杨子汉：《云南自然灾害与减灾研究》，云南大学出版社 1998 年版，第 75 页。
④ ［法］魏丕信：《18 世纪中国的官僚制度与荒政》，江苏人民出版社 2003 年版，第 65 页。

文献中，我们会看到这样的规定："凡地方有灾者，必速以闻。"但是，"必速以闻"是一个模糊的时间概念，在救灾实践中，灾情传递的速度通常较为缓慢。"顺治十年（1653）户部定夏灾限六月终，秋灾限九月终，先将被灾情形驰奏，再于一月之内查核轻重分数，题请蠲赈。雍正六年（1728），又增定勘报之官宽限十日，奏报之官宽限五日，统以四十五日为限。也即州县官报灾限四十日，上司官接州县奏报之官宽限五日。"① 对于地震灾害来讲，这样的报灾时限没有太大意义，因为震灾的急赈时间是震后的一周以内，特大地震灾害的急赈时限大约为 20 天左右，如果急赈时机一过，灾害的影响程度就会剧速扩大。查阅《清代地震档案史料》中云南地震报灾记录，除通信方式外，影响报灾快慢的因素还有距离和交通。如乾隆二十二年（1757）四月二十七日，距省城昆明 600 多公里左右的永昌腾越州地震，到五月十四日，即震后 17 天，第一次地震情报才达到省城。

现代通信工具电报是 19 世纪末期才引入中国的，由于初期使用成本很高，不可能在整个国家政务中普及，因此，奏折仍旧是清末常用的公文传递方式。在清朝后期，落后的信息技术、重叠的官僚机构、繁多的管理层级、常规的报灾程序，都影响地震灾情在官僚组织中的传递速度。嘉庆四年（1799）七月二十七日云南华宁发生 8 级地震，到八月初四日灾情才禀报至云贵总督富纲，这已是地震后七天，待赈银从省里拨出并发到灾区，则至少需要 9 天时间，在这 9 天时间中，州县只存有少量仓谷和银两，而地震造成的损失是 5000 多间瓦房、9000 多间草房倒塌，死亡 2000 多人，面对如此巨大的损失，地方官员自然无力应付，我们有理由相信，灾民"哀鸿遍野"、官员"束手无策"的情形绝不是夸张的文学描绘。待省级官员的灾情奏折到达京城再返回到云贵总督府时，差不多是两个月以后。② 又如光绪十年（1883）九月二十七日普洱地震，到十月二十二日灾情也未能完全查清。

清代曾设有一种快速传递情报的渠道——快马驿递，但在云南地震灾情传递中几乎没有使用过，故而姗姗来迟的朱批或廷寄也会让地方官

① 李向军：《清代救灾的制度建设与社会效果》，《历史研究》1995 年第 5 期。
② 国家档案局明清档案馆：《清代地震档案史料》，中华书局 1959 年版，第 175—178 页。

员松弛地震救灾的紧张神经，将地震灾害当作渐变性自然灾害甚至是日常事务来处理，从而使地震救灾的行为远离救灾的目标——"不致一夫流离失所"。①

由此可见，清代的报灾环节中始终存在一些不易克服的困难，如通信工具落后、交通运输缓慢、受灾地区与上级政府机构之间的距离、各级官员做出决策所需要的时间、灾区官员对救灾的紧迫性与震灾严重性的认识程度等变量都会影响报灾的速度。

进入民国时期，云南的电报通信略有发展，至民国二十年（1931年），全省先后共设过 36 个电报分局，相当一部分县级以上的政府官员可以使用电报呈报灾情，灾情流通的速度大大提高，地震报灾条件有一定的改善，基本可以达到及时报灾的要求。但是，在地震灾害中，电报这类现代通信工具同样可能遭受被破坏的境况，也会影响报灾的速度。如 1925 年大理地震，地方官在用电文向云南省政府报告灾情时如是说："万急。滇省长钧鉴：……删日（3 月 15 日）下大理城乡地震约二三分钟，铣日（3 月 16 日）……至下午九时，忽起剧烈震动，如天崩地坼，经数十分钟全城官署民房庙宇同时倾圮，……镇守使李选廷叩。巧印（3 月 18 日）。"在这段资料中，提到两个时间：3 月 16 日晚上 9 点地震，3 月 18 日发电文上报灾情。与清代相比，灾情传递速度要快得多，故救灾行动也要快一些。

综上所述，地震灾害是一种特殊的灾种，震灾的突发性特点和救灾的紧急性要求对救灾主体提出了严峻的挑战。20 世纪前半期清代封建政府和云南地方政府应对历次云南大地震灾害时，均遇到了救灾观念不到位、救灾款项不足、救济粮短缺、通信渠道不畅等救灾瓶颈，故政府救灾总体能力较为低下。

（本文原载《保山学院学报》2015 年第 3 期）

---

① 刘源：《乾隆三年宁夏大地震》，《历史档案》2002 年第 2 期。

1925 年云南霜灾之因探析[*]

濮玉慧

　　云南是中国自然灾害发生频率较高的省份之一，民国时期的云南更是如此。据李文海先生统计，1912—1949 年间，云南几乎无年不灾，而且经常是多种自然灾害并发。[①] 据夏明方先生的统计，民国三十八年间，云南省发生死亡人数在 10000 人以上的特大灾害 6 次，平均六年一次。[②]其中，1925 年云南省东部地区发生特大霜灾，波及 37 县余，造成 24 万余人死亡、46 万余人流离，62 万余人生病，损伤禾稼 131 万亩，这是云南历史上最严重、死亡人口最多的一次自然灾害。然而，学界对这一问题关注尚少，至今还没有学者对此问题进行过深入、系统的研究。本文的研究，正是希望能在体现学术价值的同时，也能发挥其现实意义。

一　1925 年云南霜灾发生概况

　　1925 年阴历三月下旬，云南东部发生了特大霜灾，被灾 37 县余，造成大量人口死亡、流离，摧毁庄稼无数。据统计："霜雹两灾共摧豆麦一百三十一万余千亩，灾民五十六万六千余户，共计丁口三百一十四万四

---

　　* 作者简介：濮玉慧，现为云南大学历史与档案学院 2017 级博士研究生，研究方向为中国近代史。
　　① 李文海：《中国十大灾荒·附录》，上海人民出版社 1994 年版。
　　② 夏明方：《民国时期自然灾害与乡村社会》，中华书局 2000 年版，第 397—399 页。

千五百余人,死亡二十四万四千六百余十人,实近百年未有之奇灾也"。①

从时间上来看,本次霜灾发生时间为 1925 年阴历三月二十三至二十九日。发生状态为:晴天突变,气温骤降,严霜满地铺白,寒如隆冬。据载:"四月中旬即阴历三月二十三、四等数日,天时忽变,气温由华氏六十六、七度降至四十一二度②,连夜降霜"。③ 霜灾发生前后伴有降雪和冰雹。据镇雄县灾情报告记载:"阴历三月十六、七、八等日,连降大雪。二十四、五等日,夜间复降厚霜,气候严寒,俨如隆冬。二十八、九等日,加以冰雹……"。④ 各县的灾情报告中关于本次霜灾的类似记载比比皆是。由上面的记载资料我们可以知道本次霜灾发生在春季,发生时间迅速,降温幅度大,此时正是小春作物生长发育之时,因此造成了严重的损害。

从受灾地域上来看,本次霜灾波及云南东部大部分地区,其中受灾较重的有 37 县,即昭通、平彝、马龙、陆良、罗平、曲靖、沾益、寻甸、宣威、嵩明、禄劝、镇雄、会泽、大关、彝良、鲁甸、永善、绥江、盐津、昆明、宜良、呈贡、师宗、建水、泸西、富州、弥勒、文山、昆阳、石屏、邱北、马关、西畴、路南、广通、永仁、盐兴等县。本次霜灾受灾范围广,其中迤东受灾较重。"……各属霜灾相继见告,以迤东一带受灾特重,十室九空,哀鸿遍野"。⑤

由于本次霜灾成灾迅速、范围广、破坏性大,其对当时社会产生了深远影响。

二 1925 年云南霜灾的原因

(一) 自然原因

霜冻属于低温冷害。云南的低温冷害一般泛指冬季的强寒潮、春季"倒春寒"、晚霜冻及夏季 8 月低温等一些与冷空气活动有关的寒冷天气

---

① 云南全省赈务处编:《云南三迤各县荒灾报告》,云南开智公司 1925 年版,第 2 页。
② 华氏六十六、七度约等于十九摄氏度;华氏四十一二度,约等于五摄氏度。
③ 云南全省赈务处编:《云南三迤各县荒灾报告》,云南开智公司 1925 年版,第 3 页。
④ 同上书,第 69 页。
⑤ 同上书,第 9 页。

造成的灾害，低温冷害主要表现为低温和冻害两部分。低温主要指农作物在生长期内，因温度偏低，影响正常生长或者使农作物生殖生长过程发生障碍而导致减产的灾害，竺可桢先生在《中国近五千年来气候变迁初步研究》一文中提出："虽摄氏一度之差，亦可精量测出，在冬、春季节即能影响农作物的生长。"[①] 冷害则指作物、果树、树木、庄稼等在越冬期间遇到0℃以下或剧烈变温天气引起植株体冻裂或丧失一切生理活动，造成植株死亡或部分死亡的现象。

1925年阴历三月下旬发生的特大霜灾造成的破坏就表现在低温和冷害两个方面。冷害对作物、树木等的危害机制是冷冻，即细胞中的水分冻结导致生理干旱受伤以致死亡，大片禾稼、作物的死亡的原因就在于此。农作物的产量与生产期内的积温有直接的关系，气温骤降，破坏了农作物正常生长的环境，农作物的积温也随之变化，从而影响农作物的正常生长，导致农作物大规模死亡，粮食大量减产。粮食严重歉收，是导致1925年云南灾荒的一个重要的直接原因。

历史时期的气候变迁对自然灾害的形成有很大的影响。在传统的农业社会，社会生产力不发达，人们适应自然，抵御灾害的能力很弱，气候发生变动，直接影响包括农业生产在内的社会经济发展，加剧了自然灾害的发生频率。"气候变化不仅会影响农作物的正常生长，而且会带来自然灾害强度和频率的变化"。[②] 民国九年以后，云南天气变化异常，水旱频仍，进入一个灾害高发期。

（二）社会因素

李文海先生曾经指出自然灾害曾经给我们近代的经济、政治以及社会生活的各个方面以巨大而深刻的影响，同时，近代经济、政治的发展，也不可避免地使这一时期的灾荒带有自己时代的特色。

1923年，虽然唐继尧重回滇夺回主政大权，但此时的唐继尧已如强弩之末，虽然想重振云南，但已是心有余而力不足，此后云南政局不稳，各种社会问题错综复杂。因此，要想真正揭示本次霜灾的原因，必须要

---

① 竺可桢：《竺可桢文集》，科学出版社1979年版，第476页。

② 张艳丽：《嘉道时期的灾荒与社会》，人民出版社2008年版，第57页。

了解与灾荒互相联系的当时的社会政治、经济及社会生活各个方面的状况。因此，这里就介绍一下民国前期云南的社会状况。

1. 鸦片流毒

首先，广种鸦片，导致粮食产量减少。1920 年，云南政府正式宣布弛禁鸦片，此时各地的罂粟种植亩数还不是很确定，由士绅估计上报的约 36 万亩①。但据秦和平先生的研究认为民国年间云南的鸦片种植数在 120 万—130 万亩之间。② 大规模的罂粟种植，大大排挤了粮食的种植，导致民初云南是耕地被种植鸦片占用最严重的省份之一。由于大量良田麦地被罂粟挤占，粮食供应短缺，价格昂贵。滇东地区的谷价几乎接近了荒年谷价，小麦价相当于鸦片价的五倍。③ 由于粮价高昂，民不聊生，居民多外出逃荒。民国九年以后，滇省灾害繁多，人民因为无粮渡灾，流离失所比比皆是。滇东地区既有较大的内销市场，而且外销广东、广西、湖南、湖北及上海等地运输费用少，成本低，市场竞争力强。因特殊的区位优势，滇东地区鸦片种植面积较大，粮食生产较少，因此一旦受灾，人民就无粮可食，到处是嗷嗷待哺的饥民。因饥饿而死者，"仅民国十年（1921 年）冬就达五六万人之多"。④

其次，吸食人数增加，导致生活贫困。民国以来，随着云南社会的发展，特别是商品交易的活跃，人际的交往日益频繁，鸦片作为一种主要的待客物品，在官方的默许下，为一些民众所接受，在城镇乡村各个阶层之中得于迅速地蔓延。1920 年云南宣布弛禁鸦片后，各地广泛的种植罂粟，由于种植面积扩大，烟土的产量增多，价格也比较便宜，部分民众还能够承受。特别是当时的吸烟人数中，烟农占了相当高的比率，他们自产自销，不计较吸烟的成本，因此吸食鸦片者越来越多。据统计到民国二十年，云南全省有 1179 万人口，其中男性约 600 万，男性中小孩 100 万。烟民占男性青年、老年人口的 25% 左右，也就是说民国年间

---

① 数据来自秦和平：《云南鸦片问题与禁烟运动 1840—1940》，四川民族出版社 1998 年版，第 45 页。

② 秦和平：《云南鸦片问题与禁烟运动 1840—1940》，四川民族出版社 1998 年版，第 48 页。

③ 黎虹：《鸦片与民国时期的西南社会》，《西南民族学院学报》2001 年第 12 期。

④ 同上。

云南估计有 125 万左右烟民①。大量吸食鸦片不仅导致了劳动力素质的下降，还造成巨额财富占用并吸纳了大量社会资金，不少家庭因此而破败。

面对鸦片种植带来的种种社会问题，云南省政府却宣称："不论种鸦片与否，今年（1924 年）的田赋仍与过去一样。"② 这使农民生活贫困化加剧，乡村经济凋敝，危机四伏。1925 年的特大霜灾，使滇东灾民到处流离失所，饥民遍地皆是，饿殍盈野。这不是偶然的，这是广种鸦片，民间粮食产量较少，农民在承受自然灾害的能力大大降低，"素无储藏"的结果。

2. 仓储不足

仓储制度是国家通过粮食储备调节粮食市场的一种重要手段，这种制度始于宋，元明继之，至清代则渐趋完善。《礼·王制》曰："国无九年之蓄曰不足，无六年之蓄曰急，无三年之蓄曰国非国也。"历代统治阶级从自身的利益和安全出发，不得不对如何抵御自然灾害予以一定的重视，备荒成为统治者积极的措施。然而，民国初年由于云南连年遭灾，屡次兴军，土匪猖獗等导致民间仓储不足。

（1）云南仓储回顾

云南历史上的仓储同其他省份一样有三种：常平仓、社仓、义仓。在清政府的重视下，云南仓储曾一度获得很大发展，但是咸同兵燹，"全省近一半以上的地区仓储被破坏"，云南仓储也以此次兵祸为界由发展期转入了衰落期。③ 虽然此后，同治、光绪时期都曾一度想恢复云南的仓储，但自此以后，"各地积谷多寡遂无定准"④，仓储已"今非昔比"。

虽说清末云南存谷已不比咸同以前，但由于光绪年间兴建积谷，还是具备一定规模。据吕志毅《晚清云南积谷备荒始末》载：截至"1898年（光绪二十四年），地方各属已存荞谷二十一万一千二百四十余石，存积谷银六千三百四十余两，存积谷钱九千四百三十余文；省城丰备仓另

---

① 秦和平：《云南鸦片问题与禁烟运动 1840—1940》，四川民族出版社 1998 年版，第 103 页。

② 民国云南省通志馆：《续云南通志长编》卷四十二《民政八》，云南省志编纂委员会 1985 年印，第 440 页。

③ 王水乔：《清代云南仓储制度》，《云南民族学院学报》1997 年第 3 期。

④ 同上。

存积谷二万二千七百七十余石，存银一万四千八百余两"。① 1911 年，云南重九起义后，政权易手。民国建立后，前清云南积谷交由新政府接管，为了整肃仓储管理，新政府进行了一些改革，并制定了仓储管理相关规定。②

（2）民国云南仓储荒废的原因

虽然《云南省议会保存积谷简章》是云南仓储有"法规之始"③，理应较无法可依之时管理更有效，但由于民国初年云南仓储管理不善等原因使众多仓储荒废了。

① 仓储累及平民、仓正

民国元年，云南仓储进行了一系列的改革，并把仓储由原来的官办变为后来的官督绅办。④ 由于自仓储法规制定之后，对日常仓储管理办法都有明确的规定，因此开始之初，各仓正都能恪守规则，按章办事。然而，由于新法规中明确规定了仓正的权限，并制定了相关的监督机制，因此民国之初，作为首次拥有仓储管理权的仓正们为避免受到因仓谷借出无法收回而受到的牵连，在管理仓储时则表现得非常的谨慎，有时竟违背了仓储作为备荒救急之功能。以嵩明县为例，"嵩明县境内有 4 大仓，系官督绅办，由于办仓绅首虑责任过重，不作平粜办法，每值旱涝凶荒之年，恐借与人民食用，设田谷不登，日后不易收回，故任其封闭，不肯借与济饥民之急"。⑤ 凶年是如此，丰年则是另外一种做法。至年岁饥荒稍好，人民不愿意借食，而办理者又必须推陈易新，"强迫按照户分借与人民，至新谷登场，必令人民每斗加收二升偿还与仓"。⑥ 正是由于

---

① 吕志毅：《晚清云南积谷备荒始末》，《中国档案》2008 年 12 月。

② 1912 年 6 月，云南军都督府准临时省议会咨送议决《保存积谷简章》二十三条，通令公布遵循。详见民国云南通志馆：《续云南通志长编》（中），《历年各属积谷事辑上》，云南省志编纂委员会 1985 年印，第 261 页。

③ 民国云南通志馆：《续云南通志长编》（中），《历年各属积谷事辑上》，云南省志编纂委员会 1985 年印，第 261 页。

④ 仓储官督绅办是这样规定的：《云南省议会保存积谷简章》如下规定：第三条、保存积谷以地方官员监督责任，绅士负责管理。第四条、管理员由各自治区团体公举殷实、公正绅士二人为仓正，以一年为任期，呈地方官立案，若期满后再被公举者，得连一任，以杜盘踞之敝。

⑤ 民国云南省通志馆：《云南通志荒政略草稿之嵩明县》，民国二十年至二十三年手抄本，云南省图书馆藏。

⑥ 同上。

仓正的顾虑，以致荒年不出谷用于赈济，而丰年则要推陈出新，强行借贷与人民。更有甚者"收时民间还仓谷最极干净，否则不予量交且百般刁难，及其放于民非霉烂即是已坏，受压迫人民忍气吞声，且道远地方借还均不方便，于搬运近地又作弊很多，远地区域受迫不敢承受，且需常年津贴管仓费，其大利皆为收管者中饱。"① 于是，仓储的设置不仅没有让人民受益，反而大大加重了人民的负担，因此，"远道之人不愿借食仓储，附近之人不愿常设此仓"②，故仓储就逐渐废弃了。

此外，由于民国初年改革仓储管理办法，依照云南军都督府临时议会制定的《保存积谷简章》来办理，实行官督绅办。一般情况每仓设仓正二人，负责管理日常事务。虽然仓正在管理中已属认真负责，但一些劣绅、恶霸仍会造次生非、诬陷诽谤仓正，致使仓正受到拖累。以通海县为例，民国四年县长李朝纪奉令整顿仓储，始设仓正二人保管，委赵宗鱼、胡学珍为正副仓正。逢通海地方米价高昂，官绅和议借出米平粜，所得款存在通海富滇分银行，历年所得之息微薄，后因团局变迁，各事易手，赵宗鱼也身故，新县长廖维熊上任，此时有劣绅借故起诉赵宗鱼贪污仓谷及谷款。③ 而据《保存积谷简章》里第七条规定"若旧管官绅有侵蚀、挪移等弊，则由现任官禀情追究"，④ 并责令"加倍赔偿"。因此，处理结果是"除取回存于分行的本息外，责令赵宗鱼之子赵傅炳弟兄赔出平粜之谷用于存仓"⑤。此外，由于有些仓廒年久失修，以致积谷红朽、腐败。据《保存积谷简章》第九条规定："若（仓正）放弃责任，致令损失霉烂，照数赔偿"，⑥ 于是政府亦责令仓正赔偿损失，致使一些

---

① 民国云南省通志馆：《云南通志荒政略草稿之牟定县》，民国二十年至二十三年手抄本，云南省图书馆藏。

② 同上。

③ 民国云南省通志馆：《云南通志荒政略草稿之通海县》，民国二十年至二十三年手抄本整理，云南省图书馆藏。

④ 民国云南省通志馆：《续云南通志长编·历年各属积谷事辑上》，云南省志编纂委员会办公室 1985 年印，380 页。

⑤ 民国云南省通志馆：《云南通志荒政略草稿之通海县》，民国二十年至二十三年手抄本，云南省图书馆藏。

⑥ 民国云南省通志馆：《续云南通志长编·历年各属积谷事辑上》，云南省志编纂委员会办公室 1985 年印，380 页。

仓正倾家荡产，后因无人愿意担任仓正，仓储遂废弃。

② 仓谷散放后无法及时填补

设立仓储是备荒救荒的重要举措。在灾荒之年，即开仓赈济灾民。民国九年以后，滇省水旱灾害频发，有的地区连续几年遭灾，仓储连年散放救灾，已告枯竭。然而，由于灾年粮食短缺，粮价奇贵，很难购买补充。灾后又因匪患等其他因素的影响，使仓储在连续几年发放粮食赈济后而无充足粮食来补充，遂逐渐废弃。以邓川县为例，"民国十三、十四两年水灾太重，（仓储）全行散放，旋又因受匪乱影响，不能如数填满，遂废。"①

③ 匪患及剿匪破坏仓储

民国初年云南土匪众多，匪患异常严重。土匪肆意抢劫财粮，烧毁房屋，食用仓储之谷，致使民间积谷多被破坏。如江川县，"民国十四年，……县城被盗匪窃据两月有奇，仓谷悉数被其吃尽"。② 又如晋宁县所载，"十六年七月，江匪万余占据县城，仓中积谷悉数食尽，自是以后遂废"。此为土匪食尽仓储。

由于土匪猖獗，政府派兵剿匪，地方供应剿匪军队食用，积谷亦受影响。黎县"民国十四年因剿匪军队驻境招待粮秣，……借用谷436 石 8 斗 6 升 9 合 6 勺 1 抄。民国十五年因剿匪军队及游击队驻境，需用粮秣甚急，借谷222 石。"③ 至民国二十一年 1 月，县长刘名昭奉令清理积谷，当查城仓积谷，因兵灾、匪患盖被地方员绅公借公用，仓廒空虚。

④ 过境军队食用殆尽

民国初年云南对外用兵极频繁，军队出入经常过境，所到之处，军米不足，即由地方供给，如此反复多次，地方仓储受到极大破坏或被食殆尽。据富州县载："民国五年护国军兴及民国十年建国军兴，迭次大兵

---

① 民国云南省通志馆：《云南通志荒政略草稿之邓川县》，民国二十年至二十三年手抄本，云南省图书馆藏。

② 民国云南省通志馆：《云南通志荒政略草稿之江川县》，民国二十年至二十三年手抄本，云南省图书馆藏。

③ 民国云南省通志馆：《云南通志荒政略草稿之黎县》，民国二十年至二十三年手抄本，云南省图书馆藏。

经过云集富州，适值岁歉，薪桂米珠，哀鸿遍野，所有仓储遂荡然无存。"① 又如黎县"十一年三月靖国军回滇，支队长莫朴率队入城，粮食缺乏由地方绅官借仓谷京石 670 石零 6 升 8 合，以作军饷。十二年，县佐韩寿颐奉令筹办东南巡宣使所部粮秣，借支城仓积谷 444 石。"② 此则军队过境借支粮秣。另有军队过境，除提供粮秣外还提供炊爨用具，所需款项依然由仓储之款拨出。以蒙自为例，"民国十五年第二军到蒙。奉令够办炊爨各器，经官绅协议由仓储银垫支 3000 元。十六年李绍宗部驻蒙所需粮秣及一切炊各器具均向地方索供应，为日既久，需款自巨，公私款项罗掘俱穷"。由于考虑到按户捐输比较困难，经过地方员绅商讨，将城仓所存积谷款项提做供应之需，以救燃眉之急，并把"城仓所存积谷 109 石零 5 升如数春米供给食用，颗粒无遗，所存仓款银 1 万 1 千 5 百 18 元 4 角亦如数支用尽"。③

由以上所述，我们可以管窥民国初年云南军队频繁过境，极大消耗地方仓储，造成地方仓储空虚，有名无实之状况。

⑤ 仓储管理不力

首先，被仓正随意挪移，中饱私囊。民国初年仓正中饱私囊，鲸吞仓谷之事屡见不鲜，其中以云南三迤丰备仓④旧管员侵蚀仓谷仓款案最引人注目。三迤丰备仓旧官员张祖荫在任职期间（民国六年七月二十四日—民国十三年底）共七年余，仓谷除去耗损外，收入与支出不敷 193 石余⑤。当省议会核查该案件时却发现"遍查本会与该仓档案卷，其间有接管册而无移交册；有缺报五六月，甚至一二年者；有笼统册立收入本

---

① 民国云南省通志馆：《云南通志荒政略草稿之富州县》，民国二十年至二十三年手抄本，云南省图书馆藏。

② 民国云南省通志馆：《云南通志荒政略草稿之黎县》，民国二十年至二十三年手抄本，云南省图书馆藏。

③ 民国云南省通志馆：《云南通志荒政略草稿之蒙自县》，民国二十年至二十三年手抄本，云南省图书馆藏。

④ 此为云南省省仓，在清代称丰备仓，为省城备荒积谷而设，民国省议会成立后，把它改为三迤丰备仓。

⑤ 在张祖荫任职期间收入谷数（包括购买、收还）等总数为：6609 石 1 升 8 合；此间支出谷数为：6335 石 9 斗 7 升 2 合；仓储耗损总数：79 石 8 斗 6 合 3 勺 6 抄，所以除去支出和耗损之数外，出、入总数不敷 193 石 2 石 2 斗 3 升 9 合 6 勺 4 抄。

息而无起息止息者，以致前后不相衔接无案可查"。① 由于管员玩忽职守，随便挪移，而又不报告，致账目不清，中饱私囊，以致十三年底张祖荫卸任时，仓谷已所剩无几，"张祖荫七年之久，款贪污至数万之巨"。② 积谷为防灾备荒的要政，像这样蒙混侵蚀，"不惟违背了管理规则，抑且触犯刑章"。由此可见省仓都出现这样蒙混侵蚀事件，更不用说其他县仓、乡仓了。此事件之后，该仓由于无人管理，仓务逐渐荒废，最后连仓廒、房舍都毁坏殆尽。

其次，官督绅办，百病丛生。民国元年以后，云南仓储管理经过改革实行官督绅办。仓储日常管理主要由公推的仓正负责，官员只负责监督。刚开始实施之时政府官员还进行监督，时间久了，众多事务全委托仓正来办理，不加过问，以致百病丛生，仓政渐废。以景东县为例"民国元年以后，仓各置仓正一人负责保管之，历任县长仅照例列册交代对于仓谷之如何推陈易新，一一委诸仓正之手，不稍过问，于是县属仓政渐废弛"。③ 不唯景东，双柏县亦如此。双柏县民国以来，仓储或被匪焚烧，或被地方官侵蚀或挪移作粮秣，仓储积谷多已无存。且"各处因之而起诉讼致攘纠纷皆由于历任县长疏于督责，任随地方绅首擅自挪移、侵蚀之咎也"。④ 民国年间由于采用管督绅办的仓储管理办法以致很多官员疏于监督，任由仓正随意挪移或中饱仓谷，以致仓储荒废不在少数，应该说是当时的一种普遍状况。这种情况的存在致使仓储防荒救灾的功用大为减弱。

正是由于"滇土贫瘠，户鲜盖藏"，仓储备荒才显得尤为重要。然而由于民国初年云南连年遭灾，屡次兴军，土匪猖獗，仓储管理不善等导致民间仓储不足。因此面对 1925 年的巨大霜灾，很多地方都无谷可赈，官民束手无策，只能坐以待毙，这也是导致本次灾荒巨额人口死亡的一

---

① 云南省议会编：《云南省议会审查三迤丰备仓旧管员侵蚀仓谷谷款案节略》，民国十三年印，云南省图书馆藏。

② 同上。

③ 民国云南省通志馆：《云南省通志馆征集云南各县仓储资料之景东县》，民国二十年至二十三年手抄本，云南省图书馆藏。

④ 民国云南省通志馆：《云南省通志馆征集云南各县仓储资料之双柏县》，民国二十年至二十三年手抄本，云南省图书馆藏。

个重要原因。

3. 匪患迭起

云南土匪不仅人数众多，而且活动遍布全省，这些土匪大多有严密的组织，并持有刀、枪等武器，有些较大的匪团还具有根据地，甚至影响地方政治，形成"官匪一家"的局面，给云南各族人民的生产生活带来了相当大的威胁与破坏。

（1）唐继尧时期滇中、滇东北匪患概况

民国时期滇中，滇东北的匪患非常严重。匪众主要集中在嵩明、陆良、会泽等地，其中五百人以上的大股土匪就有普小洪、张兴洪部、缪海清、金昌明、李天福等十余股。其他小股土匪难以枚举。滇中地区遭受匪祸最严重者莫过于嵩明县。据《嵩明县志》载："民国九年4月18日，悍匪普小洪率数百人由西门夜袭嵩明县城，大肆掠夺，民间损失甚巨，并烧毁县衙五马楼及西厢办公室……"①，民国十四年10月12日拂晓，匪首韦田成带领匪徒200余人，抢弥良里大村子、曲亩村。《会泽县志》载："民国十二至十五年（1923—1926），以缪海清、王顺安、刘开学为首，聚众匪千余人，分别打着"601军"，"602军"和"独立旅"的旗帜，在会泽、巧家一些地区抢劫商旅，当时过往客商没有军队护送就无法通行。②

（2）民国初年云南匪患的后果

① 造成生产力的破坏

土匪们攻破一些村庄后，逢人便抢，使一些有劳动能力的人被迫去当匪或作苦力。如《秀山镇志》载：仅自1914—1929年就记录了大匪患六宗，现摘录部分如下，以说明匪患何其严重。"……民国九年，农历九月二十四日，匪首周兴国、莫朴率部攻入县城南关外（今文庙一带），掳掠三天三夜，不仅抢了大量金银珠宝，许多青壮年被抢走。此外，无论男女老少，被一串串的捆绑起来带到山上，要挟拿钱去赎，不去赎就将其杀害。……有的青年妇女被拉去逼迫与匪成亲。……人心惶惶，市场

---

① 嵩明县志编纂委员会编纂：《嵩明县志》，云南人民出版社1995年版，第152页。
② 会泽县志编纂委员会编纂：《会泽县志》，云南人民出版社1993年版，第234页。

凋敝，富户前往昆明等地避难，贫家小户在家苦度时光。"① 由于土匪抢劫不仅抢钱粮还抢劫青年男女去做苦力或杂役等，造成一些有生产能力的劳动力损失，从而破坏生产的发展。

② 造成人民财产损失

由于土匪到处就烧、杀、抢、掠，使人民财产大量损失。例如，晋宁永宁乡，自民国初元，至十一二年间，发生匪患之事，平均每年约三四次，自十四五年后，常被抢劫，即附近县城之各乡，亦时被抢劫，以是县属境内人民，风声鹤唳，草木皆兵，昼则家居，夜则露宿，统计每年县属被匪抢劫者，不下四五百户，每家损失，均在三千元以上。② "仅民国十二年（1923 年），一年的时间，强征马料十四次，共讨蚕豆十三万斤，包谷三万斤，强征大米十八万斤，以上强征的粮食，按各村户口摊派，缺口粮的中贫农仍需照样到市场上买米来交，除公开强硬摊派外，就是持枪到各村公开抢劫。"③《晋宁县志资料》载："1925 年，晋宁县属上赵姓家，负有名。三月初十夜半时，突有江川匪六十余人，抢劫其家，家中一时哄乱，有等屋逃而折臂者，有出窗跳而伤足者，赵某四子未及逃走，被匪拿获，威逼财产，百般拷掠，竟于家中细搜银物等项，为数甚巨……"④ 除直接入户搜掠外，时常发生绑票，勒索数额之大，往往使人倾家荡产。土匪的猖獗，使人民日愈赤贫化。

③ 造成商业萧条

在农村的街期，土匪常常拉帮结伙，蜂拥而入，见物就抢，导致客商经济损失甚重，甚至会有生命危险，致使商人裹足，商业萧条。以晋宁为例。晋宁为迤西各县入省之要冲，西北临滇池，由滇池扬帆到省，较陆路启行极为便利，每值州新街期，买渡县境滇池各岸口之客商，异常拥挤。民国十年以前，"滇池往来之各帆船，被抢劫者，每年或发生一

---

① 通海县秀山镇人民政府编：《秀山镇志》，云南人民出版社 1994 年版，第 264 页。

② 昆明市志编纂委员会编：《昆明市志长编》卷九，昆明市志编纂委员会 1984 年印，第 365 页。

③ 《呈贡斗南村小学尹茂供稿》，载《昆明市志长编》卷九，昆明市志编纂委员会 1984 年印，第 357 页。

④ 方树梅辑：《晋宁县志资料》，转引自《昆明市志长编》卷九，昆明市志编纂委员会 1984 年印，第 366 页。

二次，时期多在冬腊月间，自十一二年以后，帆船被劫者，常有发生，平均每年不下七八次，统计每次之损失，自千余元以至三四千元，客商经常被伤，重则毙命，其于商业上，颇受影响云"。①

民国初年云南异常严重的匪患。在军阀混战，地主残酷压榨下，赋税沉重，军匪不分，灾荒频发，大量农民不堪重负而破产，成为土匪的主要来源，随着社会秩序长期内持续动荡，政府对社会的控制力极度弱化，导致更多人进入土匪队伍。随着土匪的增多，其对社会特别是乡村社会的破坏程度越来越大。民国九年以后云南各种灾害频仍，乡村生活异常困难，更多人为了谋求生路，大规模的走上了土匪道路。特别是1922年以后，唐继尧依靠土匪打败了顾品珍，再次主持滇政，招安、收编了大量土匪，使土匪由匪编为了军，成为政治土匪，这就为他们存在的合法性披上了外衣，因此匪势发展更加迅猛，在民间的活动更加猖獗。然而，再次主持滇政的唐继尧，势力已今非昔比，对社会的控制力更加微弱，社会处于极端混乱状态下。正值此时，云南发生了云南历史上最大的自然灾害——1925年的特大霜灾。随着霜灾的发生，民食断绝，匪患更加严重，不堪重负的人民，铤而走险，抢劫、盗窃最终沦为土匪。从而匪患加剧灾荒，灾荒导致匪患更加猖獗的恶性循环。

4. 庞大的军队供养

（1）民国初年云南军队数量和军费开支

在唐继尧统治时期，云南陆军进行了数次大规模的扩军和改编，驻省滇军也在这几次扩大与改变中有了很大变化。据陈志让先生在《军绅政权—近代中国军阀时期》一书中的估计，云南拥有的军队数目，在1919年为26000，1923—1924年期间为44000，到了1925年，云南拥有的军队数目为50000人。② 如此庞大的军队，耗费惊人。从民国元年的实际情况来看，陆、防两军军饷占到了实际支出的40％；而民国二年薪饷等占到支出的49％，将近一半。可知唐继尧统治时期，云南省的军费除了民国元年，几乎年年都占到了财政支出的近一半，给云南财政带来了

---

① 方树梅辑：《晋宁县志资料》，转引自《昆明市志长编》卷九，昆明市志编纂委员会1984年印，第367页。

② 陈让志：《军绅政权——近代中国军阀时期》，广西师范大学出版社2008年版，第7页。

巨大的压力。

（2）庞大的军队对云南社会生活的影响

① 筹集军费造成云南金融市场紊乱

云南省在辛亥后"护国、靖国诸役连年用兵，军费浩繁，政府年年收入，不过一千万元有奇，入不敷出，遂致增发纸币，牵动金融"。① 如下表：

富滇银行历年发行兑换券总额、银行应用数、政府借用数比较

年度	发行总数		银行应用数		政府借支数	
	数额	指数	数额	百分比	数额	百分比
民国元年						
二年	600000	100	600000	100	0	
三年	3100000	517	3100000	100	0	
四年	4100000	683	4100000	100	0	
五年	4000000	667	3200000	80	800000	20
六年	5000000	833	3900000	78	1100000	22
七年	5400000	900	4100000	76	1300000	24
八年	6500000	1083	4900000	75	1600000	25
九年	5500000	917	3900000	71	1600000	29
十年	6200000	1033	4000000	65	2200000	35
十一年	9000000	1500	5900000	66	3100000	34
十二年	15400000	2567	6000000	39	9400000	61
十三年	21700000	3617	8400000	39	13300000	61
十四年	26200000	4367	6400000	25	19800000	75
十五年	38600000	6433	9200000	24	29400000	76

注：此表据来自：万湘澄《云南对外贸易概览》，新云南丛书社 1946 年版，第 183—188 页。

由此表我们可以看出财政赤字严重，政府开支就乏力，因此"财政

---

① 民国云南省通志馆：《续云南通志长编》（中），《财政三·金融》，云南省地方志编纂委员会 1985 年印，第 691 页。

实在乏力就诱使政府开动印钞机来弥补，这是金融救财"。① 导致金融市场的紊乱，引起商业萧条。"富行滥发纸币，至今币伪莫辨，行市兑汇涨落无轨。因此，产业界从无安定之现象，小资产者倒闭破产之危。在此种紊乱状态下，投资者裹足不前，企业家相率戒心、产业之不能发展乃是必然之果"。② 随着金融市场的紊乱，币价一路下跌，物价飞飚，人民的购买能力越来越低下，生活苦不堪言。"在这纸币低落，金融紊乱的社会中，中产而下的人们，无一不受到生活艰难的痛苦"。③

　　综上所述，民国建立以来云南历经援川援黔及护国、靖国及内战等诸役，历时久，所需军饷浩繁，在财政无力支撑的状况下只能向富滇银行借款。由于政府借款逐年增多，富滇银行为了满足政府借款逐年增印纸币，致使币值低落，通货膨胀，金融紊乱，最终导致商业萧条，人民生活更加艰难。

　　② 军费筹集加剧农村贫困

　　民国云南前期各种税目繁多，据《续云南通志长编·财政 地方岁入》中关于是税目的记载，各种常规税税种达20多种，此外还有各种临时性的杂捐杂税。这些名目众多的捐税主要是由广大农民来承担，对于从事第一产业而无其他收入来源的农民来说，如此众多的课税是他们沉重的负担，使本来就很贫困的农村变得更加贫困，抵御灾害的能力也大大下降。此外，由于农村普遍的趋贫化，致使民国云南前期农村土地兼并非常严重，造成了广大农民丧失了生存的最基本资源——土地，生活变得更加贫困。

　　③ 征兵造成社会生产力下降

　　民国八年云南人口为9995542人，到民国十三年时为11020607人。六年时间增长了1025065人。而从男女增长数目来看，民国八年云南省男口人数为5252328人，女口人数为4743214人，到民国十三年时男口人数

① 史允：《唐继尧政府财政与富滇银行的关系探析》，《云南行政学院学报》2009年第3期。

② 《云南旅平学会会刊》第六期，转自云南省昆明市志编纂委员会编《昆明市志长编》卷十二，昆明市志编纂委员会1984年印，第28页。

③ 《关于殖边银行的片段回忆》，转自云南省昆明市志编纂委员会编《昆明市志长编》卷十二，昆明市志编纂委员会1984年印，第29页

5776007 人，女口人数为 5244600 人。① 从以上数据我们可以看出，这段时期内云南省女性增长速度远大于男性增长速度。男性增长比较缓慢，这就意味着在整个社会中男性劳动力起主导作用的一些产业生产力下降了。然而在这种情况下，滇军的征兵却不少。例如，民国十一年共征募兵额 6148 名；民国十二年共征募兵额 9500 名；民国十三年共征募兵额 8403 名。② 据《续云南通志长编》资料显示：从民国元年至民国十六年时，云南省各县共征募兵额 112580 人。③ 平均每年征兵 7047 人。虽然简单来看，每年征兵数量不是非常多，但所征士兵一定是社会生产中最精壮的男性劳动力，这在很大程度上会阻碍社会生产的发展。此外，由于精壮劳动力脱离生产，必然导致农村一些家庭的贫困化。

除外，当时云南政府规定募兵费用一部分由地方政府承担。据《长编》载："（募兵）各县地方负担费，每募兵一名，其标准最低额为现金 30 元，最高额为纸币 1000 元"④，"从民国元年起至二十年，地方负担募捐兵费现金、镍币、纸币共计 11331200 元"。⑤ 由此可见，士兵的招募不仅让地方损失了大量精壮劳动力，且要承担大量的招募费，这对地方各县来说也是一项负担。

④ 粮秣加重地方负担

滇省自民国以来，军队数量不断扩充，粮秣供应成为一个重要的问题。此外，驻省滇军的换防、剿匪、屯戍等，每经过一个地方，军队的供给就会给地方带来非常大的压力。正如《长编》所载："滇省自光复以后，外因国家多故，历次兴师，一经动员，则军队之调遣开拨，络绎载道；且以界连英法，国防重要，固之每遇换防接替，亦须开往接来；加以各县费，亦需开往拨来；加以各县匪氛不靖，团防未能扑灭者，必须派兵剿办，然此击彼窜，兵来匪去。凡此种种，军队为职责所在，虽不

① 民国云南省通志馆：《续云南通志长编》（中），《民政三·户政》，云南省志编纂委员会办公室 1985 年印，第 64 页。
② 民国云南省通志馆：《续云南通志长编》（上），《军务略》（上），云南省志编纂委员会办公室 1985 年印，第 1186 页。
③ 同上。
④ 同上书，第 1187 页。
⑤ 同上。

辞夺命之劳，而经过地方，对于给养供应，不免加重负担。"①

民国初年，由于云南军队急剧增加，军费开支在财政支出中的比重逐年攀升，为了维持庞大的军费花耗，不得不大量向富滇银行借款，且借款数额越来越巨大，致使富滇银行滥发纸币来维持资金周转，却因此导致了严重的通货膨胀，严重影响了社会生活秩序和云南的金融行业。此外，政府筹措军费的又一手段就是增加税收，名目繁多的税收导致了商业萧条，人民生活更加贫困。庞大军队的粮秣供应也给滇省的粮食供应带来了巨大的压力。因此，我们可以说在某种程度上是庞大的军队拖垮了云南，致使云南积贫积弱，应对微小的灾难已是力不从心，更别说应对 1925 年特大霜灾了，所以才有了特大霜灾来袭时，人们束手无策，随处是死亡枕藉的惨状。

虽然本文探讨的是 1925 年云南重大霜灾的成因，但其实这次霜灾并不是个案，民初云南连年受灾，多灾并发、灾区广大。本次霜灾的成因更代表了民国云南灾荒发生的典型原因。本次霜灾的发生固然与云南的特殊的气候、地理等因素有关，但广种鸦片、土匪为患、仓储不足、连年对外用兵、农村经济的衰败等社会因素更是灾害迭发的主凶。每一次灾害的发生，在给人民带来生命、财产上的巨大损失的同时，也造成了劳动力、耕畜等的极度缺乏，田地荒芜、经济萧条使得农民生存的自然环境和社会环境进一步的恶化，农民生活更加贫苦，这就为灾荒提供了再次发生的机缘，循环往复，形成了灾荒—贫困—灾荒的恶性循环。所以，本次霜灾，之所以会造成如此众多的人口死亡，百万以上的人口流离和生病，不仅是天灾，更是人祸。

---

① 民国云南通志馆:《续云南通志长编》（下），云南省志编纂委员会办公室 1985 年印，第 589 页。

区域・民族

黄金纬度的生态变迁[*]

林超民　黄泓泰

一　黄金纬度与云南古文明起源

（一）黄金维度的概念

云南地处中国西南边陲，位于北纬 21°8′32″—29°15′8″，东经 97°31′39″—106°11′47″ 之间，北回归线横贯本省南部。全省东西最大横距 864.9 公里，南北最大纵距 990 公里，总面积 39.4 万平方公里。云南的中部是北纬 25 度，南部是北回归线。

世界上北纬 40° 有许多的重要地方，如马德里、伊斯坦布尔、安卡拉、新疆喀什、北京、华盛顿、纽约、首尔等，可以看出这个纬度是在世界上重要的纬度。在北纬 30°，也有着重要的地方，如埃及的首都开罗、苏伊士运河、科威特、新德里、珠穆朗玛、拉萨、云南的三江并流、成都、重庆、三峡、武汉、杭州、休斯敦、新奥尔良，等等。

北回归线穿过的国家有摩洛哥、阿尔及利亚、利比亚、埃及、突尼斯、以色列、约旦、沙特阿拉伯，还有印度、孟加拉国、缅甸、中国、墨西哥等。在北回归线经过中国的地方有台湾的嘉义、花莲，广东的封开、从化、汕头，广西的桂平等，在云南北回归线上重要的县市有耿马、双江、墨江、个旧、蒙自、文山等。

---

　* 作者简介：林超民，中国民族史博士，云南大学历史与档案学院教授，云南文史研究馆馆员。黄泓泰，云南大学历史与档案学院中国古代史博士生。

云南位于北纬 25°左右的城市有曲靖（包括曲靖市、富源、马龙、陆良等）、昆明市（五区八县）、楚雄市（禄丰、南华、姚安、大姚）、大理州（巍山、云龙、永平）、保山（隆阳、腾冲、昌宁、龙陵、施甸）。云南最北边是北纬 29°，所以属于低纬度地区。

云南是高原省份。云南的东部是云贵高原，西部是横断山脉，北边是四川盆地，海拔在 1000 米至 2000 米之间，是中国的第四大高原。在起伏的山岭之间，有许多盆地（云南称之为"坝子"）。云南有 1200 多个坝子，占了全省耕地面积的三分之一。云贵高原上的盆地的海拔大多在 1000 米左右。冬季受到北方冷空气的影响，同时从印度洋和太平洋过来的暖空气影响，在北纬 25°线上左右就形成了气候学称为的"静止锋"。也就是北方的冷空气和南方的暖空气在此相遇，停留到这里。在气象学上称为"昆明准静止锋"，也就是接近静止锋，还有小的移动。这是在同一纬度其他地方所没有的，同样是在北纬 25°，是在北回归线，其他地方都没有这种准静止锋，这就是在这个纬度上重要的纬度锋。横断山脉是中国最长、最宽、最典型的南北向山系，其他山脉基本上都是东西走向，而横断山脉是唯一兼有太平洋和印度洋水系的地区，印度洋和太平洋水系都和其有关系。金沙江、澜沧江、盘龙江等与太平洋有关系，怒江、伊洛瓦底江则和印度洋有关系，其位居青藏高原的南部，是与四川、云南两省，还有西藏的东部南北向山脉的总称，称为横断山脉。因为它把整个交通给阻断了，故名横断山脉。[①]

云南在北纬 25°左右的城市从东到西有几十个市县。最东边是曲靖市，曲靖是在 24°到 27°之间，但是它的政治中心麒麟区正好在 25°左右，平均海拔在 2000 左右，麒麟区的海拔是 1881 米。属于亚热带的高原气候。年平均气温 14°，降雨量在 1000 毫米以上。曲靖西面是昆明市，昆明的中心区域是在北纬 25°02′11″。昆明市中心的海拔是 1891 米。年平均气温是 15°，降水量 1035 毫米。昆明西面是楚雄市，位于北纬的 24°到 25°之间，海拔是 1773 米，平均温度是 16.7℃，降水量大概 1000 毫米。

---

① 清代末期，江西贡生黄懋材，当时他受四川总督锡良的派遣从四川经云南到南亚次大陆考察"黑水"源流，因看到澜沧江、怒江间的山脉并行迤南，横阻断路，而给这一带山脉取了个形象的名称"横断山"。以后就成了一个很重要的地理名称。

楚雄西面是大理，在北纬 25°25′ 至 25°58′ 之间，大理洱海水平面海拔是 1966 米。平均气温是 14.9℃，降水量是 1051 毫米。大理西面是保山市，保山的隆阳区在北纬 24° 到 25° 之间，海拔是 1653 米，年平均气温是 15.5℃。以上这些城市都在 25° 上，年平均降雨量都在 1000 毫米左右，年平均气温都在 15℃ 左右。而只有昆明叫作春城，这是明代文人杨升庵到昆明后，在他的诗词中第一次将昆明称之为春城。[①]

但在实际上，曲靖、大理、楚雄、保山它们的年降水量、平均气温都和昆明不相上下，甚至有的地方无霜期比昆明还要少。所以我们看到在云南不仅昆明是春城，还有上面说的几个城市也是四季如春的城镇。我们把这个恒温的四季如春的地带称为"春城带"。在这个北纬 25° 之外还有两个城市也是春城，一个是普洱的思茅，其平均气温是 17.8℃，它比昆明的 15° 稍高一点。它的位置向南一点，海拔低一点，所以它要比以上的"春城带"温度高 2° 到 3° 左右。而高了两度就更适合人们的居住。临沧市在北纬 23° 到 24° 之间，它平均温度是 17℃。临沧市光照充足，雨量充沛，冬无严寒，夏无酷暑，四季如春。它有另一个名称叫作"亚洲恒温城"。

因此，在云南的北纬 25 度线上下一个地带上有许多海拔在 1000 米到 2000 米之间，年平均温度在 18℃ 之间的许多盆地（坝子），是世界上生态环境最好、最适于人居的地带，因此，我们将其称为"黄金纬度"。

（二）黄金纬度地带是人类重要的起源地之一

在黄金纬度上云南不仅发现了腊玛古猿化石，而且在元谋的上那蚌地方距今大约 170 万年的地层中还发现了元谋人的牙齿和石器。

元谋人的发现，确凿无疑地证明，在云南高原上，曾经有直立人存在过，他们创造了史前的文化，以留下的石器等昭示我们，元谋人开创了一个新的文明时代，揭开了中华文明的大幕，走上了文化发展的舞台。

---

① 唐代诗人韩翃《寒食》诗中有"春城无处不飞花"句，其春城为泛指。明代学者杨慎贬官到云南后，吟咏云南诗篇甚多。其《滇海十二曲》中，有"天气常如二三月，花枝不断四时春"之句。在《春望三绝》中有一绝是"春城风物近元宵，柳亚帘拢花覆桥。欲把归期卜神语，紫姑灯火正萧条"。据考，这是将昆明最早称为"春城"的诗句。

中华民族的第一章，就从在黄金纬度上发现的元谋人开始。[①]

如果说元谋人的文化是旧石器时代早期的文化代表，那么昭通人、丽江人、西畴人、昆明人、蒙自人、蒲缥人等古人类所创造的文化则是云南旧石器时代晚期的代表。[②]

20 世纪 30 年代，西方探险者在云南元谋龙街发现新石器遗址，[③] 但是，真正意义上的新石器时代的考古调查、发掘，始于 1938 年。当时，吴金鼎、曾昭燏、王介忱在大理洱海周围考察并发现 18 处新石器文化遗址，并对其中 4 处做了发掘，至 1940 年方结束考古工作。1950 年初到 20 世纪 70 年代末，全省 31 个县市发现新石器遗址和采集点 111 处，[④] 其中发掘了元谋大墩子、宾川白羊村等重要遗址。自 20 世纪 80 年代初开始，经文物普查、考古调查与发掘，至今发现新石器文化遗址已经达到 300 多处，遍布云南全省。这些遗址的分布大致分为三类：第一类分布在河边阶地上，如元谋大墩子遗址、宾川白羊村遗址、永平新光遗址等；第二类分布在河边洞穴中，如维西哥登村遗址、耿马石佛洞遗址等；第三类

[①]　中科院昆明动物研究所研究员宿兵在查阅中国现有化石的年代以后，发现了一个不容忽视的断层。这个断层从大约 10 万年前至 4 万年前，没有任何人类化石出土。经推测，生活于东亚的直立人和早期智人（Homo Sapiens）在最近一次的冰川时期，由于恶劣的气候而灭绝。取而代之的是从非洲不远万里迁徙而来的现代人种。全球科学家参与的基因变异研究表明：中国人的祖先源于东非，经过南亚进入中国。这支南亚先民经过多次迁徙及体内基因突变，逐渐分化成为各个民族。中国人的祖先是否是元谋人、蓝田人、北京人，是否是"从非洲不远万里迁徙而来的现代人种"是一个争论激烈尚无定论的问题。但是，元谋人的发现证明，这里曾经是古人类生存繁衍的重要地区之一。

[②]　1982 年 11 月，在昭通昭阳区发现哺乳动物化石和 1 枚人牙化石，定名为"昭通人"。1964 年在丽江木家桥村里发现三根人类股骨和一具少女头骨化石，3 件股骨中有两件一左一右。1977 年经专家鉴定，被定名为"丽江人"。1965 年，在文山州西畴县小新寨旁的仙人洞发现一个旧石器时代晚期的文化遗址。出土人类牙齿化石 5 枚，右下第二乳臼齿、右下第一前臼齿、右下第一臼齿各一枚，右下犬齿两枚，代表四个个体。形态和尺寸与现代人接近，下臼齿咬合面具有"十"字形沟纹，属晚期智人，命名为"西畴人"。1973 年在昆明市呈贡县大渔乡龙潭山。考古工作者在这里的第一地点发现人类牙齿化石 2 枚，右上第一前臼齿和左下第一臼齿。形态接近现代人，被命名为"昆明人"。1989 年 8 月，在红河州蒙自县城西南约 7 公里的红寨乡马鹿洞发掘到一件头盖骨保存完整。属于晚期智人。将其命名为"蒙自人"。1981 年在保山市隆阳区蒲缥镇发掘。出土人类化石 7 件，命名蒲缥人。

[③]　参看格兰阶《中亚考察记》，转引自郑良《史前文化》，载杨寿川主编《云南特色文化》，社会科学文献出版社 2006 年版。

[④]　阚勇：《试论云南新石器文化》，载《云南省博物馆建馆三十周年纪念文集》，1981 年。

分布在湖滨或湖滨贝丘上，如晋宁石寨山遗址、通海海东遗址等。目前云南地区比较重要的并做过正式发掘的新石器时代遗址点有石寨山遗址、白羊村遗址、大墩子遗址、菜园子遗址、新光遗址、海东遗址、大花石遗址、闸心场遗址、小河洞遗址、海门口遗址、忙怀遗址、倘甸遗址、石佛洞遗址以及阿巧石棺墓、孙家屯墓地等。①

云南新石器文化类型多种多样，异彩纷呈。这与云南地理特点、自然环境密切相关。新石器遗址基本上分布在黄金纬度上。云南进入新石器时代的时间大约距今4000年。② 这与中国历史上尧、舜、禹传说时代相当。

二 云南黄金纬度带的生态环境及其历史地位

（一）云南黄金纬度带优良的生态条件与区域经济发展

云南是亚洲水稻的起源地之一。直到明代，云南西部的土著族类还依靠野生稻生活。朱孟震的《西南夷风土记》中写道："野生嘉禾，不待播种耕耘而自秀实，谓之天生谷，每季一收，夷人利之。"③ 1950年以来，在云南已经发现野生稻的地方近百处。滇池地区新石器遗址中有稻谷的遗留。在云南宾川白羊村遗址出土的碳化谷，经科学鉴定，距今3770年左右。元谋县大墩子新石器遗址出土的碳化稻粒，为公元前1260年左右的遗存。剑川海门口遗址，发现了稻谷、麦子。这些都为云南是世界上较早种植稻谷、麦子的地区提供了有力的实物证据。

司马迁《史记·西南夷列传》记述滇人"耕田，有邑聚"，说明农耕已经是滇池地区主要经济形态。西汉末年，地方官员文齐在今昭通地区穿龙池，溉稻田，为民兴利。其后，他担任益州郡太守造起陂池，开通溉灌，垦田二千余顷，得到民众拥戴。大理时，大理地区的水稻种植已经有较大的发展。大理市大展屯东汉二号墓出土的"水田与池塘"陶模，形象生动地说明大理地区不仅种植水稻，而且有了蓄水灌溉的技艺。

---

① 杨帆等：《云南考古（1979—2009）》，云南人民出版社2010年版。
② 同上。
③ 方国瑜主编：《云南史料丛刊》第5卷，云南大学出版社1998年版，第490页。

　　唐代，南诏的农业生产进入新的阶段。曲、靖州以南，滇池以西，土俗惟业水田。水田每年一熟。从八月获稻，至十一月十二月之交，便于稻田种大麦，三月四月即熟。收大麦后，还种粳稻。不仅种植水稻，而且实行稻麦轮作。在中国农业史上，云南当是最早实行稻麦轮作的区域。明代初期，大量移民进入云南垦殖。诸卫错布于州县，千屯遍列于原野。明代末期，玉米、甘薯、马铃薯传入云南。清代在山区设置汛塘，云南山区农业进入新的发展阶段。从古至今，农耕经济是云南的主要经济类型。

　　黄金纬度地区为低纬度高海拔的山地，不愁天降雨，山有多高、水有多高，人们将山地改造为种植水稻的梯田。早在新石器时代，云南居民已经在山地修筑台地，种植庄稼。唐代云南梯田已经较为普遍。樊绰《云南志》说"蛮治山田，殊为精好"，"浇田皆用源泉，水旱无损"。《南诏德化碑》称境内"厄塞流潦，高原为稻黍之田"。这是历史上最早见于记录的梯田。明代旅行家徐霞客在他的"游记"中记录了云南许多地方环垒为田、水田夹江的梯田景致。云南山区，梯田层层叠叠，似云梯直上苍穹。"百级山田带雨耕，驱牛扶耒半空行"。①

　　云南山区居民，多实行"刀耕火种"的生产方式。明清之际，云南广大地区盛行刀耕火种。所谓水耕禾稼，火种荞麦，各得其宜。刀耕火种依赖其对山地森林环境的适应性和独特的生产技术体系，在相当长的时间内成为较好的山地农耕方式，其产量与同时期、同地域的精耕农田相差不大。生产方式简单，投入少产出高，人们还可以用更多时间从事狩猎、手工劳动补充生活。②

　　黄金纬度是茶叶的原产地之一。云南发现的镇源千家寨古茶树、勐海巴达古茶树、双江勐库古茶树、澜沧邦崴古茶树、勐海南糯茶王树，形成从野生型、过渡型到栽培型的完整系列。这些古茶树的发现，为茶叶起源地提供了活生生的实物证据。我们可以断定至少在一千年前，西

---

① （宋）楼钥：《冯公岭》。
② 刀耕火种的能够持续发展的前提是，每平方公里人口不能超过15人，人均占有林地30亩。20世纪，随着大量移民的涌入，云南大多数山区能够保持人均21亩林地以上的村社已经为数不多，刀耕火种的农业生产已经走到尽头。

双版纳与普洱地区就已经利用和种植茶叶。云南产茶见于记录是唐代樊绰的《云南志》，其书卷七曰："茶，出银生城界诸山，散收无采造法。蒙舍蛮以椒、姜、桂和烹而饮之。"银生城在今景东县，是南诏所设"银生（开南）节度"的首府。到了清代，普洱茶名声大振。世人逐渐发现普洱茶不仅香醇好喝，而且有益健康。普洱茶的身价日益增高，成为京师争购品饮的名茶，也成为云南进献皇帝的贡品。皇帝得到来自云南的普洱茶，不仅自己品尝，而且赏赐给皇亲国戚，并作为礼品赠送外国使臣。西北少数民族日常生活饮乳食肉，缺少蔬菜，不仅不易消化，且易积热；而茶之功用，能释滞消壅，泣喉止渴。故西北少数民族与茶叶结下了不解之缘，甚至达到了没有茶就无以为生活的地步。因此，黄金纬度带上的茶叶及茶叶贸易，对于中原与边疆、汉族与少数民族、中国与域外的文化交流起到积极的推动作用。茶叶从单纯的解渴疗疾升华为品味生活，反映心里的感受，体现精神的寄托，展示生活的韵味，形成了云南独特的茶文化。

黄金纬度的山地林木茂盛，茅草遍野，适宜畜牧业发展。"夏处高山，冬入深谷"① 是黄金纬度上畜牧业的显著特点。这是云南人民适应当地的地理环境，充分利用冬夏高山与深谷的气候、植被不同而总结出来的畜牧经验。这种畜牧方式有利于农畜并举，一直延续到当今。云南的畜牧业中，以养马著名。汉王朝一次从益州掠获牛、马、羊属三十万，可见规模巨大。唐代北至曲、靖州，西南至宣城，邑落相望，牛马被野。腾冲和滇池地区，不仅养马多，而且还培育好马。宋代，云南所产"大理马"闻名天下，成为宋朝战马的主要来源。马是云南主要的运输畜力，各地都有马帮运输物资，运输驮马数十万。

在黄金纬度上商业贸易较为繁盛，早在公元前三世纪，黄金纬度上就有连接中国四川到印度的道路，称为"蜀身毒道"。汉代在云南设置郡县后，交通驿道随之修筑。唐代已有四通八达的交通网络。商业贸易促进了初级集市——"街子"（定期定点的贸易场所）的形成，街子一开始在黄金纬度上，很快遍布云南各地，各县都有十几个到数十个不等的街子。云南的街子在不同地区、不同气候条件下形成不同特点，有"露水

---

① 《新唐书》卷222《南蛮传》。

集市""日出市""日中市""夜市"等类型。云南的街子大多以十二生肖的日子为街期，诸如鼠街、牛街、马街、羊街、猴街、鸡街、狗街、龙街等。云南的街子最大的特点是集商业贸易、社会活动、文化交流为一体。除了日常的街子外，还有节日与商贸结合在一起的一年一度的大型"街子"，如白族的"三月街"、白族彝族等的"火把节"、傣族的"泼水节"等。随着商业贸易的发展，在邑集的基础上，形成了较大的城镇，如昆明、大理、保山、曲靖、楚雄、思茅、蒙自、腾冲等。这些城镇都在黄金纬度之上。

有色金属合金，是黄金纬度上云南人民为世界冶金做出的重大贡献。早在商代黄金纬度上就生产出技术含量高超的青铜器。春秋战国时期，云南就有铜矿、银矿、金矿、锡矿的开采和利用，剑川海门口、祥云大波那、楚雄万家坝、晋宁石寨山、江川李家山等地出土的青铜器光彩照人。

黄金纬度是铜、镍合金技术的原创地，这里生产的白铜被专称为"云白铜"。白铜见于文献是晋人常璩《华阳国志·南中志》，但云南生产白铜并非始于晋代。早在秦汉时期，云南的铜、镍合金技术，就已经颇为成熟。唐、宋时期，"云白铜"进一步被贩往西亚、南亚各国。波斯（今伊朗）人称它为"中国石"。

战国时期，云南出土的青铜器，数量之多、技艺之高、造型之美、质量之好都令人赞叹。汉代益州的朱提银闻名于世。明英宗天顺二年（1458）云南上缴银锞 10 万两，占全国银锞的一半以上。清代云南的铜业影响着国家的金融与经济。明清时期，云南铜矿产量之大、品位之高，为全国之冠。近代云南的锡业在世界上占有极为重要的地位。东川被誉为铜城，个旧有锡都的美名。

云南是多山富水的省份，高山大川使得交通极为不便，导致云南经济发展极度不平衡，形成多种经济形式并存的局面。在同一历史时期，有的地方商品化、市场化已经有所发展，并出现了现代金融的雏形；有的地方则保留共同劳动、平均分配、自给自足的形态；有的地方是封建领主制经济，有的地方是地主制经济，有的农村则已经流行雇工经营。经济发展的不平衡导致文化发展的不平衡，使云南文化具有多样性而异彩纷呈。礼失求诸野，云南边疆文化发展的实际情况，使云南保存着不少中原已经消失或变异的优秀传统文化。

（二）云南黄金纬度带与政治文化中心的形成

从汉武帝元封二年（前109）在今云南设置益州以来，云南的政治、文化、经济中心都在黄金纬度上。益州郡的治所在滇池县。滇池县为今晋宁县，就在黄金纬度上。益州郡管辖24个县。这24个县全部都在黄金纬度上。

东汉永平十二年（69），在澜沧江以西设置永昌郡。治所在嶲唐（今保山市隆阳区）。永昌郡管辖八个县。全部在黄金纬度上。

蜀汉建兴三年（225）诸葛亮南征，平定南中（云南）反蜀汉大姓，将益州郡与永昌郡重新分割建立云南、建宁、永昌、越嶲、兴古、朱提、牂柯七个郡。七郡之中，云南、建宁、永昌三个郡在黄金纬度上。设置庲降都督统领南中七郡。庲降都督驻味县（今曲靖市麒麟区）。麒麟区正好在黄金纬度上。

晋泰始六年（270）在南中设置宁州，为全国十九州之一，直属朝廷管辖。先统领云南、永昌、建宁、兴古四郡，治味县。太安二年（303）再次设置宁州，统领云南、建宁、晋宁、兴古、永昌、朱提、兴古、越嶲、牂柯八郡。首府依然设在味县。云南的政治中心从滇池畔的滇池县移到盘龙江（珠江上游）的味县。味县也是一个低纬度高海拔的坝子，四季如春。味县作为云南的政治中心一直延续到唐代初期。

唐代在云南建立南宁州总管府，后改为南宁州都督府，首府依然在味县。为加强在云南统治，于麟德元年（664）在滇西设置姚州都督府，管理滇西各地，治所在姚州（今大姚、姚安）。其位置正好在黄金纬度上。天宝战争后，南诏崛起于洱海区域，统一云南，以大理为首府。唐天复二年（902）南诏灭亡，继起的大长和国、大天兴国、大义宁国都以大理为首府。公元937年，段思平建立大理国，以洱海大理为政治文化中心。大理古城所在的洱海坝位于北纬25度左右，洱海在鸡足山与苍山之间，中有洱海，四周是冲积平原，苍山十八溪、波罗江、弥苴江、西洱河等流经坝区，自然灌溉条件良好，成为高原上的"鱼米之乡"。也就成为云南政治中心达五百年之久。

元宪宗三年（1253），蒙古大军征服大理国，在云南建立鸭池（昆明）、察罕章（丽江）、哈剌章（大理）、金齿（保山）、赤秃哥儿（贵州普安）五国。这五国的中心都在黄金纬度之上。元朝建立后，于至元十一年（1274）建立云南行省，省会设在昆明。从此昆明就成为云南的政治文化经济中心，一直延续到当今。

从汉武帝在云南设置郡县到现今，云南政治中心经历滇池县（晋宁）、蒨唐（隆阳）、味县（麒麟）、姚州（姚安大姚）、大理、昆明几个城市，这些城市之所以成为政治文化经济中心，就因为它们都在黄金纬度之上，有良好的地理位置与生态环境。

三　云南黄金纬度带的生态变迁

黄金纬度是世界上生态环境非常好的区域。这里有高山大川，湖泊湿地，盆地平川。这里是植物王国的腰带，是动物王国的园林。是世界上少有的生物多样性的纬度。从汉代至今，历代人民在良好的生态环境中生活、生产。黄金纬度上的几十个城镇都是"春城"，每一个城市不仅有四季如春的生活的环境，还有四季丰收的生产环境，更有美丽宜人的景色。这些城镇都有各具特色的"八景""十二景"等。

昆明的八景随时代变迁而有所不同。元代文人王升的《滇池赋》是系统描写昆明风景名胜较早的作品，他在作品中颂扬昆明美丽景观是：碧鸡、金马、玉案、商山、五华、三市、双塔、一桥，后人称为"元代昆明八景"。明清时期，昆明八景是：滇池夜月、云津夜市、螺峰叠翠、商山樵唱、龙泉古梅、官渡渔灯、灞桥烟柳、蛊山倒影。今天，昆明的"八景"，除"龙泉古梅"尚存外，其他七景已消失殆尽。

以滇池为例，昆明的生态环境正在日趋恶化。滇池是云南省最大的淡水湖，有高原明珠之称。元代以前环湖地区常有洪涝水患。元代在云南建立云南行省，首任平章政事（省长）第一次大规模兴修滇池水利。1262年就在盘龙江上建松华坝，1268年又开凿海口河，加大滇池的出流量。滇池水位大幅度下降，昆明盆地现出良田万顷。清代乾隆年间昆明名士孙髯翁所写大观楼长联，描述滇池美好的景色："五百里滇池，奔来眼底，披襟岸帻，喜茫茫空阔无边。看：东骧神骏，西翥灵仪，北走蜿蜒，南翔缟素。高人韵士何妨选胜登临。趁蟹屿螺洲，梳裹就风鬟雾鬓；

更苹天苇地，点缀些翠羽丹霞，莫孤负：四围香稻，万顷晴沙，九夏芙蓉，三春杨柳"。20世纪60年代，郭沫若到大观楼游览，滇池风光依然令他赞叹。他赋诗赞美："果然一大观，山水唤凭栏"。

从1958年大修水利至1966年，我们向滇池要了两万亩田地。"文化大革命"期间云南省革命委员会在滇池"围海造田"。改变了高原明珠滇池的命运。省革命委员会的领导，号召"向滇池进军，向滇池要粮"，要求"当年围海，当年造田，当年受益"。此后，昆明市和西山区、呈贡县、晋宁县先后开始了规模不等的围海造田。这场造田闹剧，将滇池面积围掉20平方公里，造出了3.8万亩田，却种不出好稻子。不但滇池面积缩小，昆明气候也发生了异常，老海埂以北，湖区消失。围湖造田的结果，缩小了滇池的水面，直接减弱了滇池的蓄水能力，使鱼类失去了大片优良的生存空间。四季如春的昆明城，也出现了干燥、酷热的城市"沙漠化效应"。同时，多年来的乱砍滥伐致使森林大面积遭到破坏，导致水系干涸，降低了环境的承载力；流域内生产生活用水量的增加给滇池生态系统造成严重的污染和破坏，水质下降。

1978年以后在滇池周围围海造地，大搞房地产，使得滇池水面又缩减23.3平方公里。滇池湖滨带面积6.39万亩，其中96%的土地已经被开发利用，湖滨湿地几乎消失殆尽。

从20世纪80年代以来，随着滇池流域内经济快速发展和城市规模的不断扩大，人口急剧增长，滇池污染物产生量迅速增加。流入滇池的污染物增大，沿湖土地过度开发，湖滨生态带基本消失，三百多万人居住在滇池流域，每天用水量80万吨以上，一年有毒有害的工业污水，2亿立方的生活污水注入滇池，万顷农田施用的农药残留从广泛的面源最终汇入滇池，导致九十年代滇池严重富营养化，全湖水质劣v类，水体的使用功能受到严重限制。滇池污染是昆明近几十年发展中的最大损失，滇池污染损害了昆明的人居环境，破坏了春城的美好形象。昆明本来是一个"富水"的城市，现在已变成缺水的都会。

据云南省政府就全省九大高原湖泊一季度水质状况及治理情况发布的公告，目前地处黄金纬度上的滇池、阳宗海、星云湖、杞麓湖、异龙湖均严重污染。其中，滇池草海高锰酸盐指数、氨氮、总磷、总氮等指标重度污染，滇池外海总磷、总氮重度污染，阳宗海砷重度污染，星云湖总氮、总磷等重度污染，杞麓湖高锰酸盐指数、总氮等重度污染，异龙湖高锰酸盐指数、总磷、总氮等重度污染。抚仙湖、泸沽湖水质为优，洱海、杞麓湖水质为良。一半的湖泊达不到水环境功能要求。

黄金纬度上的地下水资源丰沛，但是污染亦很严重。在1980年以前，除昆明等少数几个城市外，所有城镇的地下水都清凉洁净，可以饮用。随着城市化的进程，云南所有城镇的地下水全被工业废水、城市生活污水所污染。值得一提的是，各地城镇大量引进洋草坪。有些城镇不顾自身条件，盲目建设大草坪、水景观等高耗水项目。洋草坪不仅耗费大量的水，加重了城镇用水紧张，而且要使用大量的化肥与农药。地表被绿草美化了，地下水却被污染了。现在云南所有城镇的地下水不仅不能饮用，甚至不可用于灌溉。

在黄金纬度上的昆明、丽江、大理、腾冲等城市的风景区，修建了高尔夫球场和高尔夫球练习场。高尔夫球场的好坏，要看草坪的质量。这些草发起病来扩散非常快，一小块没多久便连成一大片，经常是一夜之间全军覆没。为了照顾好草坪，需要耗费大量的水，还要化肥、杀虫剂和杀菌剂。高尔夫球场不仅耗水巨大，而且污染巨大。当今年全省大旱之时，各地高尔夫球俱乐部依然在水丰草茂，大款与权贵在潇洒地挥杆击球，尽享云南高原独特的风光与玩球的愉悦。他们的愉快、欢乐、舒心的高尔夫球运动，是以耗费水资源和污染水资源为代价的！

20世纪以前，云南省是一个森林覆盖率很高的地区。翻看明清云南地方志书，我们会看到漫山遍野都是林木森森，山清水秀。云南资源的主要特点是：树种多、类型多；速生树种多，生长率高；蓄水的树种和经济林木种类繁多；林副产品和山林特产资源丰富。

1950年以前，云南基本没有森林工业。在20世纪40年代，昆明虽有40多家木行经营木材，但数量少、品种单一。木材成品、半成品主要靠少数木匠手工制作。1950年以后，国家把云南列为重点林区，大规模开发建设。1952年，建起云南第一个国有森林工业企业——江边林业局。接着在森林资源较集中的滇南、滇西建立了南盘江、清水江、拉姑、楚雄、新平、景东、墨江、卫国八个省属国有林业局。1965—1969年国家为开发金沙江林区调集大批人马会战。会战结束后，将在会战中建立的黑白水、宁蒗、华坪碧泉、漾江、红旗、云台山七个林业局 16500 多职工下放给云南。20 世纪 70 年代又建立中甸、巨甸两个国有林业局。这些国有森林工业企业的发展，为支援国家建设、增加财政收入起了积极作用。

但是，如果一味只讲开发，不讲保护与育林，导致所有林业局普遍存在过度砍伐的状况，原生生态环境已经因大面积过度地砍伐而被破坏，黄金纬度上的森林覆盖率日渐减少，本土生态系统受到巨大冲击，生态多样性特点在这一地带逐渐弱化。

在云南森林大面积消失的时候，区域气候逐渐发生了变迁，导致洪涝与干旱等灾害频仍不断，各类灾害的冲击及人为的开发，导致生态环境进一步恶化，本土生态系统发生了不可逆转的破坏，在其他社会、经济、科技等原因的冲击下，为异域生物的入侵打开了大门。20 世纪 90 年代以后，云南森林过度砍伐的经济、生态、文化等方面的危害逐渐凸显，禁止砍伐森林、保护的生态环境的政策及相关法令才逐渐出台，这是云南黄金纬度带生态环境的保护历史上具有较大进步意义的事。

但是，脆弱的生态环境破坏容易恢复难，很多地区的生态环境因为地方政府开发方式不当，或是部分地区在改造、恢复生态环境的旗号下，采取进一步毁坏本土生态环境的措施，使黄金纬度带的生态环境遭到了进一步的破坏，水旱、滑坡、泥石流、地震等环境灾害以及异域生物入侵带来的各种形式生态危机频繁爆发。不仅给地方生态环境及各民族经济、文化的可持续发展带来了极大的隐患，也彻底摧毁了区域生态系统的稳定性及破坏性发展态势，原本风调雨顺、森林茂密、水源充沛的区域被石漠化、经常性缺水干旱、滑坡、泥石流、塌陷等生态灾害困扰。时至今日，黄金纬度地带的生态及环境含金量特点逐渐弱化，生态环境的保护、恢复，已经成为刻不容缓的事情。

余　论

近现代以来，云南黄金纬度上的城市规模一天天扩大，城市化带来的弊病也日渐加重。本来就狭小的坝子（盆地），挤满了钢筋水泥的高楼大厦，坝子的承载力趋于饱和。尽管马路、高速公路四通八达，但迅速增多的车辆使城市道路拥挤不堪。据 2011 年昆明市第六次全国人口普查资料，昆明全市人口为 7263100 人，常住人口为 6432212 人。其中居住在城镇的人口为 4116616 人，居住在乡村的人口为 2315596 人。在城市化的浪潮中，人口还在不断增加，如不加以控制，将使现在已经出现的水资源不足、交通拥堵、空气污染等危机加剧。黄金纬度上的其他城市，曲靖、楚雄、大理、保山等也面临同样严峻的环境问题。如不及时认真研究，制定相应对策，黄金纬度的生态环境将遭到毁灭性的破坏，社会经济将难以永续发展。

　　这是值得政府与每一个公民，深长思考的重大问题。如果能够利用黄金维度带优越的自然条件及其强有力的生态自我恢复能力，给地方生态环境一个休养生息、自我调整恢复的时间及空间，重构本土的生态环境及稳定持续发展的生态系统，才能回复这一地带历史以来的辉煌及其优越的发展基础。否则，黄金纬度及其孕育的政治、经济、文化及生态文明都将在地球上消失。生态文明建设的战略目标的实施，是到了给不顾环境基础而肆意开发的地方政府及民众反省失误的时候了，也是敲响警钟的时候了。只有从政府决策、法律制度的层面出发制定相关政策、措施，全体民众都应该关心黄金纬度的生态环境及其持续发展的方向，黄金纬度带的继续存在才有可能实现。如果黄金纬度带消失，不仅是云南人民的灾难，也是全国人民、全世界人民的灾难。

　　（本文经过作者修改，曾以"黄金纬度与云南文明"为题发表于《思想战线》2016 年第 5 期）

清代登陆海南岛台风对西南地区的影响[*]

满志敏　刘大伟

一　从威马逊台风说起

2014 年 7 月 18 日 15 时,"威马逊"在海南省文昌市翁田镇登陆,其后又在广东徐闻、广西防城港市等沿海地区登陆。"威马逊"登陆时中心附近最大风力为 18.4 级,是 1973 年以来登陆华南地区的最强台风之一。据初步统计,台风在海南、广东、广西、云南等省(区)已造成 56 人死亡,20 人失踪,1107.3 万人受灾,直接经济损失达 384.8 亿元。

当然"威马逊"影响的地区不多是西南地区,但其中相当部分与西南地区有关。19—22 日,超级台风"威马逊"裹挟暴风骤雨侵袭云岭大地。19—22 日已逐渐转变为热带气旋的"威马逊"侵袭云岭地区,从滇南到滇西,连日强降雨造成多地频发洪涝、泥石流、山体滑坡等自然灾害,人民群众生命财产安全遭受极大威胁。据中央气象台的预测,其中20—21 日这个台风对云南南部影响最强,文山、红河、玉溪南部、普洱、西双版纳、临沧阴有大到暴雨,局部地区有大暴雨,累计雨量 80—120 毫米,局部地区达 150—200 毫米。

从上述例子可以知道,尽管台风灾害并不是西南地区的主要灾种,

---

* 基金项目:本研究受教育部人文社会科学重点研究基地重大项目(12JJD770012)支持。

作者简介:满志敏,复旦大学教授,博士生导师,主要从事历史自然地理方面的研究;刘大伟,复旦大学历史地理研究中心博士研究生,研究方向为历史自然地理。

但台风灾害仍然对西南地区有一定的影响。极端情况下，影响的程度还是比较大的。

基于这样的认识，我们希望知道在历史时期是否发生过类似的情况，以及在整个清代，台风在不同时期是否有一定的变化特征。本文就是依据这样的想法，做一些初步的分析，希望有助于廓清台风对西南地区的影响问题。

当然这个问题的研究中仍然存在一些很难克服的困难。其一，尽管我们已经收集了能找到的所有地方志和其他资料，但很难说没有遗漏，也许一些重要资料的遗漏会对单个台风的判断，不过目前尚无法准确地评估。其二，按台风的能量和水汽活动规律，其登陆后能量来源和水汽迅速消减，台风强度也跟着降低，很快转变为热带气旋。而台风活动季节正是印度季风的盛行之时（是我国夏季风雨带的主要来源），减弱后的台风，本质上就是一个普通的气旋，其与夏季风活动中的气旋差别并不大，因此真正进入西南核心地区的台风在很大程度上与普通的气旋相混淆，而寄希望从文献记载完全得到分离，这是非常困难的。好在影响西南地区的台风路径有一定的规律可循，今年的"威马逊"台风活动路径就是一个非常典型的例子。

二 从记载中见到的一些影响西南地区的强台风

（一）康熙元年（1662）在雷州半岛海康一带登陆的台风

该年八月在雷州半岛附近登陆的台风比较频繁，"八月初六至十六日，飓风三次，禾稼尽淹，人民大饥"。[①] 一个月出现三次台风，这在该地区是比较少见的。八月的这三次台风，以八月十三日那次最大，通常在台风频发的地区，只有大的台风才会见于记载，"八月，飓风大作。徐（闻）之飓风常也，非大不书"，[②] 说的就是这个状况。这次台风的登陆地点大约在遂溪至海康一带，当时两地"上洋田"和"东洋田"约有数

---

① 康熙《吴川县志》卷四。
② 康熙《徐闻县志》卷一。

万顷"尽漂没焉"。^① 该次台风的北缘至少影响到开建县（今广东封开县）一带，^② 南缘不详，估计至少也要影响到海南岛的北部。这次台风显然是由东登陆，其行进路径应是朝西北方向走的，因为南北两侧的影响并不是很大，最大影响部位是在文献记载位置的中部，故可以肯定其行进的路线。尽管在广西一带已不见记载，但如此强的台风影响到合浦和北海市一带的状况可以推算出来。至于其对西南地区的影响大小，因缺少记载，尚难以估计。

（二）康熙二十四年（1685）在海南岛北部登陆的台风

该年六月，有强台风在海南岛北部登陆，"六月初二日，飓风大作"。^③ 该台风登陆的地点应该在琼山一带，光琼山城就"飓风倾倒城垣六十余丈，雉堞一百二十，并各门城楼；子城倾倒三楼，城垣五十五丈"；而临近不远的海口城则"倾倒城垣二百二十九丈余，雉堞一百八十六，并城楼四座"。^④ 琼山和海口两城尽管临海，但从地形上来看，台风尚不至于洗荡城池所建筑的平地，因此两城城墙的大范围倒塌，应是强风的作用。从现代台风资料来看，一般台风的风力尚不至于造成坚固建筑的倒塌，因此可以估计这次台风中心的风力至少在 15 级以上。由此也可以判断，该次台风的登陆地点就在琼山附近。除了琼山和海口两城外，海南岛的安定、澄迈、临高等地也受到这次台风的影响。^⑤ 该次台风影响的北缘在雷州半岛的海康一带，而南缘不会越过海南岛的中部一线，而台风行进的路径也是西北行的，至少广西的合浦一带"夏六月，飓风大作，海潮翻涨异常"。^⑥ 该年六月台风的行进路线与今年"威马逊"台风类似，台风中心的最大风力也有可比拟之处，因此可以估计该台风也会对西南地区产生一定的影响。

---

① 康熙《雷州府志》卷一、康熙《遂溪县志》卷一。
② 康熙《开建县志》卷九。
③ 康熙《澄迈县志》卷九。
④ 康熙《琼山县志》卷四。
⑤ 康熙《澄迈县志》卷九、乾隆《定安县志》卷一、康熙《临高县志》卷一。
⑥ 康熙《合浦县志》卷一。

（三）雍正十三年（1735）在海南岛琼海一带登陆的台风

该年七月，强台风在会同县（今琼海县）一带登陆，"飓风大作，庙宇衙门城楼民房倾毁多半，墙倒压死多人，忠义、节孝二祠尽扫平地"。① 该次台风影响到海南岛多地，其中琼海县的损失最为严重，城内地面建筑物近半倒塌，这是较为罕见的现象，因此可以估计这个县的附近就是台风登陆之处。该次台风的北缘约在琼山县一带，地方志中也记载七月"飓风大作"。② 而隔海的雷州半岛已不见记录。台风的南缘至少在今三亚一带，"七月，飓风大作，城垣倾倒，水势涨大"。③ 由于南北缘的损失情况比中间的会同县一带要小些，这是估计台风中心登陆地点的理由之一。同时这也预示着该次台风的行进路线也是西北行的，可能会对广西沿海一带造成影响，不过有关情况尚不见于记载而已。

（四）嘉庆二十三年（1818）在海南岛发生的台风

该年五月和八月，共有四次台风经过海南岛，"五月廿一日己午飓风大作，二十七日又作。至八月初三、十八日又连大作，（会同县）大堂内衙、儒学东西两庑及庙宇民房片瓦寸木无存，压死人丁无数"。④ 这个记载的情况是可靠的，因为《琼州府志》中也谈到"夏秋间，澄（迈）、定（安）、会（同）、乐（会）、万（州）各州县屡遭飓风"。⑤ 在年内发生的四次台风中，尤以八月十八日登陆的台风最为强大，"夜飓风大作，风中火星散飞，拔木坏屋，文武衙门民间祠庙倒塌殆尽，海水涨溢，溺死者不可胜数"。⑥ 这是在万州（今万宁县）发生的影响，与周边其他受灾县相比，其强度远超之。据记载该年"琼属迭遭台风，惟万州、乐会为最甚"，正因为万州和乐会南北相邻，又都濒临大海，由此可以判断该次台风的登陆地点就在万州和乐会一带，同时也可以知道，八月十八日

---

① 嘉庆《会同县志》卷十。
② 乾隆《琼州府志》卷十。
③ 乾隆《崖州志》卷九。
④ 嘉庆《会同县志》卷十。
⑤ 道光《琼州府志》卷四十二。
⑥ 道光《万州志》卷七。

的台风也是西北走向，由此走向，才会有这两个濒海的州县损失最大。

当然类似的台风，远非上述几次。之所以列举这几次比较严重的强台风，以及它们登陆后的影响，因为它们的走向路径均与今年的"威马逊"台风类似。由此可知，"威马逊"强台风在历史上并不是孤立的，正是海南岛特殊的地理位置和副热带高压的通常活动状态造成的。这些台风一定会对西南地区产生影响，只是目前无法详知其中的细节，其中的原因我们在前面已经谈论到了。影响到西南地区的台风，与上述例子类似，其大都路径都经过海南岛，因此我们除了想知道一些个例外，更重要的是了解类似的台风在整个清代有没有特定的时间规律，其时间特性表现在哪里？下一节，就是想跳出简单个例的范畴，从时间序列的变化过程，进一步探讨进过海南岛的台风时间上的一些特征。

三　清代登陆海南台风的时间特征

在做时间序列分析时，首要的问题是如何构成序列的基础数据。当然比较理想的是统计出每年在海南岛登陆的台风，以此作为序列分析的基础材料。不过这仅是一个理想的状态，从目前掌握的资料来看，存在三方面的问题。其一，海南岛仅是一个偏于一隅的小地方，在朝廷记录中涉及的地区，通常与经济和政治的活跃程度有关，因为海南岛上台风资料记载只能使用地方志资料，但这个相对单一的来源，就很难用其他资料的记录进行比对。其二，地方志中的记载尽管说有覆盖面好和基本连续的特点，但受方志修纂时期安排的影响，很难说其中没有缺漏的内容。其三，就是在地方志中，也不是每次台风都会记录下来，前面提到过"徐之飓风常也，非大不书"，这是一种普遍的情况，由此会造成资料的缺记。同时由于每个地方对台风有各自的理解，因此也会造成资料序列的收录与否，以及选择何种资料及表达方式上会有差异。上述问题总的后果是形成资料的不均匀性，而且这个不均匀的特点，目前并没有好的方法予以校正。

为此这里希望用降低分辨率的方法来规避一些导致序列不均匀特征的问题。如果我们仅统计每年是否有台风在海南岛登陆，而不关注年内登陆的次数，显然这样可以规避计算年内登陆次数中产生的问题。同时也不以年单位，建立时间序列，也仅仅计算每十年的发生数，这样有可能平均掉一些发生台风年的记载问题。由此来看，这里是以牺牲分辨率来达到降低序列不均匀性的可能性。两种方案比较下显然第二种方案要更实际些，因为它可以在一定程度上解决由于文献记载问题而产生的不均匀性。尽管我们目前尚无法肯定不均匀性的分布特点，但采用规避的措施是比较理想可行的。

根据上述第二种思路，我们建立了表达在海南岛或邻近地区台风登陆的时间序列，如图1所示。之所以选择海南岛作为登陆地点，这我们在前面已经谈到，因为这个登陆地点代表了一个台风运行路径的起点。既然目前不清楚所有的台风活动的路径，而从一个已知的路径起点来论述，仍不失为一个权宜的方法。

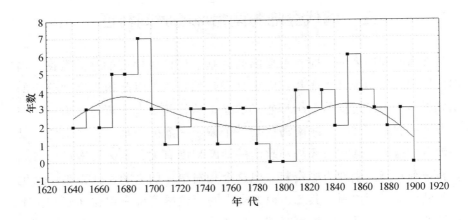

每十年登陆海南岛的台风统计图

注：1640年代从1644年开始统计，1911年的数据略去。图中的曲线为多项式拟合值

从图中可见，每十年在海南岛及邻近地区登陆的台风并不是均匀的。少的十年仅有一年左右，图中有三个十年的发生次数0，可能受资料记载的影响，但影响的幅度不会相差很大，因此可以估计在一年左右。多的十年可以达到6—7年，并且在整个清朝海南岛登陆台风的年代际波动呈现出一定的规律，在1680年代和1850年代达到两次高峰，这图中时间序列计算的多项式拟合值充分反映了这个特征。这个结果说明登陆海南岛

的台风，在时间序列上有自己的特殊性，如果放在清代气候变化上来看，这种特殊性是很有意义的。

有意思的是这两次高峰时期正与我国东部冬季温度的年代际波动有关。已有的研究已经证明，我国的冬季温度在整个明清时期有三次低谷，除了明朝中叶的一次外，另两次就发生在清朝的前期和后期①。这个现象说明在海南岛登陆台风的时间序列变化特征，并不是孤立的事件，它与整个中国东部气候变化造成天气系统变动相联系。

当然进一步而论，这种联系的具体特征，目前还很难说清楚，一则这是个冗长的讨论，不是本文所能容纳。二则是台风一般发生在副热带高压的西南缘，而副热带高压的北侧是夏季风雨带，因此探讨具体关系，需要结合这三个天气系统的变动来叙说，由于有些研究还没有完成，故也无法进一步讨论了。

四　结论和讨论

类似今年在海南岛登陆的"威马逊"台风，并不是孤立的，尽管这样强的台风影响发生的频率并不高。但至少在清朝，这样的台风也多次发生。而与"威马逊"台风类似的历史事件，它们的活动路径也具有相似性，会对西南地区发生作用。尽管西南地区并不沿海，但从个例来看，仍然会受到台风的影响，不过它们的表现形式并不是以大风为主，而是台风减弱后的强降水为主，从而会引发一系列的次生灾害。

其次，整个清朝在海南岛登陆的比较频繁，而更有意思的是它们在时间系列上仍有一定的特征，既表现出在清朝前期和后期都有一个高峰，而且这两个高峰发生的时间正与我国冬季温度的低值时期相吻合。这究竟是巧合，还是它们在天气系统活动上存在某种关系？这需要进一步研究予以解决。

---

① 葛全胜、郑景云、方修琦等：《过去 2000 年中国东部冬半年温度变化》，《第四纪研究》2002 年第 22 卷第 2 期。

内亚的边缘及其景观变迁[*]

——以鄂尔多斯南缘为中心的讨论

张　萍

丹尼斯·塞诺将其主编的《剑桥早期内亚史》一书中的"内亚"一词定义为一种文化而非地理的概念。[①] 事实上，对于问题研究，的确，与其将之视为一种地理概念，不如将其视为一种文化概念，更加具有研究的价值。内亚地区自古民族复杂，文化交融剧烈，尤其晚近时期，各民族更替带来生产方式的变革成为这一地区社会变革的重要表现。对于这种变革许多学者从不同的角度加以研究，成果丰硕。但是这种变革的内在动力与外在条件是如何互动，如何一步一步地由畜牧到农耕，由游牧到定居，以及由此带来的区域景观的变迁。这样的具体案例似乎还很少见到，本文即拟提供这样一个研究个案，以探讨这一变迁的本质及其内涵。

一　环境基础：北部边疆的宜耕宜牧之区

本文所研究的区域主要集中在今天的鄂尔多斯南缘长城沿线 6 县，

---

　* 作者简介：张萍，博士生导师，曾任陕西师范大学西北历史环境与经济社会发展研究中心教授，现为首都师范大学历史学院教授、博导，主要研究方向为历史经济地理学、西北区域历史地理和西北环境史。

　① Denis Sinor, *The Cambridge History of Early Inner Asia*, ix. Cambridge University Press, New York, 1988.

这6县由东向西分别为府谷、神木、榆林、横山、靖边与定边县。从综合自然地理分区上主要将之归为温带风沙化干草原——淡栗钙土自然地带。这一地带在地质构造上属鄂尔多斯台向斜陕甘宁拗陷带的一部分，第四纪以来地壳缓慢上升，与伊克昭盟西南部连在一起，形成辽阔坦荡但有起伏的高平原地形，海拔1300—1400米之间，较干旱。因缺乏流水切割，所以地势起伏小，地面比较平整。但是高平原上仍有地貌分异现象，从西向东，变化明显，又可分为三部分。

一是东部定、靖北部黄土高平原滩地湖盆区，占有定边和靖边县的北部地区。地表类型主要表现为黄土高平原地域类型。地表组成物质为黄土和粉沙，局部地区分布薄层片沙，气候干燥。在高平原中常见滩地分布，是由古代湖泊受气候变化干涸而成；中央低平，低洼部分常集水形成湖沼或盐地，面积大，可达几平方公里，甚至几十平方公里。二是中部榆、神、横西北部高平原沙丘草滩区，占有榆林、神木和横山县的西北部地区。地势起伏，风沙沉积物厚度较大，分布广泛，沙丘沙梁波浪起伏，是毛乌素沙漠的组成部分，丘间地和河谷地带有草滩、阶地，为交错分布，彼此镶嵌，形成各具特性的土地类型区。沙地构成该自然区地域类型的主体，且以流动沙丘分布最广。滩地少面积小，且多分布在沙丘与沙丘之间的洼地区，有些分布在现代水系的上游，原系古河道的谷地，后因沙丘包围，流水线被阻隔切断，形成现在的内流滩地。湖泊也多，大小不等，水质较好。三是东部府谷黄土丘陵沟谷区，几乎占有府谷县全境以及神木县东北部地区。地势由西北向东南倾斜，海拔在1000—1200米之间。地形有黄土梁峁、宽阔谷地和峡谷等，地表沉积物有黄土、红土、沙以及近代河流冲积淤积物等，它们分布不同，形成不同的地域类型区。

从生产条件来看，定、靖北部黄土高平原区，由于土质疏松，耕性良好，大片土地已被开垦种植春小麦、玉米等农作物。滩地则由于地下水位浅，盐渍化严重，形成湿盐碱草滩，仅能放牧牲畜。榆、神、横西北部沙丘草滩区，由于流动沙丘冬春季受强盛的西北风影响，大多向东南方移动，常压埋农田，淤塞河道。因此，防风固沙、种植牧草是主要任务。可用作牧场，放牧小牲畜。这里的滩地地势低平，地下水位浅，水源丰富，土质肥沃，夏季水草丰盛，是沙区的绿洲，开发方便，宜牧宜农。东部府谷黄土丘陵沟谷区，地面覆盖着薄厚不等的黄土和红土层，草场辽阔，可放牧牛、羊等。皇甫川、清水河、孤山川等河流两岸有较宽阔的冲积阶地，地势低平，便于灌溉，是该自然区主要的粮食基地。[①]依据今天地理分区综合考察，在自然环境恶劣的西北地区，鄂尔多斯南缘，即今陕西长城以北却相对优越，是一片资源丰富的地域。民国时调查也称：河套地区沿黄河一带及长城附近，地势平坦，土质较佳，所在之处尽有汉人足迹。[②] 充分肯定了鄂尔多斯南缘地区自然环境的优越，在沙漠草原地带，这里不失为水草丰美、宜农宜牧之区。

二　边墙与边界：明代边墙修筑与军镇的构建

自商周以来，鄂尔多斯地区始终是多民族聚居之地，又时常成为北方游牧民族与南方农耕民族拉锯战的战场。民族争夺与分割，始终是这一地区历史发展进程中的主旋律，今日鄂尔多斯南缘——陕边六县经济地理格局则肇基于明代。

明代鄂尔多斯地区较为空旷，其南缘——今陕西长城以北区域长期处于战备状态，因此，始终没有形成行政建置上的州县分区，而是军政体制相参而用，营堡、镇寨周密布设。军事性营堡的布设又与王朝在整个北部军事防线的进退相一致。明初，元朝蒙古政权被推翻以后，残余势力退回漠北草原游牧之区，成为朱明王朝的一大对抗势力，不断骚扰明朝北边。洪武年间，明王朝初建伊始，对北部边疆采取积极进取的策略，建立起一整套带有攻击性质的防卫体系。以辽东、大宁、大同、甘州为联结点，分设都司与行都司，将所辖开原、广宁、开平、兴和、宣府、东胜、宁夏的各镇卫联结起来，形成坚固的防线，力图将蒙古势力围困在漠北之地，陕西以北基本沿黄河北岸布设。分别设于洪武四年（1371）、十二年（1379）的宁夏、甘肃两镇担当了西北地区军事防卫的重任。今天的陕北区域分设有延安、绥德两卫所，与当地的三州、十六

---

① 本部分参见陕西师范大学地理系：《陕西省榆林地区地理志》第 11 章《土地类型和综合自然区划》，陕西人民出版社 1987 年版，第 242—244 页。

② 潘复：《调查河套报告书》，京华书局 1923 年版，第 219 页。

县交错管理。布防轻弱,几无兵马烽堠。① "土木之变"英宗被掳,明政府与蒙古的争战白热化。与此时间大体相当,蒙古部族南进,占据鄂尔多斯地区。这样,蓟州、宣府二镇成为明朝国都北门的重要屏障,开始与大同处于同等重要的战略地位。而延绥、山西镇(偏头关)的战略地位也大大提高,经略延绥成为正统以后明政府重要的军事措置。这一时期也就成为鄂尔多斯南缘军事防线发展的关键时期。

为防范入套蒙古部族对延安、绥德与庆阳等地的骚扰,正统二年(1437),镇守延绥等处都督王祯开始在榆林一带修筑城堡,设防备敌。沿边共修筑城堡25座,② 大致分布在榆林边区,今天的长城沿线,25座营堡驻军尚不多,每处仅一二百人,③ 防守任务由轮班调派的客兵来完成。延绥镇守备的完善是在成化时期,余子俊筑边墙,改守套为守边墙,形成以边墙为防御体系的沿边营堡中心。边墙最终修筑始于成化十年(1474)三月,至同年闰六月完成,主体工程历时三月有余。④

边墙,今人称之为长城。延绥长城大体分布在今陕西省北部的府谷、神木、榆林、横山、靖边、吴旗七县境。东北起自黄河西岸,西南至今宁夏盐池县东界。伴随延绥长城的修筑,营堡进一步拓展,全线列36营堡。这些营堡大多是在以往营、寨的迁建、挪移后形成的沿长城稳固的边防基地。其中镇城榆林镇在永乐时只称榆林寨,规模很小,也无防守军兵;正统初年改建为堡;成化七年闰九月,巡府王锐于此增立榆林卫;至九年六月,迁延绥镇于榆林卫城,成为镇卫中心。其他营堡则建于成化七年至十五年之间,大多由余子俊督建完成,以后历年略有修葺、增筑,到万历时升至39座,分东、中、西三路营堡。据《皇明九边考》,沿边各堡之间距离多在四五十里之间,远者七八十里,最远不超过百里,是经过一定规划布设而成。⑤

---

① 魏焕:《巡边总论·论边墙》,《明经世文编》卷250,中华书局1962年版,第2629页。

② 《明史》卷91《兵志三》,中华书局1974年版,第2237页。

③ 《明史》卷91《兵志三》,第2237页。

④ 《明宪宗实录》卷130,成化十年闰六月乙巳,江苏国学图书馆传抄本,第17函,第166册,第5 b—6 b页。

⑤ 魏焕:《皇明九边考》卷7《榆林镇》,《中国西北文献丛书》第79册,兰州古籍书店1990年版,第296—299页。

三　蒙汉分区：雍正前后的陕北长城内外

1644 年清军入关，结束了大明王朝二百七十六年的统治，从此中国历史翻开了新的一页。清王朝是由满人建立起来的统一王朝，由于特殊的民族身份，从一开始就形成了有别于历朝历代的民族统治方针，对于周边少数民族和边疆管理的重视程度往往也超出了一般的汉族王朝。

清初，中国的西北边疆主要分布着蒙古族，蒙古族又分漠南蒙古、漠北喀尔喀蒙古和漠西厄鲁特蒙古三大部。明朝统治时期，蒙古各部一直为患边塞，构成大明王朝西北边疆的重敌，但对于满、蒙关系来说，两族则始终保持着密切的往来。漠南蒙古在清军入关前就已归附清朝，清廷赐予蒙古各部落首领以亲王、郡王、贝勒、贝子等封爵，并与他们世代联姻，漠北喀尔喀蒙古也与清廷建立了纳贡关系。只有漠西厄鲁特蒙古准噶尔部在其首领噶尔丹统治之时，兼并漠西蒙古其他各部，占据天山南路以及青海、西藏的部分地区，进而进犯漠北喀尔喀蒙古各部，形成边患。康熙帝于二十九年（1690）、三十年（1691）先后两次率领清军及其他蒙古军队，御驾亲征，以后经雍正、乾隆两朝终于在乾隆二十二年（1757）平定准噶尔部，之后清政府派遣将军、参赞大臣、领队大臣率兵分驻伊犁各地，巩固了西北地区的统治。

伴随着西北边疆战事的平靖，清政府进一步确立了在这一区域的统治权。区别于内陆地区，对待西北游牧民族，采取了划界分疆的政策，实行盟旗制度，蒙汉隔离，互不交通。今天的陕北边外称伊克昭盟，自为一盟，下分七旗，即：准噶尔、郡王、扎萨克、乌审、鄂托克、达拉特、杭锦旗。① 各旗之间分辖地域，互不相扰，南部以边墙（长城）为界。

与之隔墙而立的则为汉族农业区。清初这里依然沿袭明代旧制，以卫所制代替州县统辖。只是在驻军规模上明显减少，不足明代的五分之一（参表6）。雍正九年，鉴于陕北沿边地区民事浩繁，"夷汉杂居，必

① 《清史稿》卷 520《番部列传》，中华书局 1974 年版。

须大员弹压"①，经宁远大将军岳钟琪提请，吏部议覆，将榆林沿边一带划定州县，由过去的军事管理改定行政区划，设置榆林知府一员，原靖边堡、定边堡、怀远堡所辖区域，以五堡为单位，划界分疆，设置州县。靖边县设于原明代的靖边营，下辖龙洲、镇靖、镇罗、宁塞四堡；定边县设于原定边堡，下辖安边、新兴、砖井、盐场四堡；怀远县（今横山县）设于原怀远堡，下辖波罗、响水、威武、清平四堡；榆林府设于原榆林镇城，附郭榆林县下辖保宁、归德、鱼河、镇川四堡；外加神木、府谷两县，构成沿边六县。六县沿边墙东西分布，也称陕边六县，从此完成了陕北地区州县分区的厘定工作，终清一代，未有改变。

四 展界拓土：从禁留地到黑界地、伙盘地

蒙汉分区是清政府民族隔离政策的一个重要表现。但是蒙汉两族自古交往。明朝时，由于军事战争，沿边一带往往设置市口，定期贸易。战事平缓，边民往来于内外亦为数不少。据《明史纪事本末》载，宪宗成化二年（1466），延绥纪功兵部郎中杨琚奏："河套寇屡为边患。近有百户朱长，年七十余，自幼熟游河套，亲与臣言：'套内地广田腴，亦有盐池海子，葭州（今陕西佳县）等民多墩外种食'。"② 农业与游牧民族经济需求上的互补性决定了两族之间不是人为界限所能阻隔。清初，政府划界分疆，在陕北区域最早以边墙为界限，以后为保证两族不相混杂，避免冲突。又于陕北及准噶尔、郡王、扎萨克、乌审、鄂托克等鄂尔多斯南部五旗间划定"界地"，设置缓衡地带，"于各县边墙口外直北禁留地五十里"③ 作为蒙汉之界，不准汉耕，也不许蒙牧，这条界线划定于何时，史书没有明确记载，道光《神木县志》只是说"国初旧制"④。但从史籍判断，至少在顺治或康熙初年即已确定，两族之间形成一长条形的隔离带，史籍中多称此为"禁留地"。

---

① 《清世宗实录》卷100，雍正八年十一月壬午条。
② 谷应泰：《明史纪事本末》，宪宗成化二年，中华书局1977年版。
③ 道光《神木县志》卷3《建置上》，第8页，道光二十一年刻本。
④ 道光《神木县志》卷3《建置上》，第8页，道光二十一年刻本。

　　越界耕牧对于蒙汉两族来讲都是违禁的。最早从制度上打破这种分隔格局者来源于蒙古贵族。康熙二十二年（1683）三月，蒙古"多罗贝勒松阿喇布以游牧地方狭小，应令于定边界外暂行游牧。"请示理藩院，同年六月经议政王大臣等会议议定，同意"多罗贝勒松阿喇布所请，暂给游牧边外苏海阿鲁诸地"。[①] 康熙三十六年（1697）三月贝勒松阿喇布再次上奏，请求开放定边、花马池、平罗城三处，以便诸蒙古就近贸易。且乞发边内汉人与蒙古人一同耕种。康熙皇帝命大学士、户部、兵部及理藩院会同议奏，同意其请，令两族各自约束，勿起争端。[②] 由此可以看出，禁留地本是蒙汉两族人为的界限，康熙二十二年（1683）始由贝勒松阿喇布打破僵局，允许其游牧其间，但仍限定区域，由于蒙古牧民不谙农耕，松阿喇布再次提出请求，蒙汉合耕，康熙三十六年（1697）再次得到朝廷的批准。蒙汉合耕不仅是蒙古民族的需要，对于内地汉民同样具有吸引力，一旦实行开边，立刻得到山陕地方的大力支持，《榆林县乡土志·政绩录·兴利》载"佟沛年，汉军正蓝旗人，康熙三十六年任榆林道。榆故旷衍，无膏腴田，康熙初，屯兵渐减，百姓逐末者益多，无以自给，沛年至议，以榆神府怀各边墙外地土饶广，可令百姓开垦耕种，以补内地之不足，诏准行之。是年秋，星使至榆，会勘于各边墙外展界石五十里，得沙滩田数千顷，沛年露处于外者数月，亲为画地正限，并为套人定庸租、地课，今榆之东边外有地名大人窑子，即沛年憩息处，又城北十里雄石峡凿石开渠，引榆溪水溉田，榆民颂其德，比之明巡抚余子俊云。"

　　自康熙三十六年（1697）开边以后，蒙汉伙种，晋陕之人纷纷涌入。"沿边数州县百姓岁岁春间出口……皆往鄂尔多斯地方耕种。"[③] 康熙五十八年（1719）贝勒达锡拉卜坦明确提出，如果准予汉人无限制地越界种地，怕最后导致农业过多占用游牧土地，办些请求朝廷，立定界址。清政府派出钦差侍郎拉都浑前来榆林等处踏勘，定出五十里界址，"有沙者

　　① 《清圣祖实录》卷108，康熙二十二年三月、六月条。关于此事，史籍记载有蒙古贝勒达尔查所请，多罗贝勒松阿喇布（也作松拉普、松喇布）所请，略有歧异。

　　② 《清圣祖实录》卷181，康熙三十六年三月乙亥条。

　　③ 中国第一历史档案馆，宫中档朱批奏折4./358/1。

以三十里立界，无沙者以二十里立界，准令民人租种。"首次准确规定出边外耕种地土之界限，并规定出具体租赋标准。① 当时因开放地只限于边外二十至三十里，而耕种的土地经翻新，地色变白，"不耕之地其色黑"，故称二三十里外不耕之地为"黑界地"。

乾隆元年（1736）延绥总兵米国正上奏朝廷，认为"民人有越界种地，蒙古情愿租给者，听其自便"，史载"自此出口种地之民倍于昔矣"。② 这样再次引来农牧之争与划界分疆。乾隆八年（1743），由于边地开放，边民越界耕种不断增多，各旗贝子等又联名上书，"以民人种地越出界外，游牧窄狭等情，呈报理藩院"。于是清廷再次派出尚书班第、川陕总督庆复会同各扎萨克等协商，决定"于旧界外再展二三十里，仍以五十里为定界。此外不准占耕游牧"③，并规定新旧界址区域租税有别。旧界租税仍旧，新开地区"按牛一犋，再加糜五斗银五钱。"此时，五十里禁留地全部向汉人开放。这次划界系插牌定界，"即于五十里地边或三里或五里垒砌石堆以限之，此外即系蒙古游牧地方"④。这样，原来的留界地便改称"牌界地"。牌界地系由陕北汉农雁行垦种，"春出冬归，暂时伙聚盘居"，因而又被称为"伙盘地"⑤。"凡边墙以北，牌界以南地土即皆谓之伙盘，犹内地之村庄也"⑥。此章程的制定当在乾隆九年（1744）春季。⑦

五 划界分疆：人口结构的改变

划定州县与开放界地带动了边疆地区人口结构的变动，进而大大推动了陕北沿边地区的经济开发与社会发展。

---

① 道光《神木县志》卷3《建置上》，第8页，道光二十一年刻本。
② 嘉庆《定边县志》卷5《田赋志·中外和耕》，第15页，嘉庆二十五年刻本。
③ 道光《神木县志》卷3《建置上·边维》，第7页，道光二十一年刻本。
④ 同上书，第8页，道光二十一年刻本。
⑤ 同上书，第9页，道光二十一年刻本。
⑥ 同上书，第7页，道光二十一年刻本。
⑦ 《清高宗实录》卷217，乾隆九年五月有"榆林口鄂尔多斯蒙古地方。今春内地佃民。初定章程。牛具出口。先因旱燧。布种为忧。自四月下旬得雨，已获遍种秋苗。贫民与蒙古，彼此相安。"

沿边人口结构的改变首先表现在军户转民户上。明代陕北边墙一带由于蒙汉持续争战，形成两族对峙局面。界域分离带来民族分隔，边墙一带分立三十九营堡，驻扎着庞大的军队系统，据《大明会典》记载，明代延绥镇"经制官兵五万五千三百七十九员名，马骡驼三万三千一百五匹"，军户编制，民户相当稀少，且主要分布于边墙以内。军事化的管理形成了这一带以军户为主体的户口结构形式。清初，虽仍行蒙汉隔离政策，但军事上的争执已经解除。康熙时期陕北沿边军队减少到"经制官兵九千六百二十九员名，马二千六百四十二匹"。[1] 仅从兵员额度来看，较明代已减少了五分之四强。其时，经过明末的变乱，原明代官军，或流亡他乡，或"占籍而为民"，"十不一二"[2]。因此，康熙前期延绥镇的人口极其稀少，据《延绥镇志》载"榆林卫户丁实在三百二丁"[3]，地广人稀成为这一地区的一个主要特征。康熙五十一年（1712），清政府规定"滋生人口，永不加赋"，政府鼓励以及沿边开放政策大大吸引内地边民的开发热情，大批汉族无地或少地农民迁移流转，使这一地区的人口结构发生了翻天覆地的变化，沿边地区民户增长速度出现了迅猛势头。道光《榆林府志》对当时榆林府所辖榆林、神木、府谷、怀远、葭州五州县乾隆四十年（1775）至道光十九年（1839）四个阶段人口作了详细统计，可以看出，榆林府自乾隆以来人口增长速度是相当惊人的，尤其榆林、神木、府谷、怀远四县，乾隆四十年总户数已达 54192 户，人口 316293 口；至道光十九年，四县总户数为 76570 户，人口 510245 口；六十余年间户数增加 22378 户，口数增加 193952 口。也就是说，从乾隆四十年至道光十九年，陕边四县人口增加了二万余户，近二十万口，这还不包括靖边、定边两县（参表1）。[4] 当然道光《榆林府志》所记人口包含边外人口在内，移民对陕北沿边人口增长起到了极大的促进作用。

---

① 康熙《延绥镇志》卷2《兵志》，康熙十二年刻本。
② 康熙《延绥镇志》卷2《食志·户口》，康熙十二年刻本。
③ 同上。
④ 道光《榆林府志》卷22《食志·户口》，道光二十一年刻本。

表 1　　　　　　　　　　**清中期榆林府四县户口统计表**

县名	乾隆四十年		嘉庆十年		道光三年		道光十九年	
	户数	口数	户数	口数	户数	口数	户数	口数
榆林县	13235	85679	14989	96512	16540	101283	20575	103140
神木县	12000	75691	15454	109277	15742	109908	16050	113717
府谷县	15984	71283	20276	85414	26071	140036	26234	204357
怀远县	12973	83640	14266	92212	13434	97653	13711	89093
合　计	54192	316293	64985	383415	71787	448880	76570	510245

资料来源：道光《榆林府志》卷二十二《食志·户口》。

　　其次，清代陕北沿边人口结构的改变还表现为人口在区域分布上的变动。边外禁留地的开垦带动了边内的移民潮，伴随边民北移，人口在地域分布上出现南北平均的局面。乾隆年间府谷县编户四里，所辖乡村共计 227 村，而边外伙盘村落数量已达 354 个。[①] 道光年间怀远县口内乡村 792 村，口外 437 村，[②] 从村落分布来看，边外村落已占全县总数的三分之一强，府谷县甚至超过边内村落数量，故在民国调查中常有"边外地土已越边内"的记录，如府谷县，"据现时调查，府谷边外属地几占全县之半"[③]；靖边县"现时调查，靖邑边外村户之繁，已占全县大半。"[④] 榆林县"近年以来，开垦愈多，村庄愈密，向之称为伙盘者，今则成为村庄也，几占全县之大半。"[⑤]（参表 2）

表 2　　　　　　　**1919 年陕北沿边六县边外村庄数、户数情况**

	府谷县	神木县	榆林县	横山县	靖边县	定边县	总计
村庄数	478	402	204	230	276	352	1942
户数	4982	2952	1657	2232	2111	2179	16113

资料来源：《陕绥划界纪要》相关各县村户数量统计

---

① 参乾隆《府谷县志》卷 1《里甲》，卷之二《田赋》，乾隆四十八年刻本。
② 道光《增修怀远县志》卷 1《乡村》，道光二十二年刻本。
③ 《陕绥划界纪要》卷 2《查界委员府谷县知事会呈文》，第 45 页。
④ 《陕绥划界纪要》卷 2《查界委员靖边县知事会呈文》，第 1 页。
⑤ 《陕绥划界纪要》卷 2《查界委员榆林县知事会呈文》，第 5 页。

当然边外地土的扩张，村落的增加，并不标志着户口数量有逾边内，三家村、二家村还占有多数，总人口数量比之边内还要少得多，仅以府谷县为例，府谷县民国初年边内村落发展到343村，边外则有595村，而民国十三年本县详细调查，总人口为21963户，152792口，其中边内人口为13736户，97346口；边外人口为8227户，55446口。边内人口比边外人口多41900口，几为一倍（参表3）。

表3　　　　　　　　府谷县民国十三年（1924年）户口统计表

区　　域		土　　著		客　　籍	
		户数	人口	户数	人口
县城川		984	7584	372	2964
东乡	尖堡地方	1325	8454	23	159
	黄甫地方	1387	9220	67	467
南乡	马真地方	1243	6913	52	481
	大堡地方	1198	9312	48	325
	永兴地方	893	5536	—	—
西乡	新马地方	1165	8534	89	798
	镇羌地方	1132	8720	66	558
	孤山地方	1122	7712	33	253
北乡	木瓜地方	1275	9324	27	198
	清水地方	1193	9493	42	343
四乡合计		12917	90800	819	6546
黄甫口外		1552	11912	94	751
清水口外		1595	11584	142	834
木瓜口外		1256	9584	29	147
孤山口外		1525	9217	72	554
镇羌口外		1868	10173	94	690
口外合计		7796	52470	431	2976
总　计		20713	143270	1250	9522

资料来源：《府谷县志》编纂委员会：《府谷县志·人口志》，西安：陕西人民出版社，1994年，第174页。

第三，清代陕北沿边人口结构最大的变化还在于民族结构的改变。

明代自正统以后，蒙古部落南下，占据鄂尔多斯地区，以后余子俊修边墙，边墙成为蒙汉两族人为的分界线，边墙以内为汉人农耕区，边墙以外则为蒙古部落游牧之地。越界耕牧时常会受到蒙古铁骑的冲击，故在明代后期，边墙以北地域几非汉人之区，即便有汉人出口耕牧也是春去秋归，雁行伙聚。而入清以后，伴随界址北移，禁留地发展为伙盘地，伙盘地进而形成村落，这种由山、陕移民形成的固定村落，人口构成均为汉民农户，蒙古族人口越来越少。关于清代陕北沿边人口的民族构成，史籍记载较少，据1953年人口普查，榆林全县"有汉、回、蒙3个民族，汉族168672人，占总人口的99.98%；回族2人，蒙族33人，蒙族人均居住在本县与内蒙古自治区接界区。"① 同年府谷县的人口调查显示，"全县有汉、回、蒙3种民族，回、蒙两个民族仅有2人。"② 1964年靖边县人口普查，"全县有汉、回、蒙古、朝鲜、满、壮6种民族。汉族131435人，占总人口的99.97%；回族24人，蒙古族6人。"③ 从以上人口资料显示，至迟至中华人民共和国成立初期陕北沿边六县已基本为汉民聚居区，蒙族人口所占比重已微乎其微。虽然以上统计数据距清代有一段距离，但从本地开发进程以及鄂尔多斯地域人口结构变动综合考察，这种局面的形成应始于清朝，在清代陕北沿边伙盘村落开发的过程中，不断的汉族移民改变了这里的居民构成，由明末的蒙古游牧之地完全转化为汉民开发之区。它与整个蒙地开放过程相始终，这一点还可参考民国年间整个鄂尔多斯七旗人口统计，其中汉蒙民族人口比例已基本持平，这些还不包括陕北边外人口在内，因"伊盟南境沿长城一带，有所谓牌借地及赔教地。为省旗权力所不及，故其居民无法调查，不在上列户口数额之内"④。（参表4）

---

① 《榆林市志》编纂委员会编：《榆林市志·人口志》，三秦出版社1996年版，第139页。

② 《府谷县志》编纂委员会编：《府谷县志·人口志》，陕西人民出版社1994年版，第165页。

③ 《靖边县志》编纂委员会编：《靖边县志·人口与计划生育志》，陕西人民出版社1993年版，第81页。

④ 民国《绥远通志稿》卷35《户口》，内蒙古人民出版社2007年版。

表4　　　　**民国二十一年、二十二年调查伊盟七旗人口统计表**

盟旗	总人口数		蒙古族人口		汉族人口	
	户数	口数	户数	口数	户数	口数
准格尔旗	36800	184000		108542		75458
达拉特旗	21432	109597	6815	28263	14617	81334
郡王旗	2300	9400	1300	4400	1000	5000
扎萨克旗	1202	4892	802	3292	400	1600
乌审旗	1795	8976	1795	8976	0	0
杭锦旗	4000	23000	3000	18000	1000	5000
鄂托克旗	6000	30000	6000	30000	0	0
总　计	73529	369865		201473		168392

资料来源：据民国《绥远通志稿》卷35《户口》，呼和浩特：内蒙古人民出版社，2007年。

六　无远弗界：交通道路建设与商路拓展

交通道路是地域联系的纽带。明代延绥镇的交通主要服务于营堡军事供给，除朝廷不断加强对会城西安至陕北榆林间南北驿路的修筑与维护，使之成为沿边与内地联系的主动脉。在东起黄甫川，西至宁夏花马池沿边墙内侧三十九营堡间亦修筑了一条漫长的通道。这条通道不仅是沟通各营堡间的主要道路，也成为沟通山、陕与宁夏间东西联系的主干道。但陕北与河套的交通基本处于封锁状态。入清以后，政府仍利用以往交通道路作为官方联络的主干线，同时也不断开辟便捷的交通道路网。尤其与北部蒙古部落关系更加和谐，大大方便了两族间的经济往来，为北部交通线的开辟提供了保证，伴随着商贸取向的变化，陕北沿边的交通道路不断拓展，与明代相比，发生了重要的变化。

第一，榆林境内东西塘路的开辟。所谓塘路，即传递塘报之路，是清政府加强西北军事防范，为传递军事情报，特辟的一条军路。自北京昌平州回龙观军站起，大体沿长城西行，经直隶宣化府、张家口厅；山西天镇县枳儿岭军站；陕西的府谷、神木、榆林军站；甘肃灵州花马池军站和肃州酒泉军站，出嘉峪关，再经新疆的哈密、迪化城（乌鲁木齐）、乌苏等地，达于伊犁将军驻地。沿途置军站、台站、腰站，配备塘马，专一快速传递军事情报和军机处的命令。清道光四年奏定："军机处交寄西北两路将军、大臣加封书字，及各处发京折奏均由军站驰递。其内外各衙门与西北两路将军大臣往来，应行马递公文，均由驿站驰递。"①榆林府境内的塘路，是沿袭明朝大边、二边的军路而行。东起府谷，西至定边，榆林府居于中间。其间每隔20—30里设站一处，最远不超过50里，共置正站、腰站30处，每正站设塘马40匹、马夫20人，腰站塘马22匹、马夫11人。雍正九年，撤卫建县，各县又设置驿递铺，为各县境内传递公文之用。② 从塘站的设置可以看出，榆林境内的塘路是对明代边墙东西交通线的继承与发展。

第二，榆林府与内蒙古、宁夏府商贸往来"草路"的增多。"草路"有别于"塘路"，它不是政府特设，是由蒙、汉人民长期踩踏出来的沿边交通道路，大多为民间商道。清代陕北沿边最早开辟出来的"草路"大致有五条，当地人习惯称之为"五马路"，大多为东西向商路。一马路：由榆林府西行，经叶家滩、波罗堡、怀远堡、镇靖堡、张家畔、宁条梁、安边堡、砖井堡、定边县至宁夏府花马池。这条路基本为明代边墙内道路，仅在靖边县境跨出边外，走张家畔、宁条梁，且多数路段与塘路重合，主要运输"三边"所产食盐、粮食。二马路：由榆林城西出长城，经张冯畔至红墩界后，分出两条支线，西南经掌高兔至张家畔，与一马路合，直西经城川、白泥井至定边。也主要是运输食盐、粮食和百货。三马路：出榆林城直西偏南行，经长海子、张冯畔、大、小石砭至城川后，折南行至宁条梁，与一马路合。四马路：由榆林城西出，沿三马路至长海子后，折西北经红墩转西行，复经纳林河、舍利庙、白泥井至定边县；这条路大部分路段经伊克昭盟南缘。五马路：由榆林城西行至长海子、再折西北，经烧不浪，海流兔庙、母户、陶利至三道泉后，折向西南，复经西二道川至花马池。这条路主要经过伊克昭盟腹地，以运输花马池的食盐为主（参图1）。以上五条草路，均位于榆林府西侧，与内蒙古乌审旗紧密联系，路线多，运量大为其主要特点。当然，由于清代陕北沿边民间贸易的迅速发展，草路也在不断开辟，在榆林府至神木县、

---

① 民国《续修陕西通志稿》卷54《交通二》，民国二十三年（1934）铅印本。

② 参雍正《陕西通志》卷36《驿传》，民国《续修陕西通志稿》卷54《交通二》。

葭州等地均出现一系列民间商道，这些商路虽无"五马路"那样知名，但其作用也不容低估。

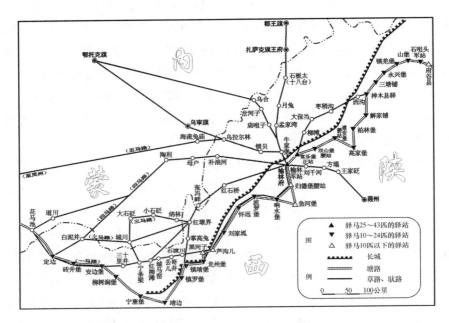

清代榆林府境内的塘路、草路示意图

　　第三，榆林府通往内蒙古地区商路的拓展。清代榆林府所属沿边各县，均与内蒙古毗邻。随着蒙古地区的日益开发，蒙、汉两族的经济交往更加密切，贸易往来频繁。当时的归化城、托克托县、包头村及鄂尔多斯左翼前旗、中旗（今伊金霍洛旗）、后旗（今达拉特旗），鄂尔多斯右翼中旗（今鄂托克旗）等地，都是蒙、汉人民的会集点。特别是归化城，在清康熙年间已是"商贾丛集"；① 到乾隆时期，另建新城，更是"人烟凑集"②，成为内蒙古最大的商业城市。清代榆林府通往蒙古盟旗的交通道路最重要的有两条。（一）榆林府至鄂尔多斯右翼中旗（鄂托克旗）的道路。由榆林城北出，经牛家梁至赵元湾后，折西北行，沿席伯尔河，经庙咀子、白河庙等地，直达鄂尔多斯右翼中旗。或由榆林城西

---

① 《清圣祖实录》卷177，康熙三十五年十月乙未条。
② 《清高宗实录》卷16，乾隆元年四月丁丑条。

行，至长海子、锁贝，再折西北至屹昂河，复西至乌审旗，由乌审旗再西北行，经苏木兔、昌汗淖至鄂托克旗。（二）榆林府至包头村和归化城的道路。此路驿程为：出榆林城北行，经牛家梁、孟家湾、刀兔，至十八台再北，经鄂尔多斯左翼中旗、东胜、后旗（今达拉特旗）、昭君坟（指包头市南的昭君坟），渡黄河至包头村（今包头市）。由包头村折东北行，即至归化城。归化城（今内蒙古呼和浩特市）东去，经张家口厅、宣化府至京师顺天府。所以，这也是由榆林府去京师的一条通道。①

七　社会变迁：市镇结构的分化与重组

康熙初年，榆林镇市场设置沿袭明代旧制，志载"边市距镇城之北十里许为红山市，又东为神木市，又东为黄甫川市，皆属国互市处也，正月望后择日开市，间一日一市，镇人习蒙古语者持货往市，……镇城及营堡俱有市面，沿边村落亦间有之，如黄甫川之呆黄坪，清水营之尖堡子，神木营之红寺儿、清水坪，高家堡之豆峪、万户峪、建安、双山之大会坪、通秦砦、金河寺、柳树会、西寺子，波罗以西之王门子、白洛城、卧牛城，威武、清平之石人坪、麻叶河，镇靖之笔驾城，靖边、宁塞以西之铁角城、顺宁、园林驿、吴旗营，把都、永济、新安边以西之锁骨朵城、张寡妇寺、李家寺、沙家掌、五个掌者是也，其税少，止数钱，多不过二两而已，各堡之守备、把总司之，于春秋两季解布政司充饷"②。与明代相比，除税收额度略有减少外，市场设置没有变化，基本仍沿边墙呈带状分布。

但是，这样的市场格局并未维持很久，伴随边外地土的拓展，陕北长城沿线人口结构改变，交通道路拓展，与蒙古民族的交通往来日益增多，城镇与市场体系也随之发生了大范围的变动与重组，逐渐由明代的带状集中分布演变为分散的、多元发展模式，而最先打破这种格局的便是边外镇市的成长。

最早成长起来的边外镇市为靖边县的宁条梁镇，宁条梁镇在康熙年间

---

① 本部分参王开主编：《陕西古代道路交通史》，人民交通出版社 1989 年版，第 442 页。
② 康熙《延绥镇志》卷 2《建置志·市集》，康熙十二年刻本。

就已发展起来。自康熙征讨噶尔丹，鄂尔多斯贝勒松阿喇布就曾作为后援，为之筹粮，引路。[①] 康熙御驾亲征，也曾驻跸榆林府，此时边墙内外已形同一家。据《清高宗实录》载，"议政王大臣等议覆：川陕总督庆复疏称，定边协口外之宁条梁、四十里铺、石渡口三处。经前督臣查郎阿请，各筑土堡一座，派弁兵驻守，原为军兴时商民凑集而设。今军需停止，行旅稀少，无须建堡。惟宁条梁有居民三百余家，应请于宁塞堡拨出把总一员，带马守兵四十名移驻。将前督臣奏请移驻之备弁兵丁，撤回原处安设。至四十里铺、石渡口二处，仍照原议派驻巡查。衙署兵房，酌量添建。应如所请，从之"。[②] 上述记载，让我们清晰地看到，塞北名镇宁条梁借康熙军兴得以发展，并初具规模，乾隆年间，大军撤离，略有衰落，人口尚存三百户之多，这在北边风沙滩地区实属人口繁盛的商业重镇了。

蒙汉贸易是边外市镇发展的最大驱动力。府谷县黄甫堡北门外的呆黄坪原设为蒙汉互市区，终明一代，一直为重要的市场中心。由于边墙阻隔，交往不便，于清初移出边外，设互市区于黄甫口外之麻地沟，取代呆黄坪。定期蒙汉客商贸易，形成固定市场，这一改变促成了麻地沟镇的繁荣发展。乾隆二年陕西抚院上奏，请于麻地沟设置巡检，此时的麻地沟已发展为"秦晋之关键，夷汉之门户；现今居民一千五百余户，铺户二百余家"[③] 的商业巨镇了，而呆黄坪则逐渐衰落下去。另外，府谷县城位于黄河北岸，跨河与山西保德县相邻。随着蒙汉交往频繁，府谷又正当陕北联系山西与鄂尔多斯蒙古的中间地带，终清一世，陕北及鄂尔多斯蒙古所需棉布、棉花以及日常用品大多来自山西，[④] 府谷成为沟通两地商贸往来的中坚。故入清以后，以县城刘家川为中心形成多条南北向通道，沿此道路，商贩往来，不断形成新的市场与镇市。由县城出发北上，经温家峁，沿黄甫川，过黄甫营、麻地沟（今府谷县麻镇）、古城镇出境可达准噶尔旗。此外过温家峁，西北沿清水川北行，过清水堡可

①　《清史稿》卷520《藩部三》，中华书局1974年版。

②　《清高宗实录》卷206，乾隆八年十二月丙辰条。

③　《府谷县志》编纂委员会：《府谷县志·附录·麻地沟请设巡检原奏》，陕西人民出版社1994年版，第806页。

④　参拙作《明清陕西商路建设与市场分布格局》，收入《历史环境与文明演进——2004年历史地理国际学术研讨会论文集》，商务印书馆2005年版。

至哈拉寨（今府谷县哈镇），仍是一条通往鄂尔多斯贝子境的重要商道。民国年间人称，"府谷县边外属地几占全县之半，哈拉寨、沙梁、古城等镇商业繁盛，为全县精华萃聚之区，由哈拉寨东北行三百五十里，为通包头镇控道，汉蒙贸易，往来若市，汉以五谷布匹、茶叶等类为大宗，蒙以皮毛、牲畜为特产，彼此交易，信用各著。"① 因此，由于府谷县边外地土的开发，人口北迁，商业格局出现北重于南的局面，在明代边墙以北地方兴起麻地沟、哈拉寨、沙梁、古城四大重镇，成为府谷县最重要的商业市镇。以至民国时，陕绥划界，府谷地方提出，此地"一旦划归绥区，不惟诸政立即停止，即汉蒙贸易因关税之设势必断绝"，对于两地经济的发展将造成极大困扰，可见边墙以北地土以及相关镇市发展对带动这一地区经济成长之促动作用。当然，由于县南北交通的打通，汉蒙贸易频繁，在北边市镇贸易带动之下，边墙以南沿南北交通线亦不断生成新的市镇。乾隆时期，盘塘、碛塄、圆子汕、石马川四处集镇已经成长起来，② 与边墙以北之镇市构成南北贸易统一体，且持续发展，构成省内重要的交易中心。这样，至少自乾隆年间开始，府谷境内镇市的分布格局已经产生了重大改观，晚清时期则进一步打破了明代沿边墙集中分布的旧有局面，形成了一个覆盖全境，大小不一，沿主要商道分散布局的统一的市镇网。

变化最巨的要数靖边县。靖边县设治时由靖边、龙洲、镇靖、镇罗、宁塞五堡构成。县城设于原明代的靖边营。靖边营处于二边以内，是明代榆林镇沿边各营堡中位居腹里的堡镇，向北可达镇靖堡，与沿边交通往来，向南经杏子城、园林驿、安塞通延安府城，内外联系均较方便，这也是靖边县设治于此的主要原因，明清以来此城一直为靖边之首镇。然而，自康熙平定噶尔丹，实现蒙汉一家，边内与边外经济协调发展，靖边县的经济也随之超越牌界，向北伸展，宁条梁率先发展起来，不仅成为靖边县甚至整个沿边地区最早发展起来的边外城镇。伴随着边外垦殖的推进，靖边县经济发展由对内延安府转为对边——蒙古贸易。经济中心开始北移，与宁条梁仅一墙之隔的镇靖堡由于位处东西交通要道，

① 《陕绥划界纪要》卷1《查界委员府谷县知事会呈文》，第43页。
② 乾隆《府谷县志》卷1《市集》，乾隆四十八年刻本。

设置塘汛，成为"通商大路"，商贾往来，贸易繁盛，"城中向极繁富"①，经济渐超县城，"承平时治在新城（靖边营城后称新城），税局在镇靖"②，而靖边营城则位居腹里，逐渐失去了发展的优势。同治年间陕甘回民起义，关中、陕北受害颇巨，靖边县城堡皆毁，"四乡居民沿崖傍涧，往往二三十里仅见一二人家"③，"民数无几，荆榛瓦砾之场。回忆昔时全盛，竟不得百分之一二焉"④，县城靖边城，"城陷破坏"，"民多逃亡"，"衙署一切均被贼毁"。这次战争无异于雪上加霜，使原本已出现衰落的老城更加破败。同治八年（1869），县治彻底迁至北边镇靖堡。关于迁治原因，靖边地方多强调是靖边堡在回民起义中遭受的破坏较大，甚至到二十余年后的光绪年间，"仍无人烟"。而镇靖堡虽在战乱中也遭到破坏，但相比而言，"五堡均被贼毁，民多逃亡，惟镇靖居民尚有三、四十家"⑤，与靖边堡的人烟全无相比情况要好一些。而实际原因当与靖边县经济中心的北移有关。镇靖堡在战乱前即已发展为"商贾云集，为繁要地"了，且与蒙古贸易方便。县治迁于此堡对靖边县总体经济的成长无疑更为有利，也为民国以后县城再次北迁张家畔，彻底脱离明代的边堡系统准备了条件。⑥

府谷、靖边如此，其他四县发展与之大体相当。至民国以后陕绥划界，直到 1949 年后禁留地最终归入陕西，旧有的镇市体系进行了新的整合，其变动是翻天覆地的。就目前统计，截至 20 世纪 80 年代，陕边六县集镇共计 139 个，边内 95 个，边外 44 个，各县经济在长城内外已完全整合为一体。

以上是近六百年陕北长城沿线的经济与社会发展概貌。鄂尔多斯南缘长城一线本是一处宜耕宜牧的地域，游牧民族占据这一地域，本地即成为其游牧之地，中原农耕民族占有这一地区，这一地区的土地就被辟

---

① 光绪《靖边县志》卷 4《艺文志》，光绪二十五年刻本。

② 同上。

③ 同上。

④ 光绪《靖边县志》卷 1《户口志》，光绪二十五年刻本。

⑤ 光绪《靖边县志》卷 4《艺文志》，光绪二十五年刻本。

⑥ 相关研究可参李大海：《明清民国时期靖边县域城镇体系发展演变与县治迁徙》，《历史环境与文明演进——2004 年历史地理国际学术研讨会论文集》，商务印书馆 2005 年版。

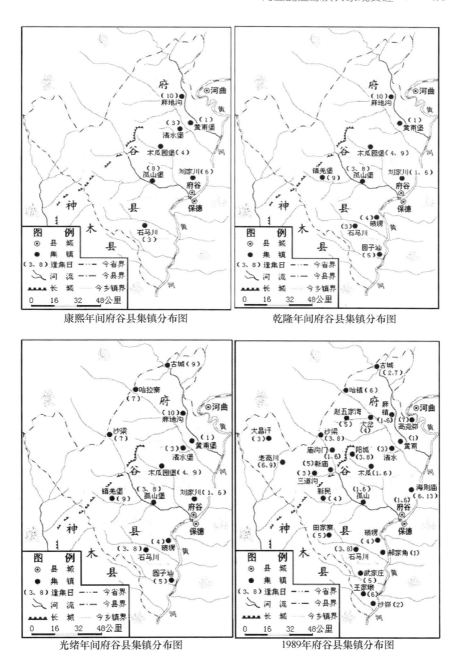

为农地，禁留地作为蒙汉两族的中间地带，一步一步地发展成今天这样
一种定居景观，不仅改变了这一带民众的生产生活方式，同时也成为城

镇林立、市镇发达的汉族聚居区，与中原内地形成一个统一的经济社会共同体，它的形成既是经济发展规律作用的结果，也有历史因素作用的过程。

水土资源结构与县域生态环境
变迁的关联性分析[*]

——以新疆墨玉县为例

管彦波

  如果从长时段来看，区域性生态环境的变迁是各种自然因素与人文因素叠加影响的结果，所以我们对生态环境问题致因的诠释，不应仅仅关注某一个环节，而应该展开多向度、多层面的分析。但如果从短时段来看，在影响区域环境变迁的诸多因素中，区域性的经济开发以及对水土资源结构的影响，应该是我们关注的一个最为主要的因素。本文将以塔里木盆地南缘的墨玉县作为考察重点，基于水土资源结构与县域生态环境的关联性分析，对其 60 余年来的生态环境变迁及当下主要的生态问题进行一个系统的研究。

一 县域生态区位与区域生态系统结构

  墨玉县位于新疆维吾尔自治区西南部，昆仑山北麓，塔克拉玛干大沙漠南缘（36°36′N—39°38′N，79°08′E—80°51′E），海拔 1120—3600

---

  * 作者简介：管彦波，中国社会科学院民族学与人类学所资源环境与生态人类学研究室主任、研究员、博士生导师，三峡大学民族学院楚天学者讲座教授；研究方向：民族历史地理、生态人类学、南方民族社会历史与文化。

米，土地总面积 2.50 万 km²，是墨洛绿洲的一部分。在县域地理环境构成中，南部山区、中部平原区和北部荒漠区是三个具有明显环境特征的地理单元。从县域环境的关联性出发，尤其是考虑到水资源与生态环境的互动关系，墨玉县实际上处于塔里木盆地南缘的生态区位上。在塔里木盆地南缘这个极端干旱的区域内，水文环境和水资源可以说是影响环境变迁最为核心的要素。如果以水分循环使水资源系统与生态环境要素发生有机联系来进行关联性的分析，该区域内的生态系统大致可以分为山地、绿洲、沙漠三个亚生态系统，以区域水环境为主轴的各个亚系统的循环关系可以简单图示如下：

参照图1，再结合墨玉县域环境我们可以看出，在墨玉县的南部山区亚生态系统中，事实上也由高山冰川、高山荒漠草原、亚高山草原、低山荒漠等四个子系统组成，高山冰雪融水有一小部分在山前渗入地下，补给地下水，大部分作为地表径流流经县境，供给人工绿洲和天然绿洲，满足生产生活用水，而灌溉用水渗入地下又进一步补给地下水。在生态

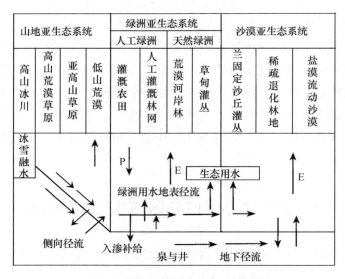

图1 塔里木盆地南缘水资源与生态系统的关系①

---

① 据高前兆《塔里木盆地南缘水资源开发与绿洲的生态环境效应》，《中国沙漠》2004 年第 3 期。

用水中，农田灌溉和人工灌溉林网为大户，也是人类活动通过对水资源的控制而影响环境最主要的因素。同时，因为该地区的降水稀少，几乎没有任何生态学意义，所以，沙漠亚生态系统主要靠地下水来维系。

二　县域水文环境与水土资源结构

处于塔里木盆地南缘特定生态位上的墨玉县，作为一个传统的农业大县，其经济社会发展的资源环境与生态基础，最为核心的是水资源、土地资源和相应的生物资源，而这三种资源，客观上都受制于当地的水文气候环境条件。

（一）水文气候环境与水资源

墨玉县域属于极端干旱地区，年降水量 32 毫米左右，年蒸发量高达 2300 毫米，[①] 是一个降水稀少、蒸发量大的地区，所以，自然降水对水资源的结构平衡几乎没有实质性的影响，全县工农业生产与生活完全依靠引用地表水和提取地下水。在墨玉县的水资源构成中，以喀拉喀什河为主的地表径流、涌出地面的泉水和地下水是主要的部分。其中，以冰川融雪为主和山地降水为辅的喀拉喀什河，[②] 年径流量约 21 亿 m³，是主要的地表水资源，全县 8 个农业灌溉区均引自喀拉喀什河，实际年均引水量为 10.15 亿 m³。县境内的泉水年流量 3 亿 m³ 左右，可利用的泉水约 2.1 亿 m³，相当于引喀拉喀什河水量的 16%。在全县的地下水资源中，地下水总补给量为 5.30 亿 m³，地下水可开采量 2.29 亿 m³，地下水实际开采量 1.11 亿 m³，开采率 48.6%。[③]

由上相关数据来看，目前墨玉县的水资源虽然在理论上仍有一定的开发利用空间，尤其是在高效灌溉方面尚有一定的余地，但由于水资源的补给主要靠冰雪融水，降雨补给少，且主要的地表径流——喀拉喀什

① 田烽：《墨玉县农区畜牧业调查》，《新疆畜牧业》1994 年第 4 期。
② 在墨玉县境内，除了喀拉喀什河外，还有一些南北向流淌的小河流，但这些小河流，流程短、渗漏强、流量小、支流少，没有形成河网水系，几乎不具有灌溉意义。
③ 王平：《和田地区节水灌溉工程发展规划探讨》，《黑龙江水利科技》2012 年第 9 期。

河的径流，"年内分配十分不均，七月份为水量最大月份，该月径流量约占年径流量的 29.5%，七、八两月水量占年总量的 57%，连续最大四个月（6—9 月）水量占到年总量的 81.3%，喀拉喀什河 P＝50%、P＝75% 频率年份地表来水量分别为 21.19 亿 m³、18.21 亿 m³"，[①] 水资源的季节分配差异大，时空分布不均衡，所以综合来看，在工农业生产和生活用水环节，县域水资源并不富裕，在某些特殊的情况下，还可能出现短缺，尤其是地区性或季节性的缺水仍时有出现。

（二）土地资源

墨玉县行政区域总面积为 25624.02km²，和全国大多数县市相比，可以算是一个大县。在县域国土面积中，山地占 8.5%，平原绿洲占 5.9%，沙漠占 85.6%，[②] 真正可利用的土地资源相对较少。如果我们从更宽泛的意义上来理解土地资源，虽然也包括部分山地、少量荒漠地带改造的沙地，但占主导地位的是平原绿洲中的人工绿洲。

对于墨玉县而言，人类通过各种经济活动和社会活动对环境的影响最主要的表现在土地的开发与利用上。20 世纪 50 年代以来，随着经济的开发和人口的不断增长，县域土地资源的利用量呈现出逐年上升的趋势。如果我们单独把耕地提出来，以调查前 2 年的数据为主，其基本的耕地利用情况如下表：

表1　　　　墨玉县 2011—2012 年土地利用情况　　单位：平方公里、亩[③]

指标名称		2012 年	2011 年	增减%	增减%
土地情况	行政区域总面积	25624.02	25624.02	0	0
	耕地面积	535213	533823	1390	0.26
	其中　水田	31357	31750	−393	−1.24
	果园面积	139700	139960	−260	−0.19
	育苗面积	234	3645	−3411	−93.58
	核桃面积	411300	382215	29085	7.61

---

① 王平：《墨玉县农业高效节水灌溉发展规划研究》，《中国水运》2012 年第 3 期。
② 徐德福等：《新疆墨玉不同治沙工程措施对土壤肥力的影响》，《生态学杂志》2010 年第 6 期。
③ 《墨玉统计年鉴·2012 年》，内部资料。

在表 1 中，果园面积和核桃面积占有相当大的比重，而且据我们调查了解，在当地发展林果业的规划与布局中，这种趋势在将来还有可能进一步扩大。林果业并非完全单一种植，往往在发展初期，间种小麦等作物，对水的需求量依然不小。所以，土地资源子系统的循环运行，水依然是关键。

（三）生物资源

一般而言，人们常把生物群落与周围环境组成的具有一定结构和功能的生态系统统称为生物资源。在目前的经济和技术条件下，墨玉县境内被人们直接或间接利用的资源，主要是植物资源。在各种不同的植物资源中，有不少是干旱的荒漠环境中对防沙固沙作用明显的植物。如胡杨与红柳被誉为沙漠绿洲之卫士，其中的乔木胡杨，以其高大群集之优势，千万年来阻挡着风沙的侵袭，保护着沙漠中的块块绿洲，可以说，有胡杨的地方就有绿洲。而灌木红柳，耐旱性极强，根系比胡杨发达，不怕沙打、沙埋，在许多胡杨不能生长的沙漠环境中，均能顽强地生长，被认为是防风固沙和改良盐碱地的先锋植物。

在生态系统的各个循环系统中，由生物资源与周围环境所组成的生物资源生态系统，如果没有人类活动的干预，经过环境和自然的选择，总会处于一个较稳定的循环之中。但是，由于人类活动常常改变地表植物的附着状态，所以生物资源生态子系统也处于动态的演变与变化之中。从近 60 余年的县域经济社会发展来看，区域内人群的活动尤其是对土地资源的开发利用，可以说对地表植被的改变最为明显的，其他诸如生物性能源的消耗以及林果业的发展，对生物资源的空间分布也有一定的影响。

（四）资源结构与县域生态环境的关联性

上面我们从资源环境的角度，对墨玉县的水资源、土地资源和生物资源进行了简略的分析。三个主要的资源子系统中，每一个都可以单独提出一些敏感因子，如土地资源敏感因子包括人工绿洲面积、盐渍化指数、盐渍化地区地下水矿化度、盐渍化地区土壤含盐量、耕地指数等。生物资源敏感因子包括人工植被指数、天然林（胡杨）减少率、天然草场生产力减少程度、天然草场面积退缩比、珍稀濒危动物种类减少程度等。通过对这些敏感因子的分析，在一定程度上可以观察到各个子系统的变化情况。然而，对于极端干旱的墨玉县而言，水文因素可以说是关乎区域生态最为核心的环境因子。因为墨玉县域无论是土地资源的开发利用还是生物资源子系统的循环运行，在自然降水几乎没有生物学意义的情况下，地表径流和地下水资源对整个县域生态环境的维系与稳定起到非常重要的作用。

对于墨玉县而言，土地资源的开发利用主要在绿洲地区，无论是在河流出山后形成的冲积扇及冲积平原上段的古绿洲，还是开荒造田扩大耕地面积发展起来的新绿洲，水作为一种重要的资源和生态系统中最为活跃的环境因子，它是绿洲形成、发展和演变的基础，水的丰盈与短缺，直接关乎绿洲的兴衰，决定绿洲的规模和大小，水资源幅度不同的变化均会引起绿洲生态系统相应的反映，或许这种影响在短期内并不显现，但一旦发生，靠人力在短期内是很难恢复的。

绿洲的存续靠水，绿洲上土地的产出也靠水，人们常说："以水定地"，强调了水的重要性。在适当的范围内，水资源有节制的合理利用对绿洲环境的影响不大，但是我们在对水土与绿洲环境的认识上似乎还存在一定的误区。20世纪50年代以来，墨玉县域内的经济开发尤其是随着人口的增长，为了满足新开垦耕地或者说是人工绿洲的灌溉，在靠近水源的山区新修了一些水库，以取代天然湖泊，或者是拦截河川径流，引流灌溉。在引水灌溉的过程中，大量的人工引水渠道替代了天然河床。这些措施，虽然基本上保证了生产生活用水之需，但客观上也加速并促进了水资源的时空再分配，不同程度地改变了区域内地表水和地下水的自然性状，给天然的绿洲生态带来不可忽视的负面影响，诸如土地沙漠化、土壤盐碱化、植被草场退化等问题，也是区域性生态变迁的突出问题。因为，区域性水文环境的循环演进，是长期自然发展演变的结果，它的平衡与稳定主要靠自然力来调适，是一个自然的过程，而区域性土地资源的开发与利用，它不仅不同程度地改变了地表的自然性状，而且因引水灌溉所引发的水资源时空分布上的微细变化，农业生产用水量的增加，对于主要靠汛期地表水漫沁或地下水吸取而生长的植被而言，也有不小的影响。由于水、土、生物资源与县域生态环境存在着必然的耦合关系，其中某一个环节的变化均会引起区域环境不同程度的反映，尽管这种环境相关负效应可能要放在一个较长的时段去观察才能显现，但人们在理论认识上也应有所关注。据相关研究表明，"每增加 1 公顷的灌溉耕地，需要消耗 7500—17500m^3 的水量，而相应要退化 2—3hm^2 的天然绿洲植被。"[1] 有鉴于此，为了保证天然绿洲的生态用水，减少天然绿洲上的植被因缺水而枯死的现象，延缓地表裸露及沙化的速度，有效地遏止天然绿洲生态向沙漠化发展，我们似乎应更清醒地认识到人工绿洲与天然绿洲争水的问题，在退耕退牧还林还草的同时，可能还存在一个"退水"的问题。

三 20 世纪 50 年代以来县域经济开发与环境的变迁

翻检与墨玉相关的历史文献资料我们看到，墨玉所处的塔里木盆地南缘地区，历史上的环境也处于不断的变迁之中，一些历史上繁盛的古国、古城如今掩埋在茫茫沙海之中，成为供人凭吊的遗址。关于历史时期墨玉所属区域荒漠化的成因，既有气候变化、河流改道等自然的因素，也有人力作用于环境的因素，或者说是多种自然因素与人文因素共同叠加的结果。但是，自近代以来，墨玉县域环境的变化，可以说在很大程度上源于人类活动对地表水土自然性状及地表植被的改变而引发的。

如果我们把墨玉县域环境的变迁放在近代以来国家对新疆的开发这个大背景中来考察，从 1884 年新疆建省到 20 世纪 30 年代边疆地区的"新建设"运动，以及 50 年代以来边疆地区的开发与建设，可能影响最大的是 20 世纪 50 年代以来这一个时段。在这个特定的时段内，以土地开垦为主的经济活动，可以算是人类活动中对区域环境影响最为突出的因素。下面，我们从 20 世纪 50 年代以来墨玉县的耕地面积变化和开荒情况入手展开分析。

---

① 高前兆：《塔里木盆地南缘水资源开发与绿洲的生态环境效应》，《中国沙漠》2004 年第 3 期。

表2　　　　　　　　　　1950—2012 年墨玉县耕地面积表　　　　　单位：公顷①

年份	面积	开荒面积	年份	面积	开荒面积	年份	面积	开荒面积
1950	20770.1	2593.33	1972	38806.5	146.67	1991	34050.2	1506
1951	22016	1246.67	1973	38903.5	213.33	1992	33781.7	262
1952	23390.9	1373.33	1974	38624.5	213.33	1993	33939.1	608.33
1953	26458.3	3066.67	1975	38869.4	260.00	1994	33610.7	427.93
1954	26871.9	213.33	1976	38359.5	346.67	1995	33532.7	208.33
1955	26734.2	60	1977	39069.5	340.00	1996	34151.4	1549.8
1956	27136.3	133.33	1978	39034.1	940.00	1997	34441	1103.4
1957	26772.5	933.33	1979	38623.3	726.67	1998	36280.2	2398.2
1958	27064.8	2946.67	1980	37043.6	213.33	1999	36349	648.87
1959	30296.3	4620	1981	36551.7		2000	36852.7	114.87
1960	41344.6	11746.6	1982	36250.9		2001	36053	
1961	39339.1	2213.33	1983	35475.1	33.33	2002	34874.2	
1962	38565.6	1373.33	1984	34854.1	86.67	2003	34683.2	
1963	36219.6	1473.33	1985	32619.3	1060	2004	34989.1	180.26
1964	37333.8	2286.67	1986	32063	146.33	2005	3521.86	100.33
1965	38393.9	3280	1987	32298.5	235.53	2006	35139.2	184.33
1966	42977.4	4473.33	1988	32874.3	575.8	2007	34859.93	41.8
1967	43152.3	153.33	1989	33123.3	1579.7	2008	34747.47	57.07
1968	41893.3	640	1990	33098.3	649	2009	35300	
1969	41890.3	546.67	1991	34050.2	1506	2010	40640	
1970	40163.2		1992	33781.7	262	2011	4093	
1971	39354.7	253.33	1993	33939.1	608.33	2012	41533	

　　由表2的统计数据来看，从 1950—2008 年的 58 年间，墨玉县的耕地面积增加了 13977 公顷，以最高的 1967 年 43152.3 公顷和 1950 年的 20770.1 公顷相比，则增加 22382.2 公顷，达到 1.0776 倍。在 58 年间，1950—1957 年基本上为稳定缓慢增长期，弃耕很少。1958—1960 年为大

① 本表根据《墨玉县志》（新疆人民出版社 2008 年版）及县统计局提供的相关统计公报汇总整理而成。

幅增长期，期内喀拉喀什河下游及绿洲边缘的缓冲地带大量的荒地被垦殖，开荒面积高速增长。1961—1965 年间，耕地面积总量变化不大，处于小幅波动状态，但这个期间的增长缓慢，说明其间的弃耕比较严重。1966—1970 年间，耕地面积从 4.3 万公顷降至 4 万公顷，弃耕依然严重。1971—1984 年间，耕地面积在 3.9 万公顷至 3.5 万公顷之间缓慢减少，其间的开荒面积多则八九百公顷，少则几十公顷，开荒面积与耕地面积的数量差说明，其间的弃耕仍是一个突出的问题。1985—1988 年，耕地面积变化不大，均在 3.2 万公顷上下徘徊。1989—2008 年，耕地面积在 3.3—3.6 万公顷之间波动，其间的 1989 年、1991 年、1996—1998 年的开荒量较大。

依据上表中的数据，我们就耕地面积变化和开荒面积作了两个变化图如下：

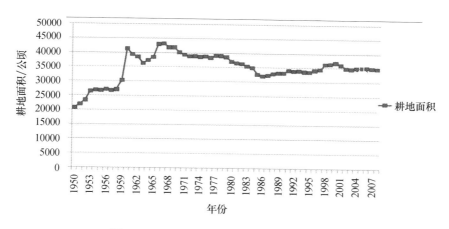

图 2　1950—2008 年墨玉县耕地面积变化图

从图 2、图 3 来看，墨玉县耕地面积变化幅度最大的在 1960—1980 年之间，而开荒面变化幅度最为明显的在 1950—1969 年之间，两个曲线图中的变化峰值不相吻合，这说明一个实质性的问题，即近 60 年来，土地始终处于一种动态的变化之中，或呈现出突变式急剧增长与下降，或呈现小幅的上下波动，或在某几个年份处于基本稳定的状态，总体上处于一种相对混乱无序的状态。造成这种状况的原因是多方面的，有来自于国家政策层面如 1958 年开始的全国性的大跃进风潮使该区出现开荒热，

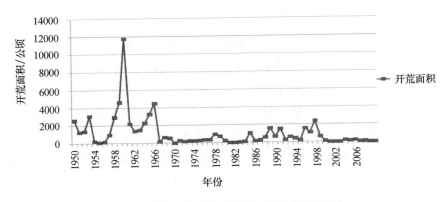

图3 1950—2008年墨玉县开荒面积变化图

有对土地利用上的外延式扩张、内潜式调整等因素，也有弃耕、土地
撂荒所引起的耕地面积的变化。在引起耕地面积变化的多种驱动因素
中，虽然技术进步、经济增长、政治经济结构及价值观念等都是重要
的因素，但就墨玉而言，最根本的问题还是人口急剧增长对土地所带
来的压力，相应的，人口对环境的压力也是影响区域环境变化最为主要
的人文因素。

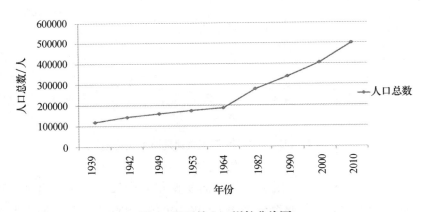

图4 墨玉县人口增长曲线图

墨玉县的总人口，1939年为119848人，1942年为143802人，1949
年为160685人。从1953年到2010年共进行过六次人口普查，人口总数
分别为 174935 人、187714 人、279133 人、339829 人、405634 人、

500114 人，人口在 57 年中增加了 325179 人，增长了 2.86 倍，其中 2010 年第六次人口普查时，与 2000 年第五次人口普查相比，十年共增加 94480 人，增长 23.3%，年平均增长率为 2.12%，人口增长的速度远高于耕地增长的速度，人均耕地面积呈下降的趋势，且下降的幅度比较大（见图 5）。人口的快速增长，加重人多地少的矛盾，加大土地承载的压力，相应的环境问题也日渐凸现。①

图 5　近 60 年来墨玉县人均耕地面积变化图

上面，我们不厌其烦地对近 60 年来墨玉县耕地变化和人口增长情况进行全面的梳理，回归到环境问题本身，特别要加以强调指出的是，如果不考虑大气环流、全球气候冷暖变化等自然因素对县域生态环境的影响外，由于人口急剧增长对土地的需求，土地的不断垦殖对环境的压力应该是引起县域环境变化最主要的人文因子。在这些相关联的因素中，土地的开发与利用对环境的显现影响是对地表覆盖状态的改变。墨玉县境内总面积 25624.02km²，大多数为山地、戈壁、沙漠，适宜人类居住的地区主要为平原绿洲，所以区域内的经济开发与土地利用首先直接影响的是绿洲地区的地表覆盖状态。如有学者以墨玉县 1990 年、2009 年 TM 和 2000 年 ETM 多波段遥感影像，通过 ERDAS 与 GIS 空间分析功能，提取了墨玉县 66.7hm² 人工林区土地利用/覆盖信息，分析了墨玉县各土地覆盖类型的数量变化和空间变化特征，其研究结果表明，墨玉县人工

---

① 墨玉县境内总面积 25624.02 平方公里，2003 年，人口密度由 1959 年的 7.11 人/平方公里增加到 16.28 人/平方公里，高于干旱地区每平方公里 7 人的临界指标。

林研究区以沙漠、戈壁为主，约占总面积的 70%，近 20 年土地覆盖类型变化很大，农田与水域面积有所减少，植被覆盖退化十分严重，景观分离度、景观破碎化程度呈下降的趋势，景观斑块形状越来越多样化，不利于管理。①

四　目前墨玉面临的资源、环境与生态问题

20 世纪 50 年代以来，墨玉县人口的快速增长，对土地资源的不合理开发与利用，给县域生态带来了极大的环境负效应，加之全球气候变化的影响，在各种自然因素与人文因素的叠加影响下，目前县域生态面临一系列突出的问题，环境欠账严重。

（一）垦殖、撂荒与土地的荒漠化问题

垦殖、撂荒与土地的沙漠化问题干旱区土地开发中面临的一个普遍性问题。历史上墨玉县境内也曾有关于撂荒的记载。如据民国时期的档案记载，民国三十年（1941 年）4 月墨玉县政府报告，因渠道位置不当，该县哈拉沙尔全区地亩约三分之二已成碱地。民国三十二年（1943 年）2 月墨玉县哈拉沙依区农民报告，因渠道下游泥沙淤积，无人主导挖渠，该村六千多亩地盐碱太重，不能耕种。民国三十三年（1944 年）10 月墨玉县政府报告，该县托黑牙村农民易明包瓦、托合大、哈生木、五守共有地 1076 亩，除 98.5 亩能种外，其余近千亩地因缺乏渠水而被沙化等。②

进入 20 世纪 50 年代以来，相对于以往的历史时期，墨玉县境内人类活动对环境的影响日渐增强。为满足不断增加的人口需求，各个年份均有数量不等的土地被垦殖，甚至在 1958 年至 1961 年间出现了少有的开荒潮。大量荒地被垦殖的过程，实际上也是开荒与撂荒、垦殖与弃耕彼此

---

① 孔维财、王让会、吴明辉：《墨玉县绿洲人工林景观格局分析及其生态效益》，《遥感技术与应用》2011 年第 1 期。

② 谢丽：《塔里木盆地南缘传统农业开发阈值对绿洲荒漠化的影响——以民国时期和田垦区为例》，载中国地理学会历史地理专业委员会《历史地理》编辑委员会编《历史地理》第 26 辑，上海人民出版社 2012 年版。

交替的过程，而且这个过程延续到2001年，持续了将近50年的时间。不断被开垦出来的土地，或因为灌溉用水不足、风沙压埋、洪涝淹埋等自然因素的影响，或者缺乏防涝、排碱、引水等水利技术的支撑，往往成为撂荒地。开荒本身最为直接的是改变了地表的覆盖状态，而在干旱的荒漠地区，地表本身的微型生态本身就很脆弱，一旦揭开了地表那一层薄薄的"保护膜"，靠自然的恢复非常困难。开荒后如果有水源保障或相应的灌溉设施，可以实现连续的耕作。科学而有规划的耕种土地，一般只要有相应的环境保护措施，或者不超过区域环境的承载能力，对环境的影响不是很明显。但是，在2000年以前的相当长一段时期内，墨玉县境内土地资源的开发与利用，由于多种因素的影响，往往具有很大的随意性，随开随弃，或者耕种一二年后撂荒，一直是一种较为普遍的现象。缺乏水分涵养的土地一旦撂荒，因固定土壤的植被被破坏，也不可能依靠天然降水来达成植被的恢复，原来被植被固定的土地开始活化，土壤变得疏散而易流动，在干旱和风力的作用下，荒漠化的潜在因素被激活，为荒漠化的发展创造了条件。而客观的现实是，墨玉处于塔克拉玛干大沙漠的半包围之中，人们在沙漠与绿洲的边缘地带开垦荒地的同时，大沙漠前侵的趋势也很明显，土地沙化、耕地被流沙覆盖的事例并不鲜见。如墨玉所在的和田地区，有9780km²的绿洲面积受到土地沙漠化的直接威胁，20世纪50年代以来，有20446.7hm²耕地被流沙吞噬。[1]

2001年以来，在国家退耕还林还草政策下，当地政府明令禁止民间开荒，从政府部门的相关统计数据来看，近十余年来，县境内的开荒面积似乎已经有所减少，但我们在调查中了解到，由于各种经济利益的驱使，民间私自开荒或者非法开荒仍不同程度地存在。如2013年全县土地开发（开荒）清查结果显示，全县2009—2013年6月土地开发面积为12308.8亩，其中依法批准开荒面积为6675.2亩，非法开荒面积为5633.6亩。在非法开荒面积中，2009年为2460.2亩，2010年为1842亩，2011年为1332亩，非法开荒现象仍较为严重。[2]

---

① 土尔逊托合提·买土送等：《塔里木盆地南缘地区土地沙漠化的防治及沙产业发展探讨——以和田地区为例》，《国土与自然资源研究》2012年第3期。

② 《墨玉县2009—2013年土地开发情况汇报》，由县国土局提供。

而且我们还必须注意到的是，墨玉县的开荒和其他地区开荒种植存在着很大的差异，一些边疆省份雨养农业地区，开垦出一块荒地，靠自然降水即可实现粗放的耕种。但墨玉的新垦荒地，无论是作物种植还是发展林果业，完全要靠灌溉。灌溉用水或者是打井抽取地下水，或者是引渠灌溉，成本很高。在民间资本不是很雄厚的情况下，如果没有政府的主导和相应的外部资金投入，不少民间私自开垦的荒地，由于缺乏合理的规划、有效的管理以及后续技术、资金的支持而难以为继，成为撂荒地或夹荒地。民间私自开荒现象如果不从根本上遏止，将是对当地脆弱生态环境最为主要的潜在威胁之一。事实上，即使是在政府主导、有充足资金支持的荒漠垦殖与生态农业建设项目，如果某一个环节出现问题，相关联的生态反映也会很明显，所以从某种意义上而言，墨玉及相关区域可能在生态学上是应该禁止开发的地区，至少在目前的区域开发程度上，我们认为已经达到了开发的生态阈限。

（二）草场严重退化，荒漠植被锐减

在区域性的环境评估中，地表自然性覆盖物包括水域面积、以森林为主的各种地表植物的生长情况是衡量环境状况的一个基本依据。据我们的调查和了解，近半个多世纪以来，墨玉县的草场退化是比较严重的，荒漠植被也大量锐减。究其原因，有自然的因素，也有人为的原因。自然因素主要是水文气候变化而导致植被缺水而枯死，人为因素则是人类的生产生活活动给环境带来的巨大压力。在人类活动对环境的影响因子中，如果不考虑耕地的开发与利用情况，生物性能源的大量消耗和过度放牧是两个主要的因素。

对于传统的农业社会而言，与人口的快速增长相伴的是对生物性能源的消耗。墨玉县是南疆地区能源比较短缺的一个县，目前电力资源、煤炭资源及石油、天然气等常规能源和太阳能、风能、沼气、地热资源等新能源的开发利用程度非常低，广大的农牧民仍以砍伐天然植被为燃料来源，樵采乔木、灌木，砍割茅草作为燃料依旧是人们获取燃料的主要途径。同时，民居住宅和公共建筑的新建、翻盖对林木植被也有一定的消耗。

　　为了缓解过度樵采给环境带来的压力，解决农村燃料和照明的问题，当地政府自20世纪50年代末期起，开始在县境内营造一些以提供燃料为主要目的的乔木林和灌木林（见图6）；同时在近期的乡村建设中，也开始有意识地推广沼气建设，但由于管理、成本、技术、观念等原因，客观的效果并不是很明显。

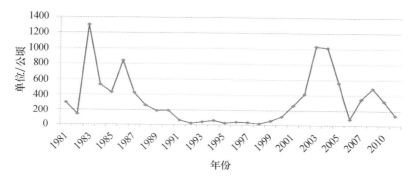

图6　1980—2012年薪炭林的营造情况变化图①

　　对草场及地表植被影响的诸多因素中，牲畜存栏量也是值得关注的一个环节。墨玉县草场的载畜量，根据中国科学院综合考察队测定，全县原有天然夏秋草场4.14万公顷，可载畜6.9万只绵羊单位，全年草场4.96万公顷，可载畜9.4万只绵羊单位。② 那么，20世纪50年代以来，墨玉县的牲畜存栏有什么变化呢？

　　从图7可以看出，60多年来墨玉县牲畜存栏量呈不断上升的趋势，1949年为23.84万头（只），2012年增长到119.05万头（只），增长了将近6倍，远远超过了草场的承载能力，虽然目前大部分的牲畜已转为圈养，农作物的秸秆也解决了部分饲料，但主要的饲料还是依靠草场及地表植被，其对环境的压力也是不容忽视的。

---

　　① 数据来源于《墨玉县志》及墨玉县统计局提供的2001—2012年共十二个年份的《墨玉县国民经济和社会发展统计公报》。

　　② 墨玉县地方志编纂委员会编：《墨玉县志》，新疆人民出版社2008年版，第185—187页。

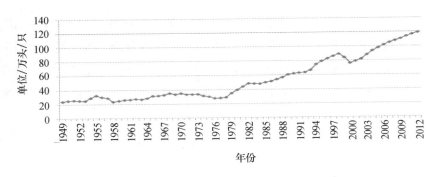

图7 1949—2012 年墨玉县牲畜存栏变化图[①]

（三）水资源相对匮乏，生态用水不足

相对而言，墨玉所在的区域是水资源比较匮乏的地区，县域水资源主要来自冰川融雪，地下水也主要靠河道渗漏和灌溉渗透补给，全县的生产、生活用水少量靠打井抽取地下水，大部分来自于喀拉喀什河的地表径流。由于喀拉喀什河的时空性很强，径流年内分配十分不均，春秋缺水，夏洪、冬闲，水资源时空分布的不平衡性，这客观上加剧了区域内水资源利用的难度。近 60 余年来，随着区域经济开发尤其是农业为主导的经济发展，无论是林果业还是设施农业，基本上是以水定地，对水的需求量很大。目前，全县已发展灌溉面积 128.36 万亩，全年的"渠系水有效利用系数为 0.52，灌溉水利用系数为 0.46，综合毛灌溉定额为952m³/亩。灌区缺水主要集中在 3—5 月及 9—11 月，形成了灌区春秋季严重缺水，季节性缺水量 1.67 亿 m³。现状年灌区全年水量供需是不平衡的，缺水量大于余水量，属于缺水状态，因此属于区域资源性缺水"。[②]

另外，虽然目前县里没有什么大型的耗水企业，工业用水所占的比例也较小，但为满足灌溉用水和生活用水，或是修渠引水，或是抽取地下水，实际上在大量消耗水资源的同时，也客观上改变了水资源的时空分布，不同程度地干扰了区域内水的自然循环，挤占了天然绿洲的生态

---

① 数据来源于《墨玉县志》及墨玉县统计局提供的 2001 年—2012 年共十二个年份的《墨玉县国民经济和社会发展统计公报》。

② 王平：《墨玉县农业高效节水灌溉发展规划研究》，《中国水运》2012 年第 3 期。

用水，许多自然植被因缺水而枯死，天然绿洲的面积在萎缩。如墨玉所在的和田地区，近半个多世纪以来，"人工绿洲扩大 1538 km²，灌溉面积增加 13.3 万 hm²，但这也是以牺牲了天然绿洲为代价的，这里因缺水旱化土地面积达 3430km²，还有退化掉的胡杨林和柽柳林地 1290km² 和被流沙吞没的农田 200km²，合计达到 5000km²，即损失的绿洲面积为扩大的 3 倍以上。"① 县域经济开发尤其是农业生产中大量耗水，挤占了区域的生态用水，这是一个客观的事实，在区域性的生态决策中应加以高度重视。然而，我们从相关资料看到，有"再建一个和田绿洲"的提法，其实当地的水资源，能否完全满足现在的绿洲灌溉用水，本就成问题。在目前的区域性经济开发中，除了要考虑水资源的储量和可控性外，如何保证生态用水也是一个关乎生态稳定的问题。

（四）干旱、风沙等气象灾害严重

在一个地区的生态系统中，气候作为生态环境的重要组成部分，它不仅与水、土、生物等环境因素息息相关，也同人类的活动相互影响，是判别区域性环境变迁的一个重要因素。墨玉地处塔克拉玛干沙漠南缘，是典型的内陆干旱荒漠气候，全年降水稀少，蒸发量大，如中部绿洲农业区年平均降水量仅为 35.2 毫米，而蒸发量却高达 2300 毫米。山区降水量相对较多，则"多集中在 5—8 月，占 80% 左右，多阵性降落，多突发暴雨，常常量大时急，形成洪水，而且年际间变率大"。②

气候是一综合因子，它的变化除了与全球大气环流相关外，区域性水环境和地表植被的变化也是导致气候变化的因素。如果把墨玉县的气候变化放在其所在的和田地区来考察，据相关学者根据和田地区气象资料研究表明，从 1942 年到 1980 年平均气温增高了 1.4℃，20 多年又增加了 0.2—0.5℃，气候有明显的变暖趋势。年降水量在前 40 年里也减少了 16mm，近期略有回升，但因气温增高，空气仍处于干燥，并加剧了土壤水分蒸发和植物蒸腾作用，广大地区土壤失水日趋严重，气候干旱化较

<hr/>

① 高前兆：《塔里木盆地南缘水资源开发与绿洲的生态环境效应》，《中国沙漠》2004 年第 3 期。

② 同上。

为明显。① 同样，60 余年来，墨玉县的气候也渐趋炎热和干燥，灾害性天气增多，尤其沙暴浮尘天气十分严重。在 20 世纪 50 年代，5、6 月内大于八级的大风，平均只有 0.5 天，到 70 年代增加到 2.1 天。浮尘日数平均每年增长 4.5 天。②

进入 21 世纪以来，墨玉县的气候没有根本性的变化，春旱、夏洪、风沙依旧是主要自然灾害。如 2008 年 5 月以来发生了有气象记录以来的第二个干旱严重年（仅次于 1974 年），由于缺水，不仅农田灌溉受到很大的影响，当年新定植的核桃苗和红枣苗部分枯死，一些造林地块成活率下降。又如沙尘天气突出的 2009 年，仅四至六月间就受到四次大的沙尘暴侵袭，全县受灾严重。

五　县域生态评估与对策建议

通过以上几个部分的分析，我们对墨玉县的生态环境有了一个基本的认识：气候十分干旱，沙漠面积大，生态的可持续性低，生态环境异常脆弱，目前正面临着草场退化，荒漠植被锐减，水资源匮乏，林地缺乏，耕地质量差，荒漠化、盐碱化严重等一系列现实的生态问题。

近二十多年来，在国家的资源开发与生态治理的战略决策下，以"三北"防护林工程为依托，县域内的生态治理，无论是退耕（牧）还林（草）工作、防沙固沙工程，还是以林果业为主的生态农业的实施，均取得一定的成效，局部或者小范围内的生态得以改善，环境恶化速度相对减缓，人进沙退和沙进人退处于暂时的相持之中，但县域生态功能整体退化的趋势尚未得到根本的遏止，而且这种退化的趋势在将来相当长一段时间依然面临着自然资源开发、人口增长以及民众改善生存条件和提高生活水平的多重压力。在将来的经济社会发展之中，墨玉县将面临的是经济发展与生态建设的两难抉择：一方面，要发展经济，改善民生，

---

① 高前兆：《塔里木盆地南缘水资源开发与绿洲的生态环境效应》，《中国沙漠》2004 年第 3 期。
② 中共墨玉县委宣传部、县政府林业局：《农田林网化，大地如锦绣——墨玉县实现农田林网化侧记》，《新疆林业》1985 年第 4 期。

必然会开发自然资源尤其是水资源，给本就承载能力很弱的生态系统带来更大的压力；另一方面，荒漠地区以治沙为主的生态建设项目，往往科技含量高，资金投入大，无论以何种形式推进，均是一个长期艰难的过程，短期内对区域生态环境不可能带来明显的改变。在生态环境建设的过程中，局部的某一个小环节的微细变化，均可能会引发区域性的生态的连锁反应。但目前在墨玉县的经济社会发展与生态文明建设中，人们对环境的脆弱性及影响环境变化的敏感因子的认识上还存在一些不足，主要表现在以下两个方面：

一是在决策与实践的层面上对生态环境的脆弱性认识不足。据我们的调查与了解，当地干部和群众在长期的生产生活实践中，已经深刻地意识到当地生态环境的脆弱性，很多人都曾有遭遇沙尘暴的经历，尤其是长期在当地工作和生活的干部群众，他们对县域环境的变迁均有很深的感受。但是，在县域经济开发中，由于主观和客观的原因，对县域生态环境状况与制约条件，即人与自然环境的关系认识上还存在着一定的局限性，60 余年来经济开发对环境的巨大干预，至今还处于生态偿还的状态。还有一个必须值得注意的情况是，县域的经济开发，往往不仅仅是县一级政府的单方面的决策行为，与地区、省区乃至全国性的经济开发大战略均有一定的关联性，所以即使是县的决策机构有长远的生态决策规划，开发单位有很周密的环境保护措施，在具体的实施过程中，也不可避免会受到上一级错误决策和追求现实经济利益的影响，往往很难始终如一地贯彻下去。在这种如何协调经济发展与生态文明建设的多难处境中，单独的部门或个人往往感到无能为力。

二是水资源的可控性估计不够。墨玉属于极端干旱的荒漠地区，在其生态系统中，水是影响生态系统最为敏感的环境因子，"有水即为绿洲，无水则成沙漠"，水资源关乎绿洲生态系统的形成、发展与稳定。在墨玉所属的和田地区降水稀少，生产、生活用水主要源自冰川雪水融化，全区 36 条大小河流中，玉龙喀什河、喀拉喀什河的流量占总流量的 61.2%，区域分布不平衡。目前的经济开发中，虽然没有什么大型的耗水企业，但当地以农业为主导的经济发展，无论是林果业还是设施农业，基本上是以水找地，对水的需求量很大。20 世纪 50 年代以来，随着人口的不断增长，土地资源的开发，给和田地区本就有限的水资源带来了巨大的压力，目前"地表引水量达 $72.624 \times 10^8 m^3$，地下水开采量达 $8.846 \times 10^8 m^3$，上游大量引水使河流流程缩短甚至断流，下游地下水位下降，供给天然草场与植被的生态需水量减少，使草场植被退化，造成沙丘活化和流沙入侵，也造成了严重的盐渍化。"[1] 在今后的经济开发中，水资源可以说是至关经济社会发展和生态文明建设的一个重要变量。

　　针对如上情况，在将来墨玉县经济社会发展中，如何有效地缓解自然资源开发、经济发展给生态环境带来的压力，在一定程度上保持县域生态系统的健康运行，提出如下建议：

　　（1）在地方政府的决策规划中，应充分考虑生态与经济发展的紧密关系，开展县域生态普查，根据普查结果进行生态功能区划，严格规定哪些区域是禁止开发区，哪些区域是限制开发区，哪些区域是轻度开发区，把经济规划与生态布局有机地协调起来，尤其是对生态极端脆弱、环境敏感流域的水土资源开发，应该加强监管，慎重行事。

　　（2）加强环境风险防范，保障环境安全。环境问题不仅是生态问题，也是影响社会稳定的问题。从可资借鉴的历史经验来看，在墨玉县生态环境变迁和人地关系矛盾中，人进沙退或沙进人退始终是一对难解的矛盾，社会稳定与生态趋好、生态恶化与社会动荡也处于动态的转化中。如何有效地防范环境风险，保持社会的稳定，是一个客观而现实的问题。在这方面，我们建议建立健全生态预警机制、生态监督机制、生态灾难救治机制，完善相关的环境法规，对生态环境进行动态的监管、监察与监测，制定出各种不同层级的应急预案，以应对随时可能发生的生态灾难。

　　（3）加强生态环境保护，有效地协调经济发展与生态文明建设的关系。为了保持目前荒漠治理、植树造林所取得的成果，维持生态系统的基本稳定，在将来的环境保护工作中，除了加强环保宣传教育，不断提高广大干部群众的环境保护意识外，还要加强基层农村的环境保护工作，在农业生产的规划与布局中，做好节水示范工作，摸索出一条最佳的节水灌溉模式，以标准化、集约化、现代产业化带动墨玉县生态农业经济向前发展，保持资源开发与经济社会的可持续发展，严防造成不可逆转的生态破坏。

———————————

[1]　俎瑞平等：《2000 年来塔里木盆地南缘绿洲环境演变》，《中国沙漠》2001 年第 2 期。

清代越南使臣视野中的广西
区域景观形象

——以越南使节广西纪咏诗文为考察中心[*]

陈国保

广西地区很早以前就与今越南等东南亚国家有交通往来联系，并为古代中国南方海上丝绸之路中的重要链环。与处于传统中国海上交通大动脉上的广西沿海地区所具有的港口链接地位相比，形成于宋代的越南入华朝贡之路，则让广西成为中越政治、经济、文化交流的前沿阵地。尽管以朝贡为载体的古代中越宗藩关系，自宋代确立之后的近1000年间，越南遣使入华的行程路线时有变化，但作为历代越南王朝入华行程的首站和中越宗藩秩序实际运作的起点，入华之始的广西之行，无疑是其燕行路上非常重要的一段，它是联系中越两国往来的桥梁和纽带。特别是明清以来，随着朝贡制度的日益成熟和完备，屹立在两国边境的雄伟（镇）南关更是见证了中越关系的发展演变。当时的越南使臣在此经过一整套严密庄肃的朝贡礼仪程序之后，开始

* 基金项目：本文为国家社科基金青年项目"越南使臣与清代中越文化交流研究"（12CZS071）阶段性研究成果。

作者简介：陈国保，男，历史学博士，广西师范大学历史文化与旅游学院教授，广西师范大学越南研究中心研究人员；主要从事中国南部边疆民族史、中越关系史、域外汉文典籍的教学与研究。

他们的中国之行。从南关到桂林，溯漓江而上灵渠，行程路线从南到北，穿越大半个广西，也经过广西境内的主要水道以及整个广西的重要内陆地区。越南使臣行走在这条朝贡之路上，诗文往来，笔墨倾谈，互通有无，行程的足迹彰显出文化之旅的内涵与特征。而他们在广西行程中对沿途关隘、城镇、建筑、名胜、古迹、风俗等自然人文地理景观的记录和描述，对中华南疆秀色山河的激情咏怀，不仅为我们呈现了一幅他者视野中的广西区域形象；而且透过这一异域之眼的观察，更为我们了解使程沿途广西区域社会环境的不同面相提供另一种参照。

对于存在于日本、韩国、越南等中国周边国家之域外汉文典籍的文献价值，如今学术界已越来越重视。而近年来随着越南燕行文献的逐步挖掘、整理、出版和利用，也进一步推动中外学术界有关古代中越宗藩关系的研究，不少学者还以此为文献基础，开始关注越南朝贡使臣如清期间的在华活动，并通过他们对清代中国的观察来解读他者视野中的"天朝"异域形象。① 中国台湾学者陈益源、凌欣欣的《清同治年间越南使节的黄鹤楼诗文》② 便是其中一个颇具代表性的个案研究。作者以晚清同治年间二次出使中国之越南使节的黄鹤楼诗文为主要讨论对象，借此异国使臣对这座千古名楼的情景描绘，来探讨晚清特殊的时代背景之下黄鹤楼及其所处环境的变迁，以及由此折射出的近代中国的剧烈变化。作者开拓性地将越南使节诗文运用到黄鹤楼这一著名的人文景观研究之中，不仅给人颇多启发，也让我们看到继续发掘越南"燕行文献"这一

---

① 如笔者 2009—2011 年在中山大学历史学系从事博士后研究工作期间所完成的博士后出站报告《视觉切换与形象重构：越南使臣视野中的大清帝国——以清代越南使臣的"入华行纪"为考察中心（1667—1885）》，即是越南汉喃研究院越南汉文燕行文献以及其他汉文史籍的相关记载而展开这方面研究的；又如复旦大学 2012 年硕士学位论文《清代越南燕行使者眼中的中国地理景观——以〈越南燕行文献集成〉为中心》，作者张茜主要通过对复旦大学出版社 2010 年出版的《越南汉文燕行文献集成（越南所藏编）》这套资料的地理解读，探讨越南访华使者眼中的中国印象，虽涉及越南使臣有关广西的描写，但内容简略；广西民族大学 2013 年硕士学位论文彭茜的《朝贡关系与文学交流——越南来华使臣与广西研究》，亦以越南汉文燕行文献为核心资料，从朝贡关系与文学交流的角度就越南使臣在广西境内的行程及其途中所作的汉诗文作了一定的考察，但作者并未就展现在越南使臣视野中的广西形象进行解读。

② 载《长江学术》2011 年第 4 期。

中国历史研究的新材料，进一步深化对越南使臣所见、所闻、所观、所感、所论而构建的"异域之眼"中的"燕行景观"的研究所具有的重要意义。笔者拙文的讨论，正是基于此而展开。

一 清代越南朝贡使臣的广西行程路线

为便于加强对入贡各国使团朝贡途中的管理，清朝制定了详细的外国朝贡路线，并严格规定"各国贡道，例由各省入境者，水陆俱遵定制，别道毋许放人"。① 而关于越南的朝贡路线，早在康熙四年（1665），清朝就定例"安南贡道由广西太平府"，即经广西、湖南、湖北、河南、直隶由陆路进京；雍正二年（1724）又议准："安南国贡使进京，广西巡抚给予勘合，由广西、湖南、湖北、江西、江南、山东、直隶水路行。回日由部照原勘合换给，仍由水路归国。……乾隆六十年（1795）奏准，此次安南贡使，改由广西水路，经广东之肇庆等府，至江西沙井起旱，取道入京。嘉庆七年（1802）定，越南贡道，由陆路至广西凭祥州，入镇南关，（自宁明州）由水路达京师。"② 由上所述几条贡道，可见越南王朝如清朝贡路线并非一成不变。

而对于本国使部的入华朝贡路线，越南使臣潘辉注曾有概括说："梧江三岐，为古今使程分路处。黎正和（1680—1704）以前使舟至此，顺流东下，经肇庆府封川、清庆、高要三县水，至广东广州省城，仍从此出三湘。顺泛，无溯流入隄之艰。……自正和以后，至此始转溯漓水上

---

① 《清代各部院则例·钦定礼部则例》（乾隆朝）卷181《边关禁令》，第750—751页。
② 《清会典事例》卷502《礼部·朝贡·贡道》。按，乾隆六十年新规定的安南贡道，自镇南关入境后，经陆路至宁明州，在此由水路经南宁等地达梧州后沿西江顺流东下经广东肇庆、三水，再由北江水道至南雄府登陆，越梅岭（大庾岭）由陆路经南安（今江西大余）至赣州，然后沿赣江北上，至沙井（今江西南昌）起陆，再经湖北、河南、直隶入京。这条路线与乾隆五十五年（1750）阮光平如清朝觐的路线基本重合，只是阮光平的北上路线由西江水路至肇庆以后过广州，再由广州经南雄、南安、赣州、南昌、九江、武昌、信阳、许州、郑州、彰德、磁州、良乡至热河朝拜（参见孙宏年《清代中越宗藩关系研究》，黑龙江教育出版社2006年版，第70—71页；希尹甫：《燕台秋咏》，汉喃研究院抄本复印本，A.1697. 作者可能是随阮光平出使中国的陪臣）。不过这条线可能只存在于乾隆末年，不久即被废除。

桂林，过融江入三十六隄，然后出湘，迨今遂成定例。"① 李文馥也说："前古使路，自安南黎正和以前，使船至梧州顺流东下，经至广东省城。永盛（1705—1719）以后，船由梧州逆流溯漓江上广西城，至今遂定例。"② 显然，两者讲的是同一回事，即总结历届越南使部入华程途的两条相对固定的线路，也就是在黎正和以前，越南使部从广西宁明州登舟从水路至梧州后顺流而下至广州城，然后又乘舟由北江水路至南雄府登陆，越梅岭（即大庾岭）再由水路到衡阳，经湖南、湖北、河南、直隶抵达北京；而自正和以后（即黎裕宗永盛年始）使部则由宁明州左江水路至梧州后逆流而上经漓江达广西省城桂林，再历湖南、湖北、河南、直隶等省入燕京。其实，我们根据上文提到的清代留下的相关记录已知，越南使部的朝贡路线并不完全是固定在这两条线上，这可能只是一定时段内清朝规定的朝贡路线。不过从我们查阅的大量越南现存的"燕行记""使清日记""北使程图"以及"北使诗文"来看，如黎贵惇的《北使通录》、阮辉僅的《奉使燕京总歌并日记》③、潘辉注的《輏轩丛笔》、李文馥的《使程志略草》、《周原杂咏》、《使程括要编》、范熙亮的《范鱼堂北槎日纪》、阮思僴的《燕轺笔录》、范世忠的《使清文录》、黎峻的《如清日记》、《北使程图》④、《使程图本》⑤、阮登选的《燕台婴话》⑥，等等，我们确实可以依据他们的描述确定清代越南使臣北行的两条主要路线，即嘉庆以前的使部行程主要是：自镇南关入关以后，由陆路经幕府营、凭祥州、受降城至宁明州城。再由宁明州城经明江、左江、郁江、浔江、桂江、漓江等水系，途经宁明城、太平府城、新宁州城、南宁府城、永淳县城、横州城、贵县城、桂平县城、平南县城、藤县城、梧州

① 潘辉注：《輏轩丛笔》，越南汉喃研究院抄本复印本，A. 801. 按，该著作者，刘春银等主编的《越南汉喃文献目录提要》作裴文禩，但据复旦大学出版社 2010 年出版的《越南汉文燕行文献集成》第十一册王亮对所收《輏轩丛笔》作者的考证，认为应为潘辉注，其于道光五年至六年，担任使华副使，该著即为这一时段的在华记录。当以此为是。

② 李文馥：《使程志略草》，越南汉喃研究院抄本，A. 2150.

③ 阮辉僅：《奉使燕京总歌并日记》，越南汉喃研究院抄本复印本，A. 373. 按，阮辉僅，黎显宗景兴二十五年（清乾隆二十九年，1764）十二月奉命使清，此著即作于此间。

④ 越南汉喃研究院藏本复印本，A. 3035.

⑤ 同上书，A. 1399.

⑥ 越南汉喃研究院抄本复印本，AB284—285.

府城、平乐府城、阳朔县城等地而至广西省城桂林。又由桂林府城沿漓江过灵渠入湘江经长江及京杭大运河等水道，途经广西、湖南、湖北、江西、江南、山东等省，并由山东济宁登陆，历山东、河南、直隶而至北京。而从道光时期起，虽然越南使部的行程在从广西至湖北一段基本与上述路线重合，但自湖北以后则为殊途同归。即自镇南关入境后，由陆路经幕府营、凭祥州、受降城至宁明州城。再由宁明州城经明江、左江、郁江、浔江、桂江、漓江等水系，途经宁明城、太平府城、新宁州城、南宁府城、永淳县城、横州城、贵县城、桂平县城、平南县城、藤县城、梧州府城、平乐府城、阳朔县城等地而至广西省城桂林。又由桂林府城沿漓江过灵渠入湘江经长江等水道，途经广西、湖南、湖北等省，并由湖北汉口登陆，历河南、直隶等省而至北京。

综合以上二条越南如清朝贡的主要线路，我们说尽管越南遣使入华的行程路线时有变化，但随着清代朝贡制度的日益成熟和完备，越南入华朝贡的路线也逐渐固定。通常而言，多是从陆路经凭祥、宁明，再由宁明经明江、左江、郁江、浔江、桂江、漓江等水系，途经宁明、崇左、扶绥、南宁、横县、贵港、桂平、平南、藤县、梧州、平乐、阳朔等地而至桂林。又由桂林沿漓江过灵渠入湘江经灵川、兴安、全州然后北上入京。其在广西的行程贯穿南北，涉历广西境内的主要水道以及整个广西的重要内陆地区。

一届又一届的越南使部，自镇南关入关启程之后，便开始了他们漫长的中国之行。涉江河、越山川，水陆兼行，他们在广西沿途所经地区，既有繁华闹市，也有僻野小村，这为燕行北上的越南使臣更加全面、细致地接触和了解清代广西的风土人情提供了得天独厚的条件。尤其是越南使臣途中依其见闻或以诗文或以行纪或以程图而逐日逐程作下的行程记录，则留下了沿途中国地方自然人文地理景观描述的丰富内容，正如越南阮朝人阮椿燕评价范熙亮的《范鱼堂北槎日纪》那样：

> 嗣德二十三年庚午冬，（鱼堂）先生辰[①]以光禄少卿充命（担任甲副使），至壬申秋还。……今观之记中，自辞行而旅贡，彤庭而复

---

① 按，"辰"即为"时"。因避阮翼宗嗣德帝阮时的名讳，所以改"时"为"辰"。

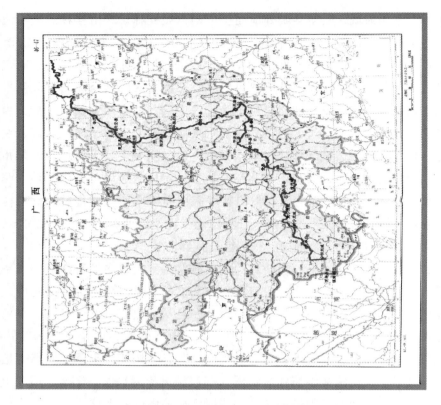

图一　清代越南朝贡使臣的广西主要行程路线

命，兢兢焉！……至于轩輶往返，凡道路之见闻，山川之名胜，古人名迹之遗，他乡景物之异，水而舟陆而车，虽当匆匆行色，在人所不暇者，犹能运如椽之笔，无奇不搜，亦清亦深，亦豪亦雅，亦典亦博，单词双语中，尽有意思，非徒备日程以为后来重译者之前乘也。①

由此可见越南使臣对于沿途中国社会的高度关注，同时其燕行期间有关中国地方风物的微观记录和具体描述，也为我们多方位洞察沿途中国区域社会环境的诸多实相提供了另一视角。

---

① 范熙亮：《范鱼堂北槎日纪》，越南汉喃研究院阮椿燕抄本，A. 848.

二 广西沿途风土人情的描写

在汉喃研究院现存的越南使臣留下的燕行文献中，以其关于途间地方风土人情的描述最为丰富，其往往对经过地方的塘汛道里、山川风景、民间风俗等事迹的记录尤为详核。而我们借由不同时期越南如清使臣对于途经区域之人文地理景观的描写，也可检视清代中国区域社会环境的动态变迁过程。

越南使臣自过镇南关进入中国以后，便开始留心观察沿途经过地区的社会环境，并对当地人民的生产生活习俗多有描摹。特别是他们途中有关广西民俗风情的见闻记录，也让我们看到了中国南部边疆民族地区地方文化的多元性特点。如乾隆二十九年（1764）十二月奉命使清的阮辉㑦（或作阮辉滢）抵达凭祥州时，他看到该地"言语衣服，一如谅山马丘驴"①，这种现象与道光五年（1825）和二十一年（1841）先后出使清朝的潘辉注、李文馥见到的情形依然一样，他们分别说："南关以内，数十里，山路崎岖，居民与谅山无异，竹篱茅舍，杂见于苍崖绿树中；土人草鞋蓝服，拥簇观看，林野之状可掬；沿边山峒习俗，大抵南北皆然。"②"自过关至此（宁明州），土人言语衣服，略与谅山省同，本国铅钱尚可通用，自此以往，不复用。"③ 从中可见当时中越边境一带人民生活的现状，同时也反映了两国边民长期存在的密切往来联系。

而在阮辉㑦经过永淳、横州、贵县等地时，他记录其见闻云：

> 永淳城，其地民淳事简，趁（赶）墟田作，皆妇女为之。城中有遗爱庙，挂儒林山斗金匾，城外有武圣庙，扁道本麟经，隔江是文圣庙，四围如墙，第一重门内开半月池，上架白石桥，两角横门，题礼门义路，第二重门，左祠名宦，右祠乡贤，内有东西字，正中是大成路，殿上挂御扁万世师表牌位，书至圣先师孔子，附四配十

① 阮辉㑦：《奉使燕京总歌并日记》，越南汉喃研究院抄本复印本，A. 373.
② 潘辉注：《輶轩丛笔》，越南汉喃研究院抄本复印本，A. 801.
③ 李文馥：《使程志略草》，越南汉喃研究院抄本，A. 2150.

哲，后是崇圣殿，尊祀圣人五代，右是明伦堂，学官讲学于此，其省府县规制殆同。……横州城，城亦都会，人重廉耻，尚文学，苍头采薪于山，女婢负米于市，服饰亦同京师。……贵县……士多志学，虽贫亦迎师教子，以故科名独盛。①

映入异域使者眼帘的这幅画卷，向我们生动地展示了广西南疆区域文化在中国文化整体中的共性与特性。一方面，儒学盛行，尊孔尚礼，弘文重教，反映出清代国家教化在南疆地方社会中的推广和普及；另一方面，与传统中国男耕女织的基层家庭结构不一样，越南使臣广西一路行程中所见到的日常田地劳作和圩镇交易活动却往往是由当地妇女承担。对此，嘉庆七年（1802）担任如清求封正使的黎光定亦在其北使诗文《鸬鹚塘夜泊》中描写桂林途中所见云：

> 鸬鹚塘口枕晴山，一系仙槎傍竹湾。放筏渔人教鸟宿，赶墟野妇串鱼还。
> 宦情淡荡江流洁，客思低回漏转闲。高卷篷窗天色曙，白云渺渺水潺潺。②

其中特别是作者在文下的小注引同朝名臣吴时位的评语颇值得玩味："吴澧溪③曰渔人何闲，野妇何忙，岂教鸟宿者，胸中已无物我，串鱼还者，念头尚有夫儿，一忙一闲，对待亦觉有趣。"行文之间描绘出一幅别样的广西风土民情的画面，放筏渔人悠闲自在，心无挂碍、串鱼而还的赶集妇女，却因心中惦念家中的丈夫和儿子而显得步履匆匆。男子的悠闲，妇女的匆忙，一忙一闲的对比，不觉增添了几分异国使臣行程中的

---

① 阮辉僅：《奉使燕京总歌并日记》，越南汉喃研究院抄本复印本，A. 373.

② 黎光定：《华原诗草》，《越南汉文燕行文献集成（越南所藏编）》，复旦大学出版社2010年版，第九册，第122页。

③ 按，吴澧溪，即吴时位。越南使臣回国后，通常会将其北使途中所作诗文与同僚进行切磋交流，黎光定诗中引用的吴时位之言，当是吴时位在国内看了黎光定的此首燕行诗文后发表的评论。又据吴时位的北使诗文集《枚驿诹余》，他在黎光定之后于嘉庆十四年（1809）担任副使，如清祝贺嘉庆皇帝五十大寿。

趣味。这也如（光绪）《临桂县志》卷 8《舆地志二·风俗》所云："岭南多妇人为市，又一奇也。"

因为妇女多为市，多从事体力劳动的习惯，在缠足之风依然盛行的清代，广西乡间妇女却并不以三寸金莲为美，"岭南妇女多不缠足，其或大家富室闺阁则缠之，妇婢俱赤脚行市，亲戚馈遗盘椟，俱妇女担负，至人家则袖中出鞋穿之，出门即脱置袖中，女婢有四十五十无夫家者。下等之家女子缠足则诟厉之，以为良贱之别。"① 彰显出岭南民间社会习俗独特的区域化特征。对于清代广西这种特殊的地方风俗民情，另一位乾隆末年出使中国的越南使臣希尹甫《浔江记见》一诗中也有句云：

> 土俗民夫头束辫，村庄孀妇脚无缠。

作者并注解说：自粤省以北，民俗辫发，行者垂肩，坐者横颈，粤以西多以竹簪结发，如束发毡，故云；粤省自南宁以北，所在城市，妇女缠足，民间却无缠。自湖南抵燕，在处不论贵贱，皆以缠足为美，惟满俗不然。当他前行路过广西来宾时，眼前的景象是：

> 在处城亭坚厚，官府位置一如中华，汉人商贾凑集，但夷人不改旧俗，男子多丑秽，妇女以油涂发，有裙裤却悬起前幅，露足胫，见之可耻，蛮人以为常。争壮健抬担走，日夜四五十里，略无穷倦。②

越南王朝是"受中国儒家文化影响最深的境外地区之一，缘于对中国文化的广泛吸收，明清时期的越南甚至形成了以自我为中心的'中国观'，越南王朝亦常以'中国''中夏''中华'自居"。③ 所以，当越南使臣见到所谓"不改旧俗"的广西土著民族的行为习性，自认为是文献

---

① （清）吴征鳌修，黄泌、曹驯纂：（光绪）《临桂县志》卷 8《舆地志二·风俗》引《岭南杂志》，广西人民出版社影印出版 2013 年版，第 193 页。

② 希尹甫：《燕台秋咏》，越南汉喃研究院抄本复印本，A.1697.

③ 拙文：《越南使臣与清代中越宗藩秩序》，《清史研究》2012 年第 2 期。

名邦、礼仪"中华"的越南使臣，自然而然地就为之贴上了"华夷"之别的文化标签。反观越南使臣的这一文化态度，虽不排除越南使臣欲提升自身国家地位的意图，但也可观察到深受中国文化影响的越南在熟练掌握中华文化后，对本国文化高度的自我认同，正如韩国学者刘仁善认为"从文化的层面来看，如清使的另一重要任务就是宣扬本国是文化国"。① 不过还要指出的是，越南人的这种认同多表现出我与中华的"同"，而不是中华"不华"，"北南虽异域，诗礼共儒流"。② 这与朝鲜人所认为的清朝入主中原而致中华文化沦丧以及"中华文化"独存于朝鲜的"小中华"③ 意识是有很大区别的。

而由此通过越南使臣的笔触所及，也进一步反衬出虽历经秦汉以来特别是明清二代中国王朝长期奉行的国家教化的强势推进，但国家意识形态中的儒家伦理价值观也并不能完全取代乡村基层社会固有的传统习俗，在广西边疆少数民族地区仍然保留着鲜明的地方文化特色，并与国家在地方社会的教化秩序和谐共存，形成一道独特的人文景观。这一景象，对于我们现在学术界泛泛而论的少数民族的汉化问题，无疑提供了一个值得深入思考的另一视角。

除了独放异彩的边情民俗引起越南贡使的关注外，沿途居民的生产活动和生活场景也同样引发他们的兴趣。如阮辉㲄在从桂林至灵川的途中，见"土人多筑堰坝，置水车，运水灌田。……俗皆以山石烧灰，散布田中，云可杀蚯蚓去草"。④ 当地的这一普及性的传统农作方式，自然由来已久，但于异域使者而言，却颇觉新奇，所以一直到晚清越南使臣的燕行记录中仍对此常有留意。而令人意外的是，笔者小时候也依然见家乡湖南祁阳、祁东（也是越南使臣过灵渠入湘江之后的水路行经之地）的人们用此法引水、除草、杀虫，可见其科学性和古人的智慧。同治九

---

① ［韩］刘仁善：《19 世纪的越中关系和朝贡制度：理想与现实》，《东北亚历史杂志》2009 年第 1 期。

② 阮公沆：《往北使诗》，《越南汉文燕行文献集成（越南所藏编）》第二册，22 页。

③ 参见孙卫国《大明旗号与小中华意识 ——朝鲜王朝尊周思明问题研究》，商务印书馆2007 年版；葛兆光：《大明衣冠今何》，《史学月刊》2005 年第 10 期；葛兆光：《朝贡、礼仪与衣冠——从乾隆五十五年安南国王热河祝寿及请改易服色说起》，《复旦学报》2002 年第 2 期。

④ 阮辉㲄：《奉使燕京总歌并日记》，越南汉喃研究院抄本复印本，A.373.

年（1870），如清甲副使范熙亮船过广西藤县时，以其所见描写到："县城有江自东来，名藤江（浔江），水中浮洲处处而有，渔家往往于水面叠石作梁，散如浮沤，辰（时）相买易，有力者数十处，贫者亦一二处，为生涯焉。"① 再现了傍水而居的浔江沿岸渔民水上谋生的生活场景。而当潘辉注入广西经新宁州境（今广西扶绥县）时，他对左江岸边的村舍民居描写如下：

> 新宁城在江右岸，古树浓阴，石矶戏水，望之极觉幽雅。左岸上群山错落，民居村坞，半在流泉深树间，景致尤寂。仆来时泊舟左边，偶一登岸舒览信乐，缘溪过垂杨深处，有一簇人家，门宇闲静。老叟望见使客，欢喜出邀，请入款茶。阿叟年七十余，意象朴厚，户内男读女织，各令执业以见。觉幽居趣味，春风蔼然。②

一幅恬然宁静的田园风光，使得身为异国使臣的潘辉注亦不觉情不自禁地产生留恋艳羡之感，"移时出门，回盼云林郁岑，想此山翁受用自有无限快活。座外寻幽，亦一观风雅话也"。但令人叹息的是，这一景象随着清朝国势的衰弱而不再现于清末入华使臣的行纪之中，成为只可追忆的盛景晚照。

嘉庆十四年（1809），正值嘉庆皇帝五十大寿，越南遣使如清祝贺，担任贺寿使部副使的吴时位路过广西时作《大墟墓泊》：

> 系缆村墟日色低，斜阳烟树蔚萋萋。火残林木留枯干，水落江岸逗宿泥。
> 禾篆女妇青乱岸，买盐人志白遗堤。雨声断续闻将近，指点江城是粤西。③

---

① 范熙亮：《范鱼堂北槎日纪》，越南汉喃研究院阮椿燕抄本，A. 848.
② 潘辉注：《輶轩丛笔》，越南汉喃研究院抄本复印本，A. 801.
③ 吴时位：《枚驿诹余》，《越南汉文燕行文献集成（越南所藏编）》第九册，复旦大学出版社2010年版，第286—287页。

越南如清使臣溯漓江水路而上途经的大墟，明清以来已发展成为一个区域性的商品集散地和重要交易场所，居广西四大墟镇之首。虽然长期以来，灵渠水运对于沟通桂东北的商贸往来发挥着交通枢纽作用，"由于桂林位于灵渠之南，而灵渠是岭南北地区交通的枢纽，是各种货物交换的中转站，湖南及桂北所需广东食盐，主要由桂林集散，中原各省的货物也源源不断地沿湘江入灵渠，运到桂林转销"。① 但因为灵渠河身狭窄，水位较浅，常常容易造成水路滞塞拥堵，这样在客观上逐渐促成了北起兴安界首、南抵临桂大墟（今属灵川县）贯通湘、桂、粤的桂东北陆路商道的兴起。依傍于漓江东岸的大墟，因此而成为连接湘、桂、粤商贸通道上的一个地位显要的"水陆码头"，② 商业昌隆，贸易兴盛。吴时位的描述正反映了当时大墟盐业贸易的繁荣盛况。

灵渠，是越南使臣从广西省城桂林出发沿漓江水路北上的必经之处。作为中国历史上的一项伟大的水利工程，它也引起了历届越南使臣对于这一段行程的高度关注，无论是他们的使程行纪还是燕行诗文，其中多不乏有关灵渠水道的历史遗迹、人文古韵、水路航行的描写和咏怀，留下了不少珍贵的记录。如出自越南北使之手的《使程图本》有记载云：

> 秦戍五岭，史禄始开灵渠，下通漓水，以便舟行。汉伏波、武侯（衍文），唐李渤以后，时加修治，自马头山至兴安县，歹（分）水处有三十六石陡，七十二水陡（湾），今见完陡二十八，余皆无。渠心浅狭，仅容木马小舟，冬春水涸，则于石陡处用木木渠 竹笆扦塞，逆流则扦于后，顺流则扦于前。纵水涨而行，日才三五里。谚云，三十六陡，七十二湾，湾湾望见马头山，漾洄难行，即此可见。③

不过，在越南燕行文献记载和存录的关于灵渠航道的重要资料中，

---

① 《广西航运史》编审委员会：《广西航运史》，人民交通出版社1991年版，第55页。

② （清）吴征鳌修，黄泌、曹驯纂：（光绪）《临桂县志》卷7《舆地志一·疆域》，广西人民出版社影印出版2013年版，第189页。

③ （越）佚名：《使程图本》，越南汉喃研究院抄本复印本，A.1399.

笔者尤要提及的是，越南使臣对与这一古老运河沿线居民社会经济生活密切相关的灵渠水运商贸功能的记述。如前述道光初期的如清使臣潘辉注，就论其船行所过的灵渠水道在当时的经济地位及其水运情况曰：

> 灵渠为楚咽喉要路。长沙、衡、永诸州粟米，由此以达漓江，而粤西一境，始资其利，兼之安富船只，络绎不绝，行盐办饷，国课攸关，总赖此一浅河身，以为通运之地，觉昔人通渠功利，固不自小。①

潘辉注的这一认识，固然一方面是来自于自己灵渠航行中的亲眼所见，但更重要的应该是基于其从竖立在灵渠岸边有关灵渠重修、航行等方面的碑文告示中所获得的重要信息。如其抄录的乾隆二十年（1755）两广总督兵部尚书杨应琚《重修灵渠碑记》即有言：

> ……窃（杨应琚）尝谓地方水利，关乎政事得失，急其所当务②，庶一举而众事皆集。夫其带荆楚，襟两粤，达黔滇，商旅不徒步，安枕而行千里，资往来之便。此其一。高陇下田，有灌溉之资，无旱潦之虞，化瘠为腴。此其一。殖③货贸易④有无，致之于陆倍其值，运之于水廉⑤为售，驵侩⑥熙熙，重其载而取其赢，又其一；长沙、衡、永数郡，广产谷米，连樯衔尾，浮苍梧直下羊城，俾五方辐辏食指浩繁之区，⑦源源资其接济，利尤溥也已！系我三楚两粤之耕农商旅，歌帝德⑧而感皇恩⑨，咸忭舞走相告语，诚岭外美利之大

---

① 潘辉注：《轺轩丛笔》，越南汉喃研究院抄本复印本，A. 801.
② 务，潘辉注抄本（下文简称潘本）脱，兹据唐兆民编：《灵渠文献粹编》第三部分《修渠与用渠·杨应琚〈修复陡河碑记〉》（下文简称唐本）补，中华书局 1982 年版，第 230 页。
③ 殖，唐本作"食"，第 231 页。
④ 易，唐本作"迁"，第 231 页。
⑤ 廉，潘本脱，兹据唐本补，第 231 页。
⑥ 侩，潘本作"偏"，误，兹据唐本改正，第 231 页。
⑦ 区，潘本作"巨"，误，兹据唐本改正，第 231 页。
⑧ 德，唐本作"力"，第 231 页。
⑨ 恩，唐本作"仁"，第 231 页。

者，是宜敬谨①拜手而记其事。②

乾隆十九年（1754）四月，杨应琚调任两广总督，十月在巡察广西、了解民情的过程中，由兴安县知县梁奇通处得知灵渠有淤塞之患，经亲自考察实情之后，于是年十二月上奏朝廷："粤西兴安陡河即漓江发源处，向因漓水纤细，于湘江内浈潭坝激水注漓以行舟，复循崖垒石造陡门以蓄泄，乃转运楚米通商之要道也。今坝塌土漏，湘水不能分注漓江，楚船至全州即不能进，于民食有碍。又兴安城下堤岸亦有冲刷，如遇大水，恐及城垣。至临桂陡河，为下达柳州、庆远溉田运铅要道，向亦造陡束水无阻。今俱颓淤，田无灌溉。思恩采铅，解省供铸，转运维艰。"③ 据杨应琚之言，灵渠的失修，陡门的坍圮，堰坝的倾颓渗漏，航道的泥沙淤积，等等，既影响到了它蓄水灌溉的功能，也对兴安县城造成了潜在的水患威胁，并妨碍了湖南、广西、广东等地之间的通商往来，阻挡了由今河池市环江毛南族自治县开采的铅运往省城以供铸币之需的水路航行。由此足见灵渠航道关乎国计民生的显著地位，所以亟待重新修治。经清廷批准，从乾隆十九年（1754）十一月至乾隆二十年（1755）十一月，历时一载而完成灵渠的全面整修。时任兴安知县梁奇通就此由衷的称赞道："河流宣畅，旱潦无忧；桔槔声闻，沃野千顷；舳舻衔尾，商旅欢呼。楚粤之血脉长通，宁独兴民利，两省利，而通货贿，济有无，邻邦共利。"④

自乾隆十九年杨应琚重修灵渠，到潘辉注一行出使清朝的道光五年（1825），已时隔 70 年，那么此时的灵渠对于沟通楚粤商贸往复的水运通道地位又如何呢？以潘辉注根据道光元年（1821）《禁止木排出入陡河告示碑》而叙述的情形曰：

> 兴安县，界在湘漓二水之间，群山四旁错落，灵渠一带萦绕，

① 谨，潘本脱，兹据唐本补，第 231 页。
② 潘辉注：《辀轩丛笔》，越南汉喃研究院抄本复印本，A. 801.
③ 周骏富辑：《清代传记丛刊·清史列传》卷 22《杨应琚传》，（台）明文书局印行 1985 年版，第 98 册，第 531—532 页。
④ 唐兆民编：《灵渠文献粹编》第三部分《修渠与用渠·梁奇通〈重修兴安陡河碑记〉》，中华书局 1982 年版，第 228 页。

只容舟船往来。其竹木槎筏，各随江水顺流如西，向所出木植，附近全州西延一带者，由五①排山运至西延（按，今资源县）下河入楚销售，如六峒、华江一带木植，放至大溶江大河运省发卖②。覆咨向前条禁例定，并不许拦入陡行走，以陡身狭小，恐碍于舟船也。近年有六峒木商入陡，梗塞河路，致将盐船碰③翻，因被棍徒抢夺，广西盐道台翟，再严申禁戒，勒碑于牯牛陡。④

由于灵渠"上通省城，下达全州，为粤省咽喉要路，官商船只，络绎不绝。临全埠行盐办饷，国课攸关，更赖此一线河身。为销运之地，岂容阻塞，致滞行旅，而误课程"。⑤河身狭窄的灵渠水道通畅与否，不仅关系到来往商旅的航行，更关键的是直接影响到承办桂北临桂、兴安、灵川、阳朔、永宁（今已并入永福、临桂二县）、永福、义宁（今已并入临桂、灵川二县）、全州、灌阳、平乐、恭城等十一埠盐引销运的临全埠的行盐办饷，攸关政府的征税纳课。⑥所以当据临全埠盐商禀报，并经兴安县查实：本由大溶江水路运送木材于省内销售的兴安六峒等地木商，因不敷工本，无利可图，而不顾章程私自转入灵渠水道逆溯而上湖南发卖。由此造成灵渠航道梗塞，致使由广东经水路发送桂东北的运销盐船被撞翻，食盐尽遭哄抢一案后，两广总督阮元即督率广西巡抚、广西按察使司、两广盐运使司、广西盐法道、桂林府知府、兴安县知县等各级地方官员，为整顿、疏通陡河航道，加强灵渠航运管理，于道光元年五月十八日专门制订禁止木排出入灵渠的碑文告示，其有文曰：

---

① 五，潘辉注抄本（下文简称潘本）作"玉"，兹据唐兆民编：《灵渠文献粹编》第三部分《修渠与用渠·阮元〈禁止木排出入陡河告示碑〉》（下文简称唐本）改正，中华书局 1982 年版，第 244 页。

② 发卖，潘本无此二字，今按文意据唐本补，第 244 页。

③ 碰，潘本作"磁"，误，兹据唐本改正，第 244 页。

④ 潘辉注：《辁轩丛笔》，越南汉喃研究院抄本复印本，A. 801.

⑤ （清）阮元：《禁止木排出入陡河告示碑》，载唐兆民编：《灵渠文献粹编》第三部分《修渠与用渠》，中华书局 1982 年版，第 243 页。

⑥ （清）阮元、伍长华纂修：（道光）《两广盐法志》卷 14《转运一·行盐边界》，道光十六年刻本，第 26—27 页。

查陡河河身本窄，蓄水无多，如一叶扁舟，行走已为不易。况成簰木料，岂易遄行？乃遂一二人牟利之私，阻千万人经由之路。既经查明兴安等处所出木植，系由西延、大溶江一带放运，向不入陡行走，旧章久定，何得妄更。该木商等贪图微利，溯上流不循故道，致使盐船挽运不前，估客征帆望洋兴叹，诚属阻隔官路，肆意妄行。自应严行示禁，以资利济，而便行旅。除详明两院宪、并行桂林府转饬兴安县勒拘抢盐人犯，务获究追详办外，合行出示严禁。为此示仰商民人等知悉：嗣后凡贩运木植，须循照旧定章程，由西延、大溶江一带行走，俾各相安无事，不得改由陡河逆运，致阻河道，有碍盐船，以及往来舟楫。其在省售卖木料，只许在省售卖，不许札簰入陡。倘再抗违，故将木排霸占官河，以致争竞滋生事端，定即严拿究办，决不宽贷。①

岁月悠悠，从秦时开凿，并经历代不断修缮的灵渠这条古老的水上交通线原本担负统一岭南的重要军事功能，因随着时光的流逝而逐渐减弱，代之而兴的是农田灌溉之利和经贸往来的沟通媒介。明清时期的灵渠不仅是沿线百姓农田灌溉的重要水利工程，更因其沟通南北商贸往来的交通枢纽地位而对湘、桂、粤区域经济社会发挥着广泛而深刻的影响。围绕灵渠航运及其河道的疏浚，国家力量、帝国边吏、贩运商人、地方民众在这里上演了一幕幕生动的角逐与博弈的场景。因此，透过越南使臣的直观所见以及他们所转录的碑文告示，对于我们了解灵渠水道在连接清代广西与湖南、广东等地之间经贸往来上所具有的举足轻重的航运地位以及因为灵渠水运利益而发生的复杂的社会关系，有着重要的史料价值，应当引起从事清代桂东北区域社会史研究学者的重视。加强对此类材料的收集、整理、分析和解读，或将有利于推动我们突破传统的灵渠研究的窠臼。

———————

① （清）阮元：《禁止木排出入陡河告示碑》，载唐兆民编《灵渠文献粹编》第三部分《修渠与用渠》，中华书局1982年版，第244页。对于该告示碑，潘辉注也有摘录，但为全面掌握告示的信息内容，笔者依据唐兆民先生编写的《灵渠文献粹编》，详细引录了碑文的核心内容。

三 广西汛塘记录

汛塘是清代绿营兵最基层的组织单位。绿营兵各协、营驻防区域内都划分为彼此相连的汛地,由千总、把总和外委等官率领部分绿营兵(即汛兵)驻扎巡防,各汛又在汛区内各交通要道、山险冲要之处设塘驻兵。这样,清代的绿营兵以营分汛,以汛领塘,各汛塘又互为彼此、紧密相连,构成清朝统治地方的严密网络。① 越南北使的"燕行记录"对沿途经过汛塘的描绘,尤其是对于所经广西、湖南两省汛塘的详细记录,如黎贵惇的《北使通录·序》云:"是录中,于塘汛、道里、山川、风景、衙署联额、官僚问对为详核",为我们了解清代汛塘制度在边疆地区的推行情况及其与内地的差别提供了重要资料。李文馥说:

> 内地每十里或十五里或二十里置一塘或汛,设民兵六七人更守之,所以盘诘奸匪也。亦有称为店、为堡者,又或间三五里置一卡房者,皆塘汛之属也。……自南关至京,塘汛尤多,编内但就其里数可计者记之耳。②

塘汛设兵驻守,是清朝用以控制地方的重要据点,所以在沿边至内地广泛设置,如据李文馥的《使程括要》以及北使程图中的《使程图本》、《使程图画》等著记载,仅广西境内使臣沿途经过的塘汛就达 200 余个。它们既承担着盘缉奸匪、护卫行人的军事职能,也担负有递驿文书、接饯上官的通讯职责。不过,清代的汛塘制度,也是随着清朝国家形势的发展而在发生动态变化。如乾隆二十九年奉命使清的越南使臣阮辉㑬水路途经广西贵县时,有文描述当地的汛塘情况云:

---

① 秦树才:《清代云南绿营兵研究——以汛塘为中心》,云南教育出版社 2004 年版,第 2 页、106 页。

② 李文馥编:《使程括要》,越南汉喃研究院抄本复印本,VHV. 1732.

> 北朝治平日久，塘兵或一人更守，他方荷蒉田间，见使船经过，即卸担回来，索罗迎接，因纪其事。①

另一位乾隆年间如清使臣希尹甫水路经过湖南永州时，亦有文记录该地的哨防景况曰：

> 该处戍辖稀少，日见一二所，颓圮不修，埋没樵径中，无人巡警，与粤西戍塘严弛悬绝。或者粤地多瑶僮，不必楚地平冲，故警备无甚紧也。②

这反映了在清朝鼎盛时期，因国家强盛，社会稳定，所以地方塘汛分兵驻防的任务也就不甚紧要，尤其是国家控制相对更为稳固的内地，军事戍防也就显得更为轻松。但自乾隆以后，随着社会不稳定因素的逐渐增加，国家对地方的军事控制也渐趋强化。如道光二十一年（1841）出使到中国的李文馥即看到：

> 内地塘法，每十里或十五里、二十里，设一塘，许塘兵六七驻守，塘各设两柱为门，横书其塘等字，旁设火烟炖，以备警报。广西一辖，塘设火炖三，湖广、河南以内，塘设火炖五。道光初又增设上下汛，或五里或十里，加置卡兵驻守。每见使部与长送兵到，则塘兵或许卡兵鸣锣发炮，跪于道旁候接，水陆程途皆然。每所设塘或汛旗，书盘辑奸盗字。③

已不见阮辉㑮、希尹甫所描述的和平时期的那种塘汛戍卫的随意性，而是兵有定员在岗，并且加置关哨卡兵驻守，军事驻防的职能明显增强。但自咸同年间在太平天国起义的沉重打击下，清朝的汛塘设置逐渐颓废，

---

① 阮辉㑮：《奉使燕京总歌并日记》，越南汉喃研究院抄本复印本，A.373.
② 希尹甫：《燕台秋咏》，越南汉喃研究院抄本复印本，A.1697.
③ 李文馥：《使程志略草》，越南汉喃研究院抄本，A.2150；同见潘辉泳：《如清使部潘辉泳诗》，汉喃研究院抄本复印本，A.2529.

这从越南使臣的相关描述也可见一斑。如同治七年（1868）八月一日，阮思僩过关陆路行至凭祥州途中：

> 自关抵州，一路荒山乱坡，土石相杂，土民多栽松，上山下涧，泥淖遍路，无异行谅山道中。兵火之后，处处残破，官房民舍，以至诸塘汛，坏者未修，废者未复，殊觉满目荒凉。①

同治九年十二月十三日，范熙亮过关至凭祥州，一路所见的荒凉景象与二年前阮思僩经过之处所看到的基本一样：

> 过关后，一路荒山乱坡，土石相杂，上下山涧，草莽极目，无异行谅山道中。兵火之余，处处残破，诸塘汛亦皆荒凉。②

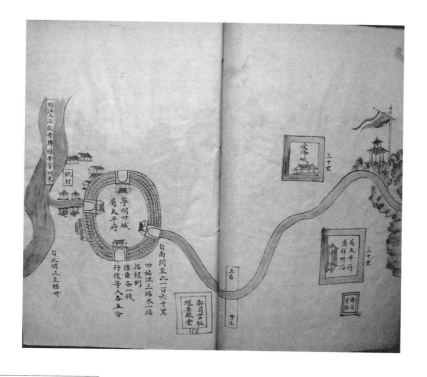

---

① 阮思僩：《燕轺笔录》，越南汉喃研究院抄本复印本，A. 852.
② 范熙亮：《范鱼堂北槎日纪》，越南汉喃研究院阮椿燕抄本，A. 848.

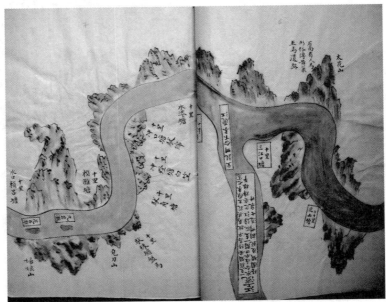

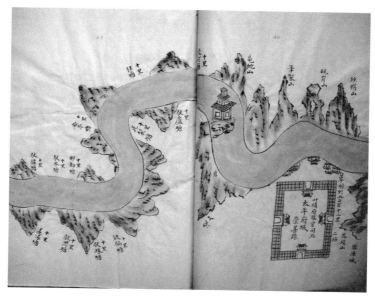

图二 《使程图画》① 描绘的自宁明州城沿明江、左江水路至
太平府城所历诸塘隘

　　广西是太平天国起义的战争策源地，由于受战乱的严重破坏，就连本为清朝用以控制边疆的该地区的重要军事据点——塘汛哨所，也已是残破不堪，形同虚设。最后，还需指出的是，清代设置塘汛的地方并非仅仅是国家军事控制的据点，有的也是当地重要的经济活动区域，如李文馥描写的广西宁明州境内的摩窑塘，市肆颇稠；龙头塘，有龙头市，人烟颇稠。② 范熙亮记录的湖南祁阳境内的归阳塘，"屋宇千数，为尤繁聚"。③ 阮思僴身历之处看到的浔州府境的大黄江塘，"舟船凑集，户宇蝉联，不减府城"。永州境的冷水、贡杨二塘，"屋宇蕃聚，胜于府城"。④ 均可见清代塘汛所在地的另一职能。

　　① （越）佚名：《使程图画》，Paris SA. HM. 2196. 本资料由中山大学历史学系牛军凯教授在法国访学期间拍摄，承蒙惠赐，谨致谢忱。
　　② 李文馥：《使程志略草》，越南汉喃研究院抄本，A. 2150.
　　③ 范熙亮：《范鱼堂北槎日纪》，越南汉喃研究院阮椿燕抄本，A. 848.
　　④ 阮思僴：《燕轺笔录》，越南汉喃研究院抄本复印本，A. 852.

四 广西城市景象

清代越南使臣对其沿途所经过的广西城市，小至县城，大至省城，无论是其历史沿革，还是人文风物、商业贸易等，均有笔录触及，这对于今天的我们了解清代广西的城市环境及其市井文化，无疑也是大有裨益的。如在越南使臣的行程足迹中，他们对于途经之南宁城，往往着墨甚多。阮辉𠐤记录他路过南宁城时见到的景象：南宁三十六街，香分酒店，凉回梵家，锦堆云罽广纱，行商居贾，山车水船，人凑集屋蝉联，寔为两越一大码头。商货盈积，无所不有。① 可见当时南宁府城城市经济的繁荣，所以不少越南使臣前后相袭将之比拟为小南京。如李文馥南宁府城码头泊舟时记其所见云：

> 岸左见有弁兵布列仏接，军容甚肃，津次设江亭一座，扁题云帆远济四字。江岸与城上下，观者以亿万计。……城内外，庸舍稠叠，江次舟船辏集如织，号为小南京。②

根据越南北使的描述，甚至清代广西南宁府城的发展程度并不亚于其省城桂林，潘辉注即有记录云："南宁即古之邕州，风物繁衍，而地在兵冲，南北有事，即亦先被其害。……陈时阮介轩公奉使过此，有诗云：豪杰消磨怨未休，大江依旧水东流。广西形胜无多景，岭外繁华独此州。盖即景而怀古也。今其城颇高峻，城中协镇营兵卫亦整。街庸帆樯江次，上下华丽。来时泊此三日，纵望山川形胜，犹为慨然。南宁府有王公祠，在望仙坡上，祀狄青、余靖、孙沔、苏缄、王守仁五人，缄以死难，狄、余、孙以武功，宋仁宗时，侬智高反，狄青等击破于昆仑关，盖即其地。而守仁南宁人，乃其乡关处也。守仁文学功业，为明正德名臣，今城中有阳明书院存。"而他描写的桂林府城景象，却是如此说道：

---

① 阮辉𠐤：《奉使燕京总歌并日记》，越南汉喃研究院抄本复印本，A.373.
② 李文馥：《使程志略草》，越南汉喃研究院抄本，A.2150.

桂林山川佳胜，而风物转逊诸省会。《说铃》云，桂林地薄民穷，不事力作衣食，上取给衡永，下取给岭南。城中江右，楚人侨寓者十之九，横竹为庐，贸易不过鸡鱼羊豕之类。锦绣文绮，明珠象贝，实产粤东，此间无有也。验诸物产，诚然。但今承平日久，人民渐属稠饶，虽不及粤东繁华，而环城庸宅，百货贸迁，景色亦自不恶。①

可见，至少在清代道光年间，南宁府城的发展水平已与省治桂林府城并驾齐驱，甚或更现繁荣景象。除南宁、桂林城外，潘辉注对广西的宁明州城、太平府城、横州城（横县）、浔州府城（桂平）、梧州府城等都有一定描写，如他说太平府城，"今则人物繁聚，重城屹然，已为沿边巨镇矣。府城南下临丽江，景致亦佳。对岸纱帽、笔架、砚岸诸山，望之，形状宛然，清晖可眼。又有白云山，在府城东，连亘白玉屏、风岗口，悬石扣之，作钟磬声。青莲山，在府城北，延袤绵亘三百余里，岩谷奇峭，游者谓为第一洞天。"不仅人物兴旺，而且风景怡人。而"横州半仙峒，趣致幽寂，山石临江，中开四峒，上有奉佛宫殿，下为居僧房屋，一壶净界，霄然深远，门扁桃源佳景。盖黎奉使诸公，登览题咏者多。桂堂公句云：'空岩挂雨飞苍溜，远岫吹风送绿烟。游客远穷青竹岸，禅僧心在白云天。'胡瑶亭公云：'寥廓界中千绣佛，清虚庵里一缁流。望穷水际江还小，步尽云端洞更幽'咏之景色可想。近来拥节者鲜或游览。仆过此抒望，仅志其峒，而舟程遽，不获一登。询之榜（旁）人云：今不见居僧住持，趣甚寥落，岂山川之景，盛衰以时异耶。"时过境迁，沧海桑田，异国使者对此亦不免感叹；浔州府，"山岳景致，亦多佳胜。白石山在府城南，岩峒宵远无际，有会仙岩、丹灶遗迹俱存，道书目为第二十一洞天。罗丛山在城西南，有宋二程先生读书遗址，今在江中抒望，但遥见云霞缭绕，秀色回合，重嶂间不可得而访游也。江津有浔阳楼，岸左右古塔，高耸望之苍然。隔江向前，独秀峰孤峭特立，景色可玩。又有荆山一带，产土桂，地方人取用发客甚多，殆与薪几同价者。"南平县阆石山，"在县城西北，峰峦崒崪，乃五代梁嵩读书处。

<hr>

① 潘辉注：《辎轩丛笔》，越南汉喃研究院抄本复印本，A. 801.

今其庙在白马塘，山傍香火仍在。嵩峰，南汉状元，官至学士，乞归养母，赏赉悉以赐，一郡人德之，为立庙祀。在僭国时，乃有如此等人，清风高洁，亦是千古。"梧州，地处两广贸易之交通要塞，各地商人东西往返，多聚集于此，由此也造就了当地商业欣荣，物业繁聚，其"当五岭三江之会，为两广襟喉重地。物资自广东来者，辏集于此，乃西粤大码头处，其山川景色，尤觉灵秀居多，一带长山高峻，绕城东北。江中鸡笼岩，耸峭波心，岩顶仙祠古塔，云烟缥缈。隔江夹岸，连峰苍翠，相对上下，街庙帆樯络绎。三江重岭间，景致如画。又有火山水井，两岸相照，山下灵鹿，穴中嘉鱼，物产复多佳异，岭外胜游之地，当为第一。吕仙吟云：朝游北海暮苍梧，神仙盖亦乐赏于此云。"潘梅峰《华轺吟录》也描述云："（梧）州城八景，曰桂江春泛，竜州砥柱，金牛仙渡，水井泉香，火山夕稻，鸡岗晚照，鳄池漾月，云岭晴岚。城三面跨山，二面临江。……舟舫鳞集，从广东来者，多聚于此，为两越襟喉之地。"① 鸦片战争以后，近代中国社会发生巨变，晚清中国被迫对外开放。处于粤西"水上门户"的梧州亦被动地卷入世界市场，大量洋货充斥当地市场，其城市景象犹如当时中国经济社会的缩影，这由越南使节《使程图本》的文注即见一斑。梧州府，苍梧县同城，"洋货多聚于此，为西粤大码头，城内街庙联络，珍宝罗列，江津水榭层层，帆樯凑集，茶亭酒坊，彻夜笙歌，诚都会之地"。② 对此，同治十年（1871）正月三十日抵达梧州府城的使部范熙亮亦描写云："帆樯林立，屋宇蝉联。濒水人家，联舟建屋其上，歌舞游行，昼夜相属。铺有青云酒楼，以供觞咏，人烟之盛，倍于南宁。"虽说盛衰兴废自有定律，但在当时整个国家衰象迭现的晚清社会，弥漫着胭脂凝香的梧州城显露出的莺歌燕舞的热闹场景无疑是一派畸形的繁荣虚像。因此，当次年六月初四日，范熙亮再抵梧州时，"州城久淹潦汛，市肆繁花，比前日大减色云。"③ 政府应对洪涝自然灾害的无力，使得前后相差不过一年半载的梧州城，竟衰落如此之快。

当然，以上所述越南使臣对沿途地方城市的描绘，主要反映的是清

---

①　潘梅峰：《华轺吟录》，越南汉喃研究院抄本复印本，A. 2041.

②　（佚名）《使程图本》，越南汉喃研究院藏本复印本，A. 1399.

③　范熙亮：《范鱼堂北槎日纪》，越南汉喃研究院阮椿燕抄本，A. 848.

代前期广西城市的繁荣景象。而流露于越南使臣行程笔端的另类声音，则又折射出遮饰在繁荣背后的清代广西社会危机。如乾隆七年（1742）阮宗窒以副使身份出使清朝，途中泊舟灵川，作《灵川晚泊》：

> 夕阳倚棹逼江花，寂寞山城一两家。青送北来峰万状，绿分东去水三又。
>
> 晚风吹起云高下，春至归飞燕整斜。此景此情谁会得，古来惟有指南车。①

作者并于诗下注云："县城山川环抱，朝有风水，但城郭颓圮，无一居（肆），甚是碑（僻）静。"而乾隆三十年（1765）越南正使阮辉莹记载的兴安县城却是"两岸庸肆临流"，② 十分繁华。同是位于明清湘桂商道上的重要节点城市，同处于所谓"乾隆盛世"，为何两座县城却一兴一衰对比如此强烈，其中灵川县城到底经历了什么样的危机导致其"城郭颓圮"，其中缘由耐人寻味。对此，《大清一统志》的相关记载透露出了些许蛛丝马迹，其文曰："灵川县城，周三里有奇，门五，明景泰初建，成化间甃甋，本朝乾隆八年、十三年、五十八年重修。"③ 也就是1743年、1748年和1793年三次重修，阮宗窒出使时间为1742年，"城郭颓圮"正为其所见。不过《大清一统志》并未明言灵川县城的三次重修是基于何因，自然灾害抑或社会动荡？不得而知。然以《灵川县志》所载：

> 清初原额全县人口六千零六十三，康熙二十年审增为一万。……雍正四年、九年增丁一千二百二十五。乾隆元年至三十六年增四千三百四十四。……然自乾隆三十七年以迄清亡一百三十九年间，丁口已达十余万。……滋生率可谓猛矣！……人满而患其贫，毋宁土满而患其寡。土满可待人以开之，人满而无有以资其生，则

---

① 阮宗窒：《使华丛咏集》，《越南汉文燕行文献集成（越南所藏编）》第二册，复旦大学出版社2010年版，第184页。

② 阮辉莹：《奉使燕京总歌并日记》，越南汉喃研究院抄本复印本，A.373.

③ （清）穆彰阿、潘锡恩等纂修：《大清一统志》卷461《桂林府一》，上海古籍出版社影印出版，2008年，第十一册，第69页。

欺诈攘窃，种种触刑犯禁之事，相缘以起，而大乱随作，故自古治日少而乱日多，而极盛之时即伏衰乱之机，良以此也。[①]

据此，或可认为灵川县城的颓圮和衰败当因人口激增造成地方秩序混乱所致。又自1851年太平天国起义爆发以后，因战争破坏而导致的城市残破景况，亦在越南使臣的燕行记录中留下了不少痕迹。如同治七年八月初八日，抵达太平府城的阮思僩，看到：

> 太平府为匪党蹂躏日久，城闉缺坏者未及修，民间房店，处处废毁，月中所见，灌莽载道，盖比旧十只一二耳。城中县堂仅存，府堂毁于贼，现侨寓城外丽江书院。[②]

而当他经过南宁府城时，昔日府城内外，屋舍栉比，商贩辐辏，号称小南京的南宁城，"今承兵火余烈，访之十仅四五云"。而同治九年（1870）十二月十四日抵达宁明州城的越南使部范熙亮等，按往例本应留宿县署公馆，但因当时兵火之后，廨舍颓坏，最后不得不即船为馆。次年正月初四日抵达南宁府城时，只见"经历兵火，今始稍稍回复"；十四日，所历横州城，"州民经乱残毁殆甚"。[③] 有关太平天国与清朝长达十余年的战争对中国地方社会的冲击，晚清官方及民间文献都有相当程度的记载，但缘于各自立场的不同，往往难免失之偏颇。作为旁观者的越南使臣以其沿途观察所见留下的上述记录，不仅可以弥补中国文献记载之不足，而且他们逐日逐程写下的这些细致的描述，更让我们从历史的细节之处看到了长期饱受战乱之苦的晚清广西地方社会的残破不堪。

五　桂林山水的人文体验

桂林是越南使臣入关以后北上朝贡途中所经的一个区域重镇，作为

---

① （民国）李繁滋纂：《灵川县志》卷4《人民一》，（台）成文出版社有限公司1975年影印出版，第357—358页。
② 阮思僩：《燕轺笔录》，越南汉喃研究院抄本复印本，A.852.
③ 范熙亮：《范鱼堂北槎日纪》，越南汉喃研究院阮椿燕抄本，A.848.

清代广西的政治、经济、文化中心和继镇南关之后清朝接待越南使臣的又一重要站点，越南使臣不仅需要在这里拜谒督抚、按察使、布政使、盐道等等，还要经过严格的验贡手续以及按规定于此往其国内寄递"回折"，汇报一路来的出使情况。所以桂林也成为他们使程途中着重记载的地点之一。如此，"山水甲天下"的桂林风光，不但吸引着无数的中原文人骚客驻足流连、挥毫泼墨，留下了大量的佳篇名句；也让曾经入华朝贡的越南使臣醉心迷恋、激情咏怀，写下了为数不少的纪咏诗文，所谓"至于历履山川遍以见风物访往古之陈迹，发潜隐之微光，所以抒其胸怀，而壮为辞藻者，皆可以不朽世，又人生一快也"。① 兹以康熙五十四年（1715）如清副使丁儒完的《默翁使集》为例，其中便分别作有：

《过桂林城》

相思江上起余心，逗棹苏桥访桂林。
一线未磨名将剑，五弦轻夹有虞琴。
铁舻鱼过鳞添甲，象鼻岛斜色带金。
抚院能如希得否，清风啖气到于今。

《题象鼻山》

出羁縻外绝缁尘，吞雨嘘风气象神。
苔额照星班似画，石牙过月白如银。
只同舜岭寻前约，不此鸡山合野群。
纵脚峻崖羞北拱，本生象郡恋南人。

《过灵渠》

尺不容篙浅浅渠，绿涳青护水情纡。
石头陡陡三十六，山畔湾湾八九余。

① 阮偍：《华程消遣集》，《越南汉文燕行文献集成（越南所藏编）》，第八册，第165页。

波将剑挥新古迹，草庐龙去少人疏。

舟行最似骓州港，数四农庄靠岸居。

　　此外还有《题飞来石》《题全州湘山寺》等等。中外文人的抒怀吟唱，不仅形成了桂林厚重的历史文化积淀，造就了桂林浓郁的人文气息，也赋予了桂林山水的秀慧灵气。如前文所言，清代越南使臣入华朝贡的路线通常是从陆路经凭祥、宁明，再由宁明经明江、左江、郁江、浔江、桂江、漓江等水系，途经宁明、崇左、扶绥、南宁、横县、贵港、桂平、平南、藤县、梧州、平乐、阳朔等地而至桂林。又由桂林沿漓江过灵渠入湘江经灵川、兴安、全州然后北上入京。虽几乎跨越整个广西的重要内陆地区，但对于仰慕中华之风的藩国使节而言，自平乐而进入桂林府的沿途诸景的人文体验，无疑是他们广西之行中非常重要的一段。阳朔的秀丽、漓江的旖旎、独秀峰的气势、七星岩的奇幻、灵渠的伟岸、湘山寺的静幽，无不被越南使臣视为中华人文的典范。如前述范熙亮部在阳朔至桂林的行程中描写到："连日船行两山之间，千峰万壑，远近隐伏，辰有绿树翠竹，野花红白相间，掩霭岸边。几处渔舟浮竹筏泛鸬鹚，与贡船若先若后，三五人家茅屋竹篱，阡陌交错。山麓间，有仙刹塘汛，架岩叠石，幽雅自然。风蓑雨笠，或在山脚，或在水涯。鸟声、滩声、棹声，又相属也。纵望静观，此亦一林泉之佳趣者。"[①] 道光初出使中国的越南使臣潘辉注亦言："阳朔县一路，右山奇峭。自狮子山而上三十里，历县城之太阴太阳诸山，两岸巉岩回亘，或断或续，一百六十里间错落，至于省城，苍幽峻拔，奇特万状，或耸如台级者，或截如城廓者，亦或如面屏之铺列者，又或如鹤翅之回翔者，形态不可殚述。柳子厚之'楚之南，灵气多不为人而为石'，讵不信然。"他又赞叹："桂林山川风景之胜，昔人盖曾喜游于此。宋范成大出师广西，作《桂海虞衡志》，序：余取唐人之诗，考桂林之地，少陵谓之'宜人'，乐天谓之'无瘴'，退之谓'湘南山水，胜于骖鸾仙居，则宦游之适，宁有逾于此者乎？'乾道八年三月，既至郡，则风气清淑，果如所闻者。居一年，心妥焉，即此序语，以今日所见验之，是真不我欺者。柳诗有云：'桂岭瘴来云似

---

① 范熙亮：《范鱼堂北槎日纪》，越南汉喃研究院阮椿燕抄本，A.848.

墨',其殆迁谪中激愤言耶。……则桂山之奇,固在目中,山皆中空,下多佳岩、洞有名者三十余所,去城近者二三里,远亦不过七八里,一日可以遍至。云今使程经过,固不能穷搜岩壑,但即诸近处登览,便觉奇胜之状,应接不暇。其地之巉岩在望,盖亦可以目击而神游矣。"字里行间,无不流露出对尽览桂林之山水胜景的向往,并渴望能与人分享自己纵情于山水之间的那份怡悦之情,所以"特举其尤胜处者记之"。

刘仙岩,在江左岸,去城二里许,石山峻峭。北宋道士刘仲远居此修养,寿一百八十一岁。故名岗中如宝宵奥,有石刻养生方门,扁松涛云岫,山腰鱼乐亭、冷然阁,山岭玉皇宫,金碧参差,辉煌岩岫,从舟中望之,历历可见。

象鼻山,在城外东南隅,一名漓山,漓水经其下,山立水中,其麓有水月洞天,剖洞门透彻山背,顶高数十丈,圆若月轮,江中贯之入洞,如座卷蓬。桥下山顶有塔甚高耸,江中抒眺,玲珑间,景致奇绝。

伏波岩,在城东北,突起千余丈。东把初曦,下枕江水,有洞通透,户牖旁出,洞中奇石倒悬,去地一绵不合,波浪汹涌,日夜漱吃之。俗云,伏波试剑也。岩上有伏波祠,亭宇辉华,树木苍秀。登岩岭抒望,江山左右,照带岑浓,景色极觉胜观。按《伏波楼重修碑记》有云:伏波神圣出自汉时,莫名盖世,素著奇绩,故于粤西伏波门外之伏波山,恭建神祠,以昭诚敬。盖此山名,乃波流回伏之义,后人以其名与将军符合,遂崇祀之。试剑之说,特出附会云耳。岩腰又有寿佛亭,经与人殿香火奉祀,规制亦甚宏丽。

独秀峰,乃城中峭立百仞,石磴盘旋,而上下有石室。颜延之守郡时,读书其中,所谓未若独秀者。岌岌郭邑,非是已。峰下有越王台故址,今为省试院。峰上亭台楼观罗列,望之寔觉胜概。

叠彩山,一曰桂山,在城北,八桂堂后山。《山海经》云:八桂在番禺之东,即此也。诸峰相属,采翠间布,其半有岗,透出山背,世谓"风洞"。

七星(岩),在城东,隔江右岸里许,七峰斗列,如北斗状。又有一小峰在旁,曰辅星山,山半有峒曰栖霞。从山腹入石级,一日余得平城，可坐数十人。有二歧路：一西，宽广如通衢，高数十丈，两壁液如雪，卓杖于地，有声如鼓，云其下又有洞也，半里阻大壑，不可进；一北行，偻入其中，尤高广，钟乳累累下垂。过里许，歧益多，云通九嶷，游人不敢复进也。岩傍百步，有悬风洞，盛暑凝寒。下有冷水岩，洞水从石门出，源不可穷。宋元丰中，曾布帅桂，跨梁其上，又名曾公洞。灵峰胜景，可云第一洞天，古今题咏颇多，康熙间有广西考官乔莱记诗刻石，语亦雅古可诵，今略录于左："出桂林东门，渡漓水，有山七峰并峙，曰'七星岩'，岩出山腹，土人始阁其上。由阁门入，始黑，已而有光。行数十里，石室宏明，可容千人。其西有洞曰栖霞，洞门轩豁，巨石磅礴，可级而下。然炬入其崖，若鱼龙出没者，曰'龙门岩'，洞后曰'冷水岩'，泉水如注，桥下伏流。入江洞中，多歧路，皆出冷水。而出，宋人曾公布得岩于榛莽间，构长桥为游观地，是冷水岩，布所辟也，故一名曾公岩。其灵踪幽境，诡状殊形，非文所能尽述。聊述其略，以告后之游者。诗云'崇岩悬天半，壁立抱城郭。级石蹑层岗，梯云憩云阁。岩扉邃以幽，行步进还却。杳冥日月避，歌灰苔藓剥。穷搜阻顶洞，列炬争探索。盘塔万级转，巨灵此间拓。人人固已深，鬼语讵能凿。方喜灵境幽，忽忧桩石落。出洞述所历，何能指其略。'"

龙隐岩，在七星之南，横岩踞江，游者刺舟石壁下，有大洞门，高百余丈，趋掉而入，仰视洞顶，龙迹夭矫，若印泥然，其长竟洞。北有岩，曰月牙，石磴千级半出，中形如初月。清泉自山椒下滴，琤琤成韵，曰"滴玉泉"。石壁上有狄青平侬智高及元祐党人碑。

屏风岩，在城东北二里许，平地断山峭壁之下。洞开宽广百丈，其中坦然可容千人。仰视钟乳融结，倒垂欲滴者无数。蹑石凳上，有穴可出，山川城郭然无际。范成大名其洞曰"空明"。

雉山，在城南五里，下枕江水。刘宋时僧栖颙居之，日诵《法华经》，有雉常来听，一夕化去，因名。其东有山曰斗鸡，左右腾昂，如若斗状，四壁峭立，下插江潭，烟翠丛郁，著衣如染。有洞曰白龙，曰玄岩。以上诸山，皆去城甚近，使路所过，或临览，或舒望，皆可备见景趣。余如城西之隐山佛子岩，城东之辰山圣水岩，《粤述》所记，皆幽洞灵峰，萦回窈奥，各有奇致可玩，但去城远，或十余里，或二三十里，非可展步访游，故不尽录。

出了桂林府城，潘辉注对于途中桂林府属之兴安灵渠、全州湘山寺等沿途著名景观亦多有描述。使者不仅直抒胸臆，描写自己对桂林自然、人文景观的所观、所感，同时本于文以传世的精神，使者还大量引用中国著名文人对于当地各景的描述与评价，作者既希望通过自己的全面记录让越南仰慕华风的统治阶层和知识精英阶层对于"天朝"风土人情有更加丰富、直观的认识和了解。同时这其中更隐含着异国使者的一种内在的人文体验，作者正是在这一追溯过程寄物传情实现与前辈中国文人的一种精神交流。所以由此而言，我们说桂林的奇山秀水、人情风物不仅极大地触动了他们朝贡途中创作的激情和灵感，成为异国使臣漫长而艰辛的朝贡之路上的一缕清风；而且越南使臣桂林行程中对于沿途山水风光、地理风情的诗文描述，也是作为他者的异国使臣仰慕华风的真情流露，是同享儒家文化传统的中越两国文人的跨国对话，是桂林人文魅力、中国传统文化软实力的一种独特呈现。

六 余 论

复旦大学的葛兆光教授曾撰文《预流、立场与方法——追寻文史研究的新视野》① 在理论构建上提出"从周边看中国"的文史研究的新视野，提倡通过对日本、朝鲜、越南等周边国家有关中国文献的整理，从周边各个区域对中国的认识中重新认知历史中国、文化中国、政治中国。他的这一观点引起了中外学术界的广泛关注。所谓运用"从周边看中国"的学术新视野，就本文的相关研究来说，其核心就是从越南现存的大量汉喃文献中挖掘有关清代中国的记载，透过这些资料"跳出中国，又反观中国，了解中国的真正特性"。② 然而，受越南汉喃典籍挖掘整理不足的局限，透过历史时期越南人对中国的观察、记录来反观中国的研究，至今仍较为薄弱。特别是相较于近年来学界对同属古代汉文化圈的中国

---

① 载《复旦学报》2007 年第 2 期。

② 葛兆光：《预流、立场与方法—追寻文史研究的新视野》，《复旦学报》2007 年第 2 期。

另一近邻——韩国的燕行文献的研究而言，有关越南燕行文献在史学上的研究利用则明显滞后，尚有很大的发展空间。

我们知道，历代越南王朝为全面掌握清代中国政治、经济、文化、军事、外交、社会等方面情况，其统治者非常注意通过多种途径收集相关情报，而一届又一届的如清使臣回国后上呈的"燕行记录"，更是其了解中国的重要的第一手资料。尽管可能由于使臣途间的见闻记录或因观察浮于表面，或因了解不够深入，与事实出现一定偏差，如越南使臣李文馥所云："使程一路记者甚多，其中疆域之沿革、古后之事迹与夫岩洞庵院之胜、矶滩桥陡之征，或详或略，互有异同，要之各有所据。惟塘汛名号、程路里数，或彼则有而此则无，或此则曰甲而彼则曰乙，难从征准。何也？行路悠悠，目击者少，不得不博之询访，临时传译。听者殊音，鲁鱼帝鹿之讹，其势然也。"① 需要我们鉴别使用。但通常而言，使臣燕行途中逐程逐日写下的内容宏富、包罗万象的行程记录，其价值不言而喻。特别是风云变幻的晚清以后，越南使臣的在华记录，信息量更大。就像阮朝明命帝之子阮绵寊评价阮述的《往津日记》那样："今读此书，腹笥既富，手笔更超，故举凡海程山驿之往来，朔气瘴烟之节候，孤衷之耿耿，匪躬之蹇蹇，以及列国之情形，中朝之政教，近而民风土俗，远而异服殊音，奇器之鬼工，南针之绝技，类皆不胜观缕。而难状之境，如在目前，不尽之意，溢于言表，无不悉备。"② 作为形成于一批特殊群体笔下的行程记录，它以越南朝贡使臣入华途中的亲身经历和亲眼观察，较为细致地描述了映入其眼帘的中国形象。尤其是行于笔端的异国感悟的文字间所反映出的他们对清朝的认知和评价，既流露越南使臣自身的国家认同，也彰显出中越两国之间的差异以及两国曾经共享的文化基础所造就的中越之间在文化交往、思想交流中的精神"共鸣"。这是一批重要的域外汉文典籍，作为"异域"观察者的越南使臣，他们如清燕行途中对于所见之中国风土人情等自然人文景观的客观记录，不仅反映了他们对于清代中国的认知水平，同时也为我们了解使程沿途中国

---

① 李文馥编：《使程括要》，越南汉喃研究院抄本复印本，VHV. 1732.

② ［越］苇野老人（阮绵寊）：《往津日记·序》，阮述撰、陈荆和编注：《往津日记》，香港中文大学出版社1980年版，第17页。

区域社会环境的变迁提供了另一种参照，保留了大量的在中国自有的文献中很难看到的珍贵资料。透过他们异域之眼的观照，我们可以更加清晰的看到清代中国的社会百态。因为展现在这些异域使者眼中的中国形象，对于生于斯长于斯的中国人来说，往往因习以为常而并不以之为"异"，相较之，以域外之人的视角，却可以更好地为我们展现这些"异"与"同"。这种不掺杂利害关系的"异域之眼"的观察所见也通常更客观可靠，"因为一切形象都源于对自我与他者、本土与异域关系自觉的意识之中。"①

---

① 张伯伟：《朝鲜半岛汉籍里的中国》，复旦大学古籍整理研究所、章培恒先生学术基金编：《域外文献里的中国》，上海文艺出版社 2014 年版，第 11 页。

传统水利社会的困境与出路

——再论民国沅江廖堡地区河道治理之争[*]

刘志刚　陈先初

　　当前学术界对传统水利社会类型有不同的划分方法，有丰水型与缺水型之分，有泉域型、流域型、湖域型与洪灌型之分，有自然湖泊与人工水库之分，不可谓不全面周详。① 可是，近代洞庭湖区似乎难以全然归入以上任何一类，当属丰水区域，但堤垸间有明显的高低程之别，此处涝，而彼处旱，曾有八百里浩瀚之名，实则"涨水一大片，枯水一条线"，确为天然湖泊，却已堤垸连片，久失浩荡之势。而且，近代以来其淤积之严重及纷至沓来的湖田围垦也为他域所不及。我们不妨称之为"湖淤型"水利社会方能彰显其水利关系特殊的存在状态。事实上，传统时代的水环境无处不因人类的活动而存在着以淤塞为表征的衰退现象，只是深度与广度的

　　* 基金项目：国家社科基金青年项目"清代至民国环洞庭湖地区经济开发与生态变迁"（13CZS060）；中国博士后基金面上项目"近代环洞庭湖地区湖田围垦与生态变迁"（2013M542103）；湖南社科基金一般项目"与水为邻：清代洞庭湖地区水环境问题研究"（11YBB388）。

　　作者简介：刘志刚，中南大学马克思主义学院副教授，湖南大学岳麓书院博士后，主要研究明清灾荒史、环境史与洞庭湖区域史。陈先初，湖南大学岳麓书院教授，博士生导师，主要研究中国近代思想史、社会史。

　　① 张俊峰：《介休水案与地方社会——对泉域社会的一项类型学分析》，《史林》2005 年第 3 期；王铭铭：《"水利社会"的类型》，《读书》2004 年第 11 期；钱杭：《共同体理论视野下的湘湖水利集团——兼论"库域型"水利社会》，《中国社会科学》2008 年第 2 期。

差异而已。近代洞庭湖区由于江湖关系的巨变这一普遍性的生态与社会问题被加速度地放大，也就使之成为我们探究传统水利社会人与自然关系不可多得的样本性区域。其学术价值与现实意义是不容忽视的。

近年来，水利社会史研究取得了诸多较有分量的学术成果，逐渐走出一条以水环境变迁透视社会结构及地方与中央之间博弈关系的新路。然而，从研究空间来看，它们主要集中在山陕、江汉及江南等地，其他区域的少有论及；从时段选取来看，大多探讨的是明清时期的，缺乏对其近代转型的关注；从考察对象来看，主要是讨论民间规约、地权流转、人口变动、行政法令等因素对水资源区域配置的影响。[1] 因此，本文拟对民国年间湖南沅江北部廖堡地区白水泆、瓦官河、塞波嘴等河道的治理之争进行一次全面深入的剖析，以期为探讨"湖淤型"水利社会打开一扇天窗，同时也从区域、时段与对象上进一步丰富当前水利社会史的研究。

湖南沅江县地处洞庭湖区中心地带，自清代咸同年间藕池、松滋南注以来，生态环境可谓历尽沧桑，至光绪中叶其北部地区就出现一个"向东经草尾、阳罗洲、北大市一线直至小波镇，再转向东北扩展到武岗洲、飘尾等地"，宽十余公里，长近百公里的"靴形半岛"。[2] 此间河道纵横，港汊密布，但湖水带泥，淤性极重，水环境时刻发生着变化，属典型的"湖淤"区。坐落其间的保安等垸就白水泆、瓦官河、塞波嘴等河道的通塞展开了长达二十余年的诉讼，由县而省直至行政院，掀起了一场旷日持久的"滔天巨案"。这恰好为我们今天考察该区水利社会的变迁提供了一个难得的案例。

就该案而言，史学界已有一些研究。日本学者森田明专门考察了民国二十一年（1932）沅江白波闸堤案的前因后果，指出它是"以曾月川为首的一帮地方势力派谋求垸田支配力扩大这一过程中的一环"，但依据史料单一，论证似有不足，将闸堤的重建视作"农民反对土豪劣绅支配垸田"的端倪，更有牵强附会之嫌。[3] 中山大学博士邓永飞则详述了清末

① ［日］森田明：《中国水利史研究的近况及新动向》，孙登洲、张俊峰译，《山西大学学报》（哲学社会科学版）2011 年第 3 期。

② 李海宗：《沅江县堤垸的历史变迁》，《沅江文史资料》第 2 辑，1985 年版，第 77 页。

③ ［日］森田明：《民国时期湖南沅江流域垸田地区的水利纷争》，《清代水利与区域社会》，雷国山译，山东画报出版社 2008 年版，第 210—233 页。

至民国沅江白水溇疏塞之争的漫长历程，指出"此案的解决并非在客观论证何项水利政策更有利于洞庭湖水利的基础上作出，而是取决于双方的权力较量"。① 可知，他们所持立场虽有不同，但皆落入地方权利斗争的窠臼之中，未能充分认识到洞庭湖"易潮易淤"的生态环境对这一区域水利共同体构建所造成的巨大压力，以及后者自我调节能力的局限性与被迫接受的近代化改造。

一 民国初年的脆弱平衡

（一）以寡敌众

据保安垸首李祖道所言，该案可上溯至光绪二十九年（1903）"熙和垸杨炳麟等违禁钉塞"，因反对者的多方抗争，河道得以重开。② 但是，洞庭湖区"疏港道"的呼声似乎始终都是稀有之音。对此，坚执浚河的曾继辉不得不感叹道："洞庭水道热心浚治者固不见一人，而设法阻挠者竟所在多有"。③ 民国元年（1912）一月，恒丰垸首李鸿耀、西成垸首刘汉秋、人和垸首王晓秋等倡修廖堡草尾十一垸为大同垸，并得到沅江县政府与县官洲工程局的支持。由于此举阻断了保安垸南堤外白水溇与北堤外瓦官河，垸首曾继辉等多次上控政府要求毁闸。后湖南省政府责令有关部门调派人员实地勘查，所得结论如是：

> 白水溇进口及出口与瓦官河出口均已淤高，以致河身两头高而中间低，各垸积水颇有不能消池之患，其故由湖水泛涨，潮泥淤塞口身所致，拟于白水溇进口及出口与瓦官河出口之处各设高十二尺、宽十尺之闸口以为启闭，潮来以防湖水淤塞，潮退则开又可引水灌田，且船支亦可出入，至河身中间亦间有淤高处应即疏浚。④

---

① 邓永飞：《近代洞庭湖区的湖田围垦与地方社会——以〈保安湖田志〉为中心》，博士学位论文，中山大学，2006年，第122—168页。
② 曾继辉编：《保安湖田志续编》卷3，第8页，民国铅印本，湖南省图书馆藏。
③ 曾继辉编：《保安湖田志续编》卷1，第50页，民国铅印本，湖南省图书馆藏。
④ 同上书，第10页，民国铅印本，湖南省图书馆藏。

这得到多数堤垸的认可，但保安垸首曾继辉等坚决反对，最后省政府有关部门只得认定双方"所见所持虽各不同，而其为该处保存河道救全水利并无差异"，同时指出该区河道"非急筹善后之策，不能除堵塞之患"。是时，鉴于各垸堤围未修，且涝期将至，勘查委员建议：已修闸堤"未便即今掘毁……请俟秋后将该处垸田河地清查明晰，再行办理"。都督谭延闿权衡利弊后予以批准，暂时平息了双方的讼争。①

（二）逆势而上

然而，恒丰垸首李鸿燿等并未就此止步，于次年（1913）六月将三闸悉数建成。保安垸首曾继辉等也加紧了毁闸行动。一方面，挑拨矛盾，瓦解建闸同盟。从沅江官洲工程局借款修闸的手续不全入手，坚称"既非押照之户，即非借款之人，其是非真伪可不辨知矣"。② 这非但是拒绝保安垸应付款项，也无异于鼓动其他堤垸一同爽约。随即，裕福垸首刘华阶等上呈省政府及财政厅，称沅江官洲工程局伪造卷据，追缴闸费，并说"修此三闸于官附护三垸不无利益，于各垸实有大害"。③ 而后，人和垸首胡清泗等则呈报沅江县政府与湖南水利分局，指认"大同三闸"系恒丰垸首李鸿燿、裕福垸首刘华阶等为减省堤费，贿赂官洲工程局委员所为，同时请求刨毁闸堤。④ 人和、恒丰、裕福原系力主建闸之垸，经此变故它们的合作关系土崩瓦解。

另一方面，胁迫地方政府，要求毁闸。民国四年（1915）三月，保安垸首黎吉吾等禀请省政府"迅委干员协同驻防营勇驰赴该处，将横塞白水、瓦官二河之三闸堤立予刨毁，其所廉款项勒令经手放借之言、李等赔偿"。⑤ 曾继辉则上书湖南新任巡按使，大谈当年同赴京城保路的旧谊。⑥ 该巡按使对此未见有直接回复，但就黎吉吾的禀请批示道："此项已成闸堤是否……足资蓄泄……现在应否存此闸堤，抑应即予刨毁之

---

① 曾继辉编：《保安湖田志续编》卷1，第10—11页，民国铅印本，湖南省图书馆藏。
② 同上书，第4页，民国铅印本，湖南省图书馆藏。
③ 同上书，第16—17页，民国铅印本，湖南省图书馆藏。
④ 同上书，第23页，民国铅印本，湖南省图书馆藏。
⑤ 同上书，第9页，民国铅印本，湖南省图书馆藏。
⑥ 同上书，第15—16页，民国铅印本，湖南省图书馆藏。

处……饬沅江县知事迅速查明妥议"。①

然而,此后半年间毁闸之事无丝毫动静。是年(1915)九月,保安垸首曾继辉再呈沅江县政府,历数保安垸因白水溇、瓦官河钉塞后,春夏稍旱即"满垸秧苗不能开插……禾苗黄瘦,稗苗充斥,秀实无期",秋初则"一夜滂沱,水深数尺,竟至茫茫一白,全境都淹",又称官洲工程局长官为"本省土豪",垸民已"迫不及待,不奉政府命令,辄欲先行刨毁"了,又新奉"各省兴垦之区必先通治沟壑渠遂"的总统令,请转达巡按大使"赏准颁布明令,克日刨毁",并继续揪住建闸官款手续不齐的软肋,再次表示决不还款。② 这份呈请无异于给沅江县政府下达的最后通牒,言外之意甚为明了,即保安垸连遭水旱,已忍无可忍,现有总统申令在上,政府不毁此闸,保安垸将自行毁之,且必不还款。

在这两方面行动的配合下,民国四年(1915)阴历十一月初八日保安垸首曾继辉等得以邀约相邻十八垸首事举行谈判。是日,与会人数多至四十名,会谈结果虽无从得知,但双方分歧无疑很大,故而后续集会尚有五次之多,尤其是第二次搁延达十二日之久,且参会代表骤降至八名。③ 这些都表明首次谈判并不顺利,甚至双方关系有完全破裂的可能。再看,最终达成和解的并非十八垸,仅是保安、新月、裕福、双附、熙和、附东六垸,且协议签订尚不足两月,后四垸即联合抗议毁闸,指称:"保安垸垸首黎吉吾、曾继辉等……刘汉秋、叶茂林等,盗列少数业户名目,悄立私约,擅掘闸堤"。④ 他们为何出尔反尔?是有不得已的苦衷,还是有不可告人的秘密?《保安垸今昔》给了我们些许线索:"一九一五年,十五村扩建,又要丁保安垸的头,曾月川到长沙找谭延闿,搬来一连枪兵,将十五村靠保安垸一线的工棚全部拆毁,并挖沟区分两垸界限"。⑤ 可知,上述反常之举当因外来压力所致。

这也充分暴露出曾月川即保安垸首曾继辉极其强势的政治背景。略考其资历,可知他在清末民初的湖南政界有着深厚的根基。早在维新运

---

① 曾继辉编:《保安湖田志续编》卷1,第11页,民国铅印本,湖南省图书馆藏。
② 同上书,第17—20页,民国铅印本,湖南省图书馆藏。
③ 同上书,第42—44页,民国铅印本,湖南省图书馆藏。
④ 同上书,第47页,民国铅印本,湖南省图书馆藏。
⑤ 彭德完:《保安垸今昔》,《沅江文史资料》第2辑,第112—116页。

动期间，即加入南学会与不缠足会，清末新政后，又任湖南咨议局常驻议员、赴鄂湖工代表等职，与时任咨议局长的谭延闿关系密切。民国五年，他又出任濒湖府厅州县堤工水利督办及清理湖田局局长等职。可以说，此案的发生恰值曾继辉在湖南政坛影响力最大的时期。因此，调兵毁闸的说法绝非捕风捉影。此后，就这一事件他在致湖南省政府委员曾继梧（字凤冈）的信中也说道："一面呈请各上级长官援案办理，一面放土夫数十棚，从河口开掘，伊等至此亦自觉理屈心亏，莫可抵抗，而亦天良之发现也"。① 可知，其时确是毁闸在先，和谈在后的。但若结合前文的分析，不难判断更符合事实的应是首次和谈失败后，曾继辉借助外力，暴力毁闸，迫使对方重启谈判。

因此，这份由六垸签订的协约缺乏广泛公信力是毫无疑问的，但却让进退维谷的沅江县政府有了收场机会，也可顺势追回官款。对保安垸的毁闸呈告仅言及"是否取得该裕福、附东两垸垸首同意"，当其缴呈合约后便立即批示"准予备案"。② 沅江县政府的"三闸官款案裁判书"也随之下发，保安垸被判"二千三百十七串六百文"，是各垸中还钱最多的。③ 由此可见，此次谈判不是出自沅江县政府的意旨，但其立场却相当微妙，大有"借坡下驴"的感觉。正因如此，民国二十一年（1932），熙和垸首事曹时雄等称此次毁闸"乃渠（曾继辉）贿串刘光华等少数人私约而行，并非有官厅刨毁案可凭"。④

（三）达成协议

至此，我们可以大致勾勒出民国初年沅江廖堡地区闸堤兴毁之争的基本过程：首先是恒丰垸首李鸿燿等人倡议合修大同垸，保安垸垂涎数百亩堤外余坡之利，实际上也曾一度联合行动，但并未履行借款手续。后因白水浃、瓦官河上下游同建三闸，将位于两河间的保安垸困住，使之与外湖隔绝，上无进水，下无泄水，弊害暴露无遗。因此，曾继辉等

---

① 曾继辉编：《保安湖田志续编》卷1，第24页，民国铅印本，湖南省图书馆藏。
② 同上书，第32、37页，民国铅印本，湖南省图书馆藏。
③ 曾继辉编：《保安湖田志续编》卷1，第37—39页，民国铅印本，湖南省图书馆藏。
④ 曹时雄、向敬思编：《沅江白波闸堤志》，第11—12页，民国二十一年铅印本，湖南省图书馆藏。

垸首不仅矢口否认贷款之事，而且展开毁闸行动，在初次申诉未见成功后改变策略，不仅利用借款手续不齐，瓦解倡议堤垸与官洲工程局的同盟关系，并以不还借款要挟沅江县政府，而且借垸民的情绪及总统申令强烈抗议政府的不作为。

这样两方面行动令其打开了谈判的局面，但首次交涉非但未有解决分歧，反而激化了矛盾。保安垸首曾继辉等铤而走险，借用外来武力强行毁闸。面对如此强势的行动，有关堤垸不得不以和谈方式挽回损失，曾继辉等也深知与他们"有同田共井"之缘，不可落下解不开的死结，只要他们同意毁闸，甘愿赔偿建闸、建矶以及损毁房屋的费用，并承诺此后河道若有淤塞愿独力承担疏浚之责，且疏浚无效再行商讨对策。① 而沅江县政府在此事件中则显得异常弱势，甚至面临着官款无法回收的尴尬处境，无怪乎熙和垸首事曹时雄等指责曾继辉有"藐视知事、委员"之辞。② 因此，那份仅有六垸认可的和解协约与其说是一份合法的裁决，不如说是地方政府了结此次闸堤兴毁之争，摆脱行政困境的一个台阶，至于此时白水浃与瓦官河究竟是该通还是该塞早已不是考量的主要对象。

由上可知，民国初年这一长达四年之久的河道治理之争确如前引两位学者所言，是一场地方权力的较量，但其发生、发展及结果与这一区域的生态变异又不无关系。随着洞庭湖区淤积的加重，沅江廖堡地区的河道确实出现了日趋严重的淤塞现象，对其沿岸堤垸皆已构成了巨大的威胁。民国元年（1912），多数堤垸主张建闸防淤，并以此扩大垦区，是有其正当性与合理性的，但因建闸技术的落后，以时启闭的设想无法实现，致使河道淤塞加速，造成夹于两河间的保安垸利益受损。③ 因此，作为垸首的曾继辉等坚决要求毁闸也是该垸两头受制的地理区位使然，不能将其简单地归为"谋求垸田支配力扩大"的表现。此外，这一时期廖堡地区的河道尚有一定的承淤能力，这也是保安垸能够获胜的重要缘由。沅江县农会民国二十一年（1932）曾称："廖保白水浃、塞波嘴两处前十

---

① 曾继辉编：《保安湖田志续编》卷1，第24页，民国铅印本，湖南省图书馆藏。
② 曹时雄、向敬思编：《沅江白波闸堤志》，第11页，民国二十一年（1932）铅印本，湖南省图书馆藏。
③ 从民国二十一年（1932）省建设厅调查委员的判决中，可知老闸建筑技术相当简陋，根本无法兑现"以时启闭"的承诺。

年尚有河洪可资灌洩，沿岸农田均利赖之。"①

总而言之，民国四年（1915）毁闸浚河是基于该区域淤塞日趋严重的生态现实与对抗双方政治、经济力量对比不平衡的社会现实之上产生的结果，由此构建的水利共同体也就注定是相当脆弱的，因为其中任何因素的些微变化都会使其陷入动荡不安的局面，甚至走向彻底破灭的境地。

二　民国中期的艰难重生

（一）风波再起

民国四年（1915）白水浃闸堤刨毁后，沅江廖堡地区的水利关系勉强维系了十余年。民国十八年（1929）六月，人和垸首罗缉熙在沅江县国民党第二次全县代表大会上提交了"修建沅江廖堡附东垸与裕福垸闸口及普丰垸与天锡垸闸口石刿案"，② 打破了民国初年达成的水利平衡，又一轮规模更大的讼争拉开了序幕。

不知何故，这一议案延宕至次年（1930）初才引起强烈抗议，保安垸首李祖道等要求沅江县政府"保留白水浃河道，维持……定案"，并请转呈省建设厅将其撤销。对此，沅江县政府并不希望局势再次失控，饬令廖堡一区团总召集有关堤垸会商，强调"建设事业在于不抵触国家法律范围内，对于共同利益之目标从事建设"，并表示"必要时仍由本府派员实地查勘，呈候建设厅核示办理"。③ 然而，保安等垸或许是出于对翻案的恐惧，并未遵从这一指示，不仅联合长乐、种福、恒丰、福田等垸再次呈请县政府"撤销议案，收回成命"，而且发动保安垸佃农代表抗议沅江县国民党代会的建闸提案，但都没有得到满意答复。④

于是，保安垸首李祖道等直接上呈湖南省政府有关部门，指称该案以建闸之名行塞河之实。对此，湖南省建设厅"令饬沅江县政府严行制

---

① 曹时雄、向敬思编：《沅江白波闸堤志》，第35页，民国二十一年（1932）铅印本，湖南省图书馆藏。

② 同上书，第30页，民国二十一年（1932）铅印本，湖南省图书馆藏。

③ 曾继辉编：《保安湖田志续编》卷2，第3—9页，民国铅印本，湖南省图书馆藏。

④ 同上书，第14—22页，民国铅印本，湖南省图书馆藏。

止，并函致县党部将原案撤销"，并指令保安垸从速召集各垸，疏浚河道。[①] 此前，闲居新化的前保安垸首曾继辉于前引致曾继梧（字凤冈）的信中，除逐条批驳建闸提案外，并称沅江县土客矛盾尖锐，县国民党党部是"本籍之党部"，若该案经湖南省政府委员会审核请予驳斥。可知，建设厅重申禁令的决定难说完全出于公心。

但是，前保安垸首曾继辉能左右省建设厅的决定，却似乎无法干预湖南省国民党党部的意见，后者的批示是"准令沅江县党部查明呈覆，再行核办"。[②] 实际上，再次将白水浃闸堤建与不建的权力还给了沅江县党部及政府，为民国二十一年（1932）熙和垸首曹时雄等重启白水浃闸案即以此为法理依据。而曾继辉、李祖道等却一再坚称建闸案早经省建设厅指示作废的说法，则显示出他们对国民党重建的权力结构有不适的反应，以及在沅江廖堡地区独霸省政府权力的政治格局正走向破灭，这些变化让其争讼对手终于具备了翻身的可能。因此，此次讼争的第一回合保安垸暂时稳住了阵脚，却也暴露出一个无情的事实，即他们权势衰落的趋势。

（二）人与天争

那么，民国二十一年（1932），沅江县为何重启建闸提案？这主要缘自上年（1931）洞庭湖区大水的打击，白水浃的堵疏再次激化了这一区域内部的矛盾。据称：民国二十年（1931），洞庭湖滨湖地区水灾，90%的堤垸溃决，"受灾人口达 200 万，其中被洪水淹死的达 14000 多人。"[③] 这次大水不仅使沅江廖堡地区受灾达到"十分"的程度，而且也极大地改变了白水浃、塞波嘴等河道的生态环境，"上年大水两河淤度增高，将近一公尺，纵以人力或机械疏浚之，恐不及顺水势以淤来之速"。[④] 此前有限的承淤能力已不复存在，这迫使熙和垸首曹时雄等联名呈请复闸，民国十九年（1930）的提案也就顺理成章地被翻检出来。

---

① 曾继辉编：《保安湖田志续编》卷 3，第 8—16 页，民国铅印本，湖南省图书馆藏。
② 同上书，第 16 页，民国铅印本，湖南省图书馆藏。
③ 萧训：《湖田洲土史话》，《湖南文史资料》第 9 辑，1965 年。
④ 曹时雄、向敬思编：《沅江白波闸堤志》，第 41 页，民国二十一年（1932）铅印本，湖南省图书馆藏。

事实上，民国四年（1915）保安垸花费巨款将白水溇挖通，两年后"此河冬间亦同受干涸之病"，其出水口沙子口与另一进水口塞波嘴也日有淤塞之象，"冬间水落，该两处地势反高于河身"，因而普丰垸首郑绍康等说道："失今不治，渐淤渐高，夏秋湖水泛涨，势难旁溢，奔腾澎湃，纵横怒号，恐再演沧桑之变"。① 可知，白水溇由头迄尾生态演变的趋势皆不容乐观。又历经十余年的淤积，这一水道对沿岸的农田已经失去应有的水利功能，反而带来巨大的危害。熙和垸首曹时雄等有言："湖水带潮灌入溇内，将原有水道淤积如山，各垸进出管剅沟圳一律被其淤塞，年行开挖，点滴不通……现溇中淤土高于两岸垸内田三四五尺不等，使各垸低田水无出路，成为泽国，高田来源断绝，如获石田。"② 附中垸首夏礼也说道："民垸北堤外出水剅港受白水溇带潮淤塞之害，出水路高于垸内田亩五六尺，消洩不通，天雨一来民垸三千余亩粮田变为泽国"。③ 而且，该处河道通航能力也因淤积日重而大为下降，"每年除湖水猛涨、带潮淤害之六七月间可通划子外，其余四季一片焦土，水无点滴"。④ 对于洞庭湖区洲土淤积的情状，前保安垸首曾继辉也是心知肚明、深有体会的。他曾致函普丰垸首郑绍康称：白水溇下游，"舍此不治，则一年之变将不可救药也。"⑤ 前引其致曾继梧（字凤冈）的信也说道："然而此河（白水溇）已死于李鸿燿之一钉，无复河道存焉矣"。这显然是欲将阻塞河道的责任推给修闸者，却也无意间道出了白水溇已是死河一条的存在状态。

民国四年（1915）定案后，沿岸堤垸对这条犹如生命线的河道的存亡实际上并非听之任之，只因疏浚河道的负担确乎超出了它们的承受能力。以保安等垸来说，民国四年（1915）仅为疏通白水溇一段就"费土方钱七千八百余串文"。⑥ 如此高昂的费用，其资财再为雄厚，也无力承

---

① 曾继辉编：《保安湖田志续编》卷4，第57—58页，民国铅印本，湖南省图书馆藏。

② 曹时雄、向敬思编：《沅江白波闸堤志》，第1页，民国二十一年（1932）铅印本，湖南省图书馆藏。

③ 同上书，第4页，民国二十一年（1932）铅印本，湖南省图书馆藏。

④ 同上书，第13页，民国二十一年（1932）铅印本，湖南省图书馆藏。

⑤ 曾继辉编：《保安湖田志续编》卷1，第51页，民国铅印本，湖南省图书馆藏。

⑥ 同上书，第24页，民国铅印本，湖南省图书馆藏。

担白水浃至沙子口整条水道的疏浚工程，对此曾继辉不得不表示："上游一节的疏浚经费已由辉垸独力担任，询可谓勉强之极，艰苦之极"，下游只得"求普丰、金华、宝成以下十余垸公筹，各垸诸君慷慨认可"。① 此后，保安垸未能兑现疏浚的承诺，也一定程度上反映出此项负担之重。

　　民国六年（1917），普丰垸为首的下游十二垸拟定浚河计划，预算经费高达"六万串"，以田十五万亩均摊，每亩"百五十文"。如此巨额的开支，有关堤垸一时难以筹措，请求湖南省政府"拨贷二千元，以资开办"。② 可惜，天公不作美，是年大水泛滥，"疏河各垸十溃七八，其未溃者救险已费巨资，再筹大修需费尤巨，委实力有未逮"，止得"缓至来岁，再行呈请举办"。③ 然而，自此之后再未见重提此事。究其原因就是疏浚成本过高。"六万串"仅一次性费用而已，在这易淤易潮的湖区维护河道通畅的后续支出无疑更多。

　　而塞波嘴周围的堤垸，每年春夏水涨之时，民众则以筑坝的方式堵截潮淤，外泄溃水，也"动费四五千元"，且工程草率，"旋筑旋圮"，同样不胜其烦。④ 此外，这一区域隐性的经济损失更大。据调查：因河道不通，每年旱渍两灾"合共损失农产达 286965 石，损失财产达 860895 元，最低限度亦有 717412.5 元……如此重大之损失年复一年，一般农民目击之、身受之，其疾苦自有不堪言状者"。⑤ 由此可知，沅江县长李鸿辉所称"人力施工之微，终不敌天然潮泥之巨"，⑥ 应是对白水浃浚河抗淤失效的确切评价，也是广大垸民共同的感受。

　　然而，民国初年这一区域河道疏浚失效又与其时洞庭湖生态变迁的大趋势是密切关联的。据观测："汉寿县在民国初年修建的大围障，于民国七年溃决，成为沅水洪道的一部分，导致泥沙向我县（沅江）东南湖、万子湖、澎湖潭方向淤积。仅二十年左右时间，此线洲滩猛增。西起东

---

① 曾继辉编：《保安湖田志续编》卷1，第50页，民国铅印本，湖南省图书馆藏。
② 曾继辉编：《保安湖田志续编》卷4，第59—60页，民国铅印本，湖南省图书馆藏。
③ 同上书，第61页，民国铅印本，湖南省图书馆藏。
④ 曹时雄、向敬思编：《沅江白波闸堤志》，第17页，民国二十一年铅印本，湖南省图书馆藏。
⑤ 同上书，第45页，民国二十一年铅印本，湖南省图书馆藏。
⑥ 同上书，第5页，民国二十一年铅印本，湖南省图书馆藏。

南洲，东至茶盘洲下荷叶湖飘尾，共七十公里长的地段，成为洞庭湖沉积的第二批洲土。老刀湖、杨柳湖、澎湖、洞庭西汊等皆成陆地。"[①] 可知，民国初期开始沅江地区进入了一个急速淤积的时代，各堤垸的浚河之举无异于与天争胜。

随着白水凟、塞波嘴淤塞的日趋加重，沿岸堤垸疏浚成本的无限增长，且旱渍损失年重一年。面对如此强大的生态压力，以疏抗淤显然无法长期为各垸民众所接受，与保安垸一同浚河抗淤的水利关系也就不可避免地走向终结。至民国二十一年（1932），保安垸内学田局也发出了"恢复闸堤，疏通内港"的呼声。[②] 因此，可以说这一区域"易淤易潮"的环境让民国初年建立的水利共同体始终未有赖以长存的基础。所谓土客矛盾、集团利益皆不可与之相提并论，正如熙和垸首事曹时雄等所言："民等与渠何仇？何暇先后群起，而欲修此闸堤乎？"[③]

然而，以曾继辉为首的保安等垸同样为了自身的生存，也必须保证白水凟等河道的畅通，在水利技术的重大革新尚未完全展现之前，"束水攻沙"仍然是他们唯一可以遵循的治水理论，但又无力独撑整条水道的疏浚工程，因而维系民国四年（1915）疏河抗淤的协议，并希望各垸分担责任自然成为他们不可动摇的诉求。如此看来，争讼双方进入你死我活的对抗状态，而无任何回旋的余地也就成为必然。

（三）终极较量

民国二十一年（1932），由于上年水灾的打击，一些受灾惨重的堤垸对原有水利秩序再次发起了挑战。二月八日，熙和等垸就恢复白水凟闸堤集会订约，并向沅江县政府提起申请，指出"改良防害之法，除恢复闸堤，堵上湖潮，建筑石剅，开通内港，以利进出外，别无良策以资救济"，二月十三日县政府指示："应候本县长亲勘明白，再行核办"。二月十六日，县长李鸿辉亲赴白水凟视察，并就水道治理征询沿岸堤垸的意

① 刘长松：《沅江湖州沧桑史略》，《沅江文史资料》第 2 辑，1985 年，第 102 页。
② 曹时雄、向敬思编：《沅江白波闸堤志》，第 4 页，民国二十一年（1932）铅印本，湖南省图书馆藏。
③ 同上书，第 13 页。

见。同日，县水利委员分会第四次常委会讨论，决定恢复闸堤，并令克日兴工。二月十八日，县政府发布白水淡闸堤复建通告，警告反对者"藉端抗扰，拿办绝不容情"。二月二十七日，县国民党第三十七次常委会也做出"白水淡恢复闸堤……应予照准"的决议。[①]

在沅江县政府及国民党党部的全力支持下，此次建闸声势变得极为迅猛。二月二十二日，保安垸首李祖道等向沅江县政府提出严正抗议，五日后却接到县长李鸿辉批示："白水淡不过一进水出水港耳，宽不逾十丈，长不及十里……该淡现已淤塞成洲……若设闸堵塞湖潮……实有莫大利益……岂能胶柱鼓瑟，因执成见，所请制止一节，应无庸议。"[②] 可知，沅江县政府已完全站在保安等垸的对立面，而非两方的裁决者。

正因如此，三月二日，前保安垸首曾继辉立即以前湖南省湖田局长的身份，将"违案"建闸之事呈报省建设厅，指控沅江县长李鸿辉"不知受何项包围运动……未召集各垸公开谈判"，以及省建设厅科员王恢先为"沅江大地主"，"倘一得钉头，可省堤费巨万"，令沅江县长被批"殊属非是"，要求"先行停工"，再召集各垸持平商决。[③] 沅江县长接到指示后集合熙和、保安等垸首进行协商，非但未能达成协议，反而进一步激化矛盾。熙和垸首曹时雄等以"为一人生祀，众垸受害"为名上诉湖南省政府，将保安垸实际掌控者曾继辉推上了诉讼前台，称民国四年（1915）毁闸是"挟其运动纵横手段……朦蔽谭组公……贿串刘光华等少数人私约而行"的结果，现今又不顾事实，污蔑王恢先，攻击李县长，谎称白水淡"汪洋浩瀚"，不过恐其生祠"绝祀"罢了。[④] 三月二十日，沅江县长李鸿辉就白水淡闸堤案覆呈省建设厅，承认"未调县府卷宗"，但其他程序合理合法，"反对者仅曾继辉一系"。[⑤] 对此，保安垸首李祖道等上呈省政府有关部门，称建设厅科员王恢先与熙和垸首曹时雄等上下

---

① 曹时雄、向敬思编：《沅江白波闸堤志》，第1—10页，民国二十一年（1932）铅印本，湖南省图书馆藏。

② 曾继辉编：《保安湖田志续编》卷3，第43页，民国铅印本，湖南省图书馆藏。

③ 曹时雄、向敬思编：《沅江白波闸堤志》，第15、20—21页，民国二十一年（1932）铅印本，湖南省图书馆藏。

④ 同上书，第10—15页。

⑤ 曹时雄、向敬思编：《沅江白波闸堤志》，第23页，民国二十一年（1932）铅印本，湖南省图书馆藏。

勾结，以及"李县长者，非沅江一县之官也"，质疑其有收受巨额贿赂之嫌。①

可知，争讼双方的真正对手实为前湖南湖田局局长曾继辉与时任沅江县长李鸿辉及建设厅科员王恢先，指控内容也非纯粹的水利之争，其间夹杂着大量有关行政作风与个人道德的攻击与谩骂。幸而，湖南省建设厅未受此等情节干扰，批示："应候遴委干员前往，切实测勘，据实呈覆。"② 但沅江县长李鸿辉于是年（1932）四月底去职，是否受这一事件牵连无从得知。不论如何，这对曾继辉、李祖道等来说无疑是一件可喜之事，也强化了他们从道德作风上批判建闸派的认识。此后每次呈诉都充斥着大量类似的言论，显然是有意识地将区域水利问题政治化、道德化，以影响政府的决策。

在白水溇建闸的示范作用下，同年（1932）二月二十二日金华垸首向敬思等就塞波嘴的治理提出了相同请求，并得到沅江县水利委员会分会第五次常会议准，又引发了普丰垸首田万友等的强烈反对。而塞波嘴是白水溇的另一进水口，它们实为同一水道，建设厅指令沅江县政府将塞波嘴上口闸堤与白水溇进口闸堤"并案"，一同听候查勘处理。③ 至此，沅江廖堡地区水道治理之争的地域范围进一步扩大。

五月三日，湖南省建设厅命江中砥为查勘委员、朱骏为测量员会同新任县长张颖亲赴白水溇、塞波嘴两处勘测，明令他们召集关系各垸妥善商讨。④ 诉讼到了这一环节，双方惟有静候处置，也为和谈留出了空隙。五月八日，当地绅董邱才英等在沅江县长张颖的授意下，邀约曹时雄、李祖道、向敬思与田万友四位当事人，于阴历五月十二日至沅江县城商议。⑤ 具体进程未见记载，但显然未有结果，故于六月二十二日沅江县旅省同乡蔡赞勳等再次约集双方核心人物在长沙谈判，也仅确定了仲裁人及会议召集人而已，白水溇闸堤兴毁的矛盾仍无法调和，反对塞波

① 曾继辉编：《保安湖田志续编》卷4，第1—10页，民国铅印本，湖南省图书馆藏。
② 同上书，第10页，民国铅印本，湖南省图书馆藏。
③ 曹时雄、向敬思编：《沅江白波闸堤志》，第25—26页，民国二十一年（1932）铅印本，湖南省图书馆藏。
④ 同上书，第26—27页。
⑤ 同上书，第32页，民国二十一年（1932）铅印本，湖南省图书馆藏。

嘴建闸的一方也只允许修筑矮坝。① 事实上，和谈陷入了僵局，双方对抗的形势变得更为紧张。

为了争取上级部门的支持，以防讼案拖延于己不利，六月十三日前保安垸首曾继辉又以"毁誉无关，是非难灭"为名上呈湖南省政府暨建设厅，不仅讲述了自己的治湖经验，而且详列了数十年以来的"成案"，声称白水淡一案乃"湖南全省之案"，关系到全省人民的安危，并就"生祠"一事进行辩解，以此反证当年毁闸之举大得人心。同日，保安垸首李祖道等也提交了意旨相同的呈文，并附录了大量指控对方的证据。曾继辉之弟继峻也报呈湖南省建设厅，指认熙和垸首曹时雄等造谣污蔑、无中生有。但是，湖南省政府与建设厅给予的回复都是候勘定夺，并未因他们一再呈请而草率决定。② 六月三十日，保安垸首李祖道又联合三十五垸数十名垸首公开发布抗议宣言书。③ 如此轮番的申诉，大有不达目的誓不罢休之势。为避免局势失控，七月十六日湖南省建设厅给沅江县政府下达命令，警告"倘有藉端滋事，以致酿成械斗者，为该倡率人是问"，着县长"严密防范，毋稍疏忽"。④

八月十八日，勘测委员江中砥、朱骏就白水淡、塞波嘴两处有关情况向湖南省建设厅呈复了一份极为详尽的调查报告，认为两处水道淤塞实属严重，沿岸堤垸进出水口两受其害，但"此天然水道自应设法保留"，断流土闸"诚为失当"，建议两处都"改造冲天活动石闸，以时启闭"，并详细论证了该方案的可行性。⑤ 八月二十二日，湖南省建设厅水利委员会召开第二十三次常委会，就此进行了专门的讨论，议决"将白水淡、塞波嘴两处原有断流土坝改建冲天活动石闸，并将闸内白水道同时疏浚，以期堵溃防淤救旱行船兼筹并顾"，后经沅江县政府以处分书的

① 曹时雄、向敬思编：《沅江白波闸堤志》，第33页，民国二十一年铅印本，湖南省图书馆藏。
② 曾继辉编：《保安湖田志续编》卷4，第20—76页，民国铅印本，湖南省图书馆藏。
③ 李祖道：《沅南三十五垸代表宣言书》，第1—3页，民国年间铅印本，湖南省图书馆藏。
④ 曹时雄、向敬思编：《沅江白波闸堤志》，第34页，民国二十一年（1932）铅印本，湖南省图书馆藏。
⑤ 同上书，第36—59页。

形式送达各当事人。①

　　该案至此本可了结，但却并未如是。十月十日，种福垸民陈笙华等"以违禁塞河"呈请湖南省建设厅，声明不服沅江县政府的处分，但因他们非该案负责人被拒绝受理。② 十月二十日，普丰垸首田万友等向沅江县政府声明不服，请转呈省建设厅重审此案，但于法律程序不合也被驳回，二十余日后方才正式上诉省建设厅，却已逾越法定期限，被裁定为"故意久延时日"，诉愿权失效。③ 至此，水利争端变为法律程序之争。

　　十二月二十七日，保安垸首李祖道等向湖南省政府提起再诉愿，对沅江县政府的处分与省建设厅的裁决均表不服，后转呈至行政院，请求法律解释。次年（1933）三月十日，李祖道、田万友等迟迟未见湖南省政府的最终决定，又以沅、南两县四十垸数十名代表的名义发布第二次公开宣言书，指称省建设厅的决定是非法的。④ 对此，湖南省建设厅不得不向省政府做出答辩，坚称所做决定合乎法规程序，并无不妥之处。⑤

　　鉴于省建设厅如此强硬的表态，保安垸首李祖道等明了该案在湖南省内胜诉的希望极为渺茫，因而于民国二十二年（1933）四月二十六日又以沅、南两县四十垸代表的名义呈请行政院暨中央有关部门饬令湖南省政府变更决定，奉到内政部批示："请湖南省政府从速决定。"⑥ 是年五月十八日，湖南省政府主席何键签发决定书："原决定撤销，其余之再诉愿驳回。"⑦ 这承认了保安垸首李祖道等再诉愿的权利，却也认定湖南省建设厅所准水道改造的办法毋庸再议，令李祖道等反对建闸者大为不满，致使他们再次以沅、南代表的名义提起抗议。最后，行政院指示道："不服不当处分者，以再诉愿之决定为最终决定，其不服违法处分之再诉愿，

---

　　① 曹时雄、向敬思编：《沅江白波闸堤志》，第60—61页，民国二十一年铅印本，湖南省图书馆藏。

　　② 同上书，第71页。

　　③ 同上书，第74—75页。

　　④ 曾继辉编：《保安湖田志续编》卷9，第1—5页，民国铅印本，湖南省图书馆藏；曹秉文编：《沅江白波闸堤志续编》，第4页，民国二十二年（1933）刊本，湖南省图书馆藏。

　　⑤ 曹秉文编：《沅江白波闸堤志续编》，第10—11页，民国二十二年（1933）刊本，湖南省图书馆藏。

　　⑥ 曾继辉编：《保安湖田志续编》卷9，第8—18页，民国铅印本，湖南省图书馆藏。

　　⑦ 同上书，第19—24页，民国铅印本，湖南省图书馆藏。

经决定后得依法提起行政诉讼"，并裁定："驳回再诉愿。"① 终于，这一历时四年之久的闸堤兴毁案得以尘埃落定，沅江廖堡地区白水浃、塞波嘴"建闸防淤泄溃，疏通内港"的水利新格局确立了下来。

（四）新旧冲突

民国年间沅江廖堡地区的水利之争何以反复发酵，蔓延二十余年之久，卷入堤垸多达四十余座，诉讼层级上至行政院。除了反对派保安等垸与主建派熙和等垸对淤积日重的生态变迁反应不同之外，实际上还潜藏着强烈的新旧治水观念与方法的冲突，从中我们可以清晰地感受到洞庭湖区乃至中国传统水利社会近代化的竭蹶历程。

纵观整个诉讼过程，双方争执的虽是兴闸还是毁闸，但真正激烈交锋的却是谁来治水与怎么治水的问题？这直接关涉到近代水利社会的发展方向。据以上所引史料，反对建闸者曾继辉、李祖道等念兹在兹的始终是"定章"与"成案"，这是他们争取白水浃治理主导权屡试不爽的"尚方宝剑"。民国四年（1915），保安垸首曾继辉上呈湖南水利分局时就说道："两省（湘鄂）议员公决以疏江、塞口、濬湖为三大纲，而濬湖一节则以存固有河道为入手办法"，并指白水浃与瓦官河即是"前清赵岑杨诸抚、湘鄂两省议会专案指留之河"。② 李祖道也称道："白水浃河道既经层峰及湘鄂两省议会明白规定，只准疏浚、不准拦塞之河，法令具在，铁案如山，谁敢翻异？"③

可知，他们认定最具治水权威的无不是湖南省政府的最高首脑或湘鄂两省咨议局议员，这恰好展现了传统治水模式最为显著的特征，即官僚主导。这大不利于水利近代化的推进，正如著名水利史家姚汉源先生所言："这种以地位高的话，就是对的准则，对于科技进步是极有害的。"④ 而其背后却拥有一套强大的话语系统，即政府全能、官长全能，且认为若此地位动摇，就会威信扫地，以致社会失控。因此，曾继辉、

---

① 曹秉文编：《沅江白波闸堤志续编》，第38—40页，民国铅印本，湖南省图书馆藏。
② 曾继辉编：《保安湖田志续编》卷1，第26页，民国铅印本，湖南省图书馆藏。
③ 曾继辉编：《保安湖田志续编》卷2，第5页，民国铅印本，湖南省图书馆藏。
④ 姚汉源：《中国水利史纲要》，水利电力出版社1987年版，第438页。

李祖道等一再警告湖南省有关部门："然则此案可推翻，何案不可推翻。此河可以建闸，何河不可建闸……势必将一个洞庭湖尽逼之南徙而后已。"① 也正是基于这一理念，曾继辉才敢质诸神明地说："真所谓非辉一人之案乃保安全垸之案，非保安全垸之案乃淤洲全部之案，非淤洲全部之案乃湖南全省之案"，② 俨然一副维护政府权威、守护社会秩序的凛然形象。

然而，时至民国中期这一治水模式已越发显现出落后性与保守性。为了更好地防治水旱灾害，破解传统水利社会的生态困境，专家主导型治水日渐为政府与社会所认可，成为一股强劲的发展趋势。事实上，这在民国初年的那次争端中就已有所表现，前文可知湖南省政府曾派遣专员赴沅江廖堡实地勘测，并将其结果作为判决的重要依据，只可惜这一近代治水方法终敌不过强大的保守力量与传统观念，最后双方依然是在老旧的治水模式中以利益交换的方式达成了脆弱的平衡。由是观之，民国初年的闸堤之争可视为这一区域水利共同体一次失败的近代化尝试。

民国中期以后，由于水旱灾害的频繁发生，尤其是民国二十年（1931）长江流域大水之后，水利改良受到人们广泛的关注。其时，北京大学教授王益滔在《救农刍议》一文中呼吁道："吾国农业，一灌溉农业也，灌溉农业，水利乃先决问题。"③ 就传统水利的症结及其解决途径，著名的水利专家李仪祉更是一针见血地指出："水利上之纠纷最多，皆由于无良好组织及法律保障。旱则争水，潦则以邻为壑。惟合作可以减除此等弊病。"④ 民国政府也从法律与组织上加强了水利建设的工作，有关法令陆续出台，各级水利委员会相继成立，并且形成了一支以李仪祉、郑肇经等专家为首的强大的技术队伍，由此"开创了一个专家治水的新时代，中国的治水开始步入科学的轨道"。⑤

而洞庭湖区正是民国中期水灾最重的地区之一，经济损失与人员伤

---

① 曾继辉编：《保安湖田志续编》卷 3，第 14 页，民国铅印本，湖南省图书馆藏。
② 曾继辉编：《保安湖田志续编》卷 4，第 26—27 页，民国铅印本，湖南省图书馆藏。
③ 《大公报》（长沙），1932 年 11 月 6 日。
④ 《李仪祉水利论著选集》，水利电力出版社 1998 年版，第 710 页。
⑤ 李勤：《二十世纪三十年代两湖地区水灾与社会研究》，湖南人民出版社 2008 年版，第 226—227 页。

亡都极为惨重，因此，"非急施整理之法，不足以固堤防而维持垦政"一时间成为湖南全省上下的基本共识与当务之急。① 民国二十年（1931）后，沅江廖堡地区水利共同体重构的过程也确实展现了湖南省政府力图改变治水模式的决心与毅力。由沅江县到省建设厅再到省政府的每一次决定都是以其水利委员会的决议为准，始终将专家的意见作为政府裁决的首要依据。正因如此，沅江籍的省建设厅水利科员王恢先作为唐山工学院、美国康奈尔大学土木工程专业的毕业生，② 在这一事件中的地位也就显得尤为突出。曾继辉、李祖道等从诉讼开始就将其作为主要的竞争对手看待，在连续指控仍未将其告倒的情况下，语带嘲讽地说"夫王恢先，建设厅权力之最大者也"，认为他能"操纵一切，为所欲为"，是因"与谭厅长有同学之谊"，且"奸险而猾"，又"生长湖乡，以熟悉水利自媒"。然而，专家治水地位的提升不能不说对政府的权威构成了巨大的冲击，使其面临着无法回避的尴尬处境。正如李祖道等严词质问道："我大主席以亲自所作所为之事，一转移间意以为毫不足凭，则以子之矛攻子之盾，又将何词以答哉？"③

与此同时，传统的治水经验与近代的水利科学之间也发生着激烈的碰撞，构成了这一区域水利共同体近代化过程中新旧冲突的另一面相。熙和垸首曹时雄等鉴于水道严重淤塞的情况，提出了"以疏为塞，以塞为通"的治理对策，而后江中砥、朱骏两位勘测委员又以精细的测量与详尽的论证，形成了完整的"不塞不通"的治水理念，并建议改建活动式闸堤，对于秉持传统"束水攻沙"治水经验的曾继辉、李祖道等来说可谓造成了巨大的思想冲击。因为这恰好击中了他们抗议塞河的理论基础，也让他们明显地感受到了一种前所未有的极具颠覆性的威胁正扑面而来，所以称"此殆将古今来一部廿四史所载河渠书、沟洫志、治河论、一切农田水利政策推倒破坏而无余也。"④ 这显然是他们所不愿意看到，也是不愿意承认的。

---

① 李勤：《二十世纪三十年代两湖地区水灾与社会研究》，湖南人民出版社2008年版，第238—239页。

② 鲁邹：《水利专家王恢先先生》，《沅江文史资料》第2辑，1985年版，第165页。

③ 曾继辉编：《保安湖田志续编》卷9，第11、28、32页，民国铅印本，湖南省图书馆藏。

④ 曾继辉编：《保安湖田志续编》卷4，第47页，民国铅印本，湖南省图书馆藏。

因此，他们一面坚称："自大禹疏沦排决后，只以疏导为前提，并无所谓塞者。以故凡一切水利专家所谓河渠书、沟洫志、水利说，皆按照此法纪载分明，至详且尽"，并以此指责建闸疏浚之法"乃我省建设厅水利政策为古今中外开一新纪元……一最新奇、最古怪、最荒谬绝伦之办法"。① 一面则用实践举证传统理论的正确性，称民国四年（1915）毁闸之时，"曾继辉则坚守大禹治河，以水攻沙之法，排众议而为之……俾猛力狂奔之水挟泥沙而走，而上游十六里之河费一日夜之力，遂完全告成，此当日成效确著之实在情形也"。② 此外，他们还试图质疑建闸疏河的可行性，认为如此高大的水闸无法建成，即使侥幸成功也会因无力抵御巨大的水压而造成灾难性后果，声称：

> 十余垸田十余万由白水河之进水，刢口二十四座，平均每座宽计三尺，总各刢计之共宽七丈二尺有余，藉令两头建刢，每刢如无七丈二尺宽，势必减少瓒等各垸之进水量也。七丈二尺宽之石刢，其有如此之木，可作如此之刢门耶？无如此之木作此宽大之刢门，议曰水来则闭，试问能闭耶？否。纵令能闭试问水退能启耶？否。况七丈二尺宽之刢门以之障水，更恐刢外之水力压重，刢门必毁，则倒来之水一时防之不及，两岸河堤必被冲溃，溃则沅南两县七十余垸同为泽国无疑。③

然而，时至20世纪30年代，随着水利科学的日益昌明，这些观念与辩解已然显得粗浅与幼稚不堪，基于传统经验的"束水攻沙"理论在近代精密的勘测技术面前溃不成军，犹如中世纪的骑士与装备精良的现代军队对阵一样。无怪乎被对手称为"胶柱鼓瑟，因执成见"，"虽言之成理，实则无物"，甚至斥之为"纸上谈兵之万言策"。④ 可

---

① 曾继辉编：《保安湖田志续编》卷9，第11页，民国铅印本，湖南省图书馆藏。
② 曾继辉编：《保安湖田志续编》卷4，第48页，民国铅印本，湖南省图书馆藏。
③ 曾继辉编：《保安湖田志续编》卷2，第17页，民国铅印本，湖南省图书馆藏。
④ 曾继辉编：《保安湖田志续编》卷3，第43页，民国铅印本，湖南省图书馆藏；曹秉文编：《沅江白波闸堤志续编》，第14页，民国二十二年（1933）刊本，湖南省图书馆藏；曹秉文编：《沅江白波闸堤志续编》，第15页，民国二十二年刊本，湖南省图书馆藏。

以说，民国中期沅江廖堡地区的河道改造是近代水利科学一次久违的胜利，也是洞庭湖区乃至中国传统水利社会走向近代化的重大事件之一。

行文至此，我们有必要进一步思考为什么近代水利科学在这一区域徘徊了二十余年，直至民国二十一年（1932）方才得以落实？首先，地方社会对水利科学理解与运用须要一个过程。我们无从知晓民国初年那次水利勘测的具体情况，但从现有史料的记载中仍可窥知其详尽程度远不如民国二十一年（1932）江、朱二员所提交的调查报告。这应当是其首次以科技为手段重构水利共同体失败的重要缘由。其次，就是政府角色与作用的变化。在传统势力的多方阻挠之下，相对弱小的新思想、新观念、新技术的推广离不开政府大力的倡导与推动。民国初年政府的弱势是这一区域水利改良迟迟无法实现的关键因素。由于曾继辉"藐视知事委员，挟其运动纵横手段，六次私函蒙蔽谭组公"的强大威势，让"官斯土者终以慑于势力，莫敢谁何"，以至这一争端搁置十余年之久。①

时至民国中期，为了防治水旱灾害，地方政府的水利职能有所加强，较之以往拥有了更多的权力。② 因此，它们对于水利变革的立场与态度也显得坚定了许多。从沅江县长到湖南省建设厅长，不论曾继辉、李祖道等如何攻击，他们始终未见丝毫的妥协与退让，一直坚守着勘测后裁决的基本原则，即使县长与厅长发生人事更替，仍然保持了水利政策的延续性。正是有感于此，熙和垸首曹时雄等说道："其时其事假令政府略存顾忌，稍涉游移，势且梦蕉有鹿，则金以为有鹿矣，指鹿为马，则金以为真马矣。"③ 而他们另一段话则可以说恰好道明了这一区域是如何在政府的主导下以科技手段重构水利关系的："幸蒙湖南省建设厅谭前厅长常恺委派专门委员兼技正江中砥、测量员朱骏，会同现任张县长颖实地勘测，绘图贴说，根据科学技术方案，呈经谭前厅长提交湖南省水利委员

① 曹时雄、向敬思编：《沅江白波闸堤志》，第11—12 页，民国二十一年（1932）铅印本，湖南省图书馆藏。曹秉文编：《沅江白波闸堤志续编》，第25 页，民国二十二年（1933）刊本，湖南省图书馆藏。

② 李勤：《二十世纪三十年代两湖地区水灾与社会研究》，湖南人民出版社2008 年版，第238—239 页。

③ 曹秉文编：《沅江白波闸堤志续编》，弁言，民国二十二年（1933）刊本，湖南省图书馆藏。

会，公开讨论议决会照案执行。已蒙沅江县政府依法处分，复经建设厅依法决定，令县委员督修成立白波闸港工程处限期修竣。"① 因此，白波闸堤成为民国政府一项突出的水利成就，受到了时人高度的评价与赞誉。② 其时政府在这一案件中所扮演的角色与产生的作用，对于我们今天的社会改革与科学技术的推广仍不无启发的意义，即传统社会的近代转型，离不开强势政府的控制与推动，否则将在无休止的争论中迷失方向。

三 双方的赢输之辨

以上可知，民国年间沅江廖堡地区水道治理争讼的结局，即民国初年曾继辉为首的保安等垸胜出，由他们主导建立了一套区域水利关系平衡机制，并维系了十余年相对安定的局面，而民国中期则是曹时雄为首的熙和等垸成功实现了闸堤的重建，以近代水利勘测技术彻底地摧毁了曾继辉等以传统"束水攻沙"理论为基础的治水主导权及其构建的以疏抗淤的水利共同体。但是，若从生态变迁与经济收益的角度将前后两起案件连贯起来看，他们的成败或许要重新加以论定。

民国初年，由于闸堤被毁多数堤垸失去了一次改良水利的机会，继续承受着溃灾的损害与抗洪的压力，以曾继辉为首的保安等垸实际上也为此付出了高额的代价，且不说无从得知的诉讼费用，就是明确支付的钱款即高达"一万二千余串文"，而且还须独力承担疏浚白水涣的责任。③然而，这并未实现水道长久的通畅与相邻堤垸之间的安宁和睦，十余年的湖潮淤积让保安等垸在胜诉中得到的些许尊严与地位荡然无存。时至民国中期，要求重构水利关系的讼争再起后，保安等垸终落得个"赔了夫人又折兵"的下场。也就是说，民国初年达成的脆弱平衡没有真正的胜利者，甚至保安等垸的损失更大。这是他们无法接受的事实，也是在第二次讼争中始终不放弃申诉的一个重要缘由。

---

① 曹秉文编：《沅江白波闸堤志续编》，第17页，民国二十二年（1933）刊本，湖南省图书馆藏。

② 李震一：《湖南的西北角》，《洞庭湖环行记》，民国三十六年（1947）刊本。

③ 曾继辉编：《保安湖田志续编》卷1，第24页，民国铅印本，湖南省图书馆藏。

民国中期的争讼保安垸首曾继辉等可谓惨败，不仅曹时雄为首的熙和等垸与之角力，就是沅江县政府、湖南省建设厅以及湖南省政府也都将其视作异类，这些以维护政府权威自居者反遭政府抛弃，成了孤独的政治弃儿，对他们的打击是可想而知的。但是，仔细追寻案件的经过，不难发现曾李等人的抗争也并非毫无价值。湖南省建设厅得以派遣专员介入沅江廖堡地区的水利治理，与其强烈的抗议是分不开的，而最终的调查报告虽然坚持了建闸的主张，但也明确指出断流土闸“诚为失当”，并提议改建活动式闸堤，且未见因费用的增加而引发反对声浪。由此可见，保安等垸从相反方向激发了这一区域水利共同体近代化的进程，可谓虽败犹荣。

再者，从水旱灾害角度看，经过建闸疏河的整治，该区域的生态环境得到明显的改善，保安垸也是主要的受益者。就这一问题前引邓永飞的研究存有明显的误读。[①] 有关资料显示，1949 年前保安垸共溃垸 8 次，但都是 1931 年以前的；大旱共 13 次，1940 年以后的仅 5 次，且 1929 年至 1939 年有 11 年未见发生；大渍共 12 次，1933 年后的占 8 次。[②] 可知，民国二十一年（1932）河道治理以后，保安垸的渍灾仍相当频繁，但旱灾已有明显的减轻。我们不能以其渍灾的加重来否定白水浃等处建闸的正当性，因为保安垸的地势在这一区域内是相对较低的，白水浃是其进水河道，并非出水河道。倘若闸堤复建失当，增多的应是旱灾而非相反。至于渍灾为何呈现出日趋严重之势，须对民国后期洞庭湖区的生态变迁进行一番整体性的考察方能解答，但至少可以说明若要全面防治水旱灾害，仅进行局部性的改造是无法实现的，必须进行全方位的整治才能奏效，然而此非弊窦丛生的民国政府可以胜任之事。

四 结语

当前学界探讨传统水利社会大多是以水案为切入点，基本上是围绕着

---

① 邓永飞：《近代洞庭湖区的湖田围垦与地方社会——以〈保安湖田志〉为中心》，中山大学博士论文 2006 年版，第 167 页。

② 彭德完：《保安垸今昔》，《沅江文史资料》第 2 辑，1985 年版，第 112—116 页。

水权的分配而展开论述的，揭示出来的大多是因用水失衡所引发的区域性矛盾，而如何最大限度地重新实现利益平衡则是它们最大的问题，回归传统与恢复旧制又几乎成为不约而同的解决路径，这已然成为一种特定的研究模式。但是，沅江廖堡地区的治水之争则探讨的是区域社会如何在"易淤易潮"的生态变迁中更好地趋利避害，以确保水环境的相对安全的问题。

我们发现，随着这一区域河道淤积的不断加重，不仅传统的治水方法陷入了无能为力的窘境，难以在各方之间达成基本的共识，而且以利益交换为手段的社会协调机制，也因其弹性阈值的有限而彻底失效，这就注定了此类"湖淤"地区传统的水利共同体及其运转方式根本无法长久的存在。森田明曾说道："只有地域环境的特性与地域社会的稳定的结合，才是水利社会得以存在的不可或缺的要素"。[1] 实际上，这恰好道出了传统水利社会一个无法摆脱的内在困境，即如何以长期止步不前的传统治水理念与技术手段遏制水环境渐进的或突发的衰败趋势。

因此，仅从民间规约、地权流转、人口变动、行政法令等因素去解读水利社会的变迁显然是不够全面的，我们必须要充分考虑到蕴藏其中的自然生态变动的无限性与社会应对机制的有限性这一内在的紧张关系，否则将无法解释诸多地区水案讼争无休无止，且最终陷入水利破败无以自救的历史事实。而民国二十一年（1932），沅江廖堡地区在政府的大力支持下，以水利科技来控制生态恶化，降低治水成本，重构水利关系的做法，可以说为传统水利社会破解这一难题做出了范例。

（本文经作者修改后，以"传统水利社会的困境与出路——以民国沅江廖堡地区河道治理之争为例"发表于《中国历史地理论丛》2015 年第 4 辑）

---

[1] ［日］森田明：《中国水利史研究的近况及新动向》，孙登洲、张俊峰译校，《山西大学学报》（哲学社会科学版）2011 年第 3 期。

西南少数民族林业谚语的生态思想解析[*]

刘荣昆

森林是维系生态环境正常运转及作为人类生产生活正常开展的重要资源之一，西南地区历史以来森林资源相对较为丰富，在少数民族聚居地区更为突出，通常少数民族聚居地区的森林覆盖率普遍较高，例如云南省石林彝族自治县彝族聚居的地区的森林覆盖率普遍高于汉族地区。[①]西南地区的少数民族对森林的重要性有着极为丰富的理解，口耳相传的林业谚语中饱含西南少数民族对森林重要性的感知和理解，朴素的谚语中包含深刻的生态思想。西南少数民族林业谚语在《谚语大典》《中国谚语集成·贵州卷》《中国谚语集成·四川卷》《中国谚语集成·云南卷》共收录了 292 条，[②] 其中侗族 56 条、傣族 46 条、苗族 39 条、布依族 24 条、水族 17 条、彝族 17 条、土家族 13 条、白族 12 条、布朗族 12 条、基诺族 9 条、瑶族 9 条、藏族 8 条、纳西族 6 条、仡佬族 5 条、羌族 4 条、哈尼族 4 条、傈僳族 3 条、回族 1 条、毛南族 1 条、景颇族 1 条、壮族 1 条、仫佬族 1 条、拉祜族 1 条、怒族 1 条、普米族 1 条。从林业谚语

* 基金项目：2012 年度国家社会科学基金项目"澜沧江流域彝族传统生态文化研究"（编号：12XMZ104）。

作者简介：刘荣昆，贵州师范大学历史与政治学院副教授，主要从事少数民族生态文化研究。

① 戴波、吕汇慧、周鸿：《喀斯特地区撒尼密枝林原生态文化的生态价值研究》，《中央民族大学学报》（自然科学版）2005 年第 2 期。

② 此四部书没有完全收集西南地区少数民族的林业谚语；因有的谚语含义相同或相似，故下文中未全部引用。

涉及的少数民族种类之广泛可以看出，林业谚语在西南少数民族中并不是个案。内容主要涉及用林和护林两大方面，其间体现出深刻的林人共生思想。目前已有部分研究林业谚语的成果，① 但缺乏专门研究少数民族林业谚语及以西南这一少数民族众多、森林资源丰富的特殊地域环境为研究背景的林业谚语研究成果，对林业谚语中包含的生态思想的分析还有待深入。表面看西南少数民族林业谚语既短小又显零碎化，但如果把所有的林业谚语归置在一起进行梳理剖析，就是一部鲜活的西南少数民族林业生态史，通过对林业谚语的深刻剖析，厘清西南地区少数民族用林与护林的逻辑关系，提炼出少数民族与森林相处的生态思想，进而解开西南少数民族地区森林状况良好的缘由，并为当今处理林人关系提供借鉴和参考。

一 用而不废：生计用林与可持续发展思想的交融

（一） 森林关乎生计

森林是西南少数民族赖以生存的重要资源，农耕、牧猎、采集、果蔬、建筑、烹调、取暖、矿冶、经济来源等都与森林密切相关，西南少数民族中有极为丰富的利用森林资源的谚语，具体可分为以下六类。

概论类。森林与西南少数民族的生计紧密相连，正所谓"树木成了林，年年好收成"②，然而如果没有森林，人们的生计将受到极大挑战：

---

① 李荣高的《林业谚语与生态、经济、社会效益》（《生态经济》1986 年第 4 期）以林业谚语为论据简要分析了森林的森林生态、经济、社会效益；黄权生、黄勇的《三峡林业谚语中的人树关系及林木栽培探微》（三峡大学学报（人文社会科学版）2009 年第 3 期）讨论大三峡林业谚语所蕴含的人与森林的关系，及其林业谚语所总结的三峡人民在林业生产中林木栽培和管理的经验；苏祖荣、苏孝同的《林业谚语与生态学思想》（《福建林业》2013 年第 2 期）对林谚的内容和所蕴含的生态学思想，及其与现代林业的关系进行阐述；许桂香、许桂灵的《贵州林业谚语的生态文明及其继承、发扬对策和措施》（《黔南民族师范学院学报》2013 年第 4 期）阐述了贵州林业谚语所包含的生态文明内容、特点、价值，提出继承和发展贵州林业谚语生态文明的对策和措施。

② 中国民间文学集成全国编辑委员会、中国民间文学集成贵州卷编辑委员会主编：《中国谚语集成·贵州卷》，中国 ISBN 中心 1998 年版，第 703 页。

"山上光，山下荒"①、"山无衣，地无皮，人要饿肚皮"。② 山野杂草为放牧、采药等都提供了重要条件，于是谚语称"山长百样草，识它就是宝"。③ "荒山变林山，不愁吃和穿"道出了森林在生计中的重要意义，"栽上松杉住高楼，栽上桑柞穿丝绸，栽上葡萄饮美酒，栽上核桃有香油"反映出森林在居住、服饰、饮食中的重要性。"山上多栽一棵树，山下就多一分福"认为栽树就是积福，栽树能够给人类带来诸多益处，"一次烧山十年穷，年年栽树不受穷"道明多栽树能使生活更加富裕。"种植混交林，一林胜十林"④ 说明混交林能够满足人们对森林资源的多样化需求。

果蔬类。西南少数民族喜欢在房前屋后栽上果树："房前瓜豆架，房后水果园"、"山上栗子山下竹，路边椰子房边果"⑤、"楼前楼后果常熟，娃娃再馋也不哭"，房前屋后的果树既给村庄增添景致，更重要的是能提供时令水果。要想吃水果就得栽果树，他们对于栽果树与吃水果之间的因果关系有着明确的认识："想吃桃李早栽树，想吃新米早种谷"、"不栽茶树没茶采，不种果树没果吃"，⑥ 吃水果既是栽果树的目的又是栽水果的动力。竹笋在西南地区是一种常见的食材，"种竹吃笋"简明扼要的道出种竹的主要目的是吃笋，吃竹笋成为种竹的原动力之一。

住屋类。西南少数民族传统民居建筑以土木、木石结构居多，在建造过程中要用到大量木材、竹材、茅草等源自于森林的建材，一些谚语充分表现出树木与建筑的密切联系："杉树是木王，做柱又做梁"⑦、"有了木，何愁屋"⑧，"没有小树苗，哪来栋梁材"、"开田栽秧望打谷，高

① 张一鹏编：《谚语大典》，汉语大词典出版社 2004 年版，第 684 页。
② 《中国谚语集成·贵州卷》，第 702 页。
③ 中国民间文学集成全国编辑委员会、中国民间文学集成云南卷编辑委员会主编：《中国谚语集成·云南卷》，中国 ISBN 中心 2002 年版，第 880 页。
④ 《谚语大典》，第 689 页。
⑤ 同上书，第 675 页。
⑥ 《中国谚语集成·云南卷》，第 876—877 页。
⑦ 《中国谚语集成·贵州卷》，第 704 页。
⑧ 中国民间文学集成全国编辑委员会、中国民间文学集成四川卷编辑委员会主编：《中国谚语集成·四川卷》，中国 ISBN 中心 2004 年版，第 780 页。

坡栽树望起楼"① 道明栽树以做建材之用。

柴木类。在沼气、电器没有得到大量应用之前，西南少数民族的燃料主要是木柴，有部分种树以满足木柴之需的谚语："种得满山树，不怕没柴烧"、"有青山不愁鸟不来，造了林不愁没柴烧"②、"家有三蓬黑心树（铁刀木），烧柴不用上山坡"、"家种十蓬铁刀木，烧柴不用上山拾"。③ 传统观念往往认为木柴消耗是毁林的主要原因之一，其实在森林资源丰富的前提下，木柴不但能够满足家庭燃料的需求，而且不会对森林造成毁坏，从谚语中可看出西南少数民族有种树以做燃料的优良传统，特别是西双版纳地区的傣族、布朗族等种萌生力极强的铁刀木做烧柴，这对保护热带雨林具有较为突出的贡献。

器具类。在塑料、金属器具广泛使用之前，木质器具在生产生活中居于主导地位，很多生产工具是木制的，如小到一根扁担都为竹子制成："嫩竹长成才，能挑千斤担"，炊爨和收纳器具也多用木制，"泡桐打箱柜，好装凤凰衣"④ 讲述了用木材做衣柜的生活习俗。

经济来源类。森林资源是农民增加收入的重要来源之一，西南少数民族对种树带来的经济效益有准确的认识："山区要想富，勤劳多栽树"、"保家靠田，发家靠山"、"山区栽树，银钱入库"、"树木多，挣大钱"、"山林绿荫，家有黄金"、"荒山变成森林，年年不愁衣裙"六句谚语诠释出栽树致富的道理。⑤ 西南少数民族地区传统的经济林木主要有竹子、油桐、棕树、核桃、漆树、茶树、果树、用材林等。种竹致富的收效较快："寨边多栽竹，两年见收入"；油桐是西南地区常见的油料经济树种，贵州的苗族、侗族、布依族、水族、土家族中大多种植桐树以换取经济收入："多栽桐树，如窖银窝"、"地边多栽桐子树，一棵收来买丈布"、"家植千株桐，吃穿不会穷"。栽棕树可以割棕片出售："家栽千苋棕，一年不松一年松"、"百棵棕，千棵桐，银子装满笼"，棕树有不占太多空间和一年可以割三季的优势："棕树不占地，一年收三季"。核桃不但能直

----

① 《中国谚语集成·贵州卷》，第 701 页。

② 同上书，第 702 页。

③ 《中国谚语集成·云南卷》，第 880—882 页。

④ 《中国谚语集成·贵州卷》，第 704 页。

⑤ 同上书，第 700—702 页。

接食用而且还可以榨油："房边栽棵核桃树，锅里不缺香油吃"①，这促使了核桃在彝族、白族地区得到大量种植。种植漆树也可增加收入："家有百蔸漆，用钱不费力"。通过种茶增收："家有十蔸茶，不怕没有零钱花"。水果除了满足自家食用外，其余的还出售卖钱以添补家用："栽上两棵柿子树，抵得养一头老母猪"。出售木材也是增收的重要途径之一，"栽松栽杉，油盐不差"说明出售木材可做零花之用，"树在森林中长，木材却用于外乡"反映出木材的大规模出售。

（二）用林层面的可持续理念

如果仅利用森林资源而不加续补，这必将带来对森林的毁灭，然而西南少数民族地区的森林并没有因为日常利用而带来毁灭，西南少数民族地区的森林资源之所以常用不衰，其关键在于用林中包含可持续发展的理念，西南少数民族懂得砍伐树木之后要及时续种才可获得森林资源的长久利用："辛勤种树树成林，光伐不种秃山岭"，② 具体包括代内、代际、养护、永续四个方面的可持续理念。

代内可持续理念。"少时多栽树，大来有屋住"，贵年少时栽下的树能为成年时建屋所用，而不注重栽树的人年老时将无形中有许多损失，"田边地角不栽树，老来不得福"，两句谚语形成鲜明对比，从中可见栽树对人终身受益。

代际可持续理念。栽树不仅能使本代人受益，子孙后代也能从中得利，"前人开路后人走，前人栽果后人吃"③ "留得青山在，子孙有柴烧" "栽漆栽桐，子孙不穷" 等从栽果树、养护山林、栽经济林木等不同角度阐释了栽树能给后代带来相应的需求，"前人毁树，后人遭殃"④ 告诫人们不要只顾眼前利益毁坏树木而给后人带来祸患。

养护可持续理念。在利用林木方面要讲求方法技巧，切忌出现"杀鸡取卵"的愚蠢行为。"烧林撵麂子，麂逃人先亡"告诫人们不要为了猎

---

① 《中国谚语集成·云南卷》，第877页。
② 同上书，第884页。
③ 同上书，第876页。
④ 《谚语大典》，第688页。

捕麂子而烧毁森林；"宁可丢果，不可丢树"、"砍树莫刨根，摘果莫砍枝"①、"松树根脚生嫩芽，砍倒松树不再生"、"桊子挂银花，收籽莫砍大枝桠"② 四句谚语对于保护树木的再利用具有较强的指导意义，在砍伐树木时要保护好根系以图萌生新芽，采摘果实时力保枝干以便再次挂果。

永续发展理念。栽树可以长期受益，能受用于当代人和后辈子孙，正所谓"年年栽树，代代有福"。西南少数民族对树木森林的可持续益处有清晰理解，"长远富，多种木"、"种棕种桐，万代不穷"、"捕鱼眼前好，植树万年福"、"一年种茶百年采，一年种竹一世砍"、"多种树，少砍伐，十年就生金娃娃"等谚语中体现出种植树木可以长期受益，对植树造林活动具有较强的鼓励意义。③ "树是摇钱树，林是聚宝盆"、"户有万株桐，幸福永无穷" 说明树木森林可以长期给人类带来财富。

二 生态之轴：对森林在陆地生态系统中核心地位的深刻认知

森林除了能够给西南少数民族带来生计上的诸多益处之外，还能发挥维系生态系统正常运转的生态功能，森林对人体健康有积极作用："要想身体健康，留住绿水青山"，"大地是森林的母亲，树木是青山的生命"④ 恰如其分地概括了森林在陆地生态系统中的核心地位。西南少数民族对森林生态功能的认识颇为深刻，从谚语中可归纳为五个方面：保持水土、涵养水源、削弱风力、调节气温、为动物提供生存环境。

（一）保持水土

森林对保持水土有积极意义，"山上有树，泥土自固"、"家不养猫鼠作乱，山不植树土作患" 是对树木保持水土最贴切的理解。具体实践中在河边栽种树木能起到捍卫堤坝的作用："河边插柳，河堤永久"，另外

---

① 《中国谚语集成·云南卷》，第876—883页。
② 《中国谚语集成·贵州卷》，第713页。
③ 同上书，第700—704页。
④ 《谚语大典》，第691页；《中国谚语集成·贵州卷》，第702页。

山上树木葱茏可减少雨水对泥土的冲刷："山无树不青，水无泥不浑""山上树木光，下雨淌泥浆"。[①]

（二）涵养水源

森林具有较强的保水功能，它能促进天上水、地表水和地下水的正常循环，西南少数民族中有许多解释森林与水源关系的谚语。认为林木是水资源的先决条件："川林密水自旺""生命连着水源，水源连着树根""林有多高，水有多高""山腰竹子山头树，沟底清泉四季流""一棵松树一把伞，一棵柳树一眼泉""林木荫山溪不断，小河涨水大河满""山上有树，山泉不涸""满山戴绿帽，溪井不干掉"。还有一些从反面告诫人们破坏森林就是破坏水源的谚语："砍光一山树，涸了一条河""砍倒一棵树，失掉一股泉""山坡无树林，山冲无水井""山坡无树，沟谷无水""山青水就秀，山穷水就尽""有林山泉满，无林河溪干""山绿水才秀，山穷水也恶""不怕山沟涨水，就怕砍了树根""有林泉水淌，无林河水干"。森林具有调匀雨水的功能，雨天森林吸收部分雨水，而干旱时促使水分蒸发转化成雨水回灌土地："有林泉不干，天旱雨淋山"、"云从林中生，雨从绿树来"。森林对人的生存具有决定作用，因为有森林才有水资源，有了水资源才能正常开展生产生活活动。有林有水才能保证庄稼的收成："坡上草木多，田里不干枯"；有林有水百姓才富裕："富山才富水，富水才富民"。森林与百姓的安危连在一起，倘若无树无林，将会引发旱灾甚至付出生命的代价："无树无林，干旱死人"、"山上无荫，大旱来临"、"河中无水船上岸，山中无林田要干"、"光山山，年年干，山光光，年年荒"。[②]

（三）削弱风力

森林对风力具有一定的抗逆作用，能减轻狂风对人们生命财产安全造成的损害："滴水成海不怕日晒，孤树结成林不怕风吹"、"风暴可以吹

---

① 《中国谚语集成·云南卷》，第878—882 页；《中国谚语集成·贵州卷》，第700 页。
② 《谚语大典》，第688—689 页；《中国谚语集成·贵州卷》，第701—703 页；《中国谚语集成·云南卷》，第878 页；《中国谚语集成·四川卷》，第779 页。

着单棵大树，但在森林面前却无能为力"、"狂风难毁万亩林"、"再高大的树也易被风刮倒，连成片的森林能挡狂风"。①

（四）调节气温

森林对温度具有一定的调节作用，能使森林内部和周边的气温不会骤降和骤升，夏季林内温度相对较低而冬季林内温度相对较高，从而形成了与森林为中心的森林小气候，森林是有利于促使正常气候的形成："林是气候的梳子，绿色是生命的象征"、"处处林木长青，年年风调雨顺"。"路边种树，三伏不暑"②、"种树纳凉，种竹吃笋"、"山高原始林，树大好遮荫"、"山上无竹，春天也暑"、"大路好走要人开，大树遮荫要人栽"，③ 体现出西南少数民族对种树避暑乘凉的认知。

（五）为动物提供生存环境

森林能为动物提供食物和栖息的条件，森林是绝大多数陆生动物所必需的生存环境："森林大，藏猛虎"、"山上有了树，阳雀早来住"、"林茂鸟归，塘深鱼大"、"若要鸟叫，须得林密"、"山青水秀宜鸟居"。倘若没有森林或者森林遭到毁坏，依靠森林生存的动物也将因此而遭到毁灭："林毁麂掉泪，花败蝶忧伤"、"打水伤鱼胆，砍树伤鸟心"、"穷山恶水，鱼鸟难栖"。④

三　护伐有道：维护森林生态系统平衡的理性认识

森林具有重要的生计功能和生态功能，森林的自我演替功能在不受到人类过多干扰的情况下能够维系森林生态系统的正常循环，但随着人们对森林的大量利用，如果不以人为的方式支持森林的演替，森林最终将被砍伐殆尽，因此造林护林对于维系森林生态系统平衡就显得至关重

---

① 《中国谚语集成·贵州卷》，第700—704页。
② 《谚语大典》，第688—691页。
③ 《中国谚语集成·贵州卷》，第700、708页；《中国谚语集成·云南卷》，第881—882页。
④ 同上书，第701—703页。《中国谚语集成·云南卷》，第880—883页。

要。在长期生产实践活动中，西南少数民族总结出一套维护森林生态系统平衡方法，对维护森林生态系统平衡有着深刻的理性认识，在造林、护林、伐木三方面深谙其原则和方法。

（一）造林有道

倡导植树。倡导植树以绿化山野："开山养山，植树为先"、"人要衣裤，山要栽树"、"人要文化，山要绿化"。倡导营造众人植树的氛围："众人种树树成林，大家栽花花更香"。倡导充分利用空间植树："山上坎上多种树"、"石夹石窝，栽棕栽葱"。[①]

选好种子是关键。优良的种子对于育苗及树木的成长都具有关键作用："苗要种子好，树要根子好"、"种子饱满，秧苗（树苗）铁杆"，可见种好才能苗壮。获取优良种子也得讲究方法，林子边上的母树因光照及通风条件优越而能产出好种子："林中走，好种不到手；林边转，好种处处看"，采种的时间也较为关键："早采一包浆，晚采已飞扬，寒露霜降节，不早也不晏"、"风天不采种，雨后好栽秧"。[②]

把握恰当的栽树时间。栽树的最佳节令在春天："春暖花开，快把树栽"、"人争时间，树争春天"、"正月栽竹，二月栽木"、"划船别等四月水，栽花莫待六月天"、"栽松不出九，种上就得手"，春天气候回暖、光照和雨水增多，而且树木的枝叶还没有大量萌发，树苗对水分的需求量不大，所有这些都是春天植树的有利条件。树苗要及时栽种："移栽移栽，移了要栽；移了不栽，苗怀鬼胎"，树苗及时栽种容易提高其成活率。[③]

栽树要因地制宜。不同的树木对土壤及气候的适应状况有差异，要根据树木对环境的适应性进行栽种，"松树干死不下水，柳树泡死不上山"、"云青松长在山坡上，冬瓜生在箐沟里"说明山上的环境适宜松树生长，而低洼潮湿的环境更适合种植柳树、水冬瓜树。根据树木对土壤

① 《中国谚语集成·贵州卷》，第700—703页；《谚语大典》，第690页；《中国谚语集成·四川卷》，第780—782页。
② 同上书，第705、707页。
③ 《中国谚语集成·贵州卷》，第706页、708页；《中国谚语集成·云南卷》，第881页。

的适应性植树："沙杨土柳石头松，三年五载就见功"、"泥里栽柳长得旺，沙里栽杨树干长"。① 根据植物的对阳光的需求状况栽种："茶树要栽在明处，砂仁要种在暗处"。②

植树讲求技巧。育苗要施足肥料："育苗不施粪，等于瞎胡混"。栽树时塘要深挖、树根周围要多盖细土："窝大底平，苗大根深，细土壅根"。栽杉树时树苗的勾顶要朝坡的下方："栽杉莫反山，反山树扭弯"。

（二）护林有方

护林的重要性。树木移栽后需要大量的管护工作："一分造，七分管；一时造，长时管"。只有在精心照料下，树木才能更好成长："爱竹生成林，爱果果满园"。栽而不管树木的成活率极为有限，成活的树木长势也不容乐观："光栽不保，越栽越少"、"光造不管，如造石板；光栽不护，白费功夫"、"田不薅，得一半；山不管，无账算"。③

勤劳养护。树木需要勤于管护、悉心照料方可有收获，管理树木要像照顾孩子一样细心："抚树如抚子"。树木的成长需要付出大量的心血和汗水："要想木头长得快，全靠汗水勤浇灌；要使幼苗长得全，就得跟着木头眠"；树木的成才结果要靠勤劳养护："不受苦中苦，哪来根根木"、"栽树不怕苦，树大结甜果"、"秋天抚竹林，春天笋成群"。④

严防森林火灾。火灾是森林的天敌，有大量关于火灾对森林危害的谚语："一次烧山，十年难补"⑤、"栽树几十年，火烧一时光"、"一年烧山十年穷"。"拦路抢劫是强盗，烧山毁绿是罪人"反映出对放火烧山的憎恶。"石头虽小能砸罐，火种虽小能烧山"对防止人们带火种入山具有教育意义。"活树吐水，死树吐火"言外之意在于要及早清除枯树等易燃物以避免引发山火。⑥

病虫害防治。病虫害对森林有极大危害："一根小毛虫，能把树钻

① 《中国谚语集成·贵州卷》，第707—708页。
② 《中国谚语集成·云南卷》，第882页。
③ 《中国谚语集成·贵州卷》，第710页；《谚语大典》，第680页。
④ 同上书，第708—709页。
⑤ 同上书，第711页。
⑥ 《中国谚语集成·云南卷》，第883页。

空"、"别看白蚁小，能把树啃光"、"人怕穷，树怕虫"。对病虫害的发
生规律有一定掌握："春蛀竹，秋蛀木"。只有消灭病虫害树木才能正常
生长："秧不薅草难发棵，树不灭虫难结果"。主要有人工和鸟类两种消
灭病虫害的方式，为了防止无病的树木枝叶受病苗病枝的感染，要及早
清除病苗病枝："苗棵生病要拔掉，带病枝叶要烧掉"；鸟类是消灭森林
害虫的重要力量："林中百鸟聚，林木害虫灭"，"林好鸟自投，鸟多林更
稠"反映出林与鸟相互依存的哲理，啄木鸟对消除树木病虫害很有作用，
通过谚语告诫人们不要打啄木鸟："砍树不砍大青树，打鸟不打啄木
鸟"。①

适时修剪。树要修枝才长得快："马不喂料长不肥，树不薅修长不
快"。树要修剪才长得直溜、长得高挑："树小能够扶正，树大难得扳
直"、"树不修，弯弓弯鬏"、"树要直，常修枝"、"庄稼不管不长，树木
不修不高"。树木经过修剪才能长成好材料："好花不浇花不开，树苗不
修难成材"。经济林木经过修剪才会有更高的产量："一株桐子一斗银，
年年薅修银变金"。②

（三）伐木不毁林

获取优质木材而不造成浪费。按照树木的生长规律砍伐才能获取高
质量的竹木材料，继而增强了材料利用的长久性，这样可以避免因竹木
材料不耐用而导致的破坏性砍伐，无形中对森林保护发挥积极作用。春
夏时节树木萌生力较强，木质松软而且易遭虫蛀，砍竹木的最佳时节在
秋冬时节："春末不伐木，月明不砍竹"、"打春前伐木，雨季前挡坝"、
"春宜栽杉，秋宜伐杉"、"八九月不放牛，五六月不砍竹"。③

砍伐有度。砍树并不一定与毁坏森林画等号，只要方法得当、砍伐
适度，这样的砍伐对森林的发展是有利的，具体表现在以下几个方面：
间伐而不连片砍伐："种树种一片，砍树砍一线"、"栽树要栽满，砍树间
隔砍"，间伐既能砍到又大又直的木材，又可以让留下的树木有更好的

---

① 《谚语大典》，第 689 页；《中国谚语集成·云南卷》，第 882、885 页。
② 《中国谚语集成·贵州卷》，第 709—710 页；《中国谚语集成·云南卷》，第 882 页。
③ 《中国谚语集成·云南卷》，第 884 页；《中国谚语集成·贵州卷》，第 712—713 页。

光、水、肥等生长条件；砍树不要砸到未选中的树木："划船要向水流的方向划，砍树要朝倒的方向砍"、"砍树注意倒，砍大莫伤小"；禁砍小树："一棵小树一棵材，莫乱砍去当烧柴"；把根留住："砍竹留根笋再发，砍山留顶山不塌"、"砍柴挖蔸，日后发愁"；砍枯死的树木："砍坏不砍好"。[①] 间伐、砍大不砸小、不砍小树、留根、砍坏不砍好五种砍伐木材的原则共同保护了森林的可持续发展，这是西南少数民族地区森林覆盖相对稳定的重要因素之一。

四 林人共生：用林与护林的契合点

林人共生是西南少数民族林业谚语中体现出的核心思想理念，"树小人养树，树大树养人"、"靠山吃山要养山"道出了人林共生的道理。森林为西南少数民族提供生计和生态两大重要功能，生计功能主要体现在森林为人们提供经济来源、建材、果蔬、燃料等生活资料，生态功能主要体现在森林能够为人们提供舒适的生态环境，具体包括保持水土、涵养水源、削弱风力、调节气温、为动物提供生存环境[②]五个方面，无论是森林的生计功能还是生态功能都对人们的生存具有决定作用。

西南少数民族对森林的审美意识是对森林重要性认识的升华和强化，在西南少数民族对山的审美观念中，林是至为核心的因素："山美美在林，人美美在心"。树木花草犹如山岭的衣装："人靠衣裳穿，山靠树打扮"、"山靠森林秀，人靠衣遮羞"、"山要森林人要衣"。有树木的山野充满生机，成为人们喜爱的重要理由："读书教人乖，山植树逗人爱"。相反荒凉的山野给人以萧瑟沉闷之感："有山无林，死气沉沉"。正因为对森林之美有着独到的认识，西南少数民族在人居环境方面十分讲求森林要素，认为寨中有树，村寨才会兴旺："村中无树寨不兴"，甚至栽树来美化村寨环境："栽松来遮岭，栽竹来盖寨"，没有树林的人居环境是

---

① 《中国谚语集成·贵州卷》，第712—713页；《谚语大典》，第689页；《中国谚语集成·云南卷》，第884—885页。

② 森林动物能促进森林生态系统的循环，主要包括消除病虫害、传播种子、授粉、提供粪肥等，适量的森林动物有利于森林的存在和稳定发展，森林为动物提供生存环境的同时也促进了森林的发展和更新，森林的存在是森林发挥生态功能的根本所在。

恶劣的:"寨子无林,烟火燎尘"。反映森林树木在人居环境中重要性的谚语与西南少数民族寨在林中、建寨邻林的人居理念是一致的,以林为伴的人居环境是西南少数民族与森林共生关系最直接的见证,以林为美的谚语表现出西南少数民族对林人共生关系的认可和赞誉。对森林美的认知和喜爱是西南少数民族植树造林和保护树木森林的重要动力之一,因为爱林,所以广栽树木、养护森林,并选择以林为伴、居于林中或林边,正所谓"住在山里不乱伐树木,住在水头不污染水源",体现出西南少数民族"人在林中"的人居理念和"林在心中"的爱林情操,其间渗透着林与人相互依存的道理。①

　　西南少数民族的造林护林行为正是源于对森林重要性的认识,于是西南少数民族谚语中表现出这样一条生态链环,即用林②——护林——用林,"用林"是林人共生思想的支点和源泉,因为森林对于西南少数民族具有极为重要的意义,所以要造林护林以维系森林资源的永续利用,"吃山不养山,聚宝盆会干"从反面提示人们用林的前提是护林,造林护林维持了森林资源的存在及发展,而森林资源又继续发挥生计和生态效益。西南少数民族的人林共生思想是从物质上利用森林的层面上升到意识上要保护森林的层面,最后又回归到对森林的利用,也正是这样一种从物质到意识再回到物质的逻辑理念维系了西南民族地区森林资源的相对稳定和发展。森林提供给西南少数民族生存资源,③换言之,森林支撑了西南少数民族的生存,正因为森林对西南少数民族的生存有重要意义,这才激发了西南少数民族维系森林生态系统平衡的意识,转而对维持森林的存在发挥了积极作用,林人共生思想正是在用林与护林这一矛盾体中体现并得到实践的。西南少数民族林业谚语以精练、通俗的语言透射出林人共生的深邃思想,林业谚语以口耳相传的形式长期以来发挥着维系森林生态系统正常运转的教化功能。这些谚语经历了长时间的洗练,并具有较强的通俗性和科学性,这也正是谚语的生命力所在,在人类处于

---

①　《中国谚语集成·贵州卷》,第 700—704 页;《中国谚语集成·四川卷》,第 778 页;《中国谚语集成·云南卷》,第 884 页。

②　包括生计和生态。

③　包括生存资料和生存环境。

生态危机威胁的当下，充分挖掘林业谚语的生态内涵，甚至可以把部分林业谚语直接应用到生态教育中，这样既传承了林业谚语这一珍贵而具有实践意义的传统文化遗产，又能发挥其生态教育的功能，最终才能最大限度地回归和彰显林业谚语的文化性和实用性。

（本文曾发表于《北京林业大学学报》（社会科学版）2015年第 1 期）

西北与西南

——敦煌文书所见"瘴"字与云南瘴气对比研究[*]

史志林

瘴气是生态环境史研究的重要内容之一，它是一种在中国历史上长期存在，对各瘴区社会历史进程产生深远影响的历史生态现象。[①]文献中记载瘴气最北的地方，在今天的青海湖一带。据《魏书》记载，北魏和平元年（460），北魏文成帝拓跋浚讨伐吐谷浑什寅，该年"八月，西征诸军至西平，什寅走保南山。九月，诸军济河追之，遇瘴气，多有疫疾，乃引军还，获畜二十余万"。[②]隋唐五代时期中国瘴病广泛分布于大巴山及长江以南，邛崃山、大雪山和横断山脉以东的广大地域，而以大庾岭—衡山—鬼门关一线以南尤甚。[③]按照这一分布范围，唐代敦煌属于瘴气分布以外的地区。但在敦煌文书S·

* 基金项目：兰州大学中央高校基本科研业务费专项基金项目（15LZUJBWZA014）；国家社科基金重点项目（13AZS002、12AZS012）；教育部社科基金项目（11YJA770001、14XJAZH001）；国家自然科学基金项目（41471163）。

作者简介：史志林，兰州大学敦煌学研究所博士，兰州大学资源环境学院地理学博士后科研流动站博士后，研究方向为西北历史地理与环境考古。

① 周琼：《清代云南瘴气与生态变迁研究》，中国社会科学出版社2007年版，第1页。

② 《魏书》卷5，中华书局1995年版，第118—119页。

③ 龚胜生：《2000年来中国瘴病分布变迁的初步研究》，《地理学报》1993年第4期。分布范围可以参考该文附图1："历史时期中国瘴病的分布图"。

2593《沙州图经卷第一》中，记载了唐代敦煌地区没有瘴气的存在，这一条保留在敦煌文书中的关于敦煌无瘴的原始记载，十分值得我们注意。李正宇先生、郑炳林先生从环境的角度解释了敦煌为何无瘴，认为敦煌地处沙漠戈壁，气候干燥，所以没有瘴气之害。① 但是，就目前所见的唐代敦煌文献而言，仅有此条关于敦煌无瘴的记载。同时，我们在唐宋地志《元和郡县图志》《括地志》和《太平寰宇记》中，并没有找到有关敦煌有无瘴气的记录。同时，值得注意的是，图经是我国古代地方志编纂的早期原始资料，为何在敦煌文书中记载了敦煌地区没有瘴气的存在，这种记载背后的深层次原因是什么，目前学术界并没有加以研究，因此本文在前贤研究的基础上，对该文书为何记载沙州无瘴加以考释。同时，文章打算从治瘴因素的角度对比唐代敦煌与云南地区的差异性。

一　唐宋地志中关于敦煌环境与疾病方面的记载

成书于唐贞观十六年（642）由李泰等著的《括地志》卷4沙州下记载了敦煌县境内的三危山和寿昌县境内的蒲昌海，没有关于植被或环境的记载。② 后来成书于唐宪宗元和八年（813）的《元和郡县图志》，是我国现存最早又较完整的地方总志。其中卷第四十《陇右道下·沙州》仍未记载沙州有无瘴气，仅记载了沙州境内的盐池："沙州，敦煌。中府。开元户六千四百六十六。乡十三。……管县二：敦煌、寿昌。盐池，在县（敦煌）东四十七里。池中盐常自生，百姓仰给焉。"③ 值得注意的是，在《元和郡县图志》中记载当时全国各地有"瘴"的材料有如下两处：其一，《元和郡县图志》卷第二十九《江南道五·漳州》："漳州……本泉州地，垂拱二年析龙溪南界置……乾元二年缘李澳川有瘴，

---

① 李正宇：《古本敦煌乡土志八种笺证》，甘肃人民出版社2007年版，第7页注释⑦；郑炳林：《敦煌地理文书汇辑校注》，甘肃教育出版社1989年版，第3页注释⑦。
② （唐）李泰等著，贺次君点校：《括地志辑校》，中华书局1980年版，第228—229页。
③ （唐）李吉甫撰，贺次君点校：《元和郡县图志》卷40，中华书局1983年版，第1025—1026页。

遂权移州于龙溪县置，即今州理是也。"① 其二，《元和郡县图志》阙卷逸文卷三《岭南道·廉州》记载："廉州，古越地也。……瘴江，州界有瘴名，为合浦江，纪胜廉州。自瘴江至此，瘴疠尤甚，中之者多死，举体如墨。春秋两时弥盛，春谓青草瘴，秋谓黄茅瘴。马援所谓'仰视乌鸢，跕跕堕水中'，即此也，土人谙则不为病。"② 从元和志所载可知，当时的瘴气分布主要位于江南和岭南之地。除此之外，在当时的南诏也存在瘴气《大唐西域记》卷十迦摩缕波国条云："（迦摩缕波国）境接西南夷，故其人类蛮獠矣。详问土俗，可两月行，入蜀西南之境，然山川险阻，瘴气氛沴，毒蛇、毒草为害滋甚。国之东南，野象群暴。"③

另外，宋人乐史的《太平寰宇记》卷153沙州下记载了敦煌的土产和山川形胜：

> 沙州，敦煌郡，今理敦煌县。
> 土产：黄礬，碁子，名马，麝香。
> 敦煌县。段国《沙州记》云："山有鸟鼠同穴者，鸟如家雀而小白，鼠小黄而无尾。凡同穴之地皆肥沃，壤尽软熟如人耕，多生黄花紫草。"
> 鸣沙山，其沙粒粗黄，有如乾糒。
> 羊膊山，多岩石，少树木，甚似鲁国南邹山。山北行三十里，远眺顾瞻百里，但见山岭巉岩，无尺木把草。
> 王母樗蒲山，山有盐池，在县（敦煌县）西南。
> 雌黄洲。其地出雌黄、丹砂极妙，因产物以为名也。④

以上三部唐宋时期的地志中，均未记载敦煌当时是否有瘴气。而在

---

① （唐）李吉甫撰，贺次君点校：《元和郡县图志》（下），第1095—1096页。
② 同上书，第721页。
③ （唐）玄奘、辩机原著；季羡林等校注：《大唐西域记校注》，中华书局2000年版，第799页。
④ （宋）乐史撰，王文楚等点校：《太平寰宇记》卷153，中华书局2007年版，第2955—2957页。

敦煌文书中，却保留了一条十分重要的史料。通检敦煌文书，其中关于沙州有无瘴气的记载只有 S·2593 号文书。为了方便研究，兹将文书录文如下：

S. 2593《沙州图经卷第一》

1. 沙州图经卷第一

2. 第一州，第二、第三、第四敦煌县，第五寿昌县。

3. 沙州，下。属凉州都督府管。无瘴。

4. 右沙州者，古瓜州地。其地平川，多沙卤。人以耕稼为业。

5. 草木略与东华夏同，其木无椅、桐、梓、漆。

6. 栝①柏。

（后缺）②

该文书概述了沙州的地理、生计、草木等情况。关于此文书的编纂年代，李正宇先生认为撰于万岁通天元年（696），是沙州方志中最早的，它是后来沙州诸乡土志（P. 5034《沙州图经卷第五》、P. 2005《沙州都督府图经卷第三》、P. 2695《寿昌县地境》）之祖本。③ 唐代图经是政府规定三年一报的地方情形报告，由当地汇总报给朝廷，后来才发展为地方志。因此可以说，图经是地方志的早期形态和原始资料。④ 那么，可以说，成书于唐宪宗元和八年（813）的全国性的地方总志《元和郡县图志》中关于沙州的记载当时在敦煌本地编纂的图经的基础上完成的，也就是说关于沙洲无瘴的记载，应当是为了编纂唐代全国性的地方总志《元和郡县图志》的需要而加以记载的。

---

① "栝"字，唐耕耦、陆宏基编：《敦煌社会经济文献真迹释录》（一）作"松"。按：释录录文所依据之图版不是很清晰。对照《英藏敦煌文献》（汉文佛经以外部分）第 14 册，第 112 页之图版，可知此字应为"栝"字。此当为图版模糊之缘故。

② 录文参考郑炳林《敦煌地理文书汇辑校注》（甘肃教育出版社 1989 年版）和唐耕耦、陆宏基编《敦煌社会经济文献真迹释录》（一）（书目文献出版社 1986 年版）两书，并与《英藏敦煌文献》（汉文佛经以外部分）第 14 册，第 112 页图版进行核对。

③ 季羡林主编：《敦煌学大辞典》，上海辞书出版社 1998 年版，第 325 页。

④ 此观点系云南大学历史系张轲风老师提供，特此致谢！

二　敦煌文书记载"沙州，无瘴"的原因

上文中，我们认为，关于沙洲无瘴的记载，应当是为了编纂唐代全国性的地方总志《元和郡县图志》的需要而加以记载的。敦煌地处沙漠戈壁地带，气候干燥，当地的气候条件不适宜产生瘴气，这种十分浅显的道理似乎妇孺皆知。那么，敦煌文书 S·2593 号《沙州图经第一》为何要记载"无瘴"呢？这里的"无瘴"又究竟指什么呢？这种记载背后的深层次原因是什么？我们试图加以探究。

关于"无瘴"，我们认为，可能指无"自然之瘴"，或者周边地区有瘴，写沙州无瘴，可以突出沙州的特别之处；还有可能是指文化上的一种"华夏"认同；更或者是指无"人为之瘴"。下面我们一一分析。

其一，无"自然之瘴"。

龚胜生认为 2000 年来，中国瘴病的主要分布范围具有逐渐南移的趋势：战国西汉时期以秦岭、淮河为北界；隋唐五代时期以大巴山、长江为北界；明清时期则以南岭为北界。①

而敦煌的所在地明显超过了隋唐时期瘴气的分界线。敦煌地处内陆，明显的特点是气候干燥，降雨量少，蒸发量大，昼夜温差大，日照时间长。年平均降水量 39.9 毫米，蒸发量 2486 毫米，全年日照时数为 3246.7 小时，属典型的暖温带干旱性气候。这是今天敦煌的气候，那么唐宋时期敦煌的气候如何呢？据吴宏岐先生研究认为，"隋唐时期气候冷暖特征以温暖为主，如与现代气候相比较，则当时年平均温度高 1℃ 左右"。② 应当说当时的敦煌气候与今天相差不大。可见，当时敦煌的自然状况是不适合瘴气滋生的。

另外，值得注意的是，在产生瘴气的植物中，有一种有毒植物是"冶葛"。王充《论衡·言毒篇》："曰：'天地之间，万物之性，含血之虫有蝮蛇、蜂、虿，咸怀毒螫。犯中人身，谓护嫉通，当时不救，流遍

① 龚胜生：《2000 年来中国瘴病分布变迁的初步研究》，《地理学报》1993 年第 4 期。
② 吴宏岐、党安荣：《隋唐时期气候冷暖特征与气候波动》，《第四纪研究》1998 年第 1 期。

一身。草木之中，有巴豆、野葛，食之凑懑，颇多杀人。不知此物禀何气于天，万物之生，皆禀元气，元气之中有毒蛰乎？'曰：'夫毒，太阳之气也，中人人毒，人食凑懑者，其不堪任也。不堪任则谓之毒也。太阳之气常有为毒蛰，气热也。太阳之地，人民促急，促急之人，口舌为毒。'"其中的"冶葛"，即"野葛"，又叫"钩吻"，是一种带剧毒的毒草。① 敦煌文书 P·2005《沙州都督府图经》"瑞葛"条云："右，西凉王庚子五年，敦煌有葛，缘木而生，作黄鸟之色。沙州无葛，疑是'瑞鸟'，二字相似，误为'葛'焉。"② 李正宇先生对此的笺证云："沙州无葛"云云，为《图经》编者释语，以为'瑞葛'为'瑞鸟'之误。愚按：沙州无葛，但有葛属之黄蔓（当地方言读为'黄万'），藤本，缘木而生，五六月开花，花谢，生头状絮，先白后黄，或如老人拔发，或如黄鸟欲翔，今敦煌林木中随处可见。所谓'黄鸟之形'，乃指黄蔓之花絮如黄鸟之形也。不必疑'瑞葛'为'瑞鸟'之讹写。③ 据此，沙州无葛，而葛是产生瘴气的有毒植物之一，所以从这个角度看，记载沙州无瘴是可以的。

其二，敦煌周边地区有瘴，而敦煌无瘴，突出沙州之特殊性。

在瘴的种类中，有一种瘴叫冷瘴。冷瘴亦称寒瘴、雪瘴，指在气候严寒或常年积雪不消地区即高纬度或高海拔地区产生的瘴，主要分布在西北的甘肃、青海、西藏及滇西北等极端寒冷高旷的地区。文献中记载敦煌周边地区存在有冷瘴。如《通典》卷190《边防六·吐蕃》载"其国风雨雷雹，每隔日有之，盛夏节气，如中国暮春之月，山有积雪，地冷瘴，令人气急，不甚为害"。④ 又"（吐蕃）又土有瘴气，不宜士马，官军远入，利钝难知"。⑤《太平御览》载："白兰（今青海都兰附近）国人年五十以上，齿皆落，将因地寒多瘴气也。"⑥

《河源记略》卷19 记载："积石山即今大雪山……其山绵亘三百余

① 华夫主编：《中国古代名物大典（下册）》，济南出版社1993年版，第1019页。
② 郑炳林：《敦煌地理文书汇集校注》，甘肃教育出版社1989年版，第15页。
③ 李正宇：《古本敦煌乡土志八种笺证》，第128页。
④ 《通典》卷190《边防六·吐蕃》。
⑤ （宋）王钦若等编修《册府元龟》卷991。
⑥ 《太平御览》卷368。

里，上有九峰，高入云雾，为青海诸山之冠……百里外即望见之，积雪成冰，历年不消，峰峦皆白，形势险峻，瘴气甚重，人罕登陟。"① 《清史稿》卷79《地理志二十六·青海条》云："（青海阿木尼扣肯古尔板山）有二峰独高，积雪不消……又南旷野中，有汉陀罗海山、西索克图山、西南索克图山，地多瘴气。有苏罗巴颜喀拉山，在伊玛图山东北，石崖色黑，多冷瘴，故名。"② 《清稗类钞·疾病类·瘴》记载甘肃、青海的瘴气云："甘肃多烟瘴，青海更多，至柴达木而尤甚。瘴有三种：其一，水土阴寒，冰雪凝冱，气如最淡之晓雾，是为寒瘴。人触之气郁腹胀，衣襟皆湆，饮其水则立泻。其二，高亢之地，日色所蒸，土气如薄云覆其上，香如茶味而带尘土气，是为热瘴。触之气喘而渴，面项发赤。其三，山险岭恶，林深菁密，多毒蛇恶蝎，吐涎草际，雨淋日炙，渍土经久不散，每当天昏微雨，远望之有光灿然，如落叶缤纷，嗅之其香喷鼻者，是为毒瘴。触之眼眶微黑，鼻中奇痒，额端冷汗不止，衣襟湆如沾露，此瘴为最恶。三瘴又各分水旱二种：水瘴生于水，犯之易治；旱瘴生于陆，犯之难治。草地烟瘴，不似炎方之重，犯瘴倒地者，不忌铁器，刀刺眉尖验之，血色红紫者，虽有重有轻，皆无恙，惟血带黑者不可救。"③

由此可见，敦煌周边的积石山、青海阿木尼扣肯古尔板山、柴达木盆地是存在瘴气的。为了说明敦煌地区没有瘴气的困扰，所以在图经中专门注明了"无瘴"，彰显其特殊性地位。

其三，文化心理方面的原因。

S·2593文书云："沙州，下。属凉州都督府管。无瘴。右，沙州者，古瓜州地。其地平川，多沙卤。人以耕稼为业。草木略与东华夏同"。此处的"东华夏"指中国的东部地区。④ 将敦煌与东部地区做对比，可见其中存在的文化心理因素。左鹏认为瘴是一种观念、一种意象，瘴的起源是中原人到达岭南等地后，因水土不服、自然条件恶劣等原因而

① 《河源记略》卷19。
② 《清史稿》卷79《地理志二十六·青海条》。
③ （清）徐珂撰：《清稗类钞·疾病类·瘴》，中华书局1984年版，第3526—3527页。
④ 李正宇：《古本敦煌乡土志八种笺证》，第8—9页。

产生的观念。① 瘴的观念在汉唐之间发生了演化，最初由人们到达南方暑湿之地后才染上，故与卑下湿热联系在一起；再因瘴引起的大规模疫病與疠相似，故瘴得以與疠合称；又因瘴多发生在南方，故为北人所惮往，且形成一刻板印象，视南方为落后荒凉之地。在此过程中，不但瘴所指称的地域扩大，而且与人们的心理情绪发生了关联，成为表达人们思想感情的一个词汇，从而使得它的内涵更加丰富。瘴的观念的多元化发展，在唐代表现得更加充分。"瘴"的这一演变过程，是一个由地理观念向文化观念转变的过程，折射出诸华夏人士以自己的文化和地域为中心，在自己的文化背景上对异地的想象和偏见。② 张文也认为，瘴气与瘴病是以汉文化为主体的中原文化对南方尤其是西南地区的地域偏见与族群歧视的形象模塑，更多的是文化概念而非疾病概念，是建立在中原华夏文明正统观基础上的对异域及其族群的偏见和歧视，与中国自古就有的地域族群观念相联系。③ 唐代的敦煌是华戎交汇的都市，是"西域的咽喉"所在地，汉唐时期的敦煌是中国对外交往的重要窗口。④ 从这个层面上讲，记载敦煌无瘴，可以拉近敦煌与中原地区的文化和心理距离。在敦煌文书中所出现的"破羌亭"（S·788、S·2009《寿昌县地境》）、"柔远县"（S·367）等地名无不都是按照中原汉人的习惯命名的。

其四，无统治残暴的人为瘴气；

北宋龙图阁大学士梅挚任职广西时，因官吏忌惮瘴气不愿前往，深知民生疾苦，作《五瘴说》，将各种残酷统治赋予了瘴的含义，他认为仕官有五瘴之患：

急征暴敛、剥下奉上为租赋之瘴；

---

① 左鹏：《汉唐时期的瘴和瘴意象》，《唐研究》第 8 卷，北京大学出版社 2002 年版，第 266—267 页。

② 左鹏：《汉唐时期的瘴和瘴意象》，第 266—267 页。

③ 张文：《地域偏见和族群歧视：中国古代瘴气与瘴病的文化学解读》，《民族研究》2005 年第 3 期。

④ 刘进宝：《敦煌是一个"华戎都会"与"西域咽喉"：敦煌在中国历史上的重要地位》，《中国社会科学报》2014 年 2 月 28 日。

深文以逞、良恶不白为刑狱之瘴；

昏晨醉宴、弥废王事为饮食之瘴；

侵牟民利、以实私储为货财之瘴；

盛拣姬妾、以娱声色为帷薄之瘴。①

这即是残暴的人为瘴气。而我们看看敦煌的情况是，当地很多水渠是因为当地的地方官员勤政爱民修筑的，并以官员的名字命名的，诸如：孟授渠（孟敏）、阳开渠（杨宣）、阴安渠（太守阴澹）。所以，记载沙州无瘴，抑或可能指敦煌无人为的瘴气。

三　唐宋间敦煌无瘴、云南多瘴的原因

上文中，我们在唐宋地志中并没有发现关于敦煌有无瘴气的记载。敦煌文书 S·2593 所保留下来的原始资料为我们了解敦煌的古代环境，尤其是有无瘴气提供了重要资料。究竟为何要记载敦煌无瘴，我们从四个角度做了分析，尽管其中存在很多推测性，但至少为我们了解该文书的记载提供了可能性。可以说，唐宋时期的敦煌是典型的无瘴区。那么，这一时期云南的情况如何呢？据周琼先生研究认为，云南是中国历史上瘴气存在时间最长、对中央王朝的开发过程影响最为深远的地区之一。② 唐宋时期云南的瘴气主要集中分布在滇西、滇西南、滇南、滇东南、滇中等潞江、澜沧江、元江、南盘江、金沙江流域地区。③

周琼在《清代云南瘴气与生态变迁研究》一书中，对云南瘴气存在的自然生态环境因素从地理气候、含毒动植物、毒泉、温泉、矿藏、风俗习惯等角度作了深入透彻地分析。萧璠也认为南方瘴气的产生与山地丘陵有密切关系，南土阳气偏盛，提供了诸种毒物孕育及生长的温床；南方多雨潮湿，滋生出大量有毒的草木、禽虫或毒气，这种暖热的气候

---

① 梅挚：《五瘴说》，转引自周琼：《清代云南瘴气与生态变迁研究》，第 27 页。

② 周琼：《清代云南瘴气与生态变迁研究》，第 234 页。

③ 同上书，第 133—141 页。

是瘴气产生的根源；瘴气的分布多在南方，除了南方阳气偏盛或气候炎热的缘故之外，还与南方的地形地貌及植被等自然因素有关。① 在此，我们试图将敦煌与云南的自然生态环境因素和社会人文因素进行对比，找寻为何敦煌是无瘴区，而云南是瘴区的差异性因素。

其一，地理环境与气候。云南瘴气与独特的地理、气候及自然生态环境、人文环境有密切关系。云南独特的地理地貌情况、气候状况及复杂的生态环境状况，是瘴气产生和长期存在的基础之一。云南处在东南季风和西南季风控制下，气候及自然环境复杂多样。高原起伏、高山峡谷相间、地势自西北向东南递减、断陷盆地星罗棋布、山川湖泊纵横构成了云南地貌的粗略概括（图1—图2）。大小不一的坝子零星分布在崇山峻岭之中，形成了一个相对封闭和独立的区域，在开发较少的地区，生态环境极为原始，为瘴气的产生和长期存在提供了基础和条件。②

图1　云南省 DEM 地貌图

---

① 萧璠：《汉宋间文献所见古代中国南方的地理环境与地方病及其影响》，《中央研究院历史语言研究所集刊》第63本第1份，1993年。

② 周琼：《清代云南瘴气与生态变迁研究》，第96页。

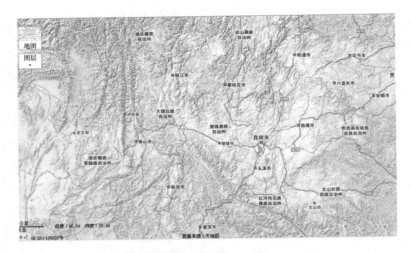

图2 云南省地形图①

　　敦煌的地形，南北二山夹峙，中间低陷，形成明显的凹槽形，东西长，南北短。由于东高西低地势倾斜，故河流皆流向中部低地，而后汇入大河（疏勒河）西流。沿河流、湖泊、沼泽、泉泽处形成了小片绿洲，其余，大半为山陵、戈壁沙漠。②（图3—图6）

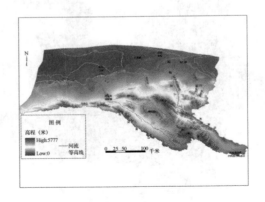

图3 疏勒河 DEM 地貌图

---

① http：//www. tianditu. cn/map/index. html
② 李正宇：《敦煌历史地理导论》，新文丰出版股份有限公司1997年版，第99页。

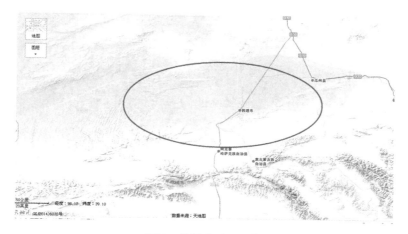

图4　敦煌市地形图①

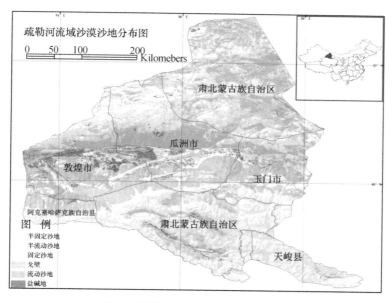

图5　疏勒河流域沙漠分布数据集②

---

① http：//www. tianditu. cn/map/index. html

② 王建华：《疏勒河流域沙漠（沙地）分布数据集》，中科院寒区旱区科学数据中心，2014。数据为疏勒河流域10万沙漠分布图，本数据以2000年TM影像为数据源，进行解译、提取、修编，利用遥感与地理信息系统技术结合1：10万比例尺成图要求，对沙漠、沙地和砾质戈壁进行专题制图。

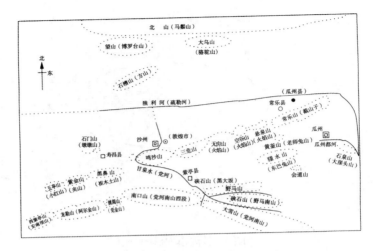

图6　唐五代瓜沙州诸山位置所在①

其二，有毒动植物方面。

云南素有"植物王国"（图8）和"动物王国"之称，其境内种类和数量众多的生物繁衍生息于此，相当一部分生物不仅本身有剧毒，还释放剧毒元素，这些毒素包括气体和液体，成为重要的瘴源体。敦煌地区由于干旱、大气干燥、日照强烈、风多风大，使其植被呈现干旱草原、半荒漠与荒漠化景观。仅有的植被反映出种类单调、稀疏、植被低矮的特点。（表1）②

植物方面，断肠草、假莴苣是云南很多地方都长的毒草，也是致瘴因素之一。以"冶葛"为例，云南有，而敦煌无（前文已述）。

表1　　　　　　　　　　　疏勒河流域主要植物类型③

生活型	代表植物
旱生小半乔木	梭梭
旱生灌木	柠条锦鸡儿、泡泡刺、麻黄、沙拐枣
盐生灌木	白刺、盐爪爪

---

① 李正宇：《古本敦煌乡土志八种笺证》，第11页。
② 敦煌市志编纂委员会编：《敦煌市志》，新华出版社1994年版，第99页。
③ 刘惠峰：《基于时序NDVI的疏勒河流域植被覆盖分类研究》，硕士学位论文，兰州大学资源环境学院2014年版，第12页。

续表

生活型	代表植物
泌盐灌木	柽柳
旱生小灌木	驼绒藜、红砂、猪毛菜、合头草、木本猪毛菜
旱生草本	针茅、小针茅、沙生针茅、芨芨草
二年生草本	盐生草
鳞茎草本	沙葱

　　有毒的动物方面，毒蛇、毒虫、蚂蟥、蜘蛛、孔雀、蜥蜴、蛤蟆、蝙蝠等有毒或剧毒的飞禽走兽在云南随处均有，这些有毒动物及其分泌、排泄物散发在河湖潭泉溪涧等水流中，会产生对人畜伤害很大的瘴毒素。[1] 敦煌当然也有一些有毒的动物，但是由于敦煌当地开阔的自然环境、通风条件很好，所以在一定程度上化解了有毒动物的毒素，使其难以产生瘴毒。

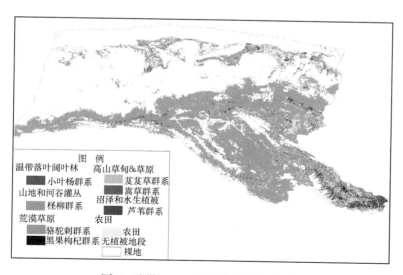

图 7　疏勒河流域植被类型分类结果[2]

---

① 周琼：《清代云南瘴气与生态变迁研究》，第 105—107 页。
② 刘惠峰：《基于时序 NDVI 的疏勒河流域植被覆盖分类研究》，第 31 页。

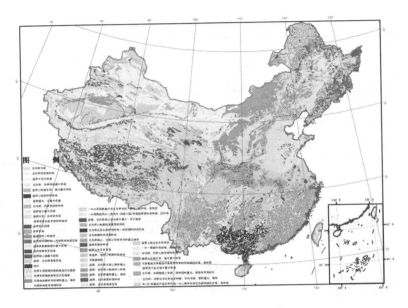

图8　中国1∶400万植被图①

　　其三，毒泉、温泉方面：云南有毒泉和众多的温泉，而敦煌没有毒泉和温泉；

　　云南的大部分瘴区广泛存在着毒泉，毒泉所含有毒物质与瘴气形成密不可分。毒泉不仅本身是瘴水，毒素比普通的瘴水源头的毒素浓烈得多，蒸发后的气体或蒸发过程中凝聚附着在其他动植物上的液体也是重要的瘴源之一。②

　　另外，云南省的温泉资源十分丰富，已经查明的温泉多达1100处，各地的温泉与瘴气的产生关系密切，温泉长期产生及散发热气，是瘴、瘴气产生的诱因之一。

　　敦煌文书记载的泉水中，都没有毒素，而且敦煌很多泉水含盐量很高。敦煌文书P.2005《沙州都督府图经》记载了沙州的三所泽：东泉泽、卅里泽、大井泽。而且沙州"沙碛至多，咸卤，盐泽约余大半。"另外，还有三所盐池水：东盐池水、西盐池水、北盐池水。一所兴胡泊。

―――――――――

①　http：//westdc. westgis. ac. cn/data/6d9d92f7 – 854d – 4314 – bf0f – e24ec02527e2.

②　周琼：《清代云南瘴气与生态变迁研究》，第109—112页。

P.5034《沙州地志》记载的二所泽：大泽和曲泽。二所泉：龙勒泉、龙
堆泉。还有寿昌海。S.788《沙州图经》记载了东盐池、西盐池、北盐
池、凉兴胡泊、欠玉女泉、玉女泉、大泽、曲泽、龙勒泉、龙堆泉、寿
昌海、石门涧、无卤涧等。S.367《沙州伊州地志》记载了龙勒泉、寿昌
海、大渠、长□□（支渠）、石门涧、无卤涧、源泉水、第二水、第三
水、城北泉的分布情况。S.5448《敦煌录一本》记载了贰师泉。P.3560
《敦煌水渠》对敦煌境内的水渠做了详细的记载（参图8）。汉唐时期敦
煌的湖泽的分布情况，据业师郑炳林先生考证认为，汉唐间疏勒河下游
的湖泽主要有冥泽、籍端水泽、鱼泽、乌泽、氐置水泽。[①] 这些湖泽至今
大部分都已经消失了。下图是今天疏勒河流域的湖泊分布情况。（图9）

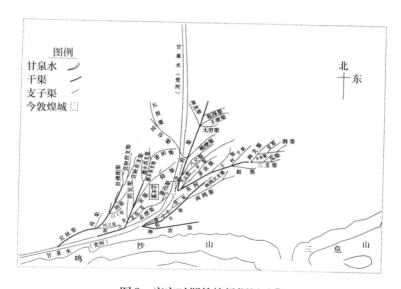

图8　唐宋时期敦煌绿洲渠系[②]

其四，开发程度方面：云南开发晚，强度弱；敦煌开发早、强度大。
唐宋时期的云南属于南诏和大理国时期，这一时期的开发主要集中

---

① 郑炳林、曹红：《汉唐间疏勒河党河流域的湖泽考》，《兰州大学学报（社会科学版）》
2013年第5期。
② 李正宇：《古本敦煌乡土志八种笺证》，第2页。

在滇池、洱海区域①，很多"深山大泽，素未开辟"。② 而敦煌自汉代设郡以来，绿洲农业的开发强度很大，我们从敦煌文书记载的敦煌水渠的兴修中可见一斑（图 8）。云南生态环境的开发相对于敦煌而言，起步较晚，而且开发进程及开发程度也较缓慢曲折。

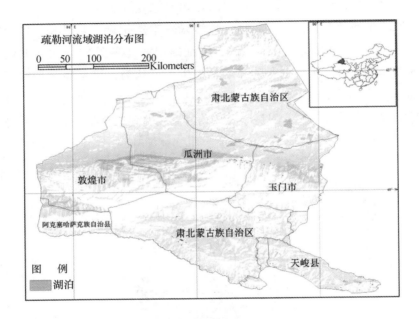

图 9 疏勒河流域湖泊分布数据集③

结　语

瘴气作为一种在中国历史上长期存在，对各瘴区社会历史进程产生深远影响的历史生态现象，是生态环境史研究的重要内容。敦煌文书 S·2593《沙州图经第一》是记载唐代敦煌有无瘴气的最原始的记载。究竟这种无瘴的记载是为了全国性地方志纂修的需要，还是有其他方面的原

---

① 周琼：《清代云南瘴气与生态变迁研究》，第 132—141 页。

② 《幻影谈》下卷，《杂记》第七。

③ http：//westdc. westgis. ac. cn/data/ec59c9c0 - 2d2e - 4a69 - 9291 - c64110867155.

因，本文做了初步的探讨，但是这种探讨是不全面的、不深入的，还需要做很多工作。云南是中国历史上瘴气存在时间最长、对中央王朝的开发过程影响最为深远的地区之一。对比分析西北地区的敦煌无瘴与西南地区的云南多瘴的原因，对于认识整个西部地区历史时期的环境演变均有一定的学术价值和现实意义。

环保·实践

略谈传统环境保护地方性知识及其教育

——以纳西族为例

一 "人与自然是同父异母的兄弟"

纳西族东巴教最初是纳西人从早期的巫术信仰基础上发展而来的一种原始宗教形态，后来融合了以藏族为信仰者主体的本教和"喜马拉雅山地区"（国内有的学者称之为"喜马拉雅山文化带"）一些萨满（Shamanism）文化、藏传佛教文化等因素，形成一种有卷帙浩繁的象形文字经典为载体，有繁复的仪式体系而独具特色的古代宗教形态。虽然东巴教文化内容纷繁复杂，但原始宗教的自然崇拜、图腾崇拜、祖先崇拜、灵物崇拜、鬼魂崇拜等内容仍然是它的主要内容，其中的自然和自然神（或精灵）崇拜思想非常突出。

国外一些杰出的宗教学家对人类早期的自然崇拜根源作过种种探索，德谟克里特、伊壁鸠鲁认为人之所以崇拜自然力，是由于对强大的自然力的恐惧感；普罗蒂库斯认为是由于自然力与人的生存攸关，于是奉而为神灵进行崇拜，以表示感激之情；亚里士多德则认为人们对自然万物创生的奇妙和天体运行之壮观而产生惊奇感，导致对自然神的崇拜；而

---

* 作者简介：杨福泉，云南省社会科学院副院长，从事民族学、人类学、纳西学研究。

费尔巴哈认为自然崇拜根源于人对自然的依赖感[①]。上述种种原因，亦是形成东巴教中突出的自然崇拜和基于这种崇拜意识而形成的东巴文化自然观和生态观的基本因素。

东巴教的宇宙观和生命观中，突出体现了人与大自然同体合一的思想，认为大自然和人是同出一源的，有共同的出处来历。如东巴教认为自然界的日月星辰、山川草木、鸟兽虫鱼以及人的生命最初皆起源于蛋卵，将大自然和人视为有生命血缘关系的物质实体。这是纳西先民自然观和生态观最原初的思想根源之一。

继而，东巴教认为人类与大自然是"同父异母的兄弟"。这一蕴含着很深智慧、含义深沉的人与自然观包含了纳西先民在漫漫岁月中的苦思冥想和在与大自然朝夕相处中得出的生存经验，以及从与大自然相处的风霜雨雪的磨难中得到的领悟。这无疑是在最初将人与自然万物视为同源生命体的观念上进一步产生出的更为明了的人与自然密切关系的解释。

在长期依赖于大自然的生产生活实践中，纳西先民的自然崇拜意识上升到了对人与自然之间关系的辩证认识，在泛灵观的支配下，概括出一个作为整个自然界化身的超自然精灵"署"（svq）[②]，并形成了规模庞大的"祭署"仪式。"署"是东巴教中的大自然之精灵，司掌着山林河湖和所有的野生动物。东巴经神话《署的来历》等很多讲述人与署的神话传说中提到，人类与署原是同父异母的兄弟，人类在东巴经中称为"精"（zzi）或"崇"（coq），他能掌管的是盘田种庄稼、放牧家畜等；而他的兄弟"署"则司掌着山川峡谷、井泉溪流、树木花草和所有的野生动物。人与自然这两兄弟最初各司其职，和睦相处。但后来人类日益变得贪婪起来，开始向大自然兄弟巧取豪夺，在山上乱砍滥伐，滥捕野兽，污染河流水源。其对自然界种种恶劣的行为冒犯了署，结果人类与自然这两兄弟闹翻了脸，人类遭到大自然的报复，灾难频繁。后来，人类意识到是自己虐待自然这个兄弟而遭到大灾难，便请东巴教祖师东巴世罗请大鹏鸟等神灵调解，最后人类与自然两兄弟约法三章：人类可以适当开垦

---

① 吕大吉：《宗教学通论新编》，中国社会科学出版社 1998 年版，第 515 页。
② 本文中所用纳西语音译采用 1957 年设计、1981 年修订的拉丁字母形式拼音文字《纳西文字方案》。

一些山地，砍伐一些木料和柴薪，但不可过量；在家畜不足食用的情况下，人类可以适当狩猎一些野兽，但不可过多；人类不能污染泉溪河湖。在此前提下，人类与自然这两兄弟又重续旧好。

相当多的东巴经，特别是属于祭自然神"署"之仪式的东巴经中，都突出地反映了纳西先民小心翼翼地对待自然环境的生活态度，下面仅举数例观之。

东巴经《祭署·仪式概说》中说："居住在辽阔大地上的人类，为了一点吃食，不择手段，食人类不得食用的东西，将毒鬼的红鹿杀掉，把仄鬼的红色野牛杀掉，把树上的蛇儿杀死，把石头上的青蛙杀死，食其肉，到山上去放狗打猎，到山箐中去拿鱼；放火把大山烧掉，把大树砍倒，把大湖的底戳通。人们不知道不可以和谁争斗，偏偏去和署族结仇争斗。于是署族将毒与仄鬼施放到人们中间来。"①

《给署供品·给署献活鸡·放五彩鸡》一书中说，

> 有一代（人类），居那若罗神山的东方，头目久日构补住在白天和白地之间，（他）让东方木的一千一万的禾亨人在大山上伐木、杀树上的蛇、挖箐中的石。杀石下的蛙，砍树破石。这样东方手尼署酋发恨了，让天上刮起大风、风吹落叶，雨裹冰雹洪水冲石，在久日构补家的屋上撒来石头，让好田得锈病，稻谷疯长，红麦生锈病，肥田中放来土石和大水……
>
> 有一代（人类），居那若罗山的南边，头目朗卡金补，住在绿天绿地之间，他让千千万万的勒补人和纳西人去砍伐九山的树木。勒补人毁了七条沟箐的森林，烧了九座山。烧了七条沟箐的树木，白蛇被火烧死，七条沟箐的水暴涨，七条沟箐的石头滚下来，青蛙的手被石头砸了死去。（他们）不让九山的麂子獐子吃青草，不让七条沟箐中的熊和野猪找食，不让松林中的麂子叫唤，不让林中的野鸡箐鸡叫唤。南方的署酋发恨了，在人的背后放来传染病，冬天来施放黄眼病，夏天来施放痢疾病，让人病得头昏眼花，朗卡金补和朗

---

① 和士成释经、李静生译、王世英校，载《纳西东巴古籍译注全集》（校对稿），东巴文化研究所编印。

卡金姆的房头撒来石头。让稻谷疯长，红麦生锈病，好田的庄稼得锈病，肥田被水淹……

有一代（人类），居那若罗山的西方，头目蒙拉金补住在黑天黑地的中央，（他）派西方的古宗梭普梭尤一千一万的人，到雪山上挖白路，深谷中架桥。雪山上挖银子，在江中淘金子，在江中捞鱼，树梢上射白鹇鸟，树腰取蜂蜜，树脚安捕獐扣子。树梢不让白鹇鸟栖息，树腰不让蜜蜂做巢，树脚不让獐子栖息。西方黑色的署首发恨了，上方山上发生了泥石流，下方的沟箐里被泥石填满。树木会走路（滑坡）发出倾倒之声。白石变花，断木堵路、垮岩堵水，山沟滚石，蒙拉金补和蒙拉金姆的好房子上撒来石头，让好田庄稼生锈病，稻谷疯长，红麦生锈病，肥田被水堵……①

《大祭风·开坛经》中说："不到利美署许汝（自然神"署"类之一）的泉水里去洗衣服和其他破烂的东西，不到白色的高原上采摘山花和野花。到了雪山上，不随便去攀折长斑纹的古老的树木；走到九座大山上，不随便去砍伐大树，划白色的房头板。到了大山箐里，不随便去砍绿色的竹子，到了森林里，不去毁坏大片小片的森林，不去砍伐大大小小的树木。"②

东巴经《压呆鬼·开坛经》中说："我们住在村子里，不曾让山林受到损坏，住在大地上，不曾让青草受到损坏，住在水边，不曾让水塘受到损坏，住在树上，不曾让树枝受到损坏。即使打猎，也不射杀小红虎，不对白云生处的小白鹤下扣子，不撬大石头堆，不砍大树，不捅湖底。放牧不让里美斯许汝（署类）正在吃草的鹿和山驴受到惊吓。干庄稼活不去破坏署神里美肯术的大河水源；到白云缭绕的雪山上，也不曾折断攀满青藤的树枝；来到松树林里，不曾划开杉树来做盖房顶的房板；不

---

①　转引自李静生《纳西人的署龙崇拜及环境意识》，载赵世红、习煜华编《东巴文化研究所论文选集》，云南民族出版社 2003 年版，第 255 页。

②　和开祥释经、和宝林译、习煜华校，载《纳西东巴古籍译注全集》第 79 卷，云南人民出版社 2000 年版，第 111 页。

曾砍大箐沟的青竹；不曾获取过多的山货。"①

《祭署·立标志树，诵开坛经》中这样说，（我们）住在寨子中而没有去破坏山林，住在树旁边不破坏树木。（我们）没有打猎，更没有射杀格梭古盘的大斑纹红虎。我们不会砍树，更没砍古树。（我们）不会理水，更没通海底。一天早上，让富家子弟去放牧，也没有放到白雪覆盖的山巅，更没人去惊动聚集在那里的署的鹿和野牛。②

基于上述认为人与自然是兄弟的观念，在东巴教中产生了一个祭大自然神"署"的仪式，称为"署古"，是东巴教中一个规模宏大的仪式，属于这一仪式的东巴经很多，从美籍奥地利学者洛克（J. F. Rock）所撰写的《纳西人的"纳伽"（署）崇拜及其相关仪式》一书中看，就有116种。这些经典阐释的主题都是人如何与大自然神"署"和睦相处，不得罪"署"。这一仪式对纳西族的生产活动和社会生活、生态道德观等有很大的影响。

在不少反映人与"署"即人与自然关系的东巴古籍作品中，均反映了纳西先民的这样一种理智认识：人与大自然之间的关系犹如兄弟相依互存，人与自然只有保持这种兄弟似的均衡关系，人类才能得益于自然。如果破坏这种相互依存的和谐关系，对大自然巧取豪夺，那无异于伤了兄弟之情，就会遭到自然的报复。这是纳西先民在漫长的生产生活实践中得出的宝贵经验和深刻的认识。在这种理智的认知基础上，纳西族民间产生了一整套保护自然生态的习惯法，以此规范制约着人们对待自然界的行为。东巴经中常见的禁律有：不得在水源之地杀牲宰兽，以免让污血秽水污染水源；不得随意丢弃死禽死畜于野外；不得随意挖土采石；不得在生活用水区洗涤污物；不得在水源旁大小便；不得滥搞毁林开荒。立夏是自然界植物动物生长发育的关键时期，因此，立夏过后相当长一段时期内禁止砍树和狩猎。由此可见，作为传统文化重要源头的原始宗教是不乏积极的社会功能作用的。

---

① 和士成释经、和庆元译、王世英校，载《纳西东巴古籍译注全集》第45卷，云南人民出版社1999年版，第7页。
② 和即贵释经，李静生译、王世英校，载《纳西东巴古籍译注全集》第9卷，云南人民出版社2000年版，第222—223页。

二 对自然界"欠债"和"还债"的观念

东巴文化中所反映的人与自然观的又一反映是人对大自然的敬畏之情，除了反映在各种礼俗中外，比较集中的还有一个向自然"欠债"与"还债"的观念。东巴教认为，人们为了自己的生存，使用大自然所拥有的物质，如伐木、割草、摘花、炸石头、淘金、打猎、捕鱼、汲水、取高岩上的野蜂蜜，甚至使用一些树枝和石头等用于祭祀礼仪，都是取自大自然，是欠了大自然的债，如东巴经《超度放牧牦牛、马和绵羊的人·燃灯和迎接畜神》中说："死者上去时，偿还曾抚育他（她）的树木、流水、山谷、道路、桥梁、田坝、沟渠等的欠债。""你曾去放牧绵羊的牧场上，你曾骑着马跑的地方，用脚踩过的地方，用手折过青枝的地方，用锄挖过土块的地方，扛着利斧砍过柴的地方，用木桶提过水的山谷里，这些地方你都要一一偿还木头和流水的欠债。除此之外，你曾走过的大路小路，跨过的大桥小桥，横穿过的大坝小坝，翻越过的高坡低谷，跨越过的大沟小沟，横穿过的大小森林地带，放牧过的大小牧场，横渡过的黄绿湖海，坐过的高崖低崖，也都一一去偿还他们的欠债。"①

显然，纳西人把自然视为人一生赖以生存的恩惠之源，是大自然抚育了人类，人的一生欠着大自然的很多债。这些债要通过举行祭祀大自然神灵的仪式来"还债"。从这种敬畏自然、感恩自然的传统思想中，可以领会到为什么纳西人过去盖一幢房子、劈一块石头、砍一棵树，都要举行一个向自然种种精灵告罪的仪式之风俗的意义。从这现代人看去可能会觉得迂腐的观念和习俗中，反映了纳西先民是将大自然的一切都视为像人一样的生命体，因此要尊重它，呵护它，不能过分盘剥它的观念，从这种生态观念中，可以看出纳西先民将自然界万物也视为一种有尊严性的生命体的思想。正是靠着这种将大自然拟人化，将人与自然一视同仁地看待的"生命一体化"观念，纳西人所居住的地域才长期保持了人与自然和谐、生态环境良好的人居环境。

---

① 和云彩释经、和发源译、和力民校，载《纳西东巴古籍译注全集》第67卷，云南人民出版社1999年版，第133—134页。

英国历史学家汤因比（Arnord Joseph Toynbee，1899—1975 年）指出：“宇宙全体，还有其中的万物都有尊严性，它是这种意义上的存在。就是说，自然界的无生物和无机物也都有尊严性。大地、空气、水、岩石、泉、河流、海，这一切都有尊严性。如果人侵犯了它的尊严性，就等于侵犯了我们本身的尊严性。”①

东巴文化中所反映的观念与汤因比的论点，都反映了一种应该尊重和礼敬自然界的主张，从中可以看到这么一种基本的观点：人和宇宙间的万物是平等的，都是宇宙间的一分子，尽管人类自诩为万物的灵长，但人类的生存状态亦取决于大自然界的生态平衡，自然界不依赖于人类，而人类则需要依赖于大自然才能生存。东巴文化中所反映的敬重自然界万物的观念固然产生于古代自然宗教的泛灵信仰，但这种敬畏自然的思想至今仍有它非常积极的意义，人类在任何时候，都要以一种平等的心态对待大自然，特别是要充分意识到人类的生存是依赖于自然界这个道理。东巴文化中人对自然界“欠债”的观念有利于约束人对自然界的开发行为，凝聚着纳西先民从人在自然界的生存经验中总结出的朴素而充满真理性的非凡智慧。②

三 “署神”信仰与龙信仰的差异和整合

在过去的一些研究论著中，常常把纳西族东巴教所信仰的“署”翻译为“龙”或“龙王”，或“署龙”（或“埘龙”），有的学者并因此为据，展开汉族的龙、藏族的龙与纳西族的“龙”的种种比较研究。其实，在纳西族宗教信仰体系中，“署”与“龙”是两个完全不同的概念，将这两种概念混为一谈，那可想而知，对所谓汉族“龙”与纳西“龙”的比较研究就不可能得出什么科学的结论。

在东巴经典和东巴象形文字中，“署”和“龙”是不同的形象，具有不同的神性和功能，龙在纳西语中读为“鲁”（lvq），显然是汉语“龙”

---

① 汤因比、池田大作：《展望二十一世纪》，荀春生等译，国际文化出版公司 1984 年版，第 429 页。

② 杨福泉：《略论东巴教的“还树债”及其口诵经》，《思想战线》2013 年第 5 期。

的变音，而东巴象形文字所绘的"鲁"与汉文化中的"龙"完全相同。显然，"龙"这个观念和信仰实体是从汉文化中传入纳西族中的。但由于龙的功能又与纳西人本土的"署"有很多相似点，所以，在纳西族东巴教中，"署"与"龙"常常并提，在丽江古城，随着汉文化的大量传入，纳西族的大自然神"署"信仰和汉族的"龙信仰"逐渐融合为一体，产生了独特的生态文化。

古城河流的源头位于城北象山脚下，纳西语中称这水叫"古陆吉"，意思是"如骏马一样奔腾的水"，因"古"亦与纳西古语的"马"同音。这里原来是纳西人祭"署"神的地方，如遇到特大的干旱年，县或乡会在此组织大规模的"求雨会"，请数十个东巴举行三至五天大规模的"祭署"仪式。汉文化传入后，龙的观念传入纳西社会，由于汉族的龙也有司掌河湖泉水和雨水的功能，与纳西族"署"神的功能有相同的地方，于是，龙信仰意识就逐渐和纳西族的"署"神信仰观念相融合。清乾隆二年（1737），在玉水源头处盖了"玉水龙王庙"。丽江最早的汉文志书乾隆《丽江府志》中记曰："玉水龙王庙在城北象山麓，乾隆二年（1737），知府管学宣，率经历赵良辅、耆民历指日等建。"① 这个庙宇因获清嘉庆、光绪两朝皇帝敕封"龙神"。龙王庙会也应运而生。后来逐渐发展成集宗教祭祀、娱乐和物资交流于一体的大型庙会。丽江古城的民众逐渐将这个原来称"古陆吉"的地方称呼"龙王庙"（汉语又称为"黑龙潭"），相沿至今。民间相传黑龙潭上潭和潭畔园地是依太极图形而造成。

建了"玉水龙王庙"后，古城的人们就把源于此的古城河流也视为是属于龙王的，笔者小时候常常听古城的老人解释古城的民俗和历史，一些受纳西族传统文化影响较深的古城老人在解释河流的灵性和神性时就多把其归结到"署"神，如说"署"神爱干净，因此不能污染河流。河里的鱼和青蛙是属于"署"神的下属，不能捕捉它们。河边的树木是"署"神歇息的地方，不能砍伐。而受汉文化影响较深的老人则把河里的常见的无鳞鱼说成是属于"黑龙潭"（即玉水龙王庙，现称玉水公园）里的龙王的，捕捉了它，就会惹恼龙王。

---

① 丽江县县志编纂委员会办公室 1991 年印本，第 203 页。

如果把丽江古城比作一个有生命的精灵，那日夜涌流在古城无数条河流里的水可以说是保持着丽江古城生命力的血液。国内外学者和游客都说，不可想象没有这些河流的古城会是一个什么样子，没有了水，整座古城将会成为一个形容枯槁，失去了灵性和生命活力的躯壳。

纳西族的祭水神分祭泉水之神、湖水之神和江河之神，人们所祭的水神即掌管着山林湖泽江河井泉的自然神"暑"，在这种仪式中它被视为水神。丽江纳西族祭泉水之神的仪式称为"基科本"，"基科"意为泉眼。每年阴历正月初一，村寨每户的一个男子鸡鸣即起，去村里最近的泉溪边祭水神。水是生活的活力。

四　社区的生态保护和教育习俗

长期以来，东巴教这种将人与自然视为兄弟的观念（或教义）成为一种纳西人与大自然相处的准则，并由此产生出种种有益于自然生态环境和人们日常生活的社会禁律，它或以习惯法的形式，或以乡规民约的方式，规范和制约着人们开发利用自然界的生产活动。可以说，纳西族社区很多保护山林水泉及野生动物的制度性措施和习俗，最早可以追溯到东巴教这种基本的自然观中。

纳西族民间善待自然的传统习惯法已升华为一种道德观念。在纳西人的观念中，保持水源河流清洁、爱护山林是每个人都必须履行的社会公德。过去，纳西族主要聚居区丽江不仅各乡各村都有保护山林水源的乡规民约，而且，各村寨推选德高望重的老人组成长老会，督促乡规民约的实施。下面笔者举几个自己调查到的个案来看纳西社区保护生态环境的习俗。

首先谈一谈纳西社区组织的生态环境保护功能作用。过去，很多村寨除了有属于政府行政建制的人员外，普遍有类似"长老会"那样的民间组织。如20世纪50年代前，丽江县白沙乡（现属玉龙县）玉湖村传统的村民长老组织叫"老民会"，"老民"是对入选者的称呼，选为"老民"的一般都是在村中深孚众望的老人，每三年选一次，选举时间是在农历六月火把节期间，召开村民大会公开选举，一般选七八人至十多人。不称职者在下届就不选。"老民会"负责制定全村的村规民约，并负责评判事端，调解民事纠纷，监督选出或由"老民会"指定的管山员和看苗员看管好公山和田地，如有乱砍滥伐、破坏庄稼等违犯村规民约者，由"老民会"依村规民约惩罚。村民起房盖屋需木料，首先要向"老民会"提出申请，经"老民会"批准后，由村里的管山员监督砍伐，绝对不许多砍。甚至结婚时要做床的木料也要经"老民会"批准后才能按指定数砍伐。立夏是自然界植物动物生长发育的关键时期，因此，立夏期间要封山，封山期间禁止砍树、狩猎和拉松毛。封山期结束后，允许村民拉松毛，但按照村规民约，每户只能来一至二个人，这主要是用来防止劳力多的人家多来人拉松毛，使劳力少的家户吃亏。"老民"们亲自坐镇山路上监督。执法如山，很多"老民"对亲友也不留情面。这些公众选出的"老民"都是义务地为村里服务，不收取任何报酬。由村民选出或由"老民会"任命的看苗员、管山员对自己分内的工作也相当负责，每天都兢兢业业地看苗，管水，巡山，一发现违犯村规民约的就当场处罚或上报"老民会"，由"老民会"对肇事者视情节轻重处罚，即使是地方上的村主任、保甲长等头面人物的亲属犯了村规民约，也一视同仁地处罚，因此村中正气很盛，保持了良好的生态环境。

纳西族村寨一般都设有专门的"管山员"，这是社区组织在保护生态资源方面的重要举措。在纳西语中，管山员被称为"居瓜"，意思是"管理山的人"。管山员对保护好社区山林资源有举足轻重的作用，因此，各村在选举和任命管山员时十分慎重。村民多推举能秉公办事、性情耿直、铁面无私的人担任管山员。20世纪50年代以前，有的乡村还专门请外地人来担任这一角色，如丽江县白沙乡龙泉行政村有的村子还专门请外来的藏族人担任管山员，这除了历史上藏族与该村有长期的贸易合作之外，还基于考虑到外来人亲属关系单纯，在管山过程中不会受到原住民那样复杂的亲属关系的制约。当管山员是个极易得罪人的差事，当地人因此有一句俗语说：管山员家中的火熄了，也难讨到火种。生动地道出了当管山员的不易。但当地同时又有一种说法："署"和山神始终与管山员站在一起，管山员背后有山上的精灵。又道出了管山员在社区生活中的重要性和在人们心目中的重要地位。

村社组织所发挥的积极作用对保护集体山林、水源和村民的田地起了很大的作用，除此之外，村民们世代传承的传统生态道德观念也使村子的生态环境受益不浅。过去，村民们有很多禁忌，如不能砍伐水源林，不能污染水源，不能在饮用水沟上游洗涤脏物，不能倒脏物于水沟中，不能砍伐和放牧过度而使山上露红土，不能叫自己的牲畜毁坏别人的庄稼，不能随意砍大树和幼树，连被风刮倒的大树也不能随意砍回家。在这些禁忌习俗中虽然有一些宗教迷信因素，但它是与社会伦理道德观念混融在一起的，客观上对保护村子的生态环境起了相当大的作用。迄今，生态环境保护得好坏都与各社区的村民委员会、护林小组、老民会、妇女组织等的发挥作用好坏与否密切相关。

纳西社区村规民约的功能对保护生态环境方面也起了突出的作用。丽江县白沙乡龙泉行政村（现属丽江市古城区）各个自然村自古以来一直都有制定管理集体山林和水资源的村规民约的传统。龙泉有个用五花石铺地的四方街，纳西语称之为"少瓦芝"（汉语叫"束河街"），过去是远近闻名的丽江四大集市之一。过去在街市的青龙石桥边竖有镌刻着管理山林、水流等村规民约的石碑，最早的可追溯到清朝嘉庆年间。上面有每年何时不能砍树木，封山从何时到何时，对盗伐树木者的处罚条款等。如果村民有违规者，处罚之一是不准该户参加全村周期性有计划地砍伐集体林的"局然"（每年定期而有严格规定的集体林砍伐）。现在，龙泉行政村和各个自然村都制定有村规民约。如庆云村村规民约第 11 条规定：不管集体林和公有林，一旦发生火灾，应立即组织全体公民参加扑灭，不来者罚 10—30 元。仁里村村规民约第 10 条规定：如偷砍一棵青松，如是可以做"行条"（横梁）下的木料，罚款 100 元；"行条"木料罚款 200 元；行条以上木料则罚款 500 元。被罚者须在 3 日内交款，如抵触不交，就召开全体村民大会来裁决。

过去，龙泉各村每年有"封山"期，一般是从清明到雨季结束的九月份，当地民众认为这一时期是树木的生长发育期，不宜砍伐和割绿叶垫畜圈。如砍伐，会导致暴雨冰雹。村民在此期间只允许找一些枯枝败叶。各村集体林中的野生经济林木，如结松子的白松林，在果子尚未成熟期间禁止采集，何时采集，由村中统一安排。这一习俗在街尾、松云村等一直保持至今。

据笔者在丽江市玉龙县白沙乡文海村的调查，当地村民过去也有很突出的"署"精灵信仰，历来有不成文的保护森林资源的乡规民约，即水源头不准放牧畜、乱砍树、洗衣物，对古树和稀少树木不准砍，不能随便采折杜鹃花，野生药材也不能大量挖采。村民认为若不遵守这些规矩，那是会受到天神、山神的惩罚的。

20世纪90年代时，很多文海老人对笔者谈起他们小时候古木参天的景象与当时林木寥落的情形，总是感慨万千，充满了对过去时光的缅怀和追忆，据他们讲，在半个世纪前，林木遮天，密不见人，林中草场多，树木种类繁多，有茂密的松树、红杉、冷杉等，两三人合抱的古树随处可见；竹林密布，文海男女都是编竹篮子、竹扫帚、竹簸箕等的好手。文海的这些竹产品过去远近闻名，过去，每年春节都要将这些竹器进贡给木土司家。人们靠山吃山，因此，也非常注意爱护山林资源，因此，过去文海湖周围有很多参天古树，林中野兽出没，禽鸟雀跃，有熊、草豹、狼、鹿、兔、山驴、岩羊、刺猬、野鸭、白鹤、鸳鸯、黄鹰等。

纳西族少年儿童自小就由上辈人谆谆告诫，不得做任何污染破坏自然环境的事。丽江古城居民在五六十年代都直接在河里挑水饮用，因为很少有人会往河里扔弃污秽物品。黑龙潭游鱼如梭，有不少甚至游到古城的河沟里，但也没人抓捕。如果有谁触犯保护水源山林的乡规民约，不管其来头多大，都要受罚。笔者就曾调查到几则有关村寨豪绅因触犯乡规民约而受到村民处罚的事例。如纳西族著名人士和万宝先生曾对笔者讲过，过去，他的家乡贵峰（今属丽江市古城区金山乡）一带的村民护林爱山的意识是很强的，立夏之后决不砍伐任何一棵树。一年中，全村有统一外出集体林修枝打杈的一天，各户能砍多少量的枝杈有统一规定，砍好后要先堆放在一起，由村中长老等过目验收，证明确实没有过量砍伐后才能各自把这些树枝背回家。防止森林火灾更是人人万分小心的事情。过去有个在方圆几十里很有势力，手下"弟兄"众多，一呼百诺，人称"和大哥"的帮会头目有一次在山上不小心引发了一场小火灾，烧毁了一些树，他在扑灭了火之后，惶恐愧疚地从山上回家，一路上见到每一个村民都下跪磕头，一直磕到村里，表示他造成火灾的负疚悔罪心情。

1993年，笔者在白沙乡玉龙村了解到这么一个事例，在20世纪50年代前，玉龙村曾有一乡绅违犯乡规民约，全村群众团结起来，不管他官大势大，采取了不准他家的大牲畜与村民的畜群一起放牧的处罚。由此可见传统的自然环境保护意识在纳西人社会中是多么根深蒂固。这种生态意识最初都可以追溯到东巴文化关于人与自然为兄弟的传统观念中。该村的集体林中盛产一种白松树，其松果皮脆肉香，远近闻名，是该村村民的重要经济收入来源，该村对这一片作为衣食之源的集体林保护得特别好，何时采摘松果也有严格规定，定在每年农历九月的几个日子，因此，这些盛产松果的白松林就成为该村长盛不衰的经济收入来源之一。在这片白松林附近有一个相当清洌的泉眼，玉龙村人称之为"鲁丁鲁笨古"，意思是"起龙和产龙之处"。泉眼周遭长着各种枫树、大栎树等古老的树木，按当地的传统信仰，这片泉水是"署"和龙王居住的地方，是村子的重要水源，严禁冒犯。在传统乡规民约被漠视的 20 世纪 70 年代，有个村民砍了泉畔的一根古树枝，他母亲知道后，硬叫他在泉畔重新栽了一棵相同的树。由于这股泉水一直保护得很好，现在已经成为远近闻名的生态旅游景点"玉水山寨"的灵魂，该寨闻名遐迩的"三纹鱼"全靠这一眼泉水养活。

正是由于有了这种相沿千百年的民族传统生态道德观，丽江才赢得那一片青山绿水，才有家家流水、户户花圃的自然和谐美景。直至 20 世纪 50 年代早期，丽江还保持了全部土地面积中有 73% 的林地和 12.8% 的草山草坡，森林覆盖率达 53.7%。这一切与纳西族的生态伦理观是分不开的。

与丽江纳西人同源异流的永宁纳人（摩梭人）也有基于达巴教自然崇拜意识的传统习惯法：在封山季节，不论本族和外族，不论男女尊卑，任何人都不能砍伐一草一木，否则会触犯山神和龙潭神，就会发生旱、涝、雹、虫等灾害，肇事者必须赔偿经济损失。前几年，宁蒗、盐源、木里三县屡次发生因砍伐氏族神林或村落神林而引起的重大民事纠纷，肇事者必须杀牲备宴请村人赔礼道歉。[①]

笔者曾在纳人聚居区宁蒗县永宁乡扎实村的调查，该村古树成林，村背后几百亩的古栎树，一年四季都绿树成荫。生态环境保护得

---

① 杨学政：《摩梭人的宗教》，载《宗教调查与研究》，云南省社会科学院宗教研究所 1986 年编。

很好，这缘于这个村历史上就有保护生态的传统。小孩从小就受到成人的教育，树木不能砍，有树神会发怒，山泉边的树更不能动，不然家中人会得病死去，水源也不能污染，不然口舌会生疮。他们称"龙潭水"是"汁特木汁可"。即：上天赐予的圣水。对水和树保持着一份敬畏和尊崇。

据扎实村的老人讲，扎实村的生态在历史上比现在更好，在大炼钢铁时，被政府砍了一些，20 世纪 70 年代初挖公路时又砍了一些。除此，村民是不动树林的，即将干枯了，也不砍，除非它自己倒掉。

过去，在摩梭村寨边，或在树林，或在山泉边，都有一块平地，称为"杂部当"，即：祭自然神的地方。每年，秋、冬两季，全村都会集中在"杂部当"进行祭祀活动，仪式由达巴主持，一般要进行一天的时间。人们烧香磕头，念经祈祷，感谢"杂"神赐给人们的幸福。"杂"在"达巴口诵经"中是一个自然神的形象。它掌管树和水神，同时，它又是猎神，人们上山狩猎能否取得猎物，也取决于"杂神"是否愿意赐予，所以，在过去的狩猎生涯中，上山之前要祭杂神，获取猎物之后，更要祭杂神，表示感谢。扎实村过去也有"杂部当"，后来毁于"文化大革命"中，现在村民要求复原。

由于扎实村村民既笃信藏传佛教，又保持着本土的山神水神信仰。村里一直保留着这样的信仰，如果谁乱砍树，山神会惩罚他，灾祸或迟或早会降临到当事人的头上，家里的牲畜也会遭殃。村里把"龙泉"周围的树和村里的栎树林视为神林，这些树绝对不能砍伐，即使树老死了，也应该是它自己自然地倒下。这种传统观念一代代地传了下来，因此，扎实村在整个永宁坝来讲是生态环境保护得最好的村子，村子周围和村里长有很多茂密高大的栎树，很多树已有很高的树龄，有些老人说这些树在他们小时就已经有这么大了。村里有严格的乡规民约，有"封山"期；派有护林员看管山林，每年由村里给他 200 元的补助费。如果有人乱砍树，那就要重重地被罚款。

扎实村的生态环境保护得这么好，据村里的老人讲，那是有古老的历史原因的。很久以前，村里的人不知道保护树木河流，乱砍滥伐，因此，村子多次爆发了洪水和泥石流，周围的人们都看不起这个村子，在低下喊他们"短施"，意思是"发泥石流的地方"。从此，村里的人开始醒悟，于是大力保护树木、草地乃至石头，制定保护山水树木的乡规民约，慢慢地，扎实村的生态环境好了起来，山头树林茂密，泉水长流；村里也到处长起了栎树，并逐渐发展成为茂密的栎树林。在这整个生态环境改观的过程中，纳人传统的山神信仰和藏传佛教信仰起了很大的作用，这两种纳人本土和来自藏族的文化融合为强有力的精神力量，制约和规范了村民的资源利用和保护意识。①

这些良好的生态伦理道德和保护社区生态环境的乡规民约，其源头是纳西族东巴教（或达巴教）的人和自然观以及相关的信仰。至今，这些传统习俗还在有形无形中制约着人们对待自然界的态度，它们是纳西族社区民众传承千百年而形成的生态智慧，笔者认为，应该以更多的方式将其纳入地方性知识教育的体系中，使之在当代社会中起更大的作用。

结　语

这几年我参加了云南省几个市的生态市建设规划的评审，各地的规划中，大都忽略了云南的这一地方性知识和各民族的生态智慧，应该整理、继承与弘扬。生态环境保护的自觉性是衡量国民素质的一个重要指标，我们应从小孩做起，加强生态环保教育。在很多欧美国家以及日本等国，以及我国的台湾省等，小孩从小就在家庭和学校里学习怎么分类丢垃圾，知道哪些东西应该扔到哪里去。因此，不仅要通过各种方式加强对成年人的环保教育，也要从小抓起，抓小孩的环保教育，提高国民的生态保护自觉意识。云南作为"植物王国""动物王国"和高山大河众多之地，作为国家重要的生态屏障，在对公民的生态环保教育方面理应走在全国前面，应该把它作为全国生态保护排头兵的重要内容之一。建议将对公民的生态道德伦理教育、生态法制教育、省情教育和卓有特色的云南生态文明地方性知识教材的编写和教学等结合起来，把提高云南人的环保意识和生态道德伦理修养作为一个长期的教育工程来抓，并抓出云南的特色。

---

① 参看杨福泉《纳西民族志田野调查实录》，中国书籍出版社 2008 年版，第 286—294 页。

民国时期水土保持学的引进与
环境治理思想的发展[*]

李荣华

民国时期，随着中外科技文化的交流，中国社会的科学知识、科学思想与科学文化发生了根本性的变化。作为科学思想重要组成部分的环境治理思想，也呈现出与传统社会完全不同的时代特征。在这一时期所形成的环境治理思想中，水土保持理论是其最为重要的一部分。随着西方水土保持学的引进，中国社会对水土流失的认识发生着深刻的变化，中外学者奔赴各地，调查与研究水土流失问题，中央与地方政府建立了与水土保持相关的制度与机构，这开启了环境治理的新模式，在一定程度上奠定了今天环境保护与环境治理的基础。

一 西方水土保持学的引进与
水土流失问题的调查

水土保持学属于林学的分支，它通过研究地表水土流失的形式、发生和发展的规律与控制水土流失的基本原理、治理规划、技术措施及其效益等，以达到合理利用水土资源，为发展农业生产、治理江河与风沙、

---

　　[*] 基金项目：陕西省社会科学基金项目"民国时期黄土高原水土流失治理研究"（2015H004）的阶段性研究成果。
　　作者简介：李荣华，历史学博士，西北农林科技大学中国农业历史文化研究中心讲师。

保护生态环境服务。① 水土保持学首先在美国兴起。20 世纪二三十年代，随着美国西部平原的开垦，自然植被遭受破坏，土地裸露十分严重，生态环境日益恶化，沙尘暴肆无忌惮地威胁着当地人民的生命安全。人对自然的肆意掠夺，导致了自然无情的报复，美国社会开始重新反思人与自然的关系，从法律、机构以及技术等方面采取措施治理土壤侵蚀问题，形成较为完整系统的水土保持学说。② 民国学者陈恩凤指出，水土保持研究始于北美，且时间不长，"查斯项工作之研究，兴于北美，北欧土地利用甚为合理，土壤鲜生侵蚀，故此成为专门科学，不过二十年内事"。③美国治理水土的实践，促进了水土保持学的发展，也影响着中国社会对水土流失问题的认识。

中国的水土保持研究是在美国学者罗德民等人的帮助下开展的。作为国际水土保持学科奠基人之一的罗德民教授，1922 年来到中国，在南京金陵大学森林系任教，1923 年在河南、陕西、山西调查森林植被与水土流失的关系，1924 和 1925 年带领李德毅、任承统、蒋英等金陵大学森林系的师生，在山西进行水土流失的试验，先后写下了《山西森林滥伐和斜坡侵蚀》《山西土地利用的变迁》等学术论文。1926 年在山东进行雨季径流和水土流失的研究。此外，他还与任承统等人调查了淮河流域的植被与水土流失情况，写下了《森林地面覆被物影响地面流量土层渗透及土坡冲刷之试验》《淮河上游调查报告》等文章。1943 年至 1944 年，罗德民又一次来到中国，主持了西北水土保持考察团，到陕西、甘肃、青海等地进行考察，帮助国民政府拟订开展水土保持研究的工作计划，培训中国水土保持工作人员以及筹建中国第一个水土保持试验站——天水水土保持试验站。④ 罗德民因工作缘由返回美国后，另一位美国学者寿哈特来到中国，在广东、广西、贵州、云南等地，进行了长达半年之久的水土保持研究。他还在重庆建立小型水土保持示范区，发表《美国水土保持之实施及在中国进行之方法》《珠江流域之水土保持》

---

① 辛树帜、蒋德麒主编：《中国水土保持概论》，农业出版社 1982 年版，第 1 页。
② 肖斌等：《国外流域管理机构与法规评述》，《西北林学院学报》2000 年第 3 期。
③ 陈恩凤：《水土保持学概论》，商务印书馆 1949 年版，"自序"。
④ 许国华：《罗德民博士与中国的水土保持事业》，《中国水土保持》1984 年第 1 期。

等论文。①

水利学家在治水的过程中，也认识到水土保持的重要性。李仪祉指出，黄土高原水土流失问题的解决，事关黄河治理的成败，"黄河之患，在乎泥沙。泥沙之来源，由于西北黄土坡岭之被冲刷。欲减黄河之泥沙，自须防制西北黄土坡岭之冲刷"。② 引进西方的水土保持理论，有助于治理黄土高原水土流失，解决困扰黄河的泥沙问题。水利专家张含英指出，中国水土流失治理迫在眉睫，但是理论和技术方面存在着巨大的困难，必须借助"他山之石"。"我国对防制土壤之冲刷，虽需要至切，但迄未着手。欲事探讨，只得借助他山。兹读美国鄂礼士著《土壤之冲刷与控制》（Q. C. Ayres-Soil Erosion and Its Control 1936）一书推理精详，徐庶阐明，堪供参考，爰迻译之。"③ 《土壤之冲刷与控制》一书，系统全面介绍了土壤冲刷与控制的理论和方法，主要包括冲刷之因素、防护之方法、雨量与径流、阶田之设计、阶田定线之理论及实施、阶田之修筑、阶田修筑之费用及其维护、阶田之排水出路、沟壑之控制、临时性及半永久性节制坝、永久性节制坝或保护坝、植物之特殊效能、土壤之保持及田地之应用等内容。他对这本书的翻译，丰富了中国的水土保持理论，促进了治水事业的发展。

林学家在研究中国水土流失问题的过程中，也认识到学习国外水土保持知识的重要性，先后赴国外考察学习。傅焕光于1945年6月被国民政府农林部派往美国学习水土保持知识，先后在美国农业部水土保持局、华盛顿大学等地进行学习和研究，并在罗德民教授的帮助下，走遍美国，考察了美国水土保持和公园、森林、农场、林场等地。④ 任承统于1945

① 《农林部美籍顾问寿哈特（Don. V. Shuhart）来所设计水土保持实验工作》，《林讯》1945年第2期；D. V. Shuhart：《美国水土保持之实施及在中国进行之方法》，韩安译，《林讯》1945年第4期；D. V. Shuhart：《珠江流域之水土保持》，夏之骈译，《林讯》1945年第4期。
② 李仪祉：《请由本会积极提倡西北畜牧以为治理黄河之助敬请公决案》，《李仪祉水利论著选集》，水利电力出版社1988年版，第72页。
③ 张含英：《土壤之冲刷与控制》，商务印书馆1945年版，"序"，第7页。
④ 中国科学技术协会主编：《中国科学技术专家传略·农学编·林业卷》第1册，中国科学技术出版社1991年版，第71页。

年6月到1946年6月，在美国学习水土保持。① 蒋德麒于1947年赴美，考察美国东部、中西部以及西南部30多个州的水土保持工作，收集各州农业、水土保持站、径流试验场、保土植物种苗试验场等单位的有关水土保持的资料。② 他们在国外的学习经历，有助于中国水土保持学的发展。

当林学界、水利学界研究中国的水土流失问题时，土壤学界也认识到土壤侵蚀对农业生产的影响。"土壤为农业国家之第一资源。一果一粟，莫不自出于土壤之栽培；一草一木，莫不赖诸土壤以生长；土壤本身之质或量的侵蚀，实为国家莫大之损失。是故土壤侵蚀之防止，保土、保水、保肥等之实施，非仅仅限于改进农事，增产粮食而已也。若不防止，则其加诸人民之剥削，致使国家贫困民生疲敝，匪可言喻。"③ 了解土壤侵蚀的基本情况，首要任务是进行土壤调查。"美国昔日对土壤调查，今日对土壤保持工作极为积极，农部肯列为中心工作，政府肯与以大量经费。其对土壤保持工作不仅以消极的防止土壤冲刷，且积极的连恢复荒坡碱滩与沙漠等正常生产力都包括在内。"④ 进行土壤调查，了解不同区域土壤的组成成分，是防止土壤冲刷、发展农业生产的前提条件。

为了研究中国境内的土壤，1930年，中国地质调查所成立土壤研究室，负责全国各地的土壤调查工作。它的主要工作有四个方面：一是土壤调查及土壤图之测制，二是土性研究及土系鉴定，三是工作方法之厘定及研究，四是土壤保肥试验。其中，土壤保肥试验包括土壤侵蚀试验。到1940年，土壤研究室完成的测试试验包括保肥试验场区紫色土在不同坡度与坡长及各种耕作状况下所受侵蚀之程度、等高条植试验、护土植物试验等。⑤ 土壤研究室所负责的杂志《土壤》，发表了一些有关土壤冲刷的研究成果，主要有黄瑞采与原绍贤《土壤冲蚀箱具试验第一次报

① 中国科学技术协会主编：《中国科学技术专家传略·农学编·林业卷》第1册，第157页。
② 同上书，第327页。
③ 傅徽第：《江西土壤侵蚀及其保存》，《经建季刊》1947年第3期。
④ 蓝梦九：《最近英美土壤研究情形》，《农业通讯》1947年第9期。
⑤ 中央地质调查所编：《中央地质调查所概况二十五周年纪念》，中央地质调查所1941年版，第22—24页。

告》、黄瑞采与陈骥《土壤冲蚀田间实验报告》、马溶之《黄河中游水土保持》、李连捷与何金海《嘉陵江流域土壤冲蚀及防淤问题》、于天仁《重庆紫棕泥之团聚度与侵蚀率》等。[①] 此外，中国地质调查所出版的有关土壤调查和土壤地理的书籍包括《土壤分类及土壤调查·河北省三河平谷蓟县土壤约测报告·陕西渭水流域采集土壤标本报告》、《甘肃西北部之土壤》、《江苏省句容县土壤调查报告书》、《江苏淮安高邮一带之土壤》等。[②]

除中国地质调查所的工作外，各省地质调查所以及大专院校的研究机构也进行了土壤的调查与研究，并出版了大量著作。江西省地质调查所土壤研究室出版的著作有《江西之土壤及其利用》、《江西省地质调查所土壤室工作计划》等，福建省建设厅地质土壤调查所出版的著作有《福建永春县之土壤》、《福建瓯建阳邵武崇安区之土壤》、《福建九龙江区之土壤等》。此外，中山大学农学院广东土壤调查所，出版了《中山县土壤调查报告书》、《新会县土壤调查报告书》等，金陵大学农学院出版《中国黄土区土壤冲刷概况》等。[③] 土壤学界对土壤环境、土壤分类、土壤利用与管理、土壤侵蚀机理的研究，为水土保持活动的进行奠定了学术基础。

二　水土保持实验机构的成立与
水土保持理论的发展

林学家、水利学家以及土壤学家，在与国外的科技文化交流中，认识到水土保持的重要性，纷纷在国内开展相关的调查与研究。他们利用水土保持理论，在国外学者的协助下，在国内建立水土保持实验区，发展中国的水土保持学。自20世纪40年代开始，国民政府在全国许多地方

---

① 潘江：《前地质调查所（1916—1948）出版事业概况》，程裕淇、陈梦熊主编：《前地质调查所（1916—1950）的历史回顾——历史评述与主要贡献》，地质出版社1996年版，第113—117页。

② 北京图书馆：《民国时期总书目（1911—1949）》（农业科学·工业技术·交通运输），书目文献出版社1993年版，第20—25页。

③ 同上。

设立水土保持实验区。1941 年 1 月，黄委会在甘肃天水成立陇南水土保持实验区。1941 年 7 月，它还在关中和陇东分别成立关中水土保持实验区和陇东水土保持实验区。

1942 年 8 月，农林部在天水成立农林部天水保持实验区，在平凉、兰州等地成立水土保持工作站。为了获取天水水土保持实验区的举办权，农林部与全国水利委员会发生争执，国民政府行政院最终裁定农林部在天水开办水土保持实验区，同时，黄委会陇南水土保持实验区撤销。1943 年，农林部在广西柳州成立西江水土保持实验区，在广东东莞成立东江水土保持实验区。抗日战争胜利后，农林部还在江苏南京和福建莆田设置水土保持实验区。1945 年，凌道扬在重庆成立水土保持协会，这是中国最早治理水土流失的学术组织。①

民国年间所成立的水土保持实验区，大部分设置于黄土高原地区，可见黄土高原的水土流失问题备受社会的重视。由于黄土土质疏松，易被雨水冲刷，是黄河泥沙的主要来源地，造成了黄河善淤、善徙、善决的特点，严重威胁到黄河中下游地区人民的生命财产。治理黄土高原地区的水土流失问题，是保障黄河安澜的重要措施，更是近代西北开发的重要内容。黄土高原水土保持实验区的设置以及中外学者对黄河中游地区生态环境的考察，探索出治理黄土高原水土流失的基本措施，形成了治理这一地区水土流失的理论，主要有以下几个方面。

第一，对植树造林作用的重新评估。森林具有涵养水源、保持水土的生态功效，传统社会对此已经有深入的认识，"四明水陆之胜，万山深秀，昔时巨木高森，沿溪平地，竹木蔚然茂密，虽遇暴水湍激，沙土为木根盘固，流下不多，所淤亦少，闾淘良易。近年以来，木值价穷，斧斤相寻，靡山不童。而平地竹林，亦为之一空。大水之时，既无林木少抑奔湍之势，又无根缆以固沙土之□，致使浮沙随流而下，淤塞溪流，至高四五丈，绵亘二三里，两岸积沙，侵占溪港，皆成陆地。"② 民国时期，学术界对森林生态作用的认识，理论性更强。"森林有防止雨水对于土地之机械作用，由试验之结果，各种土地状况林地受冲刷之害最好"；

① 莫世鳌：《四十年代的黄河流域水土保持工作》，《中国水土保持》1988 年第 8 期。
② 魏岘：《四明它山水利备览》卷上《淘沙》，中华书局 1985 年版，第 4—5 页。

"地被物有减少雨水对于土地之冲刷作用，此种作用有三：（子）减少雨水径流量，（丑）减少雨水之打击地面，（寅）增加土壤各分子之凝聚力"；"树根固定土砂之作用，疏松之土壤能因树木之本根须根支根所组成之根系固定之"；"森林可以缓和水流减低冲刷之用，此因树冠及地被物之吸收水分而延迟之"。①

虽然森林在抑制水土流失方面发挥着重要的作用，但是，在黄土高原地区，培植森林是一件十分不容易的事情，"（一）西北气候干燥，树木不易生长。（二）交通不便，木运困难，植林者无利可求。（三）面积广漠，遍植林木，非百年不为功。"② 因此，李仪祉认为，西北黄土区可以植树造林，但不可一味依赖森林抑制水土流失，"利用森林来减免泥沙，功效甚微且慢。"③ 虽然李仪祉对植树造林的功效持保留态度，但是王廷翰认为森林能够截止泥沙，"造林之主要目的，原在节制泥沙，其重心不在径流不径流耳。"④ 与以上两人相比较，沈怡认为在种植树木的同时，可以采取其他工程措施来治理，两者相结合，情况或许更好："种树是费工夫的事，四十年或五十年都还不定成绩如何，但是这四五十年之中，怎能担保黄河不出毛病？所以植林之事，非不重要，可是像许多森林家所发表的议论，以为除河患只要植林；或者像许多治河的人，以为植林乃迂缓之图，可以不必；这两派议论都是同样过于偏激，不合事理。我们承认植林有益治河，但又认定目前之河患非植林所可防止，所以治河与植林二者应当并行而不相悖，各行其是，各尽其能，才是正当办法。"⑤ 单纯依靠植树，并不能完全解决黄土高原的水土流失问题，是需要生物措施与工程措施相互配合。

第二，对民间生态知识的重视。黄土高原水土流失问题自古以来就存在，随着人类改造自然能力的增强，这一地区水土流失问题进一步加

---

① 简根源：《森林与土壤冲刷之防治》，《国立中正大学校刊》1944 年第 11 期。

② 李仪祉：《请由本会积极提倡西北畜牧以为治理黄河之助敬请公决案》，《李仪祉水利论著选集》，第 72 页。

③ 李仪祉：《黄河治本的探讨》，《李仪祉水利论著选集》，第 55 页。

④ 成甫隆：《对王廷翰先生对本书批评的申辩》，《黄河治本论初稿》，平明日报社 1947 年版，第 86 页。

⑤ 沈怡：《黄河问题》，沈怡编著：《黄河问题讨论集》，台湾：商务印书馆 1971 年版，第 348 页。

剧，生活在此地的人们在破坏环境的同时，也在不断地治理环境，积累了一系列治理水土流失的经验。这些民间生态知识备受近代学者的重视。罗德民在考察中国西北的水土保持事业时指出，研究水土保持措施，可以从三个方面入手：一是研究农民已有的经验，二是采用美国已有的方法，三是探讨新的措施。不过，在他看来，农民的经验值得仔细探讨研究。"农民今日不知而行，不知费几许心血，若深切研究，加以理解，自可发挥而广大之。近日科学研究方法，虽获效甚速，然农民自实际工作获得之经验，亦不可忽也。"① 挖掘、整理黄土高原民间生态知识，有助于黄土高原水土流失的治理。

黄土高原民间生态知识，是当地农民在实践的基础上总结出来的，具有自发性。如黄土高原丘陵地带修建的梯田，"多不在等高线上，应加改进而求普及于西北"。② 等高耕种是保持水土的最重要条件之一，按等高线犁地或者播种，犁沟不会发生倾斜，可以免于被雨水冲刷。黄土高原的带状区田和梯田一样，没有遵循等高耕种的原则。蒋德麒考指出："此次在华县及皋兰等处曾见有许多农田，以二粗为耦者，如按照等高线处理而每隔数尺筑一小坝，亦变成带状区田。惟我国西北应采取之深宽尺度及用何种农具，如何处理，最为便利而有效，尚待研究实验。"③ 把农田变为带状区田，需要通过实验，按照水土保持理论，形成既能满足农业生产又能抑制水土流失的耕作方式。

第三，水土保持与社会经济发展相结合。黄土高原地区农民的生产活动，破坏了森林植被，造成严重的水土流失，使得土壤生产能力日益下降，导致了农民生活更加贫困。"今日困处西北之农民，千百年来，日处于穷愁困苦之中，不克自挣拔，其遭遇之惨，殆什百倍于下游居民乎。"④ 黄土高原水土流失的治理，应与这一地区社会经济的发展、农民

---

① 《行政院顾问罗德民考察西北水土保持初步报告》，《行政院水利委员会季刊》1944年第4期。

② 同上。

③ 蒋德麒：《西北水土保持事业考察报告》，黄河水利委员会黄河志总编辑室编：《历代治黄文选》下册，河南人民出版社1989年版，第418页。

④ 万晋：《防制土壤冲刷与治黄》，黄河水利委员会黄河志总编辑室编：《历代治黄文选》下册，第381页。

生活水平的提高相结合。如果在水土保持过程中，忽视了农民的利益诉求，黄土高原生态环境的改善有可能前功尽弃，劳而无获。

民国时期的水利专家和林学家认识到，黄土高原水土流失治理，需要兼顾当地社会经济的发展。李仪祉之所以不反对在黄土高原培植森林，原因在于森林资源可以促进当地经济的发展，人民生活水平的提高。"吾非反对森林，吾乃主张积极培植林木者。吾国工业将日见发皇，所需木材岂可常恃舶来品？吾国内地山谷之间，不适于农田之旷地甚多，不植林将焉用之？故为国家生计计，非大植森林不可。"[1] 天水水土保持实验区也特别注重经济作物的培育与繁殖。天水的环境虽然适应果树的栽培，但是缺少优良的品种。实验区为了使农民合理利用土地，保证荒年的收益，增加农民的收入，提高他们的生活水平，搜集国内外优良的果木，进行栽培繁殖。在实验区的苗圃，共培育梨树476株，苹果122株，葡萄140株，桃树60株，杏树12株，樱桃20株，须具梨16株，李树4株以及梨、秋子、沙果、山定子、桃、杏等砧木1445株。[2]

除了培育果树外，天水水土保持实验区还进行保土植物的培植，所选育的牧草不仅注重生态价值，还注重经济价值。20世纪六七十年代，叶培忠追述40年代在天水的工作经历时指出，"在牧草方面，为了人工繁殖草木犀，我们栽种了6—7亩地的草木犀，收获了1000多公斤（20多担）种子，没有能全部推广出去，自己又没有土地栽种，于是就把种子沿河滩及荒山坡地撒播。不料生长很好，形成了一片片绿色草带，引起了农民的兴趣，草木犀就此推广开来了。这些草木犀在实践中经过农民的考验，证明这种两年生的草木犀能够解决当地百姓迫切需要的饲料、肥料（草木犀是品质非常好的绿肥）和燃料问题，在民间自动地推广开来。"[3] 新品种的生理优势及经济价值，是其能够顺利推广的重要因素。到了20世纪50年代，草木樨在西北地区大面积种植，成为该地最重要的牧草之一，被誉为西北地区的"宝贝草"。[4] 总之，水土流失的治理，应

---

① 李仪祉：《森林与水工之关系》，《李仪祉水利论著选集》，第624页。

② 傅焕光：《三年来之天水水土保持实验区》，《傅焕光文集》，中国林业出版社2008年版，第312页。

③ 叶和平：《叶培忠》，中国林业出版社2009年版，第52页。

④ 张保烈等：《草木樨》，农业出版社1989年版，第2页。

与当地社会经济的发展相结合，才能促进水土保持事业的顺利发展。

三 水土保持法律法规的制定与环境治理思想的发展

传统时期，中国社会形成了"平治水土"的思想，"我国上古之时，平治水土之法，讲之甚详。惟以年代久远，考证困难。"① 根据今人的研究，古代平治水土的方法包括耕作措施、工程措施以及林草措施等。其中，耕作措施为区田、畎田、沟洫、代田等，工程措施为梯田、淤地坝、沟头防护等，林草措施以植树造林为主。② 这一时期，虽然一些有识之士认识到森林植被破坏与水土流失之间的关系，而且，一些地方官也积极提倡植树造林、劝民种树，制定保护树木的规章制度，在许多地方的乡规民约中，也有保护当地森林植被的规定，但是这并不能说明整个社会形成自觉的环境治理意识，它们只是个别地方官或者民间社会的自发行为。③ 到了民国时期，中央与地方政府十分重视水土流失的治理，先后制定了许多法律法规，确立了以政府为主导的治理模式。

民国政府制定的三部《森林法》中，都涉及保安林的保护问题。保安林，指以保障国土安宁、增进群众福利为目的的森林，其种类繁多，以水源涵养林、保土防洪林、防砂林、防烟林、护渔林等为主。④ 民国三年（1914）10 月，北洋政府制定的森林法中，将有关预防水患、涵养水源、公众卫生、航行目标、便利渔业、防蔽风沙的森林变为保安林，由农林部委托地方官署经营管理，未经许可，不许樵采。民国二十一年（1932）9 月，国民党政府颁布了经过修正的《森林法》，将预防水害、风害、潮害；涵养水源；防止沙土崩坏、飞沙坠石、泮冰颓雪以及公共

---

① 张含英：《土壤之冲刷与控制》，"序"，第 5 页。
② 辛树帜：《禹贡新解》，农业出版社 1964 年版，第 199—268 页；辛树帜、蒋德麒主编：《中国水土保持概论》，第 12—48 页；马宗申：《我国历史上的水土保持》，华南农业大学农业历史遗产研究室主编：《农史研究》第 3 辑，农业出版社 1983 年版，第 61—74 页。
③ 王社教：《清代西北地区地方官员的环境意识——对清代陕甘两省地方志的考察》，《中国历史地理论丛》2004 年第 1 辑。
④ 陈嵘：《造林学特论》，东华印刷厂 1952 年版，第 1 页。

卫生、航行目标、便利渔业、保存名胜古迹所必要的国有、公有、私有森林全部编为保安林。保安林内不得砍伐、伤害林木、开垦、放牧牲畜、采土石、树根、草根以及草皮等。民国三十四年（1945）2月，国民政府制定的《森林法》中，也制定了保安林的保护，内容与民国二十一年《森林法》中的相关内容基本一致。[①] 除此之外，国民政府在1942年至1944年先后划定黄河、长江、珠江、赣江和韩江等五处水源林区，成立水源林区管理处，颁布《水源林管理处组织通则》，规定了林管处的主要权限，包括有关理水防沙水土保持等森林工程事项。[②]

　　民国政府除了对现有森林资源保护外，还制定了大量造林法案，对河流两岸、河流发源地以及坡地造林进行了详细的规定。民国十九年（1930）11月，行政院公布的《堤防造林及限制倾斜地垦殖办法》中规定，河流两岸倾斜度20度以上的土地，经森林和水利主管机关会勘，认为有建造保安林的必要时，由森林主管机关依法征收经营。倾斜度20度以下的土地，水利主管机关认为有修筑梯田或其他相当于工程物的必要时，勒令垦殖者修筑。[③] 民国二十二年（1933）11月，内政部与实业部制定的《各省堤防造林计划大纲》中，规定了适宜造林的地域，一是河身上游山脉地带，目的为涵养水源，障固泥沙；二是下游堤防两岸地带，目的在于减少洪水的冲刷力量，障蔽堤身。[④] 民国三十二年（1943）3月，农林部公布的《强制造林办法》中，明确规定了宜林地的范围，其中包括地面倾斜在15度以上而未筑成梯田者，营林利益较农作利益为高者，有水源和农田水利者。[⑤]

　　保护森林资源、规范植树造林法律法规的颁布，对于水土保持有着积极的意义。与此同时，民国政府规划设置水土保持实验区，为各地的水土流失治理提供技术支持。早在1940年至1942年间，任承统与凌道扬拟定的《水土保持纲要》中，计划在全国各地建立水土保持实验区，由中央联合有关机关，如农林部、全国水利委员会、教育部、

---

① 熊大桐等：《中国近代林业史》，中国林业出版社1989年版，第98—112页。

② 陈嵘：《中国森林史料》，中国林业出版社1983年版，第216页。

③ 熊大桐等：《中国近代林业史》，第113页。

④ 陈嵘：《中国森林史料》，第179页。

⑤ 熊大桐等：《中国近代林业史》，第114页。

金融单位等组成全国水土保持委员会，委员会具体办事单位为水土保持总局；在西北和西南两大水源地区，由所在地中央及各省有关单位联合组成水土保持委员分会，设立水土保持分局；各自然区域环境设立水土保持实验站，由各自然区域内有关事业机关合并组成或联合组成。① 民国三十二年（1943）7月，农林部制定《水土保持实验区组织规程》，规定了实验区的主要任务以及人员的设置，为水土保持实验工作的正常开展奠定了基础。②

共产党政权在建设政权和巩固政权的过程中，也积极进行环境保护和治理活动，各个革命根据地颁布制定了一系列保护环境的法令。1939年，晋察冀边区政府公布了《保护公私林木办法》和《禁山办法》。其中，《禁山办法》明确规定坡度在50度以上的山坡，应逐年分段划为"禁山"，只准造林，不得垦荒，只准割草，不准放牧，只准修枝，不准砍树。1941年，陕甘宁政府颁布了《陕甘宁边区森林保护办法》和《陕甘宁边区植树造林条例》。其中，《陕甘宁边区植树造林条例》第一条明确了条例制定的目的，就是为了发展植树造林，调节气候，保持水土以及改善各种生产要素。同年晋冀鲁豫边区政府公布《林木保护法》。1946年，晋察冀边区政府又制定了《森林保护条例》和《奖励植树造林办法》。③ 这些法律法规的制定，说明了共产党在革命战争年代，已经认识到环境建设的重要性，改善生态环境，是促进经济发展、社会进步的重要保障。

依托政府所建立的水土保持实验站，水土保持专家在环境治理的过程中，发挥了技术指导的作用，改变了传统时代单纯依靠官员治理的方式。前面所提到的黄土高原水土流失治理理论的形成，就是叶忠培、傅焕光等人努力工作、辛勤耕耘的结果。农林部天水水土保持实验区的水土保持工作者为了认识水土流失的规律、制定水土保持的措施，所进行的实验有径流冲刷小区试验、梯田沟洫试验、柳篱挂淤试验、沟冲控制

① 中国科学技术协会主编：《中国科学技术专家传略·农学编·林业卷》第1册，第160页。
② 陈嵘：《中国森林史料》，第219页。
③ 同上书，第122—125页。

试验、荒山沟壑造林试验、河滩造林试验、植物保土试验以及保土农作方法试验等。① 此外，他们还对当地百姓进行了宣传和技术培训工作。1943 年，组织梁家坪试验场周围村庄的农民，成立保土会，对村民进行水土保持技术培训，与此同时，在推广、示范山地小麦条播、垄作区田等成果时，派技术工人到农家进行现场技术指导。1945 年，利用甘肃推广小型农田水利工程的机会，对各县的建设人员进行技术训练，编写《水土保持浅说》，并积极宣传。②

水土流失的治理，不仅受技术条件的限制，也受社会经济环境的制约。黄土高原地区的水土保持并非单纯的工程与农业技术可以解决，政治与经济的稳定、社会的安宁、农业的发展等因素也影响着黄土高原的水土流失治理。③ 由于民国时期黄土高原地区政局的动荡、社会的落后、经济的衰败，这一地区的水土流失问题没有得到根治，反而愈演愈烈。不过，农林部水土保持试验区的工作，科学技术工作者的努力，促进了黄土高原地区水土保持理论的发展，为 20 世纪 50 年代以后这一地区水土保持事业奠定了学术和理论基础。

余　论

水土保持学的引进，使得中国学术界重新认识、研究水土流失问题，并形成了水土保持的理论体系，设立了与之相关的制度和机构。虽然这一时期，所制定的与环境有关的法律制度，受社会环境的限制，大多数未能有效执行。水土保持实验区所形成的治理水土流失的方法措施，只是处于实验阶段，没有得到实质性的推广。但是，这改变着中国社会对水土流失问题的认识，所确立的以政府为主导、技术专家为骨干力量的治理模式，对 20 世纪 50 年代以后水土流失的治理，有着重要的作用和意义。

（原文曾载《鄱阳湖学刊》2016 年第 6 期）

---

① 傅焕光：《三年来之天水水土保持实验区》，《傅焕光文集》，第 306—311 页。
② 董祥华：《四十年代的天水保持工作概况》，《中国水土保持》1987 年第 4 期。
③ 黄文熙：《黄河流域之水土保持》，中央人民水利部南京水利实验处 1949 年版，第 17 页。

20 世纪 70 年代的环境污染调查与中国环保事业的起步*

刘宏焘

  20 世纪 70 年代，环境保护运动在西方国家如火如荼地开展起来，公众在其中起到了重要的推动作用，这也反映了其公众环境意识已经达到了较高水平。与之不同的是，中国人对环境问题的关注相对滞后，公众的环境意识也相对落后。70 年代初，当一些环境污染事件集中爆发后，中国政府开始了它的环境保护事业，首先是开展了全国范围的环境污染调查。这些环境污染调查活动为 70 年代中国的环境保护工作奠定了基础，也成为中国环保事业起步阶段的重要内容。然而，就笔者所知，目前学界尚没有对 70 年代中国环境污染调查的专门研究。[①] 本文主要利用 70 年代污染调查的相关政策文件和调查报告，分析和叙述污染调查的背景、调查工作的开展、调查的类别和污染调查的影响等内容，以期丰富人们对中国在环保起步阶段所做的努力的认识。

---

  * 基金项目：本文为环保部环境与经济政策研究中心项目"中国环境史第五卷编写"（201341）的阶段性成果。

  作者简介：刘宏焘，北京大学历史学系博士研究生，研究方向为世界环境史、中国当代环境史。

  ① 对 20 世纪 70 年代中国的环境污染调查有所介绍或简要提及的论著：《中国环境保护行政二十年》编委会编：《中国环境保护行政二十年》，中国环境科学出版社 1994 年版，第 9—11 页；雷洪德、叶文虎：《中国当代环境保护的发端》，《当代中国史研究》2006 年第 3 期；杨文利：《周恩来与中国环境保护工作的起步》，《当代中国史研究》2008 年第 3 期；王瑞芳：《从"三废"利用到污染治理：新中国环保事业的起步》，《安徽史学》2012 年第 1 期；等等。

一　环境污染调查工作的部署与开展

从 1971 年起，在全国范围内开展了大规模的污染调查活动，其中既包括全国范围的普查性质的对工业"三废"污染的调查，也包括针对重大污染事件的重点区域调查。

1971 年 4 月 27 日，卫生部军管会向各省、市、自治区革命委员会卫生局下达《关于工业"三废"对水源、大气污染程度调查的通知》（以下简称《"三废"调查通知》），该文件指出，随着工业生产的发展，工业"三废"排出量日益增加；"三废"中的有害物质排出是害、回收是宝，回收利用可以为国家创造大量的物质财富，反之则会严重危害人民健康和工农业生产。"三废"问题的解决不仅关乎人民健康，亦是一项光荣的政治任务。而问题的解决，首先要调查清楚其对河流、大气、水源的污染情况及危害程度。[①] 由此可见，当时中央政府对于污染问题产生的背景、解决办法以及政府在其中的职责已有初步的认识，工业"三废"的污染调查工作正是在这一背景下启动的。

《"三废"调查通知》为地方调查工作明确了调查范围，主要包括三个方面：厂矿调查、"三废"对水源的污染调查和"三废"对大气的污染调查。文件要求各地对辖区主要厂矿进行全面调查，要了解排污情况、排放制度、回收利用的方法以及对周围居民健康和其他行业的影响。水源污染调查要求查清地面水和地下水源受污染的程度，主要污染物质和污染源。大气污染调查要求查清大气受工业废气、烟尘等污染的情况。文件还提出三点原则，除了政治原则外，还要求各地区、各系统要密切配合，互相协作，及时总结交流经验以及研究实施"三废"的综合利用，从而化害为利。

《"三废"调查通知》是中央政府为解决工业"三废"问题而发布的第一份全国性文件，也是部署污染调查工作的指导性文件。它虽然不是

---

① 卫生部：《关于工业"三废"对水源、大气污染程度调查的通知》，（71）卫军管字第 131 号，沿黄河八省（区）工业"三废"污染调查协作组编印：《黄河水系工业"三废"污染调查资料汇编》第 1 分册，1977 年，第 3—5 页。

法规，却为 20 世纪 70 年代的环境污染调查工作提供了制度性保障。这次工业 "三废" 污染调查具有工业污染普查性质，不但覆盖范围广且操作较为规范。

1971 年 12 月 13 日至 28 日，在上海开办了工业 "三废" 污染调查经验交流学习班，参加学习班的有 27 个省、市、自治区卫生部门，6 个医学院卫生系和国务院部委等部门的代表共 95 人。代表们汇报了 "三废" 卫生工作的进展情况，交流了 "三废" 污染调查经验，制订了 1972 年 "三废" 卫生工作计划及协作方案，对参加联合国人类环境会议的准备工作进行了讨论。①

1971 年 12 月 27 日，卫生部军管会出台了由污染调查经验交流学习班制定的《1972 年 "三废" 卫生工作重点》（以下简称《工作重点》），确定了四项重点工作。首先是继续贯彻《"三废" 调查通知》的要求，并要注意三线建设和中小型企业污染情况的调查。此外，还包括协助工业部门开展综合利用工作，统一有害物质测定和采样方法，制订卫生标准等三项工作。②《工作重点》部署的调查项目有五大项，第一项是涵盖各省级行政区的污染调查，其他四项则为涉及水利资源、主要工业城市大气、主要排污企业和三线建设等方面的污染调查，参与者是项目相关的部委和省区。《工作重点》不仅对《"三废" 调查通知》的内容进行了细化，更重要的是它突出了重点。主要水利资源项目涉及长江、黄河、松花江、珠江等水系和渤海湾、东海沿海等海域；大气污染调查包括北京、天津、上海、武汉、广州等 11 个城市；主要排污企业包括石油化工、焦化化工、氯碱化工和有色冶金四类企业；而三线建设的污染情况调查则是此前从未明确涉及的。这两份文件均要求不同区域和系统进行协作以及总结、交流经验，《工作重点》更进一步地提出污染调查工作应在党的统一领导下由多学科、多部门参与完成，并要开展关于消除 "三废" 危害工作及有效措施的宣传。

《"三废" 调查通知》下达后，污染调查工作在各地陆续展开。1972

---

① 《工业 "三废" 污染调查经验交流学习班简讯》，《卫生研究》1972 年第 2 期。

② 卫生部：《1972 年 "三废" 卫生工作重点》，沿黄河八省（区）工业 "三废" 污染调查协作组编印：《黄河水系工业 "三废" 污染调查资料汇编》第 1 分册，第 7—8 页。

年 3 月，黄河水系的青海、甘肃、河南、山东等八省（区）在郑州召开了第一次协作会议，由各省段调查组联合成立协作组，并制定了协作方案。八省（区）共组织了 98 个单位共计 361 人，开始对黄河干流和 14 条较大支流进行污染调查，当年即获得数据 51624 个。① 黄河水系的调查工作一直持续到 1976 年，每年均提交调查总结，并于 1977 年 4 月提交了五年工作总结报告。与此同时，长江水系六省一市成立协作组，并于 1972 年 5 月在武汉召开了第一次协作会议，拟订了统一的调查计划；翌年 4 月在南京召开了总结会议。参加调查的共有 226 个单位、626 名专业人员，取得 6 万多个数据。② 同样在 1972 年，辽宁、河北、山东三省与天津市组成协作组，于 1972—1973 年联合开展了渤海、黄海北部沿岸海域污染情况调查工作，抽调了卫生、农业、水产、工交、科研和大专院校等共 129 个单位的 264 名人员，组成 11 个调查队，对各自的沿岸海域进行了联合调查，最终获得 8.3 万个数据。③ 从这三个关于水污染调查的例子可以看出，跨区域的调查正是根据中央文件的指导原则，由相关行政区联合建立协作组，统一规划部署，分工实施。调查人员则来自不同行业和单位，最主要的仍然是卫生部门；这不仅是因为调查工作是由卫生部启动的，而且由于当时还没有专门的环境污染监测机构，卫生部门则具有自上而下的成体系的卫生防疫站系统。

在全国开展污染普查的同时，一些污染事件引起了中央政府和领导人的关注，其中影响较大的是官厅水库污染问题和死鱼事件。1972 年 3 月，河北省怀来县、北京市大兴县的群众吃了官厅水库有异味的鱼后，出现恶心、呕吐等症状，产生了较大的社会影响。经过一番调查后，北京市革命委员会向中央提交《关于官厅水库污染情况的报告》；5 月 20 日，李先念批示要着力解决这一问题。6 月 8 日，国家计划委员会（以下简称国家计委）和国家建设委员会（以下简称国家建委）向国务院提交

---

① 沿黄河八省（区）工业"三废"污染调查协作组编印：《黄河水系工业"三废"污染调查资料汇编》第 1 分册，第 38 页。

② 湖北省医学科学院、湖北省卫生防疫站编印：《长江水质污染调查资料汇编》第 2 集，1973 年版，第 1 页。

③ 《山东省省情资料库·海洋库》，山东省情网，http：//lib. sdsqw. cn/bin/mse. exe？seach-word＝&K＝a&A＝9&rec＝274&run＝13，2015 年 5 月 7 日。

《关于官厅水库污染情况和解决意见的报告》，陈述了初步的调查结果，并且建议建立"官厅水库水源保护领导小组"，采取紧急措施制止水质继续恶化，加强对官厅水库上游河流污染的调查，以及新建、扩建工厂必须有"三废"治理措施，而且工厂建设和"三废"综合利用工程要同时设计、同时建设、同时投产。① 该报告经国务院批转后，进一步的调查和治理工作逐步展开。

官厅水库污染及其治理是中国环保事业初创阶段的标志性事件，官厅水库污染调查同样具有特殊的历史意义，它所代表的是对特定区域进行的综合性环境污染调查与研究。随着 1972 年联合国人类环境会议和 1973 年第一次全国环境保护会议的召开，不仅环境保护观念逐渐传播开来，而且在污染调查和治理实践中建立了一批环境保护行政、科研和监测机构。1973—1975 年，由中国科学院地理研究所、北京师范大学地理系、北京市卫生防疫站、北京市环境保护研究所等 38 个主要科研监测单位组成的研究队伍开展了官厅水系水源保护科研监测工作，对官厅水库上游的污染源、水系的污染状况、污染物与人健康和环境的关系、污染物的分析化验方法和污水处理技术等方面，进行了综合调查和试验研究，积累了十余万个数据，写出了几十篇专题报告。② 类似的综合性环境污染调查与研究还有：1973—1976 年，北京市组织开展的北京西郊环境质量评价研究；③ 1975—1978 年，河北省组织开展的白洋淀水污染与控制研究；④ 1976 年，天津市组织的对蓟运河流域污染的调查与研究；⑤ 等等。这些通过重点项目开展的区域综合环境污染调研通常是由突发性环境污染事件所引起的，如：1972 年前后北京西郊发生多起影响群众健康和生

---

① 湖南省黔阳地区卫生防疫站编印：《环境保护资料汇编》，1976 年版，第 2—6 页。

② 官厅水系水源保护领导小组办公室编印：《官厅水系水源保护的研究（1973 年—1975 年科研总结）》，1977 年版，第 1—4 页。

③ 北京西郊环境质量评价协作组编印：《北京西郊环境质量评价研究》，1977 年版，第 1—2 页。

④ 白洋淀水源保护科研协作组编印：《白洋淀水污染与控制研究报告（1975—1978）》，1982 年版，第 1 页。

⑤ 中国科学院地理所等：《蓟运河流域污染源和污染状况调查报告》，蓟运河水源保护领导小组办公室编印：《蓟运河水源保护科研文集》第 1 集，1977 年版，第 1 页。

活的污染事件,① 1974 年春灌时蓟运河下游汉沽一带发生了 4.7 万亩小麦受害减产和绝产事件。② 它们具有很强的现实针对性,其成果也直接服务于区域环境污染治理。

综上所述,20 世纪 70 年代中国所开展的污染调查主要是在中央政府的推动下,或者说是在中央政策的直接和间接地引导下进行的。其参与者众多,既有各级政府部门,也有众多卫生防疫机构,还包括许多高校和研究机构。调查队伍大多是由政府部门发起或组织,主要由科研机构、高校和地方卫生防疫站组成。其中一些重点项目因调查的区域跨越了省界,因而通常由相关地区组成包括多个机构参与的调查协作组。70 年代初在以工业"三废"为主要调查内容的污染普查阶段,卫生部门为调查的主要力量;而以官厅水库污染调查和研究为代表的重点区域的综合调研和治理则更为明显地体现了多学科、多部门、跨区域合作的特点。

二 环境污染调查的类别与内容

据笔者了解,20 世纪 70 年代中国开展的环境污染调查,按受污染的对象划分,主要包括五类,即陆上水环境污染调查、海洋环境污染调查、大气污染调查、食品污染调查和人受污染影响的调查。

(一) 陆上水环境污染调查

由上文可知,从 1972 年起,国家先后对长江、黄河等水系和白洋淀、官厅水库等湖库都做了污染调查。1972 年的《关于官厅水库污染情况和解决意见的报告》指出:"据有关省市反映,我国有些河流、湖泊和近海已不同程度地受到工业废水的污染,如辽河、松花江、永定河、黄河、长江、富春江、湘江、太湖、渤海等等。"③

各河流水系所得出的调查结果虽各不相同,但也有一些共性。各水系污染物主要来自沿河的大中型城市,其中长江主要受重庆、武汉、南

---

① 北京西郊环境质量评价协作组编印:《北京西郊环境质量评价研究》,第 4 页。
② 蓟运河水源保护领导小组办公室编印:《蓟运河水源保护科研文集》第 1 集,"前言"。
③ 湖南省黔阳地区卫生防疫站编印:《环境保护资料汇编》,第 6 页。

京等 21 个沿江城市所排放的污染物影响，黄河主要受兰州、包头、洛阳等城市的影响，松花江汞污染主要受吉林市的影响。污染源主要是石油工业、化学工业和钢铁工业，如长江流域的重庆焦化厂、武汉钢铁厂、南京石油化工厂等，黄河流域的兰州炼油厂、兰州化工厂、包头钢铁厂等，松花江流域的吉林化工厂等。所排放的主要污染物有汞、酚、氰等。① 毫无例外，这些污染物都严重影响了河流的水质，破坏了水环境，造成水生生物的生存危机；也给人民健康和渔业发展带来威胁。鱼类因酚、氰化物中毒而死亡，长江流域沪州江段渔获量比 1960 年减少了 2/3，九江段的鱼产量由 1965 年的 3050 担降至 1971 年的 1100 担，其他江段亦有类似的情况。② 而松花江流域的江湖水体和沉积物的汞污染，使繁殖其中的水生生物特别是鱼类通过食物链作用，富集了大量的汞和甲基汞。从 1958 年起，松花江流域便接连发生死鱼事件，1960—1985 年共发生死鱼事件 33 起。25 年间渔业损失额达 9.69 亿元。③ 20 世纪 70 年代初，沿江的渔民中甚至出现了类似于日本水俣病的有机汞中毒病例。④

其他河流的污染调查显示："辽宁省 6 条较大河流没有一条是干净的……广州市，在珠江沿岸的六个水厂的几个主要取水口，水中氰化物的含量超过标准 6—17.5 倍，酚的浓度超过标准 23—339 倍……据初步估计富春江里已有 70% 的鱼死亡，从黄蛆以至百斤大鱼都保不住。嘉泯江、眠江、乌江等经检查也含有有毒物质。"⑤ 1972 年，对漓江的污染调查报告指出，桂林市每天排入漓江的工业废水近 3 万吨，使 30 多公里的江段

---

①　沿黄河八省（区）工业"三废"污染调查协作组编印：《黄河水系工业"三废"污染调查资料汇编》第 1 分册，第 9—11 页；湖北省医学科学院、湖北省卫生防疫站编印：《长江水质污染调查资料汇编》第 2 集，第 2—9 页；吉林省地理研究所编印：《第二松花江与松花湖汞污染调查报告》，1976 年，第 1 页。

②　湖北省医学科学院、湖北省卫生防疫站编印：《长江水质污染调查资料汇编》第 2 集，第 8 页。

③　水利部松辽水利委员会编：《松花江志》第 4 卷，吉林人民出版社 2003 年版，第 71—72 页。

④　张坤民主编：《中国环境保护行政二十年》，中国环境科学出版社 1994 年版，第 373 页。

⑤　曲格平、彭近新主编：《环境觉醒：人类环境会议和中国第一次环境保护会议》，中国环境科学出版社 2010 年版，第 225—226 页。

受到污染。① 蓟运河污染调查发现污染源主要是上游"五小工业"和下游天津市汉沽区的化学工业,其中天津化工厂每天排放废水达12万吨。② 即便是在新疆地区的内陆河流也未能幸免,"乌鲁木齐的水磨沟原是秀溪清涧,现已成了臭水沟,含酚量超过标准24倍。"③ 可见,20世纪70年代,中国的主要河流都受到了不同程度的污染。

在水库和湖泊污染调查中,以对官厅水系和白洋淀开展的污染调研最为典型。官厅水库污染调查显示,官厅水库的污染物质主要来自上游的工业,主要包括化工、造纸、制革、钢铁、炼焦和发电等行业,242个排污工厂每天排放废水约38.8万吨,年排放废水量约为1.164亿吨,约占官厅水库多年平均来水量的8.3%。④ 此外,农业生产过程中施用的化学农药也是重要的污染源。根据对张家口地区的调查,1975年化学农药销售量较1966年增加了一倍,十年内销售各种农药7453吨,其中滴滴涕、六六六占各年化学农药销售量的78.7%—100%。⑤ 白洋淀污染调查得出了类似的结论:上游工业是白洋淀的主要污染源。其他如对鸭儿湖的污染调查显示,自1958年开始,武汉市在距鄂州市鸭儿湖的子湖严家湖7公里处,相继兴建了葛店化工厂、武汉化工二厂和建汉化工厂。这些工厂建成投产后,大量未经处理的化工废水直接排入鸭儿湖,日排放量达8万—10万吨。⑥

地下水污染调查通常是其他水污染调查的一部分而非单独的调查项目。北京西郊环境质量评价研究项目的调查显示北京西郊地下水主要是因首都钢铁公司(以下简称"首钢")工业废水的渗入和污水灌溉而受到酚、氰的污染;1970年前后,首钢污水农灌量为3875万立方米/年,污灌面积1万余亩。⑦ 北京东南郊的调查显示崇文区和宣武区则出现了地下

---

① 广西壮族自治区卫生防疫站编印:《珠江水系广西段水质污染状况调查资料汇编》第1辑,1973年版,第2页。
② 蓟运河水源保护领导小组办公室编印:《蓟运河水源保护科研文集》第1集,第4页。
③ 《环境觉醒:人类环境会议和中国第一次环境保护会议》,第226页。
④ 官厅水系水源保护领导小组办公室编印:《官厅水系水源保护的研究(1973年—1975年科研总结)》,第16—17页。
⑤ 同上书,第36页。
⑥ 鄂州市环境保护局编印:《鄂州市环境保护志(初稿)》,1988年版,第27页。
⑦ 北京西郊环境质量评价协作组编印:《北京西郊环境质量评价研究》,第306—317页。

水中度污染区，东城区、西城区和丰台区等出现了轻度污染区，其他基本属于未污染区。① 北京城区及近郊区 160 平方公里的地下水中有毒物质超过饮用水标准，占北京地下水总面积的 1/5，被迫停用的水源井占 1/10，每天减少供水能力 6 万吨。包头全市一半地区的地下水受到铬、酚等有害物质的污染。西南地区一些厂矿直接把废水排入地下溶洞，造成河水和地下水污染。②

（二）海洋环境污染调查

海洋污染调查主要涉及渤海、黄海、长江入海口和珠江入海口附近海域。在 70 年代初对渤海和黄海北部沿岸海域污染开展调查之后，国务院环境保护领导小组于 1976 年先后委派两个共 300 多人的调查组，对渤海和黄海的污染情况和原因进行调查。调查表明污染主要来自沿海工业和海上运输排放的大量有害废水，其中石油污染则是主要来自沿海油田、炼油厂的含油污水。根据调查，渤海和黄海沿岸有各类工矿企业 31358 家，年排工业污水 17.3 多亿吨，其中渤海沿岸工矿企业所排放的污水占全区排放总量的 63%。③ 1976—1979 年，国家海洋局南海分局、中国科学院南海海洋研究所等单位组成的协作组对珠江口海区和粤西沿海的污染状况展开调查。珠江口海区的调查表明污染物主要来自珠江流域的主要县市，特别是广州市、江门市和佛山市的工业废水，排放总量约占 84%，有害物质总量约占 75%—95%，污染物主要是酚、氰化物、石油、硫化物、砷、汞等。广州、江门、佛山、东莞四市 120 家主要工厂年排放工业废水 2.13 亿吨。韶关、肇庆、河源等地区的放射性物质矿场排放的废水和废渣随径流而带到了珠江口海区。珠江口海区的生物已经受到了污染物的影响，如珠海检测点甲壳类铜含量达 36.56 毫克/千克，而其他

① 北京东南郊环境污染调查及其防治途径研究协作组编印：《北京东南郊环境污染调查及防治途径研究报告集（1976—1979）》，1980 年，第 47 页。

② 《环境觉醒：人类环境会议和中国第一次环境保护会议》，第 226 页。

③ 国家环境保护局、渤海黄海海域污染防治科研协作组编：《渤海黄海海域污染防治研究》，科学出版社 1990 年版，第 10—11 页。

水域的平均含量仅 1 毫克/千克；鱼类的汞、铬、铅等含量较高。① 粤西沿海的调查显示污染物主要来自湛江地区的 57 家主要厂矿，年废水排放量约为 1.98 亿吨，污染物主要是酚、铜、硫化物和氰化物等。②

（三）大气污染调查

关于大气污染的状况，1973 年国家计委曾在报告里描述："不少城市空气污浊，有害气体增多。有些工业区经常烟雾弥漫，如同'烟城''雾区'。吉林市哈达湾地区每逢气压低时，烟气笼罩，白天行车，必须开灯，市里十分担心发生'公害'事件。鞍山市工业区每月平方公里降尘量高达 534 吨……这些地区呼吸道疾病比空气清洁地区高一至三倍。成都青白江工业区每天排出有害气体五百多万立方米，大气中氟化氢、二硫化碳、二氧化硫等超过标准几十倍到一百多倍，严重影响居民健康和附近农业生产。"③

在诸多城市中，兰州市的大气污染是污染严重而且影响颇大的一个例子。1974 年夏，兰州市西固区常出现一种大气污染现象，其情景被描述为"雾茫茫，眼难睁，人不伤心泪长流"，而其原因则是众说纷纭。④是年北京大学和甘肃省环境保护研究所开始对这种污染现象进行调查和研究，历经四年，证实了光化学烟雾在中国存在。1979 年 8 月和 9 月，西固区又两次发生光化学烟雾，据亲历该事件的科学工作者结合调查叙述："从早上九点钟左右开始，整个西固区呈现雾蒙蒙的一片，看去略带浅蓝色。大气能见度很低，一般只有 200 米左右……普遍都能感到光化学烟雾的刺激作用。如辣眼睛、流泪、畏光等都很明显，还有胸闷等感觉不适。一直延续到下午五点左右，烟雾逐渐消散。"⑤ 研究认为导致光化

---

① 国家海洋局南海分局编印：《珠江口海区污染调查报告（1976—1978）》，1978 年版，第 18—20 页，第 47 页。

② 国家海洋局南海分局编印：《粤西沿海污染调查成果汇编（1978—1979）》，1979 年版，第 7 页。

③ 《环境觉醒：人类环境会议和中国第一次环境保护会议》，第 226 页。

④ 甘肃省环境保护研究所大气化学组：《兰州西固区光化学烟雾污染的初步探讨》，《环境科学》1980 年第 5 期。

⑤ 田裴学：《西固地区光化学烟雾污染与人群健康关系的流行病学调查》，《环境研究》1982 年第 1 期。

学烟雾污染的重要物质氮氧化物在西固区的主要排放源不是流动的汽车，而是大工厂的高烟囱排放。

何兴舟在论文《我国城市大气污染对居民健康影响的研究》中对 20 世纪 70 年代的北京、上海、郑州、兰州等 30 个城市大气污染调查成果进行了汇总，从中可以看到中国主要城市在当时普遍存在着较为严重的空气污染问题：其中一氧化碳浓度普遍较高，居民区日均浓度为 2.10 毫克／立方米—6.90 毫克／立方米，而居民区最高容许浓度为 1.0 毫克／立方米；部分地区的二氧化硫也超过了最高容许浓度，二氧化氮和强致癌物质苯并芘污染则相对较轻；降尘和飘尘的污染则普遍较重，商业交通区一氧化碳、飘尘污染甚至比工业区还严重；从城市间的比较看，北京、抚顺、兰州的大气污染比南京、上海更为严重。①

（四）食品污染调查

关于食品污染调查的结果，在 1973 年国家计委的报告中也有反映："农业中大量使用六六六、滴滴涕等农药，有些地区在粮食、蔬菜、水果、鸡蛋、烟叶、水产品中均已发现有过量残毒，影响了出口任务……浙江省去年对全省二百亿斤粮食进行化验，有一百亿斤被汞污染，其中四亿斤不能食用。"② 1974 年，国家计委在给国务院的《关于防止食品污染问题的报告》中指出食品中存在着不同程度的污染，其原因主要有农药的污染，工业废水和生活污水的污染，粮油食品霉变的污染，家畜疫病的污染，生产和加工过程中的污染，饮食行业不卫生造成食品污染以及进口食品的污染。③

在食品卫生调查方面，黄曲霉毒素备受关注，一方面是因其强烈的毒性和致癌性，另一方面是因花生和玉米等重要食物易受其污染。20 世纪 70 年代，22 个省市开展了食品中黄曲霉毒素 B1 的污染调查，并据其制定了中国食品中黄曲霉毒素 B1 的限量标准，其中玉米中最高容许含量

① 何兴舟：《我国城市大气污染对居民健康影响的研究》，《卫生研究》1980 年第 2 期。
② 《环境觉醒：人类环境会议和中国第一次环境保护会议》，第 227 页。
③ 湖南省黔阳地区卫生防疫站编印：《环境保护资料汇编》，第 45—47 页。

暂定标准为 30ppb，花生及花生油为 20ppb。[1] 1973—1975 年，天津市卫生防疫站和粮食局承担了相关的调查工作。期间共采样测定 352 份样品，包括 8 大类 27 个品种，其中黄曲霉毒素 B1 含量在 25ppb 以上者占 7.1%。[2] 1975 年，一份关于合肥市食品污染问题的调查报告指出了在食品生产、运输和销售等环节出现的污染问题，其中同样有黄曲霉毒素 B1 超标的问题，如："合肥粮食杂品厂用发霉的花生做花生糖，黄曲霉毒素 B1 含量超过国家暂定标准 4 倍……有的单位在食品加工制作过程中，滥用化学添加剂，也造成了食品污染。"[3]

（五）人受污染影响的调查

人受污染影响的调查通常是评估某地污染状况及影响的一项重要内容，上文所述的调查活动大多包含这一部分的内容。在人受污染影响的诸多情况中，工作场所污染引起的职业病和急性中毒事件是重要的内容。1972 年，卫生部军管会曾下发《关于转发工业卫生、职业病防治研究协作方案的通知》，要求搞好安全卫生。[4] 在职业病调查中，有两类典型的慢性中毒的情况，分别发生于化工厂和焦化厂。1974 年，国家计委《关于研究解决天津市蓟运河污染等问题的情况报告》指出：天津化工厂水银电解烧碱车间 105 名工人，半数患有失眠、手颤抖等汞中毒病症；聚氯乙烯车间 183 名工人中，有 42 人肝脾肿大，已有 6 人将脾脏切除。[5] 类似的情况不仅存在于吉林化工厂，也存在于兰州化工厂等其他散布于中国各地的大小化工企业之中。北京西郊调查中一个重要项目是环境污染对人体健康影响的研究，其中关于首钢职工健康的调查显示，心脏病和癌症的发病率上升迅速，分别居于首位和次位，而它们中最高的又分别是肺源性心脏病和肺癌，这种情况在焦化厂尤为严重；与之相关联的是

---

① 湖南省黔阳地区卫生防疫站编印：《环境保护资料汇编》，第 186 页。

② 天津市卫生防疫站编印：《黄曲霉毒素及毒菌在食品中污染情况调查报告》，1975 年版，第 1 页。

③ 安徽省革命委员会：《批转省基本建设委员会〈关于合肥市防止食品污染问题的调查报告〉》，1975 年。

④ 沿黄河八省（区）工业"三废"污染调查协作组编印：《黄河水系工业"三废"污染调查资料汇编》第 1 分册，第 6 页。

⑤ 湖南省黔阳地区卫生防疫站编印：《环境保护资料汇编》，第 43 页。

焦化厂飘尘、苯并芘、一氧化碳、二氧化硫等有害物质日平均浓度均严重超标。[①] 同样地，这个例子所反映的是钢铁厂的重要组成部分焦化厂的污染对职工健康的影响。20 世纪 70 年代，沈阳市一些工厂发生的急性中毒的事件很具有代表性，如 1971 年 6—7 月，沈阳冶炼厂连续发生两起氯气泄漏导致中毒的事故，共造成 1082 人受害住院、6 人死亡。[②]

另一类人受污染影响的情况是有害物质通过饮食对人产生影响，最为典型的例子是松花江汞污染造成渔民汞中毒的事件。1973 年以后，在吉林省扶余、黑龙江省肇源两县发现当地渔民发汞含量比对照组及正常组高出数倍到几十倍；有的渔民发汞值高达 55 毫克/千克—68 毫克/千克，超过日本水俣病患者的发汞值。[③] 其他诸如人食用受污染的鱼而出现不适症状的情况亦多有发生。

再者，人们因生活环境受到污染而出现健康问题的情况更为普遍，特别是生活在排污企业周围的人群。有关鸭儿湖污染问题的调查提供了一则极端的例子：从 1962 年至 1975 年，严家湖周围因葛店化工厂等的排污，附近农民有 2634 人明显中毒；一些儿童先天畸形，或在襁褓中夭折，或不到 10 岁就死去；在中年妇女中经常出现狂哭、狂笑病，猪、牛、狗狂跳乱蹦撞死的现象时有发生，人体肝硬化、癌症发病率高出其他地区 3 倍多。1963 年，爆发了群众与工厂之间的严重冲突，最终以工厂支付赔偿款才暂时缓解了矛盾。[④] 可见，这是一起因化工企业严重污染周边环境并引发企业和民众激烈冲突的例子。

上述五种污染调查即为 20 世纪 70 年代中国环境污染调查最主要的形式，从中可以看到：70 年代的中国，环境污染的问题较为严重且普遍。这体现在自北向南的主要水域和海域均受到了不同程度的污染，某些江段和湖库水质已到了严重恶化的程度，不仅使得水生生物的生存受到了威胁，特别是渔获量锐减，而且赖水而生的人们的健康亦受到酚、氰、汞、铬等化合物和重金属的影响；也体现在全国主要大中城市受到了较

---

① 北京西郊环境质量评价协作组编印：《北京西郊环境质量评价研究》，第 438—439 页。

② 何兴舟：《我国城市大气污染对居民健康影响的研究》，《卫生研究》1980 年第 2 期。

③ 水利部松辽水利委员会编：《松花江志》第 4 卷，吉林人民出版社 2003 年版，第 71—72 页。

④ 鄂州市环境保护局编印：《鄂州市环境保护志（初稿）》，第 28—29 页。

为严重的空气污染，一氧化碳、飘尘等浓度超标，成为威胁人们健康的潜在因素；还体现在人们的日常饮食受到一定程度的污染。这些污染的出现，除了日常生活和农业生产等原因外，最为重要的原因是各类工业生产活动（特别是化学工业、钢铁工业等重污染行业）中对有害物质认知的缺乏、环境保护观念的缺失、生产技术和管理水平的落后等。而在此过程中，情况也在发生着一些改变，我们可以看到政府和企业为改变污染状况所做的努力。

三　环境污染调查的意义和影响

20世纪70年代所开展的一系列污染调查，是中国环境保护事业起步阶段的重要内容，并对之后中国环境保护领域产生了重要影响。其影响主要涉及七个方面：环境保护作为政府职责的形成、人们环境意识的转变、为污染治理提供科学依据、环保监测站的建立、标准的制定、污染调查机制的形成以及中国环境科学的形成。

从污染调查的目标来看，它是为了弄清污染状况和影响，并为污染的治理提供建议。它被设定为一项政治任务，一方面是因为它关乎人民健康，另一方面是因为它关乎工农业生产。正是基于这两种立意，了解污染、治理污染以至后来的保护环境成了政府职责。这种职责并不是先天存在的，而是中国共产党和人民政府依据自己的执政理念结合实践而逐渐形成的。在此过程中，多种因素共同发挥了作用，其中有内部的，也有来自国外的影响。了解污染状况的调查活动也起到了推动作用，不论是参加联合国人类环境会议，还是召开第一次全国环境保护会议，其决策都建立在对中国环境危急状况的了解之上，后者在这一问题上体现得尤为明显。

环境污染调查揭露了中国当时广泛存在的环境问题，并以科学调查报告的形式反映了中国的基本环境状况，特别是工业污染的状况。它使环境污染问题暴露出来，也使诸如"社会主义制度是不可能产生污染"的极"左"理论不攻自破。它对人们的环境意识产生了一定的冲击，在人们环境意识的转变过程中发挥了直接的作用。

就其现实意义而言，环境污染调查的目的在于为污染治理提供科学依据和建议。如官厅水系水源保护的科研监测工作总结报告说，其成果包括四个方面：查清污染源，为有计划的治理提供了依据；摸清了水质污染程度，为水源保护积累了资料；攻破了一些技术难关，为污水处理提供了方案；建立了环保监测站。[①] 1972 年，国务院批转的《关于桑干河水系污染情况的调查报告》指出："既然已基本调查清楚，现在就是执行的问题，如果不执行，调查就是无效劳动"，并要求"各有关部门和地区，必须严肃对待，积极行动起来，一抓到底，不要半途而废"。[②] 北京西郊环境质量评价研究，则提出了北京西郊环境保护规划的原则和方案，不仅为城市发展、工业布局、污染防治提供了参考，还为全国范围环境质量评价工作积累了经验。

在污染调查过程中，一批环境保护监测站建立起来，还初步形成了一些区域监测网。第一次全国环境保护会议通过的《关于加强全国环境监测工作的意见》指出："根据国务院批转《国家计委、国家建委关于官厅水库污染情况和解决意见的报告》中有关'建立监测化验系统'的指示精神，立即着手有计划有步骤地建立健全各级环境监测机构。"[③] 一方面一些地区由卫生防疫站承担监测任务，另一方面有的地区也可以在地方环境保护主管机构领导下单独建立监测机构。第一次全国环境保护会议之后，环境监测成为环境保护工作的重要组成部分，它不仅是污染调查不可缺少的部分，也是开展环保工作的基础。在官厅水库污染调查过程中，官厅水库管理处、雁北地区、大同市、张家口地区、张家口市等建立了环境保护监测站，配备了一定的人力和设备。这些监测站与当地防疫站和厂矿化验室分工协作，初步形成了官厅流域监测网。[④] 1977 年，黄河污染调查总报告则指出，监测机构设置得比较混乱，内蒙古、陕西、山西、宁夏设在环境保护办公室，甘肃、青海、河南基本上设在卫生部

① 官厅水系水源保护领导小组办公室编印：《官厅水系水源保护的研究：1973 年—1975 年科研总结》，第 1—2 页。

② 湖南省黔阳地区卫生防疫站编印：《环境保护资料汇编》，第 18 页。

③ 同上书，第 140—142 页。

④ 国家环境保护局、渤海黄海海域污染防治科研协作组编：《渤海黄海海域污染防治研究》，科学出版社 1990 年版，第 2 页。

门，山东省省级和县级的设在卫生部门，地区站则在环境保护办公室。[①]
可见，这一时期各地环境监测机构的设置虽然还不太完善，但也初具规
模了。

20世纪70年代中国制订和实施了一系列标准，如《工业企业设计卫
生标准》《生活饮用水卫生规程》《渔业用水水质标准》和《工业"三
废"排放试行标准》等。这些标准的制定一方面借鉴了国外经验，即
"洋为中用"，另一方面则结合了本国的实际和科学研究成果。污染调查
报告为当时制定和修订一系列的政策、法规提供了依据。例如，在对
《工业企业设计卫生标准》进行修订时，修订组在说明中指出："我们的
修订工作是在总结我国职业病防治、'三废'治理等卫生工作的实际经验
基础上进行的，并以工矿企业现场、居住区大气及水源卫生学调查和工
人、居民健康状况观察以及动物实验的毒理研究资料为主要依据。"[②] 而
这些标准在污染防治方面的作用并不仅限于70年代，其影响是长远的。

20世纪70年代的污染调查主要是在中央政府的推动和主持下进行
的，其中一些污染调查是由多个省、市、自治区以及多个单位合作完成
的。几乎每一个重点调查项目都是多个科研单位组成协作组共同完成的，
所涉及的领域包括地理学、化学、植物学、动物学、医学等多个学科。
污染调查开创了多个单位通力合作开展环境问题调查和研究的工作模式，
形成了一种污染调查机制，为之后中国的环境调查树立了榜样。

此外，正是在环境污染调查和研究过程中，中国的环境科学在实践
中逐渐形成发展。当中国科学院地理研究所等单位开始进行官厅水库污
染调查时，国内并不存在环境科学。调查人员以应用地理学的综合分析
思想指导污染调查，如上下游水质的相互联系、河水与水库水的相互混
合与相互作用等。在实践当中，他们提出了调查方法、调查程序、监测
的布点方法和调查结果评价方法。[③] 北京西郊环境质量评价协作组对大
气、土壤和河流中污染物扩散或累积规律进行了基础研究，初步提出了

---

① 《工业"三废"污染调查经验交流学习班简讯》，《卫生研究》1972年第2期。

② 湖南省黔阳地区卫生防疫站编印：《环境保护资料汇编》，第105页。

③ 王景华：《"官厅水库污染调查"开启环境保护研究之门》，中国科学院地理科学与资源
研究所网，http://www.igsnrr.cas.cn/sq70/hyhg/kyjl/201007/t20100702 2891323.hhn1，2014年4
月14日。

污染计算模式，并应用这些模式对西郊环境污染进行了预测研究。① 这些来自于科学实践的理论和方法为后来中国环境科学的建立和发展奠定了基础。在中国环境科学发展过程中起奠基作用的科学家如刘培桐、章申等，不仅领导或参加了上述环境污染调查和研究中的一些重点项目，而且在此过程中培养了一批研究者，并在此基础上建立了中国的一些环境科学院系和研究所，为中国环境科学的发展做出了重要贡献。②

20 世纪 70 年代初，中国面临着严重的环境危机，它促使中国政府开始关注环境问题特别是环境污染问题。环境污染调查是中国应对危机所做的工作之一，也是中国环境保护起步的重要体现。在危机与应对的过程中，环境保护作为一项政府职责逐渐形成。大量的科学调查和研究，既推动政府、企业、科研机构和社会中一部分人环境观念的转变，也驱动着政府去采取措施治理污染或遏制其恶化的趋势，并为解决当时的环境问题提供了科学依据。在污染调查过程中还形成了多学科、多单位协作的工作模式，并且建立起初具规模的环境科研队伍和环境监测网络。这些工作不仅推动着中国环境科学的产生和发展，而且推动了中国环境保护事业的发展。

（原载《当代中国史研究》2015 年第 4 期）

---

① 北京西郊环境质量评价协作组编印：《北京西郊环境质量评价研究》，第 1 页。

② 杨志峰：《深切怀念我们敬爱的老师和环境科学的奠基人—刘培桐教授》，北京师范大学环境学院组编：《地理学与环境科学的交叉和综合：刘培桐文集》，北京师范大学出版社 2008 年版，第 1—6 页；唐以剑：《我所了解的章申院士》，中国科学院地理科学与资源研究所网，ht-tp：//www. igsnrr. ac. cn/sq70/hyhg/rwhy/201007/t20100702 2891339. html1，2015 年 5 月 10 日。

论当代中国西部地区环境问题的
两大社会特征[*]

徐　波　李　刚

现当代生态环境问题具有明显的社会特征。以环境社会学的观点看，当代中国环境状况的日趋恶化，与当代中国社会的加速转型紧密相关。由于当代西部社会与整体中国在基本体制上的高度一体化，西部地区社会变迁与环境问题的互动关系上表现出诸多与全国相似的普遍性、共同性的特征。与此同时，当代社会转型对西部环境问题的影响，除表现出与全国各地相同的若干共性特征以外，还存在着其特殊的机制，表现出若干独特性。其中特别突出的有两个方面：一是生态不利因素的多重叠加，二是工业化环境后果的双向转移。

对于当代中国西部地区社会变迁与生态环境互动关系的机制与特征，迄今学术界尚无人专门研究。^① 本文拟就此作一论述，求教于方家。

---

* 基金项目：国家社会科学基金项目（14XZS003）。

作者简介：徐波，昆明学院人文学院教授，云南师范大学历史与行政学院兼职教授、硕士生导师。李刚，昆明市社科院哲学所助理研究员。

① 对本问题——西部地区环境问题社会特征的特殊性——的研究迄今尚无人做过。与此相关者，唯洪大用从环境社会学视角对当代中国环境问题整体特征进行了系统讨论。参见洪大用《社会变迁与环境问题——当代中国环境问题的社会学阐释》，首都师范大学出版社2001年版，第5—20、95—103页。

一 生态不利因素的多重叠加

西部地区生态不利因素，包含自然的因素，也包括社会的因素。前者主要是指自然生态的脆弱性、低土地承载力，后者主要是指特定的制度安排，如特殊的人口政策和人口流向，二元化环境体制等——其中一些政策因素系自指令性经济时代承袭而来，积渐至今。不利的自然因素和社会制度性安排的叠加，加剧了西部本已非常紧张的人地关系，加剧了西部生态环境的破坏。

上述制度安排与自然因素相鳌合，构成了影响西部环境的第一种特殊的社会机制。

（一）低承载力下的人口负载

总体上中国西部地区自然环境的极度的恶劣和生态的脆弱，已成为学术界所共识。[①] 除生态的脆弱以外，西部的低土地承载力也是极为典型的。据著名学者胡焕庸80年代末期的统计，中国西部地区（按当时9个省区计算）国土面积占全国总面积57.59%，而耕地却只占23.83%；从垦殖指数看，东部地区耕地占土地面积的25%，西部仅占4%。新疆、青海、西藏三省区，土地面积占全国总面积的38%，人口不到全国总人口的2%。这些数据反映了西部地区土地承载力之低。[②]

西部地区土地承载力的低下，一个严重的制约因素是缺少淡水资源，难以开展基本的生产活动。广大的西部和北部，大都属于干旱到半干旱地带。根据测算，按照资源、物产来估计最大人口容量：就粮食生产来说，中国总人数不宜超过12.6亿；从能源生产来看，不宜超过11.5亿；从淡水供应来看，人口总数不宜超过4.5亿。而事实上，在80年代仅西部9个省区人口已经达到2亿多。[③]

[①] 可参见刘燕华、李秀彬主编《脆弱生态环境与可持续发展》，商务印书馆2001年版，第191—239页。
[②] 胡焕庸等：《中国东部、中部、西部三带的人口、经济和生态环境》，华东师范大学出版社1989年版，第1—6页。
[③] 同上。

时至今日，西部地区大多数省区人口的密度都已经达到或超过土地承载力的临界线。据中科院研究，云南、贵州、西藏、甘肃、青海均为土地承载超载区，四川、新疆、陕西为土地承载力临界区。即使在干旱半干旱的宁夏回族自治区宁南山区，人口密度也是联合国确定的干旱半干旱地区临界值的几倍。例如，2005 年，固原市人口密度为 104.4 人/平方千米，石嘴山市为 130.1 人/平方千米，都超过了生态环境承载能力。①

另据《中国土地资源生产能力及人口承载量》课题组 1991 年根据对资源平衡及资源结构与农业结构（土地利用结构）的匹配、农林牧用地规模测算与水土平衡、养分平衡与投入水平、作物总产量、人口预测和未来的食物消费水平等的测算，得到中国土地的最大人口承载量约为 15.48 亿人。若单考虑粮食平衡状况，中国极限人口承载量低限为 13.84 亿人，中限为 15.09 亿人，高限为 16.6 亿人。其中西北 5 省区和内蒙古的极限人口承载量低限为 1.22 亿人，中限为 1.34 亿人，高限为 1.47 亿人。实际上 1999 年年末，其人口数已接近极限人口承载量的低限。该研究还表明：依据 1985 年的技术水平，当时，6 省区的人口就已处于临界或超载状态。到 2000 年，除新疆外，其他 5 省区均处于临界或超载状态，综合考虑除食物以外的其他生活要素平衡状况和技术与人口的动态变化，而到 2025 年，6 省区的人口还将处于临界或超载状态。②

（二）人口政策上特殊的制度安排

特殊的人口政策是西部地区人口长期快速增长的一个重要原因。随着人口压力持续加大，中国大陆内地开始厉行计划生育政策。但是在主要居住于西部地区的兄弟民族的生育上，则长期实行"超国民待遇"的

---

① 李丽辉：《2005 年中国西部地区生态环境存在的问题与对策》，韦苇主编：《中国西部经济发展报告（2006）》，社会科学文献出版社 2006 年版，第 297—310 页。

② 《中国土地资源生产能力及人口承载量》课题组：《中国土地资源生产能力及人口承载量研究》，中国人民大学出版社 1991 年版，第 3—102 页。

特殊宽松政策。① 致使人地关系本既非常紧张的西部地区土地承载力持续增压，至今如此。

由于这种特殊的民族生育政策，西部地区生育率持续居高不下。1949 年以来西部大部分省区的生育峰值都很高，且持续时间较长，有的省、自治区在 1949 年后的五十年中，生育高峰持续长达二十年之久。②

根据 1984 年全国生育情况统计，一孩率为 68.03%，二孩率为 21.68%，三孩以上的多孩率为 10.29%。其中，东部如山东省一孩率为 87.72%，二孩率为 11.10%，多孩率为 1.19%。而西部民族地区，如新疆维吾尔自治区一孩率为 39.40%，二孩率为 24.98%，多孩率高达 35.60%；广西一孩率为 39.08%，二孩率为 31.09%，多孩率也高达 29.28%。东、西部计划生育政策差别之大于此可见。③

由于少数民族 80% 居住在西部地区，故西部民族地区人口的高增长率，也表现在少数民族占全国总人口数的比例上。1964 年普查时，大陆 29 省、市、自治区总人口为 69122 万，其中少数民族为 3992 万人，占全国人口总数的 5.78%；至 1982 年普查，全国总人口为 100391 万人，其中各少数民族总计为 6724 万人，占全国总人口的比例增加到 6.70%。④ 再从历次普查材料可见，1953 年大陆少数民族人口为 3401 万，1990 年增加到 9056 万；少数民族在总人口中所占比例也由 1953 年的 5.89%，增

---

① 人口学者指出，除此之外，当代中国生育政策还存在四大不平等。其一，城乡不平等。城市地区普遍实行独生子女政策，而农村地区普遍实行"一孩半"政策（第一胎为男孩的农村夫妇不得再生育，而第一胎为女孩的农村夫妇允许生育第二胎）。其二，男女不平等。"一孩半"政策，造成男女不平等，隐含着女孩的价值比不上男孩的"心理暗示"和重男轻女的观念导向。其三，独生子女与非独生子女不平等。现在夫妇双方都是独生子女的可生二胎，但非独生子女夫妇却不许生二胎（而人们并不能选择自己是不是独生子女）。其四，地域不平等。现在全国绝大部分地区的生育政策都规定，夫妇双方都是独生子女的可生二胎；但在河南省，夫妇双方都是独生子女的也不能生二胎。参见：《何亚福生育政策存在四大不平等》，2011 年 08 月 12 日，ht-tp：//view.news.qq.com/a/20110812/000005.htm，2012 年 3 月 5 日。

② 李丽辉：《2005 年中国西部地区生态环境存在的问题与对策》，韦苇主编：《中国西部经济发展报告（2006）》，第 297—310 页。

③ 参见胡焕庸等著：《中国东部、中部、西部三带的人口、经济和生态环境》，华东师范大学出版社 1989 年版，第 5、12 页。

④ 胡焕庸等著：《中国东部、中部、西部三带的人口、经济和生态环境》，第 7—12 页。

加到 1990 年的 8.01%。如此迅猛的人口增长，对于西部地区有限的资源、生态环境来说，其压力之大可想而知。

(三) 特殊的人口流向

特殊的人口流向，指 1949 年后在政策指导和政府组织下，中国人口迁移的流向不是按照一般规律由乡村进入城市，由经济落后的西部地区向经济发达的东部地区迁移，而恰恰呈现出与此相反的状况。诸如逆工业化运动，组织数千万知青下乡支边，一拨拨的移民垦边，以及以军队成建制转为建设兵团到边疆屯垦等，共同构成了新中国人口流动的特殊景观，而这些都对西部边疆地区自然生态具有明显的影响。这种影响，从 20 世纪 50 年代一直持续至今。

仅就其中农垦一方面而论，其影响即极为深远。由于在相当程度上继承了古代屯戍的形式，多以军事化方式组织和开展生产，对自然生态的改变力度之大又远非传统时代所能比拟，因此其对生态环境原始状态的改变尺度也极为巨大。

1949 年后的农垦系统主要由军垦农场和地方国营农场两大部分组成，其中国营农场又包括国营垦殖场、地方国营农场等。1952 年 2 月 2 日，当时的中央军委发布"人民革命军事委员会命令"，将中国人民解放军 31 个师转为建设师，并以其中 15 个参加农业生产的建设师为主建立了一批农场。与此同时，农业部及其他省、自治区、直辖市人民政府也陆续建立了地方国营农场。在管理体制上，1949 年年底农业部设立了垦务局，1950 年改为国营农场管理局，此后又于 1952 年 12 月成立国营农场管理总局。1956 年 5 月，中共中央、国务院决定成立农垦部，王震任部长。全国的军垦农场和地方经营的国营农场均由农垦部统一管理。① 在此背景下，农垦活动在大陆各地，尤其是在西部边疆各地大规模开展起来。

中国农垦区在地理分布上，分散在全国除西藏和台湾省以外的 29 个省（市、自治区），其中大部分是在西部地区。最集中的 4 大垦区分别为

---

① 《当代中国》编辑部：《当代中国的农垦事业》，中国社会科学出版社 1986 年版，第 14—15 页。

黑龙江、广东、新疆、云南垦区。1993 年全垦区总人口 1214.6 万人，拥有土地面积 3797.3 万公顷（5.7 亿亩），占国土面积的 3.96%。

农垦生态系统多在西部边疆各地进行农业垦殖，其中许多地方环境脆弱。其陡坡垦殖、大规模地毁林毁草和用养失调等活动，导致了系统生态平衡的失调以及生态环境的恶化。

西北可以著名的新疆兵团农垦为例，其垦区即位于沙漠边缘或沙漠之中。由于人为不合理地开垦、放牧和采樵，严重破坏了天然植被，造成风沙再起，土壤沙化日趋严重。据全国第二次土壤普查资料，新疆农垦区有约 1.4 万公顷的耕地土层厚度比 20 年前一般减少 5—10 厘米，个别团场的条田沙丘高达 1.5—2 米。由于对沙化耕地采用休闲撂荒的办法，实质上是弃耕，每年耕地休闲率近 20%，由休闲弃耕地进而转变成荒漠化土地。①

新疆兵团垦区耕地土壤盐碱化问题尤为突出。其原因在于采取落后的灌水技术，多为大水漫灌，而且大都有灌无排。据统计，90 年代中期全垦区盐碱化面积达 43.7 万公顷，占该垦区耕地面积的 38.6%，其中，轻盐化、中盐化和重盐化分别占耕地面积的 19%、13% 和 8%；盐土、苏打化、碱化耕地合占 8.6%。黑龙江垦区有盐碱耕地面积 7.58 万公顷，占该垦区耕地面积的 3.9%。②

西南农垦可以云南为例。③ 1956 年云南开始在滇南一线地区建立垦殖场，主要发展橡胶及热带作物生产。当年共建立了 8 个垦殖场，此后不断扩大，形成了大规模的垦殖格局。1957 年，新建国营农场 5 个，接管军垦农场和地方农场 13 个。至 1999 年，云南农垦在昆明市和西双版纳、红河、临沧、德宏、思茅、文山、保山等 7 个地（州）、28 个县（市），共建成国营农场 39 个（其中有 22 个国营农场地处边境一线），另有大量

---

① 杨瑞珍：《中国农垦区生态环境退化的现状、原因及对策》，《农业环境与发展》1996 年第 2 期。

② 同上。

③ 参见文婷《适应与生存——西双版纳湖南人研究（1959—2005）》，硕士学位论文，云南大学人文学院，2006 年，第 18—50 页。

工商运输及机关学校等。[①] 1999 年全垦区共有职工 11.06 万人，拥有土地总面积 20.10 万公顷（已开垦利用 13.10 万公顷）。生产天然橡胶、茶叶、咖啡豆、胡椒籽，以及粮食、白糖、其他农副产品和工业产品。

橡胶产业是云南农垦乃至地方经济的主要组成部分，在种植规模和总产量上仅次于海南，为国家第二个橡胶基地。其中，地处热带雨林地区的西双版纳是云南橡胶市场的最大的基地，也是世界上橡胶的高产区之一，橡胶园面积占云南全省橡胶园总面积的80%以上。

橡胶是国家必备的重要战略物资。以橡胶生产为主的云南农垦在政治上、经济上均为国家做出了重要贡献。1996 年，全省橡胶种植面积已达 15.63 万公顷，橡胶种植面积占全国总面积的 26.5%，1996 年全省生产天然橡胶干胶片 14.69 万吨，1997 年达到 15.4 万吨，总产量占全国的 49%。[②]

而与此同时，1949 年后西双版纳等地广泛建立农场，大规模种植橡胶和经济作物，使中国宝贵的滇南热带亚热带自然生态和动植物资源等受到严重破坏，损失也极巨大。西双版纳 20 世纪 50 年代森林覆盖率达到 70% 以上。此后随着大规模的农业垦殖，原始森林被大量砍伐以种植橡胶树，森林覆盖率一度降低至不足 30%。1955 年西双版纳灌木林面积为 509.64 万亩，到 1993 年锐减至 12.72 万亩。当地生态环境也随之发生了巨变：人口剧增，森林植被锐减，自然资源遭到破坏，野生动物植物栖息地因此而大大缩小。单一作物发展，不利于生物多样性的延续，还引起气候变化，如致使雨量减少，气候变干，生活用水严重短缺；化肥、农药等污染的问题也非常突出。当地政协的提案《西双版纳气候恶化，改善生态环境迫在眉睫》，即反映了当地

---

① 其中工业企业 103 个，商贸、旅游服务企业 134 个，运输企业 24 个，建筑企业 20 个；3 个热带作物科学研究所，1 个农业工程研究设计院，2 所中专学校，1 所干部学校，155 所中小学，145 个卫生医疗单位。（参见《中国农业全书·云南卷》，中国农业出版社 2001 年版，第 257 页。）

② 《中国农业全书·云南卷》，中国农业出版社 2001 年版，第 149 页。

舆情对此的忧虑。① 上述破坏许多都是不可逆的，从长远看，所得所失，难以简单估量。

（四）环境二元化体制

随着工业化的发展，"环境二元化"日益成为当代中国的另一个重要问题。它指的是中国城乡之间、富裕地区与贫困地区之间环境质量好坏悬殊的状况和趋势：一方面是"不断绿化的城市"，另一方面则是"不断黑化的农村"。② 近年来，这种局面在西部地区日益明显化。

环境二元化的背后，乃是环境二元化的体制。中国极为不够的环境保护经费、环保机构设置、环保宣传投入，乃至环境监测机构的分布、基本环境制度的建设等，皆主要投放和围绕于城市，而县以下尤其是广大农村则很少被真正纳入"体制"的视野。在二元化环境体制架构下，中国农村污染及其防治工作处于边缘化的状态，"农村基本上没有环境管理机构、农村环境基本上没有进行监测、乡镇企业污染管理基本上处于'失控'状态、农村小城镇的基础设施建设严重落后、环境保护投资基本上没有投向农村"。③ 经济力量相对薄弱的西部地区就更是如此。

西部农村还处于城市污染和农村自身污染的叠加压力之下。就全国而言，中国农药年使用量约 130 万吨，其中只有 1/3 能被作物吸收，大部分进入了水体，致使中国农药总超标率达 20%—45%。中国小城镇和农村每年产生约 1.2 亿吨生活垃圾几乎全部露天堆放，每年产生的超过 2500 万吨生活污水几乎全部直排，使农村聚居点周围环境质量急剧恶化。乡镇企业村村点火、户户冒烟的粗放经营、任意排放，也直接危害农村环境安全。同时，农村作为城市水体系统的支持者一直是城市污染的消纳方，由于城市生活垃圾、工业三废大量向农村转移，中国污灌面积由

① 参见文婷《适应与生存——西双版纳湖南人研究（1959—2005）》，硕士学位论文，云南大学 2006 年，第 18—50 页。

② 郑易生：《艰难的起步——科学发展观下的理念调整》，中国社会科学院发展研究中心：《中国环境与发展评论》（第三卷），社会科学文献出版社 2007 年版，第 8 页。

③ 过孝民：《中国环境污染态势的特点分析》，中国社会科学院发展研究中心：《中国环境与发展评论》（第三卷），社会科学文献出版社 2007 年版，第 25—42 页。

1982 年的约 140 万公顷增加到 2003 年的约 400 万公顷，约占全国总灌溉面积的 10%。就西部地区而言，由于中国经济发展的不均衡造成东中西部梯度发展格局，近年东部地区淘汰的重污染企业纷纷迁到中西部的农村，更大大加剧了西部农村环境污染的局势①。

上述因素的叠加，加剧了西部地区生态环境的恶化。

二　工业化环境后果的双向迁移

当代社会变迁影响西部环境的另一种社会机制，笔者把它概括为工业化环境后果的双向迁移。这种迁移由两个方面构成，一是工业污染的转嫁，二是"绿色"生态的攫取。它包括了两个方向相反的过程：一个过程是工业污染从现代化先发区域（发达国家、国内发达城市和发达区域），向现代化后发区域（后发国家、农村地区、西部地区）迁移；另一个过程是绿色生态从现代化后发区域向现代化先发区域迁移。就国内而言，这一过程也可概括为：污染由东而西转移，绿色由西而东转移。

这种格局是如何形成的呢？

（一）双重边缘位置与低环境门槛

沃勒斯坦（Emmanuel Wallerstein）的世界体系理论，有助于解释经济全球化以及全球资本主义体系对现代化后发区域环境衰退的影响。按照这种理论，在 16 世纪早期开始出现的现代世界体系由三种结构性位置组成：中心、半边缘、边缘。中心国家通常掌控获利的制造业，边缘国家为中心国家（后来也包括半边缘国家）提供原材料和廉价劳动力。20 世纪 80 年代以来，研究者利用这一理论，通过大规模的跨国比较研究，揭示了当代世界体系中处于中心位置的国家对于全球环境衰退的"贡献"，包括废物出口、污染产业转移以及自然资源进口等。② 2004 年，Dinda 具体分析了国

---

① 过孝民：《中国环境污染态势的特点分析》，《中国环境与发展评论》（第三卷），第 25—42 页。

② 李培林、李强、马戎：《社会学与中国社会》，社会科学文献出版社 2008 年版，第 813 页。

际贸易对后发国家的环境影响：基于比较优势理论，不发达国家的低环境标准成为比较优势，发达国家会将一些污染密集度高的产品或产业交给不发达国家生产和发展，所以贸易会恶化不发达国家的环境①。

中国及其西部地区在全球经济体系中位置的变化趋势，与此大致相似。自世界性贸易格局形成以后，西方先发国家在世界经济体系中居于中心和主导位置，中国等后发国家居于边缘和被动的不利位置，成为西方发达国家的工业品倾销市场，原料和劳力供应市场。随着当代中国东部工业化的发展，近代以来中国西部在国家和世界贸易体系的双重边缘位置进一步固化：在世界经济体系中，中国相对发达国家而言处于"边缘"的位置；在国家经济体系中，西部地区相对东部发达地区而言又处于"边缘"的愈益不利的位置。

中国20世纪80年代的改革开放，在时机上恰逢西方发达国家现代化发展由工业化时代向信息化时代升级。第二次世界大战以后工业高速增长伴随着膨胀的财富和令人恐怖的环境污染，促使先发国家积极向中国等后发国家进行资本输出，其基本形式就是将高污染、高耗能、低比较效益的工厂搬到后发国家。先发国家在继续获得高额利润的同时，将工业污染、资源消耗转嫁到后发国家；后发国家在工业增长、出口贸易增长的同时，又承担着惊人的资源消耗、工业污染。这一过程本质上是一个污染转嫁和生态攫取的过程。

就中国而言，在出口贸易的驱动下，高耗能产业和产能快速扩张，污染也迅速增加，而发达国家为了减少本国的能源消耗和环境排放，更是积极地将这些高能耗的生产过程转移到中国。据刘强、庄幸等的研究，中国仅46种主要的出口贸易产品的出口载能量，即带走了大约13.4%的国内一次能源消耗，碳排放量约占全国碳排放量的14.4%。而按出口金额看，上述46种产品的出口总额仅占中国2005年出口总额的22%，因此，中国每年由贸易带走的能耗量和碳排放量十分可观。"这样做的后果是，对外贸易一方面拉动了经济的快速增长，另一方面却加剧了中国的能源供应紧张局面和环境生态保护压

---

① 参见刘源远、孙玉涛、刘凤朝：《中国工业化条件下环境治理模式的实证研究》，《中国人口·资源与环境》2008年第4期。

力，从而在一定程度上给中国经济的进一步持续增长带来了额外的负担和压力。"由于"每年的出口贸易中都负载了大量的能源消耗和碳排放量，不仅在客观上推动了国内高耗能产业的发展和扩张，还给国内带来了大量的环境污染和温室气体排放"。[1]

上述转移过程得以发生，一个重要因素是现代化后发国家或地区本身的低环境标准。"在招商引资'超国民'待遇下，外资可以不顾企业对环境的影响，即使出现了污染，环保部门在'上面'关照下，也是'睁一只眼闭一只眼'的，这样的待遇在外资所在国是永远不会有的。有了这样的优惠，二三十年下来，几乎全球所有的著名企业均在中国投资建厂。……然而，人家在你的国家生产产品，又控制着市场与定价权，且不负担环境污染代价，自然是人家赚了钱，将污染留给了你。因为你不好意思管他们，人家索性连生产原料也在中国搞，于是乎，中国钢铁厂、水泥厂、化工厂、农药厂、化肥厂、造纸厂等高污染企业遍地开花，每年世界上几乎50%的资源在中国被消耗掉了。"[2] "由于工业污染大量排放，目前中国几乎找不到几条干净的河流，找不到几个干净的湖泊。我们雄心勃勃地建设'世界工厂'，如今却被国际社会认为是'世界垃圾场'。"[3]

(二) 工业化环境后果的双向转移

污染转移的过程，同时也就是一个对绿色的攫取的过程。在将污染转移出去的同时，发达国家出奇制胜地获得了——或者说重新恢复了绿色和合乎生态原则的环境。它们所获得的"绿色"，可以说是从后发国家拿来的。这一过程在经济学上或许是符合分工和效率的原则的，但是在人文精神上则是违背公平原则的。

遗憾的是，这样的故事不仅在国际经济关系变化中不断上演，在国

---

① 刘强、庄幸等:《中国出口贸易中的载能量及碳排放量分析》，《中国工业经济》2008 年第 8 期。

② 蒋高明:《中国生态环境危急·招商引资的环境代价》，海南出版社 2010 年版，转引自 http://blog.sina.com.cn/s/blog_4b6ea0190100qwue.html，2012 年 5 月 10 日。

③ 杨东平主编:《2006 年: 中国环境的转型与博弈》，社会科学文献出版社 2007 年版，第 13 页。

内区域经济关系的变化中也不断上演。西部地区工业化的环境后果，同样也是一个财富转移、生态攫取以及污染转嫁的双向转移的过程。对财富和"绿色"生态的两种攫取，既发生在国与国之间，也发生在国内不同区域之间，以及不同群体之间。这成为"全球化"过程的又一个特殊组成部分。如图所示：

西部、农村 →→ 资源、劳力、"绿色"生态 →→ 城市、东部、发达国家

西部、农村 ←← 生态破坏环境污染 ←← 城市、东部、发达国家

对西部资源的攫取，包括对土地、资源的攫取，以及对廉价劳动的攫取。首先无疑是土地资源，其次是各种矿产、水利、生物等资源——看似丰富、其实有限，但却廉价得惊人、许多甚至几乎是白送的土地和资源①。就土地资源而言，国家土地副总督查甘藏春坦承：随着城镇化、工业化进程的加快，面对短时期完成征地任务的压力，地方政府"在一定程度上"忽略、漠视征地应有的法律程序；在征地实施过程中，的确存在耕地快速减少、牺牲被征地农民利益的现象。这成为造成征地中矛盾增多的主要原因。② 地产是当今中国富豪制造机。据胡润研究院与中国银行私人银行联合发布的报告，当今中国有 1/4

① 理论上是所谓"国有"的土地，其所有权、支配权、享有权归属于全体国民——实际上却成为权力与资本沉湎狂欢的主要领域。迄今为止，"国有土地"事实上已经成为制造中国富豪和掠夺百姓的最强有力的因素。还在 2003 年，国务院总理朱镕基即在国务院全体会议上斥责了土地开发中普遍的财富掠夺行径。他说："我非常担心的就是搞'城镇化'。现在'城镇化'已经跟盖房子连在一起了，用很便宜的价格把农民的地给剥夺了，让外国人或房地产商搬进来，又不很好地安置农民，这种搞法是很危险的。……1993 年是在大城市，在海南、北海这些地方搞，将来要是全面开花，都来'造镇'，形成运动，那怎么得了！"参见《如果不去关心人民的疾苦，我当什么总理！》，《南方周末》2011 年 9 月 8 日，http：//www.infzm.com/content/62980，2012 年 10 月 10 日。

② 《国家土地副总督查甘藏春：我国将改革征地补偿安置制度》，据人民网 2011 年 11 月 07 日，http：//finance.people.com.cn/GB/16149815.html，2013 年 2 月 1 日。

的富豪的财富来源于地产，而全球富豪从事地产行业的只有 1/10 不到。[1] 而与此同时，中国有约 4000 万农民成为失地者，在土地出让中获利甚微[2]，成为财富盛宴中的旁观者、出局者。

其他资源的使用与此一致无二。中国矿产资源补偿费之低，平均费率仅为产量的 1.18%，论者认为"相当于白送"。[3] 以煤炭为例，据笔者熟悉的业内人士不无夸张的说法：近年做煤矿比做"白粉"还要来钱——只要设法弄到开采许可证，要不暴富都难！这自然也是造成对资源的掠夺性开采和严重浪费的重要根源，以及大众生存环境的破坏之源。[4] 这对以资源为基本生产要素的西部地区而言，内中的意义自不难理解。同时，这无疑也是关于城市崛起、关于东部沿海崛起、关于中国崛起的童话背后的秘密之一。作为所谓"国有"之物，土地、水体和资源等本质上是国民共有的——暴富者群体从西部拿走的无疑是民众的共有之物——包括了当代乃至后代的财富，也包括下述的"绿色"生态。

伴随着土地价值和资源的跨区域、跨群体转移，还有西部和农村的大批劳动力源源不断地向东转移。数十年间中国农村向大中小城市、西部地区向东部和沿海地区输送的极其廉价的劳动力每年数以亿计，他们拿的是超低廉的报酬，干的是超高强度、超长时间、极少劳动保护和社会保障的工作。他们无疑是关于城市和东部沿海崛起、关于中国崛起以

---

[1] 《14% 富人移民或申请移民，还有近一半考虑移民》，路透中文网 2011 年 11 月 01 日，http://roll.sohu.com/20111101/n324110393.shtml，2013 年 5 月 10 日。

[2] 其中一个例子，据北京师范大学中国收入分配研究院院长、中国经济体制改革研究会会长宋晓梧报告称，2010 年，湖南衡东县白莲镇白莲村农民的 19.3 亩地被收购后，开发商获得收益 850 万，政府获得收益 620 万，而农民只获得 47 万，"开发商、政府收益分别是农民收益的 18 倍和 13 倍"。见郭少峰《专家称 4000 万失地农民土地出让收入获利太少》，中国网 2011 年 10 月 31 日，http://www.china.com.cn/economic/txt/2011-10/31/content_23767542.htm，2014 年 7 月 10 日。

[3] 任志军、左理、范建荣：《2005 年西部能源资源供应发展中存在的问题与对策》，韦苇主编：《中国西部经济发展报告》，社会科学文献出版社 2006 年版，第 272 页。

[4] 煤炭产量占中国的四分之一的煤都山西，长期高强度开采使地下出现举世罕见的采空区。全省 15 万平方公里的土地，采空区近 3 万平方公里，几近台湾省的面积。采空区水源枯竭、植被破坏、耕地被毁、房屋倒塌，举目一个个村庄废弃，人口流散，数百万人受灾。见胡展奋主笔，高勤荣撰稿：《山西煤炭采空区调查：300 万人受灾 处处有鬼村》，《新民周刊》2011 年 11 月 3 日。

及关于西方富裕的童话背后的另一个谜底。在此过程中，中西部地区地方财政还需用本地匮乏的财政资金，为不在本地工作的沿海打工人群提供教育、养老、医疗公共服务，形成东部与中西部地方政府权利与义务的不对等。[1] 数以亿计的青壮年为城市注入超乎寻常的活力，而被抽空的乡村则日渐衰颓枯萎。

西部财富向外转移的数量尚未见到专门的统计，但包括西部在内的中国财富向国外的转移则已经沛然成势。据报载，建设银行副行长陈佐夫 2010 年在接受媒体采访时透露："仅 2009 年，大陆就有 3000 人投资移民到美国和加拿大，他们投资的总额超过了 80 亿元人民币，若再加上其他比较热门的地区，中国移民带出去的资金就超过了 100 亿元人民币。"美国芝加哥西北大学的经济学家史宗瀚估算，中国最富有的 1% 家庭控制着相当于中国 3 万亿美元外汇储备中的至少 2/3 资产。史宗瀚认为，若中国经济恶化，这些大富翁只要将其财富中的很小一部分转移至海外，就可能在这个国家巨大的外汇储备上敲出一个危险的洞。[2]

（三）绿色生态的转移

资源、劳动力和财富转移的过程，同时还是一个对绿色生态的掠夺、转移的过程。利用中国环境法规的漏洞，大批外商纷纷将高污染企业向中国、中国西部迁移。据调查，1991 年外商在中国投资设立的 11 515 家企业中，属污染密集型的企业有 3 353 家，占总数的 29%；有的甚至直接倾倒有毒废弃物。[3] 在国际、异地资本廉价和无偿地使用西部土地、资源的过程中，有相当一批地方力量（如权力运作者、附庸者，地方资本，黑社会等）在其中发挥着不可或缺的重要作用。他们在与外来资本合作或独立的行动中（通过正式或非正式管道），长袖善舞，也依靠攫取西部地方的土地和资源迅速暴富。他们中数量巨大的一批人，随

---

① 刘海波：《我国水利建设的制度完善与资金筹措》，《团结》2011 年第 5 期。

② 以上数据均转引自《抢人抢钱 中国富豪争夺战打响》，《春城晚报》2011 年 11 月 6 日，B02＋03 版。

③ 张兴杰主编：《跨世纪的忧患——影响中国稳定发展的主要社会问题》，兰州大学出版社 1998 年版，第 85—86 页。

即又挟带财富跨区域、跨国"移民"：将生态环境被污染、资源被掏空、劳力被吸走的"灰色"山河留在西部，而自己转移到生态更加"绿色"、社会稳定程度更高的国外、大中城市或东部地区。其中，一些人是以"贪官"的角色卷款出走的，更多地则是以"合法"渠道迁移的①。在劳动、资源和财富被拿走的同时，西部人民不仅难以分享成果，其生活境况甚至大大恶化了②。在工业化、城市化、现代化高速发展的同时，在工业化未涉及到的地区，原有的农村城镇大都衰落了。可以看出，"发展"的受益者并不是每一个人。财富转移的背后，隐藏着一个个对西部、对农村土地、资源、劳动和曾经更加"绿色"的生态环境的掠夺故事。

以水力资源为例，在水力丰沛的西南地区，各路资本纷纷展开以筑坝发电卖钱为基本指向的"圈水"运动，无水不占，无河不坝。在利益争夺中，许多河流被截断引入地下，以独占形式专供发电，地上数十里地面因为断流而干枯，旱季来临，举目一片枯萎景象。更为严重的是所谓"水库移民"。为满足工业化和人口增长的日益扩大的粮食、电力需

① A. 移民出国者，据招商银行所发布《2011 中国私人财富报告》显示，2010 年中国有高净值 50 万人（个人可投资资产超过千万者），可投资资产规模达到 15 万亿元。此 50 万名千万富翁拥有的财富约占全国的四分之一。其中，近 60% 接受调研的千万富翁已经完成投资移民或有相关考虑。而亿万富翁（可投资资产规模在 1 亿元人民币以上）中，约 27% 已经完成了投资移民。（见《中国 27% 亿万富翁通过投资已移民海外》，据《新京报》2011 年 4 月 22 日，http：//news. 163. com/11/0422/05/727K9J4I00014AED.html，2013 年 5 月 8 日）而据移民专家张跃辉估计，上述数据太过保守："90% 的富豪已经移民或正在办理移民及计划移民。"（转引自《春城晚报》2011 年 11 月 6 日 B02 + 03 版）据披露，出国者中，从 20 世纪 90 年代中期以来，外逃党政干部，公安、司法干部和国家事业单位、国有企业高层管理人员，以及驻外中资机构外逃、失踪人员数目高达 16000 至 18000 人，携带款项达 8000 亿元人民币。（《央行报告揭贪官外逃路径：八种手段转移资产》，2011 年 06 月 15 日，http：//finance. ce. cn/rolling/201106/15/t20110615_16591191. shtml，2014 年 1 月 9 日。）又据估测，近三十年来，外逃官员数量约为 4000 人，携走资金约五百多亿美元，算起来平均约 1 亿元人民币（汪峰：《4000 贪官外逃人均卷走 1 亿元 黑帮一条龙服务》，2010 年 1 月 10 日，http：//news. qq. com/a/20100110/000447. htm，2014 年 1 月 10 日）。B. 跨区域迁移者，仅以笔者所熟悉的西南某省会城市中某小区（仅一个小区）为例，其中从山西某地（仅一个地方）举家迁移过来的暴富者，即有数十家。迁居以后，他们广置物业、投资商业，很快成为迁居地的"以富骄人"者。类似例子，举不胜举。

② 在一篇论文中，研究者举述了黄河上游梯级水电站开发、四川古蔺大型煤炭资源开发、四川汉源瀑布沟大型水电建设，以及陕西、四川油气资源、水电资源开发中的资源、财富转移等的一系列相关例子。（参见林凌、刘世庆：《西部大开发面临的问题与挑战》，《中国西部经济发展报告》（2006），社会科学文献出版社 2006 年版，第 18—29 页）类似例子，还非常之多。

求，中华人民共和国成立后在全国各地修建了大量水库。其中数以千计的大中型水库的修建，使大片农田被淹没，上百万人口被迫迁移。这些移民多数被安置在当地或临近地区，也有少量被安置于外省。由于失去故园而得不到合理补偿，他们成为"发展"的牺牲者。正如论者所指出："库区以外的人民在享受水库提供的巨大电能的同时，库区移民则因为丧失肥沃的土地而成为贫民。以水库建设为内容的工业化导致的利益分配是不公平的。"① 这种利益分配格局，事实上一直持续到三峡水库时代，持续到当代。

许多学者对这种情况也进行了分析。中国人民大学环境学院院长马中说："中国的经济发展呈阶梯状。一直以来重点发展和高度发展的东部地区，位处下游。如今国家的发展侧重在中西部，正位处上游。产业链从东部向西部，从江河的下游往中上游转移，意味着环境风险在更大的空间尺度被放大。目前，这一转移刚刚开始，仍将继续。可以预见，对环境资源的透支以及环境污染程度，只会更大。"②

还有人指出，伴随着我国东部向西部的产业梯度升级，污染企业在地区上也在发生转移，包括东部向中西部的转移、沿海向内陆的转移。大批重污染企业从环境要求日益严格的东部地区、沿海地区，向西部地区、内陆地区、农村偏远山区转移，以躲避环境监督，转嫁环境污染给被转移地，赚取高额利润。而被转移地区政府为招商引资，往往不仅在政策上给予优惠，为重污染企业的转移大开方便之门，而且当企业入住后又缺乏监管。甚至一些地方政府为了追求政绩和税收，还与这些企业形成利益共同体，无视环境污染及当地群众的利益和抗议，甚至引发环境事件和社会反抗。③

田松更为鲜明地指出："现代化是一个食物链，上游地区优先享用下游的资源，并且把污染转移到下游去。科学及其技术是这个链条的马达

---

① 葛剑雄主编，曹树基著：《中国移民史（第六卷）·清民国时期》，福建人民出版社 1997 年版，第 646 页。

② 袁瑛：《"产业结构不改，环境灾难依旧"——专访中国人民大学环境学院院长马中》，《南方周末》2010 年 8 月 5 日 C12 版。

③ 参见张敏、郭远明：《污染"西进下乡"呼唤农民话语权）, 2006 年 6 月 30 日，ht-tp：//www.ln.xinhuanet.com/xnc/2006-06/30/content_7487317.htm, 2014 年 7 月 1 日。

和润滑剂。在中国内部，总体而言，东部是上游，西部是下游；城市是
上游，农村是下游。在全球范围，中国处于中下游。中国以自身的环境
和生态代价，为欧美国家提供着廉价的商品，接受着它们的垃圾；同时
又因为碳排放全球第一，受到全世界的指责；这使得中国的 GDP 第二格
外荒谬。"① 譬如，由于许多污染严重的企业的迁入，近年内蒙古地区企
业污水等污染即对牧民世代赖以生存的草原环境构成了严重威胁。②

　　绿色东进而污染西行，大大加深了中国西部的环境危机。不仅如此，
污染的发展，使作为弱势产业的农业和作为弱势群体的农民陷于更为严
重的困境。纪实摄影师卢广数年来以"污染"为专题，足迹遍及 20 多个
省份。他所实录下的一个个场景③，揭示了许多地区——其中包括大量西
部地区在所谓"发展"口号之下令人震惊的污染劣迹。

　　可以看出，在既往严重社会分化的基础上，"污染造成了新的两极分
化和社会分裂"④，成为社会问题聚集的又一渊薮。

---

　　① 蒋高明：《中国生态环境危急·序》，海南出版社 2011 年版。转引自田松《田松：最后
时刻的呼喊〈中国生态环境危急〉序》，http：//health. gmw. cn/2012－11/28/content_5824829_
2. htm，2014 年 8 月 7 日。

　　② 杨东平主编：《2006 年：中国环境的转型与博弈》，社会科学文献出版社 2007 年版，第
67 页。

　　③ 自 2005 年开始，中国纪实摄影师卢广，以"污染"为专题，足迹遍及 20 多个省份。
2009 年，他以《中国的污染》摘得世界纪实摄影最高奖——"以人道主义为主题，反映现实生
活"为宗旨的尤金·史密斯奖。卢广提交的作品里包含四十张照片，拍摄地点包括内蒙古、宁
夏、山西、安徽、河南、江苏、浙江、云南、广东等地，覆盖了中国的大部分地区，包括大量西
部地区。参见新华网：《纪实摄影师卢广：我拍的照片地球人都会重视》，2010 年 7 月 1 日，ht-
tp：//news. xinhuanet. com/foto/2010－07/01/c_12286066. htm，2012 年 8 月 2 日。

　　④ 郭巍青：《严峻的污染与新的社会分化》，《南方都市报》2009 年 10 月 20 日。

会议综述

"全球化视野下的中国西南边疆民族环境变迁"国际学术研讨会综述[*]

周　琼　李明奎

2014 年 8 月 17 日至 20 日，由云南大学人文学院历史系主办、西南环境史研究所承办的"全球化视野下的中国西南边疆民族环境变迁"国际学术研讨会在云南大学隆重召开，来自美国、德国、中国台湾和中国大陆的 80 余位专家学者参加了会议。会议的主题是从全球化视野探讨中国西南边疆民族环境变迁。本次会议共提交学术论文 60 余篇，实际参与讨论 54 篇，内容主要涉及城市环境史、水环境、环境灾害史、环境疾病史、中国区域环境史、世界环境史及环境史的理论与方法等领域，其中，有 24 篇论文专门探讨西南地区的环境变迁。与会专家学者围绕会议主题，就区域环境、环境史研究的理论和方法、疾病灾害与环境、水环境和世界环境史五个专题进行了充分的研讨，现将与会学者的主要观点择要介绍。

一　区域环境

区域环境的探讨是此次会议最集中的部分，主要涉及中国大陆西南、

---

[*] 此综述针对当时会议举办时的情况而写，会后遴选论文以备编辑、出版会议论文集时，相关文章有所变动，故而此综述介绍与论文集中的文章未能一一符合。且部分学者的论文经过修改，已自行发表于各学术期刊杂志，论文集收录此部分论文时，于文末注明发表期刊，以备查检。

西北、东南和中国台湾等地区。西南地区的矿业开采、城市化进程、少数民族的环境保护等是讨论的较为集中话题。中国台湾中央研究院原副院长、中央研究院台湾史研究所刘翠溶院士在题为 "Urbanization in Modern Yunnan from a Perspective of Environmental History" 的主题报告中，对云南的地理背景和近代云南城市化的历程及相关特点做了详细地阐述。云南大学赵小平在《近代云南矿业城市的形成及其影响》一文中，指出近代云南矿业城市的发展在城市命名、城市的产业结构、城市未来规划及其对周围城市发展等方面均受到矿业因素的影响，并且，当地的生态环境亦因为开矿而受到严重的破坏。德国海德堡大学 Nanny Kim（金兰中）博士《清代滇东北矿业、运输和环境变迁》的报告，结合实地考察和文献资料，介绍了清代滇东北由于矿业开采而引起的道路和森林的巨大变化。云南大学林超民《云南黄金纬度的生态变迁》一文中对北纬24度至北纬26度之间横亘于云南境内的地区如楚雄、大理、丽江、昆明、保山等地的生态变迁做了精要的阐发，南开大学中国生态环境史研究中心王利华教授认为其阐述中蕴含着深刻的春秋笔法。清末民初，云南由于地理优势，许多地区如腾越、思茅、蒙自等开始修建铁路、设立海关、开通商埠，这些地区当时的环境如何？医疗卫生又是何种状况？厦门大学佳宏伟在《清末西南边疆商埠的气候环境、疾病与医疗卫生——基于〈海关医报〉的分析》一文中，运用《海关医报》的相关记载，就上述问题进行了考察。民国时期的昆明经济发展迅速，人口迅速增加。特别是抗战爆发后，云南成为抗战的大后方，许多高校纷纷迁至昆明，昆明一时成为当时经济文化的一个重要中心。民国时期的昆明人民其日常生活燃料来源何处，当时昆明的生态环境又是怎样的，这些均是极有意义的问题。复旦大学耿金在题为《法令、民生与环境：民国时期昆明地区的燃料与生态景观》的报告中，从法令政策和燃料两方面探讨了民国时期昆明地区的森林变化和生态景观，对上述问题作出了解答。广西师范大学陈国保在《清代越南使臣视野中的广西区域景观形象——以越南使节广西纪咏诗文为考察中心》的报告中，从多个角度勾勒了清代越南使臣视野中的广西区域的生态景观，许多可与本土资料相佐证。复旦大学韩昭庆《有关云贵种植玉米历史的几点思考》一文，借助 e 考证方法和GIS 的运用，对云贵玉米种植范围随时间推移在空间上发生的变化进行了探讨，并分析了玉米在云南和贵州传播历史的异同及其原因。云南大学刘灵坪在《明代洱海北部地区卫所屯田时空分布研究》一文中，以大理卫为中心，结合明清时期的地方志、碑刻、舆图等资料，运用史料中的地名信息进行分析、考证，对明代洱海北部地区卫所屯田的时空分布特点进行了细致地考察。云南大学李益敏、葛中曦《区域产业结构演变的生态环境效益研究——以云南省怒江州为例》一文，对怒江地区的产业演替作了细致地考察，指出由于怒江州产业结构变化导致的生态环境影响处于较弱到中等水平，故生态环境整体情况较为良好。

西北地区曾在中国历史上扮演着极为重要的地位，但由于人类活动的长期开发，导致该区域森林消耗严重，沙尘暴、荒漠化、水资源短缺等问题极为突出。在本次会议上，也有不少学者对这一地区的环境变迁作了探讨。中国社科院管彦波在题为《水土资源结构与县域生态环境变迁的关联性分析——以新疆墨玉县为例》的报告中，从县域水土资源结构的分析入手，认为近 60 余年来，引发墨玉县生态环境变迁的主要因素，当属区域性的经济开发过程中，源于人类活动对地表水土自然性状及地表植被的改变而引发的。陕西师范大学潘威在《腾格里沙漠南缘近 300 年来水利格局变化对于沙漠化的促进——基于甘肃白银永泰村的调查》一文中，对永泰城的变迁历史、清代民国时期永泰城的水利建设进行了介绍，并对本地区的降雨进行推测，最后指出自 18 世纪中期以来在腾格里沙漠南缘曾经因为季风尾闾区的摆动而出现的干旱，但没有造成沙漠的南侵；在本区，遏制沙漠南侵的重要保障是传统水利与局地环境的良好结合。陕西师范大学张萍在《内亚的边缘及其景观变迁——以鄂尔多斯南缘为中心的讨论》一文中，对近 600 年陕北长城沿线的经济社会发展及其环境变迁进行了详细地考察。西南大学历史地理研究所马强在《出土唐人墓志所涉唐代环境问题考述》一文中，运用出土的唐人墓志文献，对所涉及的陕北、两京及其华北地区的自然地理环境记述作了初步考察，作者还就为何唐人墓志中的生态环境记述主要集中于两京畿甸与河东道、河北道一带的问题，作出自己的解释。甘肃省社科院何苑在《草原保护和利用的相关政策与草原生态变迁——以甘肃肃北蒙古族自治县为例》一文中，分析了肃北县草原产权制度变迁和草原生态的变化的关系，尤其是近年来草原的相关政策对其产生的影响，对于研究相关政策对中国西北荒漠草原生态的影响，具有一定借鉴作用。

东部东南部及其中国台湾地区的环境问题与经济社会的发展也是极有意思的研讨。福建农林大学庄佩芬在《福建台资农业企业低碳经营的SWOT 分析》一文中对福建台资农业企业低碳经营所面临的优势、劣势、机遇和挑战进行了全面的分析，并就福建台资农业企业发展低碳的经营思路进行了总结。广东省社科院周晴在《排瑶传统乡村聚落的景观特点及形成机制——以广东连南地区油岭、南岗为例》一文中，通过历史文献分析与实地调查访谈结合，研究排瑶传统聚落空间格局特点及其形成机制、景观组成要素及功能，强调瑶聚落景观是瑶族文化的重要组成部分，应加强排瑶聚落环境、传统建筑与景观生态等方面的保护与研究。中国台湾东华大学王鸿濬在题为 "Community Based Sustainable Forestry of Taiwan: Policy Formulation and Implementation" 的报告中，从人力资本、财政资本、技术资本、文化资本、天然资本、基础设施六方面，对台湾社区林业政策实施的过程与执行的困境进行了分析。南京工业大学陈铭聪《台湾地区环境变迁的理论与实践的比较研究——以台湾地区环境公益诉讼为例》一文，全面探讨了台湾地区环境变迁的理论与实践，认为环境公益诉讼的引进，使得人民与公益团体有直接对抗行政机关的武器，并对台湾地区环境法制的发展进行了反思。

二 环境史研究的理论和方法

环境史研究的理论和方法一直是从事环境史研究学者关注的问题，在本次会议中，也有诸多学者从不同的角度对环境史研究的理论和方法做了讨论。南开大学中国生态环境史研究中心王利华教授在题为《探寻吾土吾民的生命轨迹——浅谈中国环境史研究的问题与主义》的主题报告中，重点阐述了环境史研究的内容和如何看待历史上的经济发展和环境问题，强调环境史研究的思想旨归和精神归宿应是生命关怀，作者认为生命中心论是环境史研究的基本点，针对中国环境史的研究而言，其研究主线应是中华民族的生存发展，由此提出中国环境史研究的六个维度。云南大学人文学院西南环境史研究所周琼教授在题为《开展并推进边疆环境史的研究：以西南边疆环境史为中心的考察》的主题报告中，对边疆史研究的误区、边疆内涵的演变及生态内涵的嵌入、边疆生态变迁史及其特点等问题作了详细的阐发，呼吁学界关注边疆生态环境史的研究。南开大学余新忠在《浅议生态史研究中的文化维度——立足于疾病与健康议题的思考》一文中，从疾病与健康的角度，探究了文化维度缺失的缘由、文化研究的意义和内容等问题，最终提出新文化史的主张。中国科学院刘亮在《近代来华西方人对中国环境变化的记述及其传播》一文中，以近代来华西方人记述中国环境变化的文本为中心，选取若干典型案例，对其传播方式、途径、受众以及对中外的影响程度分别作了考察，认为此类记述不但是西方人了解中国环境的重要渠道，也是中国国内学者认识本国环境的重要信息来源。更重要的是，此类文本也是西方近代自然科学知识在中国传播的一种特殊方式。北京师范大学刘宏涛在《20世纪70年代的环境污染调查与中国环保事业的起步》一文中，认为70年代的污染调查工作不仅有利于搞清楚环境污染的状况，为解决环境问题提供科学依据，而且也推动了中国环境保护事业的发展。西北农林科技大学李荣华在《近代水土保持学的引进及本土化》一文中，则重点梳理了近代中国水土保持学引进的过程和与水土保持相关的制度及机构建设，认为水土保持学的引进及其本土化过程改变着中国社会对水土流失问题的认识，促使了环境治理思想及其活动从自发到自觉的转变，标志着真正科学意义上的环境治理和保护思想的形成。广西师范大学薛辉提交的《文献计量学视野下大陆地区环境史研究综述（2000—2013）——基于CSSCI的统计和分析》论文，运用计量统计的方法，对CSSCI中收录的相关环境史论文进行细致的统计和分析，信息量丰富，对于刚进入环境史领域的研究者极为重要。云南大学李明奎的《了解之同情·温情与敬意：中国环境史研究的方法与心态》一文，从初学者的角度阐述了研究中国环境史，需要有正确的信念和情怀，对古人之学说抱以了解之同情，对于中国之历史抱以温情与敬意；以义理养心，明乎义利之辨，不以追名求利急于求成的功利心态对待研究。

昆明学院徐波《论当代中国西部地区环境问题的两大社会特征》一文，从环境社会学的角度，探讨了当代社会转型时期，中国西部环境问题呈现出的独具特色的两大社会特征，极有见地，发人深思。清华大学王丰年《论生态补偿的原则和机制》则考察了生态补偿的产生过程、经济学理论依据以及生态补偿的误区和症结等问题，从提高自然资源的产权意识、完善生态税收制度等角度提出建立生态补偿机制的七条对策。云南民族大学沈海梅在《喜马拉雅生态文明的整体性》一文中，认为人与自然共生、崇敬自然的生态理念、纷繁复杂的神山知识谱系，藏民等多民族对神山的定期朝圣，"日挂"等自然资源管理的文化技术等构成了喜马拉雅生态文明的核心内涵，并将云南藏区置于喜马拉雅社会文化整体中，完整地呈现该区域地方社会历史文化脉络和民族生态特质。云南大学张轲风在《云象、望气、矿藏、崇拜：金马碧鸡传说由来新解》一文中，对金马碧鸡的各种传说进行了细致地分析，指出金马碧鸡传说的深层基础在于气象和云象。该文的研究促发了大家对如何令历史研究具有趣味性的问题展开思索。中国传统文化博大精深，许多我们认为已经过时的传统和习惯仍然存在于广大民众的日常生活中。如何充分发掘这些传统文化的价值是值得我们认真思索的问题。而西南是一个少数民族聚居的区域，广大民族同胞在与自然界的相处中，衍生了极有特色的环境思想、理念和行为。这些环境思想、理念和行为在今天仍有重要的借鉴意义。北京科技大学李晓岑在《后工业时代与中国手工业》一文中指出，技术与情感是手工艺的两大基本要素，后工业社会与前工业社会是相通的，都有情感需要和人性回归，需要人与自然的和谐共处。作者强调，要建立有中国特色的手工艺理论体系，并引领中国走向有手工艺特色的后工业发展道路，需要深入挖掘中国传统文化，充分吸取民间资源和民间智慧。厦门大学钞晓鸿教授在《明清时期的环境保护：理念、实践及其意义》一文中，从典型的环保理念及其实践出发，运用大量的史料，对明清时期在水土保持、河岸治理等方面的先进环保思路进行了详细的勾勒，对当下的环保工作极具借鉴意义。云南省社科院杨福泉在《略谈传统环境保护地方性知识及其教育——以纳西族为例》一文中，论述了民间环境保护的知识和信仰体系、环境保护的伦理道德观念和乡规民约等地方性知识，对当代的乡村社区环境保护和社区资源可持续利用具有重要的意义，对社区民众特别是年轻一代的教育亦有重要意义。无独有偶，吉首大学罗康隆在《论民族传统文化与生态灾变的救治》一文中，详细阐述了民族传统文化在环境保护中的价值，认为生态环境的恶化乃是传统文化流失的直接后果之一，我们应对生态灾变时，需要将民族文化与所处的生态环境视为一个问题整体，将二者有机地结合起来，达成生态系统和民族传统文化利用方式多样化并存的制衡格局。云南大学刘荣昆的《西南少数民族林业谚语的生态思想解析》一文，对西南少数民族林业谚语中的生态思想进行细致地梳理，认为其内核是林人共生，其生态逻辑为用林—护林—用林，对于今天的环境保护具有重要的参考价值。

三 疾病、灾害与环境

疾病、灾害与环境的关系亦是本次会议讨论的一个主要内容。美国乔治城大学沈宇斌在《疟疾防治、国家建设和国际合作：抗战时期的云南省抗疟委员会1937—1945》一文中，就抗战期间云南地区的国家权力扩张、国际合作和防疟措施之间的复杂关系加以考察，强调云南的战时疟疾防治并不是一项简单的纯科学研究活动，而是国民政府在国际化背景下的国家建设的一部分。美国华盛顿大学贝杜维（David A. Bello）在"Cultivating a Malarial Borderland in 18th Century Southwestern Yunnan"一文中，对18世纪云南西南部的疟疾进行了分析和阐述。陕西师范大学于赓哲在《散落的卫生——以中国中古时期城市为中心》一文中，认为中国古代对病因的解释常以气为中心，医家和宗教思想家常将医疗和健康看作是个人事务，士大夫有关健康的观念则从属于他们的儒家教条，种种卫护健康的措施从未上升为公共事务。如用西方式的术语和思维来审读中国历史是找不到"卫生"的，这种状况直到近代西学东渐才慢慢发生改变。湖南科技大学杨鹏程的《民国以前湖南疫灾流行与环境的关系》一文，从湖南省的自然条件和社会环境入手，对民国以前湖南疫灾的流行与环境的关系进行了独到的研究。兰州大学史志林的《敦煌文书S·2593所载沙州无瘴考释——兼论唐宋间敦煌无瘴、云南多瘴的原因》一文，对敦煌无瘴与云南多瘴的现象进行了比较分析。"麻风病人"自民国以来一直是社会的弱势群体，有着极强的"污名化"隐喻，他们的基本权利长期被社会剥夺，长期受到歧视与偏见。云南大学刘少航在《民国时期云南麻风病人污名化的个案分析》一文中，结合相关档案资料，选取巧家县"李进榜案"、昆阳县"赵增礼案"、洱源县"虐待麻风病人案"三个麻风病人案例进行分析比较，指出在社会污名化麻风病人的大环境下，社会上也零星存在着一些善待麻风病人的情况，这体现了污名化问题的层次性。

灾害与农业、社会经济的关系比较密切，在本次会议上亦受到与会专家学者的高度关注。山东财经大学张高臣在《光绪年间的自然灾害与农业经济》一文中，对光绪年间出现的自然灾害进行了详细地梳理，并指出严重自然灾害在造成物质财富巨大损失的同时，又无情地摧毁了农民生存、农业发展的基本条件，给农业经济带来了极其严重的破坏性影响。郑州大学王星光在《隋唐时期黄河中下游地区气候干旱化与农业技术的应对》一文中指出隋唐时代，黄河中下游地区虽然从总体上属于气候温暖期，但气候变化也表现出气温升高、降水减少和蒸发增大的干旱化趋势，为应对干旱化对农业的不利影响，先民们采取了一系列的农业技术措施和政府救济应对政策，对发展农业生产，减轻旱灾损失起到了积极作用。美国乔治城大学 Micah S. Muscolino（穆盛博）在 "The Energetics of Militarized Landscapes：Wartime Flood and Famine in China's Henan Province" 一文中，对 1938—1950 年间的河南战争生态景观进行考察。美国海德堡大学徐淳的《水旱之患与明代云南坝区水神崇拜的政治——以鹤庆府、大理府为中心》一文，利用云南地方史志、碑刻、口头传统中大量可见的龙传说、密教僧侣降龙制水的神奇故事、明朝士大夫祈雨的灵验事迹等长期以来被认为荒诞不经，而未能为灾害史学者所充分利用的材料，从其叙事方法、其所用的话语与修辞入手，细致地分析了明代云南低地地区的水神崇拜所隐含的水患观念，为以观念史的视角书写传统中国灾害史的可能作出了极有意义的探讨。复旦大学历史地理研究中心满志敏教授在题为《清代登陆海南岛台风对西南地区的影响》的报告中，以 2014 年发生的威马逊台风为背景，简要介绍了清代在海南岛登陆的极有可能对西南地区产生影响的四次台风，并以十年为一时间限段，分析台风爆发的特点。复旦大学冯贤亮在《请神祈禳：明清以来清水江地区民众的日常灾害防范及其实践》的发言中，对明清以来清水江地区民众运用请神祈禳的方式进行灾害应对和防范进行了详细地考察，认为此种风俗传统，不仅成为当地民众日常生活中一种固有的生存、防护策略，更是在制度上成为维系民众日常生活得以安宁的一种基本规范。云南开放大学杨丽娥的《20 世纪前半期云南地震救灾的资源条件分析》一文，从微观视角出发，通过对政府财政状况、粮食供应和通讯方式的分析，论述了 20 世纪前半期清代封建政府和云南地方政府应对历次云南大地震灾害时为何政府救灾总体能力低下。云南师范大学濮玉慧《1925 年云南霜灾之因探析》一文，对 1925 年云南发生的霜灾成因进行分析，认为此次霜灾的成因，除了自然因素外，鸦片流毒、仓储不足、匪患迭起、庞大的军队供养也是其重要的原因。

四　水环境

本次会议辟出水环境这一专题对河流、湖泊、三角洲的生态变迁进行相关问题的讨论。复旦大学闫芳芳、潘威、满志敏的《基于空间网格的大河三角洲历史河网密度数据重建——以 1910 年代上海地区为例》一文，运用 GIS 技术对 1910 年代上海地区的大河三角洲的河网进行重建，认为清代以来上海地区圩田排灌结构的区域差异性是造成河网密度分布的主要因素，但其形成过程与原因仍有待深入研究。复旦大学历史地理研究中心杨煜达在《嘉丽泽：明清时期云南高原浅水湖泊演变与流域人地关系》一文中，分时段梳理了自明初至清末 500 余年间嘉丽泽水域的变迁，并在此基础上，利用地名志和地方志资料重建了明清以来流域内农业开发的时间和空间过程，最终认为在明清时期，嘉丽泽水和沙的变迁速率已远远超过了自然的速率，而更多地体现了人类活动加剧导致的人地关系的演变。中南大学刘志刚的《传统水利社会的困境与出路——再论民国沅江廖堡地区河道治理之争》一文，对民国年间湖南沅江北部廖堡地区白水淏、瓦官河、塞波嘴等河道的治理之争进行了全面深入地剖析，为探讨"湖淤型"水利社会打开了一扇门窗。安徽大学张崇旺在《论明清时期芍陂的水事纠纷及其治理》一文中，对明清时期芍陂地区频发的水事纠纷进行考察，详细介绍了水事纠纷的类型、成因及其人们的处理措施，认为这种官府主导、士绅介入、民众参与、上下联动的水事纠纷治理机制，在某种程度上预防了芍陂一些水事纠纷的发生，降低了芍陂水事纠纷爆发的频率以及纠纷冲突的危害程度，对淮域地方社会的稳定产生了积极的影响。广西师范大学刘祥学在《清代前期红水河流域的经济开发与环境变迁》一文中，对红水河流域的生态变迁作了详细地考察，认为人类的过度开采是导致红水河流域生态发生变迁的主要原因。昆明学院吴瑛在《耕地的消失：城市化、产业化与湖泊保护的博弈——滇池西岸观音山白族村土地利用变迁研究》一文中，指出城市化、产业化以及环境保护运动相互交织博弈而成的滇池流域现代化发展进程，对土地产生了深刻影响。昆明学院董学荣的《滇池"公地悲剧"及其治理策略探讨》一文，从经济学视角对滇池公地悲剧的内涵和特征进行了考察，进而提出一系列治理滇池公地悲剧的措施和对策，最终强调把"对抗自然"的"理性经济人"改造成为尊重自然、顺应自然、珍爱自然、敬畏自然、保护自然的"生态文明人"，是实现滇池治理保护目标的根本保证。

五 世界环境史

环境史兴起于美国，如今在全球取得了长足的发展，其发展势头可谓方兴未艾。进行跨区域、跨民族、跨国家的综合研究，是环境史研究的重要途径。"世界史视野下的环境史研究，能够充分地揭示人类史与自然史之联结的史实，可以将研究对象置于悠长的时间长河和广阔的空间视阈之中，从而突破以往历史研究聚焦于人类社会的传统，更新人们对于世界历史上许多事物的认识，从而能深入认识环境问题及相关内容的历史特殊性和地区差异性。"① 王利华教授亦认为："中国环境史的研究，固因立足本国，亦须树立全球史观，积极了解和研究外国环境史。从文明与自然协同演化的全球过程中认识中国环境史，以便通过多元比较，更加准确地揭示中国环境史的特殊性。故此需要向两个方向大力开拓：一是将中国环境史放到全球文明史进程中加以思考，一是加强外国环境史研究，为认识本国环境史提供外部参照。"② 可喜的是，本次会议上亦有不少学者从全球化的视角出发，对外国的环境史进行了研究。中国人

---

① 梅雪芹：《世界史视野下环境史研究的重要意义》，《社会科学战线》2008 年第 6 期。
② 王利华：《环境史：从人与自然的关系叙述历史·序》，《环境史：从人与自然的关系叙述历史·序》，商务印书馆 2011 年版。

民大学宋云伟《英国在英属印度时期的森林政策及帝国森林学的形成》一文，对英属印度时期的森林政策进行分析，认为印度森林学在当时英帝国各殖民地最为发达，逐渐成为其他殖民地学习的模本，最终，印度森林学发展为帝国森林学，对各个殖民地和其他地区产生深远影响。德国卡森研究中心柯安慈（Agnes Kneitz）在"Manipulated Nature and Failing Struggle for Healthiness: Émile Zola's Germinal（1885）as an Early European Example of Environmental Justice"一文中，以环境正义为出发点，对1885年欧洲的环境问题做了分析。首都师范大学乔瑜在《澳大利亚殖民时期"干旱说"的形成》一文中，对澳大利亚殖民时期流行的"干旱说"的相关讨论进行了梳理和比较，进而将该问题置于东南部垦殖和内陆河流探险的历史背景下进行分析，对澳大利亚干旱说提出自己的解释，并认为在殖民背景下，英国殖民者把干旱说用来证实殖民地开拓的正当性。云南大学施雾的《二战后美国畜牧业的发展与抗生素饲用的兴起》一文，认为20世纪50年代以后，抗生素促进生长功能的发现和饲用抗生素产品的普及，使大规模工业化养殖成为可能，从而有效推动了美国畜牧养殖方式的工业化转型。与此同时，逐渐走向工业化养殖阶段的美国畜牧业也为饲用抗生素产品提供了存在和发展的空间。云南大学李益敏的《全球化视野下的资源利用与区域环境响应》一文，基于全球化视角，从政治、经济、军事、伦理等方面揭示了区域资源、环境退化的原因，并就区域发展与区域环境保护提出对策与宏观框架。

任何学术会议都难以尽善尽美。本次会议亦有一些不足，比如关于中国古代环境史的探讨较为缺乏，大多是对明清以来的环境变迁进行研讨，不少是讨论近现代的环境问题。关于环境正义、环境比较的研究亦不多见。但本次会议亦有自己的特色。首先，理论与方法、史料运用及其学术史得到重视。主要体现为，理论围绕环境史的学科建设展开，跨学科研究和数量统计在研究中得以运用，如GIS技术被运用到环境史的研究中，数据分析和替代性资料为研究者掌握，实地调查方法得到提倡等。另外，在史料方面，除了传统文献外，民间文献、出土史料、影像资料和图表资料等也被与会专家学者所使用。其次，环境问题、环境演变及其原因在会议中得到广泛深入的探讨。如气候异常、水资源环境、动植物资源等方面。再次，社会、经济与环境互动作为环境史研究中的核心内容之一，在本次会议中得到大幅度的关注。主要涉及环境政治与政策、农业生态、水资源开发、城市环境、综合景观、疾病医疗卫生、地区国别环境等领域。最后，环境认知与应对为与会专家学者所关注。主要体现在对生态思想、环保教育、祭祀与信仰等方面。

总之，本次研讨会取得了丰硕的成果。既有国内学者的出席，也有国外学者的加入；既有人文社会科学者的探讨，也有自然科学者的声音；既有微观个案的具体研讨，也有宏观综合的阐述。在为期三天的激烈讨论和交流中，与会专家学者就环境史学的研究形成以下共识：首先，环境史是历史学的一门新兴学科，虽然目前还存在诸多问题需要讨论，但其未来发展前景是非常可喜的。其次，环境史亦是一门跨学科研究的综合性学科，在史料上需要进一步拓宽范围，对常见的史料需要进行新的解读；在研究方法上则需要引入其他社会科学、自然科学等学科的研究方法，如 GIS 技术在环境史研究中的广泛运用就是显著的例子。再次，对于中国环境史研究而言，由于中国区域特点显著，民族众多，文化多元，而且正处于经济社会快速发展的关键时期，环境问题及矛盾突出，故需要积极进行边疆地区环境史、少数民族地区环境史、城市环境史和海洋环境史的研究。

我们相信，本次研讨会的成功举办，不仅使国内外环境史研究的理论、方法和经验得到交流，对深化区域环境史、边疆民族环境史的研究具有重要指导意义。而且，通过探讨交流，必将促进环境史跨学科研究的深入发展，进一步将西南环境史、中国环境史与世界环境史的研究推向新的发展阶段。

后　　记

　　2014年8月21日，云南大学历史系主办、西南环境史研究所承办的"全球化视野下的中国西南边疆民族环境变迁"国际学术研讨会在云南大学召开。国内外70余名专家学者莅临会议，学者们在研讨中提出的深刻见解和对相关学术问题的思考，极大地丰富并推动了西南区域环境史及中国环境史的研究，也促进了环境史理论及方法的思考。会议承办方云南大学西南环境史研究所从中受益匪浅，经与各位莅会专家沟通、协商，三年来致力于会议论文汇集出版的工作，以飨关注中国及西南环境史研究的学者。在征询作者的收录意见、统合论文集的体量后，精选出37篇论文汇集成《道法自然：中国环境史研究的视角与路径》一书。会后，部分论文已经修改发表在各类学术刊物，但考虑其重要的学术意义和现实资鉴意义，我们仍收入其中，替成最新的版本，并注明了所载刊物和时间。

　　在此，我们要感谢所有组织、筹备、参加"全球化视野下的中国西南边疆民族环境变迁"国际学术研讨会的国内外学者，就西南地区生态环境变迁与边疆民族社会变迁的互动关系展开多视角、跨学科的高水平学术研讨。这些成果极大地拓展了西南环境史研究的视域及方法，推进了中国环境史研究的深入开展，深化了各区域、各民族环境文化的交流及发展，促进了西南及中国、全球生态环境和谐、健康、永续的发展。会后，还给予我们全力的支持、配合，精益求精、不断修改完善论文，有的甚至数易其稿。

　　同时，我们也要衷心感谢云南大学校长林文勋教授对会议给予的鼎力支持，感谢云南大学历史系对会议举办及论文集出版提供的支持及帮助。

中国社会科学出版社郭沂纹副社长莅临会议后，对论文集的出版工作高度关注和支持，委托出版社文史编辑部的吴丽平编辑负责出版的相关事宜，她以十分专业和敬业的精神，为书稿的排版、设计等事宜不断与我们沟通联系，认真审读了书稿，提出了很好的修改意见。

西南环境史研究所的博士研究生和六花、李明奎、聂选华为文集的编辑及修改与作者多方沟通联系，付出了辛苦的努力。

从会议召开到论文集出版，历经三年有余，成于众手，其间辗转往复、数易其稿，加上编者水平有限，书中难免有错讹遗漏之处，尚祈读者批评指正。

编者

2017 年 11 月 29 日